浙江师范大学环东海海疆与海洋文化研究所

陈国灿 于逢春 主编

中国社会科学出版社

图书在版编目（CIP）数据

环东海研究 . 第 1 辑/陈国灿，于逢春主编 . —北京：
中国社会科学出版社，2015.6
ISBN 978 - 7 - 5161 - 6366 - 5

Ⅰ.①环…　Ⅱ.①陈…　②于…　Ⅲ.①东海—研究
Ⅳ.①P722.6

中国版本图书馆 CIP 数据核字（2015）第 147008 号

出　版　人	赵剑英	
责任编辑	李庆红	
责任校对	周晓东	
责任印制	王　超	
出　　　版	中国社会科学出版社	
社　　　址	北京鼓楼西大街甲 158 号	
邮　　　编	100720	
网　　　址	http：//www. csspw. cn	
发 行 部	010 - 84083685	
门 市 部	010 - 84029450	
经　　　销	新华书店及其他书店	
印刷装订	北京君升印刷有限公司	
版　　　次	2015 年 6 月第 1 版	
印　　　次	2015 年 6 月第 1 次印刷	
开　　　本	710×1000　1/16	
印　　　张	35.75	
插　　　页	2	
字　　　数	560 千字	
定　　　价	98.00 元	

目　　录

海洋文明构建

海疆意识与海权思想

海洋经济与舶务

海防、海禁与海盗

航运与海港

找寻失落的古代中国海洋文明
(刊首语)

黑格尔曾将欧洲文化喻为海洋文化，亦即开放性文化，而将中国文化斥为大陆文化，亦即保守文化。

黑氏的观点既能找到共鸣者，在中国历史文脉中似乎也能找到佐证。以"泛中原"为中心的古代中国主要以小农生产方式立国，中原文明以及承载该文明的人们始终没有将关注的目光离开过适宜农耕的温湿地域。海河、黄河、淮河、长江等流域非常适合农作物的生长，生于斯长于斯的人们数千年来精耕细作于此，而由该农耕文明衍生出来的绝对专制皇权体制——明清王朝最希望人们固着于陆地之上，对于那些容易瓦解其统治基础的工商等"末业"，特别是易于获取外部信息且游动的商人则实施坚决打击和排斥政策。至于那些游离于陆地从事海上事业及远洋贸易者，明清专制朝廷更是欲置之死地而后快。朱元璋及其继承者们实施的严厉的"片板不得下海"①政策，可谓这种史实的写照。迨至有清一代，清廷虽然摒弃了明朝的许多恶政，但禁海观念及施策却被完整地承继了下来。之所以说"禁海"是恶政，是因为明清朝廷为了获取垄断性的海外贸易利益，其制定海外贸易政策的出发点是保护绝对君主专制皇权控制下的官府经营，是专门为统治集团服务的，故只允许官府经营海上事业，严禁民间涉入其中。历史经验反复证明，官府垄断经营海上渔盐交商事业往往是扼杀其生命力的罪魁祸首。明清朝廷为了实施这种垄断经营，每每严厉镇压私人海上华商便不难理解了。于是，那些海外经商者或移民海外者便是朝廷的敌人，朝廷每每欲置其死地而后快，甚至不惜联合西方殖民者共同屠杀。从某种

---

① 《明史》卷205《朱纨传》。

意义上说，这也是一种将陆上的绝对君主专制主义权力辐射到海上，使陆地主宰着海洋，使海洋秩序屈服于陆地秩序的产物。

不消说，明清朝廷断断续续地实施了 500 多年的海禁政策不但扼杀了汉、唐、宋、元诸朝官民共同经营海洋事业的良好发展态势，也彻底终结了古代中国官民联手纵横环中国海乃至于北印度洋 1500 多年的"中国帆船时代"，附丽于海洋事业之上的中国海洋文明也随之遁形。可以说，明清朝廷长时段绞杀海上事业，致使中国海洋文明的光芒被遮蔽，这也是导致今天的人们认为中国没有或缺乏海洋文明的渊薮。

关于源远流长的中国海洋文明，李约瑟有一个见地颇深的论说："中国人一直被称为非航海民族，这真是太不公平的了。他们的独创性本身表现在航海方面正如在其他方面一样，中世纪和文艺复兴时期西方商人和传教士发现的中国内河船只的数目几乎令人难以置信，中国的海军在 1100—1450 年之间，无疑是世界上最强大的。"[1]

至于中国历史长河中的海洋文明问题，林惠祥通过发掘并研究福建武平、龙岩、厦门、南安、惠安等处新石器时代遗址中的有段石锛与印纹陶，并与南洋诸岛、台湾地区、香港、浙江沿海等地同期遗物相对照，认为此类文化在华北一带尚未发现，"当为亚洲东南海洋地带的产物"，该地带居民"决非华夏族而系越族"。[2] 凌纯声将位于亚洲大陆东缘与堪察加半岛—澳洲大陆之间的海域称为"亚洲地中海"，认为该地域文化系海洋文化圈，其西部则为大陆文化圈。[3] 张光直则认为原南岛语族的老家当在欧亚大陆的东南海岸，主要集中在闽江口向南到韩江口的福建和广东东端的海岸。南岛语族分布于东自复活节岛西到马达加斯加，"人口约有一亿五千万，其中绝大多数居住在东南亚"。[4]

---

① ［英］李约瑟：《科学与中国对世界的影响》，陈养正译，载潘吉星主编《李约瑟文集》，辽宁科学技术出版社 1986 年版。

② 林惠祥：《台湾石器时代遗物的研究》，《厦门大学学报》1955 年第 4 期；林惠祥：《福建武平县新石器时代遗址》，《厦门大学学报》1956 年第 4 期。

③ 凌纯声：《中国古代海洋文化与亚洲地中海》，载《中国边疆民族与环太平洋文化》，台北联经图书 1979 年版。

④ 张光直：《中国东南海岸考古与南岛语族的起源问题》，载《南方民族考古》第一辑，四川大学出版社 1987 年版。

　　人类历史上的大航海时代是在西欧主权国家群推动下展开的，而主权国家的特征是强调国与国之间应具有线状边界。这种倾向大体上出现于16世纪后半叶，但"这种向领土性的、国与国之间以明确的疆界予以划分的完整的主权国家的过渡，直到1789年的法国大革命之后才告彻底完成"。然而，"从空间秩序的视角来看，主权国家的概念乃是一个陆地性的概念。它是一个欧洲大陆的国家观念。它只不过是那个世纪以及随后的几个世纪里发生的剧烈空间革命的许多后果中的一个。尤其是，它没有抓住另外一个远为广阔的方面，它没有碰到和涉及海洋"①。可见，初起的主权国家是以一种陆地的思维方式试图从陆地的视角来审视海洋的。即使在西欧，从陆地思维转变为海洋思维，将海洋作为生存的空间并从海洋的视角来发现陆地的秩序，即便从大航海时代开启算起，也是经过数百年光景之后才告成功的。

　　在西欧十数个殖民帝国中，只有极个别国家最终蜕变成海洋帝国，这是历经数百年才最终脱胎换骨、凤凰涅槃的。

　　实际上，无论地中海北岸的南欧人，还是大西洋东岸的西欧人，它们也没有一个是天生的海洋民族。不论是葡、西，还是后起的法、荷等国，虽然积极开拓海外殖民地，但仍不能被称为海洋国家，它们是从陆地视角去开拓或发现海洋的秩序。直至今日，以法、德、荷、西等国为中心而实施的法律，我们仍视之为"大陆法系"。比较而言，相对彻底地完全地以海洋为视点进行生活与思考，渐渐选择海洋作为其生存的空间，且将其政治存在置于海洋这一元素之中的国家，唯有英国，以及美、澳、新（西兰）等。但英国也不是天生的海洋国家，无论是罗马帝国统治时期（1—5世纪）、日耳曼人与丹麦人入侵时期（5—11世纪），还是诺曼征服时期（1066—1154年）、金雀花王朝（1154—1399年），抑或兰开斯特王朝（1399—1485年）时期，连英国人自己都认为大不列颠岛及周围岛屿是一些从欧亚大陆边缘被撕裂开来的有机部分，是大陆的自然延长。但到了都铎王朝（1485—1603年）时期，数代国王除了大力鼓励发展工商业之外，还积极发展海外贸易、奖励造船业，最终摆脱了对大陆的依赖。因此，伊丽

---

　　① ［德］施米特：《国家主权与自由的海洋》，载［荷］格劳修斯等《海洋自由论·新大西岛》，宇川等译，上海三联书店2005年版，第202、204页。

莎白女王（1558—1603 年在位）得以战胜西班牙"无敌舰队"，确立海上霸权。施米特就此认为，"从 16、17 世纪开始，英国才在其政治的整体性存在中选择了以海洋为基础的世界秩序，以对抗欧洲大陆"①。也就是说，英国人以海洋为中心的理念经过两三个世纪的发展，到了 18 世纪以后才臻于成熟。此时的大不列颠岛已经不是欧亚大陆的延长或抛弃物，而是海洋的一部分。其特征是英国没有成为一个"典型"的国家，既没有常备军，也没有成文宪法等。但在英国产生的国际法，却在大陆国家主导的国际法教科书中被称为"特殊的"国际法。这种"所谓'特殊的'国际法正是英国以自由的海洋为根据的世界霸权诉求的最高表达，以至于成功地使英国的海战方式成为普遍认可的国际法规则"②。

从上述的西欧情形可见，不能将广袤的中国及其悠久而复杂的文明，笼统地称为大陆文明或海洋文明。就海洋文明而言，朱杰勤认为不但"在17 世纪中，我国的造船技术和航海技术与西方强国比较是毫不逊色的"，而且"从上古到 18 世纪，中国航海事业处于先进地位"③。应该说，中国东部及东南沿海从来都不缺乏或未曾间断过海洋文明，只是陆上绝对专制皇权势力经常凌驾于海上民间社会力量之上，阻遏了中国海洋文明的进一步发展，从而使中国成为"大航海时代"的落伍者。

因此，在中国重新走向海洋世界的今天，在构建自己的海洋文明框架时，当首先找寻中国失落的海洋文明，赓续被明清两朝阻断的固有的海洋文明，衔接大航海时代开启前夕东西方共同航海的历史脉络。在此基础上，展望并定位中国今后走向海洋文明之路。为了实现这个梦想，浙江师范大学于 2012 年成立环东海海疆与海洋文化研究所，旨在围绕中国的海洋文明与中原文明之间的发展演变关系，研究不同时期海洋文明的形态、内在精神、意识与特质，探究环中国海海洋文明的地域格局及其演变，考察海洋意识对中原文明及中国历史进程的影响等。为此，自 2012 年开始，浙江师范大学决定每年举办一次"环东海论坛"，本书就是 2013 年首届"环东海论坛"的部分成果。

---

① ［荷］格劳修斯：《海洋自由论》，宇川译，上海三联书店 2005 年版，第 220 页。
② 同上。
③ 朱杰勤：《中国古代航海史》序，载孙光圻《中国古代航海史》，海洋出版社 2005 年版，第 2 页。

相信通过连续不断的探讨，我们必然能为找寻失落的古代中国海洋文明、建构新时期的中国海洋文明尽一份绵薄之力。

于逢春
2014 年 7 月于北京

海洋文明构建

论"海上文明板块"在中国疆域
底定过程中的地位

于逢春[*]

一 引言

以往的人们考察中国疆域形成问题时，经常将视点落在陆地上，这显然是不充分的。笔者在探索中国疆域形成的时间纬度与空间格局时，提出了中国疆域最终奠定于 1820 年[①]、由"五大文明板块"[②]经过长时段的撞击与融合而成的论说。本文的"海上文明板块"（以下简称"海上板块"）范围，从长时段的东亚历史来看，是由介于欧亚大陆东部弓形陆缘[③]与该大陆东部海中的弓形列岛链[④]以及堪察加半岛与澳大利亚大陆北部之间的若干个海域圈构成。吴春明将这个海域圈中的渤海、黄海、东海、南海等称为"环中国海"[⑤]。日本学者金关恕等将鄂霍次克海、日本海、黄海、东海、

[*] 于逢春，浙江师范大学特聘教授、中国社会科学院中国边疆史地研究中心研究员。

[①] 于逢春：《论中国疆域最终奠定的时空坐标》，《中国边疆史地研究》2006 年第 1 期。

[②] 于逢春：《构筑中国疆域的文明板块类型及其统合模式序说》，《中国边疆史地研究》2006 年第 3 期。

[③] 从堪察加半岛沿欧亚大陆东缘直到马来半岛。

[④] 从千岛群岛、日本列岛、琉球群岛、台湾岛、菲律宾诸岛、摩鹿加群岛，直到澳大利亚。

[⑤] 吴春明：《环中国海沉船——古代帆船、船技与船货》，江西高校出版社 2003 年版，第 5 页。

南海、爪哇海、苏拉威西海等海域称为"东亚的内海"①。

从西汉到明初，中国官府与海商曾主导该"板块"达1500年之久。尽管从15世纪后期起中国海船便绝迹于马六甲海峡以西，但日本学者松浦章仍毫不犹豫地将17—19世纪的黄海、东海、南海称为"清代的海洋圈"②。也就是说，即便早在15世纪30年代郑和船队就降帆收舵，但中国海商在东亚海域仍然维持着主导地位，直至19世纪初期。

如果着眼于宗教视角的话，泛中原、大漠、雪域、辽东与海上"五大文明板块"分别是以释儒道三教、萨满教—藏传佛教、藏传佛教、萨满教、妈祖崇拜为信仰主体的领域。如果从生产方式来看，与农耕、游牧业、内陆渔猎采集业不同，该地域是个移动的空间，是专门以贸易、交通、捕捞等为生业的人们的生活场所。

"海上板块"开始强烈影响中国社会进程，当始自秦汉帝国以降，中经隋唐，到了宋元时代趋于鼎盛。嗣后，直到19世纪初期，依照德国学者弗兰克的说法，中国不但是东亚海上贸易的中心，"而且在整个世界经济中即使不是中心，也占据支配地位"，"它吸引和吞噬了大约世界生产的白银货币的一半"，这些白银"促成了16世纪至18世纪明清两代的经济和人口的迅速扩张与增长"。③

那么，"海上板块"是如何形成的呢？其特质是什么？该板块在中国疆域构筑过程中究竟处于什么地位呢？本文拟借助先行研究成果，以长时段、大空间为切入点，将东亚海域的自然地理与社会制度及信仰等作为研究对象，考察"海上板块"的成因与特质，探索其在中国疆域形成过程中的作用。

---

① ［日］金关恕监修：《日本海/东亚的地中海》，富山桂书房2004年版；加藤雄三等编：《东亚内海世界的交流史》，京都人文书院2008年版。

② ［日］松浦章：《清代的海洋圈与移民》，载《来自于周缘的历史》，东京大学出版会1994年版。

③ ［德］贡德·弗兰克：《白银资本：重视经济全球化中的东方》，刘北成译，中央编译出版社2008年版，中文版前言。

二 "海上文明板块"的形成与特质

1. "环中国海"的地理特征与中国人的初期航海

"环中国海"位于典型的季风气候带,其衍生的沿岸流、季风流,特别是行程 6000 多公里的黑潮与千岛寒流贯穿南北,为以桨橹与风帆做船舶驱动力的古代海上航行,以及渔捞事业提供了优越的自然条件。

(1) 海上丝绸之路的开通

1973 年发现于浙江余姚的河姆渡文化系东亚新石器时代的百越人海洋文化遗存,其中的有段石锛是最有代表性的造舟工具。① 1928 年发现于山东章丘县的龙山文化也是一个与东夷人有关的海上族群遗迹,他们与百越人一道,创造了亚洲东缘及太平洋上的海洋文化。近代以来,在"太平洋东岸和北美阿拉斯加等地,还发现了龙山文化中的有孔石斧、有孔石刀和黑质陶器,标志着龙山人在远方海上活动的行踪","而在遥远的大洋洲的一些岛屿上均发现了百越文化的有段石锛"。表明早在四五千年前东夷人、百越人就有横渡太平洋的能力。② 中国本土学者通过研究认为,山东、苏北一带大汶口文化居民的体质类型"与居住在太平洋岛屿上的波利尼西亚人种接近"③。

秦汉是古代中国造船业发达、越洋航海工具成熟的时代。司马迁记载说,前汉武帝时"越欲与汉用船战逐,乃大修昆明池,列观环之。治楼船高十余丈,旗帜加其上,甚壮"④。按公制折算,前汉朝十余丈约合今日 27 米左右。⑤ 孙光圻认为汉代远洋船已经使用了分隔舱技术,而且秦汉航海家已经能够熟练地利用各种星体来定向导航,并运用"重差法"对海上地形地貌进行精确测量。同时,对西太平洋与北印度洋上的季风规律也基本上

① 林惠祥:《中国东南区新石器文化特征之一:有段石锛》,《考古学报》1959 年第 2 期。
② 张炜、方堃主编:《中国海疆通史》,中州古籍出版社 2002 年版,第 8 页。
③ 中国社会科学院考古研究所编:《新中国的考古发现和研究》,文物出版社 1984 年版,第 190 页。
④ (汉)司马迁:《史记》卷三〇《平准书》,中华书局 1959 年标点本,第 1436 页。
⑤ 据国家标准计量局度量衡史料组《我国度量衡的产生和发展》(《考古》1977 年第 1 期)及吴承洛《中国度量衡史》(商务印书馆 1993 年版),前汉 1 丈约合今日 2.765 米。

掌握。① 与之相适应,汉代的风帆技术已经成熟,能广泛利用信风,并发明了橹、舵。吴春明认为橹、舵的使用,"是秦汉行船设施中最伟大的发明之一"②。借助于这些技术,汉武帝在继续保持传统的渤海、黄海、日本海、东海、南海等沿岸航路的同时,开辟了从马六甲海峡到北印度洋的海上丝绸之路。关于这条航线,有人认为希腊水手希帕勒斯在公元前3世纪中期开辟了埃及直航印度的航线。③ 但藤田丰八经过考证后认为,前汉"武帝之西域经略一如西方业已开凿陆路交通,而南海经略,亦于海上之印度,既开海道矣"。④

西汉开辟的这条南海至北印度洋的航路,连接着由今越南巴江入海口(汉朝日南郡辖区)至今韩国汉江入海口(汉朝真番郡辖区)航线,加上经由朝鲜半岛至日本列岛航线,便是著名的海上丝绸之路,此乃当时世界上最长的远洋航线。汉武帝进而利用这些航线,动辄调动数万乃至20万水军⑤、战船2000余艘远征今闽粤沿海、中南半岛与朝鲜半岛。

(2)中国航海大发展时期

魏晋南北朝时期航行在南海的中国人不但掌握了打偏使风与斜张使风技术,而且能娴熟地利用风力反射与能量传递原理,中国风帆技术业已成熟。⑥ 另外,中国航海家对东海、南海与孟加拉湾等海域的信风的转换时间,对船舶在信风驱动下的相应航期已具有定量的概念,即对"黄雀长风"⑦ 认识得更加清楚。对此,孙光圻评价说,由于"帆舵配合的信风航海技术的走向成熟","使中国人在公元3世纪至6世纪的世界航业中,依然

---

① 孙光圻:《中国古代航海史》,海洋出版社2005年版,第117—118页。

② 吴春明:《环中国海沉船——古代帆船、船技与船货》,江西高校出版社2003年版,第122页。

③ 何芳川等:《非洲通史》(古代卷),华东师范大学出版社1995年版,第460页。

④ [日]藤田丰八:《中国南海古代交通丛考》,载[日]藤田丰八《中国南海古代交通丛考》,何健民译,上海商务印书馆1935年版。

⑤ (汉)司马迁撰《史记》之司马贞《索隐》(中华书局1959年标点本,第1436页):"因南方楼船卒二十万击南越。"

⑥ (宋)李昉等编纂、王晓天等点校《太平御览》卷七七一引万震《南州异物志》记载称:"外徼人随舟大小,或作四帆,前后沓载之。有卢头木叶如牖形,长丈余,织以为帆。其四帆不正前向,皆使邪移,相聚以取风,吹风后者,激而相射,亦并得风力。若急,则随宜增减之,邪张相取风气,而无高危之患,故行不避迅风激波,所以能疾。"

⑦ (唐)徐坚《初学记》卷一《天部上》征引(晋)周处《风土记》曰:"五月风发,六日乃止。黄雀风,是时海鱼变为黄雀,因以名之。"

居于领先地位”①。

2. 中国帆船时代

（1）中国官民航海繁荣与鼎盛时代

唐朝的远洋船队，因熟练地运用了对远洋帆船的安全具有革命性意义的“水密舱”技术，故不但轻松地穿越阿拉伯海与波斯湾，而且能够从广州直航红海与东非海岸。其航程之绵长、航区之广阔已远远超过波斯人、阿拉伯人、印度人、南洋人等擅长航海民族所能达到的水准。因此，《中国印度见闻录》的法译本译者 J. 索瓦杰在译序中说，“应该承认中国人在开导阿拉伯人近东航行中的贡献”，“波斯湾的商人乘坐中国的大船才完成他们头几次越过中国南海的航行”②。关于唐代所造的海船情况至今尚遗留不少记载，如唐代僧人玄应描述说，唐之“大船也，大者长二十丈，载六七百人者是也”；该种“大船也，今江南泛海舡谓之，昆仑及高丽皆乘之，大者盛受之，可万斛也”③。故出现了唐代阿拉伯商人东航或回国者皆乘中国船，如果中国船未到，宁可等待也不坐别国船的景象。④

宋元两朝最高统治阶层均实施鼓励内外航海，官民共同经营海上贸易的政策，使得宋元两朝无论是国内海运，还是远洋航海事业，都远胜于隋唐。宋元时代的中国造船业空前发达，无论是船体结构、抗风性能、载重量，还是导航技术，都远远超过欧洲与阿拉伯世界，在当时世界上没有望其项背者。经过宋元两朝400多年的经营，将中国推上了“中国帆船时代”的巅峰。

首先，宋元造船业十分发达，不但数量众多，而且载重量都较大，质量也很优良。汶江认为宋神宗时所用的“神舟”长度当约四十丈，阔七丈五尺，可载粟二万斛。据保守估计，其载重量在 1100 吨以上，甚至可达

---

① 孙光圻：《中国古代航海史》，海洋出版社 2005 年版，第 136—138 页、第 186—187 页。

② 索瓦杰：《中国印度见闻录》法译本序言，穆根来等译，中华书局 1983 年版，第 25 页。

③ （唐）玄应：《一切经音义》卷一〇《三具足沦》征引《字林》，丛书集成本，上海商务印书馆 1936 年版，第 472 页。

④ ［日］桑原骘藏：《蒲寿庚考》，陈裕菁译订，上海中华书局 1929 年版，第 51 页。另参见比叶 (Orley Beyer)《中国与马来间的最早关系》(Early Chinese Relations with Malay land)，《亚细亚杂志》(Asia) 卷 21 第 1 期，第 24 页。

1780 吨。① 对元代的中国海船，阿拉伯旅行家伊本·拔都记载说，"中国船舶共分三等"，"大船有三帆至十二帆，帆皆以竹为横架，织成席状，大船一只可载一千人，内有水手六百人，兵士四百人"②。

其次，宋元航海技术取得重大突破，以全天候磁罗盘导航术的应用、海洋天文定位的普及、航路指南书与海图的大量问世，以及娴熟地利用季风航行、比较准确地预测海洋气象、船舶操纵技术高超等为标志，中国远洋航海事业从"原始航海"过渡到"定量航海"时期，"12 世纪前后，中国就技术上来讲，已经能够航行到任何船只所能到达的地方去了"③。当时中国的远洋航海术比西方至少先进 2—3 个世纪。

另外，元世祖忽必烈动辄以舰船数百艘乃至于 4400 艘，载军数万或十数万跨海远征，莫不彰显出元帝国巨大的远洋航行势力与高超的编队航行技术。

(2) 中国帆船时代的终结

朱元璋登上皇位伊始，立即采取严厉的"片板不得下海"的海禁政策，宋元以来数百年昌盛的航海事业遭受到前所未有的打击。嗣后，中国私人海商一边遭受明廷的残酷镇压，设法逃过明廷对海船尺寸的限制；一边与西方殖民者抗争，在葡、西、荷等殖民者的一次次屠杀中前行，在明廷专制君主制或单独或与西方殖民者联合挤压的夹缝中发展中国的远洋航海与海上贸易事业。

尽管如此，承继元朝留下的先进造船技术，明朝造船工匠不断加以改进，使得中国海船不仅体积巨大、载重量多，而且坚实耐用。其中，中国海船采用的龙骨技术、水密仓工艺，以及侧舷弯曲、横梁宽大而扩大舱位的设计，要比欧洲早两个世纪。特别是明朝航海家予以改进的木片计程法和测深器等"计程的方法，已接近近代航海中的扇形计程仪的方法"④。明清时代的中国私人海上力量借助于这些航海技术，以及早已奠定的贸易网点，与西方殖

---

① 汶江：《古代中国与亚非地区的海上交通》，四川省社会科学院出版社 1989 年版，第 137 页。

② [摩洛哥] 伊本·拔都：《拔都自印度来中国之旅行》，载张星烺编注，朱杰勤校订《中西交通史料汇编》第 2 册，中华书局 2003 年版，第 54—55 页。

③ [英] 巴兹尔·戴维逊：《古老非洲的再发现》，屠尔康、葛信译，生活·读书·新知三联书店1973 年版，第 271 页。

④ 严敦杰：《中国古代航海技术上的成就》，载《中国古代科技成就》，中国青年出版社 1978 年版。

民者抗争了 200 多年。但明朝为了垄断海上贸易与禁海，限制海商远距离贸易，洪武年间竟规定把便于航行的尖底船改为有碍行驶与抗风浪的平头船，把二桅以上的大船一概拆毁。① 永乐帝虽然派郑和下西洋，但只准官家航海，民间海上贸易遭受严禁。故"永乐间，以渔人引倭为患，禁片帆寸板不许下海"②。明隆庆年间虽曾开放海禁，但仍时开时禁。清初又严厉禁海，虽康熙二十三年（1684 年）平定台湾郑氏集团后，曾一度开放海禁，但强烈反对本国海商贸易之声经常响起。乾隆帝又实施有限通商政策，只允许外国到广州港进行有限贸易，对本国私人海商远洋贸易愈益限制。

自前汉起挂帆远航，中经唐宋时代，到元朝达到鼎盛的中国帆船时代，在明朝专制皇权及其后来的清朝统治者手中，帆破樯倾，到了鸦片战争爆发之日，悲惨地退出历史舞台。

3. "海上文明板块"的形成

（1）官民共同航海与市舶司制

714 年，唐朝在广州市设置市舶司，管理海上贸易。松浦章将该年视为古代中国王朝正式介入海上贸易事务的开始。③ 该司具有以下几个方面的职责：①征收船舶税，凡"蕃舶泊步有下碇税"。在此之前"始至有阅货宴，所饷犀琲，下及仆隶"，唯独国家缺少了税收，自孔戣为岭南节度使后，此潜规则一概"禁绝"，"下碇税"之外"无所求索"④；②一俟进口船舶泊妥，登船检查货物；③代表皇室收购珍异物品；④接收舶商进奉给朝廷或地方衙门的礼品；⑤待舶商完成上述手续后，收取货物商税；⑥置市舶使，"设市区，令蛮夷来贡者为市，稍收利入官"⑤。盛时，广州港市舶司的收入可以直接影响到唐廷国库的盈亏。⑥ 当时的广州港已能停泊千艘海船，前来经商的各国客商之多、商货之丰富前所未有。9 世纪时，侨居广州的外国商

---

① 李金明：《明代海外贸易史》"导言"，中国社会科学出版社 1990 年版，第 3 页。

② （清）顾炎武：《天下郡国利病书》（不分卷），《浙江下·绍兴府志》"沿海渔税"条，续修四库全书本，上海古籍出版社 2003 年版，第 49 页。

③ ［日］松浦章：《中国的海商与海贼》，东京山川出版社 2003 年版，第 16 页。

④ （宋）欧阳修：《新唐书》卷一六三《孔戣传》，中华书局 1975 年标点本，第 5009 页。

⑤ 顾炎武：《天下郡国利病书》（不分卷），续修四库全书本，上海古籍出版社 2003 年版，第 381—383 页。

⑥ （后晋）刘昫等撰《旧唐书》卷一七八《郑畋传》（中华书局 1975 年标点本，第 4633 页）："南海有市舶之利，岁贡珠玑，如今妖贼所有，国藏渐当废竭。"

人及其家属达到了 12 万人之多。①

北宋承继唐朝海上贸易发展的良好势头又有所进步。到了南宋,更加依赖海上贸易,仅市舶司税收一项就占全国财政总收入的 20% ,还不算其他收入。出现了"宋自南渡后,经费困乏,一切倚办海舶"②的局面。元朝不但全盘继承唐宋市舶司制,而且发扬光大,成为中国历史上唯一一个既靠铁骑征讨四方,又能驾船跨洋进行大规模贸易,进而借助海军开疆拓土的王朝。

(2)"海上文明板块"海神信仰圈的形成

自先秦时代起,官方就对本土的海神进行祭祀。汉代以后,各地不但涌现出许多区域性海神,后来还产生了具有较大影响的龙王、观世音崇拜。元朝是我国海神信仰的划时代变革时期,除了前代遗留的神灵,唯有妈祖屡屡受到元廷的册封,接受上至皇家下至海洋乃至内河事业从业者与其他黎民的祭拜,妈祖一跃成为全国性的海神,一神独尊。

到了清代,妈祖神格不断上升,被封为"天后"乃至"天上圣母",遥居海神之首。值得一提的是,嘉庆二十二年(1817 年),嘉庆帝在圆明园绮春园内建立了惠济祠,妈祖在皇家御苑内的专庙里享春秋二祭,从而使得妈祖在国家祭祀体系中的地位上升到了最崇高的境界。③ 有清一代,妈祖与黄帝、孔子并列,接受上至皇帝下至黎民的香火。

与此同时,伴随着中国帆船、海商、移民遍及"海上文明板块",妈祖成为该地区最有影响力的海神。陈进国认为明清时期的妈祖崇拜已被作为"文明化"符号再构建,成为东亚海洋民众的共通信仰,进而使得妈祖崇拜经历了一个从"地方化(中国)"到"区域化(东亚)"的创造性转变。④据不完全统计,截至现在,以"海上文明板块"为中心的世界各地仍存妈

---

① 曾昭璇:《广州历史地理》,广东人民出版社 1991 年版,第 232 页。

② (清)徐继畬注:《瀛环志略》卷二《南洋各岛》,上海书店出版社 2011 年版,第 54 页;[日]桑原骘藏:《蒲寿庚考》,陈裕菁译,中华书局 1954 年版,第 200 页。

③ (清)嘉庆帝:《着百龄赴清江浦将天后等神牌封号字样详缮陈奏事上谕》,载中国第一历史档案馆等编《清代妈祖档案史料汇编》,中国档案出版社 2003 年版,第 206—207 页。

④ 陈进国:《明清朝鲜使臣眼中的妈祖信仰——以〈燕行录〉为中心》,"2010 年海峡两岸妈祖信仰文化论坛"(2010 年 4 月 15—16 日,台中市)发言稿,未刊稿。

祖庙 4000 座或 5000 座①，妈祖信众约有 2 亿之多②。

奉祀妈祖固然是为了获得神灵的佑护，但同时还获得了许多副产品，即"在陆域与海岛各类海洋社会（如渔村、商帮、移民群体）中的神灵祭祀活动都极大地增强了海洋社会内部的凝聚力，强化了海上活动的群体精神"③。从而使得中国沿海地区、岛屿，连同环中国海其他地方的华人，共同构筑了"海上文明板块"海神信仰圈。海外华人中所流行的俗语，"有海水的地方就有华人，有华人的地方，就有妈祖"，大概是这个信仰圈的生动写照。以中国的社会力量为中心的"海上文明板块"各地，因共通的信仰而得以凝聚，并有别于陆上文明，成为"海上文明板块"最终形成的又一推手。

（3）"海上文明板块"贸易圈形成

唐宋，特别是南宋元朝时期的中国人不但泛舟"海上文明板块"经商或经营其他生业，而且开始定居当地，并进而形成了海上商业网络。形成了东至日本，南至南海诸国，均行用中国铜钱的局面。④ 如据元人记载，当时的龙牙门（Lingga，Singapore）有中国人侨居，勾栏山（Gelam）有唐人与番人杂居。⑤ 马鲁涧国之酋长姓陈，为元临漳人，威逼诸蕃。⑥

迨至明清时代，中国人贩舟南海更盛，定居环中国海者更多，民间华人拥有强大的经济势力。同时，明廷在招徕当地各政权朝贡的同时，于永乐二十二年（1424 年）在该地设立了行政机构——旧港宣慰司。⑦ 这种情况在西方殖民者初来"海上文明板块"南部伊始仍旧如此。⑧ 这些遍布南中国海各个贸易口岸的华人不但经营着各种生业，"并且是市场上的主要商人群。华人在东亚水域的散置网，早在欧洲人进入这个水域之前已经稳然形

---

① ［日］上田信：《海和帝国：明清时代》，东京讲谈社 2005 年版，第 16 页。

② 曲金良主编：《中国海洋文化》，中国海洋出版社 2006 年版，第 91 页。

③ 王荣国：《海洋神灵：中国海神信仰与社会经济》，江西高校出版社 2003 年版，第 287—288 页。

④ （明）马欢：《瀛崖胜览》之"爪哇国"条、"旧港国"条、"锡兰国、裸形国"条。

⑤ （元）汪大渊原著，苏继廎校释：《岛夷志略校释》，中华书局 1981 年版，第 248 页。

⑥ 同上书，第 360 页。

⑦ （清）张廷玉等：《明史》卷 314《郑和传》，中华书局 1974 年标点本，第 7767 页。

⑧ Charles R. Boxer, *South China in the Sixteenth Century*, London，1953，pp. 39–42，p. 112. 转引自张彬村《十六至十八世纪华人在东亚水域的贸易优势》，载《中国海洋发展史》第 3 辑［《中研院三民主义研究所丛刊（24）》］，1988 年刊行。

成"。耐人寻味的是，"欧洲人来到远东之后，随着海贸幅度的扩大，华人的散置网也变得更大更密"①。对此，西班牙人康塞普逊对 17 世纪初的菲律宾状况给予中肯的描述："要是没有中国人的贸易和商业，这些领地就不能存在下去。"②

到了清代，海上私人华商贸易不仅规模扩大，而且活动范围更广。闽海商为"海舶之利，西至欧罗巴，东至日本之长岐、吕宋，每一舶至则钱货充牣"③。浙海商则"虽极远番国，皆能通之"④。海上私人华商在"环中国海"的主要口岸、码头大都开设了贸易点，并在此集聚。如爪哇之新邨"中华人客此成聚，遂名新邨，约千余家"；吉兰丹"华人流寓甚多，趾相踵也"⑤。"闽粤之人，驾双桅船，挟私货，百十为群，往来东西洋。"⑥

当元明时代浙闽粤海商在"海上文明板块"之中部、南部建起贸易网时，葡萄牙人正在沿着非洲西海岸艰难地向南探索。经过 15、16 世纪的征服，欧洲殖民者在世界各地相继建立了海上霸权。但"海上文明板块"的海上贸易优势，直到 18 世纪末始终掌握在华人手中。

海上华商之所以获得如此地位，按照张彬村的说法，是因为"在各贸易港埠，华人几乎都掌握了主要的市场行销网，地方性的贸易如此，国际性的贸易也如此"⑦。与此同时，在这个由海上华商构筑的贸易圈中，华商还有强大的远距离运送能力，如在长崎港口，"1700 年，中国商船把 2 万吨货物运到华南，而欧洲商船仅装走 500 吨"⑧。所以，布鲁克在其研究明代

---

① 张彬村：《十六至十八世纪华人在东亚水域的贸易优势》，载《中国海洋发展史》第 3 辑 [《中研院三民主义研究所丛刊（24）》]，1988 年刊行。

② John Forenan, *The Philippine Islands* London，1899，p. 110. 转引自陈伟明《明清粤闽海商的海外贸易与经营》，《中国社会经济史研究》2001 年第 1 期。

③ （清）王胜时：《漫游纪略》卷一《闽游》，丛书集成三编第 80 册，台北新文丰出版公司 1999 年版，第 270 页。原文的"东至日本之吕宋、长岐"中的"岐"，显系衍误，应为"崎"。

④ （清）万表：《玩鹿亭稿》卷五《九沙草堂杂言》，丛书集成续编第 115 册，上海书店 1994 年版，第 989 页。

⑤ （清）张燮著，谢方点校：《东西洋考》卷三《西洋列国考·大泥》，中华书局 1981 年版，第 59 页。

⑥ （清）周硕勋纂修：《潮州府志》卷四〇《艺文》，台湾成文出版社 1960 年版。

⑦ 张彬村：《十六至十八世纪华人在东亚水域的贸易优势》，载《中国海洋发展史》第 3 辑 [《中研院三民主义研究所丛刊（24）》]，1988 年刊行。

⑧ [德] 贡德·弗兰克：《白银资本：重视经济全球化中的东方》，刘北成译，中央编译出版社 2008 年版，第 169—170 页。

经济与社会的专著的导言中写道："中国，而不是欧洲，是当时世界的中心。"① 如果以19世纪初期富尔顿发明汽船为"分水岭"的话，在此之前，中国帆船在"环中国海"上纵横驰骋，有着无与伦比的优势。

以往，因为学者过于倚重欧洲人所建立及留下来的文献，故"讲述十七八世纪亚洲海上贸易史的人都太强调欧洲人的角色了"，以至于产生了主客易位现象。② 唯其如此，滨下武志认为从15世纪左右开始，泰国、马六甲、越南、爪哇、菲律宾、长崎、朝鲜及其他各地和中国（华南、华北、东北）联结的朝贡贸易网，以及与地区间沿岸贸易结合的移民浪潮的扩大，形成了一种内外共同发展的现象。③ 正如弗兰克所说，东南亚曾经是世界上最富裕、在商业上最重要的地区之一，但该地仅仅是面临南中国海而不是印度洋的"中国和印度之间的'边陲'贸易中心区"④ 而已。

"东亚贸易圈"也好，"朝贡贸易网"也罢，均在"海上文明板块"上展开。需要说明的是，在明清时代的"海上文明板块"上，中国的社会性力量——私人海商与贸易、私人帆船与移民、私人海上交通与海盗是起主导作用的。

三 "海上文明板块"的特质及其对疆域形成的影响

1. "海上文明板块"的独自性

笔者认为，如果将"海上文明板块"再细分的话，可以说该板块是一个由四个不同地域构成的海域世界。即其一，海陆交汇处，但有一定宽度的沿岸地区；其二，紧傍海岸线的海缘地带；其三，海域本身及海岛；其四，通过远距离长途贸易将各个海缘与海域地带连接起来的口岸城市。这

---

① Brook, Timothy, *The Confusions of Pleasure*, *A History of Ming China*（1368–1644）, Berkeley and Los Angeles: University of California Press, 1999. 转引自［德］贡德·弗兰克《白银资本：重视经济全球化中的东方》，刘北成译，中央编译出版社2008年版，第109页。

② 陈国栋：《东亚海域一千年》，山东画报出版社2006年版，第19页。

③ ［日］滨下武志：《近代中国的国际契机——朝贡贸易体系与近代亚洲经济圈》，朱荫贵等译，中国社会科学出版社1999年版，第57页。

④ ［德］贡德·弗兰克：《白银资本：重视经济全球化中的东方》，刘北成译，中央编译出版社2008年版，第87—88页。

些口岸城市既是海洋与内陆交往的出入口，又是各个海缘与海域地带之间的连接点。

围绕着各个海域，位于其周缘的国家与居民及其交易城市之间相互影响，构成了历史性的海域交易圈。各海域交易圈的周缘地带之间相互关联、没有明显的分界线，并且彼此给予对方不同程度的影响且生活方式与文化比较接近。但由于各个海域背后地带的陆上政权不同，从而使得各个海域经常维持着相对独自性，形成相对独立的交易圈。该交易圈的周缘生成交易港、交易都市与口岸。另外，在各个交易圈的交错地带，还衍生出一系列交易条件相对完善的中继都市，如长崎、马尼拉、那霸等，这些都市的市场相对完备，并形成了稳定的商人居住区，有的甚至发行通货，交易条件较为完善。虽然各个海域沿岸的政权（国家或准国家）与居民各异，但围绕着海域、航线、口岸与中继都市，形成了与陆上不同的人、物、文化、宗教的流通空间。该世界虽背靠陆域却又有别于陆域，是另一个秩序空间，保持着独自性。

所谓"独自性"，是指海域世界的组织原理具有流动性、商业指向性，呈现出相互协调的多种族性、多文化性的同时，还具有相对的市场同一性与信仰同质性。如东亚海域周边有几十个不同政权、百十个不同族群，但妈祖却是该海域上的人们的共同信仰，不同国度的海商拥有共同的市场，构成了一个呈现网络状的"海上循环世界"。

自 17 世纪中期以降，先是欧、美、亚各国相继在陆地上形成了比较明确的边界。但人类确立 12 海里领海与 200 海里专属经济区原则业已是 200 多年后的 1982 年。因此，当 1820 年中国在陆上与邻国已大体上具有较明确的边界时，"海上文明板块"并没有受到太大影响，该板块依然沿着自身的发展惯性前行，仍然以整个东亚海域为内径，中国海上社会力量直至 18 世纪末期，还经常扮演着主导性角色。

2. "海上文明板块"对中国社会及疆域形成的影响

（1）白银贸易与明清货币银本位的实现

自明中叶以降，中欧之间的贸易收支均以欧洲人带来的白银来平衡，由于当时中国拥有高于欧洲的生产力，从而使得中国成为世界白银的最大吸收库。① 这为明清王朝最终实行以银为本位货币、以铜钱为辅币的货币体制提供了前提。银本位货币的实现，使得明朝中期以后的商品经济高速发展，中国国内统一市场开始形成。同时，借助于白银，从事大规模远程贸易和海上贸易的著名商帮也在此时期形成。凡此种种，为明清政府，特别是清廷统一中国奠定了坚实的物质基础与政治基础。

（2）美洲农作物的传来及普及

借着白银巨量输入中国，内地的生产力随之提高。另外，明后期，原产于美洲的玉米、红薯与马铃薯等高产、耐旱、耐寒作物通过海上板块传入中国，解决了中国长时期食粮不足的问题，使得明后期，特别是清初以降的人口激增。人口激增的后果是耕地的紧缺，造成了移民向四周扩散。明清垦殖扩张的特点是先内地的山地、瘠土、沿海滩涂，接着便涌向边疆地区。向南则是先到两湖、四川，而后进入西南诸省。向西北、蒙古与东北方向，李根幡认为玉米最初主要在各地山区迅速推广，出现了"遍山漫谷皆苞谷"的局面，取代原来粟谷的地位。"19世纪后，华北、东北等平原地区也开始大量种玉米，玉米遂发展为全国性的重要粮食作物。"② 肩扛锄头、手提美洲作物种子的内地移民开垦边疆的结果，促成这些地域与中原地带迅速均质化。

（3）西洋火器在对俄战争、平定准噶尔部之战、改土归流中的作用

正德八年（1513年）葡萄牙人进入广东近海水域，十二年（1517年）、十四年（1519年）又多次前来，明朝水军对之无可奈何。十六年（1521年），明朝水军与葡萄牙人在广东省东莞县的屯门兵戎相见，史称中葡"屯门之战"。起初，数量极少的葡萄牙人曾"数发铳击败官军"，明军数量虽多却无法抵御，只好利用风雨天气和葡萄牙人不备，才得以派人泅水凿破其船，迫其一时间撤退。③ 明朝自万历四十八年（1620年）从澳门购买红夷大炮，并聘请数名葡萄牙人炮师开始，新式火器正式在中国登场，使得明廷在明清关外之战的初期，出尽了风头。但晚明依靠红夷大炮只是获得

① 全汉升：《明清间美洲白银的输入中国》，载氏著《中国经济史论丛》（第1册），香港新亚研究所1972年版，第435—450页。

② 李根幡：《中国古代农业》，商务印书馆1998年版，第95页。

③ （明）郭棐纂修：《广东通志》，齐鲁书社1997年版，第577页。

了对后金铁骑的一时优势。天聪五年（1631年）后金仿造红夷大炮成功①。翌年，明朝将领孔有德携带着明朝最先进的巨量红夷大炮与全套铸弹制药技术与仪具及掌握瞄准知识的士兵投降后金。同时，后金从明总兵祖大寿部又缴获了大量火器。崇德七年（1642年）元月，后金运用这些红衣大炮与西洋火铳建成了一支拥有2.45万人的炮兵劲旅——汉军八旗。于是，明金（清朝）火器优势立即易位，迨至清军定鼎燕京前夕，清朝炮兵已完全掌握了攻坚摧城的主动权。从而迅速获得了对明战争的主动权，最终造成紫禁城易主。因此，清朝初期很重视火器的作用。

清人江日升曾记载说，郑成功讨伐荷兰人、征服台湾时曾使用"连环煩二百门"②。据王兆春研究，在与荷兰人对垒、在台湾登陆战中，郑军的火器装备远远超过了荷军，并用巨量火炮攻下了荷兰人最后据守的城堡——台湾城。③

康熙初期，沙俄军队侵占中国的雅克萨城。康熙二十二年（1683年）六月，清军从水陆攻打俄军，并用神威无敌大将军等大型火炮猛轰城垣，激战三日，收复了雅克萨城。④据王兆春不完全统计，康熙十三年至二十六年，经南怀仁督造的火炮近500门。⑤日本学者江场山起则考证更为精细，认为康熙十三年至二十八年，经南怀仁制造或参与制成的火炮共518门。⑥其中有些火炮，在收复雅克萨之战前，已运抵齐齐哈尔炮库储存，尔后又分运各地。据《龙城旧闻》记载，清廷曾于康熙三十二年（1693年）在齐齐哈尔"建神威无敌大将军砲库，正三楹"⑦。曾任黑龙江典库的西清描述得更为清楚：齐齐哈尔、黑龙江各四位，曰神威将军，"皆平定罗刹故物

---

① 《清史稿》卷八四《礼志三·祀砲》："天聪五年，造红衣砲，镌曰天佑助威大将军，遂携以毁于子章台，克大凌河，行军携红衣砲始此。"后金仿制成功红夷大炮后，将"红夷"改为"红衣"。

② （清）江日升：《台湾外记》，"闽台史料丛刊"本，福建人民出版社1983年版，第160页。

③ 王兆春：《中国火器史》，军事科学出版社1991年版，第258页。

④ 同上书，第261—266页。

⑤ 王兆春据《清文献通考》卷一九四《兵考》一六《军器·火器》的记载所统计，转引自王兆春《中国火器史》，军事科学出版社1991年版，第261页。

⑥ ［日］江场山起：《清初南怀仁铸造火炮的技术及其评价》，王妍译，载阎纯德主编《汉学研究》第11集，学苑出版社2008年版，第313页。

⑦ 魏毓兰：《龙城旧闻》卷一，黑龙江报馆民国八年（1919年）版，第5页A面。

也"①。《黑龙江外记》中对此事记载较详:"齐齐哈尔、墨尔根、黑龙江皆有砲。曰神威无敌大将军,齐齐哈尔、黑龙江各四位;曰神威将军,齐齐哈尔、黑龙江各十二位,墨尔根八位;曰龙砲,齐齐哈尔六位;曰威远砲,齐齐哈尔、黑龙江各一位;曰子母砲,齐齐哈尔二十位,墨尔根、黑龙江各十位。""皆齐齐哈尔库存永远不动。"②

康熙三十五年(1696年),噶尔丹部再次叛乱,前锋逼近今内蒙古南部昭莫多。康熙帝决定亲征,火器营与满州炮兵、汉军炮兵随三路大军远征。费扬古所率西路军历经77天跋涉于五月十二日抵达昭莫多时,与噶尔丹军主力近1万人③遭遇,而此时的清军兵力仅剩1.4万人。④ 费扬古令部将殷化行立即抢占了昭莫多制高点,居高临下,用大炮、子母炮轰击正爬到半山腰的准噶尔军。陷入进退两难境地的准噶尔军队则以岩石为蔽,用鸟枪、弓箭等殊死抵抗。噶尔丹及其妻阿奴则"冒炮矢,舍骑而斗,锋甚锐,不可败",双方从未时至酉时"击伤相当,胜负未决"⑤。鉴于此,费扬古采用分兵并进,偷袭准噶尔军阵后辎重及妇幼的战术。于是,清军发动集团冲锋的同时,利用火炮的远距离轰击的优势,"以三炮坠其营,遂大捷"⑥。噶尔丹之妻阿奴哈敦也中炮阵亡。准噶尔军顿时冰消瓦解,被清军歼灭2000余人,俘获2000人。⑦ 噶尔丹仅率数十骑从昭莫多遁逃,不久败亡。

雍正四年(1726年),雍正帝鉴于手中掌握了配备大量火器的军队,加之财政状况改善,遂决心在西南地区实施改土归流政策,并取得了一定的成绩。在改土归流的首役,即攻打乌蒙土府之战中,清军将领哈元生以千余兵赶赴乌蒙土府,至得胜坡遭遇两个土府士兵共2万人。当哈元生夺关斩将抵达依那冈时,两土府兵已连营十余里严阵以待,哈元生以自己带

---

① (清)西清纂,萧穆等重辑:《黑龙江外记》卷四,影印光绪二十年刊本,载《中国方志丛书(东北地方)》第二号,台北成文出版社1969年版,第124页。

② (清)西清纂,萧穆等重辑:《黑龙江外记》卷四,影印光绪二十年刊本,载《中国方志丛书(东北地方)》第二号,台北成文出版社1969年版,第125页。

③ (清)蒋良骐《东华录》卷下记载:"噶尔丹率贼万计逆战。"

④ 《宫中档康熙朝奏折》第九辑,台北"故宫博物院"1972年刊行,第82页。

⑤ (清)魏源:《圣武记》,岳麓书社2004年版,第128页。

⑥ 王兆春:《中国火器史》,军事科学出版社1991年版,第266页。

⑦ 《清内阁蒙古堂档》康熙三十七年档,全宗号2,编号53,中国第一历史档案馆藏。

来的朝廷兵 3 千、当地土兵 1 千，合计 4 千人与两土府 2 万士兵对垒。哈元生趁夜设伏兵于阵地两翼的山后而自己携大炮正面对阵。"黎明，贼数路来犯，不动。将偪阵，砲起，大呼奋击，山后伏兵左右夹攻，贼大溃，尽破其八十余营，获甲械辎重山积。"①

经过雍正帝的不懈努力，西南地方割据土司中的强横者，渐次被削平。到了乾隆时期，大、小金川土司逐渐成为妨碍清廷政令垂直下达到西南的强硬割据势力。大、小金川之"地高峰插天，层叠迴复，中有大河，用皮船笮桥通往来。山深气寒，多雨雪"，"其番民皆筑石碉以居"②。既有许多海拔 4500 米以上的高山，又多有湍急峡谷，加上险要之处林立的坚固碉堡，特别是剽悍的土司军队，对擅长平原、丘陵作战的官军构成了极大的威胁。尤其是大金川土司凭借着高山深谷的优良守御地形，自乾隆"十二三年以来，全力抗守，增垒设险，严密十倍小金川"③。实际上，云贵川三省的高山地带，在清雍乾之前，地方豪强始终处于割据状态，即使强大的元朝也无可奈何，只能对其实施羁縻政策。迨至清朝中期，由于国家政令统一的需要，特别是朝廷掌握了山地战的制胜法宝——西洋火器，故从雍正帝开始，清廷逐步着手实施改土归流之策，乾隆帝即位后继承此遗策。为了对付大、小金川土司的坚固碉堡与高山深谷地形，清军不但配有重型炮，还特地制造了一些适宜山地作战的轻型短管炮。

关于火炮威力，从官军进攻大金川的两大堡垒——勒乌围与转经楼时可以看得清晰。

乾隆四十年（1775 年）七月，清军抵达勒乌围。"八月十五夜，进捣贼巢，四面砲轰官寨，破之。"④ 接着进攻转经楼。该楼"与勒乌围大碉相犄角。高砌八层，凭依为阻。我军首戴柴相栅，手推沙土囊，进薄碉边，层层垒砌。顷刻成木栅三重，俯击碉下。又穴地用砲，贼众之掘沟以抗者，轰击立毙"⑤。不久，官军围攻噶拉依，"富德遣舒亮等掘地道，抵噶咱普山

---

① 《清史稿》卷五一四《土司传三·云南》。

② （清）昭梿撰，何英芳点校：《啸亭杂录》卷四《金川之战》，中华书局 1980 年版，第 97 页。

③ 《清史稿》卷五一三《土司传二·四川》。

④ 同上。

⑤ （清）方略馆纂：《平定两金川方略》卷首，西藏社会科学院西藏学汉文文献编辑室 1991 年影印本，第 12 页右叶。以下所引《平定两金川方略》，如无特别说明，均系此版本，故不再标注。

坡间，施火药轰击"①。大金川土司军意志坚强，凭借着大小碉堡负隅顽抗。但到了乾隆四十一年（1776 年）正月，官"军用大砲昼夜环击，穿堡墙数重，殪贼无算，并断其木道，贼益惶窘"，"自围剿噶拉依，凡四十余日，金川阖境悉平"②。

总之，在清初的统一中国之战中，特别是在清中期实施的改土归流之策、三平准噶尔部之乱、统一西藏、底定西域、攻破割据台海郑氏集团，以及抵抗沙俄侵略之战中，西洋火器均起到了不可替代的作用。

四　陆上专制皇权与海上社会力量之间的较量

关于明清两朝垄断海上贸易与禁海问题，李金明、林仁川、曹永和等曾进行比较深入的研究，笔者将在充分参考此诸成果的基础上，从中国海疆奠定的角度予以探索。

1. 明清专制王朝垄断海上贸易与禁海

明朝禁海政策始于明太祖，曹永和认为随着明廷虽"承袭前朝遗制，设置市舶司来管理，起初虽相当开放，必然地走向皇家独占的路线。其究竟是朝贡贸易制度的确立，而被排拒的一般舶商只有犯禁出海，而犯禁所招来的是更严厉的管制，于是愈禁愈严"③。所以，林仁川认为明代中国的海上贸易虽很发达，"但它的性质是以皇帝为中心的封建专制政权严格控制下的官方海上贸易，它的存在和发展是为以皇帝为中心的封建官僚统治集团服务的"。即经济上为统治阶级采办"海外奇珍"，政治上是为了"羁縻"海外诸国，确立其宗主国的地位。④ 可以说，明朝在我国快速发展的海上贸易巨轮上，强行地安上一个刹车装置，使我国海上贸易由盛转衰。元代"国家出财，资舶商往海南贸易宝货，赢亿万数"⑤ 的光景，已是一去不返。

---

① （清）方略馆纂：《平定两金川方略》卷首，第 12 页左叶。

② 同上书，第 12 页左叶—13 页。

③ 曹永和：《试论明太祖的海洋交通政策》，载中国海洋发展史论文集编辑委员会主编《中国海洋发展史论文集》（一），"中研院"中山人文社会科学研究所 1984 年刊行，第 70 页。

④ 林仁川：《明末清初海上私人贸易》"前言"，华东师范大学出版社 1987 年版，第 1 页。

⑤ （元）吴澄撰：《吴文正集》卷三二《董忠宣公神道碑》，《四库珍本二集》本。

2. 没有海的海洋民与没有祖国的移民、海商

由于明廷统治下的中国已经没有合法的私人海上贸易，使得在 8—15 世纪业已形成的世界上最强大的海商集团——中国海商，渐渐地被后起的亦商亦盗的欧洲殖民者所替代。明清朝廷对付海商的政策是不分良莠，无情打击，坚决镇压，借机处没海商财产。但沿海居民以海为田，是挡不住的自然的经济需求。于是，"明代中国的对外贸易，也就奇特地利用走私道一偏道作为常道"①。在明廷的严厉镇压下，东南沿海的海商从 16 世纪初期开始走向集团化，以期通过组织化保护生存空间，持续十数年的"嘉靖倭难"拉开了序幕。但事实上，嘉靖年间之"倭寇"者，绝大多数是中国人且为领导者，而非真"倭"也。这是一场由中国海上贸易商人为主导，联合其他各阶层的人们，雇用少量日本人，反抗明廷海禁政策，求生存的战争。②

另外，明清时期中国人相继移民南洋。如在郑和大航海以前，有梁道明者雄长三佛齐，"广东、福建民从者至数千人，推道明为首"③。1570 年，马尼拉华人仅 40 人，到了 1635 年马尼拉城外东北部的八连（Parián）已住有二万以上的华人。④ 据曹永和研究，1603 年马尼拉（Manila）城内住有16000—20000 个华人，而西班牙人只有 1000 人左右；1599 年住在巴达维亚（Batavia）城内的华人有 3679 人，而所有的欧洲人只有 1783 人，此后的比率更加悬殊。⑤ 这让西班牙殖民当局害怕，于是，便有预谋、有准备地每隔三十几年进行一次惨绝人寰的大屠杀。经过 1603 年 2200 名华人⑥、1639 年

---

① 张彬树：《十六世纪舟山群岛的走私贸易》，载中国海洋发展史论文集编辑委员会主编《中国海洋发展史论文集》（一），"中研院"中山人文社会科学研究所 1984 年刊行，第 75 页。
② 林仁川：《明末清初海上私人贸易》，华东师范大学出版社 1987 年版，第 56 页。
③ 《明太宗实录》卷 38，"永乐三年春正月戊午"条，载"中研院"历史语言研究所 1962 年本，第 646 页。
④ 方真真：《还原真相：1684 年一位中国海商的案件分析》，载中研院人文社会科学研究中心主编《人文及社会科学集刊》第 20 卷第 2 期（1997 年 6 月），第 243—280 页。
⑤ 曹永和：《明末华人在爪哇万丹的活动》，载《中国海洋发展史》（第 2 辑）[《中研院三民主义研究所丛刊（24）》]，1986 年刊行。
⑥ 《美洲白银与妇女贞节：1603 年马尼拉大屠杀的前因后果》，载朱德兰主编《中国海洋发展史论文集》（第八辑），中研院中山人文社会科学研究所 2002 年刊行，第 295—326 页。

22000 名华人与 1662 年 25000 名华人①被三次有组织有计划地大屠杀，致使马尼拉华人人数逐渐减少。对于这些屠杀海外华人行为，明清政府或予以支持或默许。

由此可见，明清时期的海外华商始终处于被中国官军与西方殖民者或单独或联合屠杀与迫害的地位上，使得海外华人成为"没有帝国的移民"②，是一群没有祖国的弃民。中国官府与中国海上民间势力在内斗中互相抵消，加之明清王朝蓄意压制民间的海外移民冲动，为后来惨败于海上埋下了伏笔。

3. 郑氏海上王国

郑氏海上王国肇始于海盗出身的郑芝龙。明末时，郑氏集团"已基本上拥有东起江浙至日本以南海域，西至越南、暹罗附近海域，南至东南亚沿海的广大地区的海权"③，使得"芝龙兵益盛，独有南海之利。商舶出入诸国者，得芝龙符令，乃行，八闽群不逞归之"④。而海舶"每一舶，例入三千金。岁入千万计，芝龙以此富堪敌国"⑤。

郑成功经过十余年间经营，拥兵 10 多万，"其中 20 镇水师更是郑军的主力"⑥。到了郑经时期，郑氏集团已成为拥有"水陆官兵计四十一万二千五百名，大小战舰，约计五千余号"⑦ 的强大海上王国。1635—1683 年，以闽粤浙的社会力量为政权基础的郑氏集团曾将"海上文明板块"中部海域作为根据地，主导着北起黄海，整个东海，南至南海，面积达数百万平方

① 陈荆和：《十六世纪之菲律宾华人》，香港新亚研究所东南亚研究室刊印 1963 年版，第 135—147 页。
② [荷]包乐史：《巴达维亚华人与中荷贸易》，广西人民出版社 1997 年版，第 83—85 页；《清高宗实录》卷一八九；庄国土：《中国封建政府的华侨政策》，厦门大学出版社 1989 年版。
③ 余丰：《从明末清初郑氏的海上经营看中国古代的海权维护》，载《福建省首届海洋文化学术研讨会论文集》，2007 年。
④ （清）邵廷采：《东南纪事》卷一一《郑芝龙》，载台湾银行经济室编辑《台湾文献丛刊》第 96 辑，台湾银行 1960 年刊行，第 131 页。
⑤ （清）三余氏：《南明野史》卷中《绍宗皇帝纪》，台北大通书局 1987 年版；（清）邹漪：《明季遗闻》，台北大通书局 1987 年版。
⑥ 余丰：《从明末清初郑氏的海上经营看中国古代的海权维护》，载《福建省首届海洋文化学术研讨会论文集》，2007 年。
⑦ 《郑泰洪旭黄廷咨靖南王耿继茂总督李率泰文》，《郑氏关系文书》，载"台湾文献资料丛刊"第 6 辑，台北大通书局 1987 年版，第 8 页。

公里海域的贸易。

大约 1603 年前后,荷兰人出现于南海,并于 1642 年占领了台湾岛。清顺治十八年(1661)4 月,郑氏集团击败了素有"海上马车夫"之称的荷兰人。1683 年郑氏集团降清,台湾岛连同大部分"海上文明板块"正式纳入了中国版图。

五　结语

黑格尔曾将欧洲文化喻为海洋文化,而将中国文化斥为大陆文化。对此,李约瑟博士说:"中国人一直被称为非航海民族,这真是太不公平的了。他们的独创性本身表现在航海方面正如在其他方面一样,中世纪和文艺复兴时期西方商人和传教士发现的中国内河船只的数目几乎令人难以置信,中国的海军在 1100—1450 年之间,无疑是世界上最强大的。"[①]

所以,不能将广袤的中国疆域与悠久而复杂的文化,笼统地称为大陆文化或海洋文化。为此,吴春明说:"史前上古时期,从我国东部到东南沿海分布的东夷和百越等土著先民共同创造了一个不同于内陆华夏农耕的海洋文化时空存在,东南土著就是源远流长的环中国海海洋社会经济与人文的直接源头。"[②] 应该说,中国东部及东南沿海从来都不缺乏或未曾间断过海洋文化,只是陆上专制皇权势力经常凌驾于海上社会力量之上,阻遏了中国海洋文化的进一步发展,从而使中国成为"大航海时代"的落伍者。

但不论是葡、西,还是后起的法、荷等国,虽然积极开拓海外殖民地,但尚不能称之为海洋国家,因为它们是从陆地视角去开拓或发现海洋的秩序。相对彻底地、相对完全地以海洋为视点进行生活与思考,渐渐选择海洋作为其生存的空间,且将其政治存在置于海洋这一元素之中的国家,唯有英国。但英国也不是天生的海洋国家,施米特认为,"从 16、17 世纪开始,英国才在其政治的整体性存在中选择了以海洋为基础的世界秩序,以

---

① 　[英]李约瑟:《科学与中国对世界的影响》,陈养正译,载潘吉星主编《李约瑟文集》,辽宁科学技术出版社 1986 年版。

② 　吴春明:《环中国海沉船——古代帆船、船技与船货》,江西高校出版社 2003 年版,第 154—155 页。

对抗欧洲大陆"①。

与之相反,明清王朝制定海外贸易政策的出发点是保护绝对君主专制严格控制下的政府经营,是为统治集团服务的。为此,严厉镇压私人海上华商,那些海外经商者或移民海外者便是朝廷的敌人,朝廷每每必欲置其死地而后快,甚至不惜联合西方殖民者共同屠杀。从某种意义上说,这也是一种将陆上的绝对君主专制主义权利辐射到海上,使陆地主宰着海洋,使海洋秩序屈服于陆地秩序的产物。而这种海禁政策不但扼杀了唐、宋、元以来的官民共同经营海洋的良好发展态势,更是中国后来失去了富庶的鄂霍次克海、日本海,接着丧失琉球、越南与朝鲜等海上或沿海属国的罪魁祸首。

在"海上文明板块"上,有赖于海上中国社会力量吸纳白银,明清两朝最终实现了银本位货币体制。该体制促进了明清两朝商品经济的快速发展,对于全国统一市场的形成厥功至伟。经济的进步与美洲农作物从海上传来,造成了晚明,特别是清初人口的爆炸。伴随着这些移民向四周扩散,以往模糊地域逐渐被统合到中国疆域之中。从澳门引进的西洋火器不但造成了明清易代,而且对于对外抵抗沙俄侵略,对内改土归流、平准等有着不可替代的作用。郑成功凭借着海上中国社会力量收复了台湾,主导着数百万平方公里的海上贸易权,为后来中国海疆的奠定打下了坚实的基础。"海上板块"对中国疆域的底定起到十分巨大的作用。

---

① 〔荷〕格劳修斯:《海洋自由论》,宇川译,上海三联书店 2005 年版,第 220 页。

论"海洋社会战略"

——一个基于"海洋文化"新"猜想"的新思考

黄建钢　刘景龙*

21 世纪是海洋世纪，海洋已经成为世界关注和行动的焦点和中心。开发、利用海洋不仅已经成为世界各国的共识，而且是世界各国在未来竞争、发展中取得主动地位的关键，也是世界各国在新世纪持续快速发展的重要战略举措。面对竞争激烈的国际形势，国家需要制定具有时代性和历史高度的海洋战略，更需要制定一个适应世界形势和应对未来发展的海洋战略，以实现建设一个海洋强国的目标。而国家战略更是一种基于对"过去与现在之间适当关系"①深入思考后的产物，这也正是当今发展所面临的急需思考和解决的关键问题。这就急需一种哲学和科学高度结合的思考。但必须是在哲学基础上的思考，才可能是科学的。这种思考必须放在全球范围和人类社会发展及动态的角度上展开。而哲学思考又必须基于一种科学性"猜想"和前瞻性思考的基础。通过对"海洋文化"的大胆"猜想"甚至想象，来重新认识和界定"海洋文化"及在人类社会形成与发展中所起到的重要作用，及其对人类"海洋文明"形成的大致趋势的展望，从而寻求和谋求中国当前海洋战略的定位以及应对未来发展而提出的构建一个"中

---

* 黄建钢，浙江海洋学院公共管理学教授、浙江舟山群岛新区研究中心主任；刘景龙，浙江海洋学院公共管理学硕士。

① 这是帕伦博勋爵在 2012 年 5 月 25 日普利兹克建筑奖（有建筑界"诺贝尔奖"之称）颁奖典礼上致辞的核心内容。

型海洋社会"的"设想"和"构想"。

一 "海洋社会":"海洋文化"演绎和发展的一个必然结果

海洋不仅是地球生命的摇篮,而且也是人类生命的摇篮,更是人类文化的摇篮。由于受到地域环境影响以及缺乏对海洋深入而必要的了解,人类始终缺乏经略海洋的战略意识,并长期实行"重陆轻海"的策略,所持的基本是"海洋是陆地的附属物"的观点。它导致了"陆地文化"繁荣至今的局面。但进入21世纪后,发展海洋经济已经被急速地提到了世界各国的发展议程。各国都在积极地围绕"海洋"制定战略决策。因而,我们就需要从一个科学的角度和态度对"海洋文化"进行全新的解读,以提高具有全球性的海洋意识和观念,探寻我国海洋战略在现阶段的部署以及规划。

1. "海洋文化":一个本原和循环的人类文化运行形态

人类现在的文化的本原究竟来自何处还是一个见仁见智的问题。经过对现有资料的掌握和研究得出一个结论或者"猜想",海洋文化是其最早的比较完整的物质形态,并且这个形态最早就在现在的太平洋西北角海域即中国的东海海底生成和生力,时间约在15000—40000年前。从地理的角度给予佐证的材料是,15000年前的东海海面比现在要低140—160米[1],由此在当时的地球上形成了一个环绕各大洋的滨海平原通道。它使得4000个非洲人在40000年前能够走出非洲并且可以大踏步地几乎无障碍地走向地球各地成为可能。由于现在的渤海和黄海水深都不到140米,所以它那时还不是海,是两个相连的北高南低的大平原,其中辽河从中流过,在黄海平原的中南部与黄河、淮河等河流再汇成一条特大河流,并与长江一起从东和西两个方向在现在的东海中北部冲击形成了一个类似于大西洋的"亚特兰蒂斯"的古三角平原区域。40000年前的一部分非洲人走到这个区域被这条特大河流挡住了去路,就在这里定居了,并且定居了几乎25000年,创造了丰富的滨海平原文化。佐证的物证是经过碳14检测的40000年前的舟

---

① 冯应俊:《东海四万年来海平面变化与最低海平面》,《东海海洋》1983年第2期,第36—42页。

山木棍①与最近考古发现的非洲 40000 年前的木棍有异曲同工之妙，甚至人类还曾经有过一个鼎盛的木器时代，如木制的机械，等等。后来，随着地球气候的变暖，高山和高原冰雪融化，海水时而猛灌又时而渐涨，居住在东海平原的人们开始与海浪搏斗并最终迁徙了，由此形成了海洋文化。接着，随海水的不断上涨和目光的远近不同，他们沿着江河就有不同的迁徙，有的迁徙了 50 里，有的迁徙了 5000 里，有的是接近于平行的迁徙，有的却是接近于垂直的迁徙。一直到 7000—8000 年前，由于海水的停止上涨，他们的迁徙也停止了。于是才形成了舟山马岙②、余姚河姆渡③、萧山跨湖桥④的新石器遗址。其中，那个海底的古三角平原、舟山马岙、余姚河姆渡和萧山跨湖桥都在北纬 30°的范围之内⑤。由此也形成了之后人类生活的四个阶段：一是滨海平原，二是高层平原，三是中间平原，四是新的滨海平原。它们分别代表的是"龙"的时代⑥、"羊"的时代⑦、"谷"的时代和"海"的时代。其中，"龙"的时代持续了约 25000 年，"羊"的时代持续了约万年，"谷"的时代持续了约 5000 年，而"海"的时代至今只有约 500 年。而导致这些变化的背后因素是气候。后来又由于气候的变化，主要是全球气温的下降变冷，使得高原的生态发生改变，于是中间平原文化和高层平原文化之间发生了逐渐趋于激烈的冲突直至战争。其中，最激烈的

---

① 参见《钱江晚报》2008 年 3 月 24 日，"舟山木棍"：舟山市博物馆日前收到北京大学加速器质谱实验室寄来的碳 14 测试报告，说送检的木棒化石年代大于 4 万年，此结论证明了该木棒化石系国内少见的旧石器时代木化石标本。而更具考古价值的是，这根木棒化石上记录着古人类活动的痕迹。http://news.artxun.com/huashi‐595‐2970938.shtml。

② 舟山马岙是舟山群岛迄今发现的规模最大、保存最完整、内涵最丰富的原始村落遗址，在六千年前左右。

③ 河姆渡遗址是世界闻名的新石器时代遗址，上下叠压着四个文化层。其中，第四文化层的时代，距今约七千年，是中国现已发现的最早的新石器时代地层之一。主要分布在杭州湾南岸的宁波、绍兴平原，并越海东达舟山岛。

④ 跨湖桥遗址经过 1990 年、2001 年和 2002 年三次考古发掘后，出土了大量骨器、木器、石器、陶器及动植物遗存，经碳 14 测定，距今 7000—8000 年。

⑤ 北纬 30°线贯穿四大文明古国，是一条神秘而又奇特的纬线。在这条纬线附近有神秘的百慕大三角、著名的埃及金字塔、传说中沉没的大西洲、世界最高峰珠穆朗玛峰……不管是巧合还是冥冥注定，北纬 30°线都是一条能引起人们极度关注的地带。http://baike.baidu.com/view/48619.htm?sub-LemmaId=5064518&fromId=184283。

⑥ 这是笔者按照吴承恩在《西游记》里对东海海底文化的描述来确定的。

⑦ 这是中共南通市委党校教授、图书馆馆长黄杨的观点。他认为，中华民族是"羊的传人"。

战争要数发生在汉初的汉匈之战。其结果是匈奴被打败,之后一直退迁到了现在德国和匈牙利一带。佐证是,"匈牙利"就是指"来自匈奴的人"。匈奴到达匈牙利后,把原居住在那里的人赶到了现在的法国一带,然后又把居住在那里的人赶到了英伦三岛。这是一种由部落之间的战争逐渐传播的文化,到1840年左右在经过非洲大陆南部的好望角和印度后,又回到了它的起点——东海。这就是"海洋文化"的东海起源性和全球循环性。

2. "海洋社会":从"海洋文化"到"海洋文明"的"家"概念

非洲人在东海平原濒临太平洋的古三角区域生活了25000年左右。当时尚未形成一个"海洋文化"。严格意义上的"海洋文化"是随着15000年前海平面的上升和人类与之搏斗而创造和逐渐形成的。这就是传说的神秘、神奇、悠久的"龙文化"及"龙宫文化"。这是形成"中华民族是龙的传人"传说的文化原素和元素。之后,人类就经历了一个长达15000年之久的逃离和脱离海洋的陆地文化时期。但这种稳定性在距今500年前又被打破了,从而使得人类进入了一个海的时代。随着大航海时代的到来及世界文化大交流的开始,文化的冲突特别是海洋文化的冲突越来越明显,越来越频繁,越来越激烈。特别是进入20世纪之后,无论是大西洋还是太平洋,海洋冲突进入了一种海洋战争的状态。虽然"战争"也是一种文化形态和状态,如同野蛮也是一种文化一样。但"战争"却不是一种"文明"形式。"文明"既来自"文化",又是对"文化"的超越,更是对"文化"的统筹和协调。而"海洋文明"则是把"海洋"纳入"社会"的范畴中考察并在解决"海洋文化"之间矛盾和冲突甚至战争时的一种方式。其中,1982年《海洋法公约》的颁布,不仅标志着一个"海洋社会"需求的形成和"海洋文明"要求的凸显,而且还标志着一个在海洋冲突上有法可依时代的到来。"海洋社会"就是一个以"海洋"为中心和核心要素的社会,如地球由于表面积的71%是海洋,所以人类社会从宏观上看就是一个"海洋社会";由此形成了类似于地中海社会、大西洋社会和太平洋社会的大型海洋社会以及渤海社会、黄海社会、南海社会等的中型海洋社会的概念。以往的"海洋文化"基本是以陆地为中心来审视和形成的文化形态,所以往往具有一些边缘性、次要性和各表性。这也决定了海洋上的文化冲突时有发生。而要想改变这种现状,唯一可着手的就是要变观念上的"陆地主义"为"海洋主义",然后再变方式上的"陆地社会"为"海洋社会"。二者之间的区别在于,在陆地和海洋之间,究竟谁是中心或边缘的问题。在"海洋社会"里,"海洋"是具有共同性和公共性的,是一个具有共同属性的"池塘",其所有的资源都是公共的。就像一口大锅,其公共性表现在,一旦锅被砸烂了,靠锅吃饭的人都会没饭吃,甚至还会饿死。

　　3. 矛盾和冲突:当前和未来的全球海洋运行态势

　　平静的海洋再起较大争端甚至局部战争是在 20 世纪七八十年代至今的时间里。从中国的角度看,它先后经历了 1974 年"中越西沙之争"①、1982 年的"英阿马岛之战"② 和 1988 年的"中越南沙之战"③ 的冲击。进入 21 世纪后,先后有韩日岛屿之争和俄日岛屿之争激化,特别是 2012 年南海的中菲黄岩岛事件、东海的中日钓鱼岛事件以及中韩苏岩礁"领土问题"等海上争议甚至争端凸起,又把这种争端推到了一个新的高度。所谓的"21世纪是一个海洋世纪",就是一个充满海洋冲突甚至海洋战争的世纪。其原因既有资源问题,又有"面子"问题,更是战略问题。一下子把本来处于边缘甚至是"被抛弃"的"海洋"提到一个重要位置上,人们的准备尤显不足。这是形成当前和未来海洋争议、争端甚至战争并使其不断恶化的原因。这种冲突和矛盾会长期存在,并且还将愈演愈烈,范围越来越广。世界各国都在以海洋为中心进行未来的战略规划和部署,这导致了各国对"海洋"的争夺日益激烈和表面化。特别是海洋"资源"将成为世界各国关注的热点和焦点,成为矛盾和冲突甚至战争的中心点。矛盾和冲突除了因资源问题,还是"陆地文化"向"海洋文化"转型过程中"海洋战略"和"海洋文化"合力的结果。2009 年"太平洋总统"④ 的亚洲之行以及希拉里 2011 年在夏威夷东方中心发表演讲已经明确显示出,"21 世纪世界战略和经济重心在亚太地区","美国今后的外交和经济重心会放在亚太地区"。在美国"重返亚太"政策的影响下,亚太周边主要国家的关系和形势变得更为复杂和紧张起来。严峻的现实迫使人们必须进行新的思考。固有

---

　　① 参见"西沙海战",http://baike.baidu.com/view/49843.htm。
　　② 参见"马尔维纳斯群岛战争",http://baike.baidu.com/view/472857.htm。
　　③ 参见"南沙海战",http://baike.baidu.com/view/316196.htm。
　　④ 2009 年奥巴马上台后的第一次亚洲之行就明确表示自己是美国历史上第一位"太平洋总统"。

的和传统的思维定式即陆地思维将无助于解决海洋争端和海洋问题,已经不再适应新世纪、新形势的需要。当下的海洋管理以及社会运行机制都不能满足新型社会的良性运行和协调发展的现实需要。因此,中国迫切需要形成一种新的思维来构建一个具有自己特色的外向的和新型的社会运行范式——"海洋社会"①。

二 "浙江舟山群岛新区":一个 "小型海洋社会"的初尝试

从面积上看,海洋与陆地之比是 71∶29,在陆地养活 70 多亿人口已经显得越来越吃力的情况下,"下海"已经成为人类今后发展的必然趋势,然而,从管理上看,中国还不善于海洋、海岛及海域的管理。所以,在世界各国都将目光投向资源丰富的海洋,并围绕海洋制定了不同程度的未来发展战略的形势下,尤其是伴随美国"回归亚太"战略的提出和实施,"西北太"海域已经或者正在成为世界关注的焦点和中心的重要时刻,中国国务院于 2011 年 6 月 30 日从"海洋经济"的角度出发,正式批准设立了"浙江舟山群岛新区"。这既是继上海浦东、天津滨海、重庆两江新区之后的第四个国家级新区,又是首个以"海洋经济"为主题的国家级新区。它无疑是中国针对美国的战略转移以及"西北太"海域的崛起做出的积极反应和回应。其实,在一个政治性社会里,任何经济一旦脱离了政治和战略就会变得几乎没有意义。目前,中国尚未发展到一个可以全面挺进和推进"海洋经济"的时期,而正处于"海洋经济"和"海洋空间"的布局阶段。这决定了在"浙江舟山群岛新区"构建一个"小型海洋社会"的必要性,是中国对一个更大的"海洋社会"进行构建和管理的"先行先试"的一步。

1. 对应"五边形"海域

"浙江舟山群岛新区"的形成和组建是对应"五边形"海域的一项重大举措。"'五边形'海域"是新华社记者柴骥程、张遥在 2011 年 7 月 7 日《舟山群岛新区成为我国第四个国家级新区》新闻通稿中首次公开提到的一

---

① 黄建钢、王礼鹏:《论"海洋社会"及其在中国的探索》,载中国社会学海洋社会学专业委员会《海洋社会学与海洋管理论文集》,2012 年,第 12—26 页。

个区域概念："'西北太区域'中包含的主要海洋国家和地区形成一个接近规则的五边形，而舟山恰好处于这个五边形区域的核心位置。"① 其中，中国舟山到韩国是第一边，韩国到日本是第二边，日本到中国钓鱼岛是第三边，中国钓鱼岛到中国台湾是第四边，中国台湾到舟山是第五边。② 这是一个五边形的整体，并且它处于世界第三发达海域"西北太"海域③的核心位置。这一核心区域不仅控制了东北亚通往太平洋从而走向世界的咽喉要道，而且还扼住了经济、文化和政治上欧美向亚洲的渗透、蔓延和延伸。目前，这个海域正在因美国"重返亚太"的国际战略以及频繁的海上摩擦而成为全世界关注的焦点和中心。这一地区的冲突和矛盾将会持续一段时间，甚至会激化以致爆发一场海洋战争。"浙江舟山群岛新区"的成立是国家将海洋问题提升到战略层次，是对"五边形"海域海洋问题的积极回应，也是为了在舟山群岛建立一个相对独立运行的"小型海洋社会"提出的初步尝试性设想。这是国家在发展和社会转型上范式和质量创新的新举措。舟山本身的边缘性和"后发性"使得这种"新设想"和"新举措"成为需要和可能。资本主义和社会主义的诞生无不证明新生事物的诞生都是从旧的薄弱环节里形成和产生的理论假设。在舟山群岛新区建立一个"小型海洋社会"就是国家在社会发展转型上的"先行先试"，也是对"浙江舟山群岛新区"进行"先设计，后开发"的第一步。

2. 对准海洋战略目标

海洋历来是国际政治和军事斗争的重要舞台，也是展示国家综合实力和竞争力的重要平台。参与国际竞争必然会走向海洋，开发和利用海洋早已提上世界各国的议事日程。进入 21 世纪——海洋世纪后，许多沿海国家以海洋为中心制定未来发展规划，把海洋问题提升到了一个国家战略和全球战略的高度，如从 2006 年开始，欧盟相继出台了《欧盟综合海洋政策绿

---

① "五边形"海域概念是浙江海洋学院黄建钢教授在《论"浙江舟山群岛新区"——一个在学术视野中的舟山未来与对策》（载《海洋十论》，武汉大学出版社 2011 年版，第 178 页）一文中第一次提出这一概念。

② 黄建钢：《海洋十论：进入"海洋世纪"后对"海洋"的初步思考 2001—2010》，武汉大学出版社 2011 年版，第 178 页。

③ 世界三大发达海域：第一发达海域是"地中海"海域，第二发达海域是"北大西洋"海域，第三发达海域是"西北太"海域。

皮书》、《欧盟海洋综合政策蓝皮书》、《欧盟综合海洋政策实施指南》等文件①；2007 年 4 月日本国会众、参两院通过第一部统括海洋政策的《海洋基本法案》；2010 年美国发布"关于加强美国海洋工作的最终建议"，等等。许多国家开始了新一轮的海洋经济政策和战略调整。为了应对国际形势，我们既需要应对的策略，但更需要主动的战略。策略和战略的区别在于，策略一般是具体性的动作，而战略一般是方向性的把握；策略一般是被动性的应对，战略一般是主动性的思考；策略是急功近利的，战略一般是深谋远虑的。中国目前只是一个海洋大国，但并不是一个海洋强国。这亟须战略的思维来指导实践，并通过海洋战略成为一个海洋强国，这是中国海洋战略的目标。② 所以，建设一个海洋强国，就是要通过利用海洋来强大国家，这是强国的一个路径选择。它以大力推进生态文明建设为核心，以优化国土空间开发格局为目标，以提高海洋资源开发能力、海洋经济发展能力、海洋生态环境保护能力、国家海洋权益维护能力为内容，以发展海洋经济、保护海洋生态环境、坚决维护国家海洋权益为维度。而"浙江舟山群岛新区"的形成和组建就是国家在建设海洋强国发展思路上进行战略和长远考虑的结果。

3. 对策未来发展问题

在"舟山群岛"建立一个"小型海洋社会"、"新区"是从"国家海洋战略"的角度对治理未来发展问题的一个尝试。目前，海洋以其丰富而且潜力巨大的资源和能源成为 21 世纪各国间争夺资源的主战场。开发利用海洋资源和能源是人类文明发展与成熟的必然结果。随着科学技术的进步，海洋资源不断被发现，人类的海洋价值观也随之发生了深刻变化。海洋对于人类生存和发展的重大战略意义受到了普遍重视，各国政府都从全球发展战略的角度和高度看待和对待海洋问题。对于海洋资源的利用，谁准备得更早、更好、更充分，谁就可能在海洋上获得更大甚至最大的利益，并取得海上竞争的主动权，成为真正的海上强国。现实是，围绕海洋资源的

① 参见《各国调整海洋战略　国家间竞争从"陆战"转向"海战"》，http：//int，l．ce．cn/sjjj/qy/201110/13 /t20111013_ 22756110_ 1．shtml。

② 黄建钢：《海洋十论：进入"海洋世纪"后对"海洋"的初步思考 2001—2010》，武汉大学出版社 2011 年版，第 14 页。

边界主权之争日渐突出，如中日钓鱼岛之争，虽然表面上是涉及很小一个岛屿及周边水域的争端，但实际是牵扯到一个能源资源和国际通道、空间布局的战略问题。

面对日益紧张的海洋竞争，"浙江舟山群岛新区"的建设为西北太平洋资源的开发和利用奠定了重要基础。由于舟山群岛共有大小岛屿 1390 个，岛屿数量占全国的 25.7%，并以多层岛链的形态向外扩散，逐步深入西太平洋。由于途经我国的 7 条主要国际海运航线中有 6 条经过舟山，舟山海域又有可供 15 万吨级船舶进出的航道 13 条、可供 30 万吨级船舶进出的航道 3 条；舟山群岛目前已经建成国家石油战略储备基地、全国最大商业原油储运基地和矿砂中转基地、浙江省最大的煤炭中转基地等，加上以舟山为"基点"，与亚洲的其他主要航运中心釜山、长崎、高雄、香港、新加坡等地构成了一个 500 海里等距离的扇形海运网络①，所以，中国工程院所做的《浙江沿海及海岛综合开发战略研究》认为，舟山群岛是"我国开拓走出大陆的通道、开发西太平洋资源的战略前进基地"。由此决定了"浙江舟山群岛新区"是国家海洋战略由"海"走向"洋"的前沿阵地。它不仅要成为我国拓展海洋战略空间、开发海洋资源的重要实践基地，而且也是我国解决发展中的能源问题、通道问题、增长方式问题的重要"先行先试""新区"。

上述因素决定了"浙江舟山群岛新区"的海洋战略地位、功能、作用和影响，它主要是国家管理海洋和海岛及海域的"先行区"和"试验区"，是为国家进一步拓展海洋空间和管理海岛及海域积累经验和提供思路，为建设一个"海洋社会"打下思路和制度的基础。中国很需要这样的实践、经验和思路。这样的实践、经验和思路在以往的中国式思维和实践中是很缺乏的，甚至是很粗糙、很幼稚的。像舟山群岛这样具有系统海洋性和海岛性的区域，在中国的海洋管理上尚属稀缺资源，必须要做到顶层设想、系统设计和细致实施三者紧密和科学的结合。

---

① 参见国务院新闻办公室于 2011 年 7 月 7 日在国务院新闻办新闻发布厅的举行的新闻发布会，http：//www. scio. gov. cn/xwfbh/xwbfbh/wqfbh/2011/0707/。

三 构建"中型海洋社会"：国家海洋战略的一个重要方向

"海洋社会战略"既是一个设想，又是一个构想，更是一个构建。其中的核心是"社会"的内涵。"社会"主要是一个"气场"概念，而"气场"又是一个接近于"圆"的平面概念。由此决定，虽然构建一个具有全球性的"海洋社会战略"很重要，但目前最紧迫的还是要构建一个贴近和适用的"中型海洋社会"——"五边形海洋社会"，希望通过它来达成和形成一个中、日、韩三方彼此对应、呼应和适应的共识系统，由此来缓解和瓦解甚至解决当前的海上矛盾与冲突。

1. "五边形"海域：一个"中型海洋社会"

"海洋社会"按照海域规模和系统性的大小可以分为微型、小型、中型、大型以及超大型"海洋社会"。其中，微型"海洋社会"是两个岛屿之间的海域围成的海洋社会，小型"海洋社会"是以群岛海域为载体的海洋社会，中型"海洋社会"是以"海"为主体的国际海洋社会，而大型"海洋社会"则是以"洋"为主体的国际性海洋社会，超大型"海洋社会"是全球性海洋社会。其中，"中型海洋社会"是国际围绕海域形成的一个"区形"社会。"五边形海洋社会"就是以围绕东海海域的三个国家即中国、日本、韩国以及由中国舟山、韩国、日本、中国钓鱼岛、中国台湾五个地域点而形成的环形海洋社会。东海海域中的五个要点围成一个三国间的"公共池塘"，使成员的经济利益紧密联系在一起，经济利益的融合又加强了成员之间的政治和外交关系，形成了一个利益共同体。这种"共同又是不均等的"[①]共同性在海洋问题上体现得特别明显。中日韩三国就具有这种"海洋共同性"，它们都有几乎相同的海洋文化历史，而且还具有几乎相同的历史脉搏和文化传承，都是起源于东海海底那个庞大的长三角，河流的冲击形成了适宜人类居住的冲积平原。儒家文化是这些地区的主流文化，同在19世纪末期开始受到英美文化的冲击，海洋意识逐步觉醒。特别是20世纪50年代后，纷纷抓住西方国家经济社会转型的契机，吸引外资走外向型经

---

① 胡锦涛：《坚定不移沿着中国特色社会主义道路前进　为全面建成小康社会而奋斗——在中国共产党第十八次全国代表大会上的报告》，人民出版社2012年版。

济发展之路，就有了后来的亚洲"四小龙"。经过几十年发展，经济总量和经济实力不断上升，在世界上有着举足轻重的地位。现阶段，三国面临着相同的发展问题，人地矛盾开始凸显，向海洋发展的步伐逐年加大。面对这样的形势，同处东海海洋社会或"五边形"海洋社会的共同体的中国大陆、中国台湾、日本、韩国应该通过化解分歧、搁置争议、友好协商等途径，将各具特色的海洋文化汇合和融合，开创一个崭新的"海洋文明"时代。其中，把中日韩自贸区的中国参与点放在舟山，将凸显"浙江舟山群岛新区"对"五边形海域"形成的关键作用。

2. "和谐海洋观"："海洋社会"的新理念

"和谐"是一种能力，应对的是"海洋不和谐"状态。"和谐"并不是"和事佬"，是一种制度设计，是以"和平"为基础的。1982年联合国《海洋法公约》就是用制度设计的形式来协调海洋利益以及应对海洋问题。所以，"和谐"是一种通过"和平方式"解决"海洋争议"、"海洋争端"和"海洋战争"的思路和路径。目前，海洋已经发展成为一个敏感领域，进入了问题的"深水区"，需要进一步突破，如果不突破就会发生急剧的突变。但是现在谁都不想看见突变发生，突变会给人类带来灾难，但唯有突破才能避免突变。如果在处理海洋问题上没有突破，代价将不可估计。"和谐海洋"的理念就是以消解海洋矛盾为突破点，成为解决海洋问题的关键所在。这就需要"和谐海洋"要有"海洋"特色，在中型"海洋社会"成员之间面临发展并不均衡，政治社会和文化各有差异，利益诉求也日益多样化等诸多问题，只有坚持平等互信、包容互鉴、合作共赢的理念[1]，才能成功实现构建"海洋社会"的目标。但由于"五边形海洋社会"又具有海洋文明多样性、发展道路多样化等特征，所以，只有"三方五点"互相包容，相互借鉴学习，才能推动人类海洋文明发展进步。更要遵循联合国宪章宗旨和原则，进一步加强政治互信，共同维护"公共池塘"稳定。以合作共赢的方式，达成"三方五点"共识，在追求本国利益时兼顾他国合理和合情的利益，在谋求本国发展中促进各国共同发展，建立更加平等均衡的新型全球发展伙伴关系，增进相互之间共同利益。实际是，海洋上的"和谐"要比陆地和谐复杂

---

[1] 胡锦涛：《坚定不移沿着中国特色社会主义道路前进　为全面建成小康社会而奋斗——在中国共产党第十八次全国代表大会上的报告》，人民出版社2012年版。

得多。我国周边海域,除渤海外,其他海域都存在一些或大或小的争议。海上的界线既有与相邻国家之间的界线,也有国家与公海之间的界线。更涉及资源、航道、战略空间等一系列问题,增添了海洋"和谐"的难度。近年来一些西方国家媒体频频炒作的"中国海军威胁论"、中日长期的东海边界之争和目前的"钓鱼岛事件"不断激化升级以及中韩在苏岩礁问题上的"领土争端",都对中国坚持"和谐海洋"理念和坚定不移地走和平发展道路提出巨大挑战,不利于我国实行长久的战略决策,对于维持地区稳定与和平产生负面影响。与日本、韩国关于海域划界的主权之争,其背后是资源问题和各国海洋文化冲突问题。中日韩应将"五边形"海域视为"公共池塘",资源是公共的。"和谐海洋"观是统筹和协调海洋文化之间冲突、化解分歧、搁置争议、友好协商的途径,通过各方努力来维持东海海域的和平与稳定。和平的环境中,通过互信、"双赢"形式的对话,努力把矛盾缩小化而不是扩大化,这是建立在和谐、真诚基础上的双边交流,是在对于我们共同生存环境友好、关爱、进步发展基础上的对话,是加快"海洋社会"建设的助推器。

3. "海力海利论":"海洋社会"的新途径

提出"海力海利论"是为了对应马汉的"海权论"。马汉的"海权论"本身没有问题,有问题的是中文对它的翻译。马汉的"海权"实际是一个"Sea Power"的概念及其问题,意指一个"凭借海洋或者通过海洋能够使一个民族成为伟大民族的一切的东西"。在从"海洋权力"缩写为"海权"中出现了问题,主要是容易与"海洋权利"(Sea Right)混淆。马汉"海权论"的实质是指一种海上控制力,即海上权力或者海上力量。所以,把"Sea Power"翻译为"海力论"要更为贴切和确切一些。因为中文的"海权"容易使人想到"海洋权利"。而"权利"的内涵往往是天赋的和均等的,与"权力"的强制性、强力性和强行性不同。由此导致了在海洋问题上中国只注重"权利"而轻视"权力"的局面。也决定了在"海洋社会"的构建中,在其战略的构建和实施中,必须依靠"权利"和"权力"的两维来做支点和支撑。它们是支撑"海洋社会"的"两维"、"两轮"和"两翼"。客观上,自1982年起,随着《联合国海洋法公约》的公布、签约和实施,一个国家的"海洋权利"保障有了基本依据。但如果没有"海洋权力"来强力保障,那也是一纸空文。"海洋权力"是一种在国家主张的海域之内占有、控制、支配、开发、利用相关海域、岛礁滩涂、航道、海底资源的能力。① 它需要更多的军事力量。所以，"海力海利论"是"力"与"利"的有机结合。具体运用到"五边形"海洋社会的构建，就必须要在"海洋权力"的保护下和在"海洋权利"的保障下，才能得以设立和运行。其中，发展海军是增强一个国家海上力量的核心。② 我国辽宁号航空母舰于2012年9月交付使用，成为中国第一艘现代航母，就是对"海洋权力论"的最好注解。但是，我国的海上军事实力与其他海上强国差距甚远，所以，要继续建设国家海上力量，加快建设海洋强国的进度。同时，也要通过谈判的方式来促进"海洋社会"的进一步构建和建设。目前正在进行中的中日韩自贸区谈判，就是构建一个良性的"中型海洋社会"的良好开端。应该把"浙江舟山群岛新区"作为中国"自贸区"的试行区域给予重点考虑。

"海洋社会"在"舟山群岛新区"的初步尝试以及对于"五边形"海域构建"中型海洋社会"的思考，对应对未来发展问题以及解决国际能源通道、海洋空间规划以及潜在重大资源开发问题都具有特别战略性的意义。这是国家在新世纪、新形势下对社会运行机制和范式探索的有效尝试。建设"浙江舟山群岛新区"为主体的"小型海洋社会"是国家海洋战略的深层次的考虑。构建"中型海洋社会"是对"五边形"海域所涉及海洋战略问题的积极反应和有效回应，具有一定的前瞻性。对于构建小型或者是中型"海洋社会"面临的国际关系相对简单。要想成为海洋强国，需要把建设大型甚至是超大型的"海洋社会"作为发展的目标。只有树立这样的目标和发展方向才能有足够的动力前行。在国际政治舞台上才能拥有更多的发言权，促进世界的和平稳定发展。然而，这就需要构建规模更大的海洋社会，需要处理更多的"社会关系"，面临的利益冲突和矛盾更为复杂。如何处理这些复杂的关系，如何建设大型的"海洋社会"，还需要我们进行更系统的思考以及运用创新的思维去考虑这一问题。

---

① 巩建华：《海洋政治分析框架及中国海洋政治战略变迁》，《新东方》2011年第6期。
② 雅典的政治家和军事家地米斯托克利提出：雅典的根本战略就是发展海军，在一切可能控制的海域确立支配地位。杨金森：《海洋强国兴衰史略》，海洋出版社2007年版，第423—424页。

江南社会史研究中的"东海类型"

——一个问题的引论

小 田[*]

从地域空间看，江南存在数种类型的生活形态。作为江南社会的天然组成部分，东海一方的生活形态自然应该列于其中；在学理上不妨称为"东海类型"。这一类型长期以来被江南社会史研究者所忽略，需要引起我们的重视。

一 "东海类型"是江南社会天然的生活形态

关于江南地域范围[①]，自古以来，歧说纷纭，言人人殊。引发争议的原因不一而足，而有一点是基本的，论者据以确定地域范围的标准各个不一：或者行政区划，或者经济区划，或者方言系统，或者风土人情……抑或几者的综合。笔者认为，综合考虑多种因素当然是必需的，但作为标准的这些因素不应等量齐观：一些变动不居的因素，典型者如行政区划；或者模糊不清的因素，典型者如风土人情，无法成为基本的标准。那么相对稳定而清晰的要素是什么呢？自然生态。地域江南之所以成立，自然生态的独特性和整体性应该是不容置疑的。

---

* 小田，苏州大学历史系教授。

① 小，仅止于太湖周边；大，大到长江以北，南岭以北，南岭以南便称岭南了。参见李伯重《江南的早期工业化（1550—1850）》（社会科学文献出版社 2000 年版）第一章第二节第一目，陈学文《明清时期太湖流域的商品经济与市场网络》（浙江人民出版社 2000 年版）第一章第二节。

美国学者施坚雅（G. W. Skinner）在"确定中国农业社会中区域体系的概念"时，特别提到 18 世纪菲利普·布茨（Philippe Buache）"独特的学说"：地表由山脉分割的江河流域所构成，山脉是天然的分界线。据此，施坚雅认为，就农业中国来说，以江河流域作为区域的要素是特别适宜的，"虽然各流域区界限的确定包含有一些计算上的问题，但山脉形成的分水岭还是容易鉴别的，以此作为区域分界线就能说明所有地区的地理范围。"① 江河流域—山脉分界线或可粗略地视之为自然生态；从自然生态要素出发，江南地域景观一目了然：从西部由北向南转东一线缘饰着山丘，有宁镇山脉、宜溧山地、黄山、莫干山、天目山、龙门山、会稽山、四明山、天台山，山体一般在 700 米以上；中部核心地带以太湖为中心，是苏南平原和浙北平原，地势低平，呈浅碟形，一般海拔 2.5 米；介于高低层级之间的垄冈高地，从北部沿江，由东向西、而南、而东，连属成环。整个江南以太湖为枢纽，上纳山地之水，倾注入太湖，下泄至东海。宁绍北部虽被杭州湾喇叭口与杭嘉湖南部切开，但同属浙北平原，呈现出与太湖地区基本相同的水乡景观。

整体地看，地域江南呈环状梯级分布格局：中心水乡，边缘山丘，中环沙地，东缀岛滩；在这些特定的自然生态环境中，数千年来生息着不同的地方群体，衍为各具特色的生活形态，东部岛滩为其一，是为"东海类型"。毫无疑义，"东海类型"是江南社会天然的不可或缺的生活形态。

但搜诸既往的研究，情况不是这样。在江南史研究中，江南中心水乡最受关注。这里的民众生活以太湖为中心而展开，于是有所谓"太湖文化"，在许多人的印象中，江南文化似乎就是太湖文化。由于春秋时代这里曾经存在过句吴和于越两国，② 不少人又将江南文化等同于吴越文化。一旦将作如是观，江南社会从自然到人文而社会，就变得非常纯然：港汊密布交错，农人共话桑麻，苏杭天下天堂，便是全部的江南。其实，这只是江南整体社会的一个部分；所谓的"小桥、流水、人家"只是中心地带的地

---

① ［美］施坚雅：《中国封建社会晚期的城市研究——施坚雅模式》，吉林教育出版社 1991 年版，第 152 页。

② 一般认为，在今天的江浙之间，南起宁绍，北至杭嘉湖，及至苏南，在地理上常被称为吴越之地；见陈桥驿《吴越文化论丛》序，中华书局 1999 年版。

域影像。而在徽州山区，在莫干山区，在天目山区，在四明山区，在天台山区，草木葳蕤，瀑布飞溅，炊烟袅袅，这些边缘山里人家与中心部位的水乡人家，尽管在自然和人文景观等方面相去甚远，但他们同是江南人家。在经济形态方面，江南内部的差异亦然。近世以来，"近太湖诸地，家户畜（蚕）取绵丝"①，如吴县光福一带，"蚕事尤勤于他处。……惟地无木棉，故纺织则不习也"②。习于棉纺织的则是滨临江海的沙地：苏南的松江、嘉定、太仓、常熟、江阴等地"壤皆沙土，广种棉花"③；浙东"三北"④ 沙地从清康熙时开始植棉，徐玉《春花歌》云："沙地种树宜木棉，万家衣食出其里"即吟此。⑤ 放眼江南周边山区，自是另一番景象；20 世纪 30 年代有人描述杭县凌家桥的经济作物种植自古以来就是如此："种茶栽竹便成为本区农民主要的副业，全区茶山和茶地计约二万六千亩，竹林亦有一万四千余亩。"⑥ 至于东部岛滩，少能进入江南史研究者的法眼。第二代法国年鉴学派领袖布罗代尔（Fer nand Draudel）在考察 16 世纪后半期地中海岛屿时，批评"拘泥于政治文献的历史学家最初总是看不到"的事实：

> 不但社会生活孤寂闭塞，而且正如博物学家早就指出的那样，鸟兽草木也与外界隔绝。任何一个岛屿不但有独特的风土人情，并且有独特的植物和动物，而这些特征又迟早总会与他人共享。……可是，这些珍奇资源绝不意味着富足。没有一个岛屿的生活能确有保障。每个岛屿尚未解决或者解决不了的大问题，就是怎样依靠自己的资源、土地、果园和畜群生活，以及由于做不到这一点而怎样向外求援。⑦

---

① （清）姜顺蛟、叶长扬修，施谦纂：乾隆《吴县志》卷二二"物产"。

② 徐傅编，王墉等补辑：光绪《光福志》卷一"风俗"，苏城毛上珍铅印本 1929 年版。

③ （清）郑光祖：《一斑录杂述》，道光间刊本。

④ 原镇海、慈溪和余姚三县北部，俗称"三北"或"三北平原"。1954 年，"三北"被划建为新的慈溪县。见慈溪市地方文献整理委员会编《慈溪文献集成》第一辑，龚建长序，杭州出版社 2004 年版。

⑤ 杨积芳总纂：民国《余姚六仓志》卷十七"物产"。

⑥ 郭人全：《杭县凌家桥的土地关系及农业经营》，载俞庆棠主编《农村生活丛谈》，上海申报馆 1937 年版。

⑦ ［法］费尔南·布罗代尔：《菲利普二世时代的地中海和地中海世界》（上卷），吴模信译，商务印书馆 1996 年版，第 203 页。

布氏在这里一再强调"任何一个岛屿"都具有这样的特征，并非以抽象的概念取代实际的海岛生活，而意在提醒我们，类如地理、生物、气候等这些生态环境要素，与当地族群之间所形成的关系，形成了一种"几乎静止的历史，……这是一种缓慢流逝、缓慢演变、经常出现反复和不断重新开始的周期性的历史"，是为历史的长时段要素。① 在宁波舟山渔场，人们看到的即是这样一部历史：其地质为海珊，并有钱塘江、长江之有机物质流入，浮游生物丰富。五六月间寒暖流交错，水温渐增，乌贼次第来游。乌贼渔场分两大区域，北为江苏崇明县，属马鞍群岛，南为浙江定海县，属中街山群岛，南北长达八十里。每年渔期自农历四月初至五月底止，为期仅两个月。浙东居民多赖此为生。② 单单其中的岱山：

> 你可不要藐视这仅有三千余万公尺面积的小岛，它是浙江省渔业的唯一根据地，同时，也是年产食盐六十万担的制造场，它负荷着十四五万渔盐民生活的重任，从有历史以来，便一直尽着这种最大的义务。③

所以，以下岱山盐民的生活场景虽说被记录于 20 世纪 30 年代，其实"从有历史以来，便一直"是这样的："海水在高热度的热气中蒸发着，喷出腥湿的浊氛，但他们不害怕头上燃烧似的阳光，也不害怕脚下沸滚般的热水，男的，女的，老的，少的，在继续不断地工作着。"④

很明显，这样的生活形态很大程度上取决于自然生态环境，但布罗代尔强调，自然生态"也是历史研究的一个方面，而且与其说研究地理，不如说研究历史。……在这种情况下，地理不再是目的本身，而成了一种手段。地理能够帮助人们重新找到最缓慢的结构性的真实事物。……这样的地理学就特别有利于烘托一种几乎静止的历史，当然有一个条件，即历史要遵循它的

---

① ［法］费尔南·布罗代尔：《菲利普二世时代的地中海和地中海世界》（上卷），吴模信译，商务印书馆 1996 年版，第一版序言；参见赖建诚《布罗代尔的史学解析》，浙江大学出版社 2009 年版，第 4—7 页。
② 《舟山群岛之渔场》，《银行周报》1933 年第十七卷第五期。
③ 圣旦：《岱山的渔盐民》，《光明》（上海）1936 年第 1 卷第 8 期。
④ 同上。

教导，并接受它的分类和范畴。"① "东海类型"的获得正是遵循地理"教导"的结果。在这样的思路中，海岛生活的独特价值为之凸显，并作为一种生活形态呼唤我们的重视；实际历史场景的展示当然归于江南史研究者的责任。

二 "东海类型"是江南史研究必然的取径单位

"东海类型"更宜于在地方—社会史理路中进行考察。

如何进行地方史的研究？眼光向下的社会史学者对此进行了更多的思考。有一种地方史讨论仅仅把地方视为地理空间，以为整体中国只是由各个地方拼合而成。台湾学者汪荣祖先生认为，这样的"地方史尚未能表达地方史观，或对国史提出地方的看法，甚至仍以中央史观来研究地方史"；而英、法学者的所谓地方史，"多指城乡史，甚至是社区史"②。特别关注草根群体的日常生活的人类学，对社区生活之所以情有独钟，就出于表达地方观点需要："从生活本身来认识文化之意义及生活之有其整体性，在研究方法上，自必从文化之整体入手。于是，功能派力辟历史学派对于文化断章取义之惯伎，而主张在一具体社区作全盘精密之实地观察。"③ 费孝通先生进一步提示，"如果历史材料充分的话，任何时代的社区都同样的可作为分析对象"④。一部分社会史学者确实就在进行这样的社区史研究。布罗代尔强调，社会史"必须尽可能地注意最小的文化单位"⑤。这一思路最终成就了法国史家勒华拉杜里（E. Le Roy Ladurie）的《蒙塔尤》（1975年）这样的社会史典范之作：以中世纪时法国南部奥克西坦尼的一个小山村作为考察对象，"试图把构成和表现14世纪初蒙塔尤社区生活的各种参数——揭示出来"⑥。

---

① ［法］费尔南·布罗代尔：《菲利普二世时代的地中海和地中海世界》上卷，吴模信译，商务印书馆1996年版，第20页。

② 汪荣祖：《史学九章》，生活·读书·新知三联书店2006年版，第116页。

③ ［英］马林诺斯基：《文化论》，费孝通译序，华夏出版社2002年版。

④ 费孝通：《乡土中国》，上海人民出版社2007年版，第85页。

⑤ ［法］费尔南·布罗代尔：《长时段：历史和社会科学》，顾良等译，载衣俊卿主编《社会历史理论的微观视域》，黑龙江大学出版社、中央编译出版社2011年版，第118页。

⑥ ［法］埃马钮埃尔·勒华拉杜里：《蒙塔尤：1294—1324年奥克西坦尼的一个山村》，许明龙、马胜利译，商务印书馆2007年版，第2页。按：国内也有将Le Roy Ladurie译作勒·罗瓦·拉杜里或勒鲁瓦·拉迪里。

　　然而，社会史学者很快遇到了与人类学同样的问题。有学者质疑：微观社区究竟能在多大程度上代表和反映宏大社会？这是一个涉及地方史的根本学术价值的问题。一部分人类学学者辩称，社区考察是所谓"社会缩影法"，它可以让我们在"典型的"小镇或乡村中找到民族社会、文明、大宗教或任何总括和简化现象的精髓。① 而费孝通先生则冷静地对待别人的质疑，坦言："这样的批评是可以的，因为显而易见的，中国有千千万万个农村，哪一个够得上能代表中国的典型资格呢？"② 局部与整体的矛盾在实际的调查研究中表现得非常突出："事实上没有可能用对全中国每一个农村都进行调查的方法去达到了解中国农村全貌的目的。这不是现实的方法。"③ 费孝通以其数十年的社会人类学实践最终找到了一条"现实的方法"：

　　我们能对一个具体的社区，解剖清楚它社会结构里各方面的内部联系，再查清楚产生这个结构的条件，可以说有如了解了一只"麻雀"的五脏六腑和生理循环运作，有了一个具体的标本。然后再去以观察条件相同和条件不同的其他社区，和已有的这个标本作比较，把相同和相近的归在一起，把它们和不同的和相远的区别开来。这样就出现了不同的类型或模式了。这也可以称之为类型比较法。应用类型比较法，我们可以逐步地扩大实地观察的范围，按着已有类型去寻找不同的具体社区，进行比较分析，逐步识别出中国农村的各种类型。也就由一点到多点，由多点到更大的面，由局部接近全体。……这样积以时日，即使我们不可能一下认识清楚千千万万的中国农村，但是可以逐步增加我们对不同类型的农村的知识，步步综合，接近认识中国农村的基本面貌。④

　　点→多点→面→全面，即一类型社区→多类型社区→地域→中国，从费孝通先生走过的社会人类学轨迹，我们得到启示：社会史的地方考察也

---

① ［美］克利福德·格尔兹：《文化的解释》，纳日碧力戈等译，上海人民出版社1999年版，第16页。按：格尔兹，即吉尔兹（C. Geertz）。
② 费孝通、张之毅：《云南三村》，社会科学文献出版社2000年版，第6页。
③ 费孝通：《社会调查自白》，知识出版社1985年版，第30页。
④ 费孝通、张之毅：《云南三村》，社会科学文献出版社2000年版，第7页。

完全可以依循上述路径，而且，以再现实际社会历史场景为基本职志的社会史，面对具体的社区历史更应不厌其多而繁。从费孝通的"类型比较法"不难看出，其中最为关键之处在于"类型"的确认。正是类型的发现，使其与自然科学的随机抽样大异其趣：

> 统计学上的方法是随机抽样，依靠几率的原理在整体中取样，那是根据被研究的对象中局部的变异是出于几率的假定。可是社会现象却没有这样简单。我认为在采取抽样方法来做定量分析之前，必须先走一步分别类型的定性分析。那就是说，只有同一类型的事物中才能适用随机抽样的方法。定量应以定性为前提。①

同样地，江南社会史研究也"必须先走一步分别类型的定性分析"，至于哪些类型，则是再顺理成章不过的，那就是，依据自然生态环境的不同而厘定的四种基本类型：中心水乡、边缘山丘、中环高地和东部岛滩，即江南社会的四种生活形态。其中，东海岛滩生活以其迥然不同于其他生活形态的特性，戛戛成为一种类型。比如在舟山岛，聚落景观便别具一格：

> 大小聚落，多位于一百公尺以下之地。……最足注意者，主要聚落，既不在平原本部，亦不在海边，最常见之"位址"（site），厥为山地与平原接触之处。定海县城如此，较大之十余村镇，除沈家门、岑港镇，与县城之码头聚落外，亦如此。小村与独户，概以此为原则。良由本岛山地多平地少，凡有平地，理宜用于生产，毋使为屋宇所占。居民宅于山麓，固也。②

舟山岛民的经济活动，以渔盐与耕作为主，依岛屿生态而呈现出鲜明的特征："耕地为各河谷与滨海平原，面积小而分散，大农制自难存在，反之，小村与独户之多，表露小农之象征"；该岛南北两岸之沙滩和泥滩及附近小岛，皆有盐田，因"各岛间海水之化学成分"优良，其盐田利益不薄；

---

① 费孝通：《社会调查自白》，知识出版社 1985 年版，第 30 页。
② 罗开富：《舟山岛》，《地理》1948 年第 6 卷第 1 期。

但岛内之棉花，因"土壤本身之缺点"，"其产量较低于大陆各县"。①

岛民生活中的某些特殊风俗，乍闻之下，让人匪夷所思。在岱山，"憎恶女孩已成为劳苦父母的普遍心理，所以她们一生下来就有被溺死的机会，……但幸运的是他们惧怕天打，因此从迷信的权力下，许多姊妹得能活下来"②。实际上，能够活下来，却未必是她们的幸运：

从襁褓起到自己能行动止，这时候做母亲的除稍稍照顾衣食外，终日把孩子放在盐田边，自己去工作。特别是女孩，是不会引（起）母亲爱惜的，她们是足够倦劳了，那（哪）里能有时间去照顾女孩，她能自己死去，是一件求之不得的事情，所以她们在盐田爬的时候，爬得远了往往被野狗咬，或跌得头破血流，成为终身残疾的。比起睡在摇篮里的女孩，她们同样是人类呀！为的是她们父母要挣扎吃一口仅能充饥的饭。

……到了青春的时候，她们中一部分的命运是转变了！由体力的劳动被饥饿迫着出卖肉体的路。因为这种生活在物质上的报酬较丰，家庭间无可奈何，往往使女儿媳妇去度此生涯，这种生涯是被经济较宽者所极看不起的下流人。③

面对这样的风尚，某些不明就里的"外乡人"便在报纸上发表议论，称"岱妇素性淫荡"。20 世纪 40 年代有调查者诘问：做父母的"何尝不知，但是什么能解救家中的穷呢？"做女儿的难道不知耻辱吗？当然不是！实情是，"她们所得的代价依旧是很低的，不过比她们父亲劳动血汗换来的一担盐只能卖几毛钱，还要抽捐税是足够可观了！因此养成一般贫苦姊妹出卖肉体的风尚"④。

近代中国许多地方都存在重男轻女的心理，都遗存溺婴的恶习，都流行着童养媳的风俗，都处于穷窘的境地，然而不深入岱山岛，谁能想象得到这里的女性曾经过着如此生活？

---

① 罗开富：《舟山岛》，《地理》1948 年第 6 卷第 1 期。
② 吕紫：《岱山的妇女》，《地理》1947 年第 4 卷第 5 期。
③ 同上。
④ 同上。

显然，这是一个从自然生态到日常生活的各方面都独具特色的类型——东海类型，它无法由江南社会的其他类型所取代。社会史是细节的展示，总体上说，"东海类型"还需要历史细节的充实，由此必然地成为江南社会史研究的取径单位。

三 "东海类型"的问题意识

至此可以得出，无论在地域社会生活实态中，还是在社会史的学理探讨上，"东海类型"都是我们无法忽略的对象。然而事实是，在既往的江南社会史研究中，"东海类型"常常付之阙如。当我们在这里郑重地将之当作一个问题提出来的时候，中国史学研究中的一个常规思路可能会随之而来：我们需要填补"东海类型"的空白；而"空白"之谓，不过提醒人们在以后的讨论中多增加一个考察类型，多提供一个典型例证。倘若仅止于此，人们也许了解了"东海类型"生活史，却无法真正推动江南社会史研究的发展，当然更谈不上对社会史研究的学科推动。法国史家普罗斯特（Antoine Prost）指出：

> 有很多种方式"推动"历史学发展。最简单的就是填补我们认识上的空白。而空白又是什么？我们总会找到一个还没有人写过其历史的村庄，但是写出第 n 个村庄的历史就真的填补了一个空白吗？它教给我们哪些以前不知道的东西？真正的空白不是还未有人书写其历史的漏网之鱼，而是历史学家还未做出解答的问题。①

普罗斯特的提示让我们在对待"东海类型"时，应该具备真正的问题意识。

在认识上，"东海类型"有助于改变我们对于地域社会的陈见。

如今，当我们将"东海类型"纳入江南的视野，海水、岛礁、滩涂、渔船、盐场、妈祖等要素很自然成为江南社会的文化符号。冠诸江南名号

---

① ［法］安托万·普罗斯特：《历史学十二讲》，王春华译，北京大学出版社 2012 年版，第 72—73 页。

的地域社会，内部存在众多差异明显的文化符号，这表明，基于自然生态要素的紧密关联而成为一体的地域社会，并不能作为我们旨在认识整体中国的合适的个案取样单位，而更有取样价值的毋宁是地域社会中的不同类型。这应该是绝大多数地域社会的基本状态。

这样的认识，不但让我们通过个案认识地域社会进而认识整体中国获得了一种现实的可能，也提醒我们，没有必要以同一种类型的另一个案来重复已有的结论，因为就解决问题的角度来说，那不是真的"空白"，而不过是普罗斯特笔下的"第 n 个村庄"。杭州湾两岸的盐滩属于"东海类型"，那里受着海水的灌溉，土质纯咸，成为产盐之区。据研究，这个盐区始于宋朝，不过那时候的产额，并没有像现在这样多，而且技术也很笨拙，完全是用锅子烧的。到了清朝咸同以后，一部分盐民，才渐渐改用晒板，产量是增加了。就余姚盐场说，至 20 世纪 30 年代中期，因为海滩逐渐填涨，较以前大大扩充，东起新浦沿，西迄廊厦乡，南接六塘，北尽止沙，就中十足有二十五万一千多亩的卤地，划分七区，散处着十万以上的盐民。因为盐户激增，所以厂的设置和板的数额，也跟着突飞猛进。[①] 蒋梦麟笔下的蒋村是散布在钱塘江沿岸冲积平原上的许多村庄之一，从中我们看到杭州湾两岸盐区的一般情形：

> 几百年来，江水沿岸积留下肥沃的泥土，使两岸逐步向杭州湾扩伸。居民就在江边新生地上筑起临时的围堤截留海水晒盐。每年的盐产量相当可观，足以供应几百万人的需要。

在海滩填涨过程中"沧海桑田"的演变，让蒋村的个案获得了"东海类型"的意义：

> 经过若干年代以后，江岸再度向前伸展，原来晒盐的地方，盐分渐渐消失净尽，于是居民就在离江相当远的地方筑起堤防，保护渐趋干燥的土地，准备在上面蓄草放牧。再过一段长时期以后，这块土地上面就可以植

---

① 叔范：《余姚的盐民生活和盐潮》，《东方杂志》第 32 卷第 2 号，1936 年 1 月 16 日。

棉或种桑了。要把这种土地改为稻田，也许要再过五十年。因为种稻需要大量的水，而挖池塘筑圳渠来灌溉稻田是需要相当时间的，同时土地本身也需要相当时间才能慢慢变为沃土。[①]

这就是蒋村的经济生活史，它显现出一个"别样的"江南，而别样的意义不仅仅因为它是一个典型个案，更在于它是一个类型中的个案，代表了一个原先被疏忽的"东海类型"。蒋村之于江南、之于中国的类型学意义，在此获得了普遍的历史认识论价值。

真正的问题意识更需要体现在方法上："东海类型"有助于推动社会史研究的人类学借鉴。

人类学钟情于社区，海中孤岛常常被选为观察的地点。当社会史将社区作为研究的取径单位后，自成一体的岛民社区很少引起史学家的注意。这跟江南史研究中"东海类型"的缺失应该不无关系。作为鸦片战争后第一批被迫开放的通商口岸，宁波是中国最先走向近代化的地区之一，其近代化历程自然受到学者的普遍关注，但历史学者似乎不太在意，宁波还是江南岛屿最多的所在。在中心城市（宁波）的近代化大潮中，近在眼前的东海普通岛民的生活如何？少有人研究。实际的近代岛民生活状态需要通过特定社区史的考察而获得。以岛居安全说，在一个岛屿上，"滨海之处，除渔人不能不就近建居外，一般农民，似无靠居住之必要。……对外治安不静之世，靠海尤恐孤立无援"[②]。民国后期正值"治安不静之世"，在象山、定海等海岛上，盗匪劫货架人之事时有发生。据20世纪40年代《宁波人周刊》：

（象山鱼山）石浦海外南渔山岛（属三门南田区）近被台州股匪盘踞，势甚猖獗，日前派匪向北渔山渔网户强借粮款三百万元，向住户勒索二百万元，否则倾巢劫扰，该岛远悬海外，政府鞭长莫及，现岛民纷纷挈妇携孺，搬箱带笼，渡海向象南廷昌乡逃避。

（定海高亭）高亭镇江南系一孤悬小岛，住民仅百余家，本月二夜十一

---

① 蒋梦麟：《西潮》，天津教育出版社2008年版，第10页。
② 罗开富：《舟山岛》，《地理》1948年第6卷第1期。

时许，突来匪徒十余人，手持木壳，破门而入，大肆劫掠，因本年鱼汛不佳，民家均无积蓄，故损失尚轻，匪徒在虞成满、任小国等六家挨户搜劫，历三时许后，始扬帆而去。[1]

而在此之前的 20 世纪 30 年代日伪统治时期，舟山的海盗又是另外一副嘴脸：

随着敌舰的横行，敌人又一手造成了"以华制华"的海盗，四出在海面上掠盗自己亲爱的同胞，间接地帮助了敌人的捣乱。最近在舟山海面上的海盗，据说已经多过一百四十多股，这些使军警也有了"鞭长莫及"之叹了。

……海盗方面，也竟可以向他们（指要求渔民）领买"通行证"，每张索勒费用自数十元至数百元不等。这样就可以避免各种的麻烦。这类海匪枪械常常是很齐全，他们趁着政府力量不及的时候，竟敢"这样丧心病狂"地杀害自己的同胞。[2]

从海盗在近代舟山的横行，我们可以看到东海岛民生活的常态及其在不同时代的历险，这样的常态及其历险在"类型比较法"中的样本意义自不待言，应该引起我们的重视。

一旦选择东海岛民生活进行社区史考察，接踵而至的问题便是史料。斤斤于文献资料的历史学者自然束手无策了，但同样以民众日常生活作为考察对象的人类学在这方面有着更为成熟的经验。他们对口传资料的裒集，他们对物质文化资料的利用，他们对仪式资料的解读，他们对包括自然——人文生态环境在内的"长时段要素"的理解，等等，在在值得社会史借鉴。事实上，近代调查者对东海海岛进行调查时，已经注意到一些非常规史料。20 世纪 40 年代后期在梳理舟山岛聚落史时，调查者发现："在东部密实山块内，有两小村位于高约一百四十公尺之处，一名李家，一名姚家；郑家山之南，更有无名小村，高据二百余公尺；是为本岛聚落之最高限。"这种现象颇令人起疑："在渔盐为利之海岛，而必退据山地，似非常态"，于是

---

[1] 《定象盗匪，劫货架人》，《宁波人周刊》1946 年第 10、11 期。

[2] 扬子江：《救救舟山群岛的渔民》，《战时生活》1938 年第 14 期。

调查者意测："本岛殖民已有相当时日，新者进，老者退，渐至穷山僻壤，亦入居住之域矣。"在这里，聚落本身的位置成为社区史的史料。另一种史料形式为"昔时人居"的数处"古迹"，位于定海县城西侧盐田之滨，调查者判断，此"可为滨海不利人居之证"。另以村落称谓作为史料的做法更有人类学的意味了：这里的小村与独户，不少以"家"为名，而冠以姓者——李家、朱家、黄家之类，极为常见；调查者指为"昔日家族迁徙之迹"①。

由此可见，还原海岛往昔社区生活情形其实并不缺少史料，只是面对这样的另类史料，习惯了文献资料铺排的历史学者如何将之"历史化"还颇费思量。不过所有这些问题，都不是个案的就事论事，它们的产生虽然缘于"东海类型"的发现，而其创新性解决必将推动整个社会史研究方法的更生。而这，应该是我们更为看重的。

关于"东海类型"，上文所有结论，从发现问题的角度都处于开始和暂时阶段，是为一个问题的引论；不断的否定有待于江南社会史研究的拓展。

---

① 罗开富：《舟山岛》，《地理》1948 年第 6 卷第 1 期。

海洋旅游在延续海洋文化中的意义

——以嵊泗列岛"渔家乐"深度开发为例

陈　雄[*]

一　问题的提出

国家旅游局把 2013 年的旅游主题确定为"中国海洋旅游年",这对促进我国海洋旅游的发展以及海洋文化的繁荣度将大有裨益。海洋旅游是人们以海洋资源为基础的诸如探险、观光、娱乐、运动、疗养等各类旅游形式的总称。"渔家乐"是海洋旅游的主要形式之一,开展"渔家乐"旅游对于促进渔民就业、增加渔民收入、调整渔业产业经济结构,以及建设社会主义新渔村意义十分重要。[①]目前学术界对于嵊泗列岛旅游开发方面的研究成果主要体现在生态旅游资源开发潜力[②]、岛屿旅游可持续发展评价[③]、气候旅游

---

　*　陈雄,浙江师范大学环东海海疆与海洋文化研究所、浙江师范大学地理与环境科学学院教授。

　①　赵迪、马丽卿:《舟山市渔家乐现状及对策研究——以定海区为例》,《北方经济》2012 年第 6 期。

　②　陈志奎、岑况、靳玲:《嵊泗列岛生态旅游资源开发潜力的研究》,《现代商业》2011 年第 7 期。

　③　罗烨、贾铁飞:《浙江沿海岛屿旅游可持续发展评价研究——以嵊泗列岛为例》,《上海师范大学学报》(自然科学版)2011 年第 3 期。

资源开发利用①、海岛文化旅游开发②等方面，而"渔家乐"旅游的研究成果并不多见，已有的研究成果主要以王依欣的《当前我国"渔家乐"发展模式选择——以浙江省嵊泗县"渔家乐"产业发展为例》和孟祥磊、王依欣、陈志海的《嵊泗县"渔家乐"发展现状及对策研究——以田岙村为例》两篇文章为代表。《当前我国"渔家乐"发展模式选择——以浙江省嵊泗县"渔家乐"产业发展为例》一文以嵊泗县为例，从新一轮渔业转型态势下我国"渔家乐"发展模式为切入点，剖析了制约当前"渔家乐"产业发展的主要因素及转型背景，认为政府层面上的产业指导尚未能形成产业合力，业主经营层面上与市场需求的接轨程度不高是阻碍当前产业发展的突出表现；对当前"渔家乐"产业的提升，既是新一轮现代渔业转型提出的客观要求，也是应对世界性金融危机的无奈之举，又是近海渔业资源压力不断加大、船只缩减情势下的现实选择。③《嵊泗县"渔家乐"发展现状及对策研究——以田岙村为例》一文在分析嵊泗县"渔家乐"发展现状的基础上，探讨了"渔家乐"发展中创新性和管理上的不足，并提出了一些对策建议。以上成果虽然对嵊泗列岛旅游开发从不同的侧面做了研究，但是从深度开发的视角探讨嵊泗列岛"渔家乐"合理开发的路径则还不曾触及。

所谓"渔家乐"旅游深度开发的内涵包括以下五个方面内容：一是从"渔家乐"旅游资源而言，进行深度开发就是跳过旅游资源的现有开发阶段，充分挖掘其功能深度，多方位开发游客的差异需求；二是从市场需求角度而言，全面促进"渔家乐"旅游产品供给和游客需要的对接，推出适合市场需求的"新、特、异"产品，加强对目标游客和群体的服务力度；三是从营销角度而言，要求对现有的"渔家乐"旅游产品进行组合与包装，以适应市场竞合变化；四是从管理模式而言，深度开发意味着改革管理制度和提高管理水平，以游客为本，提高服务水平，缩短实际服务与消费期望之间的心理距离；五是从旅游地形象而言，应该根据游客审美需求的变

---

① 任淑华、蔡克勤：《嵊泗列岛旅游气候资源开发利用》，《海洋开发与管理》2008 年第 5 期。

② 刘宏明：《海岛文化旅游开发的对策研究》，硕士学位论文，浙江大学，2004 年。

③ 王依欣：《当前我国"渔家乐"发展模式选择——以浙江省嵊泗县"渔家乐"产业发展为例》，载《2009'中国渔业经济专家论坛论文摘要集》，2009 年，第 34 页。

化调整和完善"渔家乐"旅游地形象,通过特别事件制造目标市场的特别情节,更新形象,推出游客欣赏向往的"渔家乐"旅游地新形象。当前嵊泗列岛"渔家乐"旅游的发展现状离深度开发的目标还存在不小的差距,开展这一选题的研究对于促进嵊泗列岛"渔家乐"旅游的进一步发展以及海洋文化的延续都具有非常重要的现实意义。

二 研究区域概况

嵊泗列岛从行政单元而言即嵊泗县,坐落于浙江省杭州湾外长江与钱塘江入海口之间的东海之中,共有 400 多个大小岛礁,其中以嵊山和泗礁两大岛屿最为著名。嵊泗列岛是我国唯一一处国家级列岛风景名胜区,以"碧海奇礁、金沙渔火"的海岛风光著称于世。这里海域广阔,岛屿密布,有沙滩、海礁、奇洞、悬崖、险峰等自然景观,是旅游、观光、度假、休闲、品尝海鲜和海上运动的好地方。

嵊泗列岛旅游景观礁美、滩佳、石奇、崖险。它可以划分为四个风景区:泗礁景区、嵊山——枸杞景区、花绿景区和洋山景区。泗礁景区以绵亘的金沙为特色,著名的基湖沙滩和南长涂沙滩均长达 2000 米以上,享有"南方北戴河"之称。这里沙质坚硬洁净,沙域开阔,是戏沙的最佳去处。嵊山——枸杞景区有东崖绝壁、"山海奇观"碑、枸杞沙滩、小西天等景观,更有充满浓郁渔乡风情的嵊山渔场。花绿景区有远东第一灯塔——花绿灯塔,为亚洲第二大灯塔。洋山景区有大小洋山,小洋山危崖夹峙,奇石相随,十步一景,五步一观,行于山水之间,既有狭窄的小道,又有茂密的丛林;大洋山海礁和悬崖陡峭嶙峋,气象万千,是探险的好去处。嵊泗列岛的绿华港是我国少有的浑水良港,素有"国际锚地"之誉,一到夜晚,海上巨轮高耸,万千灯火灿若繁星,还有无数亮着五彩桅灯的溜蟹船在海湾里往来穿梭,闪闪烁烁如同无数萤火虫在飞行,构成了绿华港如梦似幻的渔港夜景。

三 嵊泗列岛"渔家乐"旅游开发现状

20 世纪 90 年代中后期,"渔家乐"旅游开始在我国沿海地区出现。它最早是起源于山东省蓬莱、长岛一带的一种民俗旅游活动，是由沿海或海岛渔民向城市现代人提供的一种回归自然以获得身心放松、愉悦精神以及了解渔家民俗的休闲旅游方式。[①]"渔家乐"旅游一般包括欣赏海岛风光、住渔家体验渔家风情、吃当地特色海鲜、游泳、垂钓、赶海、沙滩游戏、卡拉OK篝火晚会等内容。"渔家乐"旅游是我国渔区产业经济发展到一定阶段的必然产物，是一种能够将渔业资源转化为促进渔民增收和带动地区经济持续发展的有效途径。

（一）嵊泗列岛"渔家乐"旅游的兴起

1. 兴起缘由

20世纪90年代以来，随着海洋捕捞强度的增大，渔业资源不断衰减，渔业成本上升，效益下降，渔船严重过剩，渔民收入不断减少[②]，严峻的局面使得以渔业为主的沿海地区，不得不改变机制另觅出路。

嵊泗列岛五龙乡田岙村是个有着数百年历史的渔村，面对严峻的渔业形势也渴望改变现状，但由于当地居民文化素质的限制，大家一直束手无策。直到1999年五一长假，几个在嵊泗旅游的上海游客从大悲山游览回来，路经此地，看见渔民在附近撒网捕鱼，觉得非常有趣。于是他们要求渔民带他们出海捕鱼，并且声称愿意出钱。渔民拗不过他们，只好带他们出海，撒网、收网、放蟹笼、抓螃蟹，几个小时下来收获不少。出海回来再带他们到家中烹制、品尝自己的劳动果实，没想到这竟让几个上海游客乐不可支。据说这就是嵊泗列岛"渔家乐"旅游的由来。从此在每年的6月、7月、8月三个月的休渔期间，田岙村村民自发组织一批小型渔船，推出了拉网捕鱼、海上垂钓、岛礁采贝等集渔业与旅游于一体的海上活动项目，并取得了很大的成功，开创了舟山市发展休闲渔业的先河。

此类活动充分地利用了当地现有的渔港、渔船、渔业设施，利用了小岛的风貌和渔家风情，而且投入小、见效快、容量大，易于带动其他产业的发展，是渔民转产转业，也是渔业结构调整的重要途径。"渔家乐"旅游活动因此在嵊泗列岛逐渐兴起，并成为这里旅游的一大特色项目。

---

① 赵迪、马丽卿：《舟山市渔家乐现状及对策研究——以定海区为例》，《北方经济》2012年第6期。

② 虞聪达、商弘：《舟山休闲渔业发展探讨》，《浙江海洋学院学报》（自然科学版）2002年第1期。

2. 开发现状

"渔家乐"旅游是嵊泗列岛旅游发展的主打产品，经过十多年的发展，在嵊泗列岛已经非常普遍。截至 2012 年，嵊泗列岛已发展省市级"渔家乐"特色村 5 个，其中省级"渔家乐"特色村 3 个（参见表1），"渔家乐"精品村 1 个，"渔家乐"船只 170 余艘，"渔家乐"经营户（点）338 家，三星级以上渔家乐经营户（点）36 个。但是一直以来嵊泗列岛的"渔家乐"旅游的经营户主要集中在菜园镇和五龙乡，目前，嵊泗列岛东部岛屿乡镇的"渔家乐"旅游经营户只有 40 余家，不过随着美丽海岛建设的稳步推进，该地区的嵊山镇、枸杞乡、花鸟乡的旅游资源优势也已日益显现。

表1 **嵊泗列岛省级"渔家乐"特色村列表**

渔家乐特色村	地址	等级	经营范围
基湖村	嵊泗县菜园镇基湖村	省级渔农家乐特色村、省级渔农家乐精品村	餐饮、住宿、海钓、拣螺、蟹笼
田岙村	嵊泗县五龙乡田岙村	省级渔农家乐特色村	海钓、捕鱼、蟹笼、拣螺
高场湾村	嵊泗县菜园镇高场湾村	省级渔农家乐特色村	餐饮、住宿、海钓、捕鱼、蟹笼、拣螺
黄沙村	嵊泗县五龙乡黄沙村	市级渔农家乐特色村	餐饮、海钓、捕鱼、蟹笼、拣螺
石柱村	嵊泗县菜园镇石柱村	市级渔农家乐特色村	餐饮、住宿、海钓、捕鱼、蟹笼、拣螺

资料来源：舟山新渔农村网，http://www.hbrc.com。

2012 年度嵊泗列岛旅游景点共接待游客 270.2 万人次，全年旅游总收入 24.20 亿元（参见表2），其中渔农家乐共接待游客数达 146 万余人次，实现年直接营业总收入 8.9 亿元。"渔家乐"经济已成为统筹城乡发展的新亮点和促进农渔民增收的新来源，成为嵊泗列岛渔民转产转业、增产增收的新方式。嵊泗列岛"渔家乐"的发展有力地支撑了舟山旅游业的发展，也改变了农渔村的经济面貌。同时，作为第三产业也有力地拉动了当地餐饮、住宿、购物等相关产业的发展，带动了第一、第二产业的调整优化，实现了舟山市经济全面协调发展。

表 2　　　　　　　　　2012 年嵊泗县游客接待统计数据表

月份	旅游人次（万人）	较上年增减（%）	旅游收入（亿元）	较上年增减（%）
12	12.02	61.3	1.17	75.3
11	9.38	18.7	0.84	18.5
10	21.40	29.6	1.91	29.6
9	31.78	64.6	2.83	65.9
8	56.50	1.1	5.03	1.0
7	55.50	30.0	4.94	29.5
6	23.96	15.6	2.15	15.7
5	21.90	13.0	1.95	13.0
4	14.48	10.8	1.29	10.9
3	9.22	15.1	0.83	15.3
2	6.23	16.4	0.56	16.3
1	7.83	15.4	0.70	17.2

资料来源：舟山旅游委员会政务网，http://www.hbrc.com。

（二）嵊泗"渔家乐"旅游的类型

1. 熟悉渔民生活为主旨的"渔家乐"旅游

这种"熟悉渔民生活"的旅游一般以观为主。如清晨观海上日出；到附近渔场、码头观渔民撒网、拉网、捕鱼；看渔民起锚远航；到附近海岛观海岛胜景、港口雄姿；黄昏观日落，夕阳西下。海上日出的壮观，红日跃出海面的瞬间，定会让远离大海的人们惊喜万分；一排排的渔船、巨轮乃至码头上的大吊车，也会让人惊叹不已；渔民撒网捕鱼的情景更会让人赞叹不断。而有幸从渔民手上买些刚捕来的鱼虾，实实在在地分享渔民的成果。坐在甲板上，面对大海，迎着海风，尝着新鲜的鱼虾，那种感觉则更会让人毕生难忘。

2. 当一回渔民为主旨的"渔家乐"旅游

这种旅游以亲身体验，过一把渔民瘾为主。随渔民一起驾船出海，简单的可以起蟹笼。只需将新鲜饵料放入蟹笼，沉入海底，过会儿提起即可。也可到船上钓鱼，更有兴趣者可以撒网捕鱼，别有一番风味。或者到岸边沙滩上赶小海、捡贝壳、拾海螺、捉螃蟹。等到烹制自己的劳动成果时，这顿饭菜更会让人久久难忘。

3. 体验海洋民俗为主旨的"渔家乐"旅游

海陆的差异、不同海域地理环境的差异，使得各地的渔家习俗千姿百态，这种差异性成为近年来陆上居民前往观光体验的主要动因，成为旅游新项目的资源。体验海洋民俗包含着十分丰富的内容，既有渔家习俗的体验，包括体验渔村渔民的风俗习惯、观看海神信仰仪式、品尝渔家宴、体味饮食文化等，又有参与渔俗节庆活动。"吃住在渔家、游乐在海上"。嵊泗列岛利用自身的独特资源优势发展出各具特色的"渔家乐"旅游项目。

如今，随着人们对回归大自然的需求越来越强烈，更多的游客越来越不满足于以"观"来认识、体验渔家生活和习俗，越来越倾向于采用复合的模式，这样不仅能从感观上熟悉渔家生活，而且更能亲身体验。

四　嵊泗列岛"渔家乐"旅游开发评价

（一）优势

1. 自然环境优势

嵊泗列岛具有优越的区位优势。它位于舟山群岛的北部，长江口和杭州湾汇合处，东临大海，南与佛教圣地普陀山相对峙，西与上海金山卫相望，背靠中国最具活力的长江三角洲经济区，是国际远洋轮船出入长江、吴淞江的必经之路。嵊泗列岛境内自然景观丰富，岛屿星罗棋布，犹如一颗颗明珠闪耀在万顷碧波之中，给人处处有"海市"，座座是"仙山"之感，拥有无尽的吸引力。除此之外，嵊泗列岛冬无严寒、夏无酷暑，气候宜人，是休闲度假的最佳选择。而且鱼鲜蟹肥，各类海鲜四季不断，更是向往海边生活的人们的最佳去处。嵊泗列岛渔场辽阔，渔港遍布，万船齐集，桅樯林立。大海的浩瀚气派，海水的清澈明净，渔场的多姿多彩，海鲜的丰富多样，"金沙、奇礁、怪石、古洞"景观特色，都是吸引游客"做一天嵊泗渔民，过一天渔家生活"的魅力所在。

2. 人文条件优势

嵊泗作为舟山渔场的中心，人称的"天然鱼库"、"海上牧场"，自然处处都散发着海洋文化的气息。海洋文化是人类在认识和征服海洋的漫长岁月里所积淀的物质和精神财富的总和,是人类生活劳动在大海这个特殊自然环境中所创造和传承的物质文明和精神文明的结晶。① 而它与大陆文化又有着较大的差异性,也正是这种差异性强烈地吸引着久居大陆和城市的人们,纷纷投入大海的怀抱,渴望了解海洋、认识海洋,分享大海给人类带来的乐趣和恩赐。像五龙乡田岙村这样一个有着数百年历史的渔村,如此长期地与海为伴,自然也就形成了自己独特的渔家民俗风情。如在饮食上,渔民会将各种鱼类做成各种形式的东西,如鱼干、咸鱼、鱼酱、虾酱、鱼丸等;新船起航或休渔期后重新起航时,会举行谢龙王仪式。独具渔家特色的渔港风情正是不断吸引各地游客来此旅游的重要原因。此外,嵊泗列岛举行的各种赛事活动,如全国帆船比赛、嵊泗海钓节、首届全国自行车赛、全国航海运动大赛等,为吸引更多的旅游者来嵊泗列岛提供了条件。

3. 发展机遇

随着生活节奏的加快,人们渴望摆脱城市的喧闹、拥挤,投身于大自然、感受大自然轻松宁静的需求越来越强烈。因此,各种以此为契机的特色旅游纷纷兴起。例如:张家界、九寨沟兴起了以原始森林风貌为特色的旅游;浙江余姚慈溪杨梅产区,推出了"到杨梅山采杨梅,当一天采梅女(郎)"的特色旅游等。② 走近大海,拥抱大海,也无疑是大多数城市人的旅游目的地之一。不仅海景风光是重要的旅游资源,而且渔风渔俗、渔家生活也是吸引游客的一大"卖点"。

(二)劣势

1. 体验渔民劳作生活存在安全隐患

"渔家乐"的游客往往会选择"当一天渔民,过一天渔家生活"的旅游类型,就是要随渔民一起驾船出海捕鱼,并将观景融入其中,两者合二为一。由于"渔家乐"这种休闲渔业旅游是渔民转产转业的重要途径,许多从事"渔家乐"出海的船只都是自主出海,且大多是原本长年从事渔业劳作的渔船,往往有一些渔船存在年久失修或设备简陋的问题,这势必会

① 石建新、於晴、吴晓迪等:《借海洋文化资源提高产品文化品位》,《旅游学刊》1996 年第 3 期。
② 章仲根:《海洋旅游业的若干思考》,《宁波大学学报》(理工版)2001 年第 2 期。

带来一些安全隐患。嵊泗列岛一到冬天，常刮八九级西北风①，风大浪险，船只配备良好的设施是非常必要的。尽管许多"渔家乐"出海船只的"船老大"就是当地渔民，他们确实具备很好的驾船技能，可是如果在海中发生了突发事件，出现了翻船等情况，懂得急救以及具备急救技能就十分必要，然而目前的现实情况是从业人员中还比较缺乏必要的相关培训。许多渔民从事"渔家乐"海上旅游，风险责任意识还较差，他们往往是游客想到哪里，就带他们到哪里，再远再晚都不怕。还有些渔民一条小船一次载客10几人甚至20几人，他们完全忽略了渔船本身的承载力，忽视了可能出现的危险，亟须规范管理。

2. "渔家旅舍"服务水平鱼龙混杂

"渔家乐"的游客一般都会选择住在渔家，吃在渔家，感受渔家生活。但是"渔家旅舍"的服务水平参差不齐，卫生防疫水平、安全消防状况都具有很大的提升空间。这些都是与游客的安全息息相关的重要问题。游客外出旅游，"渔家主人"们不仅要给游客带去欢乐，更重要的是要顾及他们的人身安全。

3. 食宿收费标准欠规范

游客在"吃渔家饭，住渔家院"之后，离开时往往会支付一定的费用以答谢主人的盛情款待。但由于不同渔民价值观与消费观的差异，由于没有一定的规范标准，所以收取的费用难免会各有差异。有的高，有的低。不管高低如何，相信每一个人外出旅游都是为了寻求一种快乐的心情，但是如果旅游途中钱付得比别人多了，开心还好，若不开心，也就会有一种"被宰"的感觉。相信任何人都不希望有这种感觉。所以很有必要规定一个食宿收费参考标准，这样不仅可以避免"主人"收多收少的尴尬，还可以让游客做到胸中有数。

4. 交通相对不便

嵊泗列岛交通运输主要局限于水运，尤其是岛内外的交通。这与其他内陆地区的便利交通相比的确存在诸多不便。在嵊泗列岛作为外部交通，可以运输游客的只有在泗礁的两个码头：李柱山码头用于运输外县旅客，

---

① 金英：《大力拓展海洋旅游　全面提高综合效益》，《浙江海洋学院学报》（人文科学版）2003年第4期。

小菜园码头用于县内岛屿的轮船。近些年来随着游客的增多，尤其是旅游旺季，运力明显存在不足。另外给交通带来不便的原因是某些线路船运往返的班次偏少，如上海人到嵊泗可到芦潮港坐船，但每天只有两班，尽管旺季时会增开一班，依旧显得有些不够，而十六铺则更是三天一班。嵊泗列岛这样的交通现状给游客进出岛屿旅游带来了很多不便。尽管还有一些快艇辅助，但是对于一般游客而言费用还是太高。如何改善交通条件可以说是嵊泗列岛"渔家乐"旅游深度开发不容忽视的重要问题。

五　嵊泗列岛"渔家乐"旅游深度开发建议

（一）配套设施规范化

1. 出海船只规范化

"渔家乐"旅游是近十几年才开展起来的新型旅游活动，至今存在一些从事该活动的人员"躲在角落"，逃避管理的现象，因此需要有关部门进行全面排查审核。从事"渔家乐"出海旅游的船只可以事先报农业渔业局等相关部门进行审核，如是否具有相关证件，能否载客出海；船只的条件如何，能否出海载客，若出海是否会有危险，是否需要重新修整等。待到审核通过后，方可进行经营。对于每船的载客数量，应该严格规范，如大船载客不得超过 12 人，快艇载客不得超过 6 人等。对于出海船只的出海距离，可参照农业渔业局规定：出海观光船艇离海岸线不得超过 1.5 公里。此外，海面风力五级以上，晚上 6 点以后均不得出海。相关部门对出海船只的海上活动项目也必须做出相应规定，便于从业人员遵守，切实做到防患于未然。

2. "渔家旅舍"管理规范化

"渔家旅舍"接待八方游客，"旅舍"的条件自然不可太低，至少要给人以安全之感，能体现渔家本色。对于游客而言，吃住在此，自然要求卫生和安全有保障。为使游客有安全感，对于经营"渔家旅舍"的渔家可向相关部门申请经营资格，并经卫生防疫、公安消防等部门全面审核，发予其证书。经营"渔家旅舍"，为游客提供食宿服务，相关部门应对食宿费用规定一定的参考标准。这样，游客做到胸中有数，渔家也收取方便，更可避免欺客、宰客的乱象发生。从而做到缩短"渔家旅舍"实际服务与消费期望之间的心理落差，提高服务水平，吸引更多的消费者。

（二）从业人员专业化

1. 对渔民进行有针对性的培训

参与"渔家乐"旅游活动，在海上往往会遇到风大浪险的时候，尽管渔民常年出海水性极好，可是游客不一定习水性。因此，为了避免意外事件的发生，应对渔民进行有针对性的培训，使渔民具备必要的急救技能，掌握基本的急救常识，以防突发事件的发生。

2. 成立专门的海上救援队伍

海上遭遇突发险情往往十分紧急，一般出海船只上只有一两名渔民进行驾驶或向导，而船上的游客却是多名，一旦多人掉入海中，或是渔船出事，救援工作单单靠一两人是不够的。因此，非常有必要成立一支专门的海上救援队伍。万一有船只出事，就有了可靠的求助对象。

3. 提高"渔家旅舍"服务人员专业素质

游客不仅在海上需要安全保障，在"渔家旅舍"也同样需要安全保障。若在旅舍内发生起火事件或客人出现突发病症等，旅舍人员应该提供相应的援助。因此，对"渔家旅舍"的经营者进行培训也是十分必要的。使旅舍服务人员懂得基本的急救常识，具备必要的急救技能，并且对于火灾等突发事件具备必要的消防技能，对旅舍环境卫生有较高的卫生常识，以更好地为游客带来安全感与便利，营造更好的起居环境。

（三）管理监督正常化

成立"渔家乐"管理办公室是落实管理监督正常化的有效途径。出海船只和"渔家旅舍"是"渔家乐"旅游必不缺少的组成部分，这都需要相关部门进行考核与管理。因此，成立专门的"渔家乐"管理办公室对其进行有针对性的管理是切实可行的。对出海船只和"渔家旅舍"经营户实行积分考核制，户与户之间实行监督管理。"渔家乐"管理办公室本身对经营户的经营资格、服务标准、审批程序及违规处罚等做明确规定，经营户一旦违反规定实行扣分。这样既可以避免非法经营，又可以避免压价竞争。同时，"渔家乐"管理办公室还可成立由旅游、公安、工商、交通、卫生等部门组成的专门监督组，对经营户采取监督举报、不定时抽查、跟踪等动静结合的措施，加大对经营户的管理监督，调整与完善"渔家乐"旅游地的形象。

（四）活动项目更加多样化

1. 举办独具渔家特色的比赛

游客参加"渔家乐"旅游越来越注重"参与"体验。"当一天渔民，过一天渔家生活"，不是仅仅满足游客"参与"体验捕鱼拉网的需求，因为在渔民生活中还有许多游客想知道的陌生的事情以及习俗。比如，在渔村往往是男的出海捕鱼，女的在家，她们不只是料理家务，还补渔网、织渔网等。怎样织渔网往往是许多游客想知道的。所以，"渔家乐"旅游深度开发要求顺应市场变化节奏，开发出各类具有创意的旅游产品。例如，可以比赛、游戏的形式出现，这样不仅充分地体现了"渔家乐"旅游高度参与性的特点，更重要的是可以让游客亲自参与其中。当然在这种比赛或游戏中，织网、撒网等都具有一定的技巧性和危险性，但游客参与这样比赛的目的不过是想尝试，是想体验各种他们不曾有过的生活经历，而不是想要去熟练地掌握它，所以，只要有渔民和渔家妇女的细心指导，避免潜在的危险是完全可能的。因此，"渔家姑娘织渔网"、"弄船赶海"、"掷鱼比赛"、"海上撒网"、"沙滩拔河"、"海上垂钓"和"渔家丰收乐"等比赛游乐形式，应该在原有的基础上进一步完善并红红火火地开展起来。

例如"渔家姑娘织网比赛"，可以事先让渔家妇女先教会游客怎样织网，让他们掌握基本的织网手法与技巧，之后再让他们参加比赛。可以请渔家妇女事先将渔网起好头，以方便游客织网，也相应地减少了他们的难度。设定比赛的时间，例如 5 分钟，将事先起好头的渔网放置好，等到裁判哨子一响，游客便可以开始织。时间一到，游客离开比赛场地，停止织网。最终以谁织的最多（面积最大）为胜。再如"撒渔网比赛"，可在沙滩上划定海域（以沙滩代替海以减少危险），海域内摆放各式鱼（以道具鱼代替以减少难度），并标有不同的重量，让游客在指定范围内撒渔网，每人只撒一次，最终以鱼货的重量来决定胜负。这样游客既了解了如何织网、撒网，又能获得亲身的实践体验且安全得当。

2. 感受渔家特色风情

"渔家乐"游客在捕鱼归来往往会选择住宿渔家，也就是住在"渔家旅舍"。如果"渔家乐"旅游将游客活动的空间放在船上，让他们不仅吃在船上，而且让他们睡在船上，四周是汪洋大海，耳听涛声入眠，不能不说也别有一番风味。不过这样的渔船不宜接待过多的游客，一家人或几个情投意合的朋友，或者是当即相遇的几个散客即可。而对于渔船的布置，可以适当地进行一下修改，简单地装饰一下，制造一种清新淡雅之感，营造一种独特的氛围即可。为适合以家庭为单位的游客，可将渔船隔成几个小间，并作适当典雅、自然的装饰，给人以家的温馨感，也增加回归大自然的情趣。在船上也可以重树风帆，这样对渔民来说既省油，又保护大海，对游客来说，在蓝天、白云、大海、风帆的拥抱中更能感受"渔家乐"的情趣。不过安全问题是不能忽视的，在海面上过夜难免让人有种不安之感，因此船本身的安全条件要求就得很高。机器、通信设备都得做到万无一失，甲板以及上下舷梯都必须防滑等。当然可以选择风平浪静的日子出海，以避免可能出现的危险。白天在游船甲板上设遮阳篷或遮阳伞也是必要的，各方面的问题都应该考虑周全。除此而外，海洋文化独特的风情习俗，如起航前的请龙王、谢龙王等仪式，都是"渔家乐"游客颇感新鲜的，深入开发"渔家乐"海洋文化内涵，是"渔家乐"旅游深度开发必须关注的重要方面。

（五）交通网络化

随着舟山交通海上环回线的基本形成以及上海芦潮港与嵊泗洋山的东海大桥的建成，嵊泗列岛的交通已基本得到了缓解。增加上海到嵊泗的班次，加上定海与嵊泗客车轮渡的开通，嵊泗列岛与大陆内地的环海旅游线路就基本建成了。此外，还可以增加嵊泗列岛与周边县市如普陀、朱家尖、岱山等的旅游线路，通过当地旅游的发展来引起游客对嵊泗列岛旅游的兴趣，使普陀山、朱家尖"十里金沙"的龙头优势辐射到嵊泗列岛，从而带动嵊泗列岛"渔家乐"特色旅游的进一步发展。

六　结论与展望

嵊泗列岛独具特色的"渔家乐"旅游，打破了常规旅游的那种住宾馆，吃饭店，逛景点的老套，它把渔家民生、民俗、民风以及海趣、海貌、海上生产生活作为吸引游客的"亮点"。这不仅把游客由死景点的匆匆过客，变成了丰富多彩渔家生活的参与者和体验者，增加了嵊泗列岛旅游的新鲜感和吸引力，有效地满足了游客消费的新需求，而且突破了旅游服务设施不足对旅游业的制约，开创了渔民转产转业的新思路，避免了伏季休渔期不必要的闲置。针对当前嵊泗列岛"渔家乐"旅游的发展现状及其旅游资源的优劣势，深度开发"渔家乐"旅游应该紧紧地抓住"海上牧场"、"海上仙山"的特色，迎合现代人回归自然、返璞归真的心理需求，开展独具特色的各类活动。一方面要充分挖掘"渔家乐"旅游资源的功能深度，多方位开发游客的差异需求，不仅要开发外观、表象等视觉形式，而且要深入开发"渔家乐"海洋文化内涵，延长"渔家乐"旅游资源的产品链条，深化产品的海洋文化底蕴；另一方面要调整旅游资源的开发规划，顺应市场变化节奏，附加契合市场发展的产品创意，使开发方向和产品能够顺应"渔家乐"旅游市场的需求变化，并具有一定的弹性空间；与此同时，不仅要进一步深入研究"渔家乐"旅游市场，开发新的旅游形式和旅游线路，充分运用多种营销手段，而且还应该进一步加强"渔家乐"旅游安全意识，提高管理服务水平，缩短实际服务与消费期望之间的心理距离，调整和完善"渔家乐"旅游地形象。这样，嵊泗列岛"渔家乐"旅游发展的前景将会越来越好，海洋文化也会因此得到更好的保护和延续。

中国端午节和韩国端午祭的异同

——以中国东海之滨的温州和韩国东海之滨的江陵为例

龚剑锋　沈兴伟 *

近代以来，对中国端午节进行系统研究始于 20 世纪 20 年代，始推闻一多先生的《端午考》和《端午的历史教育》。以 20 世纪 80 年代为界，对端午节的系统研究大致可以分为两个阶段。第一个阶段出版的书籍对于端午节的研究是史实叙述较多，并没有过多地对其展开系统研究，也较少把端午节作为一个整体，而多是放在中国传统节日或民俗研究之中。相对而言，在 20 世纪 80 年代之后出版的许多著作，则更加注重对原始资料的广泛挖掘，不仅专门研究了端午节的起源，讨论了端午节的节俗演变，而且详尽考察了端午节作为一个整体的传承与发展，并且注重区域特色研究。进入 21 世纪，以 2005 年韩国端午祭先于中国端午节申遗成功和 2008 年端午节正式成为法定的国家节假日为契机，对于端午节的研究再一次掀起热潮。

对韩国端午祭的研究始于 20 世纪六七十年代。1990 年前后，随着韩国地方政府大力推广江陵端午祭，一批有代表性的研究著作陆续出现，主要有 Kim Sum Foung、Kim Kyeng Nam 合著的《江陵端午祭研究》，Jeng Je En 写的《乡土的庆典节日及传统的现代的意义》，King Sunk Yu 写的《地区庆典的形式化及成功战略研究——为了城市市场化》，Kim No Yuen 写的《江陵端午祭的社会教育研究》，崔圭成著《关于江源道民俗庆典的观光资源化方案研究》，金京南著《江陵端午祭仪研究》，金宅圭著《韩国农耕岁时的

* 龚剑锋，浙江师范大学人文学院环东海研究所硕士生导师。沈兴伟，浙江师范大学人文学院历史系学士，浙江省镇海中学教师。

研究——农耕依礼的文化人类学的考察》，吴蔚、王荟的《韩国申遗项目并非端午节》，陈宝成、苏婧的《韩国端午祭成功申遗的文化传承之思》，等等。

2005 年 11 月 24 日（巴黎时间），韩国端午祭申请联合国世界非物质文化遗产成功。由于它与中国端午节的密切渊源，导致二者再度引起中韩两国民间舆论的广泛关注。随着时间的推移，"韩国端午祭"这个提法被越来越多的人熟知，但是人们对于这个节日本身的理解不同，分歧很大，相关的争鸣和讨论与日俱增。一石激起千层浪，部分媒体为了片面追求关注度，甚至恶意曲解事件始末，以致部分民众对于韩国端午祭的印象，要么茫然不知，要么一知半解。这对于中韩两国民间文化的交流，是非常不利的。鉴于此，笔者以中国东海之滨的浙江温州端午节和韩国东海①之滨的江陵端午祭为例，希望通过对两种节日的异同探讨，展示端午节在中华文化圈内的辐射和影响，更正部分国民对于韩国端午祭的误解，并反思当前我国在民俗文化保护工作当中的不足，探索现今两国民俗文化可能的交流形式。

一 中国端午节和韩国端午祭的相似与区别

（一）相似

1. 相同的名称

端午节作为中国的传统节日，至迟在南北朝时期就已经出现。"端午"一词，最早出处是西晋周处的《风土记》。根据金武祥辑本《风土记》记载："仲夏端午，烹鹜角黍。端，始也，谓五月初五日也。"又云："端午造百索系臂。"又云："端午采艾，悬于户上。"② 这是有史可查关于"端午"的最早出处。

在唐代以后，端午一词普遍流行。唐以前，每月的初五都可以称为"端午"，并不特指五月初五，据黄石先生的《端午礼俗考》："端午非五月五日的专称，不论哪一个月的初五，都可通用，是信而有征了。唐以后便

---

① 即日本海。
② （晋）周处：《风土记》，《新编诸子集成》本，四川人民出版社 1987 年版，第 33 页。

鲜有此例。由此可以推知五月节独擅端午之名，是唐以后的事。"① 唐玄宗《端午》诗、杜甫《端午日赐衣》诗中提到的端午均指五月初五。

中国古历《夏历》以地支纪月，正月为寅，二月为卯，以此类推，故称五月为午月，"五"又为阳数，且端有"开端"、"初"的意思，《左转·文公元年》中就有"履端"② 之说，《正义》解释为"四始"，即年之始，月之始，日之始，时之始，故农历五月初五名端午、端五、重五、端阳等。③

与此类似，韩国端午祭的名称解释来源，几乎完全同于中国端午节，对五月初五的称呼，也和中国人一脉相承。如韩国也称五月初五日为"端午"、"重五"、"端阳"、"五月节"等，韩国特有的词是称"端午"为"上日"（이전일）、"高日"（높은 주）、"敬神日"（예배에）等，意为神的日子。

2. 相近的日期

中国农历把每年分为春夏秋冬四季，每季又各分为孟仲季三个月，依此规定，仲夏即为每年的五月。在中国的大部分地区，每年农历五月初五，人们都要以各种形式对其加以纪念。以温州地区为例，现今流传仍较为广泛的纪念活动主要有：吃粽子、撞鸡蛋、赛龙舟、挂菖蒲、拴五色缕、喝雄黄酒等。在这其中，除了赛龙舟一项因为要多次举行而时间跨度较大之外，其余各项一般均以五月初五为纪念的开始和终结。就连赛龙舟活动本身，温州人也往往会把其中最盛重的形式——龙舟竞渡，安排在五月初五这天举行。

无独有偶，韩国江陵地区的端午祭也把最隆重的祭祀仪式放在五月初五进行。然而，相比于温州地区把端午节精确到五月初五这一天，韩国端午祭的日期跨度就显得比较长了：韩国江陵端午祭其实是由一系列祭祀、演戏、游艺等丰富的活动组成的一个整体。如果从"前夜祭"算起，一般

---

① 黄石：《端午礼俗考》，鼎文书局 1979 年版，第 3 页。

② （春秋）左丘明：《左传》，《诸子集成》本，中华书局 1979 年版，第 90 页。

③ 除文中所述，端午节又叫重午节、天中节、夏节、五月节、菖节、蒲节、龙舟节、浴兰节、粽子节、午日节、女儿节、地腊节、诗人节、龙日、午日、灯节等，名称达二十多种，堪为中国传统节日别称之最。

要持续五天；如果从"山神祭"算起，则长达20多天；而如果把江陵地区的端午祭的开始日期定为四月初五"谨酿神酒"的话，那么到五月初七"送神"结束，首尾将长达一个月。

3. 密切的渊源

中国端午节的历史源远流长，有关其起源的记载和传说林林总总。如果从"端午"二字的意义上分析，可以作如下解释："《说文》释曰：'午，捂也，五月阴气悟逆易冒地而出也'，《史记·律书第三》同样释作：'午者，阴阳交'，另有'万物负阴而抱阳'（《道德经》），以及'天地合气，万物自生'（《论衡·自然》）等，五月五日，双'五'叠加，自然被视作一个主兴旺、丰稼稚的吉日。"[①] 另外，在阴阳五行理论中，"五"这个数字极被重视。顾颉刚说，五行思想是中国人的思想律，是中国人对宇宙系统的信仰。美国汉学家爱伯哈德说："在一本《中文大字典》中，列有'五'的十二种含义，一千一百四十八种用法，其中大约有一千种直接与'五行'相关。"[②] 五行理论认为，五行乃是万物的本源，五行循环，化生世界万物。人寿年丰是人类永远的追求，但由于生产力水平的局限，导致古时中国人更倾向于把改善个人生活的期望寄托于神明的护佑。因而一年之中唯一一次双五重合的端午节向来被当作是一个祭祀天地鬼神、祈福求丰收的重要节日。这一点在《礼记》中可见有明确的佐证。

《礼记·月令》载："仲夏之月，日在东井，昏亢中，旦危中。其日丙丁。其帝炎帝，其神祝融。其虫羽，其音徵，律中蕤宾。其数七。其味苦，其臭焦。其祀灶，祭先肺。小暑至，螳螂生，鵙始鸣，反舌无声……命有司为民祈祀山川百源，大雩帝，用盛乐。乃命百县雩祀百辟卿士有益于民者，以祈谷实。是月也，农乃登黍。是月也，天子乃雏尝黍，羞以含桃，先荐寝妙……是月也，日长至，阴阳争，死生分。"[③] "仲夏之月"即五月，《礼记》中的这段记载说明仲夏时节祭天是先秦时期既有的习俗。古代人认为五月乃"日长至，阴阳争，死生分"的时节，在这一段时间内"阳"达到最大，"阴"随即产生，为了达到阴阳平衡，要祭灶，要让专门的官员为

---

① 闻一多：《端午考》，生活·读书·新知三联书店1982年版，第231页。
② 叶舒宪、田大宪：《中国古代神秘数字》，社会科学文献出版社1998年版，第80页。
③ 陈戌国：《礼记校注》，岳麓书社2004年版，第116页。

百姓祭祀山川百源，还得用盛大的音乐祭祀天地，天子要祭祖，所有这一切的最终目标都是为了"以祈谷实"，即祈求今年五谷丰登。可见最初的仲夏祭的直接目的，是为了满足人们最纯朴的生存需求。古人认为五月祭天的成功与否，是与当年的农业收成紧密联系在一块儿的，因而五月祭天逐渐发展成为与人们生活休戚相关的重大习俗，成为后来中国端午节和韩国端午祭的共同前身。

据公元13世纪的朝鲜文献《三国遗事》载：199年，驾洛国国王首露死，建首陵王庙，"自嗣子居登王洎九代孙仇衡之享是庙，须以每岁孟春三之日、七之日，仲夏重五之日，中秋初五之日、十五之日，丰洁之奠，相继不绝"[1]。这是朝鲜民族对端午祭庙的最早记载。到1518年，朝鲜中宗李怿把端午节与春节、中秋节一道，规定为朝鲜民族的三大节。

韩国五月五祭祀的最早书面记载见于中国晋代陈寿的《三国志》。据《三国志·魏书·东夷传》记载，马韩[2]"常以五月下种讫，祭鬼神，群聚歌舞，饮酒昼夜无休"[3]。古代朝鲜民族生产力水平低下，农历四月至五月是一年播种的关键时节，因此农历四五月相交之际，常举行祭祀仪式，以保佑全年生产的顺利，韩国学者张筹根认为，韩国的端午祭祀展开时，正好与插秧结束后的这一"祭鬼神，群聚歌舞"的习俗在一个节期，这种现象一直保持到了今天。而后世江陵地区真正形成端午祭祀，则与中华文化的传播扩散有着紧密的联系。

公元前108年汉武帝征服卫满朝鲜后，在朝鲜半岛北部和中部设立了四个郡，分别为乐浪郡、玄菟郡、真番郡和临屯郡。随着这四个郡的设置，当时风靡中国汉代的阴阳五行思想开始传入朝鲜半岛。古代的阴阳思想认为，奇数为阳数，偶数为阴数，阳数为吉数，吉数月与吉数日重叠则为大吉日，因此传统节日多为阳数日月，如元日（正月初一）、上巳（三月三）、七夕（七月七）、重阳（九月九）。受阴阳思想的影响，朝鲜民族认为五月

---

① 一然：《三国遗事》，中华书局1979年版，第46页。
② 马韩是公元前100—300年位于古代朝鲜半岛西南部的部落联盟，主要由檀君朝鲜南迁的遗民与辰国融合而成。
③ （晋）陈寿：《三国志》卷三十《魏书·东夷传》，中华书局2007年版，第914页。

初五正逢双五叠加，属大吉日，自然值得纪念。朝鲜民族认为自己是檀君①的子民后代，长期的战乱环境更加深了朝鲜民族对于祖先神明的精神寄托。每年的四五月间，强烈的生存需要与精神需求在长期的发展过程中互相影响、相互融合，逐渐演变成独具朝鲜民族特色的巫文化，即朝鲜人民通过特定的巫人与神灵进行沟通，运用请神、娱神、送神的方式，表达了人类在生息繁衍的过程中，祈求上苍风调雨顺、五谷丰登、吉祥如意的愿望。其间更有来自中国的阴阳五行思想及端午节俗潜移默化的深刻影响，遂逐渐发展成为日后江陵地区以"儒教祭仪"和"巫祭"为核心内容的端午祭。

4. 小结

江陵端午祭确实是一种十分有趣的文化现象。尽管端午节发源于中国，但是在长期的汉文化外传的过程中，逐渐被中国周边的国家和民族所吸纳，并融于自己的文化土壤之中，进而形成韩国民族特有的节日文化。中国端午节与韩国端午祭不仅在名称和日期上有着明显的联系，而且大多数韩国人也都认为端午节确实起源于中国，是为了祭祀屈原。如金迈淳的《例阳岁时记》（1819 年）说："国人称端午曰水獭日，谓投饭水獭享屈三间也。"因此，如果追述韩国江陵端午祭的原型，受中国文化的影响是不容置疑的。从古至今，无论是中国还是韩国，在端午这一天举行一系列活动以祈求全年风调雨顺，在这背后都存在着强大的信仰力量，其本身都反映出人们的精神思维和宗教观念，这一点，无论是在中国还是在韩国，都未曾改变过。

然而，在韩国江陵地区，端午之所以被称为"端午祭"，主要是为了突出一个"祭"字，中国端午节的许多习俗如插艾蒿、悬菖蒲、吃粽子、饮雄黄酒、戴荷包、划龙舟、纪念屈原等，在韩国的端午习俗中并不存在。相反，经过长期的发展演变，现今江陵端午祭的主要内容是祭祀、演戏和游艺，其中祭祀包括"儒教祭仪"和"巫祭"。这两者因其全民参与的氛围、隆重的形式、鲜明的民族个性和保留完整的内容，已成为江陵端午祭的核心。江陵端午祭的"儒教祭仪"固然有着中国儒家文化的渊源，但"巫祭"却更多地体现出朝鲜民族尚巫的传统。由此可见，中国端午节与韩国端午祭虽有非常密切的联系，在名称、时间和目的上有相合之处，但无

---

① 檀君，名王俭，传说是檀君朝鲜的开国国君。据《三国遗事》记载，王俭乃天神桓雄与熊女结合而生。相传檀君于公元前 2333 年建立古"朝鲜国"——檀君朝鲜，意思是"宁静晨曦之国"。

论是从形式还是内涵上看，均大相径庭，严格上说已经不是同一种节日了。韩国江陵端午祭的祭仪中所祭祀的对象是他们信仰中的神话人物，祭祀所执礼仪具有明显的江陵地方特色，表达出他们代代相传的文化底蕴。这一点，笔者将会在下文中详细探讨。

(二) 区别

端午节作为中华传统文化的重要组成部分，千百年来延绵不绝，历久弥新。发展到当代，由于国家经济腾飞、民众生活水平提高，人们一有经济条件，二有精神需求，开始对传统文化给予高度的关注和扶持，遂使许多本已倾向于湮没的端午节习俗，在一定程度上开始复苏。上至政府官员，下至平民百姓，在整个中华文化区的范围内，都开始积极地重视端午节传统文化。而单就区域文化来说，由于中国传统文化区覆盖范围非常辽阔，其间又有多重复杂地形相异，导致在自然地理环境差异性的影响下，各文化区域逐渐派生出人文社会环境的不同。由此，在中国传统文化区大一统的主题下面，各个文化亚区及副区之间产生差异在所难免。这一特性反映到端午节上，便是各地在同过端午节的前提下，于具体的风俗民情上往往呈现出不同的特点。笔者主要选取当今在端午风俗民情方面保存相对完整，较有代表性的地区——浙江温州地区和韩国江陵地区，通过对这两个地区在相同的时间范畴内不同的风俗民情——食俗、敬鬼神的内涵差异及其他一些习俗的比较，以此为个案，探讨中国端午节与韩国端午祭的区别之处，当然，这里所涉及的比较是指当下仍被民众有效传承的习俗，进行比较的也仅是两国端午节（祭）中最具代表性的几个方面，其他细节之处，鉴于文章篇幅有限，就不一一赘述了。

1. 食俗的不同

西汉的"枭羹"是史书记载最早出现的五月初五特定食品。《史记·武帝本纪》（注引如淳言）："汉使东郡送枭，五月五日为枭羹以赐百官。以恶鸟，故食之。"[1] 因枭数量有限且不易捕捉，所以端午吃枭羹的食俗并没有延续下来，后被角黍代替，即所谓粽子。

---

[1] （汉）司马迁：《史记》卷一二《孝武本纪》，中华书局 2006 年版，第 482 页。

角黍一般用菰叶（茭白叶）包黍米成牛角状，故称"角黍"，这在春秋时期就已出现，但一直要到晋朝，才成为端午民间的应节食品。关于粽子的最早记载见于西晋新平太守周处所写的《岳阳风土记》："俗以菰叶裹黍米，……煮之，合烂熟，于五月五日至夏至啖之，一名粽，一名黍。"明代李时珍的《本草纲目》则有"古人以菰叶裹黍米煮成尖角，如棕榈叶之形，故曰粽"①的明确记载。明清以后，粽子多用糯米制作，这时就不叫角黍，而称粽子了。

粽子，一因其精致的造型，二因其独特的口味，更因多了一层屈原投江的文化韵味，成为千百年来中国人最喜爱的端午食俗。发展到现代，尽管其他的端午食俗各地区均有所差异，但粽子一项，却为全国各地普遍接受并很大程度上成为人们对端午节的第一印象。

就温州地区而言，粽子是端午时人们最主要的食俗，造型以四角锥形最为常见。粽叶的材料则因温州地处浙南湿热之地，盛产竹子，于是就地取材以竹叶来缚粽。温州人一般都喜欢用新鲜竹叶包粽子，且包缚之前须得用清水，最好是山泉水浸湿，因为干竹叶绑出来的粽子，熟了之后很难散发出竹叶的清香。再就口味而言，随着近年来经济的发展，流动人口的增加，温州地区的粽子亦是荤素兼有，品种繁多，但总体上口味仍偏淡，且甜少咸多，以咸菜肉粽最为温州人喜爱。

除粽子外，在温州地区的小孩儿中还流行端午节吃鸡蛋、撞鸡蛋、滚鸡蛋的食俗。每年端午节，每家基本上都会为自家的孩子煮上至少两个鸡蛋，在早上小孩儿还没睡醒时，就把一个刚煮好的鸡蛋拿到孩子的嘴边，因鸡蛋形状似心，所以在温州的很多农村地区，人们认为鸡蛋主心，在端午吃鸡蛋能使孩子心气不亏；吃完之后还要将鸡蛋装在特制的蛋袋里，由孩子带去学校，与同伴互相撞蛋，撞破后立即吃下，取其茁壮成长之意。此外，一些农村在端午节还有滚鸡蛋的习俗，即把鸡蛋放在小娃儿的肚皮上来回滚上几滚，边滚边念叨："阿咩（温州方言，意味小孩儿）吃蛋，肮脏滚蛋。"

成年人则多有喝雄黄酒的传统，《清嘉录》记载："研雄黄末，屑蒲根，

① （明）李时珍：《本草纲目》卷三《百病主治药》，时代文艺出版社2005年版，第171页。

和酒饮之，谓之雄黄酒。"① 即每年端午节时，取少量雄黄碾磨成粉末，倒入年前酿制的黄酒中（有些地方还会加上少许磨碎的菖蒲根），制成雄黄酒，且多配以大蒜饮用。因为五月在古时有"恶月"之称，正是气候炎热，蛇、蝎、蜈蚣、蜂、蜮五毒虫②和蚊蝇等旺盛滋生，疫病萌发之时，温州地区湿热的气候又进一步加剧了恶劣的环境。在长期与自然斗争的过程中，人们逐渐发现了雄黄和大蒜的药用价值，能祛邪扶正，于是每逢端午时，温州地区很多家庭酿雄黄酒，多为男子饮用，女子和孩子不能喝。此外，为了充分发挥雄黄驱虫避蛇的功效，大人往往取少许浓度较高的雄黄酒涂抹在孩子的额头、耳后、胸口、手心及足心等处，比较常见的做法是用雄黄酒在小孩儿的额头画一个"王"字，一借雄黄以驱毒，二借猛虎以镇邪。这样既能使虫蛇闻之远遁，也能在盛夏时节消除身体表面的湿热，防止中暑。再取少量雄黄兑成水，洒在已经打扫过的庭院或墙角处，同样是取其避虫祛毒之义。

相比而言，不管是粽子、鸡蛋，抑或是雄黄酒，在韩国江陵地区的端午祭期间都是见不到的。朝鲜民族的传统端午食品是"명사"，翻译成中文为艾子糕。艾子糕是把艾叶捣碎再掺面蒸制而成的糕点，据《京都杂志》载："端午俗名戍衣日，戍衣者，东语车也。是日，作艾子糕像车轮形食之。"韩国人对艾子糕的钟爱不仅出于其口味独特，而且因为艾（쑥）在韩语中还有"高"、"上"、"神"的意思，因此用艾叶做的糕点就具备了一定的神圣性，端午也因此又被称作"高日"、"敬神日"。在当今韩国的江陵地区，为了满足各国游客的不同口味，艾子糕不仅形状、色彩繁多，由起初的圆饼形发展为方形、菱形、纺锤形、四角星形等多种形状和各色馅料，工艺也别出心裁，不仅有专门的制糕锅，还有特定的食用方法，已超出原有内涵，成了江陵地区对外宣传的一个重要窗口。

追寻艾子糕，《京都杂志》指出："按武硅燕北杂志，辽俗五月五日，渤海厨子进艾糕。此东俗之所沿也。"武硅是北宋镇州人，曾被契丹掳入辽国，归宋后作《燕北杂志》呈于朝廷，详细记述了辽国人文习俗。渤海国由中国北方的靺鞨族建于698年，705年成为唐朝藩属，926年为契丹所灭。

---

① （清）顾禄：《清嘉录》，明清笔记丛刊本，中华书局2008年版，第115页。

② 旧时指蛇、蝎、蜈蚣、壁虎、蟾蜍为五毒，此据《言鲭·谷雨五毒》。

韩国的端午食艾子糕之俗与唐朝所正式形成的食粽习俗出现时间相当，可以推断艾子糕可能是受中原文化影响出现的粽子变种。

2. 敬鬼神的差异

千百年来，划龙舟一直是温州地区端午节期间最大的群众性集会，也是最具代表性的民俗活动。每逢端午节时，"各村俱操龙舟竞渡，悬赏夺标，士女骈集，观者如堵"①。"龙舟竞渡，带水城郭皆有之。温则异于他处，舟须数十人曳缆以行，舟上设秋千，扮剧文，彩旗绣辙，光辉夺目。舟后扮梢婆，或一人，或二人，以俊童为之。曾扮梢婆者，指以为优伶之属，人共耻之，必多给钱其家。一船之费总计数千缗，虽华采绮丽，然而笨矣。草龙则似寻常小舟，加龙头于其上，每舟十余人、二十人不等。摇旗击鼓，竞渡于南塘，周旋游泳，以竞先后。"② 温州划龙舟除场面壮观、竞争激烈外，特别之处在于竞渡前还要举行龙船祭奠仪式，而祭祀对象并不涉及所谓的屈原，而是温州地区特有的神明——香官神，同时往往还顺带上各宗族自己的祖先。由此，温州龙舟文化中的鬼神色彩便十分明显。

温州古称瓯越，尽管早在五六千年前的新石器时代晚期，就有先民在这里劳动生息，但直到春秋晚期依然是"险阻润湿，又有江海之害，君无守御，民无所依，仓库不设，田畴不垦"③，其较之北方地区，当时无论是生产力水平还是受到中原传统文化的影响程度，都要小得多。比起如何表达对政治人物的臧否，古时瓯越的人们更关心的是粮食的收成和天气的变化，以及各家祖先是否依然庇护着子孙后代，因此追寻温州地区端午节的起源，更多的是一种受到当时当地的自然环境影响而产生的精神需求。在这一点上，每逢端午期间，温州人自发形成的，认为该做的是划龙舟，该祭奠的是温州地区特有的神明香官神以及自家的祖先。

据明万历《温州府志》载："竞渡起自越王勾践，永嘉水乡用以祈赛。"④ 据此得知，温州地区的龙舟竞渡，起源大略可以追溯到春秋时期。这种观点在闻一多先生的《端午的历史教育》中可以得到明确佐证："古代

① 《瑞安县志》卷一〇，清嘉庆十三年刻本。
② 郭钟岳：《瓯江小记》，上海社会科学院出版社 2006 年版，第 33、34 页。
③ 周生春：《吴越春秋辑校汇考》卷四《阖闾内传》，上海古籍出版社 1997 年版，第 39 页。
④ 《温州府志》卷三八，明万历八年刻本。

吴越民族是以龙为图腾的，为表示他们龙子的身份，借以巩固本身的被保护权，所以有那断发文身的风俗，一年一度，就在今天（端午节），他们要举行一次盛大的图腾祭，将各种食物，装在竹筒，或裹在树叶里，一面往水里扔，献给图腾神吃，一面也自己吃。完了，还在击鼓声中，划着那刻画成龙形的独木舟，在水上作竞渡的游戏，给图腾神，也给自己取乐。"①远古越族正是通过龙舟竞渡的形式来娱神赛神，以求年丰仓满。

从古至今，温州地区的龙舟竞渡文化在逐步发展成熟的过程中，从整体上呈现出鬼神色彩逐渐减弱，而功利性日益增强的特点。

古时温州各乡都有龙船，每乡都有自己供奉的香官神，专管划龙船。每逢端午节时，有些地方如要另造新龙船，则从四月初一即擂鼓开庙门，先祭祀香官神，再开造新龙船。各地乡风一般都是五月初一才开庙门，祭祀香官后即放龙舟入水，俗称"上水"②，斗龙结束叫"散河"或"洗巷"，龙舟出水叫"收香"，并把龙舟翻转倒扣在地上，次日再翻正，抬到庙中保存，接着还要再祭香官神，相传这香官神是喜欢玩弄人的小儿神，所以温州地区俗语说青年人不安分，往往以香官作比。凡是龙舟经过的地方人家，不仅要放鞭炮，还要出钱请划龙船的人吃酒，叫"摆香案"。通常香案都是那些出嫁在外的女儿家负责摆的，而且还不能不摆，礼品也不能失了身份，这些仪式规矩都要做足全套才算祥瑞，哪怕其间任何一个环节出了差错，都认为是"不顺"。

古时温州地区的龙舟文化包含有浓烈的鬼神崇敬的色彩，是与当时当地特殊的自然地理环境有着莫大关系的。温州地处浙江省东南沿海，地形多样，既有山川，平原，又有海岛、湖泊，从地图上俯瞰就像是一个"瓯"字，三面是山，绵亘有洞宫、括苍、雁荡诸山脉，一面向大海，当中是狭窄破碎的平原。整个温州地区中，山地面积占了近八成，平原、江河、岛屿面积仅占两成，素有"七山二水一分田"的说法，且土壤大部分呈酸性，远谈不上肥沃。特殊的地理环境决定了生活在温州地区的人们若想向北、西或南方发展都有山脉阻隔，十分不便，种地又难以在破碎的平原上形成规模，且每年夏秋季节时常会遭到沿海台风的侵袭，收获往往不大，吃了

---

① 闻一多：《端午的历史教育》，生活·读书·新知三联书店1982年版，第131页。
② 民间讲究避讳，认为"下水"不吉利。

上顿没下顿，所以只能靠海吃海，纷纷往东面海洋谋出路，所从事的职业大多与大海有密切关系，船工、海客、渔民等，不一而足。

明清以前，单一的分散的小生产力是难以和自然抗衡的，生活在温州地区的船工、海客、渔民等尤为如此，出海经商打鱼没有安全保障，经常葬身大海，久而久之便形成了温州地区人们强烈的迷信心理：对海洋一方面抱有尊敬的心态，感谢大海带给他们大量的收获，另一方面则是对海洋的恐惧和敬畏，相信大海中有某种鬼神主宰，对鬼神的崇拜思想比较普遍。这种思想年代越早则越为明显，从先秦时期的史料记载情况看，瓯越地区的"重鬼信巫"在当时是非常突出的。如《吕氏春秋》中有"荆人畏鬼，而越人信礻几"①的说法；无独有偶，《淮南子》中也提道："荆人鬼，越人礻几。"② 礻几，是请鬼神指示的一种风俗，浙江地区现在仍有。《史记》中还记叙了一则汉武帝重用越巫的事："是时既灭南越，越人勇之乃言：越人俗信鬼，而其祠皆见鬼，数有效。昔东瓯王敬鬼，寿至百六十岁。后世谩怠，故衰耗。乃令越巫立越祝祠，安台无坛，亦祠天神上帝百鬼，而以鸡卜。上信之，越祠鸡卜始用焉。"③ 以上记载至少说明了，至汉代，越地信鬼敬鬼的习俗仍然十分盛行。

汉代以后，随着外来佛教的传入和本土道教的发展，瓯越地区的重鬼信巫思想有所减弱，但由于其悠久的历史传统，仍然在民间信仰中占有一席之地。如温州各乡虽然都请香官神，但是香官神并不直接出现，而是化身成诸多偶像，其中杨府爷、陈姓爷和妈祖娘娘是最重要的三位。要论延续最久、传播最广、认同度最高，则毫无疑问是妈祖娘娘。妈祖，温州地区又多称天妃，是历代船工、海客、渔民等共同信奉的神仙。每逢出海前，都要请出天妃，以保顺风顺水，船舶上还立有专门的天妃神位，早晚供奉。

另外古代温州人普遍认为五月是个毒月，五日是恶日，五月初五——重五，双五相加——被认为是阴气始盛之时，相传这天邪佞当道，五毒并出，所以称端午为"恶日"。由此，在"恶日"前后的一段时间内，温州人通过一系列烦琐庄重的造龙舟、划龙舟、敬龙舟的形式，以香官神为载体，

① （战国）吕不韦：《吕氏春秋·孟冬纪第十·异宝篇》，吉林文史出版社1993年版，第278页。
② （汉）刘安：《淮南子》卷十八《人间训》，吉林文史出版社1990年版，第839页。
③ （汉）司马迁：《史记》卷一二《孝武本纪》，中华书局2006年版，第462页。

进行鬼神祭祀，以求送灾，逐不祥，更祈求来年的平安与丰收，"这是温州地区人民举行水祭（祭水神）的重要组成部分"。①

然而民俗文化是不断变化的，随着时代的前进，许多内容会随着需要而不断补充进来。发展到明清以后，随着生产力水平的提高，人们的科学文化素质和改造自然环境的能力相应增强，温州民众对鬼神的崇敬也随之减弱，很大程度上已经转化为形式上的一种精神寄托，而把主要的注意力放在端午节期间龙舟竞渡的功利性和经济效益上。

"自城市都鄙里社丛祠，各置龙舟，每邻端午，好事都先捐私囊，或并或修，竞渡之日，偏掠祭户之姻亲，而补己所费。聚众鼓噪，闻事劫夺者有之为之，姻亲者往往质当待索，罔敢或迟。及其斗胜夺采，少有不平，鼓（木世）相击，损伤肢体，甚之损命者有之，构隙兴讼，伤财害民，就与有（足俞）于斯哉。"② 明朝时期，温州各地在端午节期间就普遍有举行龙舟竞渡的习俗，并"悬赏夺标"，俗称"划龙船"或"划斗龙"。这其中蕴含的功利色彩是相当浓厚的。

发展到当今，现在每年的"悬赏夺标"时间一般是从五月初一前后开始，到初十左右结束，也有持续半个月甚至更长时间的，如平阳③等地就是从四月初一前后开始的。在全温州的划龙船中，以永嘉④上塘、下塘一带的龙船最为注重竞赛，也最为出名。各乡村的龙船，都有自己固定的颜色加以区分，以免划龙船时混淆不清。比如上塘一带的龙舟，龙船周身都漆上青色，叫作"青龙"。古时东方七宿属青龙，青是正色，因此古时龙船多不涂成青色，否则其他龙船出来不敢与之竞渡。其他龙船龙头涂成黄色的叫黄龙；龙头色白的，俗称"白龙儿"；如是红色，船身也应染成红色，叫作"红霓岭"等。⑤ 在温州地区的龙船中，唯独没有黑龙舟，因传说黑龙易狂躁，会闹翻船身，也有传说因北方玄武属龟，爬得慢，因此要避开黑色。两船竞赛时，并不允许龙舟接触，应在各自河道，各成一列，齐头并进，

---

① 容观琼：《竞渡传风俗——古代越族文化史片段》，《中央民族学院学报》1981年第1期。
② 齐涛：《中国民俗通志》，山东教育出版社2003年版，第378页。
③ 平阳县位于浙江东南沿海，地处温州南翼。
④ 永嘉县隶属于温州，位于浙江省东南部，瓯江下游北岸。
⑤ 因为南言赤色，是水龙，性情急躁，所以改了个名，是避讳的意思。

如果顺潮而下，而中途潮涨，或者顺潮而上，中途潮落，都要斗到终点，不得停止，盛况之所以如此激烈，很大一部分原因是斗龙舟的最终奖励十分丰厚。

温州地区的斗龙舟蕴含着浓厚的功利主义色彩，这与温州地区本身的历史文化沿革是有密切联系的。温州地区古称瓯越，是百越的一支，主要分布在今浙江瓯江流域一带。瓯越文化主要由早已居住在瓯江流域并创造了印纹陶遗存的土著民发展形成，有着自身的个性特点，与中原地区存在明显的差异。到吴越文化时期，这种差异和特点已经为中原地区所关注。为了证明自身的纯正性，彼时中原地区往往排斥其他地区文化的正当性，认为瓯越地区仍然是"断发文身，无积蓄而多贫"的蛮荒之所，民风彪悍，好争斗，好逐利。《史记·赵世家》记载："夫翦发文身，错臂左衽，瓯越之民也。"①

从秦汉开始，一直到唐宋时期中国经济重心开始南移的数百年间，一方面中国古代的经济发展及政治统治的重心一直以北方中原地区为主，因此地处江浙东南一带的温州地区无论是在经济上还是在政治上，受到中央政权的影响都相对较小。另一方面，在此期间北方人口的数次大规模流入，则不可避免地对瓯越的文化造成了相当的冲击，伴随着上至皇帝大臣，下到平民百姓的逃难人流进入越地的，是有别于瓯越文化的各种思想意识、各种精神崇拜、各种道德信仰，即形形色色的文化。这使得在瓯越的人文领域，黄河文化与沿海文化的矛盾错综复杂，官僚文化与商业文化的冲突日趋激烈，正是在此历史条件下，中原官僚——农业文化与东南海洋——商业文化的冲突开始形成，并由冲突走向融合，在融合中产生分歧，再求同存异地走向一体化，在这样"冲突—融合—矛盾—斗争——一体化"的循环往复的过程中，温州地区文化逐渐派生出一种"务实、重利"的精神：重功利，黜玄想。而发展到当代，在日益活跃的商品经济的刺激下，温州地区的人们更为重视中国传统文化的核心之——人文主义精神。这里的"人文"是与"神文"相对应的，是指与人的社会生活实际密切相关的一些内容，是与世俗人事密切相关的；不追求纯自然的哲学体系，而追求实

---

① （汉）司马迁：《史记》卷四三《赵世家第十三》，中华书局2007年版，第180页。

用上的功利主义。在温州地区的文化体系中几乎没有一项是人民用不着的纯粹理论探究，而往往是能够从中得到切实利益的，这一点，在当地龙舟文化中，便具体化为斗龙舟时的重功利、重竞赛。

斗龙船本是一种民间习俗，但也由于温州地区人们过于重视功利与竞赛，在过去产生了一些不良的后果："端阳节竞渡龙舟，好事者争先恐后，时有坠足灭顶之祸。官厅虽悬为厉禁，终不能梗其众。恶习移人，良堪浩叹！"①

相比于现代中国温州地区端午节的祭神仅限于形式上，当今韩国江陵地区的端午祭则在相当程度上保留了远古朝鲜民族的巫文化色彩，以祭神为其核心。这得从韩国文化的重要成分——巫教文化或巫俗文化说起。

韩国是一个多宗教的国家。其中既有国外传入的宗教，也有本土原创的宗教。外来宗教中传入历史最长的达上千年，短的刚过两百年。在各类宗教中，历史最为悠久的当属巫教。巫教是韩国最古老、最原始的传统宗教。学术界普遍认为韩国巫教源自于东北亚和西伯利亚地区的萨满教。这是因为二者无论在结构还是职能方面都很类似。在古代韩国，农耕文化占据支配地位，且农耕文化最大的特点就是人们依赖于气候、土壤等客观条件，环境对于人们生活的制约和影响几乎到了绝对的地步。远古朝鲜民族在严酷的自然环境面前产生出这样的基本思想：人类的生死祸福和兴旺盛衰并非由人类自身掌控，而是被神灵左右。无论祈福还是驱邪，都必须要动员这些神灵。这是韩国巫教最基本的理论依据。而作为人类与神灵沟通唯一正途的巫师，随着祭政合一的古代国家的形成，便有了至高无上的权利，他们的职能包括主管国家重要的祭祀活动、管理臣民、治疗疾病、预言未来、驱赶鬼神等，是集团内部的领导者。他们领导的方式是通过让神灵附体来预测事情的发展，巫教中称之为"신성한소지"（占卜），其灵验性和特殊性长期得到重视。但随着韩国中央集权的强化，巫师的权力逐渐被分化削弱，巫教转而向民间发展，并在民间生根发芽，逐渐成为古代韩国集体农业下与民众生活息息相关的宗教，对韩国文化的发展产生了深远的影响。

---

① （清）孙同元、徐希勉：《永嘉闻见录补遗》，载《东瓯逸事汇录》，上海社会科学院出版社2006年版，第33页。

即使到了现代社会，巫俗信仰依然在韩国民众中占有一席之地。"比如在建筑动工前，安装新机器或生意开张之前，人们都会摆设祭桌供奉祭品（猪头）行礼祈祷；有人请测字先生给新生儿起名字；还有人会请巫师给婚礼或乔迁选定吉日。另外，除基督教家庭外的大多数家庭在节日和祖先祭日来临之际都要祭祖。"① 当个人或家庭面临重大事情而无法决定时，就经常去占卜、作法或请符，花费从数万到数千万韩元不等，甚至于一些基督徒和佛教徒也暗中佩戴这类灵符。由此可见，巫教文化已经深深扎根于韩国大众的内心深处了。

韩国人经常会说"재산"（财运好）或者是"재산 불행"（倒霉）。这里的"재산"原本就是巫教用语，表示"与财务相关的运气，即财运"，再如人们在遇见不吉利的事情时，经常会说："악마와 악마"（以邪驱邪），此话也是巫教用语，源自作法辟邪时，往往使用鸡、猪为祭品，用祭品代人受祸以避开灾殃。又如，当买来某个东西却没派上用场时，人们会说"피고의 예배"（被告祀了），也是源自巫教中的"告祀"仪式。此外，在全身心地投入节庆或娱乐活动时，韩国人也时常会说"신성한소지"（神灵附体/中邪），兴奋至极时说的"원기있게"（兴奋/起劲）等很多日常用语中都有明显的受巫俗文化影响的特征。

由此可见，在韩国人日常生活中，无论喜欢与否，相信与否，巫教文化都在全面深刻地影响着他们的生活和思维方式，成为民族文化中不可或缺的组成部分，这一点，在韩国江陵地区的端午祭中体现得尤为明显。

韩国的端午祭，它的"祭"到底为何呢？江陵端午祭是以地区政府的官员为献官的"儒教祭仪"和由专门的巫师来主持的"巫祭"相结合而成的大型祭祀民俗，前者包括山神祭、奉安祭、迎神祭、朝奠祭、送神祭等一系列祭祀，融合了"大关岭山神祭"与"国师城隍祭"，这项活动祭祀三位神灵：大关岭山神、国师城隍和国师女城隍，其中核心是国师城隍神。祭祀的目的是祈求神灵保证村落安宁、治愈疾病、农渔丰收和林木茂盛。

根据韩国江陵市出版的《江陵的无形文物》介绍其仪式过程大致如下：江陵端午祭的基本流程是从酿制神酒开始的：每年农历四月初五，人们开

---

① 吕春燕、赵岩：《韩国的信仰与民俗》，北京大学出版社 2010 年版，第 240 页。

始用江陵旧官府所在地"七事堂"发放的大米和糯子酿制神酒，准备端午祭时敬神和饮用；四月十五日在山神阁举行"大关岭山神祭"，同日，在距离不远的国师城隍堂举行"国师城隍祭"，祭祀结束后，巫师请国师城隍降落在神木上，锯断神木一支，用彩绸包裹，由壮汉高举游行。途经邱山、鹤山，到达江陵国师女城隍祠，进行"奉安祭"。国师女城隍本是一位姓郑的普通女子，被国师城隍派来的老虎抢去，成为其妻子。五月初三傍晚，举行"迎神祭"。百姓们列队提端午灯迎接国师城隍夫妻。五月初四到初七每天早上举行儒教性质的"朝奠祭"，儒教祭仪祝祭的内容主要涉及"祈求免除洪涝干旱与疾病，风调雨顺粮食丰产，禽畜繁盛"等，是从上文所提到的《礼记·月令》中的仲夏之祭发展而来，且必须以奉读汉文祝祷词的形式进行，因此有"儒教祭仪"之称，带有明显的汉文化色彩。"朝奠祭"结束之后，再由巫师举行巫俗祭祀直到深夜。五月初七举行"送神祭"，人们面对国师城隍和国师女城隍的牌位进行祭祀，然后，把神木枝、神牌位、灯笼移到河边不远处全部烧掉，仪式正式结束。伴随歌舞戏剧表演进行的"巫祭"，是江陵端午祭的真正侧重点，一定程度上可以认为，前阶段的"儒教祭仪"是为"巫祭"做准备。

对于"巫祭"，从韩国考察归来的贺学君所写的《韩国非物质文化遗产保护的启示——以江陵端午祭为例》已有翔实的记载，笔者在此且摘其要转介于下：

（1）不净巫祭：这是整个仪式的序曲，在振聋发聩的音乐声中，女巫用净水先后清洁祭坛以及参加者的身体。

（2）大关岭城隍巫祭：也称"祝愿祭"，内容繁多，主要向大关岭城隍禀报此次祭祀的基本内容，以求神明能感受到人们的诚心。

（3）入座巫祭：迎接国师城隍降临祭堂，并请众神就座，祈求众神对人民献祭物品给予回报。

（4）和解巫祭：祈求分别安置在两处的城隍神和城隍女神，在祭祀中彼此和解，共同完成众人的心愿。

（5）祭祖巫祭：祭祀祖先，为后世子孙祈福。

（6）世尊巫祭：女巫头戴三角笠，颈挂念珠，扮僧人状，口述神话"堂高迈纪歌"（讲述主宰生命的"世尊"与"堂琴姑娘"相爱成婚的神话故事），祈求无子者能传宗接代，有子者能长命百岁。

（7）山神巫祭：祈求全国各大名山的山神赐福，尤以大关岭山神最为重要。

（8）成造巫祭：成造神为家神之首，主管房屋，主管财运和幸运等。此祭仪祈愿阖家平安、大吉大利，尤其巫歌多姿多彩，备受外国游客欢迎。

（9）七星巫祭：七星即"北斗七星"中的"七星神"，掌管人的寿命。此项祭仪主要为了祈求平安、身体健康。

（10）群雄将帅巫祭：为历代牺牲的将帅献上巫歌，奉上美食，求诸将帅使子孙得福安康。祭祀时，女巫口衔沉重的铜盆以示神的威力，人们纷纷上前抚摸铜盆，或往铜盆里投钱，以表达对神的虔诚。此乃江陵端午巫祭中的核心祭仪之一，最受韩国当地民众的欢迎。

（11）沈清巫祭：祈求渔民在云雾和暴雨中能平安归来。

（12）天王巫祭：祈求子孙学有所成。

（13）天花巫祭：祈求天花疾病驱散，由于现在已不见天花病，相关的游艺也随之消失。

（14）龙王巫祭：向各地河川的龙王祈求风调雨顺，年谷顺成。

（15）巫祖巫祭：歌颂女巫始祖齐面奶奶，招其灵魂迎来献祭，并举行分齐面糕的活动。

（16）花歌巫祭：女巫手拿纸花起舞，祈求死者平安归西，有娱神功能，突出舞的特色。

（17）灯歌巫祭：女巫先唱草灯笼歌，再行"塔灯巫祭"（挂于城隍堂边的八角形或塔形灯笼，象征释迦如来四月初八乘灯自天而降），目的在于将灯上的"福"与众人分享。

（18）船歌巫祭：送神巫祭，女巫手拿系于龙船的长白布，边做摇船状边唱歌，使端午祭期间入座的众神乘龙船平安而归。

（19）还于巫祭："还于"意味神灵上天，女巫火化端午物品，离开城隍堂，朝大关岭方面进行。礼仪完毕，祭官、巫女脱去祭服逐一离场，到此，本次端午祭正式结束。

纵观整个江陵端午祭，它以"儒教祭仪"为前导，以"巫祭"为重点，密切结合了韩国民众的信仰和江陵地区的农时活动，充分体现了朝鲜民族的巫文化核心，李能和的《朝鲜巫俗考》载："朝鲜民族，古初时代，即有神市，为其教门。天王桓雄，檀君王俭，或为天降之神，或为神格之人矣。古者以巫祭天事神，为人尊敬。故新罗为王者之号（次次雄或云慈充，方言巫也）①，句丽有师巫之称。如是乃至马韩之天君，害之舞天，驾洛之楔洛，百济之苏涂，夫余之迎鼓，句丽之东盟，无一非坛君神教之遗风余俗。"据此我们可以得知，朝鲜民族的巫俗崇拜可谓源远流长，三国时代即有司政巫，高丽时代则设有国巫堂，朝鲜时代巫风兴盛，已到了政府不得不出面打压的程度。因此，我们可以说，"巫术是韩国文化的核心，巫者也是韩国文明价值体系与世界观的建构者"②，韩国端午巫祭正是其民族巫文化核心的鲜明反映，这与中国端午节对鬼神的形式崇拜是有根本区别的。

尤其是它的祭仪，无论是"儒教祭仪"还是"巫祭"，都在一定程度上保持了原生的状态。这种原生态正是端午祭的历史价值、文化价值和美学价值之所在，也正是它能够被韩国政府大力扶植、保护、推广的根本原因。

3. 其他习俗的区别

除了吃粽子、喝雄黄酒、龙舟竞渡这三大普遍习俗之外，每逢端午节时，在温州部分地区还流行着悬菖蒲、系五彩丝的习俗。"端午，悬菖蒲于门……以五色缕系小儿手，名'长命缕'。"③"端午，结五彩长命缕，系小儿手足，又以各色绸作人物形簪女几髻上，门悬蒲艾。"④"端午，悬蒲艾于户……以五色线系小儿臂，名曰'长命缕'。"⑤"端午……绾无色长命缕系小儿手足，又以各色绸结人物形簪女儿髻上。"⑥"端午，门悬蒲艾……童子以五色线系臂，云辟邪。"⑦

先谈谈五彩丝。五彩丝是五种不同颜色缠绕而成的一种丝线，又有五

---

① 据《三国史记》载，新罗始祖赫居世死后，其子南解次次雄继位。南解次次雄姓朴名南解，次次雄是其称号，本义为巫师，引申作首领。

② ［朝］叶泉宏：《韩国巫术研究》，《真理大学学报》2007年第5期，第81页。

③ 《永嘉县志》卷三八，清光绪八年刻本。

④ 《乐清县志》卷一六，清光绪二十七年东瓯郭博古斋刻本。

⑤ 《瑞安县志》卷一〇，清嘉庆十三年刻本。

⑥ 《平阳县志》卷二〇，清乾隆二十五年刻本。

⑦ 《泰顺县志》卷一〇，清雍正七年刻本。

色丝、辟兵缯、续命缕、白索、端午索、五色线等称呼。每逢端午期间，古时温州地区的人们往往把它缠在胳膊上，个别也有缠在脖子或脚腕上的，认为这样可以避免被兵器和鬼怪伤害，还可以避免瘟疫。那为什么它能被人当作是辟邪之物？在东晋葛洪的《抱朴子》中记述有将五色纸挂于山中，召唤五方鬼神的巫术，大概是以五色象征五方鬼神齐来护佑之意，源于我国古代的五行观念。按照阴阳五行的观点，五色之中，青属木，代表东方；赤属火，代表南方；白属金，代表西方；黑属水，代表北方；黄属土，代表中央。人们认为把五色丝系在脖子或手足腕上，佩戴在胸前，或是吊在蚊帐及摇篮上，这样一来，无论哪一方来的鬼祟都可以镇得住。系线时，小孩儿是不许开口说话的。系上以后也不可任意折断或丢弃，只能在端午后第一次洗澡或下雨时抛掉。老一辈人传说系五色丝可以避开五毒的伤害；扔掉则意味着将瘟疫、疾病带走，以保身体平安。

随着时代的发展，系五彩丝的习俗逐渐发展成为用五彩丝编织成各种小巧精制的香囊，再在里面放入朱砂、雄黄、香药等物，比较复杂的还在香囊上绣上各种图案，在端午节期间送给长辈，也由长辈送给晚辈佩戴。温州人戴香包是颇有讲究的，老年人为了防病健身，一般喜欢戴梅花、菊花、桃子、苹果、荷花、娃娃骑鱼、娃娃抱公鸡、双莲并蒂等形状的，象征着平安如意、身体健康、家庭和睦、人丁兴旺。小孩儿们喜欢的则多是飞禽走兽一类，如老虎、豹子、猴子上竿、斗鸡赶兔等。这从一个侧面显示出温州人对于五彩丝辟邪遗俗的重视。

再说说悬菖蒲。菖蒲具有强烈的芳香，同时具有药性，古时温州地区的人们常用它来祛病辟邪。菖蒲的叶子又直又尖，形状类似宝剑，美其名曰"蒲剑"。在民众信仰中，蒲剑具有驱邪镇妖的能力，吴曼云《江乡节物词》小序云："蒲剑，截蒲为之，利以杀鬼，醉舞婆娑，老魅亦当退避。诗云：破他鬼胆试新硎，三尺光莹上青。醉裹偶然歌斫底，只憺蒲柳易先零。"[1] 温州民谣中也有"五月五日午，天师骑艾虎，手持菖蒲剑，瘟神归地府"的说法，可见端午时温州人借菖蒲来驱虫辟邪，是常有之事。

菖蒲能辟邪驱瘟，可能是神异之论，但是菖蒲有药用价值是中医中确

---

① （清）顾禄：《清嘉录》，明清笔记丛刊本，中华书局 2008 年版，第 120 页。

定的知识。李时珍《本草纲目》称："菖蒲，味辛温无毒，开心，补五脏，通九窍，明耳目。久服轻身不忘，延年益心智，高志不老。菖蒲酒，治三十六病，一十二痹，通血脉，治骨瘘，久服耳目聪明。"① 作为多年生水生草本植物，菖蒲狭长的叶片中含有挥发性芳香油，具有提神通窍、健骨消滞、杀虫灭菌等作用，因此在端午节期间，温州部分地区，如瑞安、苍南等地的农村，许多家庭都会将自家庭院好好打扫一番，再洒以雄黄水，并用菖蒲插于门楣，悬于堂中，用以驱瘴。

至于其他地方或用艾叶、榴花、蒜头、龙船花等，制成人形或虎形，称为艾人、艾虎，或制成花环、佩饰，人们争相佩戴，这些在温州地区是基本看不到的。

无独有偶，韩国江陵地区对菖蒲驱瘴的喜爱也是显而易见的，但他们并不是采取把菖蒲插于门楣或悬于堂中的形式，而是另一种形式——菖蒲妆，亦称端午妆，端午妆即端午期间的特殊装束，包括用菖蒲水洗头、洗脸，削菖蒲根做发髻，再在脚踝或脖子系五彩长命缕等。对此，《东国岁时记》（1849 年）作了详尽记载："男女儿童取菖蒲汤抹面，皆着红绿新衣，削菖蒲根作髻或为寿福字，涂胭脂于其尚，遍插头髻以避瘟，号端午妆……"

另外，江陵地区的某些习俗也是中国端午节中未见过的。如在朝鲜王朝时代，当时的士大夫家庭在端午祭期间都会用朱砂写"天中赤符"、"端午符"，贴在门柱上辟邪。国君和大臣互相赠送端午扇，有些地区的人还要喝菖蒲水，吃艾子糕。这些应该是朝鲜时代，在接受中国端午节的同时结合本国文化进行的创新。随着近年来韩国经济的迅速发展，多数地区的端午习俗已经淡化，但是部分地区，以江原道江陵地区为代表，仍然完整地保存着古老的端午祭习俗，尤其是近十几年来，江陵地区政府大力保护宣扬端午祭，每逢端午祭期间，都会组织许多学校和社区的孩童穿上传统民族服装，化端午妆，女孩用菖蒲水洗头，用经过雕刻的菖蒲根簪头发，男孩手绘扇子互相赠送，采艾蒿做艾饼，画端午符，荡秋千，摔跤等，以增加对传统文化的认知，这是值得我们学习的。

---

① （明）李时珍：《本草纲目》卷三《百病主治药》，时代文艺出版社 2005 年版，第 165 页。

二　总结与启示

基于以上的对比分析，我们可以得出，韩国江陵地区的端午祭就其原型而言，受到中国端午节的影响是毋庸置疑的。作为中国端午节在中华文化圈中传播和辐射的产物，两者在名称、日期、目的等方面都有密切的联系：同为"端午"，同以农历五月初五作为节日的重点，目的都是为了祭神、酬神，以祈求各自的神灵给予所求之人以应得的满足——驱除邪瘴，继而求得每年的风调雨顺、五谷丰登。透过纷繁芜杂的习俗形式，其背后都存在着强大的信仰力量，其本身都反映出人们的精神思维和宗教观念，这一点，无论是在中国还是在韩国，都未曾改变过。

然而，作为东亚文化圈中特殊的文化现象，在长期的发展过程中，韩国江陵地区的端午祭不断融合本民族、本地区的文化因素，尤其是朝鲜民族鲜明的巫文化因素，逐渐演变为以"儒教祭仪"和"巫祭"为核心内容，并结合各式各样的演戏、游艺等丰富要素，最终成为一个新的单独的完整的文化体系，这个体系无论从形式或内涵上看，均与中国端午节大相径庭，已经不能算是同一种节日了。

从形式上看，就中国温州地区和韩国江陵地区而言，中国端午节中为民众所广泛传承的吃粽子、撞鸡蛋、喝雄黄酒、赛龙舟、插菖蒲、挂香囊等习俗，在江陵地区的端午祭中是不存在的，在每年的端午祭期间，江陵人吃的是特制的艾子糕，喝的是益仁汁，没有龙舟竞渡，有的是隆重复杂，包括19项庄重祭仪的"巫祭"活动，同时着端午妆，妇女们还用菖蒲水洗头。另外，在江陵地区的端午祭期间，除了名气很大的"假面舞剧外，还有农民乐舞比赛、投壶、摔跤、打秋千、跆拳道比赛、高校足球赛、棋王比赛等文娱节目1000多个，尤其是从五月初一到初十，还举办全国性的盛大的乱场（庙会集市），届时各地的特色商品集中展销，规模很大"①。这些在中国端午节期间，是不容易见到的。

从内涵上看，尽管二者都有浓厚的鬼神色彩，其背后都蕴含着强烈的

---

① 吴蔚、王荟：《韩国申遗项目并非端午节》，《新京报》2004年2月13日。

信仰力量，然而，当下温州民众在端午节的范畴内，对鬼神的崇敬已大大减弱，很大程度上已经转化为形式上的一种精神寄托，而把主要的注意力放在端午节期间龙舟竞渡的功利性和经济效益上。相反，韩国江陵地区的端午祭则把祭神、赛神、酬神当作其核心所在。纵观整个江陵端午祭，我们可以发现，它是以"儒教祭仪"为前导，以"巫祭"为重点，密切结合了韩国民众的信仰和江陵地区的农时活动，充分体现了朝鲜民族的巫文化核心，这种巫文化并没有随韩国近代工业的崛起而湮没，反而得到有效的保护，无论是"儒教祭仪"还是"巫祭"，都保持了较完整的原生态。这种原生态正是韩国端午祭的历史价值、文化价值和美学价值之所在，也正是它能够被韩国政府大力扶植、保护、推广的根本所在。

现当代中国海洋文化的重构历程

冯建勇[*]

一 引言

长久以来，"中华文明起源于何方"是一个备受关注的话题，毕竟它事涉生活在这一块地域上的人们之身份归属。早在 20 世纪二三十年代，诸多学者围绕这一主题进行了广泛讨论，并将其细化为两个问题：其一，中华文明发源的区域在哪里？其二，中华文明出于一元，抑或多元？这一时期，参与讨论者大多是具有历史学、考古学、民族学专业知识背景的学者。其结果，主流观点多从服膺国内政治之需求出发，强调中华文明之起源出于一元；至于其发源地，先后有"西来说"和"东西对立说"。时至 20 世纪五十年代，"中原中心说"开始成为主流。近些年来，伴随着"中华文明探源工程"之推动，在多学科研究的共同努力下，一个历史中国的身影逐渐清晰地浮现出来。正是透过对中华文明起源问题的探讨，人们开始认识到，中华文明之起源实为多元的、复合的，中原文化、海洋文化、游牧草原文化、山林文化等均有一席之地。

如果说，在 20 世纪 80 年代以前，人们将讨论的主题限于中原与黄土文明，那么，近些年来，人们则逐渐将关注的焦点转向海洋。当然，这种社会关注与学术研究的转向，其初意并不是基于对海洋文化本身的重视，追寻其内在动因，乃是缘于在中国广阔的海疆海洋领域，中国与菲律宾、越

---

* 冯建勇，浙师大环东海海疆与海洋文化研究所、中国社会科学院中国边疆史地研究中心副研究员。

南、日本、韩国等诸国家围绕黄岩岛、南沙群岛、钓鱼岛、苏岩礁等岛礁主权迭次发生争端，它让有识见者致力于思考一个现实问题，即如何才能最大限度维护中国海疆主权地位。

最近，中共十八大报告更是提出了建设"海洋强国"的宏伟战略目标。从中国历史发展的纵深来看，这是中华民族发展史上第一次提出这样的目标，它不仅对中华民族的永续发展具有深远影响，对世界的和平与发展亦具有重要意义。这一具有指导性的阐述在当前学术界产生了重要反响。

受上述背景因素之启发，诸多专家学者纷纷撰写文章给予回应。仅就相关先行研究的具体内容之取向而言，它们多强调中国建设海洋强国的战略利益，着重于海洋开发、海洋利用、海洋保护、海洋管控和海洋安全维护等诸现实战略。在笔者看来，建设海洋强国，一方面需要海洋意识之构建，另一方面则需加强海洋力量之培育。这其中，国民海洋意识层面的构建需要有与之相匹配的海洋文化之支撑。略感遗憾的是，当前，相对于热闹的海疆现实应对研究之市场，海洋文化这一基础性研究譬如一个寂寞的幽深小巷。

本文拟将中国海洋文化的生成、发展、衰落、复兴的过程作为考察对象，同时，聚焦近代以降中国学术界为重构中国海洋文化历史发展脉络所做的探索与努力。需要指出的是，此处所言"重构中国海洋文明发展之历程"，其要图旨在重新发现中国海洋文化曾经辉煌的一面，但这并不意味着要过度诠释历史，构建中国海洋性国家的面貌；就历史中国与地理中国而言，中国从来都是一个陆海双构的复合型国家，并且在某种程度上大陆文明处于主导位置，这点不容置疑。基于此，本文的主旨仅在于重构历史上中国区域内文明的一支——中国海洋文化的发展历程。

二 中国海洋文化的补缀与重构

传统观念认为，中国是个大陆文化国家，历史上中国的先民大部分活动集中在陆地上，故而对于海洋缺少应有的认知与了解。这种观点似乎能够找到足够多的佐证。比如，在华夏——汉人主导的中国古代帝国文明中，中原王朝的思维逻辑就是从中心看边缘、从大陆看海洋，统治者常用"海内"一词表达自己治理疆域所及的范围,而与此相对应的是,"海外"则用作表述其统治未及的地区①,海洋往往被看作是其统治所及的限界。② 在儒家的心目中,如果说陆地是"兼济天下"之所,那么,遥不可及的海洋似乎只是政治失意者消极的遁隐地方罢了,孔子即有言:"道不行,乘桴浮于海";而李白"海客谈瀛洲,烟涛微茫信难求"(《梦游天姥吟留别》)的感叹,更表达出了陆地先民对于海洋风云变幻、难以预测、不可掌控的迷茫。

直至近现代,在相当长的一段时期内,古代中国多元文化互动的历史进程,常被简单地描述为"中国"(中原)对"四方"(所谓"非我族类"之地)的同化、统一过程,以及华夏、汉民人文的扩张过程,这就是苏秉琦先生所说的"历史教育的怪圈"之一——"中华大一统观念"③。何谓"中华大一统观"?就是习惯于把汉族史看成是正史,其他的则列于正史之外。于是,本来不同文化之间的关系,如夏、商、秦、汉等便被串在一起,成为一脉相承的改朝换代,边缘族群及境外接壤的周边地区的历史被几笔带过。

亦正是在这样一种被称为"怪圈"的理念指导下,一些学者理所当然地将黄河流域看作是中华文化唯一的摇篮,而将广袤的南方看成一个落后的、被动地接受中原文化影响的地区。比如,最近有学者撰文指出,中华文明是一个包容性极强的多样性、复合型文明,这并无问题;但在随后的论述中却一再强调中华文明是一种以农耕文明为主轴,以草原游牧文明与

---

① "二十五史"中出现了731处"海内"。在此仅列举几例较为典型者:"此非所以跨海内制诸侯之术也"(《史记》卷八十七,《李斯列传》第二十七);"名闻海内,威震天下,农夫莫不辍耕释耒,褕衣甘食"(《史记》卷九十二,《淮阴侯列传》第三十二);"楚汉久相持不决,百姓骚动,海内摇荡"(《史记》卷九十七,《郦生陆贾列传》第三十七);"天子巡狩海内,修上古神祠,封禅,兴礼乐"(《史记》卷一百三,《万石张叔列传》第四十三);"朕之不德,海内未洽,乃以未教成者彊君连城,即股肱何劝?"(《史记》卷六十,《三王世家》第三十);"孝惠、高后之时,海内得离战国之苦"(《汉书》卷三,《高后纪》第三);"大王起于细微,灭乱秦,威动海内"(《汉书》卷一下,《高帝纪》第一下)。

② 从总体上讲,中国大陆的自然地理态势是西高东低,自西北至东南,百川归海。陆地与海洋的密切关联,形成了古人对于海和海疆的早期认识:海是陆地的边际。《尚书·禹贡》记载,陆地疆域(天下)分九州,九州"东渐于海,西被于流沙";《尚书·立政》亦言:"方行天下,至于海表。"大致的概念是陆地之四境有海环绕,称为四海,"八荒之内有四海,四海之内有九州"。陆地疆域的整体又有"海内"、"海宇"之称,所谓"诎(屈)敌国,制海内"。

③ 苏秉琦:《中国文明起源新探》,生活·读书·新知三联书店1999年版,第4—5页。

山林农牧文明为两翼，并借助传统商业、手工业予以维系，通过现代工业、现代农业、现代服务业予以提升的复合型文明。① 如同大多数学者一样，这位学者似乎忽略了中华文明的重要一支——海洋文明。事实是，即便有些学者能够关注中国海洋文化，但对其评价亦偏于消极，以至于有学者宣称，"中国的河姆渡海洋文明只是仰韶黄土文明的配角，妈祖文化对儒家文化来说连个配角也当不上。中国的历史是黄土文明、农耕文明的历史"。于是，在这种"自我实现的预言"当中，无论在传统中国还是近现代中国，于人们的疆域（国土）意识之中，海洋只是陆地的中断，从来没有与海发生过积极的关系；或者说，即便中国曾经拥抱过海洋文明，但是在历史的书写过程中，亦有意无意地被湮没了。

历史的面相果真如此吗？从 20 世纪初中期开始，伴随着考古学界对环中国海遗址的发掘，有关学者通过对相关考古资料的整理，将沿海一带中国先民的活动轨迹予以严谨补缀与科学串联；迨至今日，中国海洋文明的发展脉络业已渐次清晰，并以重构之态日益呈现其真实面目。

1. 考古学者对中国海洋文化的最初探索

考古学者很早就认识到以有段、有肩石器和印纹陶文化为代表的东南土著考古学文化的区域特殊性。作为我国考古学文化总谱系中特征性非常显著的一环，在东南印纹陶文化的发现与研究过程中，一些学者先后注意到东南早期古文化因海洋人文特质、海洋联系而区别于中原北方华夏的大陆性文化。

20 世纪三十年代，林惠祥教授通过对福建武平遗址的考察指出，印纹陶遗存的特殊存在是东南文化与华北文化差异的考古表征，并认为东南地区是文化史上的"亚洲东南海洋地带"。林先生还从具体的文化因素论证了印纹陶文化在环中国东南海洋地带的空间分布特征，"武平陶器的曲尺文也见于马来半岛的陶器，有段石锛见于台湾、南洋各地，武平也有，由此可见武平的石器时代文化与台湾、香港、南洋群岛颇有关系"②。关于我国南方古越族及其先民与南洋群岛人群间的关系，林惠祥教授在深入研究古越族特有的有段石锛后指出："有段石锛是出自大陆东南区，然后流传至台湾

---

① 参酌姜义华《中华文明多样性十论》，《人民论坛·学术前沿》2013 年 1 月下。
② 林惠祥：《福建武平县新石器时代遗址》，《厦门大学学报》1956 年第 4 期。

以及菲律宾，最后传到太平洋各岛。"①

林惠祥教授将中国东南、东南亚的史前土著文化称为"亚洲东南海洋地带"，这是现代学术文献中对环中国海土著海洋文化的首次考古学概括。尤为值得关注的是，在此林先生将台湾史前文化看成是"祖国大陆东南一带的系统"，并将这种同一性的原因归为大陆渔人驾乘独木舟沿海打鱼被大风或海流"漂去"，实际上肯定了史前中国东南沿海土著固有的海洋文化对"亚洲东南海洋地带"的辐射功能。稍后，他还撰文推断：台湾新石器人类应是由大陆东南部迁去；在中国大陆东南区即闽、粤、浙、赣一带地方发生，然后由东南传布于中国台湾、菲律宾以至太平洋三大诸岛。这实际上是在考古领域突破了"中原中心"模式，初步构建了独立的"东南区文化"概念。

稍后，梁钊韬教授对玻利尼西亚水神 Tangaroa 的历史来源做了研究，进一步补缀了中国东南沿海先民逐岛漂航、形成太平洋"南岛语族"的史前海洋交通史。梁先生认为，这个水神名字与广州方言"蛋家佬"读音颇为接近，是古代东南沿海的"但"人之后，属古越族的一支。他推论玻利尼西亚的水神"应指闽越沿海的越族蛋（但）人"，可能在西汉至南北朝期间迁移到南太平洋群岛，"他们航海的工具便是双身船"②。

20 世纪五十年代，凌纯声先生在《中国古代海洋文化与亚洲地中海》等文章中将中国文化分成西部的"大陆文化"和东部的"海洋文化"两大类。他主要从原住民族史的角度将西部华夏农业文明推为大陆性文化的主流，将东部沿海蛮夷的渔猎文化推为海洋文化主体，即"亚洲地中海文化圈"，并以"珠贝、舟楫、文身"概括，区别于"金玉、车马、衣冠"的华夏大陆性文化。凌纯声指出，整个环太平洋的远东海洋古文化，起源于中国大陆东岸，它是东亚、东南亚、大洋洲、南北美洲的文化源头；同时，也是隐藏在中国文化即一般所说的中原文化下面的更为古老的"基层文

---

① 林惠祥：《台湾石器时代遗物的研究》，《厦门大学学报》1955 年第 4 期；另参酌该氏论文《中国东南区新石器文化特征之一：有段石锛》，《考古学报》1958 年第 3 期。

② 梁钊韬：《西瓯族源初探》，《学术研究》1978 年第 1 期。

化"。① 在汉族中原移民开发南方的过程中,强盛的农业文明,吸收涵化了当地海洋发展的传统,创造了与北方传统社会有所差异的文化形式。南中国的沿海地区,长期处于中央王朝权力控制的边缘区,民间社会以海为田、经商异域的小传统,孕育了海洋经济和海洋社会的基因。凌纯声宣称的"亚洲地中海文化圈",主要系指中国东海到南海间的水域,这是一个亚洲与大洋洲之间、亚洲大陆东南与周邻岛群之间自远古以来就形成的文化交流、传播的纽带,是土著海洋文化一体化的熔炉,与林惠祥所说"亚洲东南海洋地带"实为同一范畴。

2. 海洋文化在中华文化区系地位之探讨

新中国成立以后,新史观逐渐代替了旧史观。整个 20 世纪五十年代至七十年代,中国历史的发展脉络,被社会发展的五阶段论,即原始社会、奴隶社会、封建社会、资本主义社会、社会主义社会的史观串起来;但在这背后,还隐隐约约地显现着某些"旧史观",中原中心论是其中的重要内容之一。该论说的核心内涵大抵认为:中原地区文明高于周边地区,随着中原的人们向四周迁徙,中原文明之光才辐射于四夷之地,中原周边之地是作为中原文明的辐射对象与接受者而存在的;中原先进的文明向四方落后地区的传播,是中国历史发展的"主线"。

然而,随着东南亚、南太平洋群岛史前考古工作的推进,越来越多的证据表明这一地区原始文化的主要源头在中国大陆的东南沿海地区,环中国海土著的海洋文化作为中华文明源流的重要一支的面貌愈发清晰。1979年,在南京举行的长江下游新石器时代文化学术讨论会上,苏秉琦先生提出将我国早期古文化的关系格局划分为"面向海洋的东南部地区和面向亚洲大陆腹地的西北地区"两大部分,认为"从山东到广东,即差不多我国整个东南沿海地区","区别于和它们相对应的西北广大腹地诸原始文化",并且按照它们各自的社会关系和文化传统向前发展。② 这就是说,东南早期土著是一个广义的海洋文化体系,是指一个相对独立的面向海洋、取向海

---

① 凌纯声:《中国古代海洋文化与亚洲地中海》,《海外杂志》1954 年第 3 期,转引自《中国边疆民族与环太平洋文化》,台北:联经图书 1979 年版。

② 苏秉琦:《略谈我国东南沿海地区的新石器时代考古——在长江下游新石器时代文化学术讨论会上的一次发言提纲》,《文物》1978 年第 3 期。

洋，与海洋发生直接或间接关系的东南地区早期土著民族文化群体。

1981 年，苏秉琦先生在探讨考古学文化的区、系、类型问题时再次提出，大约距今 4000—5000 年到 5000 年前，北至长城地带，南至长江以南的水乡，东至黄海之滨，西至秦晋黄土高原，其时，中华大地文明火花真如满天星斗，星星之火已成燎原之势。他进一步从全国范围将现今人口分布密集地区的考古学文化分为六大区系，分别是：以燕山南北长城地带为重心的北方；以山东为中心的东方；以关中（陕西）、晋南、豫西为中心的中原；以环太湖为中心的东南部；以环洞庭湖与四川盆地为中心的西南部；以鄱阳湖—珠江三角洲一线为中轴的南方。

伴随着苏秉琦的"区、系、类型"考古学文化框架的提出，以往"善于辑舟"的环中国海土著先民所开创的中国海洋文明亦随之被纳入其研究范畴。随后，苏先生还逐个地论证了"善于辑舟"的环中国海土著先民对于中国海洋文化的开创之功：[①]

（1）以山东为中心的东方，该地区的古文化是一个整体，山东半岛自然地理、人文条件既有它内向的一面，又有它外向的一面。围绕泰山的鲁西南大汶口文化和龙山文化遗存分布密集，是中国一个重要古文化区。齐人文化确是源远流长，自成一系，同时，从一开始就从海上与辽东相连，从陆上与殷、周、燕交通，兼收并蓄。并作为中国腹地与中国东北部以及东北亚之间的重要通道，由于有特殊的地理位置，在中国古代起有特殊作用。

（2）以环太湖为中心的东南部，因为面向海洋，古代文化有不少共同因素，同时对中国社会历史与民族文化诸特征的形成一直起着重要作用。

（3）以鄱阳湖—珠江三角洲一线为中轴的南方，这一地带是几何形印纹陶分布的核心区，是一条自古以来形成的南北通道，华南与中原的关系，与南海诸岛以及东南亚广大地域的关系都可以在这条南北通道上寻找答案。闽北、闽南和台湾是各有特征又密切相关的三个文化小区，是中国古文化与海洋文化接触的前沿中心，又是环太平洋文化圈的重要一环。

（4）渤海既可统属在广义的中国北方，又可统属于中国面向太平洋

---

① 苏秉琦：《中国文明起源新探》，辽宁人民出版社 2011 年版，第 33—100 页。

（环太平洋）的重心位置，它是打开东北亚（包括中国大东北）的钥匙，又是连接东南沿海的龙头。

对于同一问题，童恩正先生亦指出，尽管现在要对中国南方的古文明作一全面的评价还为时尚早，但现有资料已经让我们看到了源远流长的中华民族的整体文化，是如何汇合了千溪万壑的地方文化而形成的，"因此中国南方在古代为中华文明所作出的贡献，是需要重新加以评价，慎重加以研究的"。① 童先生所指的中国南方，大致包括了北纬33度以南直至南海诸岛之地，北以秦岭和伏牛山与黄河中游中华古文明的核心地区为界，西依横断山脉与世界的另一个古文化中心——印度为邻。他还着重提出，历史上中国疆域的东、西和南面都濒临大海，富于开拓精神的中华民族的先民很早即扬帆远去，驶向浩瀚的太平洋，将根植于大陆的中华文化传向万顷碧波中星罗棋布的岛屿，与此同时也吸收了海洋文化丰富多彩的内容。②

3. "从海上看大陆"、"从海洋看中国"的尝试

进入21世纪，杨国桢先生开始对"大陆思维体系"指引下的涉海研究给予批判。针对"早期的海洋文明实际上都是结胎、孕育于农业文明之中"的言论，杨先生认为，"一般的历史教科书和文明史的著作，都认为古代世界是二元体系，也就是农业文明与游牧文明的冲突和融合，现在看来这个二元论是有问题的，应该再加上海洋文明，因为海洋活动有它自己的起源和发展的历程，自成一个世界，与农业世界、游牧世界是并存互动的，也是人类历史存在的一种实现方式，所以海洋不仅仅是一条路，也是一个生存发展的空间、一个文明的历程"③。

吴春明先生则通过对沉船、海底文物的研究，发现"善于用舟"的百越及其他土著先民在中国东南乃至环中国海海洋文明上具有开创之功，重新构建了数千年前东南沿海土著族群开发海洋、以海为田的海洋生活史、逐岛漂航形成太平洋"南岛语族"的史前海洋交通史的轮廓，否认了土著先民的早期海洋文明与华夏——汉人兴起时代的晚期海洋文明之间的历史传承关系。吴先生强调指出，不管是东南区的考古研究还是历史重建，都

---

① 童恩正：《南方——中华民族古文明的重要孕育之地》，《南方民族考古》1987年第1辑。
② 同上。
③ 杨国桢：《关于中国海洋史研究的理论思考》，《海洋文化学刊》2009年第7期。

应站在东南看海洋，而不是从中原内陆看东南海上，同时要摆脱华夏、汉民族中心主义史观的束缚，尊重土著先民开创早期海洋文化的历史，从"百越—南岛"的"善于用舟"到汉民人文的"大航海时代"，全面、系统地再现以东南沿海为中心的环中国海海洋文化史。①

4. 海上板块对中国历史疆域构造之影响

近些年，于逢春先生将"文明板块"概念引入中国疆域形成路径研究，认为中国疆域是由"大漠游牧"、"泛中原农耕"、"辽东渔猎耕牧"、"雪域牧耕"和"海上"五大文明板块及其在此诸板块上兴起的各种政权在长时段历史过程中不断碰撞、彼此攻防与吸纳，渐次融为一体，并最终由清朝于嘉庆二十五年（1820 年）底定了中国版图。②

所谓"海上文明板块"，其范围，从长时段的东亚历史来看，是由介于欧亚大陆东部弓形陆缘与该大陆东部海中的弓形列岛链，以及堪察加半岛与澳大利亚大陆北部之间的若干个海域圈构成。于先生专门撰文阐述了海上文明板块的形成及其对中国历史疆域形成的重要影响：（1）因由"海上板块"及海上中国社会力量大量吸纳白银，明清两朝最终实现了银本位货币体制。该体制促进了明清两朝商品经济的快速发展，对于全国统一市场的形成厥功至伟；（2）通过海上板块，美洲农作物从海上传来与普及，造成了晚明，特别是清初人口的爆炸，伴随着这些移民向四周扩散，以往主权管辖模糊的地域逐渐被明确地统合到中国疆域管辖体制之中；（3）经由海上板块的通道，从澳门引进的西洋火器传入中国内地，它不但造成了明清易代，而且对于对外抵抗沙俄侵略，对内改土归流、平准等有着不可替代的作用；（4）郑成功凭借着海上中国的海商力量收复了台湾，并长期主导着数百万平方公里的海上贸易权，为后来中国海疆的奠定打下了坚实的基础。③

据此可见，于逢春先生构筑的"海上文明板块"，不仅仅是从海上的视角看世界，另一个较具启示意义的一点，乃是从宏观的历史构架的视角探

---

① 吴春明：《"环中国海"海洋文化的土著生成与汉人传承论纲》，《复旦学报》2011 年第 1 期。

② 参酌于逢春《构筑中国疆域的文明板块类型及其统合模式序说》，《中国边疆史地研究》2006 年第 3 期。

③ 于逢春：《论"海上文明"板块在中国疆域底定过程中的地位》，《社会科学辑刊》2012 年第 5 期。

讨了该板块在中国疆域形成路径中的地位，这也是认识和发掘海洋文明对于中国社会各个层面之影响的一个重要探索。

三 中国海洋文化发展的历史脉络

从地缘政治的视野来看，历史上的中国是一个陆海双构的国家政治实体，漫长的海岸线、广阔的沿海地带与岛屿带的分布，以及广阔的平原、草地、山脉的交错，均说明了这一点。然而，传统中国王朝的腹心一般处于中原地带，历代中国王朝政治、经济、文化的演绎，绝大多数时候，是在广袤的内陆原野的空间范围内进行的，其主流文化特征具有厚重的黄土文化的色彩，形成了独有的农耕文化。一般而言，进入文明时代以来，农耕文化经常依附于政治上专制加集权、经济上超负荷剥削、文化上"严华夷之辨"的儒家文化。而与此相对应的是，古代中国沿海一带，"人满财乏"，受自然条件多山、生存环境恶劣的影响，其向度往往将生存的希望寄托于"耕海为田"、"贩洋谋生"。亦因而在此基础上形成了一种不同于内地文化属性的"海洋文化"。所谓海洋文化，一般而言，它是一种强调互助合作、共生共赢、开拓进取、崇尚自由的文化。

环中国海的中国海岸线，北自鸭绿江出海口，南至广西北仑河口，约长18000公里。面对着这样漫长的海岸线，早在史前时期，中国东部沿海一带的先民就与海洋发生了密切的关系，较为典型的有长江河姆渡文化遗址，以及沿环中国海周边分布的贝丘遗址。然而，由于历史的、地缘的、文化的原因，海洋文化相对于中原儒家文化而言，被视为一种"边缘文化"，经常会在客观上遭受来自内陆的强势的、集权的"农耕文化"的挑战和挤压。用凌纯声先生的话来说，秦统一六国实际上就是以秦为代表的大陆文化对以齐、楚等为代表的海洋文化的征服。他还认为，秦始皇内外对调移民，隔绝海外交通，是大陆文化对于海洋文化所实行的消极海禁政策。尽管如此，局促于沿海一端的中国海洋文化并没有中断自己的发展演进历程，自秦汉帝国以降，中经隋唐，到了宋元时代趋于鼎盛。秦汉时期，是中国越洋航海工具成熟的时代。汉代远洋船已经使用了分隔舱技术，而且秦汉航海家已经能够熟练地利用各种星体来定向导航，并运用"重差法"

对海上地形地貌进行精确测量。同时，因为对西太平洋与北印度洋上的季风规律也基本上掌握，汉代的风帆技术已经成熟，能广泛利用信风，并发明了橹、舵。借助于这些技术，西汉王朝在继续保持传统的渤海、黄海、日本海、东海、南海等沿岸航路的同时，开辟了从马六甲海峡到北印度洋的海上丝绸之路，《汉书·地理志》就记载了当时西汉王朝对南海各属国的交通路程。到唐宋的时候，航海事业更为发达。因为熟练地运用了对远洋帆船的安全具有革命性意义的"水密舱"技术，唐朝远洋船队不但轻松地穿越阿拉伯海与波斯湾，而且能够从广州直航红海与东非海岸。其航程之绵长，航区之广阔，已远远超过波斯人、阿拉伯人、印度人、南洋人等擅长航海民族所能达到的水准。① 至宋代，已能建造长达三十余丈的大船，海船可以载五六百至一千人，载重五千料以上。有很多的海船航行于南海一带，远的可以到达印度洋上波斯湾头。十三、十四世纪意大利人马可波罗、阿拉伯人伊宝拔都在他们的游记里提到过当时航行南海的中国海船，即为明证。十一、十二世纪的时候，中国已经知道把罗盘运用到航海上去。在那茫茫无边的大海中航行，只有掌握了罗盘定向的技术，才不至于迷失方向。②

　　从较为明确的时间表来看，至少在唐宋以降，亦即中国经济重心南北大转移之前，中国海洋文化和海洋意识的发生和衍变仍然处于一种自发自为的境况。其时，作为王朝决策的主导者和制定者，帝国统治者没有必要将过多的精力用于处于王朝政治边缘的海洋，显然，帝国的政治竞争力量和需要绥定的异己力量主要来自帝国的核心区域。于是，幸运的是，由于统治者的关注重心不在海洋，这反倒在客观上为中国海洋文化的自我发展创造了一种难得的、宽容的环境，尽管它没有得到王朝统治者的扶持，但亦因此而没有遭受彼时以传统的主流农耕文化为载体的行政体制的束缚和限制。并且，海洋文化和海洋意识，就属性而言，可称得上是一种外向的、竞争的文化体系。不言而喻，对于一种自给自足的小农生产方式来说，除非面临重大突发的自然灾难或政治格局变动，王朝统治者无须改变既有的

---

　　① 于逢春：《论"海上文明"板块在中国疆域底定过程中的地位》，《社会科学辑刊》2012 年第5 期。

　　② 向达：《两种海道针经》，中华书局 1982 年版，第 1—2 页。

政治运行模式和生产生活方式，即可安身立命。也正是在这样一种自然态势之下，除非出现一位野心勃勃的政治家，王朝的运转方式不会发生改变。严格地说，明代以前的历代王朝政治与海洋世界的关系，主要属于古代中国之"华夏—四方"族群与文化框架内的大陆性文化为中心的"国家社会"与海洋性的环中国海"海洋（地方边缘）社会"的关系，属于中华民族多元一体范围内的文化整合，它并不存在真正意义上的海防问题。

历史的大河奔流向前。直至16世纪，伴随着新航路的开辟与地理大发现，以及借助于工业革命的技术成果，西方各大国相继登上世界历史舞台。显而易见，在西方大国崛起的过程中，海权成为一个非常重要的因素。可以说，真正意义上的世界史，正是从航海大发现开始的。与此相对应的是，因由时代之变迁，在中华帝国内部，大陆文化逐渐凸显出了其农耕文化封闭性、落后性的一面。亦就在西方诸强在海上崛起的同一时期，明朝"倭乱"兴起，海防压力凸显，于是，秦帝国的政策在明清时代的海禁政策中得到了再度的认同和延续。这一时期，海疆经略、海防史迹成为明清两代王朝对环中国海海洋地带主权的象征和历史记忆。尽管如此，16—18世纪的中国海洋文化发展态势依然可以称得上蔚为壮观。向达先生通过对"两种海道针经"的研究，还原了16世纪至18世纪中国与当时"东西洋"各国的海上交通，以及中国海舶在东西洋各国间航行往来的大概情形。① 毋庸置疑，《顺风相送》、《指南正法》所记录的海上往回针路、气象观察方法及各地山形水势，都是那些火长们长年出入惊涛骇浪中所积累起来的经验，它们再现了这一时期中国古代航海、中国海洋文化对外传播交流的历史场景。

直至19世纪初期，依照德国学者弗兰克的说法，中国依然是东亚海上贸易的中心，"而且在整个世界经济中即使不是中心，也占据支配地位"，"它吸引和吞噬了大约世界生产的白银货币的一半"，这些白银"促成了16世纪至18世纪明清两代的经济和人口的迅速扩张与增长"②。然而，在一种近似封闭的运转体系下，传统中国海洋文化鲜有发展，其继承的历史遗产

---

① 向达：《两种海道针经》，中华书局1982年版，第10页。

② ［德］贡德·弗兰克：《白银资本：重视经济全球化中的东方》中文版前言，刘北成译，中央编译出版社2008年版。

亦必将终有消耗殆尽之期。于是，1840 年鸦片战争以降，在一种源于西欧的新型海洋文化的冲击下，无论是传统占据主导地位的内陆中原文化，或是处于传统中国边缘的海洋文化，都无可避免地陷入了困境。彼时，西方列强渐次浮海东顾。第一次鸦片战争、第二次鸦片战争、辛丑之变、中法马尾海战、中日甲午战争等历次战争，列强无一例外地凭借的一个重要手段即是沿海而上，从南到北，利用其强大的优势舰队将中国军队击败于旦夕之间，从而使中国丧失了近代化进程的最有利时机。目睹此千年未有之变局，清统治者亦曾试图振作，努力发展海权。以"师夷长技以制夷"为矢号的"洋务运动"从制器开始，先后成立江南制造总局、福建马尾船厂，制造了大量船只，组建南洋、北洋等舰队；甲午战败以后，"海防思想"大兴，政务处陈情"现时局日艰，海权日重，欲谋自强之用，非振兴海军，无以外固洋面，内卫各省"①，进而于 1907 年建立海军处。这些举措尽管在实践层面对于海权之维护收效寥寥，但不管怎样，这确实反映了中央政府层近代海洋意识的勃兴，同时亦表明了以"筹海"为中心的近代海防观念的肇端。

与此相对应的是，古老的、民间的中国海洋文化在近代中国沿海一带以畸形的方式予以彰显。随着沿海港口城市次第被动地开放，环中国海地带的社会经济亦畸形地发展起来。昔日的乡村小镇上海一跃而成为"十里洋场"，可谓这种变迁的一个缩影。当然，这种变迁并不仅限于一般的沿海港口城市经济的发展，当中更有沿海人民自身生活方式和海洋意识的复苏。伴随着朝廷海上贸易的开禁，民间海上贸易和下南洋、捕捞业开始强势复苏。20 世纪 80 年代以来，乘着改革开放的春风，东南沿海地区一直走在经济发展、社会进步的前列；并且，随着人类对海洋世界认识愈发深刻，对海洋经济开发愈见成效，其经济社会功能、国防战略地位也在不断得以提升，亦正是在这一背景下，中国政府提出了"海洋强国"战略。事实证明，一旦海洋文化摆脱农耕文化的束缚，其自身的活力能够得到最大限度的迸发。

---

① 转引自周益锋《"海权论"东渐及其影响》，《史学月刊》2006 年第 4 期。

四 结语

黑格尔曾经说过，中国是一个与海"不发生积极的关系"的国家。① 这句名言经常被人们引用并过度诠释，作为中国不曾拥有海洋文化的注脚。事实上，黑格尔从来不曾否认历史上中国曾经拥有过海洋文化，他的本意或许只是想要表达蔚蓝色的文化相对于黄土文化的黯淡身姿。在黑格尔看来，中国海洋文化（即便有）根植于中国人淡漠的海洋意识中，殊难发挥积极作用。晚清以降，西方列强对近代中国频繁使用的批评术语，包括"闭关自守"、"故步自封"、"停滞的帝国"等词汇，这些无不体现了其对中国固有的传统农耕文明的刻板印象。

然而，自20世纪30年代以来，伴随着海洋考古研究之发展，中国海洋文化的发展脉络得以清晰重构与呈现；随后，大致在20世纪50年代，国内史学界开始从中华文明源流的角度，探讨了中华文化区系的问题，进一步勾勒出了环中国海海洋文化体系在整个的中华文明发展史中的区域地位；直至当代，部分学者通过对既有的环中国海海洋考古遗址和遗存的研究，进一步提出了从海洋看大陆、从海洋看中国的"海洋文化理念"；并且，已有研究从疆域构造的角度考察了海洋板块在中国历史疆域形成过程中的重要地位，进一步丰富了中国海洋文化的内涵和外延。

正是通过几代学人的努力，中国海洋文化的历史发展脉络不断得以补缀与重构，它在历史中的面貌亦渐渐变得清晰：原来，环中国海一带历史上就是中华文明起源的重要一支，早在史前时期它已经充分表现出了其外向性的特点，并成为亚洲东南文化、技术输出地，16世纪至18世纪，环中国海一带更是进入了一个"大航海时代"；至于在传统中国的内缘，因海洋文化而形成的"海上板块"，对于中国历史疆域之构筑亦具有不可磨灭的意义。

即便在眼下，对中国海洋文化的研究与探讨，亦能够找到其现实关怀。当前中国与周边国家存在诸多海洋主权争执，解决这些争议性分歧，不外

---

① ［德］黑格尔：《历史哲学》，王造时译，生活·读书·新知三联书店1956年版，第135页。

乎两种手段：其一是追述与主张历史性权利；其二则是在国际法层面与之展开论争。而在主张历史性权利这一方面，与重构历史中国海洋文化实有关联。是故，从此意义而言，加强对海洋文化的研究，对于当前乃至未来某个时期中国海疆主权问题的维护亦具有前瞻性功用。

试论绍兴地域文化中海洋文化特征

颜越虎[*]

地域文化，或称区域文化，是人类文化的重要组成部分。对地域文化的研究，成为现今一个热门的课题，这当然是由它本身的特点及其重要性所决定的。余秋雨先生曾经指出："与一般的文化研究相比，地域文化看似缩小了范围，实际上却是极大地拓展了文化内涵，它要求以一定的地理环境为基础，把人类文明的活动形态、系统构成、承传关系全部纳入研究领域，因此似小实大，意义深远。"[①]绍兴的地域文化特色鲜明，内涵丰富，研究绍兴的地域文化，须以绍兴的地理环境为基础，把这片土地上"人类文明的活动形态、系统构成、承传关系"等加以综合研究，充分展示其丰富的内涵，深刻揭示其鲜明的特色。

杨国桢先生指出："考古学界的新发现显示，大江南北、长城内外，'满天星斗'的古文明多元发展，包括了海洋沿岸地区和岛屿孕育的'海洋文化'，启迪人们必须正视中国的海洋性传统。"[②]重新诠释中国的历史遗产和文化传统应当如此，重新审视一个地区的地域文化也应如此。当我们在21世纪以前所未有的高度和新意来研究地域文化的时候，我们也必须正视其"海洋性传统"及其所蕴含的海洋文化特征。

所谓"海洋文化，就是有关海洋的文化；就是人类缘于海洋而生成精神的、行为的、社会的和物质的文明化生活内涵。海洋文化的本质，就是

---

[*] 颜越虎，浙江人民政府地方志办公室研究员，《浙江通志》总编室副主任。

① 余秋雨：《姚江文化史·序》，载《姚江文化史》，宁波出版社 2006 年版。

② 杨国桢：《关于中国海洋社会经济史的思考》，《中国社会经济史研究》1996 年第 2 期。

人类与海洋的互动关系及其产物。"① 根据这样的观点来审视绍兴地域文化，我们不难发现，无论从物质经济生活模式的层面，还是从人居群落、组织结构的层面；从语言、行为方式的层面，还是从感官认识、知识体验以致上升到心理和意识形态的层面，它都具有明显的海洋文化特色。

在史前时期，绍兴地处河姆渡文化圈。"如果把河姆渡文化持续的年代和这次海进（笔者按：指卷转虫海进）的极盛年代，把河姆渡遗址的地理位置和这次海进的最大波及范围对照一下，就可以看出它们之间有着极其明显的内在联系。根据碳14测定，河姆渡四个文化层持续的年代在距今7000—6000年前，这正是卷转虫海进走向高潮的年代，而海进达到极限年代和河姆渡文化消失的年代是完全吻合的。河姆渡遗址紧靠山麓地带，而这里也正是海水最后到达的地方。""可以想见，当距今约6000年，亦即河姆渡最后一个文化层的时候，海水直拍山麓，整个平原都被淹没，化为一片浅海，于是这里的人类活动便不得不中断了。"② 在春秋战国以后直至清代，绍兴地属越国、会稽郡（会稽国）、越州和绍兴府（绍兴路）。《越绝书》曰："大越海滨之民，独以鸟田……"③ 清代李镜燧指出："越中地属海隅，南至山，北临海。地势南高而北下，江流溪源下注，海潮怒激，江与海相通，吐纳无节，本天然一泽国耳。"④ 由此我们不难明白，是绍兴濒海的地理位置造就了其文化的涉海性。事实上，绍兴的历史与海洋有着割不断的联系，社会生活、历史文化的方方面面都有着海洋文化的印记。本文试从五个方面加以论述。

一　具有海洋文化特征的经济活动

"沿海地区是面向海洋的陆地，既是向海洋发展的前进基地，又是农业社会经济中心区的外延，辐射的边缘，具有陆地和海洋的两重性格。秦汉

---

① 曲金良：《海洋文化与社会》，中国海洋大学出版社2003年版，第26页。
② 乐祖谋：《历史时期宁绍平原城市的起源》，载陈桥驿主编《中国历史地理论丛》第3辑，陕西人民出版社1988年版。
③ （汉）袁康：《越绝书》卷八，商务印书馆1956年版。
④ （清）李镜燧：《越中山脉水利形势记》，载《绍兴县志资料》（第一辑）。

以前，沿海东夷和百越的社会经济是海洋型的；秦汉以后，黄河流域中心区强势农业社会经济的移植，东夷和百越被整合入汉人传统农业社会，排斥、阻碍或制约沿海地区海洋型社会经济的发展……"① 杨国桢先生的这个判断是符合实际的。绍兴地域的经济发展及其所蕴含的文化特征，充分印证了他的这个观点。我们不妨从以下六个方面来具体加以分析：

1. 有段石锛的使用

林华东先生认为，有段石锛是"海洋文化的代表性器物之一"②。而有段石锛恰恰在绍兴地域文化中占有重要的地位。

考古资料表明，有段石锛不仅是于越先民的重要生产工具，而且也是先越文化的一个象征。在河姆渡遗址中，"早期石器一般磨制不精，常留打琢痕迹。其中梯形不对称刀石斧和厚重的拱背状石锛，颇具特色，后者有的顶端往往遗留捶击痕迹，可能还兼用作为石楔具，在剖裂线上定距离加楔，使原木纵裂辟开，同时，发现了由树杈和鹿角加工成的曲尺形器柄，安装石斧的器柄前端叉头较宽大，石斧捆扎在叉头下左侧的凹面部分，石锛则绑扎在较窄厚的前侧凹面里。石凿和小石锛一般均磨制精细，棱角分明，刀锋锐利。"③ 现在，学者们比较一致的意见是：河姆渡文化是有段石锛的起源中心。傅宪国先生曾指出："长江下游地区，有段石锛不仅出现的年代最早，并且演变序列也比较清楚，应当是有段石锛的起源中心。"④ 牟永抗、林华东等也持相同观点。⑤ 林惠祥先生对有段石锛进行了深入的研究，他把有段石锛分为三个发展阶段：第一阶段，它首先产生于中国大陆东南区的闽、浙、粤、赣和苏、皖一带；第二阶段，由上述地区北向传于华北、东北，东南面则先传入台湾；第三阶段，由中国台湾传向菲律宾和玻利尼西亚诸岛。⑥ 从上述路径可以看出，海洋是有段石锛的主要传播途径，因而有段石锛也就带上了浓厚的海洋文化色彩。

---

① 杨国桢：《关于中国海洋社会经济史的思考》，《中国社会经济史研究》1996 年第 2 期。

② 林华东：《越人向台湾及太平洋岛屿的文化拓展》，《浙江社会科学》1994 年第 5 期。

③ 中国社会科学院考古研究所：《新中国的考古发现和研究》，文物出版社 1984 年版，第 147 页。

④ 傅宪国：《论有段石锛和有肩石器》，《考古学报》1988 年第 1 期。

⑤ 参见牟永抗《浙江新石器时代文化的初步认识》，载《中国考古学会第三次年会论文集》，文物出版社 1984 年版；林华东《河姆渡文化初探》，浙江人民出版社 1992 年版。

⑥ 参见林惠祥《中国东南区新石器时代文化特征之一：有段石锛》，《考古学报》1958 年第 3 期。

2. 造船业的发达

自古以来，绍兴地区一直是我国造船业的中心之一。从新石器时代的独木舟、春秋战国时期的战船到唐朝的海船及双舫，可以毫不夸张地说，在国内都处于领先地位。

《易经·系辞》中说："刳木为舟，剡木为舟，以济不通，致远以利天下。"这几句话真实地反映出了独木舟和船桨的制造过程。现代考古资料表明，于越先民是最早制作独木舟群体。

在 1973 年发掘河姆渡遗址时，出土了 6 支木桨，其中一支木桨，"柄部与桨叶采用同块木料制成，与现使用的木桨形状没有多少差别，做工细致。残留的柄下端与桨叶的吻合处，阴刻有弦纹和斜纹相同图案。残长 63 厘米、宽 12.2 厘米、厚 2.1 厘米"[1]。同时，在河姆渡还采集到一只陶舟，舟长 7.7 厘米、高 3 厘米、宽 2.8 厘米，两头尖，尾部微翘，船头有一鸡胸式小錾，利于破浪。錾上有孔，可以系缆。下部弧形线自然流畅，可以减少水的阻力。陶舟左右对称，利于平衡稳定。陶舟的发现，在一定程度上弥补了河姆渡遗址没有独木舟出土的遗憾。

2002 年，在萧山跨湖桥遗址的第三次发掘中，发现了我国迄今为止最早的一条独木舟。这里我们不妨摘录几段考古报告中的文字：

独木舟的东北端保存基本完整，船头上翘，比船身窄，宽约 29 厘米。离船头 25 厘米处，宽度突增至 52 厘米。弧收面及底部的上翘面十分光洁，内外加工的痕迹不能看清。离船头 1 米处有一片面积较大的黑炭面，东南侧舷内发现大片的黑焦面，西北侧舷内也有面积较小的黑焦面，这些黑焦面当是借助火焦法挖凿船体的证据。离船头 42 厘米、67 厘米、110 厘米处有三组横向裂纹，可能是翘起的船头受力下沉所至。船头留有宽度约 10 厘米的"档墙"，已破缺。船舷仅在船头部分保存约 1.1 米的长度，其余部位的侧舷均以整齐的形式残去，残面与木料纵向的纹理相合。仔细观察残面的延伸，刚好处在侧舷折收的位置（接近直角），从这一现象推知，独木舟的深度比较平均。从残破面上测量，船体较薄，底部与侧舷厚度均为 2.5

① 河姆渡遗址考古队：《浙江河姆渡遗址第二期发掘的主要收获》，《文物》1980 年第 5 期。

厘米左右。船的另一端被砖瓦厂取土挖失,船体残长 5.6 米。在船舷完好位置所能测量的船体最大内深不足 15 厘米,考虑到底部顶托两侧下沉的变形因素(可以从舟底弧面的起伏观察到),该位置实际要更深些。

经鉴定,独木舟的材质为松木。①

独木舟的东南侧有一堆木头,分木料与自然树枝两类。木料分剖木与整木两类。五根剖木编号 2、5、6、8、9,与独木舟平行放置,略有交错;树皮尚未去掉,截面多呈扇形,显见源于同一整木;剖面呈自然裂痕,未修削。6 号、8 号木料长约 280、宽分别为 8 厘米和 5 厘米,5 号木料长约 260 厘米、宽约 8 厘米。2 号、9 号木料被叠压,未得到精确测量。能够大致均匀地剖割所需木材,显然需要一定的技术与工具。在木堆的东北端,另有一根整木(编号 19),整木长 250 厘米、直径约 22—26 厘米,两端截面隆凸不齐,从许多错杂相切的断面分析,当经过锋利石器所加工。其他编号为 4、7、17、18、20、21、22、24 的木头都带有不同程度的截、剖痕迹。编号 1、10、11、12、13 为板材,其中 1 号木板长 248 厘米,宽 24 厘米,厚约 2 厘米。其他多为形状不一的树枝。

独木舟的两侧,还各发现一支木桨,编号 J1、J2。J1 号木桨保存较差,已开裂,长 140 厘米,桨板宽 22 厘米,厚 2 厘米,桨柄宽 6 厘米,厚 4 厘米;J2 号木桨保存完整,长 140 厘米,桨板宽 16 厘米,厚 2 厘米,桨柄宽约 6—8 厘米,厚约 4 厘米。柄部有一方孔,长 3.3 厘米,宽 1.8 厘米,凿穿,孔沿及孔壁光整,无磨损痕迹。

经鉴定,5 号、10 号木材均为松木。②

摩尔根在《古代社会》中说:"燧石器和石器的出现早于陶器,发现这些石器的用途需要很长时间,它们给人类带来了独木舟和木制器皿,最后在建筑房屋方面带来了木材和木板。"③ 恩格斯在《家庭、私有制和国家的起源》中说:新石器时代,"火和石斧通常已经使人能够制造独木舟,有的

---

① 浙江省文物考古研究所、萧山博物馆:《浦阳江流域考古报告之一:跨湖桥》,文物出版社 2004 年版,第 42 页。

② 同上书,第 46 页。

③ 摩尔根:《古代社会》上册,商务印书馆 1997 年版,第 13 页。

地方已经使人能够用方术和木板来建筑房屋了。"① 林惠祥先生的研究进一步证明了摩尔根、恩格斯的观点，他指出："有段石锛是很特别的东西，其用途一定是比常型石锛的更进一步。石锛加了柄当然更能增加工作效力和工作便利。按玻里尼西亚诸岛，据说因其地无金属物，其生产工具和武器都是用石器骨角等，而以有段石锛为最重要。其地土人的制造小艇和雕制木器都是用有段石锛。各处石器时代的人类都已有小船，即独木舟，其制法是将一大段的树干在中腰处用火烧焦，然后刳去其焦炭，刳的工具可用石斧或常型石锛，但如将石锛加柄，用起来一定更为便利而有力。又如制造木的容器如木桶、木箱、木臼等。也用同样的火烧石刳的方法，所以有段石锛实在是很有用的工具。这种工具在各处都可用，但在沿海地方或岛屿地方，有需要造独木舟之处，尤其需要。太平洋诸岛和南洋所以多有装柄的石锛或者便是由于这种原因。我国大陆上有这种有段石锛的地方也大部分是在沿海或近溪流之处，当时或者也常用这种有段石锛于造独木舟也有可能。"② 跨湖桥独木舟的制造方法正是如此。在舟体内壁尚可见到火烧后焦黑的痕迹，而在"独木舟周围发现砺石，三个锛柄和多个石锛，尤其是锛柄的较集中发现，应该与木作加工场有关，另外，在船的侧舷，还发现数片石锛的锋部残片"③。可以看出跨湖桥独木舟的制造正是先"用火烧焦"，然后用石锛"刳去其焦炭"，形成舟状。独木舟及相关遗迹经北京大学考古文博学院碳 14 测定为 7070±155 年。它的发现表明绍兴地区是我国发明、使用独木舟最早的地区之一。

秉承河姆渡文化的传统，在春秋时期，越国的造船技术又领先于当时各国。《越绝书》云："句践伐吴，霸关东，从琅琊起观台。台周七里，以望东海。死士八千人，戈船三百艘。""初徙琅琊，使楼船卒二千八百人，伐松柏以为桴。"④《吴越春秋》云："越王葬种于国之西山，楼船之卒三千

① 恩格斯：《家庭、私有制和国家的起源》，《马克思恩格斯选集》第四卷，人民出版社 1995 年版，第 20 页。
② 林惠祥：《中国东南区新石器时代文化特征之一：有段石锛》，《考古学报》1958 年第 3 期。
③ 浙江省文物考古研究所、萧山博物馆：《浦阳江流域考古报告之一：跨湖桥》，文物出版社 2004 年版，第 46 页。
④ （汉）袁康：《越绝书》卷八，商务印书馆 1956 年版。

余人，造鼎足之羡，或入三峰之下。"① 文中提到的"戈船"、"楼船"都是当时越国的战船。其中"戈船"为越人首创，《史记·南越尉佗列传》曰："故归义越侯二人为戈船下厉将军"，《集解》引张晏曰："越人于水中负人船，又有蛟龙之害，故置戈于船下，因此为名也。"而刘韵《西京杂记》六曰："戈船，上建戈矛，四角悉垂幡，旌葆麾盖。"两说虽然有所不同，但戈船的影响无疑是巨大的。而楼船则是与戈船相对的一种有叠层的大船，从上述记载中可以看出，越国水师的规模是十分庞大的。

为了建造战船等船只，越国专门建造了造船工场，设立了专门造船的官署。"石塘者，越所害军船也。塘广六十五步，长三百五十三步，去县四十里。""舟室者，句践船宫也，去县五十里。"② 正因为有前人制造独木舟的传统，越国又有一套强有力的措施，使得他们的造船业步入了当时的领先行列。

春秋战国以后，越国的造船工业仍然有所发展。汉代的"越舲"③ 是当时全国有名的船舶。唐初贞观二十二年（648 年），朝廷令越州和婺、洪等州造海船及双舫 1100 艘。④ 婺、洪二州都不濒海，则其中海船必为越州所造，说明绍兴是当时全国的造船工业中心之一。唐代以后，由于明州和杭州的兴起，绍兴的造船工业逐渐失去了全国意义。但尽管如此，这里的造船业仍然具有一定规模。故元袁桷还提到："越船十丈如青螺，小船一丈如飞梭。"⑤ 说明绍兴各种海船和内河船的建造工业，仍然比较发达。

3. 捕鱼和制盐

我们知道，在河姆渡文化中稻作文化是最为人们津津乐道的话题之一，其实渔业也是河姆渡人的一项重要生产活动。"水稻和鱼既都具有海洋文化的生态属性，又都是当时河姆渡人民所追求的两项维持生存最主要的物质。"⑥ 绍兴地区的海洋捕捞至迟在新石器时代就已开始，这一点从河姆渡

---

① （汉）赵晔：《吴越春秋》卷一〇。

② （汉）袁康：《越绝书》卷八，商务印书馆 1956 年版。

③ （汉）刘安：《淮南子·俶真训》。

④ （宋）司马光：《资治通鉴》卷一九九，中华书局 2009 年版。

⑤ 袁桷：《越船行》，载《清容居士集》卷八。

⑥ 陈炎：《中华民族海洋文化的曙光——论河姆渡文化对世界文明的贡献》，载中华民族史研究会编《中华民族史研究》第一辑，广西人民出版社 1993 年版。

遗址的发掘中可以知道。河姆渡遗址出土了大量的鱼骨，以淡水鱼类为主，但也有鲸、鲨等远洋深海动物和鲻鱼、裸顶鱼等喜在滨海河口附近生活的鱼类遗骨，说明河姆渡人"捕猎范围很广，平原湖沼地带和附近丘陵坡地上，都是他们捕猎的经常活动场所，从滨海河口的鱼类和象、犀、虎、熊的发现看，在较远的滨海地区和山区密林深处，也可能是人们进出捕猎的地方。"①

越国"滨于东海之陂，鼋龟鱼鳖之与处，而蛙龟之与同渚。"② 句践在位时，"上栖会稽，下守海滨，唯鱼鳖见矣"③。山会北部的后海（即杭州湾）由于适当咸水与淡水的接触处，内河河水的注入，带入丰富的饵料，而潮汐又不断把海产鱼类送入内河，所以，自古以来绍兴地区的水产资源就特别丰富，宋嘉泰《会稽志》曾把自春秋以来人们所认识和利用的水产生物资源加以列举，除淡水鱼外，海水生物有鲥、石首鱼（即大黄鱼）、春鱼（即小黄鱼）、梅鱼、比目鱼、乌贼（即墨鱼）、水母等④，可谓种类繁多。

制盐业是绍兴的一个重要产业。《越绝书》卷八云："朱余者，越盐官也。越人谓盐曰'余'。去县三十五里。"盐官的设置和盐场的建立足见制盐业在越国复兴中的地位。到了唐代，朝廷在越州设置兰亭监，管理这个地区盐业生产，其下有官办的盐场5处，其中的会稽东场和会稽西场⑤，都在今境内的后海沿岸，制盐业的区际意义开始增加。宋朝南渡以后，政治、经济中心南移，东南成为全国盐利最厚的地区⑥，于是绍兴一带的盐场增加，制盐工业获得迅速发展。当时，官府拥有盐场4处，其中在山、会二县境内的有三处：即三江买纳场、曹娥买纳场、钱清买纳场⑦。其中三江即是春秋于越的朱余，其他二场则是后来陆续增设的。从盐场的规模来说，

---

① 浙江省博物馆自然组：《河姆渡遗址动植物遗存的鉴定研究》，《考古学报》1978年第1期。
② 尚学锋、夏德靠译注：《国语·越语下》，中华书局2007年版。
③ 同上。
④ （宋）施宿等撰：嘉泰《会稽志》卷一九，商务印书馆2013年版。
⑤ （宋）施宿等撰：嘉泰《会稽志》卷一七，商务印书馆2013年版。
⑥ 《宋史·食货志》："东南盐利，视天下为最厚"，中华书局1923年版。
⑦ （宋）王应麟：《玉海》卷一八一，广陵书社2007年版。

三江场最大。南宋年代的盐产额①，钱清场为 6635 石 1 斗 4 升 8 合，曹娥场为 16586 石 4 斗 9 升 7 合，三江场则高达 29322 石 5 斗 6 升 6 勺。钱清场的产额之所以最小，和自然条件也有密切关系。由于这个盐场已经位于杭州湾西部，受到内陆淡水的影响较大，海水的含盐度已经不高了。②

上述三处盐场在以后元、明、清各代一直存在，成为"商贩毕集"③的东南地区重要盐产地之一。以盐易米④，弥补了绍兴地区的粮食不足。而其中三江场更得到很大发展，到了清代前期，已经成为浙东最大的盐场⑤，并且还在它以东新建了东江盐场⑥。在清代前期，绍兴地区各盐场的具体分布及规模大体如下：三江场的盐灶主要分布在三江、童家、陈顾、新凤、宝盆等地，东西延长达 20 多里，有锅盘 153 副；东江场的盐灶分布在宋家溇、姚家埭、称浦等地，东西延长达 30 多里，有锅盘 96 副，规模仅次于三江场；钱清场的盐灶分布在钱清、夔山、瓜沥、盛陵、九墩、安昌等地，有锅盘 76 副；曹娥场的盐灶分布在贺东、肖金等地，只有锅盘 17 副，规模最小。⑦

绍兴一带的制盐方法，一向采用刮碱淋卤⑧，然后置盘中煎熬成盐。浙西各盐场多用铁盘，而浙东各盐场多用竹盘，盘内涂以石灰，故颜色较浙西所产的略黄。⑨制盐何时才从刮碱淋卤煎熬的方法改为刮泥淋卤板晒的方法，在历代盐法志中并无正式记载。直到道光年代，从山、会北部的马鞍山北望，仍可看到许多盐灶⑩，说明当时板晒尚不流行。清代范寅提到咸丰十一年（1861 年）余姚开始仿岱山盐法进行板晒，由于板晒大大降低了制盐的成本，余姚盐业就异军突起，获得迅速发展。为此，清代中叶以后，绍兴一带的制盐业开始衰落。根据记载，到清末以前，绍兴一带的食盐已

---

① 《宋会要辑稿》第一百三十二册。按宋制以 50 斤为 1 石。
② （宋）姚宽：《西溪丛语》卷上。
③ 万历《会稽县志》卷三，上海书店 1990 年版。
④ 徐勉《保越录》："命行枢密院掾吏华凯、尹性善，以盐易米三万石。"
⑤ （清）延丰编：嘉庆《两浙盐法志》卷七，浙江古籍出版社 2012 年版。
⑥ 同上。
⑦ 同上。
⑧ （宋）方勺：《泊宅编》卷三，中华书局 1997 年版。
⑨ 同上。
⑩ 半堂老人：《鞍村杂咏》。

经主要依靠余姚的晒盐。① 城北后海沿岸诸盐场从此不再制盐。②

4. 航海

跨湖桥和河姆渡出土了我国最早的独木舟和木桨，表明了于越先民在新石器时代已经具备了航海的客观条件。前面已经论及河姆渡人的捕鱼范围"在较远的滨海地区"，而舟山群岛发现的新石器时代遗址（与河姆渡第二、第一文化层年代大致相当）③，则表明于越先民在那时已漂洋过海，定居在这些岛屿上。至于在日本随处可见的含"越"的地名以及出土大量相关文物，除了"说明外越人和内越人的共同文化渊源"④，也说明了越人的航海范围的拓展。

到了勾践时期，越国的航海能力大为增强。越王勾践乘吴王夫差赴黄池盟会时，"乃命范蠡、舌庸，率师沿海溯淮以绝吴路。败王子友于姑熊夷"⑤。当越王勾践灭吴之后，范蠡以为越王"可与共患难而不可与共处乐"⑥，于是在句践二十四年（前473）"乃装其轻宝珠玉，自与其私徒属乘舟浮海以行，终不反"⑦。如果把这一记载和前一条记述以及范蠡到齐国经商致富联系起来，则可看出范蠡对航海的熟悉程度。之后，勾践北上琅琊，《越绝书》中说"初徙琅琊，使楼船卒二千八百人"⑧，那是一次大规模的航海壮举，是我国海洋文化史上精彩的一页。

5. 滩涂岛屿的开发和海塘的修建

如前所述，河姆渡遗址发现了木桨和陶舟的模型，意味着于越先民有可能进行海上活动，而20世纪七八十年代以来舟山地区的一系列考古发现则完全证实了这种推测。舟山本岛定海白泉遗址，出土了陶器、石器、红

---

① 冲斋居士《越乡中馈录》卷上："越城食盐向以安城盘煎者为上……惟近行新法，废煎盐而销余姚晒盐。"

② 参见陈桥驿、颜越虎《绍兴简史》，中华书局2004年版，第124—125页。

③ 王和平、陈金生：《舟山群岛发现新石器时代遗址》，《考古》1983年第1期；王明达、王和平：《浙江定海县唐家墩新石器时代遗址》，《考古》1983年第1期。

④ 陈桥驿：《史前漂流太平洋的越人》，《文化交流》1996年第22辑。

⑤ 《国语·吴语》。《吴越春秋》卷五亦载："越王闻吴王伐齐，使范蠡、舌庸率师屯海通江，以绝吴路。败太子友于姑熊夷，通江淮转袭吴，遂入吴国，烧姑胥台，徙其大舟。"

⑥ （汉）赵晔：《吴越春秋》卷十。

⑦ （汉）司马迁：《史记·越王句践世家》。

⑧ （汉）袁康：《越绝书》卷八，商务印书馆1956年版。

烧土、木桩和兽骨等，该遗址的相对年代"和余姚河姆渡遗址第二文化层大致相当"①。岱山县大巨岛孙家山遗址出土的器物有陶器、石器、骨器、红烧土、螺丝、贝壳等，该遗址的相对年代与余姚河姆渡遗址第一文化层、青浦崧泽遗址中层文化相同。② 这些原始文化受河姆渡文化影响成为河姆渡文化的重要组成部分。至于滩涂的开发，历代都在进行，直至 20 世纪 80 年代，绍兴、上虞等市县仍在进行围涂开发。③

《吴越春秋》卷四中阖闾曾经说过这样一番话："吾国僻远，顾东南之地，险阻润湿，又有江海之害……"说的虽然是吴国，但越国也同样受"江海之害"，所以越国很重视围堤筑塘，以拒蓄淡。《越绝书》卷八中记载的"富中大塘"、"练塘"、"吴塘"等都是针对当时潮汐肆虐的状况而修建的。"这种称之为塘的堤坝，都具有挡潮的功能，应是越地最早的海塘工程。"④

山、会北部沿海大规模的海塘修建肇始于唐代。开元十年（722 年），会稽县令李俊之主持兴修海塘，东起上虞，北到山阴，全长百余里。此后在大历十年（775 年）和太和六年（832 年），又都进行过增修。这一段海塘由于大部分位于曹娥江河口沿岸，后来习惯上称为东江塘。⑤

山阴县的海塘修建自垂拱二年（686 年）以后，在历史上的记载，已在南宋嘉定六年（1213 年）溃决后重修。⑥ 这一次的溃决规模极大，倒坍海塘共达 5000 丈，以致斥卤殃田者 7 万余亩。⑦ 郡守赵彦倓实施了修复工程，东起汤湾，西到王家浦⑧，全长达 6160 丈，其中三分之一用石料建成。⑨ 以后朝廷曾经下诏浙东其他地区按山阴海塘之法修建石塘⑩，说明嘉

---

① 王和平、陈金生：《舟山群岛发现新石器时代遗址》，《考古学报》1983 年第 1 期。

② 同上。

③ 参见《上虞县志》第六篇"围垦"，浙江人民出版社 1990 年版，第 283—301 页；《绍兴县志》，中华书局 1999 年版，第 298—300 页。

④ 盛鸿郎：《水文化》，中华书局 2004 年版，第 45 页。

⑤ 《浙江省水利局修筑三江闸报告》，载《绍兴县志资料》（第一辑）。

⑥ 《宋会要辑稿》第一五二，中华书局 1957 年版。

⑦ 《宋史·五行志》，中华书局 1923 年版。

⑧ （宋）叶适：《府新置二庄记》，载《水心集》卷一〇。

⑨ 雍正《浙江通志》卷六三引弘治《绍兴府志》。

⑩ 《宋会要辑稿》第一五二，中华书局 1957 年版。

定年代修建的山阴石塘，乃是浙东最早的石塘之一。这段海塘由于位于山阴县北部，以后习惯上称为北海塘。此后海塘屡有损毁，所以历代增修海塘也是一项常规性的事务。①

6. 干栏式建筑

干栏式建筑亦是海洋文化的一个特征。在河姆渡遗址第二期发掘过程中，各文化层都发现木构建筑遗址，特别是第三、四文化层木构件尤多。从第二期发掘出的材料看，河姆渡居民的建筑大致可划分为三个发展阶段，第一阶段是栽桩架板的干栏式。这种建筑构件极为丰富，可分高干栏和低干栏。建造这种"房屋"，先要在地面打下几排木桩，作为房屋的基础；之后在木桩上架设大梁、小梁（龙骨），以承托地板，构成架空的建筑基座，再在其上立柱架梁，构成高于地面的"干栏式"建筑。② 这是河姆渡人创造性建设的成果，也是河姆渡人适应当地温暖湿润的亚热带海洋性气候的结果。

这里还要附带提一下与海洋文化相关的聚落的形成与变化。陈桥驿先生把绍兴地区的聚落概括为六种类型，其中一种就是沿海聚落，它形成于于越时期，《越绝书》卷八中记载的固陵、石塘、防坞、杭坞、朱余等就是早期的沿海聚落，由于其中的固陵和杭坞至今仍然清楚可考，说明它们都在当时的钱塘江沿岸。③ 这类聚落"主要是从事海上运输业、捕鱼、制盐和其他海涂生产。因此，聚落位置必须紧靠海岸"④。明代以后，由于钱塘江江道北移，原先的沿海聚落也随之纷纷北移，而聚落北移往往在地名上留下痕迹，如前桑盆村、后桑盆村，前礼江村、后礼江村，前盛陵村、中盛陵村、后盛陵村等，所有这些聚落最后随着钱塘江江道的全面北移而完全"告别海洋"，变成了一般的平原聚落。⑤

7. 海外贸易

绍兴地区的海外贸易古已有之。早在先秦时期，越人已与"海人"进

---

① 车越乔、陈桥驿：《历史地理》，上海书店出版社 2001 年版，第 128—129 页。

② 参见河姆渡遗址考古队《浙江河姆渡遗址第二期发掘的主要收获》，《文物》1980 年第 5 期。

③ 陈桥驿：《古代鉴湖兴废与山会平原农田水利》，《地理学报》1962 年第 3 期。

④ 同上。

⑤ 参见陈桥驿、颜越虎《绍兴简史》，中华书局 2004 年版，第 96—97 页。

行交易，《方舆胜览》引《四蕃志》云：穿山（今属宁波）"以海人持货贸易于此，故以名山。"东汉时，规模扩大。《后汉书·东夷列传》云："会稽海外有东鳀人，分为二十余国。又有夷州及澶洲。传言秦始皇遣方士徐福将童男童女数千人入海，求蓬莱神仙不得，徐福畏诛，不敢还，遂止此洲。世世相承，有数万家。人民时至会稽市。会稽东冶人有入海遭风，流移至澶洲者……"东吴时期，会稽铜镜销至日本、高丽（今朝鲜半岛）。另外，会稽麻布也远销海外："亶州在海中，……有数万家，其上人民有至会稽货布。"① 唐代，越窑青瓷大量外销，主要销往日本、高丽。唐代中期，越瓷由海路从广州绕马来半岛，经印度洋进入波斯，并由波斯转到埃及乃至地中海国家和东非地区，形成了著名的"陶瓷之路"。宋时，越州丝绸外销日本、高丽、印度、占城（今越南）、阇婆（今爪哇）、大食（阿拉伯国家）等。明末清初，平水珠茶开始外销，清康熙元年（1662 年）开始销往欧洲，酒亦于明代开始外销，并逐渐成为海外贸易的主要产品，直至今日。

从以上简要叙述中可以看到，千百年来海外贸易一直是绍兴地区重要的经济活动，从而也为地域文化的海洋文化特征增添了色彩。

二 具有海洋文化特征的军事活动

前面提到，范蠡、舌庸"率师沿海溯淮以绝吴路，"进而取得了灭吴的胜利，这是《国语》、《吴越春秋》上记载的越国的一次重大军事行动；勾践"使楼船卒二千八百人"，迁都琅琊，这次海上航海，实质上是一次更大规模的军事行动，使勾践实现了称霸中原的夙愿。

《明史·兵志》和《明史·地理志》载朝廷于"洪武五年（1732 年）命浙江、福建造海舟防倭"；"十七年（1384 年），命信国公汤和巡视海上，筑山东、江南北、浙东西沿海诸城。"这是海防史上的一件大事。于洪武二十年（1387 年）二月，建三江、沥海二所，置三江、白洋、黄家堰三巡检司城，以防倭寇入侵。

---

① （晋）陈寿：《三国志·吴书·孙权传》，中州古籍出版社 1991 年版。

据《绍兴市志》①、《绍兴县志》②载：三江所位于府城北 37 里，曹娥江口，北濒杭州湾，沿河可直达府城，为府城之海上门户，设有烽火墩，宜于防守。嘉靖二年（1523 年）增筑，是绍兴地区防范倭寇入侵的要点。三江所编有镇抚 1 员、千户 5 员、百户 15 员、额军 1352 人。下辖蒙池山台和航坞山、马鞍山、乌峰山、宋家溇、周家墩、盆桑 6 烽墩。三江和白洋设有巡检司，分别配备 100 名、32 名弓兵。明嘉靖三十三至三十五年（1554—1556 年），倭寇经此入窜。清康熙三至八年（1664—1669 年），绍协副将在此戍守。

沥海所位于府城东北 70 里，北濒杭州湾，附近有施湖隘、四汇淮溢，易泊舟船。明洪武二十年（1387 年）建所，设有烽火墩。该所东卫临山卫，西捍黄家堰，为戍守要地。沥海所配有镇抚 2 员、千户 1 员、百户 8 员、额军 1120 人。下辖西海塘台和槎浦、胡家池、楝树 3 烽墩，黄家堰设有巡检司，配备 100 名弓兵。嘉靖年间（1522—1566 年），倭寇曾数次袭扰沥海所。嘉靖三十二年（1553 年）十二月，倭寇战船数百艘浮海而至，一部在上虞沥海所登陆，千户张应奎，百户王守正、张永俱战死。次年正月，倭寇在松江遭参将卢镗痛击后，经赭山逃屯于三江口，犯沥海、曹娥、余姚。

三　具有海洋文化特征的信仰习俗

俗语云：一方水土养一方人。绍兴地区濒海的地理环境使得生活在此的人们信仰和风俗习惯具有了鲜明的海洋文化特征。

1. 鸟图腾

图腾是氏族的标记或符号。越地有关"鸟田"的传说，正体现了越人对鸟的崇拜。《越绝书》曰："大越海滨之民，独以鸟田，大小有差，进退有行……"③《吴越春秋》亦有类似的记载。濒海而居的古越先民长期面对自由飞翔的鸟类（包括海鸟），"朝夕相处，时时观察，先民们对鸟不免引

---

① 任桂全总纂，浙江人民出版社 1997 年版。
② 傅振照主编，中华书局 1999 年版。
③ （汉）袁康：《越绝书》卷八，商务印书馆 1956 年版。

起遐想；尤其是漂流海上，在近海，鸟与人为伴；在远海，海鸟又预示陆地不远，可以引导船只航行，更成为'神灵'的启示，不能不使先民们对它肃然起敬。由此，产生了对鸟的崇拜"①，进而成为越族的图腾。

这种崇拜的现象，在河姆渡遗址的出土文物以及当地出土的文物上，我们常常可以看到其艺术的再现。林华东先生认为越族先世的鸟图腾崇拜，"渊源于新石器时代的河姆渡文化"②，这是很有见地的。

2. 潮神的祭祀

伍子胥不是越国人，但在他死后，越地的人们却把他奉为"潮神"，年年祭拜。

《越绝书》载："胥死之后，吴王闻，以为妖言，甚咎子胥。王使人捐于大江口。勇士执之，乃有异响，发愤驰腾，气若奔马；威凌万物，归神大海；仿佛之间，音兆常在。后世称述，盖子胥水仙也。"③ 这是有关伍子胥成为"水仙"、"潮神"的原型。而《吴越春秋》中的记载则更为明确："越王种于国之西山，楼船之卒三千余人，造鼎足之羡，或八三峰之下。葬一年，伍子胥从海上穿山胁持种去，与之俱浮于海。故前潮水潘候者，伍子胥也。后重水者，大夫文种也。"子胥、文种，一前一后，共为潮神。

到了汉代，吴越地区普遍奉伍子胥为"潮神"，并立庙祭拜。王充在《论衡·书虚篇》中说："吴王夫差杀伍子胥，煮之于镬，乃以鸱夷橐投之于江。子胥恚恨，驱水为涛，以溺杀人。当时会稽、丹徒、大江、钱塘、浙江，皆立子胥庙，盖欲慰其恨心，止其猛涛也。"在曹娥江上，还每年举行仪式，迎送"伍君"。曹娥之父曹盱能"抚节按歌，婆娑乐神"，汉安二年（143 年）五月五日，他驾船在舜江（后称曹娥江）中迎潮神，不幸落水身亡，曹娥"年十四，沿江号哭，昼夜不绝声，旬有七日，……赴水而死"④。这是见于史籍的祭拜潮神的最早记载，从中我们可以知道早在汉代绍兴地区就流行祭拜潮神的民俗活动了。

3. 观潮习俗

钱塘江是一条特殊的潮汐河流，即为具有涌潮现象的潮汐河流，所以

---

① 盛鸿郎：《绍兴水文化》，中华书局 2004 年版，第 17 页。
② 林华东：《再论越族的鸟图腾》，《浙江学刊》1984 年第 1 期。
③ （汉）袁康：《越绝书》卷一四，商务印书馆 1956 年版。
④ （南朝宋）范晔：《后汉书·列女传·孝女曹娥传》，中华书局 2007 年版。

很久以来，一直是名闻遐迩的观潮胜地。绍兴地近钱塘江口，观潮之风向来颇盛。清康熙《上虞县志》载：八月"十八日，观潮曹娥江浒"。清乾隆《萧山县志》载：八月"十八日，少长男女携酒肴作'观潮会'"。清嘉庆《山阴县志》载：八月"十八日，有'观潮会'，自三江到柁坞山，延袤六十里，皆有观者，每自午至未乃止。《潮经》曰：初三、十八午后水发潮后，俄顷势愈力，名'激浪'。舸在海边者棹至中流迎之，潮至从舟上过，无覆溺患，名曰'接潮'"。每逢农历八月十八日，沿海塘一带，尤其是后桑盆、镇塘殿等地，观潮者人山人海。附近农家还要在几天前邀请亲朋，设宴招待，如同过节一般，所以民间称之为"观潮节"。潮水来时，被请来演戏酬神的戏班演员们穿着戏装，下台来到海塘上演出，以此为潮神祝寿。此时在水中则有几只船驶向江心去搏击怒涛，俗称"接潮头"。海塘边的渔人则肩扛"海兜"，迎潮而进，瞅准被潮水冲得昏头昏脑的海鱼、海鳗，随手一兜，迅即跑上海塘。①

四　具有海洋文化特征的科学观念

说到绍兴地域文化中涉海的科学观念，就不能不提到王充。王充是杰出的思想家，他坚持唯物主义的天道自然论，从而给当时天人感应的神学目的论以有力的打击，并对先秦史籍中的迷信思想和世俗的迷信传统进行了一些批判，在中国唯物主义哲学和无神论思想的发展史上，做出了重大的贡献。

上虞在杭州湾畔，属于濒海地区。王充生长在这里，对潮涨潮落的现象十分熟悉，并进而对此进行了深入的思考，得出了正确的结论："涛之起也，随月盛衰，大小满损不齐同。"② 它抓住了潮汐与月球运动的本质关系。众所周知，在此之前，吴越地区盛传的是潮汐是由潮神（伍子胥）所致的说法，王充对这种说法给予了明确的否定，他认为"潮汐往来，犹人之呼

---

① 参见徐冰若、阮庆祥、杨乃浚《绍兴民俗文化》，中华书局 2004 年版，第 24—26 页。
② （汉）王充：《论衡·书虚篇》，上海人民出版社 1974 年版。

吸，气出入也"①，是"天地之性，上古有之"②，而伍子胥不可能发起潮汐。他从三江口地理特征分析了海潮增强的原因："其发海中之时，漾驰而已。入三江之中，殆小浅狭，水激沸起，故腾为涛。"③ 这样的分析是建立在仔细观察和深入思考的基础上的，因而是符合客观实际的。可以说，王充是中国古代最早科学解释潮汐现象的学者。此后许多人包括晋代的杨泉、葛洪，唐代的窦叔蒙、封演，宋代张君房、燕肃、余靖、沈括等，都认同并完善了王充的学说。

王充对古代绍兴另一种自然现象"鸟田"也作了科学解释。"鸟田"是一则古老的传说。《越绝书》曰："大越海滨之民，独以鸟田，大小有差，进退有行，莫将自使，其故何也？禹始也，忧民救水到大越，上茅山；……无以报民功，教民鸟田，一盛一衰。"④《吴越春秋》中也有类似的记载："禹崩之后，众瑞并去。天美禹德，而劳其功，使百鸟还为民田，大小有差，进退有行，一盛一衰，往来有常。"⑤ 另外，在《水经注》、《博物志》等古籍中也有记及。应该说，是王充首先对"鸟田"现象作了比较科学、合理的解释："传书言，舜葬于苍梧，象为之耕；禹葬会稽，鸟为之田。……鸟田象耕，报祐舜禹，非其实也。实者，苍梧，多象之地；会稽，众鸟所居。《禹贡》：彭蠡既潴，阳鸟悠居。天地之情，鸟兽之行也。象自蹈土，鸟自食苹，土蹶草平，若耕田状，壤靡泥易，人随种之。"⑥ 这种现象即使在现在滨海涂田上也还可以见到，土壤中寄生的水生物及水草，会引来群鸟啄食，鸟群离开后便留下茫茫水田，易于耕种。我们知道自古以来绍兴就是重要的农业区，从 7000 年前开始，就孕育了发达的稻作文化。这一带有着得天独厚的鸟类生存环境，生活在古越海滨的鸟类，以候鸟居多，且多是农业上的益鸟，如鹈鹕、鸬鹚、鹭、鹤、野鸭、雁、鸦、鹰等。⑦ 越地大面积的水田，势必招引数量众多的农业益鸟，这是十分自然

---

① （汉）王充：《论衡·书虚篇》，上海人民出版社 1974 年版。
② 同上。
③ 同上。
④ （汉）袁康：《越绝书》卷八，商务印书馆 1956 年版。
⑤ （汉）赵晔：《吴越春秋》卷六。
⑥ （汉）王充：《论衡·书虚篇》，上海人民出版社 1974 年版。
⑦ 浙江省博物馆自然组：《河姆渡遗址动植物遗存的鉴定研究》，《考古学报》1978 年第 1 期。

的。"春拔草根，秋啄其秽"，利用鸟类可以进行大面积的除草，还可以进行虫害防治，这一点在原始农业阶段，显得尤为重要，同时，成千上万的飞鸟，会留下大量的粪便，又成为不可多得的肥料。正因为这一切给古越先民带来了莫大的好处，于是他们逐渐把鸟作为自己的崇拜对象，加以神化，这就是"鸟田"传说的由来，也是越人鸟图腾产生的一个重要原因。王充对潮汐、"鸟田"等现象的认识和阐发，正是其对地域文化的海洋文化特征的一种揭示。王充的有关论述，至今可以给我们带来许多有益的启示。

五　具有海洋文化特征的文学艺术

绍兴是文化之邦，历来人文彬盛。和经济活动一样，绍兴地区的文学艺术呈现出许多海洋文化的特征。从晋朝的乡曲《小海唱》到 20 世纪的民歌《渔翁叹江经》，代有佳作问世。极为难得的是一些大家也创作了不少此类文学作品，如陆游、张岱、鲁迅等。

陆游作诗近万首，其中就有一些"涉海"的诗，如《航海》：

我不如列子，神游御天风。尚应似安石，悠然云海中。
卧看十幅蒲，弯弯若张弓。潮来涌银山，忽复磨青铜。
饥鹘掠船舷，大鱼舞虚空。流落何足道，豪气荡肺胸。
歌罢海动色，诗成天改容。行矣跨鹏背，弭节蓬莱宫。

又如《海中醉题时雷雨初霁天水相接也》：

羁游那复恨，奇观有南溟。浪蹴半空白，天浮无尽青。
吐吞交日月，颒洞战雷霆。醉后吹横笛，鱼龙亦出听。

张岱是明代的散文大师，他的作品清新活泼、语言生动，《陶庵梦忆》是张岱的代表作，其中有一篇《白洋潮》就极其生动形象地展示了他在白洋观潮的情景：

立塘上，见潮头一线，从海宁而来，直奔塘上。稍近，则隐隐露白，如驱千百群小鹅，擘翼惊飞。渐近喷沫，冰花蹴起，如百万雪狮蔽江而下，怒雷鞭之，万首镞镞，无敢后先。再近，则飓风逼之，势欲拍岸而上。看者辟易，走避塘下。潮到塘，尽力一礴，水击射，溅起数丈，著面皆湿。旋卷而右，龟山一挡，轰怒非常，泡碎龙湫，半空雪舞。看之惊眩，坐半日，颜如定。先辈言：浙江潮头自龛、赫两山漱漱而起。白洋在两山外，潮头更大何耶？

碰巧的是鲁迅也有一篇观潮的散文。这是他早年的一篇文章《辛亥游录》，其中第二部分写的是他和弟弟周建人等在镇塘殿观潮的经过：

八月十七日晨，以舟趣新步，昙而雨，亭午乃至，距东门可四十里也。泊沥海关前，关与沥海所隔江相对，离堤不一二十武，海在望中。沿堤有木，其叶如桑，其华五出，筒状而薄赤，有微香，碎之则臭，殆海州常山类欤？水滨有小蟹，大如榆荚。有小鱼，前鳍如足，恃以跃，海人谓之跳鱼。过午一时，潮乃自远海来，白作一线。已而益近，群舟动荡。倏及目前，高可四尺，中央如雪，近岸者挟泥而黄。有翁喟然曰："黑哉潮头！"言已四顾。盖越俗以为观涛而见黑者有咎。然涛必挟泥，泥必不白，翁盖诅观者耳。观者得咎，于翁无利，而翁竟诅之矣。潮过雨霁，游步近郊，爰见芦荡中杂野菰，方作紫色华，睏得数本，芦叶伤肤，颇不易致。又得其大者一，欲移植之，然野菰托生芦根，一旦返土壤，不能自为养，必弗活矣。

此处所选的几篇诗文，尽管不是这些诗人、作家的代表之作，但透过字里行间，我们可以从中感受到绍兴地域文化的浓郁风格和其间所蕴含的海洋文化特征。

以上从五个方面作了浅述，不难发现绍兴地域文化的确具有许多海洋文化特征。可以说，绍兴地域文化是中国海洋文化中的瑰宝。今后我们要加强对这一问题的研究，并以此进一步弘扬绍兴地域文化和中国传统的海洋文化。

日藏宋元禅僧墨迹的文献与史料价值*

江　静**

宋元之际，伴随着禅宗东传，禅林高僧的墨迹也大量流传到日本。今天，藏在日本各大博物馆、美术馆、禅宗名刹以及个人收藏者手中的墨迹有600余件，涉及宋元高僧100余人。1955年到1977年期间，曾任日本文部省国宝鉴定官的田山方南，对藏于各地的禅林墨迹进行了全面的调查与整理，最后整理成《禅林墨迹》、《续禅林墨迹》、《禅林墨迹拾遗》三部凡九册陆续出版，其中，收录中国禅僧墨迹556件，每件墨迹均配有图版和解题，为我们的研究提供了极大的便利。本文将主要以这三部书中收录的墨迹为对象，考察日藏宋元禅僧墨迹的文献及史料价值。

一　文献价值

由于禅林墨迹在中国历来不受重视，加以寺院屡遭损毁，禅僧墨迹在中国留存甚少，藏在日本的墨迹因而弥足珍贵。这些墨迹具有颇高的文献价值，主要体现在以下两个方面：

（一）补遗

东传日本的墨迹，有不少内容失载于中国文献，因而可补现存记载之不足。兹以大慧宗杲墨迹为例作进一步说明。

---

* 本文得到2010年度教育部人文社会科学研究青年基金项目"日藏宋元明禅林墨迹整理与研究"资助。

** 江静，浙江工商大学日本语言文化学院教授。

大慧宗杲（1089—1163年），宋代临济宗杨岐派高僧，"看话禅"的完善者与积极倡导者，禅宗史上的重要人物，现存著述包括：《大慧普觉禅师语录》30卷、《临安府径山宗杲大慧普觉禅师语要》2卷、《普觉宗杲禅师语录》2卷、《正法眼藏》3卷、《禅宗杂毒海》6卷、《宗门武库》1卷。

日藏墨迹中，明确为大慧宗杲所书的有如下九件：（1）绍兴十七年至十八年（1147—1148年）流放衡州期间写给道友的信函，现藏东京畠山纪念馆；（2）绍兴二十年至二十六年（1150—1156年）谪居梅州期间写给无相居士邓子立的尺牍，现藏东京国立博物馆；（3）绍兴二十七年（1157年）住持阿育王寺时为邓子立肖像所题赞语，现藏奈良县大和文华馆；（4）绍兴二十八年（1158年）正月书于阿育王寺的法语残卷，现藏东京静嘉堂文库美术馆；（5）法语残卷，个人收藏；（6）绍兴三十年（1160年）住持径山寺期间写给法属禅师的回函，现藏东京国立博物馆；（7）晚年写给万寿寺才长老的回函，现藏兵库县神户市香雪美术馆；（8）晚年写给法侄性禅人的回信，现藏东京畠山纪念馆；（9）致杨教授信函，个人收藏。

上述墨迹中，第三件墨迹的部分内容见载于《普觉宗杲禅师语录》，第四、五、九件墨迹的部分内容见载于《大慧普觉禅师语录》，其余五件墨迹的内容失载于宗杲现存著述，补遗作用不言而喻。

（二）校勘

除了常见的以墨迹校对刻本文字的错误，墨迹的校勘价值还体现在以下几个方面：

1. 以墨迹校脱文

据《大慧普觉禅师语录》卷22"示妙智居士方敷文务德"，上述宗杲墨迹的第四件和第五件为宗杲写给妙智居士的一段法语中的两件残篇。其中，第五件墨迹是法语的结尾部分，内容如下："复披旨迁双径，去住未定，而宾客往来酬酢无虚日，又念方外相得相知如妙智者三数人而已，又尝许其归宣城日当携去作土宜，不敢食言，拨置人事，杜门一挥尽此轴，以依义不依文字之说，故引祖师为志彻禅师、岩头为罗山、安楞严破句读《楞严》悟道数段葛藤，且作他时喷地一发之契券云。戊寅正月二十一日，书于阿育王山广利寺无异堂，新住山僧妙喜宗杲。"① 此段内容是宗杲对自己为妙智居士书此法语的经纬、时间及地点等的交代，《大慧普觉禅师语录》脱其中画线部分的内容。

2. 以墨迹校乱文

京都相国寺藏有一份被定为"国宝"的墨迹，是赴日宋僧无学祖元（1226—1286 年）住持建长寺期间，为将一翁院豪受印可之事通告僧众而作的上堂偈颂。墨迹由四幅组成，内容如下："如来正法眼，非今亦无古。父子亲不传，千载密相付。香严击竹偈，几人错指注。昨朝问长乐，直答无剩语。如人白昼行，不用（按：以上第一幅内容）将火炬。又如香象王，摆坏铁锁去。摩酰正眼开，大挝涂毒鼓。普告大众知，说偈作证据。公验甚分明，鹅王自择乳。（按：以上第二幅内容）长乐一翁在无准老人，虽会中同住，彼彼不相知。四十年后，山野到日本主巨福山，翁特特垂访，备导前后工夫、辛苦之情，且云：'不习语言，拙于（按：以上第三幅内容）提唱。'乞野人证其是非，野人因举香严悟道偈探之，翁乃作大狮子吼，因升堂说偈，普示大众。弘安二年十一月一日，福山山主无学祖元书（按：以上第四幅内容）。"②

此墨迹前两幅内容见载于记录祖元言论的《佛光国师语录》卷三，题为"证扩长乐一翁上堂"，后两幅内容见于卷九《书简》，文字略有差异。前两幅内容是偈颂，后两幅内容实为交代创作此偈缘由之跋语，《佛光国师语录》将同一篇内容分作两处记载的编排以及将后段内容归入"书简"的做法显然是错误的。

3. 以墨迹校诗题

《来来禅子东渡集》（以下简称《东渡集》）是元代临济宗禅僧竺仙梵僊（1292—1348 年）的诗集，为其弟子裔翘、胄英等编。梵僊于天历二年（1329 年）随明极楚俊（1262—1336 年）东渡扶桑，同船赴日的还有日僧数人。途中，一行人以"洋中漫成"、"苦无风"、"祷风"、"喜见山"、"过碧岛"、"到岸"为题，吟诗唱和，留下诗作 30 余首。抵日后，楚俊将这些

---

① 据田山方南编《续禅林墨迹》（思文阁出版 1981 年版）第 246 号图版录文，同时参考了田山方南的释读文，本文图版若是来自田山方南的著作，皆参考了他的研究成果，以下不再出注。

② 据田山方南编《禅林墨迹坤》第 17 号图版录文，原件藏京都相国寺。

诗抄录、整理成卷轴。该卷轴一度为京都大德寺太清庵收藏，江户时代散落各处，今唯存墨迹残篇数件。《东渡集》收录有梵僊所作的四首唱和诗，其中，题为"舟中次韵酬天岸首座"、"次韵祷风"① 的两首诗作与楚俊墨迹中题为"洋中漫成"②、"苦无风"③ 的诗作内容相同。"洋中漫成"的原唱者为天岸慧广，《东渡集》题为"舟中次韵酬天岸首座"似无不妥，可是，《东渡集》"次韵祷风"的诗题却是错误的。理由有二：其一，墨迹中另有梵僊《祷风》诗："顺流一舸正归东，尚在苍茫沓霭中。笃唤六丁驱巽二，坐观帆腹饱吞风。"④ 全诗不仅内容与祷风主题同，韵脚字与同一诗题的其余六首诗也完全一致，该诗《东渡集》失收。其二，墨迹中以"苦无风"为题的诗作另有三首⑤，所有诗作的二、四、六、八句韵脚字皆为"深、沉、心、金"，与《东渡集》所录"次韵祷风"⑥ 韵脚字同。因此，《东渡集》中"次韵祷风"的诗题应为"苦无风"。

4. 以墨迹校作者

古林清茂（1262—1329 年），元代临济宗高僧，《宗门统要续集》的作者，富有文采，弟子众多，声名响彻海内外。在其日本法孙椿庭海寿（1318—1401 年）编纂刊行于日本康永四年（1345 年）之《古林和尚拾遗偈颂》中，有题为"次韵赠初心林学正"的偈颂，曰："万事纷纭理可凭，山何能崄水何平。闲消白日情偏好，梦入青云念愈轻。洙泗立言诚足慕，鹫峰垂训亦分明。休将得失论高下，一榻湖山尽自清。"⑦ 然而，在日本兵库县神户市香雪美术馆，藏有一件书有同样内容的墨迹，卷尾有"无学翁祖元书"的落款，并钤有"无学"印。祖元乃元朝初年赴日宋僧，终老日本，生年早于清茂三十六年，若此份墨迹不假，则此偈作者当为祖元无疑。

---

① 《来来禅子东渡集》，载《大日本佛教全书》第 96 册，仏书刊行会 1918 年版，第 463 页。

② 内容详见《续禅林墨迹》第 137 号图版，原件私人收藏。

③ 内容详见田山方南编《禅林墨迹拾遗 日本篇》（禅林墨迹刊行会 1977 年版）第 74 号图版，原件私人收藏。

④ 据《续禅林墨迹》第 138 号图版录文，原件私人收藏。

⑤ 内容详见《禅林墨迹拾遗 日本篇》第 74 号图版，原件私人收藏。

⑥ 全诗为："风伯权衡成错莫，冯夷宫殿闭幽深。青苹不作土囊塞，碧水湛摇清籟沈。好句未夸穿月胁，真情终是挌天心。谩陈香火祈真宰，真宰何曾解爱金。"

⑦ 日本驹泽大学图书馆藏康永四年刊本，另见《卍新纂大日本续藏经》第 71 卷《古林清茂禅师拾遗偈颂》，国书刊行会 1987 年版，第 283 页。

只是，最终的结果还需等待墨迹真伪鉴定等进一步的考证工作。

二 史料价值

墨迹作为时人书写的第一手资料，具有极高的史料价值，主要表现在以下几个方面：

（一）中日文化交流史研究

墨迹中有颇多内容是中国僧人送给日本僧俗的法语、偈颂、尺牍等，是我们研究中日两国人物往来与文化交流的重要史料。其中，有关文学交流的内容我们将放在下节探讨。

日本有一则藏于私人手中的墨迹，乃至正十四年（1354年）冬嘉兴本觉寺住持楚石梵琦（1296—1370年）所作。据序言所载，至正十四年，日僧灵侍者访梵琦，出示日僧高峰显日给弟子钳大治的法语。见此法语，梵琦想起了34年前自己主持海盐福臻寺时，钳大治正在嘉兴本觉寺灵石如芝会下参禅，"尝一往来，称其师高峰之贤，本国禅席之盛"，不久钳大治北上，"道未及大振而殁"①。此则墨迹展示了元代中日僧人交往的情况，以及客死他乡的日本僧人钳大治在华求道的经历，若非有此墨迹，钳大治的事迹很可能湮没无闻。

与日僧魂断异国有关的另一件墨迹，是季潭宗泐（1318—1391年）住持南京天界寺期间所作的"对灵小参语"，乃应日僧子建净业之请，为来华途中去世的日僧亡灵所作的供养法语。其中说道："今日本国诸比丘周寂等十人跋涉鲸波，触冒酷暑，远自其国，来此参禅，道途辛苦，因而致毙，可谓为法忘躯"。② 可见，明朝初年仍有僧人群来华参禅，而且，他们的求法活动依然可能以生命为代价。

以上两则墨迹让我们意识到，当时来华求学的日本僧人中，能够平安归国、名扬后世的只是少数。如果对所有墨迹进行仔细考察，我们还会发现不少陌生的日僧名字，这就说明当时来华日僧的人数要远远超过我们的

---

① 据《续禅林墨迹》第266号图版录文。
② 据《禅林墨迹拾遗 中国篇》第160号图版录文，原件私人收藏。

想象。

中峰明本（1263—1323 年），元代最为杰出的禅僧之一，道行高远，长于文采，被誉为"江南古佛"，也是海外僧人来华参学的主要对象。在日本，保存有不少他的墨迹，其中有一篇是他写给丰后国守护大友贞宗的回函，全文如下：

八月十五日，幻住沙门明本谨奉书复直庵左近大夫亲卫阁下。明本踈杇不才，过实之名，误干时听。求其禅道佛法，则蔑焉，无所闻见。日外晦禅人来自左右，备导阁下崇信三宝之心裕如也。致兹驰仰。忽贤禅人至，捧出珍翰，惠以金砂，益用感佩。记日外晦禅人以幻陋之质需赞语，一时酬应，不拟直达高明之听。仰惟风薰胜种，示生富贵功名之家。不忘。①

从此份书简中，我们可以知晓以下几点：首先，明本会下常有日僧往来，先是晦禅人（无隐元晦），后有贤禅者。其次，明本声名已远达日本上层武士阶层。再次，明本曾应元晦之请为自己的顶相题赞。元晦在明本会下十二三年，明本示寂之前未曾归国，可是，明本的顶相却已传到大友贞宗手中，可见两国人物往来之频繁。最后，作为日本上级武士的大友贞宗，不仅与本国禅僧交往密切，与中国高僧也有书信往来与财物施舍，向佛之心深厚虔诚。总之，该信函文字虽然简短，内容却十分丰富，是我们研究元代中日两国人物往来与文化交流的重要史料。

此外，通过对墨迹创作地点的考察，我们可以研究日僧的活动范围。据笔者粗略统计，已发现的墨迹中，有 122 件是未曾赴日的宋元禅僧专为日本僧人而作，其中，宋僧所作的 37 件墨迹皆完成于临安（今杭州）径山寺或明州（今宁波）的寺院，而元僧所作的 85 件墨迹则完成于临安、庆元、湖州、嘉禾、松江、金陵、苏州、镇江、饶州、庐山、福州等地的 20 余座寺院，这就说明宋代日僧活动的范围以明州和临安的寺院为主，而到了元代，其活动地域已呈明显扩大之势。

---

① 据《续禅林墨迹》第 257 号图版录文，原件藏东京静嘉堂文库美术馆。

(二) 中日禅宗史研究

禅宗史研究涉及多个方面,内容十分丰富,我们只取其中两项进行说明。

首先,墨迹为我们研究僧人的思想和生平提供了第一手资料。

墨迹的作者以及墨迹中言及的人物,既有声名显赫者,也有默默无闻之人。前者尽管有著述和语录流传后世,史传中亦不乏与他们有关的记载,那些只在小范围内流传,甚至具有私密性的墨迹,依然能提供不少鲜为人知的新史料。前述中峰明本信函即是一则佳例。至于那些名不见经传的僧侣,现存的墨迹就成为我们研究他们事迹的主要依据,这种研究有助于我们了解宋元时期寺院生活的真实状态。例如:现存墨迹中,有一份济川若楫致山叟慧云的手书。若楫的生平未见于史传,只知他是木翁若讷的弟子。慧云是圆尔辩圆的弟子,南宋宝祐六年(1258 年)来华,咸淳四年(1268年)回国。就师承关系而言,慧云与若讷皆为无准师范的法孙。若楫在信中首先表达了对慧云的思念,所谓"朗吟壁间佳偈,如对苍眉玉色,然涛澜际天,可望而不可即,此心又当如何",继而称颂慧云"任道之器伟如,弘法之量温如",最后提到先师若讷的塔所"香烛不继,徒有四壁","欲置香烛田庶为塔下悠久计",可"法眷中多贫窭",希望慧云能够提供资助。① 从中,我们既能领略到若楫吟唱诗文的风雅,也能感受到其惨淡经营先师塔所的辛苦与无奈,更能看到南宋末年寺院经济的萧条。

其次,墨迹为我们研究寺院史提供了丰富的史料。

南宋淳祐二年(1242 年),径山寺遭遇火灾,多处被毁。住持无准师范(1179—1249 年)在给其日本弟子、博多寺住持圆尔辩圆的信函中提到了此事,所谓"山中壬寅二月后罹火厄,荷圣君朝廷降赐及檀越施财,今幸有绪"②。得此消息,圆尔急忙找侨居日本的临安商人谢国明商议,后者慷慨解囊,捐助千枚松木以助径山寺重建。对此,师范在给圆尔的另一份书函中表示感谢,并告诉板木送达情况。③ 此外,师范弟子、径山监寺德敷

---

① 据《禅林墨迹 干》第 52 号图版录文,原件藏镰仓常盘山文库。
② 据《禅林墨迹 干》第 14 号图版录文,原件藏东京畠山纪念馆。
③ 信函内容详见《禅林墨迹 干》第 12 号图版,原件藏东京国立博物馆。

也致信圆尔，详细报告了木板的运送以及径山寺的重建情况。① 师范在感到去日无多之际，专门致函谢国明，对其"以板木成就建造"② 径山寺一事表示感谢。除了上述尺牍，围绕径山寺重建，另有一则师范所书劝缘疏，表达了如下意思：以理宗皇帝所赐及自己就任五处（清凉、焦山、雪窦、育王、径山）住持期间所得供养，在径山寺内建造了一座"延接往来云衲"的接待院，理宗皇帝特赐名曰"万年正续之院"。现径山寺虽已基本落成，但寺内大佛宝殿及法宝藏殿尚"未能成就"，希望檀越能资助建成。③ 以上五件墨迹是我们研究径山寺历史的重要资料。

日本弘安五年（1282 年），幕府执权北条时宗创建圆觉寺，无学祖元任开山住持。次年九月二十七日，祖元向时宗递交了一份注进状，详细列举了圆觉寺一年供佛所需的粮食数，僧人、行者、杂役的分工、人数及所需粮食数。④ 所谓"注进状"，是日本中世下对上进行报告的一种文书体裁。此墨迹是我们研究圆觉寺初建时的地位、规模、寺内人员组成与人数、寺院经费的用途与金额等极为重要的史料。

（三）文学研究

墨迹史料于文学研究的意义也不可小觑，兹举三点略作说明。

其一，墨迹种类丰富，包括法语、诗偈、赞语、序跋、铭、尺牍、印可状、疏、小传等，是我们研究宋元禅林文学体裁与内容的原始材料。

其二，可为我们研究禅林内部以及中日两国间文学交流的形式与内容提供丰富素材。兹举一例如下：

无梦一清（？—1368 年），日本临济宗圣一派僧，大德七年（1303 年）入元，至正十年（1350 年）归国，曾任五山之一的京都东福寺住持。在元 47 年期间，与中国僧人交往频繁。日藏墨迹中与其有关的至少有 8 件，大致可分为三类：第一类是法语。如泰定四年（1327 年）建康保宁寺住持古林清茂

---

① 内容详见《禅林墨迹拾遗 中国篇》第 46 号图版，原件私人收藏。
② 内容详见《续禅林墨迹》第 19 号图版，原件私人收藏。
③ 据《禅林墨迹 干》第 11 号图版录文，原件藏东京五岛美术馆。
④ 内容详见《镰仓円觉寺の名宝：七百二十年の歴史を語る禅の文化》，五岛美术馆 2006 年版，第 8 号图版，第 24 页。原件藏镰仓圆觉寺。

写给一清的法语，现藏东京三井纪念美术馆。第二类是围绕"无梦"道号所作的偈颂与长歌。至顺二年（1331年）"重阳后十日"，一清在庐山东林寺遇龙岩德真，"出舲须语"①，后者为之作偈。翌年八月十九日，福州雪峰寺住持樵隐悟逸为一清书"无梦"道号，并作偈相赠。② 至元五年（1339年）三月二日，百丈山大智寺住持东阳德辉为时任藏主的一清作道号偈。③ 翌年十月八日，一清再次拜访嘉兴本觉寺住持了庵清欲，并示以诸方尊宿所作道号偈，清欲"不觉技痒"④，为之作偈。此外，明州育王寺月江正印也曾为其作道号偈⑤，奉化雪窦寺住持石室祖瑛作"无梦歌""和之"。⑥ 第三类是饯别偈。至元三年（1337年）正月十八日，曾随金陵大龙翔集庆寺开山笑隐大䜣修禅两年的一清因"再参龙翔"向石室祖瑛告别，祖瑛"因赋一诗饯之"。⑦

从上述八篇墨迹中，我们可以看出：（1）法语和偈颂是中日两国僧人进行文字交流的主要文体。事实上，现存墨迹中，绝大多数为法语和偈颂。这一方面与宋元时期文字禅的盛行有关；另一方面，则是因对于大多数日僧而言，尽管能看懂汉文，却未必能听懂华言，因此，文字交流就成为他们求学问道的一种重要方式。师僧道友们或是以诗偈，或是以散文的形式对禅理禅意进行宣说，为他们指点迷津，与他们交流思想。（2）多位僧人以"无梦"为题创作诗偈和长歌，反映了禅林内部唱和之风颇为盛行。这种唱和之风也影响到来华的日本僧人，前面提到的天历二年（1329年）中日僧人在同船赴日途中吟诗唱和，留下诗作30余首，即是一个很好的例证。这样的唱和之作，在墨迹中还有不少。

其三，许多诗偈和赞语在被弟子们编进语录或文集时，被删去了序跋，墨迹则保留了作者创作时的原状，大多对创作时间、地点及缘由有所交代，有助于我们对这些诗偈和赞语做深入研究。前文所述宗杲墨迹中，第三件是宗杲应邓伯寿之请为其父邓子立肖像所题的赞语，《普觉宗杲禅师语录》

---

① 据《禅林墨迹 干》第84号图版录文，原件藏东京根津美术馆。

② 原件私人收藏。

③ 原件藏东京国立博物馆。

④ 据《续禅林墨迹》第264号图版录文，原件私人收藏。

⑤ 原件私人收藏。

⑥ 内容详见《禅林墨迹 干》第64号图版，原件私人收藏。

⑦ 据《禅林墨迹 干》第65号图版录文，原件藏东京五岛美术馆。

卷下"无相居士画像赞"录有其中的四句赞语,而墨迹在四句赞语的后面,还有如下题识:"无相居士邓子立,与予书问往来几二十载,属者得挂冠来鄮山相见。勇猛精进,留心此道积有年矣。向道之志愈久愈坚,一味退步,以一大事因缘,孜孜矻矻,无少间断,真有力大丈夫所为。其子阁使伯寿,以乃翁像来求予赞,予与无相父子夙有法道因缘,不可得而辞,乃作是赞。绍兴丁丑至节前一日,育王无异堂宗杲题。"① 对像主的求道经历、撰写该赞语的缘由以及时间等皆有明确交代。

(四) 文字、书法、茶道研究

墨迹作为手写稿,保留了大量的俗字别字,具有鲜明的时代特征,是语言文字研究的重要资料。张涌泉曾言:"敦煌写卷和出土碑铭中数量至为繁伙的俗讹别字,不但为汉字的进一步整理规范提供了许多可资借鉴的材料,而且也为俗字研究的昌盛,为建立完整的汉语文字学体系准备了条件。"② 墨迹文本的价值亦当不逊于此。

藏在日本的墨迹,向我们展示了丰富多彩的宋元禅僧的书法作品,为我们全面客观地评价宋元书法的内容、形式与风格提供了依据。例如,禅宗高僧用印的普遍性,有助于我们考察书法史上用印的缘起和意义所在。而宋代高僧墨迹中直幅挂轴的出现,也颠破了传统的所谓该形式始于元代张雨的认识。宋元高僧墨迹的大量东传,形成了日本书道史上独特的"禅宗墨迹"流派,影响了日本禅林的书法创作,并促使日本传统和样书法融合了宋代书法的风格,因此,墨迹也是我们研究日本书道史的重要材料。③

在日本,墨迹被较好保存下来的一个重要原因,是其作为茶室挂轴的一种受到日本茶人的珍重,不少墨迹的后面,附有茶人的题识,是研究日本茶道史的重要资料。

综上所述,日藏宋元禅林墨迹具有颇高的文献与史料价值,笔者不揣浅陋,聊述于此,以期抛砖引玉,引起学界对其深入地挖掘、研究与利用。

---

① 据《禅林墨迹 干》第 3 号图版录文,原件藏奈良大和文华馆。
② 张涌泉:《汉语俗字研究》(增订本),商务印书馆 2010 年版,第 12 页。
③ 关于墨迹在书法史研究上的意义,可参考胡建明《宋代高僧墨迹研究》,西泠印社出版社 2011年版。

海疆意识与海权思想

钓鱼岛是中国固有的领土

——以日本井上清《关于钓鱼岛等岛屿的历史和归属问题》为中心

朱瑞熙[*]

一

钓鱼岛及其附属岛屿自古以来就是中国的固有领土，这有充分的历史依据。2012 年 9 月 14 日，中国外交部发言人姜瑜在例行记者会上说，中国是最早发现钓鱼岛并且行使有效管辖的国家，她建议关心这一问题的人士读一下日本京都大学教授井上清所写的《关于钓鱼岛等岛屿的历史和归属问题》一书。

笔者手头恰好保存了这本书。这本书是 1973 年 12 月由北京生活·读书·新知三联书店出版的，但仅作为"内部资料"发行，共 118 页，内封中间印有"内部参考　注意保存"八个字。因为当时正值"文化大革命"，书后未印总字数和册数，估计印数不多，如今一般不易找到。这本书是由笔者的一位已故朋友、中国科学院近代史研究所（"文化大革命"后属中国社会科学院）翻译组邹念之先生翻译的。1974 年 1 月，他将其所得的样书分送我一册。（见图 1、图 2）

据该书底页，注明作者井上清教授"现任日本京都大学教授"。该书收

---

* 朱瑞熙，上海师范大学古籍整理研究所研究员。

入他的两篇论文：一是《钓鱼岛等岛屿（"尖阁列岛"等）的历史和归属问题》一文，原刊《历史学研究》1972年2月号；二是《钓鱼岛等岛屿的历史和领有权》一文，原刊日本现代评论社1972年出版的文集《钓鱼岛等岛屿（"尖阁列岛"）的历史之剖析》（《"尖閣"列岛—釣魚諸島　史的解明》）（见图3至图5）。

据现代中国政区图，钓鱼岛位于福建福州市东边、台湾基隆市东北一百一二十海里，再东面的岛屿称赤尾屿，再东面是琉球群岛，与日本本土很远（见图6）。据井上清教授说："目前在日本称为'尖阁列岛'的岛屿，指位于北纬二十五度四十分到二十六度、东经一百二十三度二十分到一百二十三度四十五分之间，分布在中国东海的小岛屿群。"他指出：

在中国文献上，最迟在十六世纪中叶，从明朝嘉靖年间（按：公元1522—1566年）以来，即已有钓鱼屿（或称钓鱼台、钓鱼岛）及黄尾屿等名称，是具有文字记载的岛屿的一部分。

……

日本将这些岛屿统称为"尖阁列岛"，是一九〇〇年（明治三十三年）以后的事。一九〇〇年，冲绳县师范学校教员黑岩恒奉学校之命前往这些岛屿进行了探险、调查，而后在《地学杂志》上发表的报告论文中提出了这个名称。①

井上清教授提出的理由很充分，既有中国方面的文献，也有日本方面的文献。为了大家对钓鱼岛有一个直观的了解，我首先介绍他引用的一幅日本学者画的地图《琉球三省并三十六岛之图》（见图7、图8）。该地图附于日本人林子平著《三国通览图说》中（日本天明五年即公元1785年秋、清乾隆五十年，东京须原屋书店老板须原市兵卫印刷出版，藏东京大学附属图书馆），是一幅彩色图，大体中央位置有"琉球三省并三十六岛之图"的题记，左下方用小字记载了"仙台林子平图"的署名。

此图从福建省福州到冲绳本岛那霸的航路绘有北线和南线两条，南线从东向西，连接花瓶屿、彭佳山、钓鱼台、黄尾山、赤尾山，这些岛屿都同中国本

① ［日］井上清：《关于钓鱼岛等岛屿的历史和归属问题》，邹念之译，生活·读书·新知三联书店1973年版，第1页。

土一样被涂成淡红色。北线的各个岛屿当然也和中国本土涂的同一颜色。① 井上清教授在该页边注二说明，林子平为什么要对台湾和中国本土用不同的颜色加以区别，他从林子平另一幅"可以称之为东亚全图的图""推测"：

也许在林子平看来，台湾虽是中国的领土，但不能算是中国本土的附属岛屿，正如小笠原群岛虽是日本的领土，但和九州南方岛屿不同，不能算是日本本土的附属岛屿一样，所以用与日本本土不同的颜色加以区别。与此相同，他把台湾也涂上了与中国本土及其附属岛屿不同的颜色，难道这不是可能的吗?②

井上清教授后来还收集到林子平的《三国通览图说》及所附"琉球三省并三十六岛之图"的几种彩色抄本，有一幅地图上涂的颜色，"琉球为深褐色，中国本土和钓鱼岛等岛屿都是浅褐色，日本是深绿色，台湾、澎湖是黄色"。另有一幅地图涂的颜色，"把琉球画为黄色，把中国本土和钓鱼岛等岛屿画为淡红色，把台湾画为灰色，而把日本画为绿色"。③ 井上清教授讲到，林子平是日本近代民族意识的先驱者，他认为详细了解日本周围的地理，对于日本国防，是当务之急。他还认为，这种急需的知识不应仅为幕府、各藩官员或武士垄断，必须"不分贵贱，不分文武"，扩展到"本国人"即整个日本民族。于是他著述和出版了《三国通览图说》和《海国兵谈》，但他一介书生竟然敢向日本人民呼吁日本的防卫，终于触怒了德川幕府的封建统治者，因此他的著述遭到幕府的处罚，这些书的原版都被没收了。但人们还竞相阅读、谈论、传抄他的著作，从而得以广泛传播开来。④

井上清教授依据的中国古代文献有：

一是明朝嘉靖十一年（1532 年），明朝派往琉球那霸册封尚清为中山王的册封使陈侃撰《使琉球录》（1534 年序）。此前，即自 1372 年以来，

---

① ［日］井上清：《关于钓鱼岛等岛屿的历史和归属问题》，邹念之译，生活·读书·新知三联书店 1973 年版，第 44 页。
② 同上书，第 45 页。
③ 同上书，第 47 页。
④ 同上书，第 47—48 页。

元朝、明朝册封使到琉球来过10次，但其使录没有保存下来。因为钓鱼岛等岛屿处于从中国福州去琉球那霸的必经之路上，陈侃等搭乘的船，1532年5月8日（农历）从福州闽江口梅花所出海，向东南航行，驶至台湾鸡笼头（基隆）的外海即转向东北方向，10日经过钓鱼屿。他写道：

> 十日，南风甚迅，舟行如飞，然顺流而下，亦不甚动，过平嘉山（按：现称彭佳屿），过钓鱼屿，过黄毛屿（按：现称黄尾屿），过赤屿（按：现称赤尾屿），目不暇接。一昼夜兼三日之程，夷舟（按：琉球船）帆小不能及，相失在后。十一日夕，见古米山（按：现称久米岛），乃属琉球者。夷人鼓舞于舟，喜达于家。

据此，证明陈侃把今久米岛作明朝与琉球的分界处，以西包括今彭嘉屿、钓鱼屿、黄尾屿、赤尾屿皆属明朝，以东才算琉球。

二是继陈侃以后于嘉靖四十年（1561年）出使琉球的册封使郭汝霖撰《重刻使琉球录》。郭汝霖记载，1561年农历五月二十九日自福州梅花所出海：

> 三十日过黄茅（按：今棉花屿），闰五月初一日，过钓鱼，初三日至赤屿焉，赤屿者界琉球地方山也，再一日之风，即可往姑米山（按：今久米岛）矣。

这里，也明确记载赤尾屿以西才是琉球境土。

三是清朝康熙二十年（1681年）的册封使汪楫撰《使琉球杂录》［据译者邹念之先生考证，汪楫于康熙二十一年（1682年）被任命为册封使，往返琉球时间为康熙二十二年（1683年）］。汪楫记载：

> 二十四日天明，见山则彭佳山也。……辰刻过彭佳山，酉刻遂过钓鱼屿，船如凌空而行……
>
> 二十五日见山，应先黄尾后赤屿，无何遂至赤屿，未见黄尾屿也。薄暮过郊（或作沟），风涛大作，投生猪羊各一，泼五斗米粥，焚纸船，鸣钲击鼓，诸军皆甲，露刃，俯舷作御敌状，久之始息。问郊之义何取？曰中

外之界也。界于何辨? 曰悬揣耳。然顷者恰当其处,非臆度也,食之复兵也,恩威并济之义也。

井上清教授据此分析,这一段是汪楫和船长或某人的问答,其中提到赤屿和久米岛之间的"中外之界"。由此可见,"中国方面是把自福州至赤屿之间的所有岛屿都看成是本国领土,而决没有认为是无主之地,这一点是毫无疑问的。而且琉球方面也完全承认中国方面这一看法"[1]。

四是清朝康熙五十八年(1719年)的册封使徐葆光(据译者邹念之先生边注,徐葆光为册封副使,正使为海宝)撰《中山传信录》,引琉球大学者程顺则著《指南广义》(1708年序),说久米岛是琉球的西界。《中山传信录》卷一《针路》引《指南广义》的一段记载:

福州往琉球,由闽安镇出五虎门东沙外,开洋,用单(按:或作乙)辰真十更,取鸡笼头(按:见山即从山边过船,以下诸山皆同)、花瓶屿、彭家山,用乙卯并单卯针十更,取钓鱼台,用单卯针四更,取黄尾屿,用甲寅(按:或作卯)针十(按:或作一)更,取赤尾屿,用乙卯针六更,取姑米山(按:琉球西南方界上镇山),用单卯针,取马齿(按:现称庆良间列岛)甲卯及甲寅针,收入琉球那霸港。

井上清教授依据这一段前后文字分析,"姑米山"的小注是徐葆光所加,徐葆光"肯定是经过详细调查的"[2]。

按照井上清教授分析,第一,中国明朝、清朝派往琉球国的册封使臣们,他们的记录不是单纯的个人旅行记,而是具有公务出差报告的性质,是明确地意识到要对当时的中国政府和后代的对琉球政策起参考作用而写的。因此,在往返航道的记载中,不仅记有风向和方位,而且记有航海中的活动以及对领土关心的说明,与单纯的航程指南相比,就其所写内容而言,量虽不多,但具有重要的质的区别。第二,使臣们从当时中国人的领

---

① [日]井上清:《关于钓鱼岛等岛屿的历史和归属问题》,邹念之译,生活·读书·新知三联书店1973年版,第8页。

② 同上书,第3、5页。

土意识来说，整个琉球都是臣属中国帝王的中山王的国土，是中国的一种属地。在他们看来，这些岛屿是中国的领土本是不言自明的，没有必要特别着重地向后人说明这个问题。①

五是明朝嘉靖四十一年（1562 年）胡宗宪编写的《筹海图编》（茅昆撰序）。胡宗宪官至兵部尚书，曾督师抗击倭寇。他的这部书是总结自己的经验，说明防御倭寇的战略、战术和城堡、哨所等部署以及武器、船舰的制造等。卷一《沿海山沙图》的"福七"到"福八"标出了福建省罗源县和宁德县的沿海岛屿（见图9），其中鸡笼山、彭加山、钓鱼屿、化瓶山、黄尾山、橄榄山、赤屿等岛屿是从西向东依次相连的。这幅图表明了钓鱼岛等岛屿是包括在福建沿海中国领有的岛屿之内的。②

笔者此次查阅该书，还发现卷二《王官使倭事略》③ 中，有关于钓鱼岛的地图（见图10）。在《福建使往日本针路》中，他描述：

小琉球套北过船，见鸡笼屿及梅花瓶、彭嘉山。彭嘉山北边过船，遇正南风，用乙卯针，或用单卯镇，或用单乙针；西南风，用单卯针；东南风，用乙卯针十更船，取钓鱼屿。

钓鱼屿北边过十更船，……至黄麻屿……赤屿…赤坎屿。

赤坎屿北边过船，南风，用单卯针及甲寅针；西南风，用艮寅针；用甲卯针十五更船，至古米山。

到古（姑）米山，便到琉球境了。④

至于日本方面把钓鱼岛及其周围岛屿称为"尖阁列岛"，是怎么回事呢？井上清教授在《所谓的"尖阁列岛"，不仅名称互不一致，所属范围也不明确》一节中指出：对于钓鱼岛等岛屿中的个别岛屿，尽管琉球人曾经用琉球语称之为 Yokon（Yicun），或者称为 Kuba，但在 1900 年以前他们从来

---

① ［日］井上清：《关于钓鱼岛等岛屿的历史和归属问题》，邹念之译，生活·读书·新知三联书店 1973 年版，第 7 页。

② 同上书，第 37 页。

③ 《文渊阁四库全书》，台湾商务印书馆 1986 年版，第 584 册，第 14 页。

④ 同上书，第 48—49 页。

未曾使用过"尖阁列岛"这个名称。所谓"尖阁列岛",实际上是以西洋人给这个群岛中的一部分定的名称为基础,于 1900 年开始使用的。这是因为钓鱼岛东部岩礁群的中心岩礁,其形状颇似塔尖,所以英国人把这个岩礁群命名为 Pinnacle Islands。后来日本海军又把它译成尖阁群岛或尖头诸屿。①

日本方面,也是在 1894 年,日清战争(即甲午战争)日本获胜以后,才将台湾、澎湖列岛及其附属岛屿包括"尖阁列岛"和赤尾屿划为日本的领土。② 此时日本方面还不知钓鱼岛为何名。六年以后,即 1900 年(明治三十三年),才由冲绳师范学校教员黑岩恒在《尖阁列岛探险记事》中(载《地学杂志》第 12 辑第 140—141 卷)把钓鱼岛、尖阁群岛(尖头诸屿)和黄尾屿统称为"尖阁列岛"。但他并没有将赤尾屿包括在内。尽管如此,当时他的命名"从未被日本这个国家所公认过"。③

井上清教授还批驳了日本方面把钓鱼岛及其附属岛屿当成"无主地",指出他们强词夺理地说:尽管明、清时代的中国人就知道有钓鱼岛等岛屿的存在,并以中国语命了名,而且留有记载,但当时中国政权的统治"没有达到过这里的痕迹"。也就是说,所谓国际法上领土先占的重要条件亦即有效统治,没有达到过这里,所以是"无主之地",等等。④ 井上清教授指出,明朝政府把钓鱼岛等岛屿划入了自己的海上防御区域之内,在系统阐述防御倭寇的措施的书籍《筹海图编》中说明了它的位置及其管辖区域和隶属关系。这就十分有力地驳斥了所谓钓鱼岛及其附属岛屿是"无主地"的谬论。

必须提到,日本共产党、社会党与日本政府都持"尖阁列岛"是日本领土的主张。⑤ 1973 年 2 月,邹念之先生的译本只能作为"内部参考",不能公开发行,可能考虑到与上述兄弟党关系问题有关。井上清教授提到日本共产党有人提出:

尖阁列岛既不是日本的,也不是中国的,而是人民的!我们对于日本

① [日]井上清:《关于钓鱼岛等岛屿的历史和归属问题》,邹念之译,生活·读书·新知三联书店 1973 年版,第 64 页。
② 同上书,第 20 页。
③ 同上书,第 68 页。
④ 同上书,第 49 页。
⑤ 同上书,第 29—31 页。

和中国这两个国家权利之间的领土之争，哪一方都反对。①

井上清教授认为，在第二次世界大战后，日本接受了《波茨坦公告》，向中国在内的盟国投降。关于日本的领土，波茨坦公告规定："开罗宣言的条件必将实施"，而开罗宣言中说，美、中、英"三大盟国之宗旨""在使日本所窃取于中国之领土，例如满洲、台湾、澎湖群岛等归还中华民国"。这里的"中华民国"，在1949年10月1日中华人民共和国成立后，当然应该解读作中华人民共和国。既然如此，就应该同日本接受《波茨坦公告》投降后，自动将台湾归还给"中华民国"（现在的中华人民共和国）一样，完全根据同一个理由，自动将钓鱼岛等岛屿归还中国。因此，日本投降后，继续占领琉球的美国没有把钓鱼岛等岛屿归还中国，而一直占领到现在，是非法的、不合理的。即使日、美两国政府签约，将对钓鱼岛等岛屿的所谓施政权与琉球列岛的施政权一并"归还"给日本，那也是无效的，因为这是日、美之间拿既不是美国领土又不是日本领土的中国领土的领有权进行交易。最后指出：历史的唯一结论是，必须立即、无条件地承认所谓"尖阁列岛"和赤尾屿，都是中国的领土。②

二

在这里，笔者查阅中国古代文献，还可以替井上清教授补充三个证据。

第一，明朝嘉靖初年（1522年）贡生、昆山人郑若曾撰《郑开阳杂著》（见图11、图12）。

该书卷七《福建使往大琉球针路》记载：

梅花东外山开船，用单辰针、乙辰针，或用辰针，十更船取小琉球。

小琉球套北过船，见鸡笼屿及花瓶与、彭嘉山。

彭嘉山北边过船，遇正南风，用乙卯针，或用单卯针，或用单乙针；

① ［日］井上清：《关于钓鱼岛等岛屿的历史和归属问题》，邹念之译，生活·读书·新知三联书店1973年版，第109页。

② 同上书，第20页。

西南风，用单卯针；东南风，用乙卯针。十更船取钓鱼屿。

鱼屿北边过十更船，南风，用单卯针；东南风，用单卯针，或用乙卯针。四更船至黄麻屿。

黄麻屿北边过船，便是赤屿……五更至古米山。①

同卷《琉球考》记载：

明洪武初（1368），行人杨载使日本归，道琉球，隋招之。其王首先归附，率子弟来朝，太祖嘉其忠顺，赐符印、章服及闽人之善操舟者三十六姓；令往来朝贡。又许其遣子及陪臣之子来学于国学。②

同卷《风俗》又记载：

（琉球）既遣人学于国学，故习稍变。奉正朔，设官职，被服冠裳，陈奏表章，著作篇什，有华风焉。③

这说明，琉球从明朝初年起，成为明朝的一个附属国，接受明朝的册封，使用明朝的正朔即年号等。

同书卷四《福建使往日本针路》，前半段航路与《福建使往大琉球针路》相同，说明当时明朝人从福州赴日本的航路，经过钓鱼岛，过古米山，到澎湖，再往北去日本。④

第二，明末旧钞本《顺风相送》。

该书原藏于英国牛津大学图书馆，原书未写书名，封面上题有"顺风相送"四字，副页上由拉丁文题记一行，说此书是坎特伯雷主教、牛津大学校长劳德大主教于1639年所赠。1639年为明崇祯十二年。说明此书成书于1639年以前，据著名历史学家向达先生考订，"此书很可能成于十六世

---

① 《文渊阁四库全书》，台湾商务印书馆1986年版，第584册，第615页。
② 同上书，第611页。
③ 同上书，第14页。
④ 同上书，第50页。

纪"。此书《福建往琉球》篇记载：

> 太武放洋，用甲寅针七更船取乌坵。用甲寅并甲卯针正南东墙开洋。用乙辰取小琉球头。又用乙辰取木山。北风东涌开洋，用甲卯取彭佳山。用甲卯及单卯取钓鱼屿。南风东涌放洋，用乙辰针取小琉球头，至彭佳花瓶屿在内。[①]

第三，约18世纪成书的《指南正法》。

该书为旧钞，本原藏英国鲍德林图书馆。据向达先生考订，该书成于约清朝康熙末年（1722年）。该书《福建往琉球》篇记载：

> 梅花开船，用乙辰七更取圭笼长。用辰巽三更取花矸屿。单卯六更取钓鱼台北边过。用单卯四更取黄尾屿北边。……用假冒寅去濠灞港，即琉球也。

据向达先生研究，花矸屿就是花瓶屿。由福建至琉球的针路，从闽江口长乐的梅花所放洋，取西偏南以及正西、西微偏北方向至琉球的冲绳群岛，入那霸即濠霸、豪霸。

三

依照国际法有关土地、岛屿的主权谁属的界定，不外乎三条原则，即发现、转让、征服。以上史实，证明中国最早发现、开发钓鱼岛，并列入福建的海防管辖区域以内，因此通过先占原则取得了主权。所以，钓鱼岛及其附属岛屿自古以来就是中国固有的神圣领土。

1945年日本战败投降后，钓鱼岛及其附属岛屿本应作为台湾的附属岛屿，根据1943年12月中、美、英三国签订的《开罗宣言》归还给中国（1945年的《波茨坦公告》规定，日本的主权"限于本州、北海道、九州、四国及吾人所决定其他小岛之内"）。但是，"二战"后，美国依旧占领冲

---

① 向达校注：《两种海道针经》一《两种海道针经序言》、二《海道针经（甲）顺风相送》，中华书局1982年版，第3—4、95—96页。

绳，并根据所谓"日美旧金山合约"，于 1953 年 12 月以划经纬线的方式把钓鱼岛划入冲绳，而中国政府早就宣布所谓"日美旧金山合约"是非法的、无效的。

然而，从 1970 年起，美国就酝酿把钓鱼岛随琉球群岛一并交给日本。当年 11 月 23 日，台湾留学美国的学生胡卜凯等七人得悉后，在普林斯顿大学集会，抗议美国的这一荒唐计划。这是"保钓运动"的滥觞。到 1971 年 6 月 17 日，美、日签订"归还冲绳协定"，执意将钓鱼岛及其附属岛屿列入"归还区域"，交给日本。原来并非自己的东西，美国却用来送人，这种行为，中国古话称是"私相授受"，显然是非法的。当天，台湾大学生自动发动游行，到美、日大使馆前抗议美国将钓鱼岛及其附属岛屿"送给日本"（《参考消息》2010 年 9 月 28 日第 10 版，据台湾《中国时报》）。12 月 30 日，中国外交部发表声明，指出：

> 美日两国在"归还"冲绳协定中，把我国钓鱼岛等岛屿列入"归还区域"，这完全是非法的，这丝毫不能改变中华人民共和国对钓鱼岛等岛屿的领土主权。

美国政府也表示："把原从日本取得的对这些岛屿的行政权归还给日本，毫不损害有关主权的主张"，"对次等岛屿任何争议的要求均为当事者所应彼此解决的事项"。

可见，美国所谓从日本取得对钓鱼岛的行政权，再将该岛的行政权"归还"给日本，都是不能成立的。即使如此，日本从美国得到的仅仅是钓鱼岛的"行政权"，根本不是主权，所以，日本据此主张对钓鱼岛的主权也是没有国际法效力的。[①]

1978 年 4 月，中国百余艘渔船驶入钓鱼岛附近海域捕鱼，日本保安厅进行了有组织的拦截。12 日，日本方面报道东海钓鱼岛附近海域出现了许多渔船，"共有 108 艘"。其中，16 艘渔船进入钓鱼岛 12 海里范围内。日本巡逻艇以中国渔船进入所谓日本"领海 12 海里内"为由，要求中国渔船退

---

① 贾宇：《国际法视野下的中日钓鱼岛争端》，《人民日报》2010 年 10 月 3 日。

出。中国渔民则在船头木板上写出"这是中国的领土"、"我们有权在此作业"等字样进行抗议,这种情况一直维持到晚上8时。此后,中国渔船多次进出钓鱼岛海域。这就是著名的"钓鱼岛事件"。日本方面认为这是中国大陆第一次采取这种大规模的宣示行动。

自1987年2月17日开始,中国和日本非正式商谈签署和平友好条约。不少日本政客借此机会要求中国承认钓鱼岛属于日本,将签约与钓鱼岛归属挂钩,向中国政府施压。5月19日,邓小平接受美国合众社编辑和发行人时严正指出:日本对钓鱼岛享有主权的说法是站不住脚的,这就是说,中国对钓鱼岛享有主权的说法是站得住脚的。

这时,日本部分媒体也对事件进行反思。4月15日,日本工人党机关报《工农战报》发表《通过战争掠夺来尖阁列岛,要通过缔结友好和平条约友好地解决》一文,列举事实说明钓鱼岛是日本借甲午战争非法从中国掠夺的,从历史和地形看,该岛属于中国台湾附属岛屿。4月20日,《工农战报》又发表了"坚决谴责践踏日中联合声明精神的福田内阁"一文。

中国政府在坚持原则前提下,采取了灵活的办法来平息这场危机。经过努力,中、日双方政府都同意不涉及钓鱼岛问题,搁置争议,于5月27日双方重启友好条约谈判,8月12日正式签订条约。中国方面,10月25日,邓小平指出:

在实现中日邦交正常化和这次谈判《中日和平友好条约》的时候,我们双方都约定不涉及这一问题。倒是有些人想在这个问题上挑些刺,来阻碍中日关系的发展。我认为两国政府把这个问题避开是比较明智的。这样的问题放一下不要紧,放10年也没有关系。我们这一代人智慧不够,这个问题谈不拢,我们下一代人总比我们聪明,总会找到一个大家都能接受的方式来解决这个问题。

邓小平的这次讲话为中国方面在处理钓鱼岛问题上的政策定下了基调。次年(1979年)5月,邓小平在会见来访的自民党议员铃木善幸时又强调说:"可考虑在不涉及领土主权情况下,共同开发钓鱼岛附近资源。"

　　同年6月，中国政府通过外交渠道正式向日本提出共同开发钓鱼岛附近资源的设想，首次公开表明了中国愿以"搁置争议，共同开发"模式解决同周边邻国间领土和海洋权益争端的立场。①

图1

　　①　金点强：《1978年中日冷静处理钓鱼岛事件》，载《扬子晚报》2010年9月25日，转引自《环球时报》。

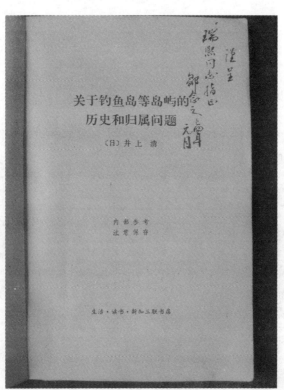

图 2

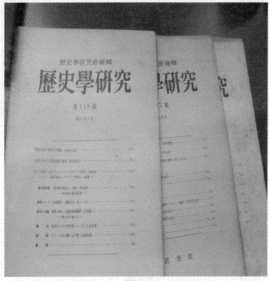

图 3

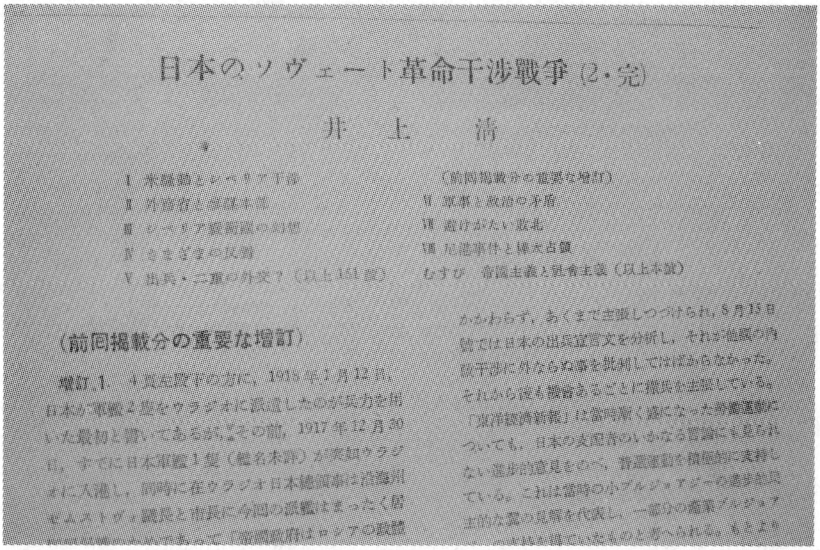

日本のソヴェート革命干渉戦争 (2・完)

井上　清

I　米騒動とシベリア干渉
II　外務省と参謀本部
III　シベリア領新領の幻想
IV　さまざまの反對
V　出兵・二重の外交？ (以上151號)

(前回掲載分の重要な増訂)
VI　軍事と政治の矛盾
VII　避けがたい敗北
VIII　尼港事件と領土占領
むすび　帝国主義と社會主義 (以上本號)

(前回掲載分の重要な増訂)

増訂．1　4頁左段下の方に、1918年1月12日、日本が軍艦2隻をウラジオに派遣したのが兵力を用いた最初と書いてあるが、その前、1917年12月30日、すでに日本軍艦1隻(艦名未詳)が突如ウラジオに入港し、同時に在ウラジオ日本総領事は沿海州ゼムストヴォ議長と市長に今回の派艦はまったく居留民保護のためであって「帝國政府はロシアの政體……

かかわらず、あくまで主張しつづけられ、8月13日號では日本の出兵宣言文を分析し、それが他國の内政干渉に外ならぬ事を批判してはばからなかった。それから後も機會あるごとに撤兵を主張している。「東洋経済新報」に當時繁く載った労働運動についても、日本の支配者のいかなる言論にも見られない進歩的意見をのべ、普選運動も積極的に支持している。これは當時の小ブルジョアジーの進歩的民主的な層の見解を代表し、一部分の商業ブルジョアジーを得ていたものと考えられる。もとより……

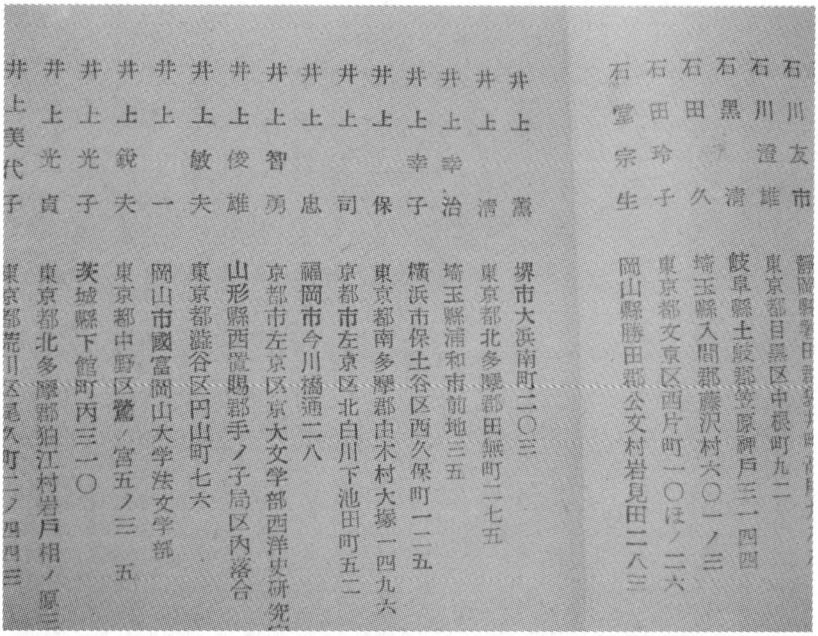

図4

石川友市　静岡県磐田郡...
石川澄雄　東京都目黒区中根町九二
石黒久　岐阜県土岐郡笠原町押戸三一四四
石田玲子　埼玉県入間郡藤沢村六○一三
石田　東京都文京区酉片町一○ほ／二六
石室宗生　岡山県勝田郡公文村岩貝田二八

井上清　堺市大浜南町二○三
井上薫　東京都北多摩郡田無町二七五
井上幸治　埼玉県浦和市仲町地三五
井上幸子　横浜市保土谷区西久保町一二五
井上保　東京都南多摩郡由木村大塚一四九六
井上司　京都市左京区北白川下池田町五二
井上忠　福岡市今川橋通二八
井上智勇　京都市左京区京大文学部区内落合
井上俊雄　山形県西置賜郡部手ノ子局区内落合
井上敏夫　東京都渋谷区円山町七六
井上鋭一　岡山市國富岡山大学法文学部
井上光夫　東京都中野区鷺ノ宮五ノ三五
井上光貞　東京都北多摩郡狛江村岩戸相ノ堅三
井上美代子　東京都荒川区尾久八町二ノ四四三

図5

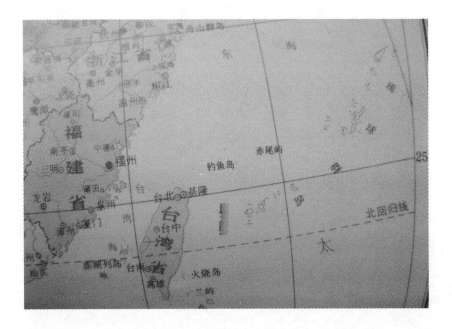

图 6

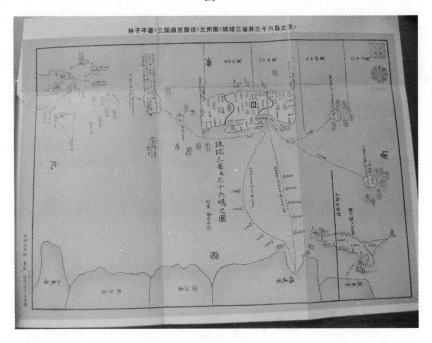

图 7

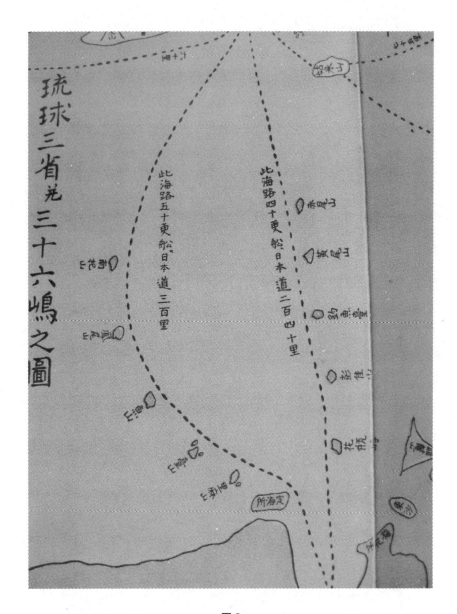

图 8

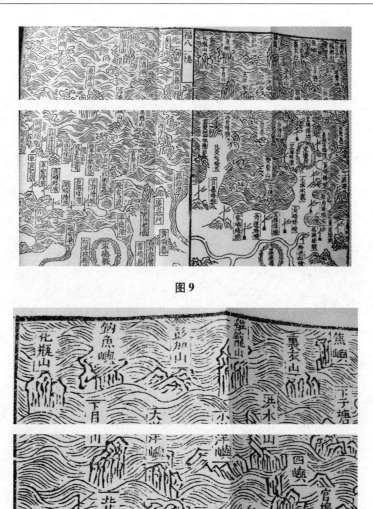

图 9

图 10

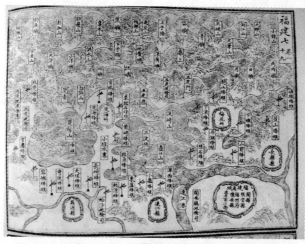

图11

图12

1874 年日本侵台与近代中国的东海危机

陈可畏[*]

1874 年 5 月初，日本侵略军三千余人在台湾南端的琅峤（今属恒春县）登陆，并兵分三路向台湾大举进攻。清政府闻讯，于 5 月下旬谕令福建船政大臣沈葆桢为钦差办理台湾等处海防兼理各国事务大臣，所有福建镇、道等官均归其节制，江苏、广东沿海各口轮船准其调遣。6 月中旬，沈葆桢偕帮办福建布政使潘霨率相关员弁乘船渡台。福州将军、闽浙总督、两江总督、江苏巡抚及北洋大臣李鸿章等官员一概卷入与此相关的事务，东海地区出现了近代以来最严重的危机。

一 琉球问题与 1874 年日本侵台

琉球是一群岛国，曾建有山南、中山、山北三个国家，15 世纪初开始形成统一的琉球国。琉球国北与日本列岛相连，南与中国的台湾相接，西与中国大陆隔海相望，它与中国很早就有外交往来。明朝初年，朱元璋派官员出使琉球，并向三国发布诏谕，中山国国王察度派弟泰期出使明朝。不久，山北王怕尼芝和山南王承察度也相继向明朝进贡，从而琉球国便成为明王朝的藩属国。清朝建立后，琉球尚氏王朝遣使求封，清顺治帝封尚质王为琉球王，于是琉球也成为清王朝的藩属。而在与清王朝建立藩属关系之前，琉球国已遭到了日本萨摩藩的入侵。萨摩藩向琉球派遣官员长驻，帮助琉球测量分配田地，划清国界，制定赋税，要挟琉球向其纳贡。实际上，琉球国是同时向表面上的清朝与实质上的萨摩藩称臣。而清王朝对琉

---

* 陈可畏，浙江师范大学环东海海疆与海洋文化研究所副教授。

球国的这种"两属"状态，一直并未多加过问。

日本明治维新后，以经略远图的既定国策"大陆政策"为目标，开始加紧对外扩张。1872 年，日本要求琉球国王对明治天皇亲政进行朝贺。琉球国王派王子尚健等前往东京。天皇借机强封琉球国王尚泰为藩王，宣布废除琉球国，设置琉球藩，不承认中国自明初就形成的对琉球国宗主国地位。日本在设置琉球藩后，将琉球的外交事务一概归由外务省管辖，外务省派员出任琉球藩官员，以一年为期，每年更换，自行实现了对琉球的统治。

1873 年 5 月，日本外务卿副岛种臣以来华换约（1871 年两国在天津签订的《中日通商章程》）之机，就琉球国船民遇害一事（1871 年 11 月，一琉球国商船因遭遇飓风远漂至台湾南部排湾族牡丹社的八瑶湾，与当地原住民发生冲突，导致船上的 54 位船民被杀，另有被救的 12 人跨越台湾海峡被送往福州琉球馆），与清政府进行交涉。他派原与中方谈判签订《中日通商章程》的柳原前光及翻译官郑永宁前往总理衙门试探中方对琉球船民遇害事件的态度，总理衙门大臣毛昶熙等告知二人：台湾"番民之杀琉民，既闻其事，害贵国人则未之闻。夫二岛（即琉球岛与台湾岛）俱属我土，属土人相杀，裁决固在于我。我恤琉人，自有措置，何预贵国事，而烦为过问？"[1] 明确表示了该事件与日本没有任何关系。但总理衙门官员的言语中，在提及与琉球发生冲突的台湾原住民的时候，有称其为未受中国教化的"化外之民"的说法。柳原前光则抓住了这一"化外之民"的说法，认为既说这些原住民为"化外之民"，那么其所属之地也非中国所属之地。强调如果中国不对"化外之民"采取必要的措施，日本将对台出兵。而"化外之民"的相关言论，则成为随后日本"征台"最充分的依据。

1874 年 4 月下旬，日本政府以征讨台湾的"化外之民"的名义出兵台湾。4 月 27 日，三千多士兵在西乡从道的率领下，从长崎出发，开始远征台湾。5 月初，在台湾南端的琅峤登陆，并兵分几路进入台湾，杀害台湾原住民，焚毁了牡丹社一带的建筑，占领了台湾原住民的居住地，并运屋材

---

① 转引自王芸生《六十年来中国与日本》第 1 卷，上海三联书店 1979 年版，第 64 页。

携农具在当地筑室屯耕作长期占领之计。

二 1874 年日本侵台与东海危机

1874 年日本侵台事件的发生，无疑给了清政府一记当头棒喝。这个还没被大清王朝所看重的"蕞尔小国"的举动，骤然间带给了当政者强烈的危机感。在这件事还没有清楚明了之前，总理衙门已随即飞布福州将军、南洋大臣、闽浙总督预筹妥办。直隶总督兼北洋大臣李鸿章则向总理衙门建议应尽快知照福建船政大臣沈葆桢会商福州将军、闽浙总督迅速秘密筹办。凭之前与日本打交道的经验①，他深感此事"将来无论彼此胜败，恐兵连祸结竟无已时，于沿海大局关系非浅"。② 5 月下旬，沈葆桢受命为钦差办理台湾等处海防兼理各国事务大臣，所有福建镇、道等官均归其节制，江苏、广东沿海各口轮船准其调遣。6 月中旬，沈葆桢偕帮办福建布政使潘霨率相关员弁乘船抵达台湾，李鸿章则以"谕以情理"、"示以兵威"③ 二语相嘱。当时，闽省福州船政局所造的大小船只 14 艘，虽有的已先期分派到浙江、山东、广东沿海各口，但大多还是用来布防闽台两岸及澎湖。表面上看虽也有一定的力量用以对抗日本，但实际上"闽省勇营本少，枪队尤少，绿营兵更不可用"④，一旦与日本军队交火，结果是难以预料的。而各省驻军可用来调拨的，也唯有驻防徐州的淮军之唐定奎所部的武毅步队十三营。李鸿章一面密函两江总督李经羲和江苏巡抚张树声以催促唐军速行，并令盛宣怀操办唐军的轮船装运等相关杂事；同时嘱咐沿海督抚随时加强防务，"设防一节，则勿论有事无事，均需加意图维，土功、器械比内

---

① 李鸿章就任直隶总督兼北洋大臣后不久，代表清政府与日本议定通商条约，因而对日本人及日本国的情况有一定的了解。

② 李鸿章：《致总署 论日本图攻台湾》，载《李鸿章全集》（31）信函（三），安徽教育出版社 2008 年版，第 28 页。

③ 李鸿章：《复沈幼丹节帅》，载《李鸿章全集》（31）信函（三），安徽教育出版社 2008 年版，第 41 页。

④ 李鸿章：《复李雨亭制军》，载《李鸿章全集》（31）信函（三），安徽教育出版社 2008 年版，第 56 页。

地防务什百烦重，非逐渐为之，未易见功"①，并对天津大沽一带炮台的修筑问题，山东、江苏沿海防务的重点都做出了建设性的指示。1874 年 7、8 月间，唐定奎所部六千余人相继到达台湾，在凤山（今高雄）一带择险分屯。东海地区出现了近代以来最严重的危机。

沈葆桢到台湾后，先是派潘霨与日方进行交涉，以期达"不战屈人"的目标。潘霨在来台之前曾在上海见过日本使者柳原前光，并以日本出兵台湾之事与之论辩。柳原"始则一味推诿，继则自陈追悔之意，谓为西人所误，当不日撤兵"②。抵台后，潘霨则偕台湾兵备道夏献伦往琅峤面诘西乡从道。西乡也"始则一味推诿"，随后称病谢客。当潘、夏二人愤然告归，却又"再四挽留，重申前说，坚谓生番（即牡丹社一带的原住民）不隶中国"③，无丝毫退兵之意。其间，潘霨还布告诸番社（台原住民），让他们各安生业，承诺着力保护他们免遭日军的伤害，得到了诸番社居民的拥护。日军也对诸番社居民进行收买，还将原驻扎在诸番社的军队移驻龟山一带，并在那里建营房、造医院、修道路、立都督府，还从国内运来农具、树苗、花种等，做长期占领的准备。

潘霨与日方的交涉，未能起到"不战屈人"的目标。沈葆桢在清醒而实事求是地对比分析双方的军事力量后，转而采取"厚集兵力"的战略措施，并迅速制定全台防务部署计划。其部署计划中主要内容有：（1）在台湾南北及澎湖增募土勇，以布防各地；（2）调前福建厦门分巡道黎兆棠为军事参赞，福建陆路提督罗大春等率兵驻守台北要地苏澳（在今宜兰县境）；（3）在安平（今台南）、旗后（今高雄境内）、澎湖修西式炮台；（4）调闽局各舰分驻台、澎及厦门、宁德各要地以从海上加固门户；（5）向直隶总督李鸿章请求调拨淮军洋枪队十三营，向两江总督兼南洋大臣李经羲请求调拨粤军洋枪队五营以驻扎琅峤、凤山等处；（6）向津、沪各局求弹药支持并向海外寻购铁甲船、电线等物。④ 在这个战略计划的各项

---

① 李鸿章：《复李雨亭制军张振轩中丞》，载《李鸿章全集》（31）信函（三），安徽教育出版社 2008 年版，第 64 页。

② 沈葆桢：《致李少全中堂》，载《沈文肃公牍》卷一，福建人民出版社 2008 年版，第 7 页。

③ 沈葆桢：《致江苏张振轩中丞》，载《沈文肃公牍》卷一，福建人民出版社 2008 年版，第 16 页。

④ 参见《沈文肃公牍》前言，福建人民出版社 2008 年版，第 3—4 页。

内容中，沈葆桢以请调淮军和寻购铁甲船两项最为看重。他在给李鸿章的一封信中强调指出：若"陆有淮军，水有铁甲，胁之必退，即不得已而用兵，我也可以相机策应"①。

然而，购买铁甲船不仅耗资甚巨，且也不可能短时间内就能寻购得到。但所请调的淮军洋枪队即唐定奎所部，倒是在 1874 年 7、8 月间到达台湾，这对在台日军无疑起到了震慑作用。"倭营闻淮军来，颇有惮心，筑垒挖濠，迥非若从前之大意。"② 再加 7、8 两月正值盛夏，溽暑酷热，致使日军军营疫疬流行而每日都有士兵死亡。这一局面的出现，促使日本加紧了以外交手段来扭转在台的不利境况，以达其出兵台湾之目的。7 月下旬，先有公使柳原前光从上海搭乘直隶轮船到天津，与直隶总督北洋大臣李鸿章就台事相关问题展开论辩。柳原"先尚强词夺理，至无理可说时一味躲闪支吾"，李鸿章恐翻译官郑广宁传话不清，取案上纸笔大书："此事如《春秋》所谓侵之袭之者是也，非和好换约之国所应为，及早挽回尚可全交，"③ 双方辩论两时而无统一意见。柳原转而进京，一面寻求他国居间调停；一面继续与总理衙门官员论辩，并提出"捕前杀我民者诛之"，"抵抗我兵为敌者杀之"，"番俗反复难制，须立原约，定使永誓不剽杀难民"④ 三项无理要求，还企图让总理衙门承认当时日军所占领的台湾地区并非中国的领土，遭到了总理衙门官员的严词驳斥。8 月底，日本派出内务卿大久保利通为全权办理大臣来华，继续加紧处理台事。9 月初，大久保利通急促进京与柳原商议对策，同时嘱托美国驻天津领事前往李鸿章处密探消息，与在京各国使臣加强联系以寻求各国的支持。

日本出兵台湾既遭不顺，使用外交手段也没如期达到目的。于是又在上海各报纸放言，"长崎屯兵三万，若大久保在京不能妥结，即遣兵北犯津沽"；"日人现拟索中国赔给兵费四百万"；"日人添购铁甲船二只，并广购

---

① 沈葆桢：《致李少全中堂》，载《沈文肃公牍》卷一，福建人民出版社 2008 年版，第 43 页。
② 沈葆桢：《致李子和制军》，载《沈文肃公牍》卷一，福建人民出版社 2008 年版，第 46 页。
③ 李鸿章：《致总署 述柳原辩难》，载《李鸿章全集》（31）信函（三），安徽教育出版社 2008 年版，第 67 页。
④ 宝鋆等修：《筹办夷务始末》（同治朝）第 96 卷，文海出版社（台北）1971 年版，第 826 页。

精利枪炮及英、美轮船，以便装兵西来"① 等，以乱中国视听，而达到速就日方的和议要求。中国方面虽不会被诸如此类的虚声所恫吓，但李鸿章及总理衙门大臣也已为日方使者的反复论辩所累。后在英、美、法等各国使臣的调停下，1874 年 10 月 31 日，总理衙门大臣与大久保利通正式签订了《北京专约》（又称《台事专条》）。主要内容有：（1）日本此次所办原为保民义举起见，中国不指以为不是；（2）前次所有遇害难民之家，中国定给抚恤银十万两。日本所有在该处修道、建房等件，中国愿留自用，先行议定筹补银两，准给费银四十万两；（3）所有此事往来一切公文，彼此撤回注销，永为罢论，至于该处生番，中国自宜设法妥为约束，以期永保航客不能再受凶害；（4）日本全行撤兵，中国全数给付，均不得延期。② 至此，这次东海危机暂告结束。

三　东海危机与中国近代海防意识的强化

中日《北京专约》虽结束了此次东海危机，却也进一步强化了中国近代的海防意识。

中国近代的海防意识，早在第一次鸦片战争期间及之后就已经出现。林则徐以其与英军交战的经验出发，曾提出"以为海疆久远之谋"，非得建立一支"炮船水军"③ 的主张。魏源则提出了先在广东训练一支"可以战洋夷于海中"的水师，后通过设厂造船将这支水师加以扩大，"集于天津，奏请大阅，以创中国千年水师未有之盛"④。然而，随着第一批不平等条约的签订，林则徐、魏源的这种通过建设新式水师以加强海防的主张，没有得到政府应有的重视。第二次鸦片战争失败后，曾国藩、李鸿章、左宗棠等通过创设江南制造总局、福州船政局，将设厂造船付诸了实践。与此同时，李鸿章洋务事业的得力助手丁日昌也提出在直隶到粤东沿海分设北洋、

---

① 李鸿章：《致总署 采集台事众议》，载《李鸿章全集》（31）信函（三），安徽教育出版社 2008 年版，第 94 页。

② 参见王铁崖编《中外旧约章汇编》第 1 册，生活·读书·新知三联书店 1957 年版，第 42—344 页。

③ 杨国桢编：《林则徐书简》，福建人民出版社 1985 年版，第 173 页。

④ （清）魏源：《魏源集》（上册），中华书局 2009 年版，第 186 页。

东洋、南洋三洋水师，各设一提督进行管辖，"每洋各设大兵轮船六号，根钵轮船十号，三洋提督半年会哨一次，无事则以运漕，有事则以捕盗"① 的设想。丁日昌在沿海设三洋水师的主张，在日本侵台之前并没有付诸实践。而这次日本侵台事件及随后所签订专约中的予以遇害难民抚恤银十万两及补给日军在台修道、建房等费用四十万两等相关条款，给清王朝朝野上下带来了强烈震动。于是，如何加强海防的问题，成为当政者时下最为关注的问题。

在中日专约签订不久，恭亲王奕䜣等总理衙门王大臣便向皇上上奏："海防亟宜切筹"，"沿江沿海防务"要"随时筹划"，并提出"练兵"、"简器"、"造船"、"筹饷"、"用人"、"持久"六条加强海防的方略。该奏折经过皇上披览后通过军机处，以上谕下发给朝中大臣及沿海沿江各省将军、督抚，围绕六条加强海防的方略，"将逐条切实办法，限于一月内覆奏。此外别有要计，亦即一并奏陈，不得以空言塞责"②。

上谕下发不久，朝中大臣及沿海沿江各省将军、督抚都纷纷予以覆奏，提出了不少有见地的主张和看法。其中，大学士文祥在覆奏中强调："前月总理各国事务衙门所奏切筹海防一折，系远谋持久，尚待从容会议。而月前所难缓者，惟防日本为尤亟。以时局论之，日本与闽、浙一苇可杭，倭人习惯食言，此番退兵即无中变，不能保其必无后患。"③ 文祥将海防的重点直指日本，并预感到了日后日本对中国的威胁。两江总督李宗羲则在复奏中强调了台湾在海防中的重要地位，"台湾一岛，形势雄胜，与福州、厦门相为犄角。东南俯瞰噶啰巴、吕宋；西南遥制越南、暹罗、缅甸、新加坡；北遏日本之路，东阻泰西之往来，实为中国第一门户"。他希望通过在台湾"自开制造之局，自练海防之师，为沿海各省之声援"，以"绝泰西各国之窥伺"④。闽浙总督李鹤年在覆奏中认为，在当时的情况下，加强沿海防务确为当务之急，"请饬下南北洋大臣督办海防以重事权，南洋北洋分设轮船统领，由该大臣节制调度，先尽现有轮船配齐弁兵、炮械，归两统领

---

① 丁日昌：《海洋水师章程别议》，载《丁日昌集》（上），上海古籍出版社2010年版，第612页。
② 李鸿章：《筹议海防折》，载《李鸿章全集》（6）奏议六，安徽教育出版社2008年版，第159页。
③ 《文祥密奏》，载《李鸿章全集》（6）奏议六，安徽教育出版社2008年版，第172页。
④ 宝鋆等修：《筹办夷务始末》（同治朝）第100卷，文海出版社（台北）1971年版，第9231页。

训练"，日后造船局所添造的轮船，亦"分隶两洋"①。李鸿章在覆奏中则一面充分肯定总理衙门所陈请的六条，对"目前当务之急与日后久远之图，业经综括无遗"，确为"就时要策"；一面又强调当时中国正处"数千年来未有之变局"，正遇"数千年来未有之强敌"，必须得先改变"人才难得"、"经费难筹"、"畛域难化"、"故习难除"等实际存在的问题，以"破成见"、"求实际"。然后明确指出："居今日而欲整顿海防，舍变法与用人，别无下手办法。"②"若不稍变成法，于洋务开用人之途，使人人皆能通晓，将来即有海防万全之策，数十年后主持乏人，亦必名存实亡，渐归颓废。"于变法与用人，也"唯有中外一心，坚持必办，力排浮议，以成格为万不可泥，以风气为万不可不开，勿急近功，勿惜重费，精心果力，历久不懈，百折不回，庶几军实渐强，人才渐进，制造渐精，由能守而能战，转贫弱而富强"③，指出了国家富强，才是加强海防的根本策略。

朝中大臣及沿海沿江各将军、督抚的看法和主张，后经总理衙门汇总归纳，最后形成了系列付诸实践的加强海防措施。1875 年 5 月 30 日，清政府"著派李鸿章督办北洋海防事宜，派沈葆桢督办南洋海防事宜，所有分洋、分任、练军、设局及招致海岛华人诸议，统归该大臣择要筹办。其如何巡历各海口，随宜布置，及提拨饷需，整顿诸税之处，均著悉心经理。如应需帮办大员，即由李鸿章、沈葆桢保奏，候旨简用"④。从此，近代中国开始了真正意义上的海防建设。

四　余论

1874 年日本侵台所引发的东海危机，实际上并没有因中日双方签订

① 宝鋆等修：《筹办夷务始末》（同治朝）第 100 卷，文海出版社（台北）1971 年版，第 9251 页。
② 李鸿章：《筹议海防折》，载《李鸿章全集》（6）奏议六，安徽教育出版社 2008 年版，第 159—160 页。
③ 李鸿章：《筹议海防折》，载《李鸿章全集》（6）奏议六，安徽教育出版社 2008 年版，第 166 页。
④ 《光绪元年四月二十六日军机大臣密寄》，载中国史学会编《洋务运动》第 1 册，上海人民出版社 1961 年版，第 153 页。

《北京专约》而消除。该条约承认日本此次侵台为"保民义举",这某种程度上等于承认了琉球为日本的藩属,从而也加快了日本吞并琉球的步伐。1875 年 6 月,日本正式通告琉球:此后禁止向清朝朝贡,受清朝册封;须奉行明治年号,实行日本的礼仪、刑法等,胁迫琉球与清朝断绝关系。而对于琉球来说,断绝与清朝的关系,即意味着国家的瓦解,这是琉球国国王所不愿意的。为此,尚泰王于 1876 年 12 月派密使向清王朝求援,这又引发了围绕琉球问题中日双方在外交领域继续交战,但最终没有阻止日本强行将琉球藩改为冲绳县而编入日本版图。清王朝由于当时正遭遇严重的西北边疆危机而未就琉球问题与日本抗争到底,而给日后的东海留下更为严重的危机。

文献·历史·沉思

——环东海四题

王瑞来[*]

一 "亲魏倭王"赐印年

三国时期，日本列岛的邪马台国女王向魏国派遣使者，从曹操的曾孙少帝那里获得了"亲魏倭王"的金印。这是继公元 57 年从东汉光武帝那里获赐金印"汉委奴国王"之后，日本列岛的政权第二次得到中国王朝的赐封。这一事件，作为中日交流的重要史实，历来为人们所乐道。

此事的原始记载，见于晋人陈寿《三国志》卷三十《魏书》：

景初二年六月，倭女王遣大夫难升米等诣郡，求诣天子朝献，太守刘夏遣吏将送诣京都。其年十二月，诏书报倭女王曰："制诏亲魏倭王卑弥呼：带方太守刘夏遣使送汝大夫难升米、次使都市牛利奉汝所献男生口四人，女生口六人、班布二匹二丈，以到。汝所在逾远，乃遣使贡献，是汝之忠孝，我甚哀汝。今以汝为亲魏倭王，假金印紫绶，装封付带方太守假授汝。其绥抚种人，勉为孝顺。汝来使难升米、牛利涉远，道路勤劳，今以难升米为率善中郎将，牛利为率善校尉，假银印青绶，引见劳赐遣还。今以绛地交龙锦五匹、绛地绉粟罽十张、蒨绛五十匹、绀青五十匹，答汝所献贡直。又特赐汝绀地句文锦三匹、细班华罽五张、白绢五十匹、金八

---

* 王瑞来，日本学习院大学东洋文化研究所研究员。

两、五尺刀二口、铜镜百枚、真珠、铅丹各五十斤，皆装封付难升米、牛利还到录受。悉可以示汝国中人，使知国家哀汝，故郑重赐汝好物也。"

这一记载明确记录的遣使获印时期"景初二年"（238 年），自古亘今，多为叙述这一史实者所沿袭。回溯古代文献，从唐人的《通典》，到宋人的《册府元龟》、《太平御览》、《玉海》均同《魏志》。检视今人著述，从 20 世纪 60 年代翦伯赞等人主编的《中外历史年表》，到去年刚刚出版的王金波《一本书读懂日本史》亦无异词。

然而，关于遣使获印之时期，其实自古以来便存歧异，今人也有聚讼。

首先，唐初姚思廉所撰《梁书》于卷 54《东夷传》记载道：

至魏景初三年，公孙渊诛后，卑弥呼始遣使朝贡。魏以为亲魏王，假金印紫绶。

嗣后，宋人郑樵《通志》卷 194《四夷传》亦载：

魏景初三年，公孙渊诛后，卑弥呼始遣其大夫难升米、牛利等诣带方郡，求诣天子朝献。太守刘夏遣吏将送诣京师，明帝诏赐卑弥呼为亲魏倭王，假金印紫绶。

在日本方面，公元 720 年成书的《日本书纪》，虽注明是援引《魏书》，但将此事以附注形式记在神功三十九年。换算为公元纪年，乃 239 年，即景初三年。由于《日本书纪》对《梁书》有引用，因此日本学者认为此处是参考了《梁书》的记载。

《梁书》所记较之原始记载，有多出的史实，这就是对遣使背景的记述。说卑弥呼是在割据辽东乃至朝鲜半岛一带的公孙渊被诛灭之后，才遣使通魏的。这是合理的，因为此后，通使已畅通无阻。据《三国志·魏志》记载，自此次之后，日本列岛又分别有了正始元年（240 年）、正始四年（243 年）、正始八年（247 年）三次使者派遣。

有了具体的历史背景做参照，遣使获印究竟是"景初二年"还是"景初三年"，则很容易考证清楚了。

检《三国志》卷三十《魏书》于景初二年（238年）八月内载："丙寅，司马宣王围公孙渊于襄平，大破之，传渊首于京都。"

仅此一条记载，便可真相大白。在司马懿平定公孙渊的景初二年八月以前，邪马台国女王卑弥呼是不可能于当年六月向魏派遣使者的。

因此说，没有记入司马懿平定公孙渊背景的《三国志·魏书》的"景初二年"，当是"景初三年"之误。"二"与"三"只有一画之差，却造成对一件重要史实发生时期的误记。而这种误记又被后人沿误。数字"一、二、三"，笔画只是稍有多寡，而在关涉史实之时，校勘亦不可径改。上述对这一事件的考证，从校勘学的角度讲，也是他校。依据史实的他校，往往犹如铁证，难以撼动。

《三国志·魏书》对这一史实发生时期的错误记载，首先为唐人姚思廉所改正，又为宋人郑樵所是正。附言之，郑樵《通志》，后人多褒《二十略》而贬列传，认为不过是抄撮正史，其实也有别裁，也有光彩。然而，沿误者，虽杜佑、王应麟等古代有名学者所不免。

在日本方面，则先是有江户时期的朱子学者新井白石所指出，近代以后又为东洋史大家内藤湖南所证误。

已经如此之多的古今是正，对于这件史实的叙述，今天的史学者，不应当继续以讹传讹。

图1　后世仿制的"亲魏倭王"金印

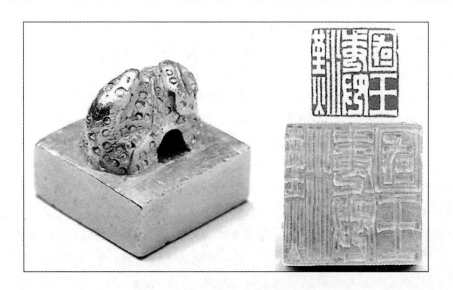

图 2　收藏于日本福冈博物馆的光武赐印

二　说"唐船"——二百年间，中日交流单行道

何谓"唐船"？这是一个固有词汇，但并非字面之意，指唐代的船只。我们且来看一下《明实录》的记载。《熹宗实录》卷五十八于天启五年（1625 年）四月戊寅条载：

福建巡抚南居益题，海土之民，以海为田。大者为商贾，贩于东西洋。官为给引，军国且半资之，法所不禁。乌知商艘之不之倭而之于别国也？……闻闽粤三吴之人，住于倭岛者，不知几千家，与倭婚媾长子孙，名曰唐市。此数千百家之宗族姻识潜与之通者，实有其徒。其往来之船，名曰唐船。大都载汉物以市于倭。

据此可知，所谓"唐船"者，乃江户时代日本人对中国船之称谓。这段记载，显示出明朝政府依然对倭寇之患心有余悸，不愿让中国人往来于日本。而反映的客观事实是，东南移民居于日本者为数不少。

为何提及唐船？缘于笔者在研究所听的一个讲座。演讲人是关西大学东西学研究所所长松浦章教授，其演讲的题目是"江户时代由唐船展开的日中交流"。松浦先生是这一研究领域的专家，著有《清代海外贸易史研究》（朋友书店 2002 年版）、《江户时代由唐船展开的日中交流》（思文阁 2007 年版）等专著。

松浦先生的演讲，向我们揭示了历史上中日交流的鲜为人知的事实。先设想一下，从明代后期到近代以前，也就是日本的江户时代（1603—1868 年），中日两国是如何交流的？所谓交流，不就是你来我往吗？非也。这一时期的中日交流，走的是单向道。松浦先生在演讲的结语部分讲道：

清朝中国与江户时代日本的交流，以中国单方面来往日本的形式态绵延持续了二百多年，这种贸易关系，在世界史上亦属罕见的事例。

那么，为何会出现中国单方面交而不流的奇特现象呢？一切事情的发生，都有其自身的独特背景。

相当于中国的明末，即 17 世纪的前期，日本德川幕府实施"锁国令"。禁止日本人前往中国。不过，却允许中国船只来往于日本，但只限定于长崎一港。这一闭关锁国的政策一实施就是 200 多年，长崎成为唯一的交流窗口。这个窗口接纳的只是中国与荷兰。在 1938 年由长崎市政府编纂出版的《长崎市史》中，有如下的事实叙述：

长崎的外国贸易，只是与荷兰、中国的贸易。在之中主要是中国贸易。荷兰贸易船船体大，载物多，但来船少，只是一年一度，与中国船春夏秋三度到来根本无法相比。对华贸易额是对荷兰的两三倍。

《长崎市史》还在序文部分对锁国时代中国船只来日的深层意义做了如下的发问：

对于长崎贸易史，仅仅叙述贸易及其沿革变迁是远远不够的。通过长崎的门户，由长崎的贸易途径传入我国的中国文化，给了我国的文化什么样的刺激？对我国文化的发展起到什么样的推动作用？并且中国丝织品与白丝的进口，对我国的纺织业、蚕丝业的发生与发展又产生了什么样的贡献？对这些文化史、产业史上的重要问题，在叙述长崎贸易时必须要加以考察。

关于这个问题，早在 1914 年至 1915 年的《史学杂志》分 8 次连载的中村久四郎的长篇论文已经有了充分阐述。中村的论文题为《近世中国对日本文化的影响：以近世中国为背景的日本文化史》。论文从儒学、史学、文学、语言、美术、宗教、医学、博物学、汉籍的各种角度，对经由中国接受西洋新知识，以及政治法律、物产、饮食、音乐、武术、风俗、游戏等诸多领域，进行了全方位的考察。中村论文所用的"近世"一词，并不是内藤湖南和后来宫崎市定所指的宋代以后、近代以前的时期，指的就是明清时期。中村在综合考察之后，得出了这样的结论："近世中国对日本文化产生了重大的影响。这种影响丝毫不比唐宋时代的文物对我国的影响逊色。"这是极高的评价，并且是建立在事实基础上的评价，令人信服。同时，这个将近 100 年前的研究结论也是至今为人们所忽视的。

俯瞰中日交流的历史，人们大多看到的是遣唐使的频繁往来，看到的是日本对隋唐律令的引进，日本都城奈良对唐代长安的山寨，日本人对白乐天的喜爱，对《论语》的诵习。前近代民间交往的历史，在无形中遗失，在无意识中被遮蔽。跟随着松浦先生的回溯，我们知道了下述事实。

在明末清初，来往于日本的唐船遍及中国整个沿海地区，而以台湾郑氏等反清势力为多。康熙二十二年（1683 年）台湾郑氏归降清朝。翌年，清朝颁布"展海令"。伴随着这一政策的实施，中国大陆往来于日本长崎的贸易船只骤增。松浦先生统计了元禄元年（1687 年）一年来到长崎的唐船，从三月到十月这春夏秋三季，共有 194 艘唐船进入长崎港，乘员总计达 9291 人。仅六月一个月，就有 98 艘唐船入港，平均一天三艘以上，乘员达 4432 多人，这是何等的盛况！为了正常稳定的贸易，日本当局还为唐船颁发了往来贸易的凭证"信牌"。"信牌"全用汉语书写。

或许有人会产生好奇，当时中日贸易的物品都是什么呢？光绪初年驻日公使何如璋的《使东杂记》写道："中商多以棉花、白糖来，以海参、鲍鱼诸海错归。"看来无论何时，奢侈品在中国都是大有市场。当然，不仅仅进口奢侈品，还有制造钱币的铜。据松浦先生统计，在康熙五十五年（1716 年），清朝使用的铜，只有 37.56 万斤来自云南，而 62.57 万斤则全是进口自日本。笔者问松浦先生，如此大量的铜进出口是不是由政府主导呢？松浦先生回答说，全由民间经营。

除了铜和一些日用品。唐船运到日本的商品最多的是书籍与中药。当时书籍流通之快令人吃惊。多达一万卷的《古今图书集成》，还没有流入藩属国朝鲜，便抢先乘坐唐船登陆了日本。松浦先生说，进口到长崎的书籍，珍品都先被大名等有权势的人选去，剩下的才流通到市场。松浦先生指出：

江户时代的日本与中国的文化交流，由于日本德川幕府采取锁国政策，日本人无法前往中国，基本上是以中国船只来日的形式维持的。因此，进入长崎港的被江户时代的日本人称作唐船的中国帆船，便成为这一时期日中文化交流的大动脉。

大动脉，不可或缺，这个评价也相当准确、相当高。20 世纪 90 年代时，笔者帮助撰写东洋文库创立 70 周年图册的汉籍解说，曾接触过不少江户时代的日本交流史料，知道在那一时期，日本对中国的兴趣格外高涨，是"汉流"时尚的时代。翻开日本的辞书，那个时代产生带有"唐"字的词汇，居然有几百个。唐，是中国的代名词。时至今日，还在日常生活中常用的词汇，就有"唐扬"（炸鸡块）、"唐辛子"（辣椒粉）等。

笔者问松浦先生，江户时代日本人高扬的中国趣味是不是与封闭锁国的压抑有关。松浦先生在肯定此话有道理的同时，还补充说，也与对中国文化喜爱的传统有关。

听松浦先生关于唐船的演讲，让笔者深深感慨的是，在近代前夜，一艘艘体积不大的帆船，维系着中国与日本；一个城市一个港口，承担了为日本文化的输血供氧。唐船，民间大使，其功伟哉！

关于接纳唐船的长崎，《长崎市史》中的一段话很有深意：

长崎贸易，与中国广东唯一的对外贸易港很相似。然而，日本通过长崎贸易而接受的外国影响，与中国通过广东贸易而接受的外国影响，两者相比，长崎贸易所带给的影响则是广东贸易无法比拟的巨大。仅此便可概见日中文化的差异。

笔者惊异将近100年前日本人的敏锐与深刻。这里所说的广东唯一的对外贸易港，是指康熙二十五年（1686年）开设的广州十三行。然而，为什么号称"金山珠海"的广州十三行只能成为"天子南库"，却没有像长崎港那样产生巨大的文化意义？这实在是值得深思的事例。

长崎港，奠基了近代日本。

感恩唐船，在长崎，每年还有唐船节。

由此，让笔者另外感触的是，有些城市，像是打开的一扇窗户，带给一个国家一个民族的是一个世界。不是吗？古代联系日本的东汉与三国时期的带方郡，近代前夜联系日本与中国的长崎。最切近的例子，还可以举出20世纪的香港。

图3　唐船图

图4　唐船复原

图5　唐船遗迹

图 6　唐船节

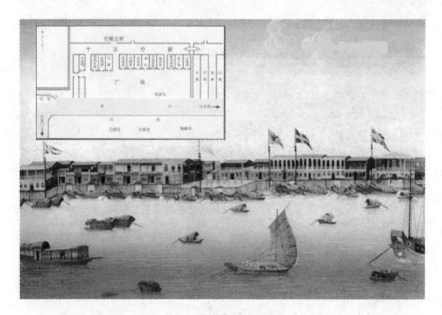

图 7　清代广州十三行

三 琉球与日本——江苏省文物保护单位琉球国京都通事郑文英墓说明文字指瑕

笔者曾收到一册寄自冲绳的研究报告书，是笔者以前在早稻田大学的学生绀野达也君寄来的。前几年，他博士毕业，前往琉球大学赴任。报告书题为"中国浙江和江苏所存琉球史迹调查报告书"。绀野君附信客气地说，报告书本身的内容没什么，但所附照片可能有些意思。翻阅之下，其实内容也很有意思，特别是绀野君等研究者在实地抄录的明清间的诗文，就很有文献价值。当然，报告书中收录大量实地拍摄的彩色照片，最为直观地刺激视觉，首先映入眼帘。

其中，一部分照片让笔者很感兴趣。这是关于琉球使者墓地的照片。

清乾隆五十八年（1793年）年初，郑文英作为琉球国入贡使者的随行来华，赴京途中，十一月病逝于江苏淮阴，安葬于当地。由于墓地位于一个图书馆的后院，因而虽历经风雨，却意外地免遭于毁坏。郑文英墓的说明牌，根据报告书的录文，为如下内容：

琉球国京都通事郑文英墓

郑文英（1744—1793），又名大岭亲云上，祖籍福建长乐，明洪武二十五年，其祖先随闽地36姓人东渡琉球拓荒，带去中国的文化与先进技术，到郑文英已是十五世。清乾隆五十八年（1793）一月二十三日，郑文英奉使来贡，于十一月十四日病逝途中，安葬于王营清口驿站（今淮阴区图书馆后院）。此墓是中日两国友好交往的历史见证。1980年被原淮阴县人民政府公布为"淮阴县文物保护单位"。1987年被原淮阴市人民政府公布为"淮阴市文物保护单位"。1995年被江苏省人民政府公布为"江苏省文物保护单位"。

在报告书中，收录有标记省级文物的文字照片：
江苏省文物保护单位

琉球国京都通事

郑文英墓

江苏省人民政府一九九五年四月公布

淮阴市人民政府立

随着文物级别的升格，墓地得到了不断修葺。郑文英地下有知，当感欣慰。

由上述郑文英墓的说明，可以概见这样的历史事实，即在明初的福建，有大量移民东渡琉球，在那里开发生息。郑文英祖先跟随的闽地36姓，仅仅显示大量移民的一隅。这让我们可以想象的是，古代琉球国的经济繁盛与文化兴隆，实在是有着中国大陆移民的功劳。日本学者很重视关于琉球历史的研究，中国的学者也应当关注一下琉球的中国移民的历史。这似乎尚属空白。

入贡的郑文英身份为通事，通事就是翻译。明清时期的日本、琉球等地设置有汉语翻译，叫作"唐通事"。"唐通事"以庆长九年（1609年）长崎的冯六宫为始。这种"唐通事"由通晓日语的中国移民担任。作为一种谋生的手段，"唐通事"成为世袭的职业。因此，从明初移民到郑文英已经十五世，并且有了琉球人的姓名，但依然未忘母语。这固然有职业世袭的因素，不多似乎亦可窥见，在琉球的中国移民，大约也有类似唐人街那样的华人社区。这在客观上也构成了维持汉语不忘的语言环境。

琉球中国移民社会的研究，这又是一个课题。

关于郑文英的职务，江苏省人民政府的标识牌已有说明，为"京都通事"。

郑文英的墓碑现存有两块。一块立于郑文英墓前，记为："琉球国朝京通都事讳文英郑氏之墓"。此碑并载有说明文字："此原石半缺，民国二十五年里人重立，兴化金应元书。"此碑的"通都事"乃"都通事"的误倒。民国间人不解"都"字制度背景，无足深怪。另一块载于《淮安金石录》，记作："琉球国/北京大通事大岭亲云上郑文英之墓"。

图8　报告书所载郑文英墓说明文字

写真50　墓地のようす　　　　　写真51　墓碑①

图9　报告书所载郑文英墓照片

通观两碑一说明，郑文英的职务当为"都通事"。此处"都"字乃"负责"或"担任"之意。这种用法在宋代的官署名与官名中便十分常见，如都作院、都教头等。

经台湾友人提示，得知收藏于早稻田大学的《琉球国中山王府官制》详细载有琉球国官制，于"协理府"下即设置有都通事、副通事和通事等官职。由此可见，在通事中，郑文英的职务级别较高，是翻译部门的负责人。

成书于18世纪初的《琉球国中山王府官制》，分别以汉语和土语记载琉球官制。"协理府"的土语记作"久米村总役"，而"久米村"正是汉人移民的聚落，即前面所说的类似唐人街那样的华人社区。

"都通事"的土语，即记作"大通事"。因此，被认为是郑文英去世之时所立碑称"北京大通事"无误，意为"前往北京的高级翻译"。墓碑以土语"大通事"的职务相称，正与称郑文英的琉球名"大岭亲云上"相应。云为土语者，非俗称，而是指在琉球本土的称谓。同时期的日本也有中文翻译，被称为"唐通事"。据日本庆应三年（1867 年）成书的《译司统谱》记载，唐通事分为三等，即大通事、小通事、稽古通事。由此可见，大通事乃翻译中职位最高者。此亦可为郑文英大通事之称的一个旁证。

民国二十五年（1936 年）所立碑，人名、官名则均为汉语称谓。除有上述一处误倒之外，最为准确。此碑当亦渊源有自。郑文英职务全称为"朝京都通事"，意即朝贡入京担任翻译的人。而江苏省人民政府的标识牌作"琉球国京都通事"则不确。这样标识误解了原本是动词的"都"字，与"京"字连成"京都"一词。这样，便传达给人一个错误信息，郑文英是琉球国京城的通事。

再者，细审关于郑文英墓的说明文字中"此墓是中日两国友好交往的历史见证"一语的表达，也欠妥当。郑文英来朝之乾隆年间，琉球尚未为日本所吞并。日本吞并琉球国设冲绳县，是在郑文英来朝的 80 多年后。因此应当历史主义地看待，不当以今日的疆域为基准，称作"中日两国友好交往"。倘若有人以此为证，说中国政府认为自古以来琉球就是日本的一部分云云，也是贻以口实。

四　钓鱼岛是谁的——读村田忠禧 《如何看待尖阁列岛/钓鱼岛争议》

不曾亲历杀人盈城盈野，血流成河，只是惯见莺歌燕舞，万众欢腾；没有嗅到过战争的硝烟，只是惯见焰火的绚烂。在和平环境下成长起来的几代人，反而抱有强烈的民族情绪。这是战后许多国家存在的普遍现象，在日本也是如此。

前几年，在钓鱼岛海域发生撞船事件之后，这个敏感的无人岛再次出现在世人的关注目光之下。不过，在进入 21 世纪，钓鱼岛问题再度受到强烈关注之后，一直有一个声音在日本回荡："钓鱼岛是中国的！"这声音尽管细微，却也余音绕梁，顽强而持久。发出这个声音的，是一个日本学者。

他叫村田忠禧，是横滨国立大学教授。

前些天笔者参加了一个聚会，见到了好久不见的段耀中先生。在国内曾是《中国青年报》记者的段先生，独自经营着日本侨报社，为增进中日文化交流和相互理解，做了大量的工作。聚会时，在笔者问起当天下午他主持的钓鱼岛问题讨论会时，他送了笔者一本他的出版社再版的村田忠禧的著作。题为"尖阁列岛/钓鱼岛争议：对 21 世纪人们智慧的考验"。这是一本中日双语的小书，日语题为"尖閣列島/釣魚島問題をどう見るか：試される二十一世紀に生まれるわれわれの英知"。

在聚会后回家的电车上，笔者迅速翻阅了这本篇幅不大的小书。书分为六个部分：

一、前言；

二、历史的事实如何；

三、明治政府的公文所反映的日本领有的过程；

四、被编入日本的领土之后；

五、领土问题成为激发狭隘民族主义的口实；

六、对生活在 21 世纪的我们智慧的考验。

此书初版于 2004 年，笔者拿到的是 2012 年 10 月第二次印刷的。

笔者想移录本书的结论部分，来介绍村田先生主要观点，尽管有些过长，但这毕竟是最为简洁而直接的方式了。在书的第六部分，村田先生写道：

综上所述，作为历史事实，被日本称为尖阁列岛的岛屿本来是属于中国的，并不是属于琉球的岛屿。日本在 1895 年占有了这些地方，是借甲午战争胜利之际进行的趁火打劫，绝不是探讨堂堂正正的领有行为。这一历史事实是不可捏造的，必须有实事求是的认识和客观科学的分析态度。但是有的人打着研究的旗号，实际上是有意地隐瞒事实。对学者的论点也要分析，包括对笔者的研究，希望也要本着这样的原则。我们容易把政府、政党、媒体的见解作为正面的见解而予以接受，但那些见解并不一定代表真理。对于我们来说，最重要的是事实，而不是国家利益。国家有时掩盖对本国不利的事实的倾向。在这一点上，政党和媒体也有同样的问题。对尖阁列岛/钓鱼岛等问题不要孤立地看，要放在冲绳问题、台湾问题等整体的演变中来看，要把过去的历史与今天的现实结合起来分析。在领土问题这样的国家间的见解对立的情况下，需要倾听对立的意见，保持用冷静和平的方式解决问题的态度。不冷静地思考，立即用狭隘的民族主义，用伪装的爱国主义煽动情绪是绝对要不得的。在这一问题上，我们应当向周恩来和邓小平学习，应当意识到，我们还没有超越他们的智慧，这是我们需要反省的。

读了上述并不算长的村田话语，作为中国人，会有什么样的感想呢？

20世纪70年代毕业于东京大学的村田先生，专攻中国近现代史。从书的日文后记可知，2003年，村田先生参加了一个叫"关于日本形象与中国形象形成的日中共同研究"课题组，得到日本外务省名为"日中理性交流支援事业"的资助。此书就是在写给外务省的研究报告的基础上，加以补充形成的。这是此书产生的背景。

日本是一个至少在形式上主张言论自由的国家。因此，各种声音都不会受到公开的压制。不过，日本又是国家意识强烈、狭隘民族主义横行的国度。村田先生在异口同声的喧嚣中，发出不同的声音，笔者敬佩他的勇气。毕竟，这是有一定风险的。笔者更敬佩他不随波逐流，追求真理的独立精神。此外，笔者还真是感慨他的国家可以出钱让他独立研究，他的国度拥有的自由研究的氛围。

村田先生继承70年代以来京都大学教授井上清先生的研究成果，通过缜密的事实考证，得出了结论，钓鱼岛在历史上原本既不属于日本，也不属于琉球王国，而是属于中国的。尖锐地指出，成为日本领有，那是甲午战争后趁火打劫的结果。

笔者并不是作为中国人，才为这样的研究结论感到高兴，而是作为一个历史学者，对村田先生理性、冷静、客观的实证研究态度，报以由衷的赞叹与信服。

笔者还对村田先生"应当向周恩来和邓小平学习"的主张很感兴趣，究竟村田先生说的"我们需要反省"，"应当意识到，我们还没有超越他们的智慧"，指的是什么呢？

村田先生的书中披露了日本方面对周恩来和邓小平关于钓鱼岛问题谈话的记录。现引述于此，一是作为史料呈现给读者；二是作为日方的记录，可以与中方的记录相比勘，以追求取信于后人的真实史料；三是借此可以观察到当年一代政治家的视野与智慧。村田先生在书的前言中引述了周恩来总理在 1972 年 7 月 28 日同当时日本公明党委员长竹入义胜关于钓鱼岛的谈话：

> 不必触及尖阁列岛问题。与邦交正常化相比，这不是问题。
>
> 不必触及尖阁列岛问题。到现在为止，竹入先生是不是也不关心呀？我也不关心。但是，在那石油问题上，历史学者认为是问题。日本的井上清先生很热心。不要把那一问题看得那么重。

对周恩来总理这两句话的出处，村田先生在注释中有说明。前者见于 1980 年 5 月 23 日的《朝日新闻》和霞山会刊行的《日中关系基本数据集（1949—1997）》第 414 页；后者见于东京大学东洋文化研究所田中明彦研究室数据库《世界与日本》。

任何谈论都是特定语境下的言论。政治家关于国际关系的言论，更是有着世界局势的大背景。国际关系错综复杂，合纵连横无处不在。当时，联美制苏，形成新的国际格局是大局，中日恢复邦交亦当是其中一环，所以当时对个别问题不能斤斤计较，但这并不等于周恩来漠视了钓鱼岛问题。从周恩来对京都大学井上清教授研究的关注可知，钓鱼岛在他的心里。只是凡事都有轻重缓急。

我们再来看一下前言中对邓小平关于钓鱼岛问题的言论引述。1978 年 10 月下旬，为交换《中日和平友好条约》的批准书，邓小平副总理访问日本，25 日在日本记者俱乐部回答有关尖阁列岛的提问时，邓小平说：

> 尖阁列岛我们叫作钓鱼岛，这个名字我们叫法不同，双方有着不同的看法，实现日中邦交正常化之际，我们双方约定不涉及这一问题。这次谈《中日和平友好条约》的时候，双方也约定不涉及这个问题。从中国人的智慧来看，现在只有考虑用这种方法处理。因为一旦触及了这个问题就说不清楚了。倒是有些人想在这个问题上挑些刺，来障碍中日关系的发展。我们认为两国政府把这个问题避开是比较明智的。这样的问题放一下不要紧，等十年也没有关系。我们这一代人的智慧不够。我们这一代解决不了，但

下一代比我们有智慧。那时也许可以找到大家都能接受的解决方法。

　　邓小平的话见于上述《日中关系基本数据集（1949—1997）》的第 527 页。由于是重要文献，笔者用的是书中村田先生校订过的中文译本，而没有擅自加以翻译。

　　读着 40 多年的两位政治家的言论，再看中日关系现状，令人喟然长叹智者已逝，令人敬佩他们的视野与胸怀。无怪乎村田先生说"应当向周恩来和邓小平学习"，这样的政治家，日本没有。

　　怒发冲冠，匹夫之勇，自可快意恩仇。然而有时无助于问题的解决，甚至会恶化局势。人类愈加走向理性，国际社会愈加走向有序。炮舰、大棒并不能百分之百地奏效。孙武的子孙应该懂得"不战而屈人之兵"，21 世纪的今人更应当寻求"双赢"与互惠。

　　民族情绪，实际上是一种乡土感情的放大。毋庸讳言，这种乡土感情与民族情绪像血液一样在每个人身上流淌着。像潜意识一样，在外界的刺激下不时涌现。但需要人们用理性来冷静地加以疏导与调控。如果放任流淌，其实跟酗酒、纵欲就没有什么区别了。人区别于动物之处，在于拥有思想与理智。人，不能等同动物，不然就枉费上万年的进化了。

　　几年前，笔者在应邀给日本的大学生作的一次关于中日关系的报告时说，在许多情况下，在一定意义上说，狭隘的民族情绪是人类的敌人。后来笔者从网上看到，学生听我讲这句话后，感到很震撼。笔者还想不避烦冗，再次引用村田先生上述的一段话：

　　我们容易把政府、政党、媒体的见解作为正面的见解而予以接受，但那些见解并不一定代表真理。对于我们来说，最重要的是事实，而不是国家利益。国家有时掩盖对本国不利的事实的倾向。在这一点上，政党和媒体也有同样的问题。

　　这是什么？这正是陈寅恪先生在 1929 年所作王国维纪念碑铭中提出的"独立之精神，自由之思想"。事实高于国家利益，"吾爱吾师，吾更爱真理"。村田先生将亚里士多德的这句名言更加扩展开来，实际上是在说，吾爱吾土，吾更爱真理。政府、政党、媒体，都有可能出于某种考量对公众加以引导。作为社会的有良心的知识分子，对此应当抱有高度警觉与独立意识。

知者，智也。知识给予人们的是智慧与理性。用智慧与理性充实的大脑，是用来独立思考的。这个星期，上学期末的最后一节中国通史课。临结束时，笔者偏离课题，给学生讲了心理学上记忆幻觉的现象。有些根本就是子虚乌有的事情，但记忆中鲜明得就像是曾经发生过的事情。笔者说，作为伪记忆的记忆幻觉，既可能在个体上产生，也可能在集体中产生，媒体宣传，书籍阅读，课堂受教，都可能产生。比如说，没有经历过战争的一代，关于战争的记忆，多是来自教科书、小说、电影等媒体。记忆是可以制作的。历史也是记忆的一种，也是被后人反反复复出于各种目的制作。我给你们讲的历史，已经加进了我的历史认识。是不是幻觉记忆，要用你们自己的大脑来分析。

国家间，民族间，乃至人与人之间，关系的处理，理性、冷静与智慧，比什么都重要。这就是村田教授关于钓鱼岛个案的考证给予我们的宝贵启示。

图 10　书影

东西方对台湾在海洋世界中地位的认识

阿地力·艾尼[*]

一 引言

中国台湾北临东海，东北接琉球群岛，东濒太平洋，南界巴士海峡，西隔台湾海峡与祖国大陆相望。以台北为中心，2000公里航空半径之间，包括了朝鲜半岛、菲律宾群岛、冲绳、日本的九州、四国和本州的一部分，4000公里航空半径之间，囊括了关岛、马里亚纳群岛、加罗林群岛等美国在西太平洋上的海军基地。从海上看，台湾处于从北起千岛群岛，中经日本群岛、琉球群岛，台湾、菲律宾群岛至南部的印尼群岛西部的西太平洋航道所形成的一条弧形的中枢，成为扼守太平洋航道的中心，是北太平洋与北印度洋之间的战略要冲。根据斯皮克曼边缘地带的理论，边缘地带介乎陆海之间，面对海洋和大陆两个方向，它既能起到缓冲大陆势力和海上势力冲突的作用，又能方便地通向大陆或海洋。谁支配了边缘地区，谁就控制了欧亚大陆，谁支配了欧亚大陆，谁就将掌握世界的命运，欧亚大陆的边缘地带在战略上比大陆的心脏更为重要。[①]台湾又恰恰位于欧亚大陆与太平洋的接合部，处在陆权与海权两大地缘政治权力中心的交接部位。由此看来，台湾具有独特的战略价值，既是南北航向的必经之地，又是陆上势力与海上势力发展的必经之地，是名副其实的战略走廊。

　＊　阿地力·艾尼，中国社会科学院中国边疆史地研究中心、浙江师范大学环东海海疆与海洋文化研究所副研究员。

　①　［美］尼古拉斯·斯皮克曼：《和平地理学》，刘愈之译，商务印书馆1964年版，第107页。

二　中国对台湾在海洋世界中地位的认识

在清以前的中国历代王朝，所遇到的强劲对手几乎都来自北部或西北部边疆，没有哪一个王朝是被来自海上的对手所推翻，因此历代备边，多在北部及西北边疆，而鲜有重视海疆的防卫。在清代前期，清政府的治边整体特征仍为陆疆积极进取，海疆保守防御，区别对待海陆边疆的政策没有发生太大的变化。台湾作为中国东南海疆的门户，"东南数省之藩篱"①，它的重要战略地位，始终没有得到清前期统治者的应有的认识。康熙二十二年（1683 年），与郑氏集团对峙与征战达 40 年之久后，清政府终于收复了台湾。清朝内部随即有人因其孤悬海外，而提出弃置不顾。认为"此一块荒壤，无用之地耳"，"得其地不足以耕，得其人不足以臣"，②而且台湾与大陆远隔大洋，朝廷鞭长莫及，一旦受到外敌入侵难以救援，丧师失地，有损国威；加之派兵驻守台湾，每年要耗费国家大量钱粮，因此主张弃守台湾，将居民迁之内地，退守澎湖。这种观点是前清海防政策制定的主要论据之一，在清廷中也具有一定的影响力。而对台湾战略地位有着敏锐认识的闽浙总督姚启圣和在统一台湾中发挥巨大作用的水师提督施琅等人指出，台湾虽远在海外，但"北连吴会，南接粤峤，延袤数千里，山川俊俏，港道迂回，乃江、浙、闽、粤四省之左护"，"如仅守澎湖，而弃台湾，则澎湖孤悬汪洋之中，土地单薄，界于台湾，远隔金、厦，岂不受之于彼而能一朝居哉？是守台湾则所以固澎湖"，"弃之必酿成后患，留之诚永固边隅"③，从海防战略的高度指出了保留台湾的重大意义。但施琅等人对台湾的认识并未成为清廷最高决策者的共识。康熙虽同意施琅等人的主张，但并未认识到台湾及海疆的重要战略地位，因而也表现出些许的犹豫心态，"台湾弃取，所关甚大，镇守之官三年一易，亦非至当之策。若徙其人民又恐失所，弃而不守，尤为不可"④。康熙的出发点主要是消弭后患，免得台

---

① 施琅：《靖海纪事》，福建人民出版社 1983 年版，第 122 页。
② 施琅：《恭陈台湾留弃疏》，载《靖海纪事》，第 120 页。
③ 施琅：《靖海纪事》，第 132 页。
④ 《圣祖仁皇帝实录》（二）卷 114，中华书局影印本 1986 年版，第 176 页。

湾"为外国所据，奸宄之徒窜匿其中"①。之后，清廷对台湾的认识虽有所改变，但对台湾的治理，始终采取的是防范与抑制并举，镇压与安抚相结合的政策。

鸦片战争以后，东南沿海发生了翻天覆地的变化，清廷的治台政策虽基本未变，但清廷也开始认识到"闽洋紧要之区，以厦门、台湾为最，而台湾尤为该夷歆羡之地，不可不大为之防"②。而各国列强对台湾的觊觎和侵略却在不断加强，在第二次鸦片战争中，英、法、美、俄四国联合胁迫清政府签订《天津条约》，新辟的通商口岸中，台湾就有两处（安平、淡水），后又增加高雄、基隆两港。从此台湾的门户不仅被打开，而且其海关和重要的进出口贸易很快被列强所控制，清廷阻夷于岛外的希望破灭。

同治十三年（1874年）日本侵台事件发生后，引起了清廷朝野的震动，使清政府真正意识到海疆危机的严重性和台湾防卫薄弱的危险性。同年九月，总理衙门即上奏"拟筹海防应办事宜"，以日军侵台事件为戒，提出加强海防的六条建议。为此，清廷明谕："该王大臣所陈练兵、简器、造船、筹饷、用人、持久各条，均系紧要机宜。"③并着令李鸿章等滨海沿江各督抚、将军详细筹议，不得以空言塞责，自此在清廷内外开始了一场关于海防问题的大讨论。通过这次讨论提出了加强海防的种种措施，更重要的是使清政府对台湾的地位产生了新的认识。

首先台湾从防内为主地区转变为御外为主地区。清朝历代统治者认为台湾是个"多乱"地区，并由此得出结论"台湾之患率由内生，鲜有外至"，在这种指导思想下，对台湾的防卫也是以防止内乱为主。在海防大讨论中许多人赞同"驭外之端为国家第一要务"，而御外中又以防日本为尤亟，不论是防日还是御外，台湾都首当其冲。清政府在谕旨中指出："台湾之事现虽权宜办结，而后患在在堪虞。……亟宜赶紧筹画，以期未雨绸缪。"④ 负责筹办台湾善后事宜的沈葆桢奏称："台地向称饶沃，久为他族所

① 《圣祖仁皇帝实录》（二）卷114，中华书局影印本1986年版，第176页。
② 文庆、花沙那、朱凤标等纂，齐思和等整理：《筹办夷务始末》（道光朝，卷11），中华书局1964年版，第348页。
③ 文庆、贾帧、宝鋆等纂辑：《筹办夷务始末》（同治朝，卷98），上海古籍出版社2002年版。
④ 《穆宗毅皇帝实录》（七）（卷372），中华书局影印本1986年版，第929页。

垂涎。今虽外患暂平，旁人仍耽耽相重。未雨绸缪，正在斯时。"① 福建巡抚丁日昌认为日本侵台事虽议结，但日本"今乃雄踞东方，耽耽虎视……彼其志宜须臾忘台湾哉？现以断我手足，必将犯我腹心"，因此"台事以御外为要"。② 台湾防卫以御外为主的看法得到总理衙门及清廷的认同，并在以后的实际执行过程中，这个宗旨也得到了贯彻。

其次，清政府认识到台湾在海防中的重要战略地位。日本侵台事件既暴露了日本把侵占中国台湾作为其进一步侵略中国内地的基地，同时使台湾在我国海防上的地位显得日益重要。清初虽有施琅等有识之士早已指出了台湾的战略地位，但并未得到清廷的认同。乾隆帝虽也口头承认过台湾"实为数省藩篱，最为紧要"③，但当时系指"海盗"利用台湾骚扰沿海而言，重在防内。19 世纪 70 年代，在列强环伺的情况下，来自海上的威胁就变得严重得多。在海防大讨论中，许多督抚都明确地指出了当时所面临的这种新形势。沈葆桢指出："年来洋务日密，偏重在于东南。台湾海外孤悬，七省以为门户，其关系非轻。"丁日昌也认为，"东南七省之逼近海洋，为洋舶之所可朝发夕至者……从古中外交涉，急于陆者恒缓于水，固未有水陆交通，处处环伺，如今日之甚者也"，而日本"觊觎台湾，已寝食寤寐之不忘"，因此主张加强台湾防卫以固东南枢纽。④ 两江总督李宗羲则从更广泛的范围考察了台湾的重要地位，他在复奏中指出："台湾一岛，形势雄胜，与福州、厦门相为犄角。东南俯瞰噶啰巴、吕宋，西南遥制越南、暹罗、缅甸、新加坡。北遏日本之路，东阻泰西之往来，宜为中国第一门户，此倭人所以垂涎也。"⑤ 台湾为中国海防"第一门户"的看法经过海防大讨论后，成为清廷及各重臣们的共识，而这种共识也一直延续至今，台湾成为我国东部七省（桂、粤、闽、浙、苏、鲁、冀）之"藩篱"、"东南之锁钥"。

---

① 沈葆桢：《请移驻巡抚折》（同治十三年十一月十五日），《福建台湾奏折》，载《台湾文献丛刊》第 029 种，台湾银行经济研究室 1957 年版，第 4 页。

② 中国近代史丛书编写组：《洋务运动》（第二册），上海人民出版社 1973 年版，第 353 页。

③ 连横：《台湾通史》，商务印书馆 1983 年版，第 51 页。

④ 李鸿章：《代陈丁日昌议复海防事宜疏》（光绪元年），载《台湾文献丛刊》第 288 种，台湾银行经济研究室 1957 年版，第 68 页。

⑤ 文庆、贾帧、宝鋆等纂辑：《筹办夷务始末》（同治朝，卷 100），上海古籍出版社 2002 年版，第 667 页。

台湾在地缘战略中的重要地位，使之成为中国集攻防于一体的战略要地，这一点许多台湾学者有清醒的认识。驻华盛顿的台北经济和文化代表处顾问黄介正博士以中国国防安全的角度从三个方面分析了台湾所处的战略地位：（1）台湾是中国海防的关键。台湾距离中国东南沿海大约 100 海里。如果台湾在中国的控制之下，台湾可以作为中国的预警设施，作为第一层防卫。这就使中国的防御纵深大为延长。（2）台湾是中国通往大海的门户。台湾位于美—韩—日安全联盟的南端。台湾也位于以南海为内湖的东盟的北端。台湾是中国跨越"第一岛链"的战略突破点。（3）台湾是亚太海运的闸门。在战略上，台湾处于亚太航运要道的中点，连接上海与香港、琉球与马尼拉、横须贺与金兰湾，以及鄂霍次克海与马六甲海峡之间的航道。亚洲太平洋地区海上重要的商业或战略运输都在台湾监控范围之内。①

台湾岛的后方，是广阔的中国大陆。台湾以东是浩瀚的太平洋。中国台湾与日本、菲律宾、小笠原群岛、马里亚纳群岛之间是著名的菲律宾海，它是西太平洋中一个十分重要的战略性海域。该海域西北同日本海和东海相通，向西过南海可进入印度洋，向南过苏拉威西海可抵大洋洲，对控制整个西太平洋具有十分重要的作用。② 可见在亚洲和太平洋范围的战略地理格局中，台湾处于特殊而有利的位置。正如斯皮克曼所言：欧亚大陆的边缘地带在战略上比大陆心脏更为重要。

从航空和海洋交通来看，台湾居于东亚—西太平洋地区的中央位置，具有交通位置优势。台湾是联系东北亚与东南亚的必经之地，日本、朝鲜半岛、中国北部与东部沿海、俄罗斯远东地区等通往东南亚、印度洋、太平洋、中东、欧洲等地的海上交通线大多依赖于此。它是西太平洋上的一个重要交通枢纽。这种交通位置优势，不仅使台湾在战略交通上具有重要价值，而且对台湾发展成为亚太航运中心、贸易中心乃至金融中心都大有裨益。日前，台湾当局正致力于发挥这种地理优势，力图使台湾成为航海贸易转运及分装配送中心、航空货运及旅客转运中心、货物快递转运中心，

---

① 转引自朱听昌《论台湾的地缘战略地位》，《世界经济与政治论坛》2001 年第 3 期。
② 《中国军事地理》，解放军出版社 1989 年版，第 395 页。

力争将台湾建成"亚太营运中心"。①

三 日本对中国台湾在海洋世界中地位的认识

从历史上看，首先利用中国台湾的地缘政治与经济价值的是荷兰人。荷兰人为了获取更多的商业利润，不仅垄断了东西方的贸易，还在远东控制地区间的贸易。为此，荷兰人便选择了中国台湾。于是劳师出兵攻占台湾，在这里筑城、驻军，建作其远东的据点。因为中国台湾不仅距人口众多、经济发达的中国大陆很近，而且又处在北面的日本、朝鲜，南面的东南亚的印度支那半岛与东南亚诸岛的中间，是一个理想的区位中心，位于爪哇与日本的海路中点。为此，荷兰人目的是要把它建成东亚与东南亚之间的贸易中心。荷兰占据该岛后，确实给荷兰人带来很大的利益。

日本是一个由西太平洋岛弧上的日本列岛组成的国家，其对外的侵略与扩张的方向，一是向西往朝鲜半岛登亚洲大陆，想通过满蒙控制中国。这就是日本的"大陆政策"。另一是沿着岛弧向南、北扩张。向北是想控制千岛群岛与库页岛，向南是通过台湾进入东南亚。相比之下，东南亚领土面积、资源、人口都比北面岛弧重要得多，因此，也就形成日本的向南扩张的"南进政策"。在"南进政策"中，中国台湾居于重要地位。

日本侵略者的祖师之一田中义一将日本侵略台湾的目的暴露得甚为露骨。他曾说道：要想征服世界，必先征服亚洲；要想征服亚洲，必先征中国；要征服中国，必先征服满蒙；要想征服满蒙，必先征服朝鲜和（中国）台湾。

在第二次鸦片战争中，日本对中国台湾的侵略更是处心积虑。文部大臣井上毅曾向伊藤博文进言："世人皆知朝鲜主权之必可争，而不知台湾占领之最可争，何哉？……占有台湾，可以扼及黄海、朝鲜海、日本海之航权，而开阖东洋之门户，况台湾与冲绳及八重山群岛相联，一臂所申，可制他人之出入。若此一大岛落入他人之手，我冲绳诸岛亦受辜睡之妨，利害之相方，不啻霄壤。"② 基于此战略认识下，日本于同治十三年（1874

---

① 陆俊元：《地缘战略中的台湾及其对大国安全的作用》，《台湾研究》1996 年第 1 期。
② 转引自黄大缓《台湾史纲》，（台北）三民书局 1982 年版，第 196 页。

年）八月借口琉球渔民被台湾高山族杀害之事，出兵台湾。

1894 年，日本挑起中日甲午战争，其重要的意图之一便是攫取中国台湾。日本前首相松方正义当时就毫不掩饰地说"台湾非永久归我国不可"，"台湾之于我国，正如南门之锁钥，如欲向南发展，以扩大日本帝国之版图，非闯过此一门户不可"。①

甲午一战，清朝大败。日本立即提出割取台湾，在日本人眼里，"占有台湾，可扼黄海、朝鲜、日本海之航权，一臂所伸，以制他人之出入"②。

甲午战争后，日本为得到中国台湾而雄心勃发，认为"台湾落于我手，恰给大日本以扩展的机会，如果统治就绪，拓殖有功，则台湾之为日本发展的根据地，那就是必然的形势。南望，则菲律宾已在咫尺之间，南洋群岛有如卵石之相联，香港、安南、新加坡亦不远。皆为邦人可资试其雄飞之地"③。

1937—1939 年抗日战争初期，日本侵略军从台湾出发，相继攻占了厦门、汕头、福州、广州、北海、海南岛，接着又从海南岛出发，侵入越南。太平洋战争爆发后，日军在短短八个月里顺利攻占了中国香港、新加坡、马尼拉、婆罗洲、泰国、缅甸、爪哇。战争激化期间，装满东南亚原料的战争物资的日本舰船，都由从台湾起飞的飞机掩护，以防止美国潜水艇的攻击。战争结束前夕，台湾—琉球—小笠原仍被列为日本帝国的"海上最后防线"。作为日本的各种侵略护航队的集结地区和供应基地的台湾起了重要作用。

20 世纪 80 年代后，日本政府承担了由日本到巴士海峡的所谓"西南航线"安全保卫任务，把它作为日本安全的重要组成部分。由于台湾地处海空枢纽，对该航线具有重大的控制作用，因而日本十分重视台湾对日本海上运输线安全的作用。他们不希望台湾被一个战略上敌对的国家控制，因此，日本政界时常冒出"台湾地位未定"的论调，而军界则有将台湾附近作为日本防御范围的主张。

从地缘政治上看，台湾对日本的重要性甚至超过了美国。台湾扼日本

---

① 彭谦主编：《猛醒吧，日本！》，新世界出版社 1996 年版，第 41—42 页。

② 天下编辑：《发现台湾》，（台北）天下杂志社 1992 年版，第 237 页。

③ 松岛刚、佐藤宏：《台湾事情》，1897 年第 2 期，第 13 页。

生命线之要冲，是其南下东南亚、伸入波斯湾、前往欧洲的必经之道。日本每年在这条航线上的运输量达5亿吨，其中包括日所需石油的90%和核燃料的100%。日本人认为，台湾如被日本以外的国家控制，就等于给日本人的脖子上套上了一条可以随时勒紧的绳索，因此，日本有人把台湾称为"东方的直布罗陀"。

四　美国对中国台湾在海洋世界中地位的认识

早在19世纪50年代，美国海军少将佩里就向美国政府提出建议，力主占领台湾，他认为台湾"在海陆军事上占有优越的地位，……它不但瞰视，而且可以控制这些商埠和中国海面东北方的入口"，可为美国在西太平洋的前哨。[①]

1855年美国商人拉毕雷的"路易斯安那"号登上了台湾，满载而归，这引起了他建立"永久性投资和建置"的兴趣。为此，他致信美国驻华公使巴驾，把台湾描绘成"一块最肥沃的土地，到处都是矿藏；有水源充足的广大平原；土著人口稀少；气候与土壤优良，……而且有很近的销售市场；它的地位，对于航行于加利福尼亚和华北的汽船来说好似一个中途的供应站……"他建议美国出兵占领台湾，扶植一个"受美国保护"的"独立政府"。[②]

1857年美驻华公使巴驾与美国海军舰队司令亚姆斯特朗一致认为，台湾是最值得占领的岛屿，对美国价值特别大。将夺取和购买台湾跟独占夏威夷群岛和购买阿拉斯加一样，纳入"太平洋帝国"的战略基地计划。[③]

1948年11月24日，美国参谋长联席会议应代理国务卿罗伯特·洛维特的要求，对台湾及其毗邻岛屿对"美国安全的战略意义"进行了有文件可考的第一次评估，评估结果形成一份题为《福摩萨的战略重要性》（福摩

①　陈碧笙：《台湾地方史》，中国社会科学出版社1982年版，第140页。

②　The Executive Documents, Printed by Order of the U. S. Senate, the Second Session, thirty-fifth Congress, 1855—1859, pp. 1214 – 1215. 转引自卿汝楫《美国侵略台湾史》，中国青年出版社1955年版，第70页。

③　陈碧笙：《台湾地方史》，中国社会科学出版社1982年版，第128页。

萨即台湾岛，英文为 Formosa，是荷兰殖民者统治台湾时对它的称呼，英美的官方文献中在涉及台湾时长期使用该名称），后来被编号为 NSC37 的国家安全委员会致国防部长詹姆斯·福雷斯特的备忘录，作为对国务院咨询的答复，该备忘录认为：

……如果我们不能阻止中国自身大部分为共产党所控制——这个基本假设极有可能变为现实，那么，该国在战略上具有重要意义的区域，包括飞机场、港口和沿海铁路终点站，在战争爆发时美国是不能使用的。从战略的角度出发，这将会增加福摩萨作为战时基地对美国的潜在价值，它能够用来集结部队，便于空军进行战略作战，以及控制附近的海上运输线。

福摩萨及其毗邻岛屿一旦由对我们不友好的一方所控制，其战略意义将会更加重要。如果不能阻止福摩萨被受克里姆林宫影响的政权所占据，我们必须估计到，敌方在战时将会控制日本与马来亚地区的海上通道，这对敌方有利而对我们不利；同时随着敌方的逐步强大，它会将其控制范围扩大到琉球群岛和菲律宾。上述两种情况都会在战略上产生非常严重的有害于我们国家利益的后果……

另外，福摩萨的重要战略意义还在于，它可以成为日本的食品和其他物资的主要来源。当然，在上述假设的情况下，这种来源就不会存在。这反过来很可能决定着日本在战时是成为累赘，还是潜在的有利条件。①

此后，台湾对美国在战略上的重要性进一步凸显出来。朝鲜战争爆发前夕，以远东军总司令麦克阿瑟为代表的对华强硬势力明显压过了国务院里的温和派。麦克阿瑟在 1950 年 6 月 14 日致参谋长联席会议的备忘录中忧心忡忡地指出："远东司令部的前线与美国的西方战略前线一样，目前取决于从阿留申群岛到菲律宾群岛的沿海岛屿。福摩萨在地理位置上和战略上是这种沿海战略地位不可或缺的一部分。在敌对的形势下，它对控制东亚周边的军事活动可以发挥决定性的作用。……福摩萨一旦落入共产党的手中，就可以比作一艘不沉的航空母舰和潜艇供给舰。它所处的位置十分理

---

① 陶文钊主编：《美国对华政策文件集》第二卷（上），世界知识出版社 2004 年版，第6—7页。

想，可以使苏联实现其攻击战略，同时还可以挫败美国驻冲绳和菲律宾的军队发起的反攻战略。"[1]

在美国家安全委员会于朝鲜战争结束后的 1953 年 11 月 6 日发表的题为"美国对福摩萨和中国国民党政府的目标和行动方针"的政策声明中，再次对台湾在美国的西太平洋地缘战略中的重要意义进行论证："在地理位置上，福摩萨和澎湖列岛是我们沿海防御阵地的一部分。"[2]

在整个冷战期间，台湾在美国遏制共产主义的全球战略中立下了"汗马功劳"。因为这艘"永不沉没的航空母舰"并不是孤立的，它还是美国在远东一系列军事基地之间相互联系的中间环节，后来还成为一个个相互关联的双边军事联盟的重要组成部分。冷战年代，美国在西太平洋地区，北起千岛群岛经日本列岛、琉球、中国台湾、菲律宾至南部澳大利亚、新西兰，构筑了一道环形防线，即所谓的"第一岛链"。位于西太平洋航道枢纽的台湾正处在这道防线的中间地带。如果大陆和台湾实现统一，势必在这条防线上撕开一个缺口；如果上述"弧线"断裂，美国在东亚地区绝对的制海权将丧失；如果制海权丧失，美国在西太平洋的航线以及从日本冲绳到菲律宾的军事基地将受到致命的威胁。正是台湾无可替代的战略地位，使美国死死抓住其不放，即使中美建交后，美国依然与台湾保持密切的关系，继续干涉中国的内政。[3]

1994 年，美国海军部长詹姆斯·福雷斯特尔声称："台湾是未来太平洋中最关键之处，谁掌握了台湾，谁就控制了亚洲大陆整个海岸。"[4]

五　余语

从以上台湾在海洋世界中的地位的叙述来看，台湾不仅对我国东南沿海意义重大，更是东亚不可多得的军事基地。台湾事关中国近海交通和远

---

① 陶文钊主编：《美国对华政策文件集》第二卷（上），世界知识出版社 2004 年版，第 39—40 页。

② 同上书，第 173—174 页。

③ 朱听昌：《论台湾的地缘战略地位》，《世界经济与政治论坛》2001 年第 3 期。

④ 王逸舟：《全球化时代的国际安全》，上海人民出版社 1999 年版，第 465 页。

洋发展，它既可以成为中国维护国家海权和走向海洋大国的一个地缘支轴，也可能成为其他敌对势力遏制中国海洋战略的一个绳扣，其军事价值远非"不沉的航空母舰"所能比拟，其地缘意义更是中国其他任何岛屿所无法替代的。要维护国家主权，要成为新世纪的强国，中国必须解决台湾问题。统一台湾是中华民族的根本利益之所在。

近代中国海权思想浅析

高 月*

引 言

论及海权思想，最为耳熟能详的是美国人马汉所著《海权论》一书。该书于 1890 年问世，是西方现代海权理论的奠基之作，因迎合了各帝国主义国家的扩张需求，被奉为圭臬。该书改变了美、德、日等国的海洋和海军发展战略，同时也深刻影响了此后各国对于海权的认知。马汉的海权理论尤其是其对于海权概念的界定，依然是当今各国探讨海权的标尺和预设前提。这种垄断性的影响力在我国相关学术领域的体现是马汉海权理论这一外部的、单一的视角已成为我国海权研究的绝对主流。以本文的研究对象近代中国海权思想为例，这一领域虽向为学界关注，成果颇丰，但综合来看，现有成果大多以马汉的海权思想为视角展开论述，无意间忽略了中国自身固有的产生海权思想的土壤，论点也难免失之偏颇。有鉴于此，本文尝试从中国历史着眼探讨近代中国海权思想，以近代舆论俯拾皆是的有关海权思想的表述为基础史料，沿着以下思路展开，即在马汉《海权论》传入中国之前，中国有无海权思想？如果有，其导源何处？马汉的《海权论》既然能够对各帝国主义强国产生重大影响，那么它传入中国后，对中国本土的海权思想有何种影响？

---

* 高月，中国社会科学院中国边疆史地研究中心副研究员；浙江师范大学环东海海疆与海洋文化研究所特聘研究人员。

一　近代中国有无海权思想

关于近代中国海权思想的有无，目前学界有两种截然相反的观点。一种观点认为，鸦片战争后林则徐、魏源等人提出了较为系统的海权思想；[①]另一种观点认为直到 19 世纪末 20 世纪初美国马汉《海权论》传入中国后，中国官民各界才开始产生海权思想。[②] 综合来看，前一种观点虽有"从中国发现历史"之意，但其研判近代中国海权思想有无的标尺却来自美国人马汉所著《海权论》中的广义海权概念。马汉的海权概念有广义和狭义之分。广义的海权"涉及了促使一个民族依靠海洋或利用海洋强大起来的所有事情"[③]。这种广而化之的概念给前一种论点极大的施展空间，以此为基础，部分论述将一些近代人物的有关海洋的思想均装进这个概念，以为论据。后一种观点与此有相似之处，即其研判标准同样来自马汉的海权概念，只不过依据的是狭义的海权概念。在《海权论》中，狭义的海权概念是海上军事力量与非军事力量的结合。部分论者以此"精确"的概念比量近代中国，认为在马汉《海权论》传入中国以前，中国人只知海洋可以兴渔盐之利，可以通舟楫之便，完全没有海洋作为经济贸易途径、军事上的战略基地的观念。

应该说，双方观点如果孤立地来看，虽有各说各话之嫌，但也均能成一家之言。之所以产生分歧，聚讼不休，根本原因是双方标准不一。笔者认为，笼统地将近代中国海权思想放诸西方的近代意义的概念，或者削足适履去迎合这个概念，均不可取。探讨近代中国海权思想，应注意中外之分、古今之别。

---

① 此类观点较具代表性的论述有卢建一《从东南水师看明清时期海权意识的发展》（《福建师范大学学报》2003 年第 1 期）、戚其章《魏源的海防论和朴素的海权思想》（《求索》1996 年第 2 期）、缪凤林《三代海权考证》（《史地学报》1921 年第 1 期）、李强华《晚清海权意识的感性觉醒与理性匮乏——以李鸿章为中心的考察》（《广西社会科学》2011 年第 4 期）。

② 此类观点较具代表性的论述有周益锋《海权论的传入和晚清海权思想》（《唐都学刊》2005 年第 4 期），《海权论东渐及其影响》（《史学月刊》2006 年第 4 期），刘一健、吕贤臣《试论海权的历史发展规律》[《中国海洋大学学报》（社会科学版）2007 年第 2 期]。

③ ［美］阿尔佛雷德·塞耶·马汉：《海权论》，范利鸿译，陕西师范大学出版社 2007 年版，第 22 页。

目前被中国学者广泛应用的马汉的海权理论是西方历史实践的产物。

首先，《海权论》是海上战争历史的产物。《海权论》在梳理西方海战史的基础上，认为海权对战争的胜负和国家的发展具有决定性影响；要夺取海权，必须建立强大的海军。这一理论与古代地中海沿岸的战争史互为印证。地中海独特的地理环境为沿岸国家的海权实践创造了条件。希波战争凸显了海军的重要作用和海权对于陆权的优势。罗马创建了强大海军，摧毁了迦太基海军，从而取得了第一次布匿战争的胜利；凭借海上力量的优势，攻击汉尼拔的后方补给线，使其前后不能兼顾，又赢得了第二次布匿战争。

其次，《海权论》是西方海上贸易发展的产物。地中海文明的历史表明，海上贸易与海上军事力量相伴而生，商业繁荣与海上霸权相辅相成。《海权论》的基本逻辑链条是：通过强大海军获得制海权——控制海洋通道——控制海洋贸易并从中获得巨额财富——财富反哺海军建设并最终获得世界霸权。海军保障国家财富的积累，财富又促进了海军的强大，二者形成良性互动。这种发展模式已经被从古希腊到 19 世纪各帝国主义国家再到当代美国的历史反复证明。

应该说，《海权论》作为一种战略理论有着深厚的历史基础，是对西方国家历史上海上军事力量与海洋贸易之间伴生关系的提炼与总结。但如将其用于衡量近代中国有无海权及海权思想，则应慎重。

首先，海洋在中国历史上的地位与西方不同。在西方国家将海洋作为贸易通道的时候，海洋在中国历史上却完全是另一种角色，它一方面是陆疆安全的屏障，另一方面是"他者"远来甚至进犯的通道。海仍然是防御的对象，而非利源之所出。即使中国有过郑和下西洋这样的壮举，但也只是朝贡体系下明王朝振国威、施远恩的"自娱自乐"而已。虽然通过赏赐与朝贡实现了中外商品交换，具有朝贡贸易的性质，但其政治上的象征意义远远大于经济上的贸易意义。既然谈不上海上贸易，其船队中庞大的海军当然也就不具备保护海上贸易功能。这与西方国家海军与贸易并举的海权概念完全相左。

其次，中国的文化与经济基础与西方不同。西方海洋文明是外向文明，崇尚进取与冒险；中国由儒家文化主导的生活伦理则是内敛的，重义而轻利。另外，中国陆疆面积广阔，物产富饶，大部分地域以小农经济为主导，不需要与大洋彼岸的国家进行交换即可自给自足。同时，小农经济也不足以支撑一支庞大的远洋海军，因此以海军扩张为原动力的西方近代海权就不可能与中国产生任何共鸣。关于这一点，先贤学者曾有过精致的分析。严复曾指出："中国者，正海、陆兼控之国也。徒以神州舆壤，地处温带上腴，民生其中，不俟冒险探新，而生计已足，此所以历代君民皆舍海而注意于陆。"[1]

综上，究竟应该据何标准讨论中国近代海权思想，是用马汉之海权论反观中国历史，还是以中国自身为落脚点，研判中国人长期与海洋接触尤其是近代以来与外部世界交往、冲突过程中形成的有关防控海洋、经营海洋的认识？笔者认为，后者显然更具合理性。近代中国在经历了数次由海洋而来的边疆危机后，朝野对海洋之地位、作用及如何防海、制海进行有意识的思考，应在情理之中。

近代西方的海权概念不适用于中国，如果不加区别地将马汉海权概念用于中国，进行穿越时空的比附，其结果只能是阻碍对中国海权及海权思想的梳理。目前学界俯拾皆是的海权概念，很有可能只是"一种过分耳熟能详的迷思罢了"[2]。中国海权思想的内涵及其发展脉络，需要从中国历史中探寻。

二　近代中国海权思想导源

笔者认为，中国海权思想的产生应具备两个条件。一是海洋由天堑变为通道，海洋不再具有不可逾越性；二是与中央王朝相对抗的势力从海洋而来，并对陆疆安全造成威胁。只有满足这两个条件，中国人才会产生控制海洋、防御海洋、经略海洋的思想，即中国的海权思想。纵观中国历史，

---

① 王栻：《严复集》第二册，中华书局 1986 年版，第 257 页。

② 罗志田先生认为学界目前对近代中国"民族主义"内涵的理解并不一致，虽耳熟能详，但仅是一种"迷思"[参见罗志田《民族主义与近代中国思想》，（台北）东大图书公司 1998 年版]。笔者认为，目前学界对于海权的研究与此有相似性。

与海洋上的他者发生对抗应始自明代的抗倭。[①] 正如刊刻于明末天启元年的《武备志》"海防"部分所言："海之有防，自本朝始也；海之严于防，自肃庙时始也。"[②]

零星的倭寇扰民事件自明初在东南沿海即时有发生，由于明朝政策失当，至嘉靖年间遂演变为大规模的倭患。[③] 在现实的激发下，明朝的海防思想也在此时勃兴。其中，影响最著者当属郑若曾编纂的《筹海图编》。该书完全以防倭、制海为着眼点，是官方对于倭患的反应，即如作者所言："壬子以来，倭之变极矣。……当变之始作也，莅事者欲按往迹，……而记载蔑如，无所从得。……咸以为恨。……曾宜有所述，毋复令后人之恨今也。"[④] 该书共十三卷，卷一为海防图，"综合明中期因抗倭而聚积的海防资料成果"[⑤]。卷二是对中日关系及日本国情的梳理。卷三至卷七为广东、福建、浙江、直隶、山东和辽阳的沿海形势。卷八至卷十记录了嘉靖年间的倭患情况。卷十一至卷十三是作者对防倭、制海的战略思考。从内容的广度和深度来看，"该书可谓明中期以后倭患催生的海防论著的滥觞，对此后两百余年的同类论著有着持续的影响"[⑥]。

《筹海图编》以降，有关海防的论著大量出现。万历二十年（1592年），总督两广军务的萧彦命、邓钟在《筹海图编》基础上删繁留简，添以续闻，重编成书，名为《筹海重编》，以应对日本侵犯朝鲜后的海防危机。万历二十四年（1596年），浙江温处兵备兼巡浙东道副使蔡逢时编纂《温处海防图略》，以重浙东海防。万历三十年（1602年），浙江按察使司管海

---

① 汉、唐、元诸朝虽都曾有大规模水师用于跨海作战，但此时的海洋仅是作为军事运输的媒介，而非战争的主角，因此不能产生任何与海洋防御相关的思想。

② 茅元仪：《武备志》卷二〇九，载《四库禁燬书丛刊》子部第二十六册，北京出版社 2000 年版，第 308 页。

③ 戴裔煊：《明代嘉隆年间倭寇海盗与中国资本主义的萌芽》，中国社会科学出版社 1982 年版，第 1—17 页。

④ 郑若曾：《筹海图编》，载《中国兵书集成》（第 15—16 册），解放军出版社、辽沈书社 1990 年版，第 27—28 页。

⑤ 张伟国：《明清时期长卷式沿海地图述论》，载李金强、刘义章、麦劲生编《近代中国海防——军事与经济》，香港中国近代史学会 1999 年版，第 3 页。转引自李恭忠、李霞《倭寇记忆与中国海权观念的演变——从〈筹海图编〉到〈洋防辑要〉的考察》，《江海学刊》2007 年第 3 期。

⑥ 李恭忠、李霞：《倭寇记忆与中国海权观念的演变——从〈筹海图编〉到〈洋防辑要〉的考察》，《江海学刊》2007 年第 3 期。

兵备道范涞编纂《两浙海防类考续编》。万历四十一年（1613 年），湖广学政王在晋编成《海防纂要》。天启元年（1621 年），茅元仪编纂《武备志》，其中"海防"部分亦取自《筹海图编》。这些著作均以从海洋而来、对王朝统治构成威胁的倭寇为防御对象，具有强烈的外部取向，明显不同于明朝以前历代对海洋的认识。

无论倭寇的成分如何，其本质上是与明朝中央政府对抗的海上势力，并严重威胁到了沿海安全。倭寇催生了明代朝野关于抗倭、防海的思考，这些思考汇集成的海防思想是中国海权思想的发端，也是中国海权思想的重要组成部分，其影响力一直持续到清代。

清前、中期，一批海防论著相继面世，主要有顾炎武的《天下郡国利病书》、顾祖禹的《读史方舆纪要》、杜臻的《海防述略》、姜宸英的《海防总论》、韩奕的《防海集要》、薛传源的《防海备览》、严如煜的《洋防辑要》、俞昌会的《防海集要》。据当代学者考证，清前、中期海防论著深受郑若曾《筹海图编》影响，继承了其以倭寇为防御对象的整体思路。这些著作所体现的海防思想亦与《筹海图编》如出一辙，甚至个别句段与《筹海图编》一字不差，大多是对明朝海防的回顾与总结。[①] 造成这种现象的原因除了倭寇在有明一代确实给中国东南沿海造成巨大威胁，官僚学者形成长久挥之不去的倭寇记忆以外，更重要的原因在于清朝前、中期海防相对平静，在影响更剧的敌人出现以前，倭和寇仍然是防御的重点。舆地之学的兴衰完全取决于现实形势。清朝前、中期边患主要来自"三北"，东南沿海在收复台湾后陆续弛禁。当时的士大夫感知不到大洋彼岸的世界，更无法预见比倭寇更为陌生的他者，其研究视域只能投向前代和倭寇。但这种情况被鸦片战争改变。

鸦片战争使部分官僚和士大夫意识到传统海防已不能适应新形势，他们的海防思想较诸明代发生了明显变化。

其一，防御的对象由倭寇向西洋诸国的转变带动了防御手段的改变。鸦片战争以后，清朝历次对外战争的敌人主要是来自海上的西洋诸国，其实力和侵略意图完全不同于倭寇。对手的变化催生了海防思想的变化，这

---

① 李恭忠、李霞：《倭寇记忆与中国海权观念的演变——从〈筹海图编〉到〈洋防辑要〉的考察》，《江海学刊》2007 年第 3 期。

主要体现在将近代海军作为防御手段方面。

林则徐、魏源最早提出建立西式的近代海军用以防御列强从海上的入侵。林则徐在鸦片战争结束后即主张从固守海岸向舰船主动出击转变，认为"剿夷不谋船炮水军，是自取败也"，"逆船朝南暮北，惟水军始能尾追"①。魏源主张"必使中国水师可以驾楼船于海外，可以战洋夷于海中"②。林、魏建设海军的主张被其后的左宗棠、丁日昌、李鸿章等继承。左宗棠于同治五年（1866年）奏称"欲防海之害而收其利，非整理水师不可；欲整理水师，非设局监造轮船不可"③。同治七年（1868年），时任江苏巡抚丁日昌草拟了《海洋水师章程》六条，建议设立北洋、东洋、南洋三支海军，彼此呼应，连成一气。④李鸿章作为清末海防派的代表，对于近代海军的推崇自不待言。他强调建设海军用于近海防御，主张"水师果能全力经营，将来可渐拓远岛为藩篱，化门户为堂奥，北洋三省皆在捍卫之中，其布势之远，奚啻十倍陆军？"⑤这些人之所以大倡海军，根本原因是他们意识到海洋防御的对象已发生改变，不能再以盗、寇视之，防御手段必须随之改变，如吴大澂所言："昔之防海，专恃陆军布置在海口以内，今之防海，宜大治水师经营在海口以外。"⑥正是在这些思想的影响下，清王朝在甲午海战以前完成了西式海军的创建。

其二，海防的地位得到提升。阿古柏入侵中国新疆和日本侵犯中国台湾引发的塞防与海防之争是海防地位得到提升的明显例证。在此之前，塞防一直是清王朝防御的重点。塞防与海防无论孰优孰劣，这场争论本身即足以说明经过鸦片战争后几十年的发展，在海疆危机的刺激下，海防已不再从属于塞防。就国家整体安全而言，海防已变得同塞防同等重要。除李鸿章以外，海防论在当时得到了两江总督李经羲、山西巡抚鲍源深、河南巡抚钱鼎铭、闽浙总督李鹤年以及沿海省份地方官员的赞成。在这些人的鼓吹下，海防成为清王朝生死之所系，正如李鸿章所言："新疆不复，于肢

---

① 杨国桢：《林则徐书简》，福建人民出版社1981年版，第193页。

② （清）魏源：《魏源集》（下），中华书局1983年版，第870页。

③ 中国史学会编：《洋务运动》（五），上海人民出版社1961年版，第6页。

④ 宝鋆等：《筹办夷务始末》（同治朝）卷九八，中华书局1979年版，第23页。

⑤ 《李文忠公全集》奏稿卷三九，（台北）文海出版社1980年版，第34页。

⑥ 张侠：《清末海军史料》（上），海洋出版社1982年版，第46页。

体之元气无伤，海疆不防，则腹心之大患愈棘。"①

综上，清代前期的海防思想明显由明代传承而来，但鸦片战争以后，无论是对海防手段还是对海防地位的认知，清代海防思想均表现出明代所没有的特点。另外，明清以海防思想为主要内容的海权思想，是对外部冲击的本能反应，海岸防御、近海防御是其最大特点，是自卫型的海权思想，这与清末传入中国的马汉的进攻性海权思想明显不同。这再一次印证了在马汉的海权思想传入中国以前，中国完全有可能演化出自己的海权思想。

三　马汉《海权论》对近代中国海权思想的影响

据当代学者考证，马汉的海权理论最早于 1900 年由日本人主办的刊物传到中国。1900 年 3 月，由日本人主办、在上海发行的中文月刊《亚东时报》开始翻译马汉《海权论》，取名为《海上权力要素论》，但该刊只翻译了《海权论》的第一章第一节。② 此后，《游学译编》、《国风报》等报刊也在清末零星翻译过西方海权论著。尽管如此，西方海权理论毕竟由此进入中国，并不可避免地对中国传统海权思想产生影响，这种影响体现在以下方面。

首先，"海权"概念开始出现在国人有关海权思想的表述中。此时的"海权"概念包含几种含义。其一，海权即海军。这种理解比较普遍。如《英俄法之海权》一文将英俄法各国海军战舰之多寡作为衡量海权大小之标准，认为海权即"海上制胜之权"，将海权理解为军事意义上的海军。③《竞争海权》一文认为各国海权之竞争即海军之竞争。④《欧美列国之海军扩张》一文主张"欲伸国力于世界者，必先争海上权，而海上权力之消长，即以海军之强弱以为差定"。这明显是将海权等同于海军，但该文结尾的表述却显示出作者对海权的另一种理解。作者称"然试问二十世纪中各海军

---

①　左锡九辑：《海防要览》卷下，载《中国兵书集成》（第 48 册），解放军出版社、辽沈书社 1993 年版，第 238 页。

②　周益锋：《"海权论"的东渐及其影响》，《史学月刊》2006 年第 4 期。

③　《英俄法之海权》，《清议报》1900 年第 65 期。

④　《竞争海权》，《经济丛编》1902 年第 19 期。

国竞争之目的物，非太平洋海权乎?"① 此处作者显然是将海权理解为海洋的控制权。同一篇文章中海权的含义前后不一，体现出当时海权概念的混乱。有人将国家间的海权斗争理解为海军的竞争，认为海军实力占优的国家自然会赢得海权。② 《海洋空间与海权》一文持相似观点，其在行文中称"这次战争的结果，更证明日本海军的力量只够欺侮东方没有海军的国家，而不够抵挡西方的真正海权。"③ 这显然是将海军与海权对等。

其二，海权即制海权。1907 年葡萄牙人占据澳门附近中国海域，报刊舆论在对此事件的报道中多引入海权概念，但对海权的理解却并不一致。如《葡人以澳门至湾仔为占有之海权耶》一文称"贵国官如此办法，不独显违合约，抑且侵损本国之权限"④，将海权理解为制海权，抑或是对海洋的管辖权。但此后报道该事件的文章则又将海权理解为领海。如《查报葡人占越海权之证据》一文称"湾仔为香山门户，即海面亦中国轮船常经之处。葡人竟视为固有，实属意存占越"⑤。《力争海权》一文称"澳门葡兵此次擅行越界，迫令中国渔船改泊澳门，并称该处海权全归葡国管辖，实属有违约章"⑥。这与上文提到的海权概念混乱的情况类似，对同一事件的报道，虽然均以海权为题，但指称完全不同。将海权理解为制海权在当时比较普遍，如有人称"英人鹰瞵虎视，夺我之海权，尤不肯落诸国后，占我香港、九龙，而南洋之海权失；租我威海卫、秦皇岛，而北洋之海权失；觊觎我舟山，保护我吴淞口，而南北洋适中之海权失"⑦。《海权世界与空权世界》一文称"海权国家争霸海上，即必控制这海洋交通的咽喉门户"⑧。《海权争持中的达达尼尔海峡》一文称"第二次世界大战盟军之胜利，它的关键，系在大西洋获得制海权"⑨。从这些文章的内容来看，它们多是从字面上将海权理解为制海权，对概念的应用重于对概念的理解。

---

① 《欧美列国之海军扩张》，《江苏》1903 年第 2 期。
② 《英美日海权斗争的观察》，《警灯》1934 年第 1 期。
③ 《海洋空间与海权》，《时与潮半月刊》1948 年第 2 期。
④ 《葡人以澳门至湾仔为占有之海权耶》，《振华五日大事记》1907 年第 22 期。
⑤ 《查报葡人占越海权之证据》，《孔圣会星期报》1910 年第 104 期。
⑥ 《力争海权》，《外交报》1907 年第 19 期。
⑦ 《世界之海军观》，《北洋兵事杂志》1910 年第 1 期。
⑧ 《海权世界与空权世界》，《新中华》1945 年第 2 期。
⑨ 《海权争持中的达达尼尔海峡》，《智慧半月刊》1947 年第 15 期。

其三，海权即领海。将海权理解为领海的文章除以上提到的两篇外，较具代表性的当属《三代海权考证》一文。该文称"海权诚升降靡定，然即其有某海海权时，亦非全海皆入范围"，考证出"商之海权，东北远逾于南"。可见，该文所言之海权即王朝所管辖之海域，即领海。①

其四，海权即海洋经营权，抑或海洋权益。《比较英国海权》一文将商船之多寡作为衡量一国海权大小的标准，称"一千八百四十年以来，海权以英国为雄，沿至今日，天下海权英国占其过半。试将去年各国商船之数列而为表，即可见矣"②。与此类似，《太平洋上美日海权之新竞争》一文认为美日在太平洋上的海权竞争就是对太平洋上海运权的竞争，亦是从商业经营的角度理解海权。③ 此外，尚有部分文章将渔权等同于海权，或认为渔权是海洋权益的一部分。如《北海部应付日本侵占海权》一文称"此次日舰驶入龙口、芙蓉、日照等岛，侵害中国数百万渔业生产，剥夺吾国一万余里海权"④。《日本侵我领海渔业》称"我国岂可将大好渔业权，拱手断送于外人。用敢请我中央政府，提出严重抗议，力争主权；更望全国同胞奋起力争，不达收回海权之目的不休"⑤。《渔夫 海贼 海权》一文将渔权看作是海权的重要组成部分，称"我们的渔业，要是被人侵害了，那个损失，就不单在渔权上，那是要连海权一块要丧失的"⑥。《确保海权完整》一文与此类似，称"日本渔船近来迭次侵入我国领海，……此事不但渔业界受到的损失很大，而且也影响到我国的海权完整"⑦。

从以上国人对海权概念的应用可见，正是由于海权论传入中国的不系统性，国人对"海权"概念的理解并不一致，他们根据自己的理解或需要，择取马汉"海权"概念的一部分，用于各自的文章中。

其次，有部分论述在马汉海权思想的影响下，注意到了西方海权框架下军事力量与商业之间的连带关系。如《论太平洋海权及中国前途》一文

① 《三代海权考证》，《史地学报》1921 年第 1 期。
② 《比较英国海权》，《知新报》1899 年第 95 期。
③ 《太平洋上美日海权之新竞争》，《银行周报》1926 年第 17 期。
④ 《北海部应付日本侵占海权》，《兴华》1924 年第 26 期。
⑤ 《日本侵我领海渔业》，《江苏省政府公报》第 127 期。
⑥ 《渔夫 海贼 海权》，《四海》1932 年第 17 期。
⑦ 《确保海权完整》，《自由天地》1948 年第 8 期。

认为"所谓帝国主义者，语其实则商国主义也。而商业势力之消长，实与海上权力之兴败为缘。故欲伸国力于世界，必以争海权为第一义"，"海军者，所以保护旅外之国民，保护殖民地，保护商业，保护商船也。"① 因该文主要材料来自日本报刊，所以其对海权的理解更接近马汉的海权概念。《巴拿马运河与海权问题》虽是译文，但译者在文首和文末均表达了自己的观点，认为"今日之世界，兵战固战也，商战亦战也。兵战固烈，而商战有时更烈于兵。兵战而败，其转败为胜也犹易；商战而败，其转败为胜也实难。""禹域万里，以此而供人商战兵战之场，其必致惨苦愈惨苦，剧烈愈剧烈。"② 该文注意到了海上贸易和商业上的逐利才是各国争夺海权的实质，同时以弱国心态分析大国海权格局变动下的中国形势，应该说对西方海权思想的强权本质有所察觉。

不仅如此，清末和民国官方受西方海权思想影响，也对海军与商业之间的关系有所认识。光绪二十八年（1902 年）政务处曾奏称"经营海军实为立国之要，平时巡阅洋面，保护商税，既足以开通风气，亦足以自卫藩篱"③。1934 年，民国政府交通部曾派员在中央广播电台播讲海权问题，认为"与航业关系最大者，厥为海权。英美各国之航线，能如是发展，商业能如是发达者，皆赖海权为扩张之后盾"，"一国商业之多寡，不仅关系商业之盛衰，实系乎一国之强弱。商业藉商轮资以运输，商轮复藉军舰资以保护。至作战时，军舰亦可藉商轮之臂助"④。实际上，这一论点基本体现了马汉海权论的理论逻辑，即军力与商业互为补充，共同繁荣，最终实现对他国的优势。

基于对军事力量与商业之间关系的认识，部分论述对清末重建海军进行了反思。如《书劝输海军捐启后》一文称"英国海军最盛，但其宗旨在于保商，……我华之商务，非其比者"，"今日振兴中国之要素，当务之急实有多端。若不思先务之急，而先谋整顿海军以壮外观，试问中国海军成立之后，其于海军国之位次，将居何等乎？……掷黄金于虚牝，好事者为

---

① 《论太平洋海权及中国前途》，《新民丛报》1911 年第 26 号。
② 《巴拿马运河与海权问题》，《国风报》1911 年第 12 期。
③ 《政务处奏覆前护江督李奏海军孱弱急宜振兴以维商务折》，《浙江交徵报》1903 年第 13 期。
④ 《交通部派员演讲航线与海权》，《交通杂志》1934 年第 2、3 期合刊。

之，有识者惜之"。① 《吾有望于海军处者一》一文称"北洋舰队全没，今虽计画复兴，然就我目下之国力观之，非自贬之论，亦不过先谋自卫而已矣"，"即使舰队编成，其价值亦不过如甲午战前之北洋舰队而已"。② 《论政府将复设海军》一文针对"上自政府，下至士大夫"、"以为海军一经复设，则萎者可使之立起，死者可使之复生"的想法，认为中国受经费、人才、军舰等方面制约，不具备重建海军的条件。③ 以上诸文注意到了海军是国力的体现，与一国商业之发达成正比；如无发达之商业，海军实无存在必要。这实际上是用马汉的海权思想分析中国的现实。

与国人对海权概念的理解不一致相类似，对于海军与商业之间的关系及建立海军的必要性，有人从反方向进行了解读。如当时有人认为"今兹之中国，仅能扩张陆军而不辅以海军，恐海权渐失，而国权以之替矣。保护不及，而商力以之微矣"，"有海权之国强，无海权之国弱；得海权之利者国富，失海权之利者国贫"④。《劝输海军捐启》则在分析了中国较诸欧美列国的劣势之后，认为"海军不兴，其受祸害如此，海军一兴，占优胜如彼"，进而主张中国"人人当知海军为当今第一之要务"⑤。这种观点的逻辑是先有强大的海军，然后才能商业繁盛，国力增强。

如上文所述，马汉海权思想的理论逻辑呈现环状结构，海军和商业之间无分先后。以上两方论者各自从这个环状结构中截取一段，以为理论基础，都具有一定的合理性。不论从哪个方向解读，双方均能自圆其说，其立论的基础实际上都是马汉的海权思想，只是各取所需而已。

最后，尽管"海权"充斥于近代中国的报刊舆论，但此"海权"非彼"海权"，马汉海权理论的扩张性和其具有的社会达尔文主义弱肉强食的强权特质并未在中国落地生根，即便是主张大力建设海军的文章，目的也仅是近海防御和本土防御。如《筹复海军议》虽极力主张建设海军，但在文章末尾，其作者道出了建设海军的目的，称"目前就可辟之军港，与现有

---

① 《书劝输海军捐启后》，《通学报》1906 年第 14 期。
② 《吾有望于海军处者一》，《武学》1910 年第 14 期。
③ 《论政府将复设海军》，《东方杂志》1908 年第 4 期。
④ 《筹复海军议》，《南洋兵事杂志》1909 年第 38 期。
⑤ 《劝输海军捐启》，《醒狮》1906 年第 5 期。

之船舰，从速兴筑，酌量增配，期于五年内编成海口巡防舰队及长江舰队"①。由留日学生于 1909 年在东京创办的《海军》季刊以鼓吹建设海军闻名，其第一期登载的《重兴海军问题》一文在总结鸦片战争以后中国历次对外战争失败的教训后，认为中国应建立强大海军，但其建立海军的目的仅是海岸防御。该文作者称："夫用兵者毋恃敌之不来，恃我有以待之，今海岸线至四千英里之长，而无一有力舰队以任防御。""欧风美雨，挟印度洋、太平洋之潮流，滚滚而来。吾沿海七省根据重要之地，乃在顾此失彼，凤鹤惊心。"② 不唯舆论如此，清政府官方虽大倡重建海军，但其着眼点仍是沿海防御，如姚锡光在《拟就现有兵轮暂编江海经制舰队说帖》中所言："我国海疆衺延七省，苟无海军控制，则海权坐失。"③ 言下之意，建设海军的目的仍是防卫沿海省份。

四　结语

综上所述，马汉的海权理论并不适用于中国，在马汉的海权论传入中国以前，中国已独立产生了自己的海权思想。中国海权思想滥觞于明代发端的海防思想，其后随着中国历史的发展不断被赋予新的内涵。如同西方战争史是马汉海权论产生的思想土壤一样，中国沿海防御的历史尤其是威胁到王朝统治基础的海疆危机是近代中国海权思想产生的基础，由此也决定了其不同于马汉海权思想的本土防御的特质。马汉的海权思想传入中国后，其概念和部分理论逻辑关系与中国传统海权思想结合，在形式和内容上对传统海权思想均有一定程度的影响。但传统海权思想中的自卫防御特质仍然得到保留，这是近代中国海权思想的最大特点。我们不能忽视外界思想传入对其的影响，但也不能夸大这种影响。

---

① 《筹复海军议》，《南洋兵事杂志》1909 年第 38 期。
② 《重兴海军问题》，《海军》1909 年第 1 期。
③ 张侠：《清末海军史料》（下），海洋出版社 1982 年版，第 800 页。

海洋经济与舶务

海外之变体：明清时期崇明盐场兴废与区域发展

吴 滔[*]

　　崇明位于长江尾椎，现为我国第三大岛，在历史时期，它并非一开始就显现为巨型沙洲的形态，而是经历 1000 多年由陆续涌现在长江口的大大小小的沙洲经过反复涨坍合并而成，表现为独特的"沙洲—海岛"景观。无论从自然地理变化还是历史文献记录上，崇明岛沙洲之雏形均不早于唐代，[①]然而，直至宋代，这里才开始有较为正式的行政建制，先后设有军镇、巡检司和盐场等，元初，以"天赐"盐场为基础建崇明州，入明，降崇明州为县，相沿至今。与不少沿海边疆地区类似，王朝先通过控制崇明所提供的海洋消费物——食盐，逐渐将之纳入帝国行政体系。崇明的历史，也一直与当地盐场的兴废纠缠不清。从这一意义上，从盐业生产和销售的角度探讨明清崇明历史的变迁，进而理解历史时期沿海边疆地区的社会结构，或不失一种可能的途径。

　　过往对于明清盐业史的研究，可谓汗牛充栋，然多集中于与食盐专卖制度及其运作的层面，[②]具体到盐业生产地——盐场的研究，则一向比较薄弱，即便有也多侧重于自上而下的制度梳理，[③]落实到特定社区的研究殊为

---

　　* 吴滔，中山大学历史地理研究中心教授。

　　① 张修桂：《中国历史地貌与古地图研究》，社会科学文献出版社 2006 年版，第 268—276 页。

　　② 吴海波、曾凡英：《中国盐业史学术研究一百年》，巴蜀书社 2010 年版，第 176—215 页。

　　③ 徐泓：《明代前期的食盐生产组织》，载《台湾大学文史哲学报》第 24 期，台湾大学文学院 1975 年版，第 1—33 页；徐泓：《明代后期盐业生产组织与生产形态的变迁》，载《沈刚伯先生八秩荣庆论文集》，联经出版事业公司 1976 年版，第 389—432 页；刘淼：《明代盐业经济研究》，汕头大学出版社 1996 年版，第 69—192 页。

少见。近年来，这一局面虽有所改观，① 但两浙盐场仍旧淡出研究者的视野。属于明两浙三十六盐课司之一的崇明"天赐场"，在明清两朝几经撤立，渐衍生出一套颇具特色的"沙洲—海岛型"盐业管理制度；又因紧邻长江以北的两淮盐场，崇明一带长期乃淮盐走私往两浙盐区的重要孔道。故考察天赐盐场的兴革，不仅有助于从一个比较独特的角度了解崇明岛区域发展的脉络，并可展现明清时期"沙洲—海岛型"盐业社区的独特风貌。

一 从盐场到州县

存世文献对崇明早期历史的追溯多起自元明之际，其中以洪武《苏州府志》为早：

> 崇明在东海间，旧属通州海门县，视淮浙相去甚远。旧志云：唐武德间，海中涌出二洲，今东、西二沙是也。宋续涨姚刘沙，与东沙接壤，今崇明旧治是也。②

内中之"旧志"为何，已不得其详，或指已佚的首部崇明方志——元至正《崇明州志》。③ 盖其时离崇明至元十四年（1277 年）立州未久，出于追溯本州来历的实际需要，"唐武德涨沙"之说应运而生恐不难推断。该说不仅为明清崇明县志所承袭，甚至不少研究崇明岛形成的当代学者亦对之深信不疑。然而，民国《崇明县志》却提出不同见解："崇志始于元季。上距唐初，历年六百，故老传闻容或未确。……凡沙洲，均由日渐淤积而成，无从指定岁月，谓紫唇吐气，随而腾涌，说固涉于不经，即谓海中忽涌二

---

① 参见李晓龙《乾隆年间裁撤东莞、香山、归靖三盐场考论》，《盐业史研究》2010 年第 4 期；叶锦花《王朝制度、地方社会与盐场兴衰——广东香山场与福建浔美场之比较》，《盐业史研究》2010 年第 4 期；徐靖捷《僵化制度下的弹性运作——从乾隆三年盐斤漂失案看明清香山场的变迁》，《盐业史研究》2010 年第 4 期等文。

② 洪武《苏州府志》卷一《沿革》，上海古籍出版社 2010 年版。

③ 据陈金林等《上海方志通考》（上海辞书出版社 2007 年版，第 374 页）：至正《崇明州志》，元程世昌修，朱晔、朱祯纂辑，至正十二年（1352）始修，十五年成书，稿本未刊，明正统后佚。

洲，亦于涨坍之理未甚明确。"① "紫唇吐气，随而腾涌"乃后世之渲染，姑可搁置一边。有宋一代，全然未见崇明沙洲成长于唐代的直接史料却是事实。20世纪80年代，上海市开展海岸资源综合调查，通过对长江口的碳14测年发现，崇明岛东部分布着两条距今1152±50年和1040±65年长达十余公里的沙带，② 均不早于五代，或可印证民国崇明县志的质疑。目前有关崇明早期历史的材料多出自南宋，《舆地纪胜》曰："吴改顾俊〔沙〕为崇明镇，周显德中废"③，说的是西沙前身顾俊沙④在五代杨吴时期置镇之事，能在五代设军镇，恐距崇明沙洲形成，已经历过上百年的发育。北宋时期，仍置崇明镇，属通州海门县。⑤

元明时人将崇明沙洲形成的时间确切地定于初唐武德间，其蓝本或出自乾隆《崇明县志》所引之宋白《续通典》："武德初，大江中涨二沙，因置东口洲，在通州东南，与通州海门界。"胡三省《通鉴注》亦云："东口洲，在泰州东南大江中，元是海屿沙岛之地。"虽然乾隆《崇明县志》综合二则史料判断：东口洲属海门县，"崇明旧与海门并隶通州，又非添涨于海门坍没故处，致来疑影也"，故东口洲与崇明无涉，⑥ 但至元十四年（1277年）设州之前，崇明本隶海门县，而不是与海门并隶通州。这样一来，乾隆志的理由并不充足，问题的关键乃在于，东口洲二沙与洪武《苏州府志》所提之东、西二沙是否同指。李焘《续资治通鉴长编》卷二十二称：

国初以来，犯死罪获贷者多配隶登州沙门岛、通州。沙门岛皆有屯兵使者领护，而通州岛中凡两处，豪强难制者隶崇明镇，懦弱者隶东北洲，两处悉官煮盐。

① 民国《崇明县志》卷一《地理志·沿革》，上海人民出版社1989年版。
② 《上海市海岸带和海涂资源综合调查报告》，上海科学技术出版社1988年版，第93页。
③ （南宋）王象之：《舆地纪胜》卷四一《淮南东路·通州》，中华书局1992年版。
④ 据正德《崇明县志》卷二《沙段》："西沙，在东沙之西，隔海水七十余里。唐武德间，始有顾俊沙，续涨张浦沙、黄鱼朵等七沙，岁久合而为一。"
⑤ 参《元丰九域志》卷五《淮南路·东路·通州》："海门〔县〕，州东二百一十五里，三乡，崇明一镇。"
⑥ 乾隆《崇明县志》卷一《舆地志·沿革》，上海人民出版社1989年版。另按，宋白乃北宋初年人，《续通典》原书已佚。

东北洲即东口洲之别称，从这段材料可知，其与崇明镇所处的西沙绝非一地，进而或可判断，东口洲二沙与作为崇明雏形的东、西二沙亦毫无关联。后人之所以将两处分属不同时空进程的沙洲含混对待，或出于上溯本地历史的"美好愿望"。

如上文所述，北宋初年，崇明镇所在的沙洲与东口洲均为罪犯流徙之地，从"豪强难制者隶崇明镇，懦弱者隶东北洲"看来，前者较后者似要寥落许多。无论如何，当时崇明镇已经以食盐生产为主要产业。绍兴元年（1131 年），张琪、邵清叛乱，"据通州崇明镇沙上"，作为进犯江阴的基地，后被两浙西路安抚使刘光世派兵平定。① 各种迹象表明，虽然五代时期崇明之西沙就曾设立军镇，但直至南宋初年，这里仍罕有人烟，王朝对之也缺乏有效控制。正德《崇明县志》称：西沙"宋设边海巡检司，旧有平等、道安、释乐三村"②，未知其据，对于巡检司和村落的建置年代，更是不甚明了。

除了东、西二沙和姚刘沙外，建中靖国初，在东沙西北又涨一新沙洲，后名"三沙"，"政和间，圮于海，绍兴二十二年，复涨成陆"。③ 南宋时期，与东沙并岸的姚刘沙发育渐趋稳定，"地多产芦苇，自后各改其利，献于官，乃有韩侂胄、张循王、刘婕妤三庄"，除了出产芦苇，当地还兼鱼盐之利，于是开发益盛，开禧三年（1206 年），以韩侂胄败，庄废。④ 嘉定十五年（1222 年），鉴于姚刘沙的鱼盐之利，更置天赐场，⑤ 设天赐盐场提督厅，⑥ "移浙西江湾、清浦亭户过此煎盐，近灶处有天赐港，故名"。宝庆元年（1225 年），拨隶淮东总领所。⑦ 自此，崇明地区的财赋主要以盐课的形式被纳进王朝财政体系。淳祐初，又在三沙置富储庄，纳税于淮东制置

① （宋）李心传：《建炎以来系年要录》卷四七，中华书局 1988 年版。
② 正德《崇明县志》卷二《沙段》，上海人民出版社 1989 年版。
③ 同上。
④ 洪武《苏州府志》卷一《沿革》，上海古籍出版社 2010 年版；正德《崇明县志》卷一《沿革》，上海人民出版社 1989 年版。
⑤ 洪武《苏州府志》卷一《沿革》，上海古籍出版社 2010 年版。
⑥ 蔡景行：《更建崇明州记》，钱谷《吴都文粹续集》卷一〇《公廨》。
⑦ 正德《崇明县志》卷四《天赐盐场》，上海人民出版社 1989 年版。

司。①　终宋一世，崇明地区虽沙图日涨，然"涨则辄为豪家所占，法纲未张"，②　表明其开发仍处于相对混乱的初级阶段。

元至正十二年（1275 年），以"民物阜繁"，省檄横州知州薛文虎前来招徕安抚，薛文虎到后，"请于朝，乞陞姚刘沙为崇明州，改崇明镇为西沙以属之"，十四年丁丑六月，正式陞崇明为州，隶扬州路，③　并"以文虎知州事，因天赐场提督所为州治"④。张修桂根据洪武《苏州府志》所绘的《宋平江府境图》和《元平江路境图》，发现天赐盐场司署和崇明州治均位于姚刘沙之上，与文献颇合；进而判别，宋末元初，也即崇明置州之前，三沙已与姚刘沙—东沙合并成巨型沙洲，这直接导致姚刘沙的政治经济地位已凌驾于更早开发的西沙崇明镇之上。⑤　在西沙，不仅镇的设置被撤销，改为西沙巡检司，原有的三个村落，也"惟道安在，更名曰乡"。⑥

从表面上看，崇明州成立以后，当地以"田庄—盐场"为主社会经济结构并未发生根本改变，这从至元年间的课程类目上可以直接窥见：

江淮永丰庄、江浙宝成庄共输芦课钞三千八百六十一定三十两五钱；
盐课，军民灶户共纳中统钞四百六十三定三十两八钱；
酒醋课，岁办中统钞八十九定一十五两九钱；
商税，岁纳中统钞一十五两六钱五分。⑦

对应于从南宋继承下来的课税种类的延续性，元代崇明州芦课和盐课的数量之可观亦颇值得注意，这些数字初步奠定了明初当地赋税及盐课的原额。因此，无论从任何角度看，元初课税标准的确定，对于崇明地方历史进程的影响不可谓不深远。另外一项不亚于此的重要事件是，至元二十

---

①　正德《崇明县志》卷二《沙段》，上海人民出版社 1989 年版。
②　万历《新修崇明县志·叙》，上海古籍出版社 2011 年版。
③　洪武《苏州府志》卷一《沿革》，上海古籍出版社 2010 年版。
④　正德《崇明县志》卷一《沿革》，上海人民出版社 1989 年版。
⑤　张修桂：《中国历史地貌与古地图研究》，社会科学文献出版社 2006 年版，第 274 页。
⑥　正德《崇明县志》卷二《沙段》，上海人民出版社 1989 年版。
⑦　正德《崇明县志》卷三《课程》，上海人民出版社 1989 年版。

一年（1284 年），天赐场改属两淮运司，① 这表明崇明步入州县行政系列后，原来盐场管理体系并未顺带融入，游离于州县系统之外的"盐管型行政序列"在当地仍具有顽强的生命力。

崇明建州以后七十年左右，州治"为潮汐冲啮，弗克"，② 至正十二年（1352 年），达鲁花赤八里颜、知州程世昌、同知王也先不花徙州于北十五里。③ 当地的盐业生产也同样深受风暴潮冲蚀的影响，"韩庄芦荡坍圮，益以梭儿等荡一十三处煮纳官盐"④。历史自然地理学的研究成果显示，自建炎二年（1128 年）黄河改道南徙，部分黄河的泥沙由南下的黄海沿岸流夹带至长江口，在涨潮流的推动下，进入长江河口段参与沙洲的建造过程，从而促使长江河口沙洲数量骤增，但初期的来沙多表现为潜沙、暗沙，即使形成沙洲，也多不稳定，加上洪水和风暴潮的冲蚀作用，促使崇明沙洲发育在很长一段时间都不稳定，忽涨忽坍的现象极为显著。而在众多新沙洲合并的过程中，原先的东沙—姚刘沙—三沙也遭受严重冲刷，大部坍没，或被新沙洲所覆盖，名称均已湮灭。⑤ 在这种情况下，自建州以后直至万历十一年（1583 年），崇明治所被迫迁移了五次，煮盐场所的变动则更频繁，最严重的后果是隆庆元年（1567 年）天赐撤场。这是后话，暂且不表。

至正十三年（1353 年），崇明为张士诚所据，十九年（1359 年），归于明。⑥ 经历连年动荡，当地已"荡拆衰耗，〔户口〕十去八九"⑦，洪武二年（1369 年），改州为县，八年（1375 年），"以崇去扬远甚，遂附近改隶苏州"⑧。与州县归属相应，天赐盐场也由两淮运司"改属两浙都转运司"⑨，正式成为两浙三十六盐课司之一。

① 正德《崇明县志》卷四《天赐盐场》，上海人民出版社 1989 年版。
② 蔡景行：《更建崇明州记》，钱谷《吴都文粹续集》卷一〇《公廨》。
③ 万历《新修崇明县志》卷一《舆地志·沿革》，上海古籍出版社 2011 年版。
④ 正德《崇明县志》卷四《天赐盐场》，上海人民出版社 1989 年版。
⑤ 参见张修桂《中国历史地貌与古地图研究》，社会科学文献出版社 2006 年版，第 276—291 页。
⑥ （清）顾祖禹：《读史方舆纪要》卷二四，中华书局 2005 年版。
⑦ 正德《崇明县志》卷三《户口》，上海人民出版社 1989 年版。
⑧ 万历《新修崇明县志》卷一《舆地志·沿革》，上海古籍出版社 2011 年版。
⑨ 正德《崇明县志》卷四《天赐盐场》，上海人民出版社 1989 年版。

二 天赐场的"沉浮"

天赐场归属两浙都转运盐使司以后，与同属的其他盐课司在制度上仍有着细微差别。其中最大的区别在于，其他三十五场多采取"聚团公煎"，"团"成为最基本的生产组织形式，灶丁只是作为"团"的成员参加盐业生产活动，[1] 例如，距天赐场最近的清浦场盐课司"内分三团"，灶丁在团下从事生产；而天赐场则"不分团，听民逐便煎煮，以其有涉海之险也"。[2] 不过，明初天赐场仍有"灶丁正二百五十六丁，三丁帮一，共计七百六十八丁"[3]，且"有赡盐□荡九百二十四顷二十亩零，煎盐上纳□□银六百十五两八钱"[4]，至于灶丁之上是否有类似县级以下里甲组织形式的"总催"、"头目"，则不得而知。或许正是由于天赐场盐业生产缺乏有效的组织化，自宋元以来，官方对盐业生产的掌控力度相对有限，贩卖私盐的现象比较严重。吴元年（1367 年）到任知州的刘秩，发现本州"有天赐盐场，豪民与官吏党结私贩"，刘秩"严制以法，奸党弗逞，乃诬构以事"[5]，或可见禁绝私盐之难度。

明前期，崇明沙洲发育极不稳定，不仅对盐业生产的组织化产生比较大的负面影响，而且导致盐课司衙署如同县治一样频繁搬迁。公署原在旧州治东南隅，后"因坍，再迁于乡村十七图，去县东一十里，寻圮于海，正德十二年（1517 年），盐法御史成公巡历至此，命迁于奉圣寺东"[6]。与这一过程相始终的，是新涨沙洲上不断增加的巨大渔盐之利。弘治间，崇明县人施天泰、天常兄弟四人盘踞在尚未被官方控制的半洋沙之上，与同县富户董企相互勾结，"出贩盐江海"，后因日久怠慢董企，被董企告发为盗，苏州知府林世远派兵围剿，收复半洋沙，更名为"平洋沙"。[7] 嘉靖年

---

① 刘淼：《明代盐业经济研究》，汕头大学出版社 1996 年版，第 121—133 页。
② 正德《松江府志》卷一一《官署上》，上海书店 1990 年版。
③ 正德《崇明县志》卷四《天赐盐场》，上海人民出版社 1989 年版。
④ 万历《新修崇明县志》卷二《营建志》，上海古籍出版社 2011 年版。
⑤ 正德《崇明县志》卷五《官绩》，上海人民出版社 1989 年版。
⑥ 正德《崇明县志》卷四《天赐盐场》，上海人民出版社 1989 年版。
⑦ 嘉靖《太仓州志》卷三《兵防·平海事迹附》，上海书店 1990 年版。

间，又曝出秦璠、王艮据南沙拘乱之事，"通州人秦璠，常熟白茅人黄艮（即王艮——引者）并居崇明南沙，南沙广十余里，长八十里，岁多取稻菽蒮苇之利，亦鸠众擭鱼盐为奸，其同县富户号著民者十余辈，日夜谐官府愬璠艮等为盗状"，由兵备副使王仪出兵剿灭。① 这两次事件与其说是叛乱，不如说是不同利益集团分赃不均所致。以后者为例，秦、王走私集团的组织结构相当之严密："巨舟装鱼盐，泊近洋，小舟分载入港，托贵官家为名，州守以下皆有馈，举动无不知，凡所仇恨，执杀之，投海中为常"②，但还是不免得罪利益锁链之外的群体，终于落得个彻底出局的悲惨结果。直至明末，类似的事件可谓连绵不绝，明清鼎革以后才告一段落，③ 诚如太仓州知州万敏所云："崇明诸沙，负江阻海，利私醺者恒世其业不数十年，辄一大獗。"④

伴随着私煎私贩的日益横行，天赐盐场的命运却每况愈下，先是"盐场坍海，灶户逃移"⑤。弘治间，"冯夷作难，〔姚刘〕全沙沦没，刮煎之众十亡八九，额课六百余两无从措办"，崇明知县悉力招抚，但"止存旧灶四十六家，又单丁冷族，力不能支"。⑥ 嘉靖二十六年（1547 年），总理两浙、两淮、长芦、河东四盐运司盐政鄢懋卿巡历崇明，"金民户以充灶，拨民荡以补场，庶几救焚拯溺"⑦。此举虽可在短期内补充一定数量的灶丁，却从此开启了民灶不分及民荡、灶荡不分的先例，为万历朝的灶荡纠纷埋下伏笔。迨后"海寇狂逞，巢穴其间，即掺而入于册者"，新金灶户复为散去。⑧

面临灶荡坍没、灶丁不足的困境，隆庆元年（1567 年），刘督台题议裁革天赐场官，⑨ 以求一劳永逸。然而，存在了 300 余年的盐场虽被撤销，

---

① 陈如纶：《冯侯弭盗记》，载嘉靖《太仓州志》卷三《兵防·平海事迹附》，上海书店 1990 年版。
② 乾隆《崇明县志》卷八《武备志二·纪兵》，上海人民出版社 1989 年版。
③ 参见乾隆《崇明县志》卷八《武备志二·纪兵》，上海人民出版社 1989 年版。
④ 万敏：《太仓州平海记》，载嘉靖《太仓州志》卷三《兵防·平海事迹附》，上海书店 1990 年版。
⑤ 万历《新修崇明县志》卷二《营建志》，上海古籍出版社 2011 年版。
⑥ 《巡盐御史杨鹤题为酌议天赐场事宜并裁革冗员事卷》，载王圻《重修两浙醝志》卷二一《奏议下》，齐鲁书社 1997 年版。
⑦ 同上。
⑧ 同上。
⑨ 同上。

原来由天赐场负责缴纳的灶产荡课却不可相应豁除，而是改由崇明县带征，具体做法是，将天赐场盐课摊入全县田赋之中，"不分民灶管业，……编入会计征解运司"。① 为保持课税之"原额"，类似这样的处理方式，应该说非常符合明王朝的一贯作风，可令人棘手的是，原属盐场的灶荡此时多已沦没江海之中，"维时官虽革去，场无寸土，每年积逋，计无所出"，为避免在新政执行过程中出现不必要的争端，更为了让坍塌的灶产有迹可循，该县遂有"灶坍一亩，拨补沙涂二十八亩"之规定。② 明末清初是崇明岛大型沙洲合并完成的最后阶段，③ 万历初年以后，崇明县治就没再迁移。沙洲冲坍之事虽仍屡有发生，但新涨沙洲的成长亦相当迅速。崇明县地因坍涨靡常，一向有"三年一丈，涨则增其税，坍则去其粮"之例，按照最新的"补灶"规定，那些刚涨出的沙地要上缴涂税，而老沙地则纳坍税，"涂税轻而坍税重，〔坍〕每亩科银四分有奇，而涂每亩止科粮一厘五毫，必二十八亩，始足抵灶一亩"④。此项规定所导致的后果，绝不仅仅停留在坍、涂之间巨大的税额差别上，更为当地人打着"灶民"的旗号报垦沙涂开了方便之门，甚至所有新涨滩涂，均有潜在的可能被报为补贴灶产之用。实际情况也确实如此，"一时膏腴尽为抵灶，而里排三年丈拨，竟无尺寸"⑤；"嗜利奸民郁钝等七十八家，靡不以灶为奇货矣，见海边一有涨涂，辄以补办课为名，乘机佃占，侵至一千三百八十余顷"⑥，新涨水涂已远远超过了原来盐场固有的"场地"。于是，有人想出增加灶课及备荒银等种种办法，企图维持对新涨滩涂的"合法"占有，⑦ 以使不断滚大的"雪球"不致融解并化为乌有。

---

① 王圻：《重修两浙鹾志》卷六《岁办课额》，齐鲁书社 1997 年版。

② 《巡盐御史杨鹤题为酌议天赐场事宜并裁革冗员事卷》，载王圻《重修两浙鹾志》卷二一《奏议下》，齐鲁书社 1997 年版。

③ 张修桂：《中国历史地貌与古地图研究》，社会科学文献出版社 2006 年版，第 279 页。

④ 《巡盐御史杨鹤题为酌议天赐场事宜并裁革冗员事卷》，载王圻《重修两浙鹾志》卷二一《奏议下》，齐鲁书社 1997 年版。

⑤ 康熙《重修崇明县志》卷四《赋役志·备考·天赐场盐课考》，上海人民出版社 1989 年版。

⑥ 《巡盐御史杨鹤题为酌议天赐场事宜并裁革冗员事卷》，载王圻《重修两浙鹾志》卷二一《奏议下》，齐鲁书社 1997 年版。

⑦ 参见万历《新修崇明县志》卷二《营建志》："奸民充灶，……扩占膏腴，年渐得利，灶课日加，增出备荒羡余名色银陆百八十三两"，上海人民出版社 1989 年版。

随着越来越多的人卷入"拨补灶荡"的利益争夺之中，以原姚刘沙灶产的名义侵蚀民地的现象亦越发突出，"灶产增一尺，民地减一寻；盐课加一分，民粮损百分。致排年一千一百户纷纷冒灶，仅存八百户，势几无民，县且无以自立"①。虽然灶课也归崇明县带征，但毕竟不像民粮一样直接计入该县会计，而是要解运至盐运司。崇明知县何懋官洞悉其中利害，万历九年（1581 年），他以"人非真灶，地非盐场，况革场裁官已久，安用奸民冒灶焉？"为基调，移文上官，但在提出具体建议时，又表现得相当务实，并没有刻板地要求执行膳盐荡地之原额，而是主张可在原有盐课基础上加课银八百七十四两，以足二千两之数；他深知，必须要有这样的妥协，才可将剩余"弊产"均拨该县，并令"民与灶同受偿国课，亦民与灶共输，上不亏课，下不病民"。由于兼顾了民灶双方的利益，其提议得到了巡盐御史马象乾的批准。② 终使以上争端暂告一段落。

万历二十八年（1600 年），崇明新涨出沙涂九百余顷，这对那些贪图二十八抵一的逐利之徒来说无疑算是个天赐良机。其时恰好又逢知县李官去任，新任知县张世臣甫一上任，就已贻误了先机，他本想仿效何懋官调和民灶的先例，"议将二十九年至三十一年新涨水涂，一半给与灶户，以偿昔年赔课之费，后不为例"③，但无奈之前两浙巡盐御史周家栋业已以"民既佃灶之田，即当税灶之税"为由，知照府县"将前拨之产查照灶课续量加银五百两"④，那些尝到甜头的"灶户"在闻知此讯后，立刻蠢蠢欲动，企图以备办新增盐课为名，谋占沙涂。作为崇明县的最高行政长官，张世臣当然不希望眼睁睁地看着"灶家另立门户办纳"盐课的既成事实，更想将新涨沙涂尽量会计入本县征收。⑤ 但最终还是不得不做出让步，接受 500 两的新征盐课。

至此，崇明县的盐课，已由原来的六百余两，猛增至二千六百七十余

① 《巡盐御史杨鹤题为酌议天赐场事宜并裁革冗员事卷》，载王圻《重修两浙鹾志》卷二一《奏议下》，上海人民出版社 1989 年版。

② 万历《新修崇明县志》卷二《营建志》，上海古籍出版社 2011 年版。

③ 同上。

④ 《巡盐御史杨鹤题为酌议天赐场事宜并裁革冗员事卷》，载王圻《重修两浙鹾志》卷二一《奏议下》，齐鲁书社 1997 年版。

⑤ 万历《新修崇明县志》卷二《营建志》，上海古籍出版社 2011 年版。

两。具有讽刺意味的是，此时离天赐场裁撤不过 30 多年，盐课之增加显然不是因为当地盐利重兴的缘故，更多的还是出于补贴灶荡的丰厚回报引致一部分人以承担灶课为名换取沙涂之需要。尽管如此，也不是所有人都可加入到这一行列中来，万历二十八年这次抢占沙涂，主力军仍然是"郁敦显等七十八人"①，虽然我们不能确定郁敦显与郁钝是否是同一个人，但由七十八户捆绑的利益群体在其中所起的主导地位，或不难推断。知县袁梦鳌甚至发现："敦显等七十八名，贫乏不过十余人，余皆有丁有粮编入民籍家道殷实者，假令此辈欲承灶产，则此辈之民产当属之何人乎？"可见他们中的绝大多数既有灶产也有民田，身份关系扑朔迷离。更令人瞠目结舌的是，两浙巡盐御史杨鹤曾调查过："郁敦显向所冒为宁灶永灶安灶者，皆附郭也，皆民产之腴田也"，其"室庐皆杂处其间，桑麻徧野，菽麦盈畴，沟洫之水，直通城壕，皆甘泉也"。② 也就是说，郁敦显等人所冒占的灶地，甚至根本就不在新涨的沙涂之上，而是打着缴纳灶课的幌子将自己在县城周边的肥沃田土报为灶产而已；所谓"灶产"，也绝不用来煎盐，而是种植棉花、稻麦等作物，缴税也绕开崇明县交到盐运司，难怪崇明县的父母官心里会不平衡！

正当崇明县民灶之争闹得不可开交之时，与崇明隔江相望的嘉定县清浦场受风暴潮影响生存状况亦越发艰难。万历三十八年（1610 年），适逢曾任嘉定知县的韩浚调任两浙巡盐御史，遂有撤清浦场复天赐场之议：

清浦一场，附丽嘉定县，国初丁荡繁衍，斥卤延袤，额设一官一吏，征缮督课。自嘉靖年间风潮薄蚀，沙场冲没，灶户流徙，盐无可办，引改别场，而原设官攒无所事事，至于擅受民词，荼毒一方。……又天赐一场，附丽崇明县，国初丁荡不乏而煎办原少，至隆庆元年，其官若吏题准裁革。彼一时也，固自便之，乃今沙复涨矣，盐复饶矣，而官吏未复，无论煎办买补，都无稽考，盐归私贩，而民灶混杂，讼连祸结。夫有官无盐，官为虚设，有盐无官，盐从谁稽。……而后即以清浦场官改选天赐，盖嘉定、

① 《巡盐御史杨鹤题为酌议天赐场事宜并裁革冗员事卷》，载王圻《重修两浙鹾志》卷二一《奏议下》，齐鲁书社 1997 年版。

② 同上。

崇明俱苏州属邑，一移改间而刍粮无更议之烦，官事有相资之益，彼此两便，上下咸宜，是亦今日之不可已者也。①

仅从数据上理解，既然崇明县的盐课一增再增，显然预示着其生产食盐的能力会相应提高，故此议在操作层面完全无可挑剔，况且，作为既得利益者的郁敦显也告称："天赐有盐，与清浦不同，必不可有场无官也"，事情似乎变得异常简单。万历四十年（1612年），巡盐御史张惟任按行苏松道，商量复置天赐场场官事宜，"立法清查，要见何地应归灶户办课，何地应归民籍输粮，其立团聚煎之法，稽煎征课之规"②。他不仅要恢复天赐场，甚至还想改变崇明向无团聚煎盐的传统。知县袁梦鳌得知以后，立即条陈六事，据理抗争，然"受事地方前案未结，民灶纷纷讦告，讫无宁日"③。

要在短期内恢复一个盐场的确没那么容易，特别在盐运司和府县之间的矛盾不断激化的情形下更是如此。时隔二年，新任巡盐御史杨鹤又联合苏松巡按薛贞等亲自前往崇明勘察恢复天赐场事宜。杨鹤最初也以为："灶有灶产，民有民产，民、灶各不相关，县、场各自为政，何复场之不可？又思场之兴废，一视盐之有无。昔既以无盐而裁，今应以有盐而设，又何复场之非是？且苏属二场，原系额设，既革，清浦又革，初制渐失，独不当爱礼存羊乎！"但很快发现，"求复场者，非为场为田也；欲据田者，非真灶，伪灶也。……今灶户之所以欲复场者，争此新涨沙涂也，民户之所以不愿复场者，利此新涨沙涂也"。而那些称作"灶产"的地方，皆"民居稠密，称乐土矣，无可煎销之地，……旧冒灶户者，皆为蘸为蓑，不堪产盐"，即便崇明境有部分地区可堪煎盐，但"仅足供一方之用，欲资邻封，商贩不能也"。④

杨鹤还敏锐地捕捉到，之所以崇明的盐课在数十年间一涨再涨，至他

---

① 王圻：《重修两浙鹾志》卷六《岁办课额》，齐鲁书社1997年版。

② 《巡盐御史杨鹤题为酌议天赐场事宜并裁革冗员事卷》，载王圻《重修两浙鹾志》卷二一《奏议下》，齐鲁书社1997年版。

③ 同上。

④ 同上。

去崇明时已达到三千五百两有余，① 除了争夺灶产的因素之外，凭借引票私贩亦是推动力之一：

　　该县盐实无几，太仓、昆山、靖江三州县商人则愿认引票，宁多而不惮者，此岂别有术以取盈乎？究其所以多认引票，欲借引票为兴贩地耳。缘该县山前等沙，咫尺海门，候潮扬帆，来往瞬息，各州县商人一至崇明，土商牙行为之居停，或千或万，刻期可至，彼此相互奸比，一引官盐不翼至十引私盐不已也。②

　　正是在不止一条利益链的联合驱动之下，崇明县的盐课才会在天赐撤场以后不长的时间内疯狂地增加了 5 倍左右。在杨鹤以前，两浙盐运司方面曾透露过这样的看法："该县遍地产盐，自见销引票三千有余之外，尚有不尽之利，故议复场设官，不欲利归私贩"③，并拟将之作为复场的主要理由之一。杨鹤经过反复调查后认为，复场却不能保证盐的产量，非但不能阻止反而会助长私贩，"三千有余之引票，各商越海买补从之如归市者，皆江北淮盐为之饵也"，主张"引票尚当改赴别场买补，庶几可以杜越贩之奸耳"。④
　　随着对真相的了解越来越多，身为巡盐御史的杨鹤并没有站在两浙盐运司的立场上考虑问题，而是"参酌时势、人情"，保持中立的态度。在钱粮征派问题上，他比较赞赏何懋官"民灶合一"的处理办法："均派民灶，共输国课，既无偏属，可杜后争"，甚至表现得更加激进，不仅钱粮应归崇明县征解，而且原派太仓、昆山、靖江三州县引票，亦应改派到青浦、青村、下砂等场，尽量减少崇明县与盐运司的瓜葛。总体而言，杨鹤基本上以不损国课为其宗旨，至于课税出于场还是出于县，田土属于民产还是灶产，并不十分重要，正所谓"何必一体之中自分秦耶？此崇明海外之变体，不宜与三十六场并论者也"⑤。由于杨鹤及薛贞等官员的共同努力和坚持，天赐场终于没

---

　　① 《巡盐御史杨鹤题为酌议天赐场事宜并裁革冗员事卷》，载王圻《重修两浙鹾志》卷二一《奏议下》，齐鲁书社 1997 年版。
　　② 同上。
　　③ 同上。
　　④ 同上。
　　⑤ 同上。

有恢复，场官也未改选。这一相对稳定的局面一直维持到清康熙朝。

三　崇明场的复建与"盐斤加价"

天赐场设置问题的平稳过渡，使明末以后崇明盐政的重心主要转移到了缉拿私盐之上。万历三十一年（1603 年），两浙巡盐御史周家栋针对崇明已无固定盐场的实际情况，题定该县盐政之特例："不设商人，不发肩引，不颁灶帖，准肩挑六十二觔八两，自卖偿课。"① 如上文所述，此例在当时执行得并不严格，利用引票贩卖私盐的情况可以说比比皆是，但不论如何，这项规定却一直为后世所效法或参照，甚至影响到整个清代，很多制度的变动均围绕此例而展开。

首先是缉私制度。崇明场革官裁以后，"盐课既编合邑，则肩挑步担，不干律令久矣，但装载出境者，即为犯禁"②。然而，在一个海岛沙洲林立的环境中，区分肩挑步担还是装载出境，是件非常困难的事，缉拿私盐的尺度也极难把握。万历二十九年（1601 年），知县张世臣留意到，有"积恶牙埠，指官贩私，甚者邀截小民煎盐，抛掷河港，加倍重称，值不毂半"，不单使小民煎盐的兴趣大减，而且严重影响了本境土商的积极性。③经与盐院商议，他决定择殷实醇厚之土商五名，直接参与私贩的缉拿，"每名纳银五两，有私贩出境者，听商拿解"，④"至于煎户，不拘城乡沙涂，任自煎卖，第许零星肩挑，不得掸贩沿海去处"⑤。万历四十年（1612 年），出于防范"沿江奸民拘同土人贩运出境"的需要，又有盐快、弓兵之设，"凡出境盐船、盐犯，缉解正法"⑥。"盐快、弓兵"俗称"小哨"，他们虽担负平日巡缉之责，却时常与不良土商勾结，执法犯法，"张帜列械，捕盐者贩盐，人莫敢捕，捕之则曰：'我捕来之盐也。'"杨鹤得悉此情后，坚决

---

① 康熙《重修崇明县志》卷四《赋役志·备考·天赐场盐课考》，上海古籍出版社 2011 年版。
② 康熙《重修崇明县志》卷四《赋役志·备考·历禁考》，上海古籍出版社 2011 年版。
③ 万历《新修崇明县志》卷三《户口志·物产·盐课议》，上海古籍出版社 2011 年版。
④ 康熙《重修崇明县志》卷四《赋役志·备考·天赐场盐课考》，上海古籍出版社 2011 年版。
⑤ 万历《新修崇明县志》卷三《户口志·物产·盐课议》，上海古籍出版社 2011 年版。
⑥ 康熙《重修崇明县志》卷四《赋役志·备考·盐快弓兵考》，上海古籍出版社 2011 年版。

主张，"欲私贩之屏迹，必将土商小哨亟为裁革，庶绝其祸胎"①，然此议并未贯彻。至天启初，因缉盐"获解甚少"，遂行绩盐绩船绩犯之制，厘定盐快、弓兵每年应缉私盐的数量，"在盐衙司所名下岁征取足"。② 将缉盐数定额化，其初衷固然是为了加强缉拿私盐的力度，但反过来也会加剧缉盐扰民的概率，清初，崇明一带厉行海禁，"盐快不能得之于海，而务取盈于肩挑步担之小民以报功"③，令此风达到极致。

明清鼎革之际，不断有人借着改朝换代的契机钻取制度的缝隙，制造事端，灶帖和盐引之制相继出现反复。顺治二年（1645 年），巨棍汪复初假冒盐商，"诡以内地成例，诳呈巡盐裴，请发给大引三百七十五张，需索灶户"，被知县刘纬识破，事败。④ 顺治十年（1653 年），童学庸"假造灶帖，强派煎户"，十三年（1656 年），"地棍刘可铭翻灶帖之局，假冒引之名，每张索银一两二钱，著捕衙追比，灶户停煎"。⑤ 多亏知县陈慎深悉"崇明盐政不与内地相等"的道理，"申明不设商人不发肩引不颁灶帖之旧制"，勒石仪门严禁，才平息此二事。⑥

康熙十八年（1679 年），巡盐御史卫执蒲执意崇明照内地派引，提督刘兆麒致书卫执蒲，缕明旧制，力请全豁：

> 崇沙蕞尔之地，兼以兵燹迁界之后，渔盐失业，民不聊生，所有盐课四千余金出于通邑田土，每年得以无亏。但民灶无分，相沿已久。顷奉老亲台，有计丁派引，按引包课之行，谅此海外荒陬，明鉴自有分别，然而人心惶惶，莫知所措。弟难局外，但身在地方，目击闾阎穷困，倘一加增引课，窃恐难于善后，叨在知爱，或不以越俎为嫌，谨备公牍奉商，果能邀恩格外，不特海外穷黎永戴生成，而老亲台之造福，实无量也。⑦

① 《巡盐御史杨鹤题为酌议天赐场事宜并裁革冗员事卷》，载王圻《重修两浙鹾志》卷二一《奏议下》，齐鲁书社 1997 年版。

② 康熙《重修崇明县志》卷四《赋役志·备考·历禁考》，上海古籍出版社 2011 年版。

③ 同上。

④ 同上。

⑤ 乾隆《崇明县志》卷六《赋役志三·盐法》，上海古籍出版社 2011 年版。

⑥ 《附前县陈慎详文》，载乾隆《崇明县志》卷六《赋役志三·盐法》，上海古籍出版社 2011 年版。

⑦ 《附提督刘兆麒与两浙盐院卫执蒲书》，载乾隆《崇明县志》卷六《赋役志三·盐法》，上海古籍出版社 2011 年版。

在刘兆祺的力争下，卫执蒲本拟派往崇明的盐引数额有了较大幅度的减免，改"以十三丁派一引，每年计丁，应派行盐引二千八百五十六引，照派所课，则卤地包课银七百四十一两四钱零，额征余粮银三千八百三十六两二钱零，此外惟靖江一县，亦于康熙十八年题定，照崇明县例"①。康熙十八年（1679 年）派引之举，系清朝首次尝试修订万历三十一年（1603 年）"不设商人不发肩引不颁灶帖"之旧制，为后来盐场的复建作了制度上的铺垫。

如前所述，无论在宋元时期还是天赐场撤销前后，崇明县的盐业生产一向缺乏组织化管理，"听民择地刮煎"是其常态。虽然明末以降，灶地有从"县治西南渐徙而至东北"的趋势，但官方其实并无从了解盐业生产的具体情况。为改善这一状况，康熙三十七年（1698 年），"设官灶八十六副，安插于永宁等处六沙之内，责办灰场税银，于是刮煎者遂为崇业。六沙外，不敢擅迁"②。此举既促进了官方对煎盐过程的实质性掌控，也向建立实体化的盐业生产单位——盐场迈出了扎实的一步。雍正三年（1725 年），六沙之外又涨出新的滩地，原有灶地"潮汐难到，地势渐高，土味日淡"，灶户黄天行等联名具呈，请求将灶地"迁改七滧、小阴沙地面"，盐司却以"杜私煎枭贩"为由不许私迁，谓："官灶既有定所，而乃私迁他处，自必售私越贩，故尔严禁。"③ 次年十月，盐粮县丞朱懋熹上文，建议在迁设之地设立保甲，"灶十户为甲，互相保结，一户犯私，九户连坐"，并承诺会同西沙巡检司督率弓捕、营汛严密巡查，终于得到兼管盐政的浙江总督李卫的批准。④

在如此严厉的控制之下，官方对盐业生产和销售的介入进一步加深，并更多地表现在销售环节，几乎所有与盐政相关的举措，矛头都指向如何有效地杜绝私盐横行这一最为核心的问题上。雍正六年（1728 年），李卫"委千总一员于崇明隘口稽查，发帑收盐"⑤，九年（1731 年），又"以产盐

① （清）许惟枚：《瀛海掌录》卷二《盐课本末》，上海市文物保管委员会 1963 年版。
② 《附灶地迁改详文稿》，载雍正《崇明县志》卷八《备考》，上海人民出版社 1989 年版。
③ 同上。
④ 《附灶地迁改详文》，载乾隆《崇明县志》卷六《赋役志三·盐法》，上海人民出版社 1989 年版。
⑤ 嘉庆《钦定重修两浙盐法志》卷八《帑地》。

既多，不无私贩之弊，委员收买余盐，每觔七文，赴松江配销"①。乾隆四年（1739 年），"因产盐甚广"，浙江总督稽曾筠奏请复设盐场，名"崇明场"，② 添设巡盐大使一员，管理巡缉收盐，新设的崇明场"并无额征场课，不聚团额，亦无灶丁，灶舍八十有六，不给灶帖。……每灶铁锅三口，所产盐斤不设引，亦不运所，听民挑销，先济本地民食，如有余盐，发帑收买，尽数运赴靖江销引"③。可见复建崇明场并添设场大使的目的，主要以"缉私为尽职"，若涉及盐业生产的其他环节，则基本遵循明隆万以来的传统。

然而，康雍乾三朝崇明盐政的良法美意并没有收到应有成效，"崇邑各灶，向来接济枭徒运往别邑，侵害江南引地，积习相沿，已非一日"④，淮盐穿越崇明境，源源不断地走私到两浙盐区的腹地，屡禁而不止。究其原因，恰恰是由于崇明乃"海外之变体"，"不设商人不发肩引不颁灶帖"之制度特例，具备着一种让人难以捉摸的适应力，一次次地将任何有关"数目字管理"的努力打回原形。以李卫收买余盐配销松江所为例，起初，每一环节的监督均十分严格，"所收盐觔数目，一月一报，宪台查核，以杜隐匿滋弊，一季一运，交松所大使收明，交商榷配候掣"。但苏镇总兵李灿深恐"余盐悉行收买"，会导致崇明盐价的波动，提议将所收余盐，照收买之价，"给卖崇邑肩贩，接济民食，则灶户不致借阴雨盐少而故为价昂，于民食大有裨益"⑤。其建议颇合人情，但也极易造成对余盐的侵蚀，成为制度败坏的根源之一。

乾隆以后，官方对盐业生产的监控力度大幅度下降，道光六年（1826 年）和十九年（1839 年），先后将六沙额灶尽迁于箔沙、陈陆状、利民、小阴、惠安等沙，⑥ 没再像雍正三年（1725 年）那样遇到重重阻力。与此同时，淮盐走私亦在晚清时期逐渐走上台面，并不断挤压浙盐销售的空间。

---

① 乾隆《崇明县志》卷六《赋役志三·盐法》，上海人民出版社 1989 年版。

② 参见乾隆《崇明县志》卷六《赋役志三·盐法》，嘉庆《钦定重修两浙盐法志》卷 2《崇明场图说》，上海人民出版社 1989 年版。

③ 嘉庆《钦定重修两浙盐法志》卷七《场灶二》。

④ 《附总镇李灿呈文》，载乾隆《崇明县志》卷六《赋役志三·盐法》，上海人民出版社 1989 年版。

⑤ 同上。

⑥ 民国《崇明县志》卷六《经政志·盐法》，上海人民出版社 1989 年版。

"淮盐自江北来，港口纷岐，随处卸运，虽巡船捕快，逻察綦严，祇私贿丁役，即坦然销售。"① 有人援引所谓《户部则例》，说上面有言："崇明孤悬海外，商艘难行，听民买食邻盐，岁征包课。"将之作为当地"购淮盐以抵灶盐之不足"的理论依据。② 然查同治十三年（1874 年）《钦定户部则例》卷二十五至三十一《盐法》，并无此语。唯一与此有些关联的规定是："引地交界处所邻商盐店，祇准开设数处，余俱移至三十里外，以杜侵越。"③ 崇明之例显然与此不合。指明《户部则例》所言为子虚乌有或许不难，但是，如果考虑到乾隆三十三年（1768 年）割崇明所辖之复兴、乌桂等十一沙及通州所辖之十九沙设海门厅这一事实，④ 则后属海门厅的原崇明县境之沙洲自此之后可以合理合法地改食淮盐，意义可能更为深远，其对崇明盐政所产生的影响绝不容小视。非常巧合的是，乾隆中期以后，恰好也是淮盐大肆涌入崇明之端。

同光年间，浙江盐运使几次三番委员前来崇明设立盐局，试图发卖浙盐，但均以失败告终。在当地人的心目中，"浙盐麤粒，味苦色黄，价又昂，民不服食；而淮盐自江北来，港口纷岐，随处卸运，虽巡船捕快，逻察綦严，祇私贿丁役，即坦然销售，兼以盐质净细，色白味鲜，价又低贱"⑤，此观念已根深蒂固，人们对于淮盐、浙盐孰优孰劣的判断亦不必遮掩。光绪二十八年（1902 年），因偿还庚子赔款之需，盐价抽捐，每斤增价四文，当时崇明本地的盐业生产持续萎缩，"额灶仅存三十七，余皆停煎，本产灶盐祇敷民食十之三，其七则取给于淮盐"⑥，这成为淮盐化私为官的重要契机，崇明一向不设"引商"，无盐斤可计，乃筹变通之法，凡渔盐、淮盐入境，都要完捐，抵作加价。⑦ "是年，大使贾芳会县详准浙运使，将运崇淮盐报官抽捐，化私为官，与灶盐三七配销"⑧，淮盐在崇明终于披

① 民国《崇明县志》卷六《经政志·盐法》，上海人民出版社 1989 年版。
② 同上。
③ 同治《钦定户部则例》卷三一《盐法四下·巡缉私盐事例》。
④ 光绪《崇明县志》卷二《舆地志·疆域》，上海古籍出版社 2011 年版。
⑤ 民国《崇明县志》卷六《经政志·盐法》。
⑥ 同上。
⑦ 洪道明等编：《崇明县志稿》卷二《盐斤》，1960 年稿本。
⑧ 民国《崇明县志》卷六《经政志·盐法》，上海古籍出版社 2011 年版。

上合法的外衣，转变成为官盐。

四 结语

诚如刘志伟所言，在传统中国，对食盐生产和供应的控制一直是贡赋经济与国家权力体系的重要一环。在东南沿海边疆地区，国家为控制盐业设立的机构往往成为食盐生产地最早纳入国家控制系统的主要机制。[①] 探讨历史时期崇明从盐场到州县的演变过程以及盐场兴废的历史，无疑有助于重新反思上述认识，且对我们深刻理解明清"沙洲—海岛"型盐业管理机制及其州县行政之间的紧张关系或不无裨益。进言之，无论崇明盐政与其上游的另一沙洲型县级政区——常州府靖江县多有干系，还是其"地产之盐，民煎民食"之制，为位于外洋的宁波府定海县所仿效，[②] 均绝非巧合。

从天赐场甫一成立，官方的兴趣似乎就不全放在其盐业生产的控制上，不论是不组织"聚团公煎"，还是制定"不设商人不发肩引不颁灶帖"的特例，均表现出了极大的宽松度和随意性。这虽与崇明沙洲发育不稳定不无关系，但更大的可能或许是为了在两淮和两浙盐区之间制造一个"缓冲地带"。崇明特殊的地理位置，使其一直是淮盐走私两浙盐区的重要中转站，在这里设立一个以缉拿私盐为主要职能的盐业机构，并不比建立一个产量丰富的盐场的意义要小。乾隆三十三年（1768 年）复建崇明场正是出于这方面的考虑。

即便如此，崇明盐政中直接针对私盐的种种努力却迟迟未见成效。明末围绕"天赐场存废"的争论，除暴露了州县行政系统与"盐管型行政序列"之间纠缠不清的复杂关系外，商人借引票私贩在其中所起的推波助澜的作用也不能忽略。万历朝喧嚣一时的"民灶之争"，不过是漫长历史长河中一个不大不小的插曲，之后，缉拿私盐逐渐成为崇明盐政压倒一

---

① 刘志伟：《珠三角盐业与城市发展（序）》，《盐业史研究》2010 年第 4 期。

② 参见民国《崇明县志》卷六《经政志·盐法》："崇明，故盐场也，民煮海滤灰，自煎自食，当灶产盛畅之时，食余盐勔犹可分济靖江，固无需于引盐也。……崇明有巡盐大使一员，为浙江盐运使所辖，该县地产之盐，民煎民食，与定海略同。"

切的核心问题。康雍乾三朝，官方曾针对缉盐做过诸多数目字管理的尝试，但仍不免功亏一篑，过于宽松的氛围往往成为严格制度的致命"黑洞"，"海外之变体"则自始至终见证了淮盐由私盐转变成官盐的历史过程。

清代以来墨鱼资源的开发与运销

李玉尚　胡　晴[*]

一　引言

墨鱼是乌贼（乌鲗）的俗称，属头足类乌贼目乌贼科，广泛分布于中国北起渤海、南至北部湾的各大海域。乌贼虽然种类较多，但1963年黄、渤海渔获物主要是金乌贼和枪乌贼两种，年产量约6000吨；东海则主要是曼氏无针乌贼，1963年沪、浙、闽三省的产量分别为939吨、37970吨和8259吨。[①]从渔获量来看，乌贼主要产于东海，且以浙江产量最大。自20世纪80年代初之后，曼氏无针乌贼资源量急剧衰退，目前东海以有针乌贼和剑尖枪乌贼的渔获量最大。[②]

历史上大黄鱼、小黄鱼、带鱼、墨鱼因产量巨大，故被称为"中国四大海洋经济鱼类"。1939年4月3日《申报》这样评述道，"杭州湾、甬江湾、象山湾、石浦湾、三门湾、台州湾、温州湾以及舟山群岛，为我国渔场之根据地，所产之鱼，以大黄鱼、小黄鱼、墨鱼、带鱼为大宗"。墨鱼被排在第三位，其在渔业经济中之地位，可见一斑。

因为地位重要，故有关墨鱼捕捞业的新闻，常在《申报》上刊登。1936年4月27日《申报》报道了全国墨鱼业主要产区："螟蛹即墨鱼干，

---

[*]　李玉尚，上海交通大学历史系；胡晴，上海交通大学历史系研究生。

[①]　农林部水产组：《东、黄、渤海渔业资源调查总结（一九七一年）》，内部印行本，1972年，第87—88页。

[②]　宋海棠、丁天明、徐开达：《东海经济头足类资源》，海洋出版社2009年版，第3页。

俗称乌贼业，产于浙江滨海各地，推羊山、嵊山、岱山、舟山为最多，次之为泗礁、黄龙、六横、花鸟、穿山、瞿山、沈家门、沥港、温州等处，余如烟台及江北一带亦有生产，名曰北蛸，但产额不逮宁波远甚，惟品质极佳。"烟台与江北所产之"北蛸"，体形较曼氏无针乌贼为大，此为金乌贼。

民国时期金乌贼主要产地为营口和烟台。民国二十二年（1933 年）《营县县志·物产·渔业篇·水族》记载："制干销远，为海错之一。"民国二十五年（1936 年）《牟平县志》也记载："肉可鲜食，并干藏行远，为本县出产大宗。"① 此外，山东高密、日照、即墨所产之乌鱼蛋（乌贼卵盐藏及干制）和山东日照、石岛所产之乌鱼穗（乌鱼精子干制），在河北省亦属畅销之品。② 黄海、渤海金乌贼虽然品质甚佳，但其渔获数量和销售区域与东海曼氏无针乌贼相比，"不逮远甚"。本文所研究的"墨鱼"，系东海曼氏无针乌贼。

根据《渔场手册》，东海曼氏无针墨鱼每年先在浙江南部的南麂、北麂、披山等渔场集聚，之后进入大陈渔场，性成熟群在大陈岛屿周围产卵，未成熟群则继续北上，到达鱼山、韭山渔场。主群在舟山普陀东亭岛东南部集聚后，性成熟个体向乌沙门集聚产卵，性成熟稍晚的个体则继续北上，到达福山、青浜、庙子湖、嵊山、碧霞、花鸟、绿华等岛屿，先后形成中街山和嵊泗旺汛。此外，还有一支鱼群向南到达闽东、闽中和闽南渔场产卵。③

墨鱼渔业历史最引人注目的一点，是其渔场皆在沿海外缘岛屿周围海域，而渔获物的销售区域，除闽、粤两省外，还包括长江中游和上游的内陆省份。探究墨鱼如此广大运销体系的形成时间、变动原因及其影响，不仅可以深化对"中国四大海洋经济鱼类"的形成过程及其在中国历史上的作用的了解，而且能够从中反映出清代以来重要的社会变迁。

① 民国二十五年《牟平县志》卷一《地理志一·物产·水族》。
② 张元第：《河北省渔业志》（1936 年），载《河北省志》第 19 卷《水产志》，天津人民出版社1996 年版，第 260 页。
③ 以上参见山东省海水产研究所《渔场手册》，农业出版社 1978 年版，第 36 页。

二 来源：浙南和福建渔场

台州府太平县（今温岭）大陈山为墨鱼传统渔场。1939 日 6 月 11 日《申报》刊登了这样一条新闻："温岭县属下东乡大陈山悬岛，原为渔区，岛上居民，皆以捕鱼为生，现届春季渔汛之期，黄鱼、墨鱼异常兴旺，渔民皆自驾钓船，成群结队，共同在洋上捕鱼为活，所得代价，可维持半年生计。"大黄鱼和墨鱼是大陈山岛渔民所捕捞的最主要的两种经济鱼类，对于渔民生计极为重要。

墨鱼渔业在温岭有较长的历史。嘉庆十六年（1811 年）《太平县志》记载了该县墨鱼的加工方法和运销地点："曝干竞市之，江右尤珍重，土人资以为利，以元夕阴晴卜多寡。"[①] 按："江右"是江西别称。太平县墨鱼主产地是在大陈岛，可见至迟在 1811 年，大陈岛所产乌贼已经大量运往江西。

根据《台州水产志》"大事记"的记载，洪武元年（1368 年），台州府岁贡的 15 种海产品中，就有"螟蜅"一项。但洪武二十年（1387 年），令悬海居民入腹地，禁止渔民入海，直到嘉靖四十五年（1566 年）才开海禁。入清之后，再次禁民出海，直到康熙二十二年（按：实为康熙二十四年，1685 年），海禁始开。[②] 从上述背景推测，康熙二十四年之后，温岭的墨鱼业应很快就得以恢复，到嘉庆年间已经相当发达。

还需要注意的一点是民国二十四年（1935 年）《临海县志稿》的记载，内云："干之俗呼螟脯，贩以入闽，极得利，以与闽富音近也——洪志。"[③] 按："洪志"即洪若皋在康熙十二年（1673 年）所修《临海县志》。如上所言，康熙二十四年前，政府尚对出海渔捕严加管制，1673 年临海能够出产大量墨鱼且运往福建殊不可解。核康熙十二年《临海县志》卷三《食货志·物产》，原文如下："一名海螵蛸，干之俗呼螟脯。"可见，"贩以入闽，极得

---

① （清）曹梦鹤：嘉庆十六年《太平县志》卷二《舆地志·物产》，黄山书社 2008 年版。
② 台州水产志编纂委员会：《台州水产志》，中华书局 1998 年版，第 11—12 页。
③ 孙熙鼎、张寅修：民国二十四年《临海县志稿》卷七《风土·物产·鱼之属》，江苏古籍出版社 1990 年版。

利，以与闽富音近也"这一条史料系民国二十四年地方志编者所加，与洪若皋无关。比较嘉庆《太平县志》和民国《临海县志稿》中的记载，墨鱼运销的主要区域已由江西转到了福建。

浙南沿海及岛屿明初曾为方国珍所控制，因此朱元璋采取海禁政策，不准渔民出海。但到万历年间，据《温州府志》记载，已允许温州渔民三至五月出洋捕捞大黄鱼。明清鼎革之际，也有温州人迁居南麂、洞头和大门诸岛。但入清之后温州沿海又为郑成功占领，清政府重新厉行海禁，直到康熙二十四年（1685 年），方诏开海禁。到雍正六年（1728 年），据《玉环厅志》记载："洞头洋夏秋时海蜇旺发，商贩云集，甲于环山诸埠"，可见渔业恢复得非常快。许多岛屿亦开始有人居住，如乾隆二年（1737 年）政府派官员到大门等岛编户注册。再如，洞头岛北岙林氏也是乾隆四年（1739 年）从福建迁居此地。[①]

洞头岛也是墨鱼的一个渔场，乾隆年间有人在此居住，不可能不注意到墨鱼资源。曾在道光年间出任"两江总督"的梁章巨（1775—1849 年），对于温州当地海产极为关注，在他的笔记中亦留下了不少记录。如《浪迹续谈》刊于 1848 年，该书对温州、杭州和苏州等地物产有较详细的记录。该书卷二列有"海错"条，内容如下：

> 余因将就养东瓯，遇久客温州者，辄询以土产海鲜各物。客曰：海味有明府者，为食品所常需，曝而干之，可以致远，江西人销售最夥。坐客皆异其名，余生长海滨，亦未悉为何物。及至温州询诸土人，乃知即吾闽所谓墨鱼也，本名乌鲗，又名乌贼。[②]

东瓯即温州。梁章巨在未到温州前，就向常住温州的人请教当地土产海鲜各物。他到温州之后，亦向当地人询问当地物产。按：梁章巨系福建长乐人，经询问当地人，他才明白"明府"即福建所产之墨鱼。根据"久客温州者"的观察，明府"为食品所常需"，因此需求量甚大，而尤以江西的需求最为旺盛。通过"曝而干之"（即干制）处理之后，即可运往该省。

在咸丰七年（1857年）出版的《浪迹三谈》卷五中，梁章巨对墨鱼进行了一番名物考证：

乌贼即墨鱼，浙东滨海最尚此，腊以行远，其利尤重，其味亦较鲜食者为佳。乌贼即乌鲗，吾乡称墨鱼，沿讹作明府，县官亦何辜，瓯人呼此为明府，初不知其故，或以为腹中有墨比县官之贪墨者，以县官率称明府也，余已于丛谈中辨之。顷阅《七修类稿》云：乌贼鱼暴干俗呼螟脯，乃知此称，前明已然，今人不考，但循其声讹为明府耳。①

按：宁、绍、温、台皆属"浙东"滨海之区，从文中所提及的"瓯人"来看，这里的"浙东"指的是温州。又按：南麂、北麂、洞头属墨鱼传统渔场，位于温州府境内，梁章巨记载道光年间温州墨鱼渔业非常兴盛，可能主要是这几个渔场所产。他在文中还提到《七修类稿》，此书作者为郎瑛（1487—1566年），他是明末藏书家，仁和（今浙江杭州）人，他所提到的"螟脯"，即曝干后的墨鱼。光绪二十七年（1901年）《乐清县志》也记载："曝干俗名明脯。故名海螵蛸。"②

1949—1957年间，福建墨鱼主要渔场在兄弟岛以北（属漳州府）、礼是列岛东北（属漳州府）、乌丘岛以东（属兴化府）、闽江口黄歧岛以北（属福州岛）、北礵、七星岛（属福宁府）一带海域。③ 除泉州府外，各府都有出产墨鱼的渔场。

嘉靖九年（1530年）《惠安县志》在罗列"章鱼"、"石拒"、"乌贼"和"锁管"后指出："形颇似，而有大小不同，性味俱寒，乌贼可为脯。"④"脯"这里应释为制干。按：惠安属兴化府，乌丘（今乌丘屿）墨鱼渔场在其境内，从嘉靖县志的记载来看，这一墨鱼渔场早在嘉靖年间就已经被发现并且被加以利用。福宁府的崳山、北礵以及其东北的七星岛（属温州）

---

① 梁章巨：《浪迹续谈》卷五《瓯江海味杂诗》，福建人民出版社1985年版，第74页。
② 光绪二十七年《乐清县志》卷之五《田赋志·土产》。
③ 福建省地方志编纂委员会编：《福建省志·水产志》，方志出版社1995年版，第40页。
④ （明）张岳：嘉靖九年《惠安县志》卷五《物产》，福建人民出版社1980年版。

也是传统墨鱼渔场，万历四十二年（1614 年）《福宁州志》在"乌鲗"条下指出："晒干曰螟蜅鲞，股枚自浮曰海鳔鮹。"①

虽然明代福建福宁和兴化两府已经出现"螟蜅鲞"，但这些干制墨鱼是否远销他处，不得而知。墨鱼销往他地的记录出现在郭柏苍《海错百一录》中，该书卷二"墨鱼"条下记载："按今海边上者煨之，辗转即腥臊矣。亦有作鲞以远市者，装载甚广。"不过郭柏苍（1815—1890 年）为该书写序的时间是光绪十二年（1886 年），已是清代后期了。

民国年间霞浦墨鱼业十分兴盛，民国十八年（1929 年）《霞浦县志》记载：

> 捕者编竹为罶，放墨鱼作媒介，置海岸，俟逐队入，罶取之；又一法，制专，系以成串之制钱，沿海岸拖捕之。产地以三沙海为最盛，制法将乌鲗剖留肉部，整齐须足，晒于日，干而成鲞。三沙鱼民晒法及贮藏法较北鲞独俱优点，运销外地，人尤重之。②

20 世纪 20 年代霞浦捕获墨鱼的方法有两种：一为笼捕法；一为托网捕法。鄞县姜山帮在舟山渔场则一直使用托网捕法。按：霞浦三沙离嵛山甚近，离北礵岛亦近，因此它成为闽东渔场墨鱼的集散地，所产之物，运销外地。只不过福建墨鱼产量较小，本省所产，不敷所需，故尚需从浙江温州、台州和舟山大量进口。

三　来源：舟山渔场

根据沪、浙、闽水产部门的统计资料，1956—1960 年间，三省（市）墨鱼产量分别占三省总产量的 0.54%、85.1% 和 14.36%③，可见以浙江出

---

① （明）林子燮等纂万历四十二年《福宁州志》卷七《食货志·物产·鳞类》，福建省图书馆2001 年版。

② 民国十八年《霞浦县志》卷十一《物产志》。

③ 农林部水产组：《东、黄、渤海渔业资源调查总结（一九七一年）》，内部印行本，1972 年，第88 页。

产最多。在浙江，舟山地区 1951 年、1957 年和 1966 年的渔获量分别为 1408 吨、924 吨和 30230 吨①，分别占浙江全省产量的 24.85%、12.73% 和 55.59%，1949 年之后舟山渔场墨鱼产量的迅速增加是在 20 世纪 60 年代。但在 1936 年，该地墨鱼产量为 9990 吨，仅次于大黄鱼（15448 吨）和带鱼（10453 吨），与小黄鱼（9990 吨）持平②，也就是说，1936 年之前墨鱼已经成为舟山四大经济鱼类之一。《申报》的记录也是如此。如 1936 年 2 月 11 日《申报》指出嵊泗列岛"每年有黄花、带鱼、海蜇、乌贼四大渔汛"。1948 年 1 月 31 日《申报》"据浙江建设厅的确实统计"，报道该省四大渔获物为"大小黄鱼、带鱼和墨鱼（即乌贼）"。舟山群岛 20 世纪 50 年代墨鱼渔获量的急剧下降和 60 年代的急剧上升应与这一时期舟山国防地位的变化有关。

　　政治和军事因素也强烈影响了明清时期的舟山渔业。唐宋元时期国家重视海上贸易，故舟山自唐置县，宋复置，元因之。但明洪武年间，除本岛允许部分居民居住外，其余 46 岛居民，尽行迁徙，同时设立昌国卫和巡检使，使其成为军事重地。入清之后，颁"迁海令"，且严厉执行，舟山垣亦尽毁。直到康熙平定台湾之后，和温台地区一样，设立定海县，"海禁重开"，招民垦殖，各岛才陆续有人居住。但据光绪《定海厅志·山川·盐课》记载，展复之初，离陆较近之岛，浙东民众"输粮认课，类多不前"；稍远则"虽展复有年，居民止廖廖数十家"；更远之岛，如衢山，则迟至光绪方才解禁。③ 可见展复之后，浙东民众视舟山为渔业乐土，而非农业。直到 1936 年，《申报》记录嵊泗列岛大小岛五十余，"当地并无居民，逢渔汛渔户□集，多来自浙东"④。

　　据《宁波水产志》记载，来自浙东的渔民以鄞县人居多，镇海居其次，其中鄞县又以姜山为最。姜山居敬桥张家人，为嵊泗大盘岛开山鼻祖，到咸丰年间，形成姜山渔帮，据点为嵊山和中街山列岛的青浜，以捕捞墨鱼

---

① 浙江渔业经济会：《舟山渔志》，内部印行本，1985 年，第 11 页。
② 农林部水产组：《东、黄、渤海渔业资源调查总结（一九七一年）》，内部印行本，1972 年，第 88 页。
③ 以上参见文言《舟山建制沿革》，《舟山文史资料》1988 年第 1 辑。
④ 《嵊泗列岛管辖问题》，《申报》1936 年 2 月 11 日。

为业。① 1922 年 3 月 29 日《申报》有一则《宁波姜山赛会之大惨剧》新闻，内中提到："浙江宁波姜山民人多以捕乌贼为业，以为迎神赛会必获神佑，故对于迎赛之迷信已牢不可破。"民国十二年（1923 年）《定海县志》记载墨鱼船的渔帮及船数如下："鄞县张黄村约一千二百号，姜山三百六十号，东湖百六十号（按：实为一百五十八），本帮约五六百号，尽山各岛五百号。"另据该志《各帮渔业公所列表》，鄞县张黄村即"鄞县姜山饮飞庙帮"，渔业公所成立于光绪三十二年（1906 年），驻地尽山，尽山即嵊山；姜山帮渔业公所成立于光绪三十二年，驻地青浜；鄞县东湖渔业公所成立于民国五年（1916 年），驻地鄞县东钱湖，渔场系在"定海大西寨"（今岱山县大西寨岛）；定海庙子湖帮于光绪三十二年成立公所，驻地中街山庙子湖，墨鱼船约一百余只，它可能属于"本帮"（定海帮）。② 由上可见，鄞县姜山帮一方面占据了墨鱼传统渔场，另一方面人数也最多。如果定海庙子湖帮确为"本帮"的话，那么永泰公所（尽山）、永庆公所（青浜）和靖海公所（庙子湖）同时成立于 1906 年，是否与光绪年间日益严重的"土客之争"有关，尚不得而知。

嵊山和中街山墨鱼传统渔场最迟在同治年间已经被完全开发。1872 年 5 月 23 日《申报》有一则《明脯信息》，内云：

访得市卖乌贼等鱼出处系成山洋面，所捕地为崇明县，管辖分为四大山，名花闹、成山、六华里，西又有中山，名碧下、野猫洞、大小盘、湖甸、庄海峙等山，宁波出洋捕鱼小钩船，约有三四千号，俱在山上搭厂晒鲞，其鲞名螟蜅，每担价值英洋七元之则，今年收成九分。

清代嵊山诸岛尚属江苏崇明县管辖。所列诸山，分属嵊山和中街山列岛。捕墨鱼之渔民，系宁波人，约有三四千号之多，比 1923 年《定海县志》所列鄞县帮渔船有 1718 号还多出一倍。《申报》所报道的"小钩船"有三四千号并非虚溢之辞，这一年 9 月 24 日《申报》还有一则《望海观渔》，内中提到：

---

① 周科勤、杨和福：《宁波水产志》，海洋出版社 2005 年版，第 70 页。
② 民国《定海县志》册三甲《鱼盐志第五·渔业》，浙江省舟山市定海区史志办 1994 年版。

海关记事簿论宁波捕墨鱼生理有云，此生意与宁波为甚大事，凡船属宁波者，共有四千艇，属近处者另有三千艇，皆于英四月择吉数日内同出海，自海视其船出口，殊可谓美观，潮汛既退，船皆解练挂帆，陆续而出，锣音冲天，人声极为热闹，逾一时观望，海面至涯岸满目皆船，掩木无隙处，至船皆出，乃于海面聚会，然后各自分段捕鱼，直捕至英七月始返，所捕之鱼必晒于海岛上，成功须三四日……此宁波乡民四月之役，今年所捕共计六万担。

若以一担50公斤计算，六万担为6000吨，这个产量是1936年的60%，可见1872年的捕捞业已是相当之盛，内中提到的七千号渔船云集也可以证明此点。

民国二十年（1931年）《宝山县续志》卷一《舆地志》在"四礁山"（今嵊山泗礁山）下记载："居民约二千户，多甬籍，或渔或农，风气朴僿，春夏时渔船千余艘往大槻海面捕石首、鲞鱼、乌贼、海等，贸之上海宁波，可获六七十万，全山居民多恃此项收入为生涯。"墨鱼业如此之盛，且系宁波渔民到松州府管辖之区渔捕，对其征税自然顺理成章。1876年7月27日《申报》登有《渔户环求续述》新闻，内中提道："前报录宁郡四乡渔户约聚数百人于府署前，环求给批，兹其求批准者为墨鱼捐也，盖墨鱼捐向例每千尾捐大钱十二文，现以某绅具禀每千宜加一倍，故渔户不服，特公具诉辞请为量减也。"渔民的要求是否得到满足不得而知。由于墨鱼产量极易受到自然环境的影响，波动较大，1904年9月26日《申报》引《甬江杂志》记录云："宁属各渔户因今岁墨鱼收获不佳，齐赴船局，请暂免照费，俟来年一律呈缴。"

松江府的征税一定遭到宁波渔民一定程度的抵制，1905年5月17日《申报》登载这样一条消息："派差押领船宁波：现届渔汛，各乡渔船纷纷出口，章捕墨鱼之船，每艘须赴渔团局领取船照，先局员诚恐各渔船抗不遵领，特于日前移请鄞县高子勋大令派差，由大石碶地反押，令各渔船户到局领取船照，始准放行出口。"倘若墨鱼产量和收益都较低，松江府也不至于如此费力请鄞县官府帮助，勒令渔民必须申请船照方准出海。

在《中国旧海关史料（1859—1948）》中，墨鱼作为较大宗的进出口货物，在各口岸的贸易统计和贸易报告中多有记载。近代浙江有宁波、温州、杭州三个通商口岸，分别在 1861 年、1877 年和 1896 年设关，但唯有宁波有出口墨鱼的记录。兹将《中国旧海关史料》宁波口出口墨鱼数额制成表 1，如下。

表 1   1861—1930 年宁波口墨鱼出口情况   单位：担

年份	出口量	年份	出口量	年份	出口量	年份	出口量	年份	出口量	年份	出口量	年份	出口量
1861	9100	1871	18038	1881	46081	1891	82567	1901	22485	1911	20422	1921	42275
1862	30620	1872	26298	1882	13458	1892	35598	1902	26990	1912	25529	1922	21999
1863	37119	1873	57818	1883	30804	1893	18469	1903	6145	1913	14487	1923	25807
1864	28601	1874	86688	1884	55875	1894	71806	1904	3177	1914	37565	1924	28385
1865	38092	1875	37244	1885	36396	1895	31900	1905	15162	1915	28725	1925	27764
1866	22431	1876	56667	1886	52409	1896	37305	1906	20759	1916	26498	1926	33805
1867	42644	1877	17269	1887	47881	1897	27531	1907	25071	1917	33825	1927	13466
1868	41971	1878	22769	1888	43468	1898	39100	1908	10921	1918	30172	1928	21984
1869	59135	1879	33973	1889	29578	1899	17037	1909	10696	1919	6381	1929	16066
1870	25361	1880	25238	1890	37658	1900	36850	1910	12246	1920	25205	1930	12028

首先需要对表 1 中数据的性质进行说明：其一，以上数据仅限于土货，不包括洋货；其二，"出口量"指的是"总出口"，即包括原出口和复出口，但因为宁波从其他地区进口墨鱼再复出口的比重很小，所以上述数据基本上可视为宁波本地的原出口；其三，以上数据并不是宁波出口墨鱼的全部数值，它仅是通过海关监管的轮船的出口数值，而通过民船运输的数量并不包括在内。

据表 1，宁波墨鱼出口数量年际波动很大，1874 年达到顶峰，高达86688 担，之后 1891 年和 1894 年又出现 82567 担和 71806 担的高峰；而最低值出现在 1903—1904 年，仅为 6145 担和 3177 担，只有最高峰 86688 担的 7% 和 3.7%。但总的看来，出口数量十分可观，基本上每年都多达数万担。

如此巨大的出口量主要销往何处？《中国旧海关史料》的年度贸易统计中，尚有各个关口各种货物具体来源和去向的详细记载。如在 1867 年，宁波口墨鱼总出口 42644 担，没有直接出口国外，出口中国各通商口岸的数量分别为：上海 27700 担，汉口 6897 担，九江 5057 担，厦门 1525 担，香港 903 担，福州 235 担，广东 171 担，台湾 152 担。[①] 出口方向系沿长江沿江通商口岸和东南沿海通商口岸进行，其比例分别为 93% 和 7%。以同样的方法统计有详细出口方向和数据的年份，往长江沿江口岸的比例均在 90% 以上。另从 1867 年的数据来看，汉口输入量已经超过九江，在所有输入口岸中居第二位。

由于海关统计编写格式的变化，越往后其统计数据越简略，因此无法再了解其出口方向。但在 1912—1931 年的海关统计中，有墨鱼各关进口净值和原货出口的数据，据此整理成表 2，如下所示。

表 2　　　　　　　**1912—1931 年墨鱼的进口净值与原货出口统计**　　　　单位：担

年份	长江口岸进口净值	宁波口原货出口	所有口岸原货出口	比例 1	比例 2
1912	23702	25529	38946	93%	66%
1913	12946	14487	26567	89%	55%
1914	26267	37565	48702	70%	77%
1915	22266	28725	42544	78%	68%
1916	24823	26498	48945	94%	54%
1917	32966	33825	60309	97%	56%
1918	28270	30172	45373	94%	66%
1919	11196	6381	24782	175%	26%
1920	20139	25205	44960	80%	56%
1921	29529	42275	75009	70%	56%
1922	19224	21999	44220	87%	50%
1923	20111	25807	49893	78%	52%
1924	31807	28385	61070	112%	46%
1925	27878	27764	59365	100%	47%
1926	36536	33805	66996	108%	50%
1927	11171	13466	29226	83%	46%

---

①　中国第二历史档案馆、中国海关总署办公室：《中国旧海关史料（1859—1948）》册三，京华出版社 2001 年版，第 182—183 页。

续表

年份	长江口岸进口净值	宁波口原货出口	所有口岸原货出口	比例1	比例2
1928	27705	21984	60021	126%	37%
1929	19101	16066	50093	119%	32%
1930	15870	12028	48901	132%	25%
1931	26986	21678	64216	124%	34%

按："进口净值"为一年内进口总值减去复出口的部分①。表中比例1为长江沿江各口岸进口净值与宁波口出口数的比例，比例2为宁波口原货出口占所有口岸总出口的比例。假设长江各口岸的进口净值全部来自宁波，则 1912—1931 年宁波出口长江各口岸的比例皆在 70% 以上，而其中又以九江、汉口、长沙、重庆四个口岸为最。从表2可以看到，1924 年以后，长江口岸的进口净值已经大于宁波的出口数，说明宁波的墨鱼出口已经不能满足内地市场的需求，但这一部分来自哪里，尚不清楚。另外，1927 年以前，宁波出口占所有口岸总出口的比重基本上都在 50% 左右或更多，1914 年甚至高达 77%，再次证明宁波是中国沿海地区墨鱼的主要产区。1927 年以后比例的下降，与宁波出口量的下降直接相关，而北海、九龙、汕头等的比重则逐渐上升。

除统计数据外，宁波口贸易报告中也有关于墨鱼出口方向的文字记录，兹将其摘录并整理成表3，如下。

表3 宁波墨鱼出口方向的记录

年份	出口量（担）	出口方向
1870	25361.05	计供应上海 12237.91 担、汉口 6779.71 担、九江 5550.83 担、香港 230.6 担、厦门 276 担、台湾 286 担。
1873	57818.74	运往上海（其中一部分转口去汉口）50481.69 担、汉口 3585.5 担、九江 2039.4 担、厦门 764.85 担、广州 271.6 担、香港 675.7 担。
1874	86688	本口贸易口岸仅限于上海、汉口、九江和厦门。

---

① ［美］托马斯·莱昂斯：《中国海关与贸易统计（1859—1948）》，毛立坤等译，浙江大学出版社 2009 年版，第 55 页。

续表

年份	出口量（担）	出口方向
1877	17270	经由洋轮运载出口者恐不到出口总数之半也，大部分不论是舟山群岛或宁波都是由民船运往福建。
1878	22769	宁波墨鱼四成运温州、福建和浙江其他地方，二成去江西省河口，四成即由洋轮外运出口，主要是运销长江各口岸。
1881	46081	大部分运销九江、汉口，也还有不少是运往厦门和香港。
1887	47881	唯有那些远销长江口岸和广州之鱼行获利丰厚；可是发货往厦门、福州者却都亏蚀。
1889	29579	本口之墨鱼约有 2/7 是由福州民船直接运回福州。
1890	37658	墨鱼出口去长江口岸的是下降，但大部分是出口香港、广州。
1895	31900	汉口为墨鱼主销地之一，汉口渔商又是供应四川之墨鱼集散地，四川是墨鱼消耗量相当大之一省，由于年内四川发生动乱因而输入受阻，但是汉口渔商仍一如既往地进口，因此利润就受到影响。此外，尚有一部分由民船载往福州以及南方一些口岸。
1905	15162	螟蜅捕自舟山洋面，有直运上海者、有运往扬子下江口岸者。
1907	25071	绝大部分捕获来自舟山群岛，通过民船直接运往上海和长江下游一些口岸销售。
1914	37565	大半装赴扬子江下游一带。

资料来源：根据徐蔚葳主编，杭州海关译编《近代浙江通商口岸经济社会概况——浙海关、瓯海关、杭州关贸易报告集成》整理，浙江人民出版社 2002 年版。

  表3 文字记载的宁波墨鱼的出口方向，与表2 数据所反映的情况基本一致，只是在比重上有所差别。上文叙及，表2 数据显示宁波墨鱼大多销往长江各口岸，只有少量运往东南沿海，但文字报告却有"大部分……运往福建"、"四成运温州、福建和浙江其他地方"、"约有 2/7 是由福州民船直接运回福州"、"大部分是出口香港、广州"等描述。其实这并不矛盾，如前所述，海关数据只统计了海关监管下通商口岸间的轮船贸易，民船贸易和纯粹的内陆贸易并不包括在内。正如 1869 年浙海关的贸易报告在解释当年的墨鱼出口量时所言："以上仅是通过洋货船出口之数值。此外当地之巨

大消费，以及通过民船运往沿海一些地方去的数值也就不得而知矣。"①

民国时期的《申报》和地方志对于宁波墨鱼销往区域也有记录，兹录如下：

（1）走销最巨者，首推闽广两帮，次则川湘鄂亦不弱（1927 年 6 月 3 日《申报》）。

（2）行销地域，以川湘赣闽粤五省为最，本街内地去化有限（1928 年 6 月 10 日《申报》）。

（3）销行场地甚广，如闽广川两湘赣等处，均有巨量需要（1936 年 4 月 27 日《申报》）。

（4）墨鱼、墨棗由中路钓船进甬销售，螟蚹由闽商销售者多，进甬者少（民国十三年《定海县志》册三甲《鱼盐志第五·渔业》）。

《申报》的记录与宁波海关贸易报告中的记叙相同。需要注意的是，民国《定海县志》对不同加工方式的墨鱼销往特定区域进行了说明。光绪十四年（1888 年）《慈溪县志》对更早时期的墨鱼加工方法记录如下：

《句章土物志》：盐干者名明鲞，淡干者名脯鲞。按今剖而干之、未着盐者曰明脯鲞，明或书作螟，不剖者曰乌贼混子，或盐或否，盖今昔异名也。②

按：《句章土物志》为慈溪人郑辰所编。郑辰生卒年不详，只知为乾隆五十六年（1791 年）拔贡，因此约为乾隆、嘉庆时期人。这一时期无论是盐干还是淡干，都使用盐。鄞县也是如此。乾隆五十三年（1788 年）《鄞县志》卷二十八《物产·食货属》记载："墨鱼干，方物，岁贡。鄞海错五，曰泥螺、曰紫菜、曰鰕米、曰鹿角菜、曰墨鱼干（《成化志》）。"该志卷二十八《物产·鳞介之属》又记载："以盐渍之名墨鱼干。"

但到光绪年间，墨鱼制干均不再用盐，制法有剖与不剖之别。民国十三年（1924 年）《定海县志》记载也是如此："乌鲗鲞曰螟脯，未出脏杂者曰墨棗，曰浑子，其脏杂曰鳔肠螟脯，销行各省极广。"③ 运往福建的墨鱼

---

① 徐蔚葳主编，杭州海关译编：《近代浙江通商口岸经济社会概况——浙海关、瓯海关、杭州关贸易报告集成》，浙江人民出版社 2002 年版，第 127 页。

② （清）杨正笋修：光绪十四年《慈溪县志》卷五十四《物产下·鳞之属》。

③ 民国十三年《定海县志》册五《物产志》，浙江省舟山市定海区史志办 1994 年版。

主要是"剖而干之、未着盐者"，而通过宁波运往长江流域各省份主要是"不剖者"。

有意思的是，光绪三年（1877年）《定海厅志》引用《鄞志》的记载，"货于江右为盘饤上品"[1]。这里的《鄞志》为乾隆五十三年（1788年）钱维乔修、钱大昕等纂的《鄞县志》。该志卷二十八《物产·食货属》记载："按墨鱼干俗呼螟脯鲞，螟脯或作明府，以地名也。货于江右为盘饤上品。"说明乾隆年间宁波所产墨鱼已经销往江西，与台州和温州的情况完全相同。销往江西的墨鱼干，为"盘饤上品"，可见极为昂贵。但同治之后，江西已非唯一的主要销售区了。

四　销售区域的变化及其原因

明代及其之前的文献，乌贼多因其药用价值而受到关注。如李时珍在《本草纲目》中提到，其肉可以"益气强志"、"通月经"，其骨能治女子血枯、赤白目翳、疔疮恶仲、跌破出血、阴囊湿痒等等，其血可治耳聋，甚至其腹中之墨可以治疗心痛。[2] 明代后期和清代的文献，除了药用价值之外，已多提及其食用价值。

如湖南永州府嘉禾县，民国二十年（1931年）《嘉禾县图志》卷十《礼俗》记载当地宴席食用海产品日益奢靡的现象："五六十年前婆会用墨鱼已侈，城俗渐用鱼翅，乡人或效之，妇女宴不设酒，今耻不及男而绮靡有过之者。""婆会"指的是妇女席，人们认为墨鱼对女性身体尤有补助，故在"婆会"中出现。在福建和江西，两省民众视螟蜅为产妇必备之食。[3] 在十九世纪七八十年代，墨鱼在嘉禾尚是奢侈品，因此应主要供应产妇。但到了20世纪30年代，海产奢侈品已变成鱼翅，而此时墨鱼应该成为一般妇女的补品。这也说明，1870—1930年间，墨鱼的供应量大大增加，其价

① （清）史致驯等：光绪三年《定海厅志》卷二十四《志九·物产·鱼之属》，上海古籍出版社2011年版。

② （明）李时珍：《本草纲目》卷四十四，清文渊阁四库全书本，浙江省舟山市定海区史志办1994年版。

③ 温州水产局、渔民协会、水产学会、渔经学会编：《温州水产志·资料长编》卷三《水生物资源篇》，第77页。

格也有所下降。因此，20 世纪 30 年代由当地士绅们所组成的崇俭维礼会提出以下公约："凡无论何事筵宴，海物只用墨鱼，禁鱼翅海参，用肉一席毋过三斤，禁牛肉，酒毋过三行，禁割肉即食，余以箸穿肉而归也。" 即使在保守人士看来，食用墨鱼是被允许的。

湖北咸宁也是这种情况。光绪八年（1882 年）《咸宁县志》卷一《风俗》记载："其宴客之具，数十年前不过鱼肉，今则海物惟错，率以为常。" 19 世纪 80 年代，宴请宾客，各种海物业已"率以为常"。虽然地方志编者并未列举"海物"名目，但应该包括墨鱼在内。按：咸宁距武汉约 80 公里，嘤求学社在 1907 年出版的《汉口中央支那事情》中提到，"干肠及墨鱼，非常为此地所嗜好。其输入额，干蛏与墨鱼稍相等"。1920 年《湖北全省实业志》记载 1918—1919 两年"由外洋、上海等埠输入汉口"之墨鱼，分别达到 17101 石和 15397 石。[①]

汉口海味业历史上素有三帮，即咸宁帮、浙宁帮和汉帮（本帮），其中以浙宁帮经营时间最早。1876 年即有宁波人董章顺开设同春海味号，1910 年前后成立同业商业公会。[②] 当然，这些民族资本面临着与外国资本激烈竞争的现实。1872 年 7 月 24 日《申报》登录《汉口来信》，内中提到，"坚轮船由汉口返申，带来该处信云：……又云白蜡、墨鱼、胡椒、桐油诸货稍有涨势，观其情形大都不致再疲耳，其余等货与前无异"。所谓"坚轮船"，即蒸汽船，它在与民船的竞争中，逐渐显示出优势。如《中国旧海关史料》在解释宁波口 1891 年墨鱼出口高达 82568 担的原因时就认为："这可能是轮船水脚已便宜到了比民船更低的费用，因此这些以往是民船的主顾现在就转向汽轮。"[③]

1842 年"五口通商"之前，海外贸易集于广州一口，许多商品须转经江西运往广州。乾隆、嘉庆和道光年间浙东大量墨鱼运往江西，除了当地人直接消费外，恐有部分运往广州和其他省份。"五口通商"之后，随着越

---

① 嘤求学社：《汉口中央支那事情》，1907 年，转引自曾兆祥主编《湖北近代经济贸易史料选辑》第二辑，1984 年，第 277、279 页。

② 姚茂青：《海味糖行业史概述》，未刊稿，转引自曾兆祥主编《湖北近代经济贸易史料选辑》第二辑，1984 年，第 286 页。

③ 徐蔚葳主编、杭州海关译编：《近代浙江通商口岸经济社会概况——浙海关、瓯海关、杭州关贸易报告集成》，第 275 页。

来越多的港口被辟为通商口岸，江西墨鱼转运枢纽的地位受到挑战。而且在旧有厘金制度下，由于关卡繁多，商人运输货物须交纳若干次厘金；而在通商口岸新体制下，商人只要在口岸海关一次性交纳海关税和子口半税后，即可免征一切内地厘金常税。民国《芜湖县志》卷二十四《赋役志·关税》记载："鱿墨鱼每百觔六钱六分七厘"，关税并不高。因此同治之后，汉口遂取代九江，成为内地墨鱼转销的第一中转站，四川市场所需的墨鱼亦经汉口输入。

墨鱼需求量的大小还与经济好坏密切相关。1937 年《汉口商业月刊》登载一篇名为《1931 年水灾后汉市海味业衰落》的文章，内中提到：

> 海味盐糖之营业，全恃对内地各市镇之大批贩运批发为主，但在 20 年大水后几年间，湖北各乡镇形成空前之荒象。各地农产锐减，生活维艰，农民之购买力薄弱，致海味盐糖业之营业大受影响。且市面又极度不景气，门市亦殊清淡。……故在 20—24 年中，整个海味盐糖业盖亦如汉市其他各业，业务至为不振，倒闭收歇者时有所闻。

1936 年之后，情况有所好转，"迨入秋冬，因内地农村多庆丰收，购买力增加，以此，各地销路遂能日渐恢复。至年终期，皆能获有盈利，而无亏折事情矣"①。据此推测，随着近代江西经济地位的下降，当地墨鱼的需求量当较"五口通商"前有所减少；而闽、粤、鄂、湘、川等省随着经济地位的上升，需求量亦有所增加。

从上引文献记录来看，清代以来墨鱼运销业一直是一桩相当有利可图的生意，商家们自然趋之若鹜。由于《申报》中有详细的价格史料，兹以该报说明之。

1922 年 11 月到 1924 年 8 月上海每日墨鱼市价在《申报》中都有登载。市场上每日都有墨鱼的供应，说明墨鱼消费相当普遍。1922 年 11 月 11 日的上海菜市场，"带鱼鲜者每两三十五文……猪肉每洋三斤半……黄鱼大者每两二十二文，小者每两四十文……墨鱼每两三十五文"，传统四大经济鱼

---

① 《汉口商业月刊》新一卷二期，1937 年，转引自曾兆祥主编《湖北近代经济贸易史料选辑》第二辑，第 283 页。

类都已成为市场上的普通品,除大黄花鱼价格稍低,其他几种相差不大。以
猪肉作为比价,若每洋等于 1000 文,则猪肉每两约为 18 文,差不多为墨鱼价
格的一半。猪肉常年的价格比较稳定,而墨鱼价格则会随着鱼汛与市场供求
而上下波动。将 1923—1924 年的墨鱼市价按月整理成表 4,如下所示。

表 4 　　　　　　　　　　　1923—1924 年上海墨鱼分月市价 　　　　　单位:文/两

年＼月	1	2	3	4	5	6	7	8	9	10	11	12
1923	35	40	40	—	20	12	15	15	—	50	30	30
1924	30	30	40	40	12	12	10	30	—	—	—	—

《申报》记载的是墨鱼每日市价,表 4 选择每月中出现的众价作为每月
之市价。1923—1924 年上海墨鱼的价格在每两 10 文到 50 文之间波动,全
年价格起伏相差 5 倍。最低价出现在 5—7 月,此时为墨鱼的旺发期,市场
供应充足,价格自然低落。若将鱼汛期的市价与猪肉相比,则墨鱼的单价
比猪肉还低。10 月以后,市场供应减少,其价格则逐渐上升。但总体而言,
民国时期的墨鱼价格并不昂贵。

由于不仅同一地方不同季节墨鱼的市价会有差异,同一地区的进口和
出口之间,或者不同地区之间也会存在差价,正是这个差价,使商人在不
同地区间的贸易变得有利可图。将《中国旧海关史料》上海市同时记有进
口和出口价格的数据辑出,如表 5 所示。

表 5 　　　　　　　　　　1917—1928 年上海墨鱼进出口价格 　　　　　单位:海关两/担

年份	1917	1918	1920	1921	1924	1925	1926	1928
进口价	9.3	10.3	25.9	10.0	13.5	16.9	20.1	15.1
出口价	16.9	17.3	20.0	22.5	32.5	32.5	35.0	32.5
利润率(%)	81.6	68.1	-22.7	124.6	140.2	92.3	74.0	114.8

表 5 可见,1917—1928 年上海墨鱼的进出口价格相差非常大,若将进
口的墨鱼全部用来再出口,除 1920 年外,其利润皆在 60% 以上,1924 年甚

至高达 140%。至于 1920 年的利润为负，是因为这一年进口价较往年高出很多，而出口价并没有随之增长。1917—1928 年间墨鱼已经相当普遍，其利润率尚是如此之高，清代中期其利润率更高，难怪浙东墨鱼产业如此兴盛了。因此，清代以来转销墨鱼的利润空间一直是极大的，这是整个乌贼流通市场一直繁荣和运销体系不断扩大的关键因素之一。

五 结论

墨鱼不仅是清代和民国年间中国渔获量最大的几种海洋生物之一，而且也是运销区域最为广阔的一种水族。转销贸易巨大的利润空间不仅使墨鱼在清代中期就成为"中国四大海洋经济鱼类"之一，而且对于沿海外缘岛屿的开发，特别是嵊山列岛和中街山列岛，起到了至关重要的作用。

清代中期，江西是浙东墨鱼最为重要的销售区域。但 1842 年"五口通商"之后，随着越来越多通商口岸的开放，贸易路线的改变，以及各省份经济地位的升降，在高利润率的刺激下，福建、广东、湖南、湖北和四川等省的输入量大大增加，上海和汉口也成为墨鱼运销最大的两个中转站。

唐五代温台地区的海洋经济

张剑光[*]

浙江温台二州，地处环东海地带，自然地理条件基本相似，在唐五代时期，经济发展水平大致相同。唐朝建立后，于武德四年（621 年）在括州之临海地区设台州；上元元年（674 年），以括州之安固、永嘉两县设温州。随着唐政府南方政策的渐渐变化，温台二州经济逐步呈现上升的趋势，但与两浙地区的杭、越等州相比，尚属初步开发阶段，总体经济实力有一定的差距。不过，温台二州的经济发展有着明显的区域特点，因为有着优越的自然条件，有漫长的海岸线，经济发展的海洋特色表现得特别显著。

唐五代温台二州海洋经济的发展，具体表现在哪些方面？本文将围绕这一主题，试作一些初步的讨论，如有不当，敬请大家指正。

一 政府控制下的海洋制盐业

中唐以前，浙东沿海各州都生产食盐，不过政府没有从食盐生产中强制性地获取利益，所以史书很少记载。唐代中期以后，政府在盐业上实行垄断，控制食盐的生产和销售，于是在南方产盐区设立了监、场生产体系，以严格控制食盐的生产数量和质量，温台二州是政府加强生产的重点地区。

《新唐书》卷四一《地理志五》谈到温州有永嘉监，专门负责食盐生产，说明这个盐监机构是设在永嘉县。顾况《释祀篇》云："龙在甲寅，永

---

* 张剑光，上海师范大学人文学院古籍研究所教授。

嘉大水，损盐田，……翼日雨止，盐人复本，泉货充府。"① 甲寅年，即唐代宗大历九年（774年），永嘉盐田已有相当规模，但由于海水涨潮，将盐田损坏。不过后来恢复生产，政府获利丰赡，当然温州很多百姓的生活也主要靠生产食盐来维持。至于温州其他沿海县是否也产盐，由于史料缺乏，我们不能遽然断定，不过根据北宋温州有天富监，有永嘉、平阳、瑞安、乐清四场来看，北宋的沿海各县均有盐场，那么唐五代的情况或许是与其相差无几的。

台州沿海是食盐的重要产地，台州管辖的三县都生产食盐。苏颋有诗谈到台州时云："向悟海盐客，已而梁木摧。"② 证实北方人谈到台州，首先的一个印象，台州是著名的食盐生产地。《新唐书》卷四一《地理志五》谈到唐后期台州黄岩、宁海二县生产食盐。台州地区管理食盐生产的是新亭监。《吴越备史》卷四《大元帅吴越国王》谈到五代吴越国时，元德昭知台州新亭监。③ 关于这个新亭监，《嘉定赤城志》卷七《场务》谈道："新亭监，在县东南六十里，今废。"自注云："按：《武烈帝庙记》：乾符二年，新亭监给官莫从易重建堂宇。又《九国志》亦载元德昭知台州新亭监。"这里的县所指为临海县，盐监在临海县城东南六十里的海边。④ 刘晏变革盐法时，江淮的10监中有新亭监，⑤ 说明从中唐时就已设立，是台州各场食盐生产的管理机构。台州有哪些食盐生产场？《嘉定赤城志》卷三六《风土门》谈到北宋时，台州设二场，即于浦场和杜渎场："属于浦者成于上，属杜渎者漉于沙。"于浦在黄岩县东南七十里，杜渎直到清代仍设盐场署，即今天临海的杜桥镇。这两个盐场虽然史书中谈的是北宋时的情况，但设场制盐恐怕唐后期五代就已开始。

中唐以后，温台二州每年的食盐生产量，可据一些史料做大致推断。《嘉泰会稽志》卷一七谈到兰亭监每年配课食盐约四十万六千七十四石一斗。又云："（北宋）元丰中，卢秉提点两浙刑狱，会朝廷议盐法，秉谓自

① （清）董诰：《全唐文》卷五二九，上海古籍出版社1990年版。
② （清）彭定求：《全唐诗》卷七三《蜀城哭台州乐安少府》，中华书局1960年版。
③ 也可参吴任臣《十国春秋》卷八七《元德昭传》，中华书局1983年版。
④ （宋）欧阳修等《新唐书》卷四一云新亭监与临平监俱属杭州，有误，并为相当一部分学者引用。
⑤ （宋）欧阳修等：《新唐书》卷五四《食货志四》，中华书局1975年版。

钱塘县汤村场上流睦、歙等州，与越州钱清场等水势清淡，以六分为额；汤村下接仁和县，汤村场为七分，盐官场为八分；并海而东为越州余姚县石堰场、明州慈溪县鸣鹤场，皆九分；至岱山、昌国，又东南为温州双穟、南天富、北天富，十分，著为定数。"由于海水咸淡不一，宋人认为浙东沿海出盐率是自南向北渐渐下降，温州、明州最能出盐，其次是越州，最后是杭州。将这条宋人资料作为参考，唐五代浙东沿海最能出盐的当是永嘉监和明州富都监，台州的地理位置优于明州，新亭监的生产量绝不会低于富都监。因此，我们大致推测永嘉及新亭二监产量应该与越州兰亭监持平，每年每监产量也在四十万石左右。

二 品种丰富的海洋捕捞业

唐代浙东沿海造船业十分发达，近海捕捞业已有相当规模。由于渔船吨位相当大，航程相对较远，能捕捞到的海产品种类十分丰富。《元和郡县图志》卷二六谈到台州开元贡有鲛鱼皮，元和贡有鲛鱼皮一百张；温州开元贡有鲛鱼皮三十张，元和贡有鲛鱼皮（三十张）。《新唐书》卷四一《地理志五》说台州和温州长庆贡有鲛革。《太平寰宇记》卷九八谈到台州的土物，有望潮鱼（一名海和尚）、鲛鱼皮、海物。卷九九谈到温州的土物有鲛鱼和西施舌，"似车鳌而扁，生海泥中，常吐肉寸余，类舌，俗甘其味，因名"。此外，《元和郡县图志》谈到台州相邻的明州元和贡有渔肘子、红虾米、红虾鲊、乌鲗骨。《新唐书》说明州贡海味，《太平寰宇记》卷九八谈明州贡紫菜、淡菜、鲉、蚶、青鲫、红虾鲊、大虾米、石首鱼、海物。贡物是地方进贡到中央的各地的著名产品，大多是有地方特色，深受人们喜爱，质量较高。由于受到保鲜技术的限制，鲜活的海产品是很难及时进贡到中原的，即使有的话也是一些不太易坏的水产品。从这些记载来看，温台二州能够捕捞到大量的鲛鱼，即今天指的鲨鱼，朝廷想得到鱼皮，而温台二州贡的鱼皮是质量较高的。由于有具体的上贡鱼皮数量，可知当时能捕到的鲨鱼数量众多。另外，与台州相邻的明州进贡的海产品特别多，主要是明州至中原的交通相对比较方便，所以进贡的品种比台、温州要多。不过我们可以推测，温台二州与明州沿海主要的海产品应是大致相同的，都是能够从近海滩涂及深海中捕捞到各种各样的鱼类、贝类和藻类产品。

唐五代浙东沿海的海洋捕捞业已具有相当高的技术。《酉阳杂俎》前集卷一七云："异鱼，东海渔人言近获鱼，长五六尺。"估计这里的东海渔人是指浙东沿海的渔民，他们在近海捕鱼，常会发现人们还没有认识的鱼类。海鱼产品进入市场，通常是以活鲜鱼的形式出现的。但问题是活鲜鱼易死亡，一旦变质，无论是渔民还是商人都要蒙受经济上的损失，因而唐代沿海地区的商人和渔民对鱼产品进行了技术加工，用制成咸鱼的方法把商品抛向市场，避免了经济上的损失。《岭表录异》卷下云："彭蜞吴呼为彭越，盖语讹也。足上无毛，堪食，吴越间多以异盐藏，货于市。"渔民将新鲜彭越用盐腌制后，就不再会变质，便可投放到市场上销售，不受时间长短的限制。这里所指的"吴越间"，应当也包括浙东的温台二州。

唐前期的孟诜有《食疗本草》一书，在卷中，他提到了人们日常所食鱼类的药用功效、食用功效和禁忌，并一一进行了分析。如谈到乌贼鱼，说："食之少有益髓。骨：主小儿、大人下痢，炙令黄，去皮细研成粉，粥中调服之良。其骨能销目中一切浮翳。细研和蜜点之妙。又，骨末治眼中热泪。又，点马眼热泪甚良。久食之，主绝嗣无子，益精。"谈到牡蛎时说："火上炙，令沸。去壳食之，甚美。令人细润肌肤，美颜色。又，药家比来取左顾者，若食之，即不拣左右也。可长服之。海族之中，惟此物最贵。北人不识，不能表其味尔。"谈到蚶时说："温，主心腹冷气，腰脊冷风；利五藏，建胃，令人能食。每食了，以饭压之，不尔令人口干。又云，温中，消食，起阳，时最重。出海中，壳如瓦屋。"又云，"蚶：主心腹腰肾冷风，可火上暖之，令沸，空腹食十数个，以饮压之，大妙。又云，无毒，益血色。"谈到蛏时说："味甘，温，无毒。补虚，主冷利。煮食之，主妇人产后虚损。生海泥中，长二三寸，大如指，两头开。主胸中邪热、烦闷气。与服丹石人相宜。天行病后不可食，切忌之。"书中共谈到的水产品有牡蛎、龟甲、魁蛤、鳢鱼、鲫鱼、鳝鱼、鲤鱼、鲟鱼、鳖、乌贼鱼、鳗鲡鱼、鼍、鼋、鲛鱼、白鱼、鳜鱼、青鱼、石首鱼、嘉鱼、鲈鱼、鲎、时鱼、黄赖鱼、比目鱼、鲚鱼、鲵鲤鱼、鲸鱼、黄鱼、鲂鱼、蚌、蚶、蛏、淡菜、虾、田螺等三十多种，其中一半左右是海产品，既可以看到当时食用的海产品种类之多，同时又能看到唐人对海产品食用功效的认识。孟诜在武则天时期曾被贬为台州司马，所以对浙东地区的海产品认识较为全面，罗列的品种特别丰富，所以他知道有的是南方产品，"北人不识"。如淡菜，"北人多不识，虽形状不典，而甚益人"。因而我们推测他在书里提到的这些海产品实际上大多是产自台州地区，可以反映出台州海洋捕捞业的真实水平。

三 航路纵横交错的海洋交通业

温台二州海上交通十分发达。《元和郡县图志》卷二六台州条云："东至大海一百八十里。"温州条又云："东至大海八十里。"从二州城往东都有水道直通大海，城市物资可以通过海路源源不断运输而来，二州在海上有纵横交错的交通网络。

整个温台地区有丰富的内河水系通向大海。台州州城可以通过临海江到达大海，《元和郡县图志》卷二六云："临海江，有二水合成一水，一自始丰溪，一自乐安溪，至州城西北一十三里合。"二溪一通唐兴县，一通乐安县，至州城汇合，直通大海，流经地区较广，台州地区的水上交通主要是以这条江来进行的。《嘉定赤城志》卷二三《水》云："唐许浑有《陪郑使君泛舟晚归》诗云：'南郭望归处，郡楼高卷帘。平桥低皂盖，曲岸转彤襜。'如此，则郡通舟楫，唐时已然。"许浑诗真实地反映了台州城附近通舟楫的情况。温州最大的自然水道是永嘉江，其次是安固县的安固江。温州至大海约八十里，《全唐诗》卷一六〇孟浩然《宿永嘉江寄山阴崔少府国辅》云："我行穷水国，君使入京华。相去日千里，孤帆天一涯。卧闻海潮至，起视江月斜。借问同舟客，何时到永嘉。"所云当是从大海到温州的这一段江面。从温州上溯到处州的这段江面，同样是当时的交通要道。

沿海的县城，也有水路通向大海。台州宁海县没有水路通大海，所以吴越时曾修建了一条从县城通向海边的运河。《嘉定赤城志》卷二五《水》详细谈论了这一工程："淮河源在县东一百步桃源桥北，经桐山罗坑凑黄墈三十里入海。周显德三年，令祖孝杰用水工黄允德言，谓县北地坦夷，宜凿渠通海，引舟入渠，以通百货，遂弃田七顷，发民丁六万浚之。既而渠成，视其势反卑于县，虽距海一舍而为堰者九重，以两山水暴涨啮荡，堰闸遂止不浚。时岁饥且寒，役人多死，或云今县北千人坑，盖其时丛冢也。"宁海县城离海边有数十里，修建一条通向大海的河道而直接出海很有必要。动用了6万劳力修建的这条河道及其为平衡水位设置的6个闸门，由于河道低而海平面高，最后船只还是无法出海，所以这条河道并没有为当时水上交通带来实际效果。

台温二州地处浙东沿海，海上交通运输十分发达。天宝二年（743年），"当时海贼大动繁多，台州、温州、明州海边，并被其害，海路湮塞，公私断行"①。说明这些地区在唐前期人们就常常利用海上交通运输货物和人员往来。从温州、台州出发的航线众多。孟浩然《宿天台桐柏观》云："海行信风帆，夕宿逗云岛。"《寻天台山》云："歇马凭云宿，扬帆截海行。"② 江南各地进入台州，比较方便的路线就是走海路。《大清一统志》卷二三五《温州府》云："帆游山，在瑞安县北四十五里，东接大罗山，与永嘉县分界，为舟楫要冲。《永嘉记》：'地昔为海，多过舟，故山以名。'唐张又新诗：'涨海尝从此地流，平帆飞过碧山头。'"③ 台温两州之间通过海道相互往来十分频繁。唐代宗广德二年（764年），"临海县贼袁晁寇永嘉，其船遇风，东漂数千里。……因便扬帆，数日至临海。船上沙涂不得下，为官军格死，唯妇人六七人获存"④。唐僖宗中和四年（884年），刘汉宏"密征水师于温州，刺史朱褒出战船习于望海"⑤，水师就是在浙东海面上活动。可知两州之间，海路对运输和商贸所起的作用十分重大。

温台二州沿东海南下，可至福建、岭南等地。从海路进入福建地区，是浙东最为重要的海上交通线路。《元和郡县图志》卷二六温州条云："西南至福州水陆路相兼一千八百里。"从温州出发，沿海岸线航行可至福州。裘甫起义时，有人对他说："遣刘从简以万人循海而南，袭取福建，如此，

① ［日］元开等著，汪向荣校注：《唐大和上东征传》，中华书局2000年版，第43页。
② （清）彭定求：《全唐诗》卷一五九、一六〇，中华书局1960年版。
③ 可参《明一统志》卷四八《温州府》"帆游山"条，引张又新诗文字略有不同。此诗《全唐诗》卷四七九题云《帆游山》，曰："涨海常从此地流，千帆飞过碧山头。君看山谷为陵后，翻覆人间未肯休。"
④ 李昉：《太平广记》卷三九引《广异记》"慈心仙人"条，中华书局1982年版。
⑤ 钱俨：《吴越备史》卷一《武肃王上》，文渊阁《四库全书》本，上海古籍出版社1987年版。

则国家贡赋之地尽入于我矣。"① 时裴甫占据着明、台地区，可知台州通过海道与福建紧密相连。胡三省谈到福建王氏自海上入贡中原时的路线云："自福州过温州洋，取台州洋过天门山入明州象山洋，过涔江，掠洌港……"② 从胡注中可以看出，浙东沿海各州与福建间的通航是十分畅通的，所走路线大多是沿近海而行。

温台二州的位置，决定了有优越的海上航行条件，能与海外地区相通。

从台州、温州出发，有海路直航日本。木宫泰彦据《三代实录》云乾符四年（877 年），崔铎等 63 人从台州出发前往日本筑前国。孙光圻记有从台州出发赴日本的船只有中和三年（883 年）等共 3 次。台州南面的温州，也是日本船只靠岸的重要地区。《安祥寺惠运传》云 842 年，李处人的船从值嘉岛开往唐朝，"得正东风六个日夜，法着大唐温州乐城县玉留镇府前头"③。

台州和温州的船只也能直航印度次大陆，或到达更远的非洲和阿拉伯地区。唐代中期，泾源裨将严怀志随浑瑊与吐蕃会盟。由于吐蕃背弃盟约，怀志陷没吐蕃十数年。后往西逃"至天竺占波国，泛海而归。贞元十四年，始至温州，征诣京师"④。严怀志在海上可以从印度逃到温州，说明两地之间必定有时人熟知的航路。吴越国时，印度有海船前来："钱氏时，有西竺僧转智者，附海舶归。"⑤ 尽管我们无法证实浙东与印度船只来往的频繁程度，但浙东沿海有航路与印度次大陆相通，将浙东与阿拉伯、非洲连在一起。

温台二州海上交通业的发达，与当地的造船业是分不开的。贞观二十一年（647 年）八月，唐太宗敕："宋州刺史王波利等发江南十二州工人造大船数百艘，欲以征高丽。"⑥《通鉴》胡三省注中，将十二州一一列出，其中就有台州。其时温州还没设立，所以十二州中不见温州。这一次建造的，全部是跨海大船，主要是为了隔海征伐高丽。唐高宗时，又令各地大

---

① （宋）司马光：《资治通鉴》卷二五〇，唐懿宗咸通元年三月条，中华书局 1956 年版。
② （宋）司马光：《资治通鉴》卷二六七，后梁太祖开平三年九月条胡注，中华书局 1956 年版。
③ 转引自［日］木宫泰彦《日中文化交流史》，商务印书馆 1980 年版，第 121 页。
④ （宋）王钦若：《册府元龟》卷一八一《帝王部·疑忌》，中华书局 1960 年版。
⑤ （明）田汝成：《西湖游览志》卷六《南山胜迹》，浙江人民出版社 1980 年版。
⑥ （宋）司马光：《资治通鉴》卷一九八，中华书局 1956 年版。

造船舫准备攻打辽东，至龙朔三年（663年）他对大臣谈到"造船诸州，辛苦更甚"，随即颁诏说："前令三十六州造船已备东行者，即宜并停。"①究竟是哪三十六州，史未明言，但台州肯定是被包括其中的。温州建立后，也常造海船用于运输和军事。中和二年（882年），刘汉宏在西陵排列的数百艘战舰中，就有温州制造的。中和四年（884年），刘汉宏"密征水师于温州，刺史朱褒出战船习于望海，以史惠、施坚实、韩公玟领之，复图水陆并进"。② 这件事《说郛》卷五引僧赞宁《传赞》是这样说的："差温牧朱褒排海舰于赭山海口。"《新唐书》卷一九〇《刘汉宏传》云："汉宏使褒治大舰习战。"可知朱褒温州水军装备的战船是能适应于海上作战的巨型舰只，这是温州造船业发达的成果，说明温州具备了制造大型海船的技术。

四　以瓷器为核心的海洋贸易

地处海洋周边，前来的外国商人众多，这使温台二州沿海百姓看到了商业的巨大利润，他们自然会采用走出去的办法来发展本地区的海洋贸易经济。

温州和台州在唐后期至五代，是沿海对外的两个重要港口，"控山带海，利兼水陆，实东南沃壤，一巨都会"③。二州的对外贸易，对商品经济的发展和农村经济作物的种植，都产生了一定的影响。

台州作为中国商人对外贸易的重要港口，在唐以前已有史料记载。《嘉定赤城志》卷三一《祠庙》谈到黄岩县东南一百里的穿石庙"隋末时建。旧传有一商舟以风涛簸岩侧，其势危甚，欲登岩而水急不可縻，商惠，奋拳穴石，将以缆舟，舟竟覆，众遂神事之。庙址旧为海涂，后以潮淤筑其上"。同卷又谈及江亭庙，"在县北一里永宁江侧，舟上下必乞灵焉，商于海者事之尤盛"。平水王庙祭祀西晋周清，"俗传清以行贾往来温、台"。可

① （宋）王钦若：《册府元龟》卷一四二《帝王部·弭兵》，中华书局1960年版；（宋）宋敏求：《唐大诏令集》卷一一一《罢三十六州造船安抚百姓》，商务印书馆1959年版。

② （宋）钱俨：《吴越备史》卷一《武肃王上》，文渊阁《四库全书》本，上海古籍出版社1987年版。

③ （宋）王溥：《唐会要》卷五四《给事中》，中华书局1955年版；（明）李贤等：《明一统志》卷四八《温州府》，文渊阁《四库全书》本，上海古籍出版社1987年版。

见唐以前商人出海远航的事例有很多，而在台州沿海地区出现的大量庙宇，是商人们乞求神灵保佑他们商业活动平安的具体表现，证实了当地对外贸易的兴盛。

台州与日本、高丽等国海上商船来往十分频繁。《嘉定赤城志》卷一九云："新罗屿，在（临海）县东南三十里，昔有新罗贾人舣舟于此，故名。"新罗商人的活动时间可能就是在唐末五代时期。又云："高丽头山，在县东南二百八十里，自此山下分路入高丽国。其峰突立，宛如人立，故名。"该书卷二〇云："东镇山，在（黄岩）县东二百四十里。《临海记》云：'洋山东百里有东镇大山，去岸二百七十里，生昆布、海藻、甲香、矾等物。又有金漆木，用涂器物，与黄金不殊。永昌元年，州司马孟诜以闻。'……山上望海中突出一石，舟之往高丽者，必视以为准焉。"从这些新罗、高丽的名称来看，从这些国家到台州的商船众多，而台州前往朝鲜半岛的船只也不少，到了近海时以观察岩石作为航标。温州是日本船只经常靠岸的一个港口。唐人有诗谈到温州的海运："永嘉东南尽，口袒皆可究。帆引沧海风，舟沿缙云溜。"① 温州向南的商船能经南海直通印度次大陆和阿拉伯地区。

那么来往温台二州的商船，主要经营些什么货物呢？一般认为中国商船向外运输的，或外国商船前来交易的，瓷器是最大宗的商品。

学者根据日本的研究材料和考古报告，收集到日本发现中国瓷器的遗址有 188 处。② 其中明确断定为越窑系的有 48 处，以青瓷为主。这些越窑系产品中就有台州温岭窑等地的产品。鸿胪馆第 3 次调查出土的青瓷合子、平安京出土的青瓷灯盏及青瓷合子可能是温岭的产品；京都七条唐桥西出土的青瓷灯盏、阿苏郡南小国町千光寺佛县田遗址出土的青釉宝塔形盖执壶、熊本县出土的青瓷双鱼碟及鱼藻纹碗等也温岭窑产品。③ 这些台州窑的产品集中在 9 世纪中叶到 10 世纪前期。

---

① （唐）郭密之：《永嘉怀古》，孙望辑《全唐诗补逸》卷五，载陈尚君编《全唐诗补编》上册，中华书局 1992 年版。

② 袤岚：《中国唐五代时期外销日本的陶瓷》，载《唐研究》第四卷，北京大学出版社 1998 年版，第 461 页。

③ 台州地区文管会、温岭文化局：《浙江温岭青瓷窑址调查》（金祖明执笔），《考古》1991 年第 7 期。

温台地区是传统的瓷器产地。早在唐五代以前，临海的五孔岙、永嘉夏甓山、西山一带就发现了魏晋南朝以来的大量瓷窑遗址，温州窑以"缥瓷"著称。① 入唐以后，温台地区的窑址继续被大量发现。从已公布的考古报告来看，主要有临海县五孔岙窑，② 黄岩县沙埠街窑群、今温岭山市下园山、今温岭冠城乡等三处窑群，③ 永嘉县坦头窑、西山窑等十处，④ 安固县今瑞安下寺前窑等三处，横阳县今苍南盛陶、泰顺玉塔村六处。⑤ 温州地区的瓷窑主要集中在瓯江流域，尤以下游地区即今天的温州、乐清、永嘉、瑞安为中心，后渐向温州的泰顺及处州扩展。台州地区的瓷器生产区处于临海江下游的今黄岩、临海、温岭等地，先后共发现了数十个窑址，是浙东沿海地区瓷器生产的一个中心。

温州的瓷器在技术上有很大的改进，生产的青瓷和越窑在造型特点上并没有多少差别，但在胎质、釉色和纹饰方面有较大不同。瓯窑大多素面，釉色都为粉青色，胎色浅白。在烧制上采用了匣钵技术，避免了因坯件叠烧而留下的泥点痕迹。⑥ 台州窑产品的釉色主要以青黄、青灰、褐色为多，从风格而言，既区别于越窑，又区别于瓯窑，它的乳浊釉产品风格又与婺窑相近。所以有学者认为："从器物特征看，其形制，装饰风格，釉质色调与时代地域有机地构成系统的独具特色的'台州窑系'。"⑦

浙东中部沿海地区的瓷器出口，一般认为不可能舍近求远到明州，而是直接从台州出口的，因为至今在明州未发现有温岭窑产品。有学者认为台州地区的瓷器对外贸易时，"从临近的海门港、楚门港和松门港出口，远销日本、菲律宾和南洋群岛"，这大致上是可信的。⑧ 台州作为江南一个对

---

① 冯先铭：《新中国陶瓷考古的主要收获》，《文物》1965 年第 12 期。

② 冯先铭：《新中国陶瓷考古的主要收获》引朱伯谦《龙泉青瓷发展简史》，《文物》1965 年第12 期。

③ 浙江文物管理委员会：《浙江黄岩古代青瓷窑址调查记》，《考古通讯》1958 年第 8 期；台州地区文管会、温岭文化局：《浙江温岭青瓷窑址调查》，《考古》1991 年第 7 期。

④ 浙江省文物管理委员会：《温州地区古窑址调查纪略》，《文物》1965 年第 11 期。

⑤ 浙江省文物管理委员会：《温州地区古窑址调查纪略》，《文物》1965 年第 11 期；王同军：《东瓯窑瓷器烧成工艺的初步探讨》，《东南文化》1992 年第 5 期。

⑥ 王同军：《东瓯窑瓷器烧成工艺的初步探讨》，《东南文化》1992 年第 5 期。

⑦ 台州地区文管会、温岭文化局：《浙江温岭青瓷窑址调查》（金祖明执笔），《考古》1991 年第7 期。

⑧ 同上。

外重要港口应是毫无疑问的。

唐代，沿海地区的外商一般是输入珠宝、香药、火油等奢侈品，而中国商人运送到外国的主要是丝绸、麻布、药材、金银器、皮毛和动物等。[①]由于未见温、台二州的具体对外贸易资料，所以我们只能凭大概猜测二州与南方沿海地区一样，都经营着这些商品。

五　沿海地区的商品性农业经济

温台二州沿海地区的农业经济，是带有明显的海岸型经济性质，这是基于海洋的特点，自海岸线向陆地延伸一定距离的区域农业经济。温台二州的绝大部分都分布在由南向北的一狭长地带上，其农业经济带有一定的海岸型区域特色。

台州沿海的一些岛屿在唐五代时已经有所开发，并设立了行政机构。如南田岛隶属宁海县，在岛上设立了依仁乡。[②]刘长卿有诗句云："火种山田薄，星居海岛寒。"[③]虽然这里说的是明州地区的海岛，但可以推测相邻的台、温州的一些重要海岛也可能有人居住，设立了地方行政机构，经济的发展以海洋为特色。

温台二州的沿海多山，农业的发展模式与一般州不同。华林甫先生曾谈到浙东的水稻生产主要集中在越州附近，而如温、台等州则不甚发达[④]，水稻种植面积有限。广德初，袁晁在浙东沿海起兵，时为永嘉令的薛万石对妻子说："后十日家内食尽，食尽时我亦当死，米谷荒贵，为之奈何？"其时"永嘉米贵斗至万钱，万石于录事已下求米有差"。[⑤]虽说是特殊时期，但县令家仅余粮十日，似不全是与战争有直接关系。从总体上看，永嘉粮食生产较少，农业的发展主要体现在经济作物上。

温台二州经济作物主要有水果、茶叶、金漆等。

---

① 参拙文《唐五代江南的外商》，《史林》2006 年第 3 期。
② 符永才等：《浙江南田海岛发现唐宋遗物》，《考古》1990 年第 11 期。
③ （唐）刘长卿：《刘随州文集》卷一《送州人孙沅自本州却归句章新营所居》，四部丛刊本，商务印书馆 1934 年版。
④ 华林甫：《唐代水稻生产的地理布局及其变迁初探》，《中国农史》1992 年第 2 期。
⑤ （宋）李昉：《太平广记》卷三三七引《广异记》"薛万石"条，中华书局 1982 年版。

温台二州的橘子十分著名，北宋初年，有人谈到永嘉的橘子品种时说："按开宝中陈藏器《补神农本草》书，柑类则有朱柑、乳柑、黄柑、石柑、沙柑，今永嘉所产，实具数品，且增多其目，但名少异耳。"① 开宝年间，吴越国还没有归降宋朝，因此这里所说的永嘉柑橘的品种，实际是五代时的情况。在《新唐书》中，台州、温州等都有质量上乘的橘子作为贡品上供给帝王，橘子作为大宗农副产品销往全国各地。

温台二州多山，推广种植茶叶有着优越的自然条件。陆羽曰："台州（始）丰县生赤城者，与歙州同。"始丰县，即后来的唐兴县，肃宗上元二年（761年）改名，赤城山在县北六里。除赤城山外，县城北面十一里的天台山也产茶。《天台记》云："丹丘出大茗，服之羽化。"所以皎然有诗云："丹丘羽人轻玉食，采茶饮之生羽翼。"② 景福院，在县西二十五里，"周显德七年建，俗呼茶院"③。可见唐兴县西至越、婺州边界的山区都产茶。黄岩县五代时已见茶叶生产。《浙江通志》卷四六《古迹八》云："于履宅，《台州府志》：后唐于履隐居不仕，居黄岩叶茶寮山，自号药林。"之后，黄岩茶叶生产发展较快，紫高山所产茶在宋代十分出名，《嘉定赤城志》认为"昔以为在日铸之上者也"。临海县盖竹山，在临海县南三十里，"有仙翁茶园，旧传葛玄植茗于此"。④ 葛玄，三国时东吴人。关于他种植茶树之事，的确还很难说，但盖竹山在唐五代时已有茶叶出产，应该是比较有可能的。

《唐六典》卷三户部员外郎条中说台州贡金漆，证明开元时台州金漆已为朝廷青睐。《临海记》说黄岩县东二百四十里东镇山"有金漆木，用涂器物，与黄金不殊。永昌元年，州司马孟诜以闻"⑤。武则天时（689年）孟诜发现了金漆的价值，至开元间已作为地方特产上贡。《通典》云天宝间台州供金漆五升三合，似乎数量不是很大。《新唐书》卷四一谈到长庆中台州继续在进贡金漆。宋朝《元丰九域志》谈到台州供金漆三十斤，数量上较唐代大增。可知，自唐、五代至宋，台州一直在贡金漆，数量也在渐渐增

① （元）陶宗仪：《说郛》卷七五引韩彦直《橘录》，上海古籍出版社1992年版。
② （清）彭定求：《全唐诗》卷八二一《饮茶歌送郑容》，中华书局1960年版。
③ （宋）陈耆卿：《嘉定赤城志》卷二八《寺院》，载《宋元方志丛刊》，中华书局1990年版。
④ （宋）陈耆卿：《嘉定赤城志》卷一九《山》，载《宋元方志丛刊》，中华书局1990年版。
⑤ （宋）陈耆卿：《嘉定赤城志》卷二〇《山》，载《宋元方志丛刊》，中华书局1990年版。

加。所谓金漆，其实是一种天然的树脂，《嘉定赤城志》卷三六《风土门》云："金漆，其木似樗，延蔓成林。种法，以根之欲老者为苗，每根折为三四，长数寸许，先布于地，一年而发，则分而植之。其种欲疏不欲密，二年而成，五年而收。收时，每截竹管，锐其首，以刃先斫木寸余，入管。旧传，东镇山产之，以色黄，故曰金漆云。"虽然这里谈的金漆树的种植是宋代的情况，但唐五代应该大致相仿。

六 余论

温台二州面向大海的自然条件，使其经济的发展与两浙地区的其他州有很大的不同。

在经济结构上，温台二州的经济呈多元化的发展态势，与海洋有较多紧密联系，海洋制盐、捕捞、对外贸易成了二州经济发展的重要支柱。温台二州也有其他的手工业，如少量的纺织业、金属矿冶业、食品加工业（制糖、制酒）、造纸等，但这些手工业的发展技术水平较低，与两浙各州相比差距很大。然而，温台二州的经济发展有着自身的发展特点，其制盐、捕捞、对外贸易都是走在两浙地区较为前列的产业。总体上说，温、台的城市建设、商业与两浙各州有一定的差距，但在海洋运输、海洋贸易和与海洋相关手工业的发展上，二州的表现十分出色，因而奠定了它们在两浙经济发展史上的地位。

紧邻海洋的特点，使温台二州的农业发展轨迹与两浙各州差异很大。唐五代两浙地区的各州粮食作物的种植较为发达，一般都是以水稻种植为主，经济作物种植为辅，是粮食的重要生产地。而温台二州水利兴修相对各州而言数量较少，粮食作物种植不发达，农业主要以经济作物种植为主。海洋交通运输业的发展，使温台二州的农业与商品生产的结合比较紧密，促进了广大农村商品意识的增强。海路的发达，温台二州货物运输较为方便，粮食的运入和农副产品的外运都比较便捷，这些因素对农民选择作物的种植带来了较大的影响。

总之，海洋型经济的发展特点，使温台二州的手工业和农业生产，与商品经济的关系十分紧密。

宋代温州市舶务设置时间考辨

邱志诚[*]

　　宋代是海外贸易极为兴盛的时代，仅据南宋赵汝适《诸蕃志》载，通过海舶往来与宋帝国建立起外贸关系的国家就有 50 多个。为了加强对外贸的管理，宋政府在沿海重要港口城市、城镇设置了市舶司、市舶务、市舶场等不同级别的管理机构。由于载籍不详，其中温州市舶务设立的时间中外学者莫衷一是，迄未定谳。笔者不揣简陋，乃缀此短文加以考辨。

　　前此研究在涉及温州市舶务设置时，除不指明具体时间外，[①]主要有以下三种看法：一是认为设置于绍兴十五年（1145 年）前，如杨文新专门研究宋代市舶司后推断"温州市舶务在绍兴十五年十二月十八日之前已经设置"[②]。二是认为设置于绍兴元年之前，此说发轫于日本学者藤田丰八，他认为"温州市舶务起于何时不明，但在绍兴元年（西历 1131 年）以前则可无疑"[③]。自其倡为此说，学者多所信从。[④]三是认为设置于绍兴元年（1131

　　* 邱志诚，历史学博士，温州大学人文学院讲师。

　　① 如陈高华、吴泰《宋元时期的海外贸易》（天津人民出版社 1981 年版，第 65 页）云"……此外，南宋政府还先后在温州、江阴军（今江苏江阴）设置市舶务"、林正秋《古代宁波与日本的交往史》（杭州大学日本文化研究所、神奈川大学人文学研究所编：《中日文化论丛——1996》，杭州大学出版社 1997 年版，第 59 页）云"南宋……曾一度增设温州、秀州华亭与江阴军等"。这当然也是严谨的做法。

　　② 杨文新：《宋代市舶司研究》，博士学位论文，陕西师范大学历史文化学院，2004 年，第 12 页。

　　③ ［日］藤田丰八：《宋代市舶司与市舶条例》，魏重庆译，商务印书馆 1936 年版，第 44 页。

　　④ 如曹家齐《宋代交通管理制度研究》（河南大学出版社 2002 年版，第 235 页）、郑有国《中国市舶制度研究》（福建教育出版社 2004 年版，第 135 页）。

年），如葛金芳《两宋社会经济研究》云"又在温州（今同，1132 年）……设市舶务"①，黄纯燕《宋代海外贸易》云"绍兴元年温州设市舶务"②，蔡渭洲《中国海关简史》云"增设温州（绍兴元年，1131 年）"市舶务。③

温州市舶务到底设立于何时呢？葛、黄、蔡诸书未注出处。杨文新的根据是《宋会要》"（绍兴）十五年十二月十八日诏：'江阴军依温州例置市舶务，以见任官一员兼管。'从本路提举市舶司请也"④ 的记载。藤田氏的根据是"绍兴三年两浙提举市舶司奏文所说'临安府、明州、温州、秀州、华亭及青龙近日场务'"⑤ 一语。《宋会要》载绍兴十五年十二月十八日诏清楚明白，显然，杨文新的推断是合理的。藤田所据两浙提举市舶司奏文则嫌简略，与其温州市舶务设置时间"在绍兴元年（西历 1131 年）以前则可无疑"的结论有间，为方便说明问题，笔者将该奏札引录如下：

（绍兴）三年六月四日户部言：……今据两浙提举市舶司申本司，契勘临安府，明、温州，秀州华亭及青龙近日场务，昨因兵火，实无以前文字供攒本司。今依应将本路收复以后建炎四年，绍兴元年、二年内取绍兴元年酌中一年，一路抽解博买到货物比附起发变卖收本息钱数目开具如后：一、本路诸州府市舶务五处（绍兴元年）一全年共抽解一十万九百五十二斤零一十四两尺钱二字八半段等……仍乞令诸通判自今后遇市舶务抽买客人物货，须管依条躬亲入务同监官抽买，及自绍兴三年为始，岁终取会，逐务开具的实……诏依。⑥

本段文字清人辑录时错讹颇多，更增加理解难度。如"绍兴元年"四字当为注文衍入正文——藤田正是这样理解的，所以他才会推断温州市舶务设置时间"在绍兴元年（西历 1131 年）以前则可无疑"，否则就应当推断为"在绍兴三年以前"——不管是"绍兴三年以前"还是"在绍兴元年

---

① 葛金芳：《两宋社会经济研究》，天津古籍出版社 2010 年版，第 52 页。
② 黄纯燕：《宋代海外贸易》，社会科学文献出版社 2003 年版，第 22 页。
③ 蔡渭洲编著：《中国海关简史》，中国展望出版社 1989 年版，第 43 页。
④ （清）徐松辑：《宋会要辑稿》职官 44 之 24，中华书局 1957 年版，第 3375 页。
⑤ ［日］藤田丰八：《宋代市舶司与市舶条例》，魏重庆译，商务印书馆 1936 年版，第 44 页。
⑥ （清）徐松辑：《宋会要辑稿》职官 44 之 15、16，中华书局 1957 年版，第 3371、3372 页。

以前"，这样的结论与杨文新的"在绍兴十五年十二月十八日之前"都只是五十步去百步之遥，并不能令人满意——当然，如果囿于史料限制就只能无可如何了。

"临安府、明州、温州、秀州、华亭及青龙近日场务"中的"青龙"指的是秀州华亭县青龙镇。其时的青龙镇"南通漕渠，下达松江。舟舶去来，实为冲要"，[①]"自杭、苏、湖、常等州日月而至；福建、漳、泉、明、越、温、台等州岁二三至；广南、日本、新罗岁或一至"[②]，"海舶辐辏，风樯浪楫，朝夕上下，富商巨贾、豪宗右族之所会"[③]，海外贸易非常发达。徽宗时因忌讳君、主、龙、天、万年、万寿之类，县邑称呼、名字里皆改易，青龙镇于是在"大观中改名"通惠镇。绍兴元年四月，又因通判建昌军庄绰上言云"窃见大观中忌讳日广，有识观之，以为靖康之谶。欲乞应缘避前项众字所更县邑、乡村、寺院等名并令如故"[④]，乃于同年"九月甲戌复旧名"仍为青龙镇。[⑤] 既然青龙镇绍兴元年方得复名，则青龙镇市舶务设立的最早时间自然似应为绍兴元年——否则就应该叫作"通惠镇市舶务"了。而温州市舶务既前此不载，则其设立的时间至迟不会晚于此绍兴元年。更进一步的推断就是认为温州市舶务极有可能与青龙镇市舶务同批设立，亦即为绍兴元年——相信这就是持温州市舶务设置于绍兴元年观点的学者的依据。但青龙镇于绍兴元年复名，"青龙镇市舶务"就一定设立于此时或其后吗？事实上并不一定，完全有可能此前就已设立而在通惠镇复旧名后随之改称青龙镇"市舶务"而已——想一想当今某一行政区域更名后其下属各行政机构随之更名的事实，就不难明了此理。所以，据通惠镇改回旧名的时间推断温州市舶务设立时间是不正确的。那么，我们可以有新的推进吗？答案是肯定的，并且解开答案的钥匙正是上引户部奏札，具体说是奏

---

① （宋）杨潜：《云间志》卷下，宋元方志丛刊，中华书局 1990 年版，第 55 页。

② 青龙镇出土嘉祐七年刻《隆平寺灵鉴宝塔铭》，转引自彭德清主编《中国航海史》，人民交通出版社 1988 年版，第 174 页。

③ （宋）陈林：《隆平寺经藏记》，载《至元嘉禾志》卷一九，宋元方志丛刊，中华书局 1990 年版，第 4558 页。

④ （清）徐松辑：《宋会要辑稿》方域 6 之 16，中华书局 1957 年版，第 7413 页。

⑤ （宋）李心传：《建炎以来系年要录》卷三〇"建炎二年九月丙申"，中华书局 1988 年版，第 591 页。

札中的"酌中"一词。

"酌中"是宋代执行财政预算的一种方法，即在丰年和歉年之间折中或选取平年赋税税额。有宋一代皆行此法，如"景德四年诏淮南、江浙、荆湖南北路以至道二年至景德二年终十年酌中之数定为年额"①、"乞将夏税斛斗，取今日以前五年酌中一年实直，令三等以上人户，取便纳见钱或正色，其四等以下，且行倚阁"②、诏户部以绍兴"十九年以后二十五年以前取酌中一年立为定额"③。既是酌中，则绍兴三年（1133 年）两浙路市舶司的这次酌中时间段的上限（即建炎四年）必有温州市舶务的抽解数额，否则就不应纳入酌中时段内。故温州市舶务必设立于建炎四年（1130 年）或此前。

下面来看看温州市舶务有无可能在建炎四年以前设置。我们知道，两浙路在整个北宋时期唯杭州、明州、秀州华亭有市舶机构。④ 高宗初立，外有金兵，内有流寇，其面临的局势诚如李纲所言："艰难之际，赋入狭而用度增。当内自朝廷，外至监司州县，皆省冗员，以节浮费。"⑤ 因此，高宗在建炎元年（1127 年）六月十三日下诏：

> 市舶多以无用之物枉费国用，取悦权近。自今有以笃耨香指环、玛瑙、猫儿眼睛之类博买前来，及有亏蕃商者，皆重置其罪，令提刑按察。⑥

次日又诏：

> 两浙、福建路提举市舶司并归转运司，令逐司将见在钱谷、器皿等拘收具数申尚书省。⑦

---

① （元）马端临：《文献通考》卷二三《国用考一》，中华书局 1986 年版，第 227 页。
② （宋）苏轼：《苏轼文集》卷二六《论河北京东盗贼状》，中华书局 1986 年版，第 755 页。
③ （宋）李心传：《建炎以来系年要录》卷 175 "绍兴二十六年十月己卯"，中华书局 1988 年版，第 2894 页。
④ （元）马端临：《文献通考》卷二〇《市籴考一》，中华书局 1986 年版，第 200—201 页。
⑤ （宋）李心传：《建炎以来系年要录》卷七 "建炎元年七月己亥"，中华书局 1988 年版，第 178 页。
⑥ （元）马端临：《文献通考》卷二〇《市籴考一》，中华书局 1986 年版，第 201 页。
⑦ （清）徐松辑：《宋会要辑稿》职官 44 之 11，中华书局 1957 年版，第 3369 页。

既要裁撤市舶司，当然不可能有新设温州市舶务之举。但裁并市舶司，不仅无助于解决"赋入狭而用度增"的窘境，反而影响财政收入："并废以来，土人不便，亏失数多。"因此短短一年之后的建炎二年（1128 年）五月二十四日，朝廷就又下诏"依旧复置两浙、福建路提举市舶司"①。诏旨既言"依旧复置"，可见亦无新设舶务之举，则温州市舶务的设立必在建炎二年五月至四年之间。所幸有下面这条记载，我们的考证才不至于就此止步。

建炎四年十月十四日，提举两浙路市舶刘无极言：

近准户部符仰从长相度，将秀州华亭县市舶务移就通惠镇，具经久可行事状保明申请施行。今相度欲且存华亭县市舶务，却乞令通惠镇税务监官招邀舶船到岸，即依市舶法就本州抽解，每月于市舶务轮差专秤一名前去主管，候将来见得通惠镇商贾免般剥之劳，往来通快，物货兴盛，即将华亭市舶务移就本镇置立。诏依。②

据上可见，青龙镇市舶务的确如前文推断，设置于绍兴元年之前的建炎四年（1130 年），其时青龙镇还未复旧名仍叫通惠镇。更重要的是，两浙路市舶司搬迁华亭市舶务治所的行政行为是"准户部符"，也就是说，是在执行中央政府的命令。同时回头再想想前揭酌中时间上限，论证至此，我们可以肯定地说温州市舶务也应是在这时"准户部符"设立的——其背后的决策依据就是政府要增加财源应付时艰——因为唯其如此，前揭"建炎四年、绍兴元年二年内取绍兴元年酌中一年"预算案才是可以成立的。

海防、海禁与海盗

明清海外贸易中的"歇家牙行"
与海禁政策的调整

胡铁球[*]

引 言

朱元璋推行海禁政策，是鉴于宋元以来海外贸易所形成的海商集团对政府的潜在威胁，即"县官势力反出其（海商）下……我太祖乃为厉禁"[①]。为了防微杜渐、永除后患，朱元璋在明朝建立之初，便开始筹划禁止一切私营海外贸易的国策，以防海商集团的成长，于是借"海疆不靖"和"倭患不断"为口实，推行了极为严厉的海禁政策，以保朱氏王朝万代长存，因此明初的海禁不是权宜之计而是一项基本国策。然而，另一方面，朱元璋需要"万邦来廷"，对其"称藩纳贡"，以树立"代天行命"的天子形象，故其刚即位，就遣使四出，"广加招徕"，为此，朱元璋制定了"厚往薄来"的政策，推行朝贡贸易。

由于明代的朝贡贸易蕴含于海禁国策之中，故虽说明代的市舶司沿宋元之旧，但有许多变态，宋元的市舶司制度是一个经济机构，其职责是

---

[*] 胡铁球，浙江师范大学环东海海疆与海洋文化研究所教授。

① 嘉靖《广东通志初稿》卷三〇，载《北京图书馆古籍珍本丛刊》，书目文献出版社1998年版，第38册，第517页。

"掌番货、海舶、征榷、贸易之事，以来远人，通远物"①，核心目的是为
"征税"，而明代则不然，其设市舶司目的是"通夷情，抑奸商，俾法禁有
所施，因以消其衅隙也"②，所谓"抑奸商"，就是禁止私人海外贸易；所
谓"俾法禁有所施"，就是海禁政策得以有效地实施，最终目的是把海外贸
易限制在"朝贡贸易"唯一狭窄的途径上。为此，明初对朝贡贸易采取了
全程封闭式管理，诸凡外国入贡，各有定期，船舶有定数，出入有定港，
人数有定额，进京路线，陛见礼仪，进贡方物，赏给回赐，食宿接待皆有
严格的规定。故明初的市舶司完全变成一个政治机构，成为控制、垄断海
外贸易和扼杀私人海外贸易的工具，其目的从宋元的"征税"变为"怀柔
远人"，核心是禁止一切私营海外贸易。

在海禁的基本国策之下，明政府完全缺乏海洋意识，在他们的意识中，
海洋贸易不仅不是富国强军的手段，而且还是破坏国家安全的重要渠道，
但民间需要海外贸易，其所带来的巨大财富，使他们充满了海洋意识。为
此，民间不仅用海上走私贸易的形式来破坏海禁政策，而且还用"海盗"
抗争的形式不断迫使明政府调整海禁政策。明代海禁政策调整方向有三：
一是在"朝贡贸易体系"中设立博买与互市制度；二是在"怀柔远人"的
政策下实行抽分制；三是部分开放海禁，如在福建设置月港等海关，在江
浙设立吴淞港、刘河港、白茆港、福山港、定海等关口，这些关口多附于
内地钞关之中，诸如浒墅关、北新关等。

在推动部分开放海禁中，从民间发展出来的"歇家牙行"经营模式起
了重要作用。所谓的"歇家牙行"经营模式，就是把牙行与歇家功能综合
起来，其经营核心理念有：提供食宿服务，提供库存服务，提供买卖中介
服务（包括提供度量衡、质量评价、贸易信息等各项服务），提供商品买卖
场所服务，有的甚至还提供运输、借贷和纳税等多项服务。其中提供住宿、
库存、买卖中介服务是"歇家牙行"经营模式的骨架核心体系，凡是符合
这三种服务体系的商业运营模式都可称为"歇家牙行"模式。③ 海外通商，
有两个根本特征：一是语言不通，必须通过翻译（通事）方能进行贸易；

① 《宋史》卷一六七《职官志·提举市舶司》，中华书局1977年版。
② 《明史》卷八一《食货五》，中华书局1974年版，第1980页。
③ 胡铁球：《"歇家牙行"经营模式的形成及其演变》，《历史研究》2007年第3期。

二是外商远道而来，需提供住宿、储存等服务，故经营海外贸易者，其经营方式必是集客店、储存、语言翻译、中介等服务于一体。由于宋元以来，皆用市舶司来经营海外贸易，使得"歇家牙行"这种经营方式没有在民间海外贸易中得到充分发育，但明代严苛海禁政策，致使海上走私贸易盛行，为了冲破海禁政策，民间必须形成一个有效的海上走私贸易的经营形式，这个经营形式必须能够把海上走私贸易所需的各种要素组织起来，于是"歇家牙行"便在走私贸易中盛行起来，渐渐具有实际操控海上贸易的能力，明政府为了防止他们转为"海寇"，便利用其力量来协助政府办理海关税务，这奠定了明清两朝海关管理的基本模式。

一　明清海上走私贸易中的"歇家牙行"

明代共设浙江、福建、广东三个市舶司，但因各种原因，其废立无常，有的停摆达数十年，加之贡期、贡品的限制，致使朝贡贸易处于时断时续的状态，故民间开始用"私通番货"形式来弥补其空缺，史称："官市不开，私市不止，自然之势也。"① 也就是说，在官市之外，明朝存在着一个非法的私市，在这些私市中，"歇家牙行"起着重要作用，史载："惟庸诛，绝倭朝贡……商牙歇家，交相为奸，负倭债累万盈千。"② 这段话是谈倭乱兴起的原因，从"商牙歇家""负倭债累万盈千"来看，商牙歇家是私市的主力军，其实际身份是"海边势家"，如叶权总结倭乱兴起的原因时言："浙东海边势家，以丝缎之类，与番舶交易，久而相习。来则以番货托之，后遂不偿其值，海商无所诉。一旦突至，放火杀数十人……禁过严，海商之留者不得去，去者不得归，因引诱为乱。"③ 与上述史料进行对比，便知这里的海商指的是"倭寇"，"海边势家"指的是"商牙歇家"，即"海边势家"拿了海商的番货后，不给货值，形成"负倭债累万盈千"的局面，核心原因应是严海禁而导致中国商品无法收购而番货又无法出售而形成积

---

① 徐光启：《海防迂说·制倭》，载陈子龙《明经世文编》卷四九一，中华书局1962年版，第5436页。

② 洪若皋：《海寇记》，载《台湾文献丛刊》，台湾银行排印本1968年版，第43页。

③ 叶权：《贤博编》，载《元明史料笔记丛刊》，中华书局1987年版，第8、9页。

压之故。

实际上，以"私通番货"为表现形式的私人经营海外贸易，早在洪武时就已经开始了，到正统时有一定规模了，如福建巡海按察司金事董应轸言："濒海居民私通外夷、贸易番货……比年，民往往嗜利忘禁。"① 到成化时，沿海商民则是"有力则私通番船"②，即走私贸易开始成为普遍现象。

这些私通者多是由"商牙歇家"居中聚散商品或暗中组织下海，史称："窝主"。如嘉靖年间，胡宗宪言："凡通番之家，则不相犯，人竞趋之。杭城歇客之家，贪其厚利，任其堆货，且为之打点护送。"③ 关于"杭城歇客之家"，即歇家的功能，万表比胡宗宪说得更为全面，其言：

> 杭城歇客之家，明知海贼，贪其厚利，任其堆货，且为之打点护送。如铜钱用以铸铳，铅以为弹，硝以为火药，铁以制刀枪，皮以制甲及布帛丝绵油麻等物，大船装送关津，略不讥盘，明送资贼，继以酒米，非所谓授刃于敌，资粮于盗乎？④

据此，歇家窝主为海商提供住宿、粮食的同时，还提供货物储存、买卖、打点护送服务，甚至提供制造武器装备的商品等，若没有歇家窝主，海商走私无法展开，也无法发展，如胡宗宪言当时窝主对于私营海上贸易的作用是如此描述的：

> 倭奴（海商）拥众而来，动以千万计，非能自至也，由内地奸人接济之也。济以米水，然后敢久延；济以货物，然后敢贸易；济以向导，然后敢深入。⑤

---

① 《明英宗实录》卷一七九，正统十四年六月壬申，中研院历史语言研究所 1968 年影印本，第 3474、3475 页。

② 桂尊：《广东图序》，载陈子龙《明经世文编》卷一八二，中华书局 1962 年版，第 1865 页。

③ 胡宗宪：《筹海图编》卷一一《叙寇原》，载《景印文渊阁四库全书》，台湾商务印书馆 1983 年版，第 584 册，第 280 页。

④ 万表：《海寇议》，载《四库全书存目丛刊》子部第 31 册，齐鲁书社 1995 年版，第 38 页。

⑤ 胡宗宪：《广福人通番当禁论》，载陈子龙《明经世文编》卷二六七，中华书局 1962 年版，第 2823 页。

　　显然，内地奸人（窝主）是私营海上贸易发展的关键，诸如向导、接济、提供食品、集散商品皆是此辈为之，故朱国祯总结说："倭寇（海商）之起，缘边海之民，与海贼（海商）通，而势家又为之窝主。"① 这里揭示了歇家窝主的身份是势家，林润称之为"土豪巨室"，其言海商之所以能够通番，私营海上贸易，因"皆土豪巨室，以为之窝主"之故②，这种观点似乎已经成为当时人的共识，如严从简言："时海禁久弛，缘海所在，悉皆通蕃……势豪则为之窝主。"③

　　在海上走私贸易中发展出来的歇家窝主，实际上是除市舶司外，另一股招接海商的力量，他们在官市以外不断开辟私市，成为私市的垄断者，史称："沿海地方人趋重利，接济之人，在处皆有……漳泉多倚著（巨）姓宦族主之。"④ 甚至他们可以开辟新的港口，形成新的海外贸易集散地，如正德年间实行抽分以后，海商为了避税，被"接引之家"引至双屿与月港贸易，于是双屿与月港逐步成为嘉靖时期海上走私贸易的集散中心，史称："既而欲避抽税，省陆运，福人导之改泊海仓月港，浙人又导之改泊双屿，每岁夏季而来，望冬而去。"⑤ 在这些走私贸易中心，其核心力量除了贩运队伍之外便是歇家窝主了，如明政府在嘉靖年间荡平双屿岛时，胡宗宪言：

　　贼酋许六、姚大总与大窝主顾良玉、祝良贵、刘奇十四等皆就擒，（卢）镗入（双屿）港，毁贼所建天妃宫及营房战舰，贼巢自此荡平⑥。

　　在胡宗宪的叙述中，大窝主顾良玉、祝良贵等与许六、姚大总等"贼

---

　　① 朱国祯：《涌幢小品》卷三〇《日本》，载《笔记小说大观》，江苏广陵古籍刻印社1983年版，第13册，第375页。

　　② 林润：《昭国法以绝祸根疏》，载贾三近《皇明两朝疏抄》卷一九《纠劾类一》，《续修四库全书》，上海古籍出版社2002年版，第465册，第705页。

　　③ 严从简著，余思黎点校：《殊域周咨录》卷二《东夷·日本国》，中华书局2000年版，第74页。

　　④ 胡宗宪：《筹海图编》卷四《福建事宜》，载《景印文渊阁四库全书》，台湾商务印书馆1983年版，第584册，第110页。

　　⑤ 胡宗宪：《筹海图编》卷一二《经略二·开互市》，载《景印文渊阁四库全书》，台湾商务印书馆1983年版，第584册，第399页。

　　⑥ 胡宗宪：《筹海图编》卷五《浙江倭变纪》，载《景印文渊阁四库全书》，台湾商务印书馆1983年版，第584册，第129页。

酉"属于同等地位，是构成双屿港贸易的核心。

经嘉靖倭乱之后，不仅民间，部分官僚也意识到海外贸易的重要性，当时主张全面开放海禁的不乏其人，如王文录言："商货之不通者，海寇之所以不息也；海寇之不息者……自嘉靖乙酉（嘉靖四年），傅宪副钥禁不通商始也"，故其主张开放所有港口，"凡可湾泊舡处及造舡出海处，各立市舶司，凡舡出海，纪籍姓名，官给批引"①。因海禁是明代的基本国策，这些建议自然不会采纳，但基于地方发展与走私海上贸易的巨利驱动，除个别时段外，"私通番货"不绝。如通贩日本，除了丰臣秀吉侵犯朝鲜时，海禁政策得到较好贯彻外，其他时段多处于虚设。② 因日本所需商品多产自江浙及其周边地区，史称："大抵日本所需，皆产自中国，如室必布席，杭之长安织也。妇女须脂粉，扇漆诸工须金银箔，悉武林造也。他如饶之瓷器，湖之丝绵，漳之纱绢，松之棉布，尤为彼国所重。"③ 为了销售这类商品，闽浙人走私日本不绝于史，如"年来贩番盛行……杭之人通国思贩"，以至于杭州谚语言："贩番之人，贩到死方休。"④ 他们善于钻空子，借各种渠道走私，如借定海等鱼市，史称："宁属各县渔民……驾入定海关，各归宁波等埠，领旗输税……宁、绍、苏、松等处商民，藐法嗜利，挟赍带米货，各驾滑稍、沙弹等船，千百成群，违禁出海，银货张扬海外，日则帆樯蔽空，夜则灯烛辉映。"⑤ 这种情形应在嘉靖时就已经流行了，嘉靖时都督万表就说："向来海上渔船出近洋打鱼樵柴，无敢过海通番，近因海禁渐弛，勾引番船，纷然往来海上，各认所主，承揽货物装载，或五十艘或百余艘，或群各党，分泊各港……不可胜计。"⑥ 又如借进香普陀为名而走私海外，史称："诸郡市民逐利者，以普陀进香为名，私带丝绵毡罽等物，游诸岛贸

① （明）王文录：《策枢》卷一《通货》，载《丛书集成初编》第 756 册，商务印书馆 1936 年版，第 11、12 页。

② ［日］木宫泰彦：《日中文化交流史》，胡锡年译，商务印书馆 1980 年版，第 618—627 页。

③ （明）姚士麟：《见只编》卷上，载《丛书集成初编》第 3964 册，商务印书馆 1936 年版，第 50、51 页。

④ （明）刘一煜：《抚浙疏草》卷二《题覆越贩沈文登招疏》，景照明刻本。

⑤ （明）张国维：《抚吴疏草·勤除海寇疏》，载《四库禁毁书丛刊》史部第 39 册，北京出版社 2000 年版，第 609 页。

⑥ （明）胡宗宪：《筹海图编》卷一一《叙寇原》，载《景印文渊阁四库全书》第 584 册，台湾商务印书馆 1983 年版，第 279—280 页。

易，往往获厚利而返，因而相逐成风，松江税关，日日有渡者，恬不知禁。"① 再如借福建月海港及广东澳门开禁之便，于官府处领到去闽粤、南洋贸易的文引执照而实际则走私日本，史称："海舶出海时，先向西洋行，行既远，乃复折而入东洋，嗜利走死，习以为常。"② 总之，由于民间海外贸易意识强烈，往往让海禁政策处于文书之中，此所谓"片板不许下海，艨艟巨舰反蔽江而来；寸货不许入番，子女玉帛恒满载而去"。③

上述大规模的走私海外贸易的形成，歇家窝主发挥着重要功能。如万历三十七年到万历四十二年（1609—1614 年），明政府又一次实行严厉的海禁，查出了一批通倭走私案，根据这些案例的特点，在万历四十年（1612年），明政府制定了专门针对歇家的海防新条例，即"凡歇家窝顿奸商货物，装运下海者，比照窃盗主问罪"。④ 大约只要参与当时通番走私案调查审理的官员，几乎都要谈到歇家窝主在通番走私中的核心地位，如刘一焜参与了沈文、韩江等走私大案的审理，根据这些案例情况，其认为通倭走私之所以盛行，是因商人、基层组织、地方官吏、海防道官兵、税关胥吏等联合作弊的结果，其中对担负贮存货物、接引海商、打点护送、集散商品的歇家窝主，其言："勾引拥护，实繁有徒……或奸商公囤洋货，以图厚利；或沿海奸民富豪周垣广厦为之窝留……种种弊端，不可枚举。"⑤ 黄希宪与刘一焜观点几乎相同，其言："沿海一带，向有积棍久踞此地，私造双桅船只，勾引洋客，擅将内地违禁货物满载通番，包送堆贮，往来交搉。"⑥ 这里的"积棍"指的是"歇家窝主"，也是上述的"周垣广厦为之（海商）窝留"的沿海奸民富豪，其核心作用是"包送堆贮"。

歇家窝主组织走私海外贸易，在案例中多有反映，其中典型案例有二，一是万历三十七年（1609 年）的方子定、严翠梧案，史称"积奸方子定"

① （明）李日华：《味水轩日记》卷四，万历四十年七月十六日，上海远东出版社 1996 年版，第246 页。
② （清）王沄：《漫游纪略》卷一《闽游·纪物产》，笔记小说大观本，第 4 页。
③ （明）谢杰：《虔台倭纂》上卷《倭原二》，见《北京图书馆古籍珍本丛刊》第 10 册，书目文献出版社 1998 年版，第 231 页。
④ （明）王在晋：《海防纂要》卷一二《禁下海通番律例》，载《四库禁毁书丛刊》史部第 17 册，北京出版社 2000 年版，第 679 页。
⑤ （明）刘一焜：《抚浙行草》卷二《牌案·严禁奸民通番》，景照明刻本。
⑥ （明）黄希宪：《抚吴檄略》卷七《督抚地方事》，景照明刻本，第 9 页。

与势豪严翠梧，以闽人久居定海，招徕客商，组织下海，根据"顿货于子定家"记载来看，方子定是歇家，与他们连接的有在杭州的牙家王敬桥（按：方子定招中之王敬桥为王如宝）、王南国等，他们不仅租船或造船下海，还通过各种手段把地方乡绅与稽查的衙门官吏等各类人纳入其走私网络中。① 另一个典型案例是韩江案，在此案中，被称为"积窝"的歇家张道囤积通番者货物，又组织下海，史称："投积窝张道，齐集诸人"，走私队伍达94人之众，这些类似大规模的走私，迫使明政府不断重申"歇家窝顿奸商货物"条例，即对"窝买装运"进行严厉打击。② 而王在晋根据方子定等通倭走私案的特点，建议政府加强对牙侩等人的管理，原因是"货鬻于商（海商），惟凭积侩为收买"③，又言："贩卖异样段疋及毡毯丝绵等物，铺户知情不觉发者罪及各行，歇家牙侩知情不检举者罪及牙歇，则商铺皆知所惕矣。"④ 王在晋所言的"积侩"，指的是"牙歇"，即"歇家牙侩"。"牙歇"又称"保歇（歇家）"，如张泰交在其《严禁关役》一疏中奏称："各商完税，应听本商协同牙歇亲自投单，柜书即与核明……商人完税，应听本商亲自协同保歇开明货物，赴关投单，柜书核算明白。"⑤ 把"听本商协同牙歇"与"本商亲自协同保歇"进行对照，便知"牙歇"就是指"保歇"，即歇家。⑥

实际上，只要海禁存在，歇家组织走私便不可避免，如清初为了打击郑氏集团，断绝内地对其的物资供应，实行了严厉海禁政策，但因歇家存在，难以奏效，如顺治十三年（1656年），在刑部"汇报通洋接济巨奸案"中载："又续获奸商杜昌平、谢德全等兴贩纱缎、丝绵，并药材、磁油等

---

① （明）王在晋：《越镌》卷二〇《禁通番议》，载《四库禁毁书丛刊》集部第104册，北京出版社2000年版，第482、483页。

② 参见刘一焜《抚浙疏草》卷六《题复漂海韩江等招疏》，景照明刻本；《明神宗实录》卷四九六，万历四十年六月戊辰，中研院历史语言研究所1968年影印本，第9340、9341页；《明神宗实录》卷五三〇，万历四十三年三月丙辰，中研院历史语言研究所1968年影印本，第9972、9973页。

③ （明）王在晋：《越镌》卷二一《杂纪·通番》，载《四库禁毁书丛刊》集部第104册，北京出版社2000年版，第497页。

④ （明）王在晋：《海防纂要》卷八《禁通番》，载《四库禁毁书丛刊》史部第17册，北京出版社2000年版，第614页。

⑤ （清）张泰交：《受祜堂集》卷九《抚浙下·严禁关役》，载《四库禁毁书丛刊》集部第53册，北京出版社2000年版，第504页。

⑥ 胡铁球：《明清保歇制度初探——以县域"保歇"为中心》，《社会科学》2011年第6期。

货，为数不赀。从江浙一带合伙起脚，路由温州府，转运福宁州，潜谋下海。船户则有王伯亮、严一等，歇家则李茂霞、苏钦官等，俱经随征左镇标下游击马仕龙、并驻防参将马士秀等捉获呈报"，在这个案例中歇家李茂霞、苏钦官等作用是集收商品、组织下海。① 这些歇家采用的经营方式依然是"歇家行店"，这在康熙时期平定台湾实行海禁时的史料中，有鲜明的反映。史载："现饬各州县会同营汛于沿海隘口，加紧巡查，凡船只收泊港澳，遇有踪迹可疑，其船户梢水，若非本处歇家行店素相认识，难保无台湾逸匪及洋面奸徒。"② 显然利用"歇家行店"是有效推行海禁的关键。

二 政府利用"歇家牙行"与海禁政策的调整

"歇家窝主"是相对于非法海上贸易而言，若是合法的，则称为"主家"、"接引之家"、"牙家"、"侩家"等。自正德年间推行抽分制后，地方官员开始利用他们的力量来主持贸易，协助地方政府管理番货抽分，即从非法转为合法，地方政府这种做法，直接促使了明政府在隆庆元年（1567年）部分开放海禁。如嘉靖十五年，福建诏安县县令铭干夏就曾用歇家（主家）来主持对外贸易，史称："岁（嘉靖）丙申诏邑侯铭乾夏公抵县，阅卸石弯海埠一带，商船泊奏，立主家交引贸易。"③ 又如嘉靖年间，泉州人颜理学"然矜已诺重，取予以仗义，得诸贾竖心，尝领官符贸夷舶"④，显然颜理学也曾协助官府主持外贸。到嘉靖三十五年（1556年），在澳门的海道副使汪柏"立客纲客纪，以广人及徽泉等商为之"，即把海外贸易交与"纲首"领导。⑤ 所谓"纲首"就是指"歇家牙侩"，也就是说在嘉靖之

---

① 《郑氏史料续编》卷三《刑部题本》，载《台湾文献丛刊》，台湾银行排印本1963年版，第168种，第338、339页。

② 乾隆敕撰《钦定平定台湾纪略》卷二七，载《景印文渊阁四库全书》第363册，台湾商务印书馆1983年版，第335页。

③ （明）沉铁：《夏车两侯合创悬锺文祠祀典碑记》，载《诏安县志》卷一二，艺文，《中国地方志集成 福建府县志辑》第31辑，上海书店2000年版，第604页。

④ （清）黄居中：《千顷斋初集》卷二二《明安平处士颜次公配柯氏合葬墓志铭》，载《续修四库全书》第1363册，上海古籍出版社2002年版，第697页。

⑤ （明）顾炎武：《天下郡国利病书》，《广东下·广东通志·杂蛮》，载《续修四库全书》第597册，上海古籍出版社2002年版，第434页。

时，地方官开始利用"歇家牙侩"来主持海外贸易，协助政府征收关税。

但是这种起"接引"作用的"歇家牙侩"一旦遭到海禁，在绝其生理的情况下，就会转化为走私队伍的领袖之一而成为"倭寇"，史称"迩年浙福之间，都御史朱纨励禁接引，以致激生倭寇"①，鉴于嘉靖时"市通则寇转而为商，市禁则商转而为寇"② 之严重教训，明中央政府开始接受地方政府通过"歇家牙侩"来主持海外贸易的经验，部分开放海禁，如我们熟知的福建月港的开放。除此之外，明政府把部分海港开放并附于内地税关（钞关）体系之中，如万历初年，明政府设吴淞港、刘河港、白茆港、福山港四港征收海船关税，归浒墅关管辖，在这些海关，政府一般设牙埠来协助政府收税与稽查③；在浙江则设定海等关以通贸易，如隆庆初唐枢建议在浙江定海设关征税，其言："收税则例悉准广东夷货事理定额……收税专设布政司官一员，往札定海关，税物随送定海县贮解。"④

另外，歇家牙行这种经营方式，也在"贡舶"贸易体系中渐渐成长起来了，其机缘来自"博买制度"和"互市制度"。"博买制度"推行于永乐年间，史称："永乐改元……贡献毕至，奇货重宝前代所希，充溢库市，贫民承令博买，或多致富，而国用亦羡裕矣。"⑤ 所谓"博买"，即贡舶带来的货物，先由"官家"收买，余下货物，"许令贸易"。⑥ 但"博买"地点，起先仅限于京城的会同馆与市舶司的舶库，且严禁牙人居中贸易，一切官营，皆不抽税。但自弘治以来，明政府开始改变了不抽税的做法，开始尝试推行抽分制，到正德时正式确立推行。从此以后，"博买"便发展为"互市"，由市舶司中的官牙主导，明人王圻言正德以后情形是："凡外

① （明）严从简：《殊域周咨录》卷八《南蛮·暹罗》，第 285 页。

② （明）许孚远：《疏通海禁疏》，载陈子龙《明经世文编》卷四〇〇，中华书局 1962 年版，第4334 页。

③ （清）道光《浒墅关志》卷七《莞辖》，第 3—7 页。

④ （明）唐枢：《上督府开市事宜》，载陈子龙《明经世文编》卷二七〇，中华书局 1962 年版，第 2853 页。

⑤ （明）严从简：《殊域周咨录》卷九《弗朗机》，中华书局 2000 年版，第 324 页。

⑥ （明）申时行：《大明会典》卷一一一《礼部六九·外夷上》，载《续修四库全书》第 791 册，上海古籍出版社 2002 年版，第 129 页。

夷贡者……许带方物，官设牙行与民贸易，谓之互市。"① "互市"就意味着贡使的附带商品不一定要在"库市"中进行贸易，于是在"朝贡互市"中的中介人，如通事、官牙等，为了贸易需要也开始采取歇家牙行经营方式。

如以琉球商人为主要贸易对象的福建市舶司，原来设在泉州，其目的是"不使外夷窥省城"，后来却移建省城福州，之所以移建，原因是琉球商人皆是先到熟识的通事家，然后才到市舶司，而通事皆居住在福州河口，因泉州与之相隔遥远，监督艰难，而不得不移建省城。史称"后番舶入贡，多抵福州河口，因朝赐通事三十六姓，其先皆河口人也，故就乎此"。② 在福州河口"三十六姓"通事，为了主持贸易的方便，后来渐渐走上了通事与牙商相结合的道路，形成了集客店、库房、贸易、翻译、牙行等于一体的经营方式，据《闽县乡土志》记载，整个明清时期，琉球国贸易一直是由"三十六姓"通事垄断，到道光时期，原"三十六姓"通事后代，有十姓势力强大，叫"十家排"，于清道光三年（1823 年）建立"球商会馆"，垄断所有有关琉球商人的交易。③ 又据傅衣凌调查，"十家排"是"卞、李、郑、林、杨、赵、马、丁、宋、刘"十姓十家，"为琉球商人集居之地"，"十家排"不仅为琉球商提供住宿餐饮、库存、翻译等服务，并代其销售琉球进口的商品，代购琉球人所需的中国商品，为此他们自身或雇佣他商前往全国各地，代购各种商品，早在嘉靖年间，福州河口便是"华夷杂处，商贾云集"。④

不管在海上走私贸易，还是官方的"互市"体制中，"歇家牙行"经营方式已居主导地位，政府为了借助其力量来管理税关，往往让"商牙歇家"来主保抽分，这种管理方式在嘉靖年间大致确立起来了，史称"夷货

① （明）王圻：《续文献通考》卷三一《市籴考》，载《续修四库全书》第 761 册，上海古籍出版社 2002 年版，第 335 页。

② （明）郭造卿：《闽中兵食议》，载《天下郡国利病书》，《续修四库全书》第 597 册，上海古籍出版社 2002 年版，第 252 页。

③ （清）郑祖庚：《闽县乡土志》，中国方志丛书，华南地方，第 226 号，成文出版社 1974 年版，第 509 页。

④ 傅衣凌：《福州琉球通商史迹调查记》，载《福建对外贸易史研究》，福建省研究院社会科学研究所 1948 年版，第 59—66 页。

之至，各有接引之家，先将重价者私相交易，或去一半，或去六七，而后牙人以货报官"。① 针对"接引之家"的匿货、少报、漏税等弊端，明代专门出台了法律条文加以严格规范，《明会典》称："凡泛海客商舶船到岸，即将物货尽实报官抽分，若停塌沿港土商、牙侩之家不报者，杖一百，虽供报而不尽者，罪亦如之，物货并入官，停藏之人同罪，告获者官给赏银二十两。"② 明人贡举对此法律条文作了详细解释，其把泛海客商喻为赵甲，牙侩喻为钱乙，土商喻为孙丙，其言：

> 凡泛海客商船，船到岸，即将物货尽实报官抽分，若船到岸，停场沿港土商、牙侩之家不报者，钱乙依供报而不尽者，孙丙依停藏之人，各犯问拟。一审得赵甲以海商船货到岸，合报官也，不合匿货，土牙之家而不报，钱乙以海货报官而不尽，亦匿货也，罪与不报者同坐，孙丙为停藏之人，知而故纵，罪亦如之。③

在贡举的解释中，似乎牙侩与土商是不同的群体，有着不同的职能，牙侩负责报税，土商负责接待海商并储存其货物。也就是说，土商作为"停藏之人"即上述的"接引之家"才是歇家，而牙侩则不是，但若考察他们的经营方式，皆是以"家"的方式展开，在明清贸易中，"家"便意味着"客店"营业，故不管是称为"客店"、"歇家"还是"牙家"、"主家"等，采取的都是"歇家牙行"的经营方式④，因此有的文献往往把这些经营群体统称为"官保"或"歇家"等，史称"官保之设，第商旅借以为主，而国税凭以取足耳"。⑤ 这个"官保"亦称"保歇（歇家）"⑥，故张居正言商税"往者皆以歇家包揽，奸弊多端"。⑦ 直到清初依然如此，"近闻税关

① （明）严从简：《殊域周咨录》卷八《南蛮·暹罗》，中华书局2000年版，第284页。
② （明）李东阳：《明会典》卷一三五《刑部十·舶商匿货》，载《景印文渊阁四库全书》第618册，台湾商务印书馆1983年版，第371页。
③ （明）贡举：《镌大明龙头便读傍训律法全书》卷三《船商匿货》，日本内阁文库藏本。
④ 胡铁球：《明清贸易领域中的客店、歇家、牙家等名异实同考》，《社会科学》2010年第9期。
⑤ （明）施沛：《南京都察院志》卷二三《职掌十六》，明天启刻本，第28页。
⑥ 参见胡铁球《明代仓场中的歇家职能及其演化——以南京仓场为例》，《史学月刊》2012年第2期。
⑦ 《明神宗实录》卷八〇，万历六年十月乙巳，中研院历史语言研究所1968年影印本，第1722页。

诸员虑亏课而加征……中间保歇侵之"①，又言："货物到关上税……歇家包揽侵蚀。"②

这在广东十三行及其前身的描述中也可以得到证实，据《粤海关志》记述："设关之初，番舶入市者，仅二十余榷，至则劳以牛酒，令牙行主之，沿明之习，命曰十三行。舶长曰大班，次曰二班，得居停十三行，余悉守舶，仍明代怀远驿旁建屋居番人之制也。"③ 从"居停"两字来看，主持番货交易的牙行应兼营客店和库房，是牙行与歇家相互转合的经营方式，故这些"牙行"的做法是"夷商至广，俱寓歇行商馆内，近来嗜利之徒，多将房屋改造华丽，招诱夷商，图得厚租"。④ 显然这里的"牙行"乃是典型的"歇家行店"，这些做法皆"沿明之习"，又据外商记述：牙行商馆的房屋"第一层为账房、仓库、堆房、买办室及其助理、仆役、苦力的房屋，及具有铁门、石墙的钱库……第二层为饭客厅，（第）三层为卧房。每楼都有宽阔的走廊。"⑤ 这是集客店、仓库、贸易、经纪人于一体的典型的"歇家牙行"经营模式。

《粤海关志》所说的"沿明之习"，可于明时的文学作品及外国商人描述中得到印证。如《初刻拍案惊奇》卷1写道："众人多是做过交易的，各有熟识经纪、歇家、通事人等，各自上岸找寻发货去了。"⑥ 从该小说内容来看，"众人"是住在船上，并不住店，歇家在此不是客店主人的含义，应与"经纪人"、"通事"是一类人，即代商人发货的中间人，也就是说歇家、牙商、通事名为三实为一，即这些人皆是集歇家、牙商、通事于一身的经

---

① （清）蒋永修：《日怀堂奏疏》，载《四库全书存目丛书》集部第 215 册，齐鲁书社 1997 年版，第 804 页。

② 《清高宗实录》卷一三五，乾隆六年正月乙未，第 10 册，中华书局 1986 年版，第 952—953 页。

③ （清）梁廷枏等：《粤海关志》卷二五《行商》，载沈云龙主编《近代中国史料丛刊续编》第 19 辑，文海出版社 1979 年版，第 1797 页。

④ 《皇朝文献通考》卷三三《市籴考》，载《景印文渊阁四库全书》第 632 册，台湾商务印书馆 1983 年版，第 716 页。

⑤ ［美］威廉·亨特：《广州"番鬼"录：1825—1844——缔约前"番鬼"在广州的情形》，冯树铁译，广东人民出版社 1993 年版，第 18 页。

⑥ （明）凌濛初：《初刻、二刻拍案惊奇》卷一《转运汉巧遇洞庭湖波斯胡指破龙壳》，岳麓书社 1988 年版，第 7 页。

营体，如福建市舶司的通事就兼营牙行、客店、贸易于一体①，即如周资生之类，"再查周资生系歇家，又系牙人"②，采取的是"歇家牙行"的经营模式。这种情况也为当时外国商人描述所证实，他们把"歇家牙侩"称为"评价者"，外商进港后便由他们接引，并为外商提供食物、库存、住宿、评定物价、介绍买卖，这些"评价者"有的通番语，有的身边带有通事，具有半官方的功能。③ 可见明代小说中的描写并非空穴来风。

清代基本沿袭了明代做法，只不过原称为"商牙歇家"者，清代康熙以后，一般称为"牙行"、"税行"，或称"铺户"、"铺家"等，但其经营实质内涵没有变。如闽海关的铺户，"多系土著之人，自货自船，航海贸易，既为行商，故立坐铺，以冀货物随到随卸，随下随行。是名虽纳税之铺户，实系贸易之洋商，即有外省船商贩货来闽，或置货出洋，皆赖铺户为之消（销）售，沿久相安"④。又"福州将军福增格奏：海关铺户多系土著有力人。航海贸易，自立坐铺，为登卸货物计，外商亦资销售，沿久相安"⑤。福州的铺户是集行商、坐贾、货栈、牙行等职能于一身，除自身贸易外，还为商人提供库存、承销船货、代客纳税、提供住宿等多种服务，是典型的"歇家牙行"。又如江苏海港刘河镇，史称："又有保税行之目矣。保税者，商人之领袖也……商客之来兹土者，先至税行报明来历，税行即去禀海关扞仓纳税，投行发卖"，这些保税牙行，一般是集货栈、客店、贸易于一体⑥，亦是典型的"歇家牙行"。

实际上，代纳关税的铺户、牙行（税行）广泛分布于各关，如"查厦门关税……系由税行按句收缴"⑦。又如雍正六年（1728 年），福建商人徐

---

① 傅衣凌：《福州琉球通商史迹调查记》，载《福建对外贸易史研究》，福建省研究院社会科学研究所 1948 年版，第 59—66 页。

② （清）张泰交：《受祜堂集》卷八《抚浙中·驳勘徐氏药死亲夫案》，载《四库禁毁书丛刊》集部第 53 册，北京出版社 2000 年版，第 484 页。

③ M. A. P. Meilink-Roelofsz, *Asian Trade and European Influence in the Indonesian Archipelago between 1500 and about 1630*, The Hague: Martinus Nijhoff, 1962, pp. 75 - 78.

④ 乾隆二十八年二月初四日福增格奏折，载《宫中档乾隆朝奏折》第 16 辑，第 776 页。

⑤ 《清高宗实录》卷六八二，乾隆二十八年三月己未，第 17 册，中华书局 1986 年版，第 632 页。

⑥ 道光《刘河镇记略》第 5 卷《盛衰》，载《中国地方志集成乡镇志专辑》第 9 辑，江苏古籍出版社 1992 年版，第 370 页。

⑦ （清）沈储：《舌击编》卷五，咸丰八年三月二十三日，载《四库未收书辑刊》第 2 辑第 21 册，北京出版社 2000 年版，第 471 页。

亨、黄胎到胶州后，便投"熟识已久"的"行主李万盛家"，李万盛行代他们"验票纳税，卸货发行"①。故史称："前人设关立法，至周至密……出口货物，先由税行带客报关，按货秤验，计重征税，起给红单。"② 这些税行（牙行）多是采取歇家牙行综合经营方式，有人对此作了总结："这些牙行有固定客房、货栈为商人提供食宿，存放货物，并代客纳税，过税关登记，代雇船只，介绍买主，负责押运等综合服务"。③

总之，政府利用具备多种功能的"歇家牙行"来协助政府管理海关，自明代中期以来，一直在推行，虽然海禁政策时严时松，对其亦禁亦用，但总的趋势是"用"而非"禁"。

结　语

朱元璋认为富户是社会不稳定的因素，而富户又多产生于商业贸易之中，为了消除富户成长的土壤，其推行了"非市场化"的政策制度，这主要体现在以下几个方面：一是赋役征收本色化，消除财政市场；二是禁止金银甚至铜钱交易，进而试图用官营塌房等形式来控制一切商品流通④，以便限制民间商业；三是用变态的市舶司形式来控制海外贸易，推行极为严厉的海禁政策，完全排除私人海外贸易的可能。朱元璋这种只顾确保朱氏王朝万世长存而不顾社会发展需要的政策制度，显然不符合历史发展的客观需要。

在统治者缺乏海洋贸易意识下，民间为了打破这一僵硬的体制，做出了不懈的努力，其中之一便是在走私海外贸易中创造性地推行了"歇家牙行"经营模式，这种综合型的经营方式为成功走私海外贸易提供了基础。在严禁"通番"的国策下，要成功走私，需要一个巨大贸易和关系网络，如要集收巨量的出海商品，需要生产、收购、运输、储存、接应等一系列

---

① 雍正六年十月二十七日河东总督田文镜奏折，载《宫中档雍正朝奏折》第 11 辑，第 641—642 页。

② （清）朱寿朋：《东华续录》（光绪朝），载《续修四库全书》第 383 册，上海古籍出版社 2002 年版，第 500 页。

③ 方行、经君健、魏金玉主编：《中国经济通史》，经济日报出版社 2007 年版，第 963—974 页。

④ 胡铁球：《"歇家牙行"经营模式的形成及其演变》，《历史研究》2007 年第 3 期。

配套衔接；从管理角度，海船出海，从造船到注册、停泊、出口，都要畅达无阻，这需要基层组织、地方衙门、海防、税关等部门一路开放绿灯，任何一个环节出了问题都不能成功。因此私营海外贸易之人，为了防止泄露消息，需要一个完整的经营链条，如招徕内地客商，集收商品，需要为他们提供住宿、库房等各种服务，外商偷偷而来，则需要为他们提供住宿餐饮、库房、评价等各种服务。总之，在走私贸易中，民间需要一个特别完整的中间链条来完成海外走私贸易，于是便有"商牙歇家"群体的诞生，又称"窝主"或"接引之家"。

另外，"商牙歇家"群体诞生，为明政府调整海禁政策提供了条件，从"朝贡贸易"转化为"商舶贸易"，需要当时民间社会具备独自展开海外贸易的能力，即具有"市舶司"所具有的经营能力。一般而言，市舶司由提举衙门、市舶库（进贡厂）、馆驿、码头等设施构成。从经营角度来看，市舶库和馆驿是其核心设施，其中市舶库主要提供库存、装卸、加工等服务；驿馆为外商提供住宿餐饮服务，相当于客店。① 而"歇家牙行"经营模式恰好能替代市舶司的功能，这为明清从"市舶"转变为"海关"提供了社会条件。总之，"歇家牙行"这一经营模式，对解体海禁政策和从"市舶司管理"转变为"海关管理"提供了条件。

---

① （清）徐兆昺：《四明谈助》，宁波出版社 2000 年版，第 327—330、883、921 页；（明）黄仲昭：《八闽通志》卷四十《公署属司附》，福建人民出版社 1990 年版，第 843 页。

元朝浙江沿海军力略论

姚建根*

今日浙江省，地处中国东南沿海，北邻江苏、上海，西接安徽、江西，南连福建，东临东海，位于全国海岸线的中段，其海岸线蜿蜒曲折，自北向南，嘉兴、杭州、绍兴、宁波、台州、温州六个地区辖境直面东海及其港湾，而舟山群岛则是中国最大的沿海群岛。全省大小岛屿数以千计，犹如天上繁星点缀在滨海地带，嵌入无垠的东海之中。这样的自然地理位置，使得浙江在中国海防中处于重要地位。本文旨在通过论述元朝在浙江沿海军事力量的发展情况，进而对传统中国的海防提出一些浅见。

欲论述元朝浙江沿海军力之发展，需简单回顾南宋浙江沿海的防务。南宋时浙江分属两浙西路、两浙东路，是王朝的政治核心区。南宋以战为常，军事上建立了以制置使战区为中心的国防体系，浙江属于沿海制置使战区。关于沿海制置司及南宋海防问题，王青松《南宋海防初探》[1]、熊燕军《南宋沿海制置司考》[2]已有专论，粟品孝等《南宋军事史》[3]、笔者拙著《宋朝制置使制度研究》[4]亦曾涉及。王青松认为：沿海制置司的建立，使得南宋海防上最紧要和最难以防守的浙东沿海地区在防务上结成为一个整体，增强了海上的防御能力。笔者认为：沿海制置使战区在南宋时期还是相对平静的，直至宋末，这道"最后防线"才在蒙古大军的进攻下自行瓦解。

* 姚建根，浙江师范大学环东海海疆与海洋文化研究所副研究员。

① 《中国边疆史地研究》2004 年第 3 期。
② 《浙江大学学报》（人文社会科学版）2007 年第 1 期。
③ 上海古籍出版社 2008 年版。
④ 上海书店 2010 年版。

一 元朝浙江沿海军力的构建与演变

（一）沿海军力格局的形成

浙江在元代属于江浙行省（或为江淮行省）辖境。元朝浙江沿海的驻屯军力是在征服南宋、追击宋军的过程中逐渐形成的。

在蒙元与宋正式开战 40 年之后，至元十二年（1275 年），大将伯颜率领元军分三路直取临安（今杭州），攻入南宋心脏：阿剌罕率步骑自建康、四安、广德以出独松岭（今安吉境内）；董文炳率舟师循海趋许浦（今属上海）、澉浦（今属海盐），以至浙江；伯颜、阿塔海由中路节度诸军，三路大军预期会师临安。十三年（1276 年）正月，伯颜军到达嘉兴，宋官投降，伯颜留万户忽都虎等戍守。董文炳军次乍浦（今属平湖），随即至海盐，南宋地方官及澉浦镇统制官皆降。澉浦扼守杭州湾喇叭口北侧，地理位置重要，十四年（1277 年），元将隋世昌佩金虎符，镇守澉浦。

伯颜进入临安以后，元廷将南宋三衙诸司之兵分散，归于元军各翼，以备调遣，同时开始着手在浙江地区建立地方统治机构。十三年二月，在临安设两浙大都督府，都督忙古歹、降将范文虎入城视事。随后，设浙东西宣慰司于临安，以户部尚书麦归、秘书监焦友直为宣慰使，吏部侍郎杨居宽同知宣慰司事，并兼知临安府事。

临安被占，南宋皇室投降，但各地宋军仍在继续抵抗，于是元廷命阿剌罕、董文炳、高兴等将领，继续攻占温州、台州、衢州、婺州（今金华）、处州（今丽水）、明州（今宁波）、越州（今绍兴）等浙东地区，于是，宣武将军、管军总管、千户石兴祖戍守温州，镇国上将军、浙东宣慰使谒只里镇守绍兴。

在平宋之后的一段时间内，局势仍旧动荡，故而掌管浙江地方军民事务的元朝统治机构，调整频繁，常随镇守将官的调动或各个机构治所的迁移而变化。至元十三年三月，忙古歹以都督镇守浙西，唆都以宣抚使镇守浙东。五月，元廷应伯颜之请求，罢废两浙宣慰司，以忙古歹、范文虎仍行两浙大都督府事。随即又撤销两浙大都督府，并设诸路宣慰司，"以行省官为之，并带相衔，其立行省者，不立宣慰司"①。十二月，又除浙西、浙东、江西、江东、湖北五道宣慰使。十六年（1279 年）二月，绍兴的浙东宣慰司移至处州。② 不过，同年，贾文备拜浙东宣慰使，加金吾上将军，镇庆元。③ 十九年（1282 年）二月，元廷徙浙东宣慰司于温州。二十一年（1284 年）二月，江淮行省由扬州迁至杭州，浙西宣慰司则从杭州移至平江（今苏州）。二十六年（1289）二月，改浙西道宣慰司为淮东道宣慰司，治扬州。九月，增浙东道宣慰使一员。

至元二十二年（1285 年）二月，元廷对江南元军的镇戍格局做出重大部署，"诏改江淮、江西元帅招讨司为上中下三万户府，蒙古、汉人、新附诸军相参，作三十七翼"，其中，包括江浙行省近海的"沿海翼"为上万户，杭州翼为中万户，"翼设达鲁花赤、万户、副万户各一人，以隶所在行院"④。二十六年（1289 年）二月，元廷在沿海地带设立海中水站，加强沿海防务，"行泉府所统海船万五千艘，以新附人驾之，缓急殊不可用。宜召集乃颜及胜纳合儿流散户为军，自泉州至杭州立海站十五，站置船五艘、水军二百，专运番夷贡物及商贩奇货，且防御海道，为便"⑤。但是这些海站存在时间不长，二十八年（1291 年）八月，十五所海中水站罢去。

至元二十七年（1290 年）十一月，江淮行省平章不怜吉带针对浙江沿海军力的配置问题，向朝廷提出建议："福建盗贼已平，惟浙东一道，地极边恶，贼所巢穴。复还三万户，以合剌带一军戍沿海、明、台，亦怯烈一军戍温、处，札忽带一军戍绍兴、婺。……杭州行省诸司府库所在，置四万户府。水战之法，旧止十所，今择濒海沿江要害二十二所，分兵阅习，伺察诸盗。钱塘控扼海口，旧置战船二十艘，故海贼时出，夺船杀人，今增置战船百艘、海船二十艘，故盗贼不敢发。"元廷同意了他的看法。⑥

---

① （明）宋濂等：《元史》卷一二七《伯颜传》，中华书局 1976 年版。
② （明）宋濂等：《元史》卷一〇《世祖本纪七》，中华书局 1976 年版。
③ （明）宋濂等：《元史》卷一六五《贾文备传》，中华书局 1976 年版。
④ （明）宋濂等：《元史》卷一三《世祖本纪一〇》，卷九九《兵志二·镇戍》，中华书局 1976 年版。
⑤ （明）宋濂等：《元史》卷一五《世祖本纪一二》，中华书局 1976 年版。
⑥ （明）宋濂等：《元史》卷一六《世祖本纪一三》，卷九九《兵志二·镇戍》，中华书局 1976 年版。

从世祖时代攻打浙江开始到成宗前期，即元朝在浙江统治前期的约30年时间里，对浙江沿海军事力量产生重要影响的人物是元朝将领哈剌歹。

至元十二年（1275年）秋，哈剌歹率元军攻克江阴、许浦、金山、上海、崇明、金浦等南宋水师主力集中地，获得海船300余艘以后便戍守澉浦海口。十三年（1276年）春，张世杰率宋军舟师至庆元胸山（今岱山衢山）、东门（今属象山石浦镇）海界，身为沿海招讨副使的哈剌歹领兵追击，缴获宋船4艘，功劳显著，于是行省增拨军士700人，并旧所领士卒，守卫定海（今宁波镇海）港口。七月，昌国、胸山、秀山（今属岱山）的千余艘宋军舟师，攻夺定海港口，哈剌歹迎击，俘虏宋军裨将以及海船3艘。八月，宋军复攻定海港口，哈剌歹击退之，行省任命他为蒙古汉军招讨使。十月，哈剌歹引兵至温州青嶴门，遇宋兵，夺船5艘，并派遣使臣劝说南宋温州守臣以城降。十一月，哈剌歹至福州，夺宋军海船20艘。十四年（1277年），元廷赐哈剌歹金符，行省檄之充任沿海经略副使，让他与刘万户在庆元（今宁波）行元帅府事，镇守沿海上下，范围是北起许浦，南至福建。六月，哈剌歹兼任左副都元帅，督造海船千艘。八月，世祖命进兵广南，哈剌歹领兵从之。十月，进昭勇大将军、沿海招讨使。这时处州宋军再度占领温州，哈剌歹闻讯后回军复取之。十五年（1278年），哈剌歹还军庆元。八月，入觐世祖，得到大量赏赐，并擢昭武大将军、沿海左副都元帅、庆元路总管府达鲁花赤，率所部军戍守海口。十六年（1279年），哈剌歹招降了寇掠海岛的海贼贺文达、顾润等，得舟60余艘。十八年（1281年），第二次元日战争爆发，哈剌歹随军出征，后回国，次年二月仍旧戍守庆元。二十二年（1285年），罢都元帅，改沿海上万户府达鲁花赤。二十四年（1287年），哈剌歹入朝，不久还戍海道，任浙东宣慰使。二十五年（1288年），以水军乏帅，哈剌歹兼任前职。二十六年（1289年），拜金吾卫上将军、中书左丞，行浙东道宣慰使，领军职如故。哈剌歹死后，其子哈剌不花，袭沿海万户府达鲁花赤。

哈剌歹在浙江沿海征战十余年，主要是和宋军在近海角逐，他在军事上的最大收获是击败南宋在浙江沿海的残余力量，得到了大量水军战船，为元朝防守江浙沿海地区奠定了基础。①

大体上，浙江沿海军力的基本格局在至元末年定型，"元各路立万户府，各县立千户，所以压镇各处。其所部之军，每岁第迁口粮，府县关支，而各道以宣慰司元帅总之"。② 成宗以后，江浙军事活动减少，进入一个相对和平时期，所以军事力量面临整合。成宗初年，遣枢密院官整饬江南诸处镇戍军，"江南近边州县，宜择险要之地，合群戍为一屯，卒有警急，易于征发"③。李庭奉旨整点江浙军马时有 532 所，然至大德元年（1297 年）三月，朝廷下诏各行省合并镇守军时，江浙所置者合为 227 所。但浙东沿海的防务仍在加强，六年（1302 年）十月，改浙东宣慰司为宣慰司都元帅府，徙治庆元，镇遏海道。皇庆元年（1312 年）四月，命浙东都元帅郑祐同江浙军官教练水军。天历初年（1328—1329 年），王都中为浙东道宣慰使都元帅，行省令他整点七路军马，境内晏然。④

（二）沿海守军调迁与防守重点

元朝军事防卫分为中央宿卫和地方镇戍两大系统，沿海地区的镇戍是相关行省镇戍系统的组成部分。⑤ 浙江沿海守军调动情况大致如下。

至元十六年（1279 年）七月，朝廷命戍守杭州的阇里铁木儿蒙古军 690 人赴大都，调两淮招讨小厮蒙古军以及自北方回来的探马赤军代之。二十四年（1287 年），宗王乃颜发动叛乱，旋即失败被杀，"乃颜以反诛，其人户月给米万七千五百二十三石，父母妻子俱在北方，恐生它志，请徙置江南，充沙不丁所请海船水军"。⑥ 朝廷将部分乃颜部众徙于庆元定海县，这支蒙古军戍守浙江沿海的时间很长，到了延祐年间（1314—1320 年），"倚纳脱脱公来为浙相，其党屡以水土不便为诉，乞迁善地"⑦。至元三十一

---

①　其事迹参阅至正《四明续志》卷三《在城·公宇·万户府》，转引自《沿海上万户府达鲁花赤哈剌歹德政记》。

②　（明）叶子奇：《草木子》卷三《杂制篇》。

③　（明）宋濂等：《元史》卷一九《成宗本纪二》，中华书局 1983 年版。

④　（明）宋濂等：《元史》卷一八四《王都中传》，中华书局 1976 年版。

⑤　毕奥南：《元朝的军事戍防体系与版图维系》，《中国边疆史地研究》2002 年第 2 期。

⑥　（明）宋濂等：《元史》卷一五《世祖本纪一二》，中华书局 1959 年版。

⑦　（元）陶宗仪：《南村辍耕录》卷二《叛党告迁地》，中华书局 2004 年版。

年（1294年），颖州（今属安徽）军刘通兼领绍兴浙江五翼军，驻守杭州，① 这支戍军应该是镇守杭州的主要力量之一，直到大德二年（1298年）正月，江浙行省"委镇守杭州颖州万户府百户郝闰骑坐长行马二匹，千户贾英骑坐长行马五匹，正分例外从人三名，本站应付讫分例"②。成宗即位，以宁居仁为昭毅大将军、沿海上万户，镇守浙东道庆元等路，其弟宁居正累功擢忠翊校尉、杭州路管领海船千户。③

元贞二年（1296年）五月，江浙行省向朝廷要求调外军增强本省沿海力量："近以镇守建康、太平保定万户府全翼军马七千二百一十二名，调属湖广省，乞分两淮戍兵，于本省沿海镇遏。"但枢密院认为："沿江军马，系伯颜、阿术安置，勿令改动，止于本省元管千户、百户军内，发兵镇守之。"④ 不过，外军调入镇戍浙江沿海，在元朝中期是经常性的。大德三年（1299年）时，镇守温州、处州等路的有宿州（今属安徽）蒙古军、汉军达鲁花赤万户府。⑤ 八年（1304年）二月，朝廷以江南海口驻军偏少，调蕲县（今属安徽）王万户翼汉军100人、宁万户翼汉军100人、新附军300人守庆元，而上述提到的原乃颜部蒙古军300人守定海。⑥ 至大四年（1311年）十月，以蕲县万户府镇庆元，绍兴沿海万户府镇处州，宿州万户府兼镇台州。约在此时，石抹继祖为沿海上副万户，初以沿海军分镇台州，皇庆元年（1312年），又移镇婺、处两州。⑦ 又有沿海翼镇守庆元，皇庆二年（1313年）移往婺州，蕲县翼又自绍兴移到庆元。⑧ 从这些记载可以看出，浙江沿海守军调动是非常频繁的。

元朝在东南军事布局的重点一是淮江，一是沿海。⑨ 浙江在东南沿海防

---

① （明）宋濂等：《元史》卷一五二《刘通传》，中华书局1959年版。
② （元）佚名：《元典章》卷三六《兵部三·长行马·长行马草料》，中华书局2011年版。
③ 阎复《大元故镇国上将军浙西道吴江长桥都元帅沿海上万户宁公神道碑铭》，载《全元文》第9册，凤凰出版社2005年版。
④ （元）宋濂等：《元史》卷九九《兵志二·镇戍》，中华书局1976年版。
⑤ 《元典章》卷三四《兵部一·军粮·病军减支新粮》，台湾"故宫博物院"影印元刊本。
⑥ （元）宋濂等：《元史》卷九九《兵志二·镇戍》，中华书局1976年版。
⑦ （元）宋濂等：《元史》卷一八八《石抹宜孙传》，中华书局1976年版。
⑧ （元）袁桷：延祐《四明志》卷三《职官考下·万户府》，中华书局1990年版。
⑨ 王晓欣：《论元代与江南有关的出镇宗王及江淮镇戍格局问题》，《西北师大学报》（社会科学版）2009年第3期。

卫体系中的地位，是与它作为朝廷财政收入的重要来源之一直接有关的。"惟两浙，东南上游，襟江带湖，控扼海外，诸番贸迁有市舶之饶，岁入有苏湖之熟，榷货有酒盐之利，节制凡百余城，出纳以亿万计，实江南根本之地。盖两浙安则江南安，江南安则朝廷无南顾之忧"①。

更深入一层地讲，综上所述，元朝在浙江沿海的防守重点是庆元路。它位于浙江沿海线中点，处于杭州湾入海口南端，北与嘉兴路形成呼应之势，共同守卫省会杭州，南与台州路、温州路相连，尤其是本路所辖海岛（包括今舟山群岛）与台州路、温州路辖境海岛连成一片，拱卫浙东沿海。浙东道宣慰司（都元帅府）常设于庆元路，便是明证，这与南宋沿海制置司常设于此是一个道理。庆元"三垂际海，扶桑在其东，瓯粤在其南，且控扼日本诸蕃，厥惟喉襟之地"②，对于这样一个军事重地，朝廷非重臣不任，防守体系更是严密。到元朝中期，庆元路的千户所共计16翼，每翼各设千户、弹压、百户等。③

再就庆元路地区而言，防守的重心又在定海（今宁波镇海），它是庆元路的门户，"自昔号重地，镇遏戍守，异于他所。南受诸蕃绝域之帆舶，东控岛夷不庭之邦，商贾舟楫，喷薄出没，据会济胜，实东南之奇观也"④，"蛮夷诸蕃舟帆所通，为一据会总隘之地也"，在县城以北驻有蕲县万户府，门楼安置更鼓，还有分镇抚所、哨船千户所、蒙古千户所、巡盐千户所等⑤，守备力量很强。

另外，对悬于东海之中的舟山群岛地区在沿海防务上的地位，元朝在征服南宋之初就意识到了。至元十五年（1278年）二月，朝廷谓海道险要，升昌国县为州（今舟山定海），以重其任，驻扎军队，立永丰仓，"海上诸镇守司附州稍近者军士于此支给月粮"，至大德初年，浙东宣慰使巡视海岛，"谓仓之四顾，人户颇疏，乃理中厅五间为仓屋，两廊析为军营，后

---

① 阎复：《江浙行中书省新署记》，载《全元文》第9册，中华书局1976年版。

② （元）袁桷：延祐《四明志》卷八《城邑考上·公宇·浙东道都元帅府》，转引自《重建都元帅府记》，中华书局1990年版。

③ （元）袁桷：延祐《四明志》卷三《职官考下·千户所》，中华书局1990年版。

④ （元）袁桷：延祐《四明志》卷八《城邑考上·公宇》，转引自《重修定海县治记》，中华书局1990年版。

⑤ 至正《四明续志》卷三《定海县·公宇》，中华书局1959年版。

堂以处镇守官，于是仓营杂处，盖以备不虞"。① 大德二年（1298 年）五月始创巡捕司，由判官兼任。又立镇守所五处，"归附后始置。每岁一更戍，皆有请正军也"。还设螺头、岑江、三姑、岱山、北界等五处巡检司，各有弓兵数十名。② 泰定三年（1326 年），在州治以南建谯楼，"以构以腰，敞为飞楼，匪事观游，惟军容是肃，测景有规，警严有节"③。

（三）元朝浙江沿海军力的瓦解

元朝后期浙江沿海官方军力的瓦解始于方国珍的兴起。自至正八年（1348 年）方国珍乱起，叛降不定，朝廷被其弄得筋疲力尽，在浙江沿海的防御力量受到重创，最终失去空驭，走向瓦解。在招抚方氏的过程中，江浙行省曾要求朝廷增设沿海镇守机构——巡防千户所，授方氏兄弟为五品千户。十五年（1355 年）七月，升台州海道巡防千户所为海道防御运粮万户府，九月，立分海道防御运粮万户府于平江路。十六年（1356 年），方国珍复降，任海道运粮漕运万户，兼防御海道运粮万户，其兄方国璋为衢州路总管，兼防御海道事。方氏控制了温州、台州、庆元三路。④

此时，江南行御史台由建康移至绍兴，迈里古思为行台镇抚，大募民兵，号果毅军，为守御计，"时浙东、西郡县多残破，独迈里古思保障绍兴，境内晏然，民爱之如父母。江浙省臣乃承制授行枢密院判官，分院治绍兴"⑤。同时，慈溪有县尹陈文昭，余姚则有同知秃坚，都依靠招募的"义兵"维持着当地防务。不久方国珍势力侵入，而官军内部也是杀戮不断。江南行台御史大夫纳璘之子安安，"以三人为不易制，思有以去之"，率行台军擒杀秃坚。替代纳璘的拜住哥又不能容迈里古思，设计残忍地将其杀害。陈文昭则被方国珍所执，沉入大海。到至正十八年

---

① （元）冯福京等：大德《昌国州图志》卷一《叙州·仓局》，中华书局 1990 年版。

② （元）冯福京等：大德《昌国州图志》卷五《叙官·巡捕司》、《叙官·巡检司》，中华书局 1990 年版。

③ 至正《四明续志》卷三《昌国州·公宇·谯楼》，中华书局 1959 年版。

④ （元）宋濂等：《元史》卷四三《顺帝本纪六》；张翥：《大元赠银青荣禄大夫江浙等处行中书省平章政事上柱国追封越国公谥荣愍方公神道碑铭》，载《全元文》第 48 册，中华书局 1976 年版，又后者所记：至正十六年（1356 年），升万户府为防御运粮义兵都元帅府，方国璋为都元帅。

⑤ （元）宋濂等：《元史》卷一八八《石抹宜孙传迈里古思附》；陶宗仪：《南村辍耕录》卷一〇《越民考》，中华书局 1976 年版。

（1358年），江南行台"所辖诸道皆阻绝不通。绍兴之东，明、台诸郡则制于方国珍；其西杭、苏诸郡则据于张士诚。宪台纲纪不复可振，徒存空名而已"①。

二　元朝浙江沿海守军的职能

（一）镇抚"盗叛"

起初，浙江沿海元军的主要职能是继续消灭宋军残余力量，而后，则是镇抚各地的"盗叛"，确立起元朝在地方上的统治。宋亡，戍守温州的千户石兴祖，针对土贼林大年等构乱，出兵围剿，斩首千余级，并招辑南溪山寨三万余户归农。至元十四年（1277年），盗发澉浦，行省檄赵贲亨为招讨使，率兵平之。同年，浙东宣慰使怀都讨台州、庆元的叛乱者，战于黄奢岭，又战于温州白塔屯寨，皆平之。后怀都之子八忽台儿任浙东道宣慰使都元帅，平浙东盗贼有功。十五年（1278年），处州张三八、章焱、季文龙等为乱，行省遣镇守绍兴的浙东宣慰使谒只里率兵讨之。十六年（1279年），浙东道宣慰使高兴讨平处州及温州、台州海洋群盗。二十四年（1287年），又讨处州盗詹老鹞、温州盗林雄。高兴由青田进兵捣其巢穴，战叶山，擒老鹞及林雄等200余人，斩于温州市。二十年（1283年），哈剌歹等招降象山县海贼尤宗祖等9592人，海道以宁。刑答剌忽台"诣海洋、松门等处备平台寇，以寡克众；又获仙居县寇千余"②。成宗时，"余姚有豪民张甲，居海滨，为不法，擅制一方，吏无敢涉其境"，浙东道宣慰副使王都中捕系之，痛绳以法。③

沿海"盗贼"的活动，影响了元朝在浙江统治的稳定，到了至大元年（1308年）正月，朝廷力图强化沿海："江浙行省海贼出没，杀虏军民。其已获者，例合结案待报，宜从中书省、也可札鲁忽赤遣官，同行省、行台、

---

① （元）宋濂等：《元史》卷一四二《庆童传》，中华书局1976年版。
② 吴澄：《有元怀远大将军处州万户府副万户刑侯墓碑》，载《全元文》第15册，中华书局1976年版。
③ （元）宋濂等：《元史》卷一八四《王都中传》，中华书局1976年版。

宣慰司、廉访司审录无冤，弃之于市。其未获者，督责追捕，自首者原罪给粟，能禽其党者加赏。"有旨："弭盗安民，事为至重，宜即议行之。"①至正初年，形势严峻起来，朝廷"以海寇起，欲于浙东温、台、庆元等路立水军万户镇之，众论纷纭莫定"。为此，礼部员外郎郭嘉乘驿至庆元，与江浙行省会议可否，郭嘉至，首询父老，知其弗便，请罢之。② 史料没有细说"弗便"的具体内容，但从日后的情势而言，不立水军万户是短视的。后至元年间（1335—1340 年），完者都镇守浙东沿海，"具舟楫，利兵戈，整部伍，戒严海上"，在韭山（今属象山）之南遇渠魁周麻千等，官军大纵追逐，直抵琉球国界才将之捕获。③ 然而不久之后，方国珍兴起，官军节节败退，沿海防卫最终执于"盗叛"之手。

（二）征防外国

在浙江纳入元朝版图后，浙江沿海经常成为元朝发动海外军事行动时大军的聚集出发之地。十七年（1280 年），第二次元日战争爆发前夕，江淮、福建、湖广之兵，"将十万众，皆齐集资食于杭州，凡廪米八十余万为石"④。十八年（1281 年），范文虎等将兵十万，"由庆元、定海等处渡海，期至日本一岐、平户等岛合兵登岸"⑤。二十九年（1292 年）九月，准备攻打爪哇的元军聚集庆元，元将高兴率领辎重自庆元登舟涉海，然后大军到达泉州，出海征讨。⑥

数次海外征战的失败，促使元朝逐渐由攻转守。至元十一年（1274 年）、十八年（1281 年）的两次元日战争，给两国关系蒙上了阴影，所以元朝浙江沿海守军的防御对象主要是日本。至元十六年（1279 年），日本商船四艘，篙师二千余人至庆元港口，守臣哈剌歹"谍知其无他，言于行

---

① （元）宋濂等：《元史》卷二二《武宗本纪一》，中华书局 1976 年版。

② （元）宋濂等：《元史》卷一九四《忠义二·郭嘉传》，中华书局 1976 年版。

③ 程端礼：《故中奉大夫浙东道宣慰都元帅府兼蕲县翼上万户谙勒哲图公行状》，载《全元文》第 25 册，中华书局 1976 年版。

④ 姚燧：《荣禄大夫江淮等处行中书省平章政事游公神道碑》，载《全元文》第 9 册，中华书局 1976 年版。

⑤ （元）宋濂等：《元史》卷一五四《洪福源传俊奇附》，中华书局 1976 年版。

⑥ （元）宋濂等：《元史》卷二一〇《外夷三·爪哇》，中华书局 1976 年版。

省，与交易而遣之"①。十八年，第二次元日战争中元军失败，朝廷诏回军队分戍沿海，部分守军镇庆元、上海、澉浦三处上船海口。二十九年（1292年）十月，日本舟至庆元，求互市，因为舟中甲仗皆具，所以元廷恐其有异图，诏立都元帅府，令哈剌歹将之，以防海道。大德八年（1304年）四月，置千户所，戍定海，以防岁至倭船。十年（1306年）四月，倭商有庆等抵达庆元贸易，以金铠甲为献，元廷命江浙行省平章阿老瓦丁等戒备之。至大元年（1308年），发生了日本商船焚掠庆元的严重事件，元廷大惊，"于水路沿海万户府新附军三分取一，与陆路蕲县万户府汉军相参镇守"。四年（1311年）十月，江浙行省指出："两浙沿海濒江隘口，地接诸蕃，海寇出没，兼收附江南之后，三十余年，承平日久，将骄卒惰，帅领不得其人，军马安置不当，乞斟酌冲要去处，迁调镇遏。"元廷认为"庆元与日本相接，且为倭商焚毁，宜如所请"②。延祐三年（1316年），元廷以倭奴商舶来浙东贸易而致乱，派遣虎都铁木禄"宣慰闽、浙，抚戢兵民，海陆为之静谧云"③。四年（1317年），王克敬为江浙行省左右司都事，前往庆元监视倭人互市，"先是，往监者惧外夷情叵测，必严兵自卫，如待大敌。克敬至，悉去之，抚以恩意，皆帖然无敢哗"④。

从这些记述来看，元代中后期，来到浙江沿海的日本商人，与专门从事劫掠的"倭寇"还是有所不同的，元朝方面也没有将其一概视为敌人，允许其来沿海贸易。可是由于两次元日战争投下的阴霾，使得双方在两国交往中产生了强烈的戒备防范心理（尤其是元廷和地方官府方面），因此稍有误会和处置不当就会引起武装冲突。元代浙江士人在检讨元日关系时认为，引起"倭患"的一个重要原因是地方官员的腐败无能，所以只要朝廷任用清廉干练的贤官，恩威并施，就可以做到控驭有度、游刃有余。

如袁桷所记：

　　自昔待蛮夷之国，必传诏令，以谕说之。稍失抚驭，则狙诈百出。甚

① （元）宋濂等：《元史》卷一三二《哈剌歹传》，中华书局1976年版。
② （元）宋濂等：《元史》卷九九《兵志二·镇戍》，中华书局1976年版。
③ （元）宋濂等：《元史》卷一二二《铁迈赤传虎都铁木禄附》，中华书局1976年版。
④ （元）宋濂等：《元史》卷一八四《王克敬传》，中华书局1976年版。

者，嗜锱铢之甘，倾接如素所交往，失上国体，簸侮讪笑，于兹有年矣。今天子考献令于疆域，中书省奏曰："蛮夷之不庭，实守御长吏饵利忘公，弊不可日长。维定海实庆元属县，附海司镇遏，遵考旧迹，兹其为泊叙之所。舶有定制，输其物以上于官，勿入郡城，勿止贸易，则得以永远。虚声生疑，骆驿传骑，亡益也。是宜选帅臣清白有誉望者，制置其事。"上可其奏。泰定二年冬十月，倭人以舟至海口。于是行省佥曰："非马公（马铸——引者），孰得当是选？"公乘驿至县，即宣谕上意。始疑骇，不肯承命，反复申谕，讫如教。于是整官军，合四部，以一号召，列逻船以示备御。戢科调，减驺从，除征商之奸，严巡警之实。虑民之投宪，为文以谕。收其帆樯器械，而舶法卒不敢移减自便。事既毕，贾区市虚，陈列分错，咿嚘争奇，踏歌转舞，川后山君，德色效灵。而公之渊思曲画，若防之制水，不可得以殚述。自始讫终凡一百三十有七日。古之御边，莫踰于诸葛武侯，韦皋善继，史有述焉。今公创始于前，愿后之贤帅，规随以成。非惟乡里之奠安，则国家怀来，将自兹始。①

又如程端礼所记：

初倭寇来鄞，防御之官控御无度，且启肆虐，焚屋庐，剽玉帛，民甚患之。公（谔勒哲图，即完者都——引者）镇遏严师控制，贸易持平，表之以廉介，怀之以恩威，乃俛首詟服，恭效贡输之礼。尝中夜，倭奴四十余人攘甲操兵，乘汐入港。公亟讯之，得变状，征所赂上官金还之。倭旋及昌国北界，掳商货十有四，掠民财百三十家，渡其子女，拘能舟者役之，余氓犇窜。公亟驾巨舰追之，迸其酋长，谕之曰："曩不轨，在律无赦。圣上仁慈，不忍殄殱，汝敢怙终，复肆蛮毒！汝亟用吾命幸宽贷之。稍予迟违，则汝无遗类矣！"皆股栗战恐，愿尽还所掠以赎罪，公从之。遂招徕其民，给衣食，使之保聚，皆两举手环公拜且泣曰："吾父母也。"②

---

① （元）袁桷：《马元帅防倭记》，载《全元文》第 23 册，中华书局 1976 年版。
② （元）程端礼：《故中奉大夫浙东道宣慰都元帅兼蕲县翼上万户府达噜噶齐谔勒哲图公行状》，载《全元文》第 25 册，中华书局 1976 年版。

吴莱则强调"倭人"好战嗜利的性格是造成冲突的动因：

然以倭奴海东蕞尔之区，独违朝化三十余年，奉使无礼，恃险弄兵。
当翦其鲸鲵，以为诛首可也。而迄今未即诛，意者其有说乎？

乡自庆元航海而来，艨艟数十，戈矛剑戟莫不毕具，铦锋淬锷天下无利
铁。出其重货，公然贸易。即不满所欲，燔炳城郭，抄掠居民，海道之兵猝
无以应，追至大洋，且战且却。戕风鼓涛汹涌，前后失于指顾，相去不啻数
十百里，遂无奈何。丧士气，亏国体，莫大于此。然取其地不能以益国，掠
其人不可以强兵，徒以中国之大而使见侮于小夷，则四方何所观仰哉？

今倭奴之强，固不如高丽，而大海之险甚于鸭绿水者，奚啻几十倍。
其人率多轻悍，其兵又多铦利，性习于水若凫雁然，又能以攻击为事。而
吾海道之兵，擐甲而重戍，无日不东面望洋而叹。使其恃强不服，虽尽得
而剿之，摧朽拉腐也。而彼乃肆然未尝一惧，非恃险也，何敢若是？

于是他提出了解决问题的办法：

人非同我嗜欲，弗能生也。地非接我疆土，弗能有也。为今之计，果
出兵以击小小之倭奴，犹无益也。古之圣王务修其德，不敢勤兵于远。当
其不服，则有告命之词而已。今又往往遣使臣，奉朝旨，飞舶浮海以与外
夷互市，是有利于远物也，远人何能格哉。

今不若罢我互市，从彼贸易，中国免徼利之名，外夷知效顺之实。计
莫便于此，彼倭奴者，心嗜利甚，我苟不以利徼之，虽不烦兵，犹服也。①

三　余论

蒙元早期重臣耶律楚材曾经说过："我朝马蹄所至，天上天上去，海里
海里去。"② 就楚材时代蒙古军队横扫欧亚大陆的雷霆之势来看，他能做出

---

① （元）吴莱：《论倭》，载《全元文》第44册，中华书局1976年版。
② （宋）彭大雅撰，徐霆疏：《黑鞑事略》，载《王国维全集》第11卷，浙江教育出版社2009年版。

这样夸张而又不失浪漫的描述，并非偶然，这是当时蒙古铁骑之强大战斗力、高度机动化的生动写照。如此强悍的军力，完全可以做到一旦有警，招之即来，来则能战，战而必胜。可以说，蒙古军队整体就是一支战略总预备队，似乎不必认真考虑常备镇戍军的问题。或许是出于思维惯性，到了征服南宋后的至元时代，元朝水军亦具规模①，但元将忙古歹仍在江浙行省"以水陆军互换迁调"，直至元朝中期的至大二年（1309 年），行省官员为加强浙江沿海军力，还是"请以庆元、台州沿海万户府新附军往陆路镇守，以蕲县、宿州两万户府陆路汉军移就沿海屯镇"，朝臣表示异议，并援引世祖对忙古歹的训斥："忙古歹得非狂醉而发此言！以水路之兵习陆路之伎，驱步骑之士而从风水之役，难成易败，于事何补。"② 可见，时过境迁，蒙元王朝由战时转向和平之后，最高统治者对于自身军力有了较为理性的认识。尽管如此，元朝后期，浙江沿海军力的捉襟见肘，仍然暴露无遗。至正初，朝廷因讨伐方国珍不利而斥责江浙行省参知政事朵儿只班，大臣归旸却说："将之失利，其罪固当，然所部皆北方步骑，不习水战，是驱之死地耳。宜募海滨之民习水利者擒之。"③ 沿海防守问题，对于崛起于朔漠的蒙元，是一个贯穿王朝始末的新挑战。

正因为如此，以本文所论之元朝浙江沿海军事力量来看，对内重于对外，沿海防御是陆防的延伸，这一点与前代没有本质区别，但在新的历史条件下增添了些许新因素。传统中国真正意义上的海防起于明代"倭寇"问题。④ 与明代相比，元朝中期开始的"倭患"还不严重，但相对于前代，不论原因如何，这个问题已经初露端倪，成为现实，元廷以及相关地方官府已经意识到沿海防御的重要性，部分士人也关注这个问题，并提出相应对策。元代是传统中国海防的萌发期，而浙江沿海是海防的萌发地之一。

---

① 参阅萧启庆《蒙元水军之兴起与蒙宋战争》，刊同氏《内北国而外中国：蒙元史研究》，中华书局 2007 年版。

② （元）宋濂等：《元史》卷九九《兵志二·镇戍》，中华书局 1976 年版。

③ （元）宋濂等：《元史》一八六《归旸传》，中华书局 1976 年版。

④ 杨金森、范中义：《中国海防史》（海洋出版社 2005 年版）的撰写结构正好说明了这一点。

从这个意义上也可认识元代在中国历史上的地位。①

中国是一个统治成本极高的国家，就军事层面而言，西部、北部漫长的陆路边疆线和东面、南面曲折的海岸线，在理论上都是必须要守卫的。晚清以前的传统中国，中原王朝的主要敌人来自北方草原，加上在汉文化圈中的主导地位，很少有海上势力能危及传统中国的安全，这些因素都造成了传统中国重陆轻海的观念。如果说近代中国海防的兴起符合"冲击—回应"解释模式的话，那么，站在21世纪十分之一的时间当口，回望150多年来的历史，审视现代民族主义高涨的世界局势，直面当下被"曼荼罗理论"浸渍的国际关系，中国政府和民众都已经深刻认识到海陆并重的战略意义，如何富有预见性地加强陆防、海防建设，确实是迫切需要解决的燃眉之急。

① 罗荣邦阐论宋元明三代海权的发展时指出：自中国海权发展史观点言之，蒙古人与南宋争战四十年，逐渐建立起一支强大水军，承继南宋的海权而加以发扬，中国海权史的巅峰得以在明初出现。转引自萧启庆前文。

海洋语境下的清康熙后期禁海政策探析

宋清秀*

康熙五十六年（1717 年）颁布禁海令，主要包括四个方面：（1）南洋吕宋、噶罗巴等处不许商船前往贸易；商船照旧东洋贸易；外国彝商（葡萄牙）听其照常贸易；内地商船往安南（越南）贸易照旧。（2）禁止买卖船只、粮食、武器。（3）禁止南洋贸易及留居外国。（4）外国商船听其自来。康熙的禁海政策一般都认为与国内的海盗事件频发、粮价上涨及康熙的华夷观念有关。这主要是根据国内的政治经济形势得出的结论。但如果把康熙的禁海政策放在海洋大语境下，对比康熙的禁海政策与当时海上诸国禁止、限制华商的经济政策；对照海外华侨的生存状况与国内百姓的生活环境，全面分析康熙的禁海政策对海上贸易及国内经济的影响后，才能准确理解康熙颁布禁海政策的真正原因，才能完整诠释禁海政策的意义，深刻领会禁海政策的本质。

一 武力与利润：荷、西殖民者来华的方式、目的

康熙认为"海外有吕宋、噶罗巴两处地方"最危险。"噶罗巴乃红毛国舶船之所，吕宋乃西洋泊船之所。彼处藏匿贼盗甚多。内地之民希图获利，往往船上载米带去，并卖船而回，甚至有留在彼处之人。"[①]噶罗巴指今天的印度尼西亚雅加达，1619 年被荷兰人占领后改为巴达维亚，故而红毛指荷兰。吕宋是菲律宾群岛古国之一，1657 年西班牙侵占马尼拉城后，以此

---

* 宋清秀，浙江师范大学环东海海疆与海洋文化研究所副教授。

① 《康熙起居注》，中华书局 1984 年版，第 2324 页。

为殖民地，故而西洋指西班牙统治下的马尼拉。清人也认为康熙是因"吕宋、噶喇巴等口岸多聚汉人"，所以"谕令内省商船禁止南洋贸易"①。清人觉得康熙所说的"彼处藏匿贼盗甚多"中的盗贼指的是"汉人华侨"，现代学者一般也认为南洋禁海令"其目的就在于，要割断内地人民与海外的联系，把内地与远洋而来的西洋人及留居海外心怀叵测的汉人完全隔绝开来，以防止汉人联合南洋以及'西洋'的外来势力颠覆清朝的统治。这正如乾隆年间任淮徐海道按察司副使的庄亨阳所说：'设禁之意，特恐吾民作奸勾夷，以窥中土。'所以可以说，清朝统治者是出于惧怕外国人支持汉人反抗清朝的心理，一再严申'华夷之别'的。"②清官员与今学者基本上认为康熙禁南洋的实质"是对汉人与'西洋'勾结颠覆清朝统治的严密防范"。③不过深入研究与禁海相关的资料后，笔者认为康熙所指的在吕宋、噶罗巴藏匿甚多的"贼盗"，可能是指汉人华侨，但也可能是指荷兰与西班牙殖民者。吕宋与噶罗巴本不是荷兰、西班牙的领土，定居在此处的荷人与西人是通过武力侵占才把此处变成殖民地，对于当地的本土居民来说，荷人与西人就是盗贼；而对于华人来说，他们也是不折不扣的盗贼形象。

（一）荷兰印象："海盗"与"边疆之患"

荷兰、西班牙最初都企图借助武力进入中国东南沿海，以享有优惠的贸易政策，从而获取高额利润。因而对华人来说，此二者就是强盗，尤其是荷兰，更被明清人认为是边疆之大患。

明末荷兰人初来中国，侵犯沿海，地方官员就指出其目的是为了"要挟求市"。巡抚福建右佥都御史商周祚说："红毛夷者，乃西南和兰国远夷，从来不通中国；惟闽商每岁给引贩大泥国及噶啰吧，该夷就彼地转贩。万历甲辰（1604 年），有奸民潘秀贾大泥国，勾引以来，据彭湖求市，中国不许。第令仍旧于大泥贸易。嗣因途远，商船去者绝少；即给领该澳文引

---

① 《雍正朝汉文朱批奏折汇编》第 3 册，江苏古籍出版社 1989 年版，第 26 页。

② 刘凤云：《清康熙朝的禁海、开海与禁止南洋贸易》，载《故宫博物院八十华诞暨国际清史学术研讨会论文集》，紫禁城出版社 2006 年版。

③ 郭成康：《康乾之际禁南洋案探析——兼论地方利益对中央决策的影响》，《中国社会科学》1997 年第 1 期。

者，或贪路近利多，阴贩吕宋。夷滋怨望，疑吕宋之截留其贾船也，大发夷众，先攻吕宋，复攻香山澳，俱为所败，不敢归国；遂流突闽海，城彭湖而据之，辞曰自卫，实为要挟求市之计。"① 此后，荷兰逐渐成为骚扰福建的"全闽一大患害"。

顺治十年（1653 年）荷兰请求与清朝开展贸易往来，但一些地方官认为荷兰动辄在闽边境"称戈构斗"，不仅"彝性无常"，而且"鸷悍异常"，是"边疆之患"，不同意与之贸易。如李栖凤说："若荷兰一国，则典籍所不载者，况其人皆红须碧眼，鸷悍异常，其舡上所载铜铳，尤极精利，此即所谓红毛彝也。……动辄称戈构斗。封疆之患，在所当防。市贡之说，实未可轻许，以阶厉也。"② 杨旬瑛说："以为彝性无常，无论贸易二字不宜开端，即许之入贡，恐其来期不可以年数定，其船只不可以限数稽，浸至阳假入贡之名，频肆贸易之扰，有不容不防微杜渐者。"③ 荷兰人也知道他们给中国官员的印象就是"像海盗一样在各海洋和整个世界为非作歹"④。这种"鸷悍"的印象或许与葡萄牙人对荷兰的评价有关，"所谓荷兰人者，性质陋固，乃内外皆不良之异国人，连本身国家亦无一定住所，当以海上掠夺与征服诸国殖民为存在条件，……此国民以其船及危险枪炮，于海上进行其掠夺而得势，其初先居住于大员，乃违背中国人之意志占领该地迄今。但仍未有所满足，继马尼拉之后复占领澳门，于中国国内占住有利地方，相机进行掠夺，其阴谋乃早为居住广东者知悉。右述荷兰人并率领多只船舶围攻厦门，企图于该地筑城。惟一官即国姓爷之父，予以阻止并予驱逐之。因有此事，中国国王从未将荷兰人留住于国内。"⑤ "彝性无常"的印象与清朝政府及官员对荷兰的戒备态度和中国人固有的华夷之别不无关系，但是最主要的原因还是荷兰人的强盗行径。即使在通商的 1653 年 7

---

① 《天启红本实录残叶》，载《明清史料戊编》第 1 本，中华书局 1953 年版，第 1 页。

② 《广东巡抚李栖凤题报荷兰船只来粤要求贸易恐与住澳葡人发生矛盾须从长计议本》，载《明清时期澳门问题档案文献汇编》第 1 册，人民出版社 1999 年版，第 29—30 页。

③ 《巡按广东监察御史杨旬瑛题报荷兰船舶虎门与住澳葡人夙称雠隙请勅部确认应否允许通贡互市本》，载《明清时期澳门问题档案文献汇编》第 1 册，人民出版社 1999 年版，第 32 页。

④ 参见汤开建《顺治时期荷兰东印度公司与清王朝的正式交往》，《文史》2007 年第 1 期；参见张劲松《从〈长崎荷兰商馆日记〉看江户锁国初期日郑、日荷贸易》，《外国问题研究》1994 年第 1 期。

⑤ 村上直次郎编译：《巴达维亚城日记》（3），程大学译，台湾众文图书公司 1991 年版。

月间，荷兰商船在暹罗公开抢劫三艘中国商船，抢去鹿皮、牛皮等三万余张，并且还说："这是暹罗国王给予的特权，为防止鹿皮输出，我们只是行使了权利而已。"① 荷兰的行事态度、行为目的与中国传统的朝贡不符，因此得不到清朝政府的信任。

顺治十三年（1656 年）荷兰使团来中国，所上表文说："造物主造成大地，分有万国，或土产，或手制，此所以彼之所有，此之所无……并求凡可泊船处，准我人民在此贸易，一者是天主所定，一者是各国规矩皆然且令中国人民兼得利益。"② 荷兰人凭借"漂海远游，各方皆到"的贸易经验，以造物主"欲人民彼此有无交易"为依据，希望中国遵守"各国皆然"的贸易通商"规矩"，允许荷兰在中国拥有一个停泊口岸，与之通商贸易，这样可以"令中国人民兼得利益"。这种观念与荷兰法学家宣扬的"贸易自由是基于国家的原始权利，它有着自然和永久的原因，因此，该权利不能被消灭，或在任何情况下不可以被消灭，除非经所有国家的一致同意"的观念一致③，但这却不是中国人对海外贸易的通常看法，与中国的传统朝贡体制不符，荷兰不能了解与中国通商首先要"柔服"，而是以武力为手段，寻求自由贸易以获得利益为目的，因此必然会被"巡抚具奏，经部议驳"，得不到通商贸易的允许。

荷兰面对的清朝政府无论在政治、经济、军事上都是强国，在"中国集结的船只与战术的运用，都高过于荷兰"④ 的情况下，荷兰是永远不可能得到清朝认可的。荷兰人宋克给东印度总督写信说："我的前任在中国沿海弄得全中国对我们都极为愤恨反感，直把我们看作就是谋杀者、强暴者、海盗……那时攻打中国的情形，的确很激烈，也很残忍。据我的看法，用这种方式永远达不到通商的目的，我们相信，要用其他更温和的方法，才

---

① 参见张劲松《从〈长崎荷兰商馆日记〉看江户锁国初期日郑、日荷贸易》，《外国问题研究》1994 年第 1 期。

② 《译荷兰国表文》，载《明清史料丙编》第 4 本，中研院历史语言研究所 1936 年版，第 378 页。

③ ［荷］格劳修斯：《论海洋自由或荷兰参与东印度贸易的权利》，马忠法译，上海人民出版社 2005 年版，第 64 页。

④ 包乐史：《中荷交往史》，路口店出版社 1989 年版；参见林逸帆《从明末荷兰俘虏交涉看中荷关系》，《史耘》2010 年第 14 期。

能通商交易。"① 故而即使荷兰提出朝贡的请求，顺治的答复仍旧是："所请朝贡出入，贸易有无，虽灌输货贝，利益商民，但念道里悠长，风波险阻，舟车跋涉，阅历星霜，劳勤可悯。若朝贡频数，猥烦多人，朕皆不忍"，故而只能"八年一次来朝，员役不过百人，止令二十人到京，所携货物在馆交易，不得于广东海上私自货卖"。② 因此，荷兰开始考虑实施其他策略来达到自己的目的。

（二）荷兰策略："军事援助"与"贸易特许"

基于武力掠夺政策的失利，荷兰人决定改变方法。康熙元年（1662年）荷兰政府希望通过提供船只帮助剿除逆贼的"军事援助"手段来获得"贸易特许"。福建总督李率泰等人转呈荷人博尔特的信函："自前次来文晓谕后，已深知阁下无不虑及剿除逆贼之意。为此，我等愿奉侍于左右，海上虽为险阻，亦将在所不辞。"不过却又说来时"船上载有胡椒、丁香、豆蔻、檀香、水银、铅、锡等物，不便征战。若将此等货物全数销售，则必便于行动，且又利于参战。恳请多加怜悯，准于府、州贸易"③，这表明甘愿冒着"海上险阻"的危险而"在所不辞"地帮助清政府"剿除逆贼"友爱行为背后，是为了达到能够"销售其船上的货物商品"，且要"全数"，只有这样才能"便于行动"、"便于参战"。这就是说，背后如果船上有货物则不便行动，最后就不能参战，帮助剿除逆贼了。因此军事援助的目的与武力侵边的目的是一致的，参战更多时候只是样子而已。

康熙十八年（1679年）上大将军和硕康亲王杰书等上书说"进取厦门、金门，须发江浙巨舰二百艘，增闽省兵二万，迅调荷兰舟师来会，方可大举"，但最后荷兰国人"因赶塘石碑洋诸地，为海寇所阻不得行，故未达而还"④。实际上荷兰人并不是被海寇所阻，而是根本未曾派船参战。当时福建总督姚启圣曾参与督促此事，在荷兰军队未至之时，"加随征知府江

---

① 参见李金明《十七世纪初期中国与荷兰的海上贸易》，《南洋问题研究》1989 年第 4 期；林逸帆《从明末荷兰俘虏交涉看中荷关系》引《长官书信》，《史耘》2010 年第 14 期。

② 《清世祖实录》卷一百零三，中华书局 1986 年版，第 803—804 页。

③ 参见安双成《康熙初年荷兰船队来华贸易史料》，《历史档案》2001 年第 3 期。

④ 《清圣祖实录》卷七十九，中华书局 1985 年版，第 1019 页。

南人刘仔道衔（后官建宁知县），同通事黄铺、林奇逢配健卒百名，护送敕书，前往荷国封王"，希望荷兰"出夹板，前来会师，合击各岛，然后再攻台湾而还"。但因"国王以揆一王已死，乏人统兵，坚执不出夹板。唯厚待刘仔等，送之归"。① 可见荷兰不是真心帮助清政府"剿除逆贼"，只是以此作为手段，希望获得清政府的贸易许可而已，所以在友爱的同时，也不忘骚扰边境。康熙四年（1665 年），荷兰国户部官丹镇老磨、户部次官约翰马洛、三等头目米斯汉新斯、四等头目白母卫林巴连发出"皇上陛下钦准两年前来贸易一次，故令我船携带些微货物前来，并开列货单于后，请查验后准予贸易为盼"② 的恳请之时，在夏天却抢劫和亵渎普陀山寺院。江日升《台湾外志》载："揆一王守候无期，仍率夹板尽上浙江，顺次普陀，登山入寺，见观音菩萨诸罗汉金相，诧曰：'鬼也。'拔所佩剑砍坏，群居于内。"③

清政府以及官员也看出荷兰的真实意图，即使荷兰改变策略，给予军事援助，地方官员及康熙仍旧不能改变对荷兰强盗的印象，屡次拒绝其贸易请求。福建总督李率泰 1666 年去世前遗奏严防荷兰："红毛夹板船虽已回国，然而往来频仍，异时恐生衅端。闽省兵马、钱粮专望协饷，倘若外解不周，即有意外之虞。"④ 康熙二年（1663 年）"荷兰国遣出海王、统领兵船、至福建闽安镇、助剿海逆。又遣其户部官老磨军士丹镇总兵官巴连卫林等朝贡"⑤，12 月"水师提督施琅、会荷兰国夹板船邀击之"。为嘉奖"荷兰国出海王、率领舟师、协力击贼"的功劳，清朝"故准仅此一次贸易，且令该总督、巡抚派出妥员验看贸易。至于违禁物品，应加严禁，不准贸易"，仍旧拒绝荷兰"前来贸易，请求给一住宿之地"的要求，重申"概不准贸易"。⑥ 二十年（1681）荷兰请求在福建不时互市时，满臣明珠及汉臣李光地等仍均认为不可。明珠说："从来外国人入贡，各有年限，若令不时互市，恐有妄行亦未可定"；李光地说："海寇未经剿除，荷兰国不

---

① （清）江日升：《台湾外志》卷八，上海古籍出版社 1986 年版。
② 安双成：《康熙初年荷兰船队来华贸易史料》，《历史档案》2001 年第 3 期。
③ （清）江日升：《台湾外志》，上海古籍出版社 1986 年版，第 224—225 页。
④ 《清圣祖实录》卷一八，中华书局 1985 年版，第 260 页。
⑤ 《清圣祖实录》卷八，中华书局 1985 年版，第 142 页。
⑥ 参见安双成《康熙初年荷兰船队来华贸易史料》，《历史档案》2001 年第 3 期。

时互市，实有未便"；康熙说："外国人不可深信"；汉大学士李霨说："不
时互市，必不可行。"①

　　与此矛盾的是，此前一年（1680 年）李光地还曾上奏说："开海一事
于民最便，现今万余穷民借此营生贸易，庶不至颠连困苦。"② 康熙也对三
法司按例将福建越禁出洋人犯三十三人拟斩时候说："海上机宜，正在筹
划，倘金门、厦门既下，则此辈又当另议"③，但此时荷兰的通商要求却被
拒绝，可见"不可行"、"不可深信"并非针对所有外国而言，而是专指荷
兰等一些以武力或者结盟作为手段，以贸易为目的来华的国家。不可与荷
兰贸易，严防荷兰，是很多官员的一致意见。二十二年（1683 年）施琅
《陈台湾弃留利害疏》说："此地原为红毛住处，无时不在涎贪，亦必乘隙
以图。一为红毛所有，则彼性狡黠，所到之处，善能蛊惑人心。重以夹板
船只，精壮坚大，从来乃海外所不敌。"④ 荷兰人"性狡黠"，又"善能蛊
惑人心"，拥有"夹板船只，精壮坚大"，都是东南沿海诸省的大患。因为
荷兰对华的态度及与中国建交的武力及军事援助手段，一直没有获得可以
停泊的港口，不能被允许来华直接贸易。

　　尽管通商一直不顺，但两国之间的经济随着交往逐渐发展起来。虽然
荷兰和西班牙不能来华通商，但殖民地实行优惠政策，吸引华商前去贸易。
由于沿海居民"鲜有可耕之地，航海商、渔乃其生业；往往多至越贩诸番，
以窥厚利"，所以前往海外贸易的华商逐渐增多。而清政府因消除台湾郑氏
势力，也开始允许沿海居民进行海外贸易。二十三年（1684）康熙下诏：
"今海内一统，海宇宁谧，无论满汉人等一体，令出海贸易，以彰富庶之
治，得旨允行。"⑤ 在清朝与荷兰鼓励促进海外贸易的政策下，南洋海上贸
易发展迅速。印光任《澳门记略》载："国朝康熙二十四（1685）年，设
粤海关监督，以内务府员外郎中出领其事。其后或以侵墨败，敕以巡抚监
之，迩年改归总督。所至有贺兰、英吉利、瑞国、琏国，皆红毛也，若弗

① 《康熙起居注》，中华书局 1984 年版，第 1066 页。
② 同上书，第 643 页。
③ 同上书，第 503 页。
④ 施琅：《靖海纪事》，载《台湾文献丛刊》第 13 种，（台北）大通书局 1987 年版。
⑤ 席裕福、沈师徐编：《皇朝政典类纂》卷一一七《市易·藩部互市》，载《近代中国史料丛刊
续集》，文海出版社 1974 年版，第 1059 页。

郎西，若吕宋，皆佛郎机也。"① 可见此时清朝与海外贸易遍布南洋各地，华商的对外贸易促进了海外经济的发展。比如西班牙殖民地，"吕宋本一荒岛，魑魅龙蛇之区，徒以我海邦小民行货转贩，外通各洋，市易诸夷，十数年来致成大会；亦由我压冬之民教其耕艺，治其城舍，遂为隩区，甲诸海国。"②

（三）禁海实质：回应限制华商的海外政策

尽管荷兰、西班牙政府采取吸引华商的优惠政策，华商对殖民地的发展也做出了重要贡献，但一些殖民地官员对华商却怀有戒心。如西班牙驻菲律宾总督桑得（1570—1580 年）认为华侨"是可鄙的人"，"那里有大批强盗和拦路抢劫者，沿途劫掠。他们非常懒惰，除非强迫他们，他们就不事耕种，也不收获农作物"。③ 荷兰布劳尔总督也说："他们非常狡诈，因此我们绝不能信任他们。"④ 随着来殖民地华商数量增多，在华商与本国商人利益发生冲突时，殖民者马上采取限制华商的经济措施。马尼拉在 1582 年规定进口船只需缴纳 3% 的进口税，但 1606 年提高到了 6%，甚至西班牙国王也承认："华商到菲律宾贸易，赢利甚微，且受到西班牙人的虐待。"⑤ 张燮《东西洋考》载："舟（中国商船）至，遣人驰诣酋以币为献。征税颇多，网亦太密。"⑥ 荷兰殖民者也是如此，如 1636 年当"中国啤酒"运进巴达维亚而使"我们的酒的销路"变得呆滞时，中国酒立即被课以重税。⑦ 顺治七年（1650 年），巴城荷商就联名写信给荷兰联省共和国议会，抗议巴城当局优待华人，对本国商人保护不力，要求采取行政措施限制华人。⑧

---

① 印光任、张汝霖著，赵春城点校：《澳门记略·官守篇》，广东高等教育出版社 1988 年版，第 42—43 页。

② 徐学聚：《报取回吕宋囚商疏》，载陈子龙编《明经世文编》卷四三三，中华书局 1962 年版。

③ 廖大珂：《早期西班牙人看福建》，载任继愈主编《国际汉学》第五辑，大象出版社 2000 年版，第 70 页。

④ 包乐史：《1619—1740 年的巴达维亚一个华人殖民城的兴衰》（上），《南洋资料译丛》1992 年第 2 期。

⑤ 参见李金明《明代后期的海外贸易和海外移民》，《中国社会经济史研究》2002 年第 4 期。

⑥ 张燮：《东西洋考》，中华书局 2000 年版，第 95 页。

⑦ 参见包乐史《荷兰东印度公司时期中国对巴达维亚的贸易》，《南洋资料译从》1984 年第 4 期。

⑧ 吴建雍：《清前期中国与巴达维亚的帆船贸易》，《清史研究》1996 年第 3 期。

为了维护本国的经济发展，西班牙和荷兰都实行过限制来华贸易或禁止来华贸易的经济政策。为了保护本国经济，从 1593 年开始，西班牙国王就多次颁布旨在限制大帆船贸易的敕令①，限定每年用两只帆船运货，每只不得超过 300 吨，从马尼拉运往墨西哥的货物总值不得超过 25 万比索，回程不得超过上述总值一倍即 50 万比索。② 从 1637—1639 年连续三年大帆船贸易陷入停顿；西班牙国王腓力五世于 1718 年 6 月 20 日下令禁止中国丝织品输入墨西哥，帆船贸易中断，1724 年取消禁令后贸易才开始恢复。③ 荷兰于 1690 年因范·奥德荷恩的请求，东印度公司不再派船到中国，只限于依赖由中国帆船和偶尔来自澳门的葡萄牙船只从中国运来茶叶和瓷器。因为中国帆船的经营管理费要比东印度公司的船只便宜得多："海员是不付工钱的，他们赖以为生的是他们自己随身所带的货物，所以人们必须付给船主的运费……不可能很多。" 1717 年范斯窝尔就任总督宣布停止对华贸易，并且对非法入境的华人给予严厉惩罚。④ 在荷兰与西班牙限制与禁止华商贸易的同时，康熙于 1717 年颁布了南洋禁海令。

联系当时华商的海上贸易，就可以深刻理解禁海令为什么只禁止南洋贸易，却不限制华商在南洋其他地区贸易。康熙实行禁海政策是针对荷兰与西班牙的限制与禁止华商的经济政策做出的积极反应。首先，康熙知道开海的重要性。"百姓乐于沿海居住，原因海上可以贸易捕鱼"，如果"令海洋贸易，实有益于民生"；"若此二省民用充阜财货流通，各省俱有裨益。且出海贸易非贫民所能，富商大贾懋迁有无，薄征其税，不致累民，可充闽粤兵饷，以免腹里省分转输协济之劳。腹里省分钱粮有余，小民又获安养，故令开海贸易"⑤，因而禁海只是禁止南洋贸易。因为即使不禁止南洋贸易，荷兰此时也已经拒绝与中国直接贸易；西班牙也禁止中国丝绸输入国内。而且允许商船照旧东洋贸易、外国彝商（葡萄牙）听其照常贸易、内地商船往安南（越南）贸易照旧等措施，不仅有怀远的政治作用；还可

① 陈台民：《中菲关系与菲律宾华侨》，朝阳出版社 1985 年版，第 119—141 页。
② 喻常森：《明清时期中国与西属菲律宾的贸易》，《中国社会经济史研究》2000 年第 1 期。
③ 沙丁、杨典求：《中国和拉丁美洲的早期贸易关系》，《历史研究》1984 年第 4 期；参见沙丁、杨典求《中国和拉丁美洲关系简史》，河南人民出版社 1986 年版，第 72 页。
④ 参见温广益等编著《印度尼西亚华侨史》，海洋出版社 1985 年版，第 89 页。
⑤ 《清圣祖实录》卷一一六，中华书局 1985 年版，第 212 页。

以弥补因荷、西两国禁止贸易带来的经济损失。故而从当时的国际形势分析，康熙的南洋禁海令没有影响中国在海外贸易的经济利益及优势，反而彰显了清朝的政治与军事实力。其次这也是康熙为实现其盛世理想而采取的一贯政策。康熙一直希望实现"统御寰宇，抚万国，中外一体，保育维殷，惟期遐尔，共享升平之福"①的盛世理想，这种理想影响康熙的外交政策。"朕阅经史，塞外蒙古多与中国抗衡，自汉、唐、宋至明，历代俱被其害，而克宣威蒙古并令归心如我朝者，未之有也。夫兵者，凶器，圣人不得已而用之。譬之人身，疮疡方用针灸，若肌肤无恙而妄寻苦楚，可乎？治天下之道亦然，乱则声讨，治则抚绥，理之自然也。"②虽然这是针对北方诸国而言，但也同样适用于东南海上诸国。对于"治"的葡萄牙，康熙曾说"至于藩邦，有能仰体此心，修明厥职者，朕尤加意优待之"，而对于"不治"的荷兰与西班牙，自然采取相应的政策。最后这也是康熙斟酌大臣的意见后而作的决定。康熙五十六年（1717年）颁布禁海令之前，就有大臣上奏请求禁海。据《清实录》载：三十三年（1694年）浙江巡抚张鹏翮上疏"中国商船有印烙照票者，许其照常出洋贸易。……如有违禁者…商人照违例律究拟。…庶奸徒知警，而海防有裨矣"；四十七年（1708年）察院金都御史劳之辨上奏"江浙米价腾贵，皆由内地之米为奸商贩往外洋所致，请申严海禁，暂彻海关，一概不许商船往来，庶私贩绝而米价平"；五十年（1711年）给事中王懿上"请禁止海上商贾"疏；五十一年（1712年）福建浙江总督范时崇"请求沿海捕鱼船只仅许用双桅，且不准越省行走"；五十三年（1714年）江苏巡抚张伯行屡奏"海中有贼"，"请严出海船只的稽察"。但是这些地方官员的建议都被康熙否决，康熙认为"岂可因海洋偶有失事，遂禁绝商贾贸易"；"其出海商船何必禁止"；"查自康熙二十二年开设海关，海疆宁谧，商民两益，不便禁止"；所奏之事"只应视有益于民者行之，不当迫之以法"；如"张伯行任江苏巡抚时，见渔船数只，疑为海贼"，"是捏造无影之事、屡以海中有贼诳奏"。可见康熙对禁海之说不以为然。如四十年（1701年）金世荣任闽浙督闽总督提出的"渔船禁用双桅，商船梁头勿许超过丈有八尺"等意见是扰民，同意建浙江总督梁鼐

---

① 《清圣祖实录》卷二四四，中华书局1985年版，第419页。
② 《清圣祖实录》卷一八〇，中华书局1985年版，第931页。

的上奏："漂洋者，非两桅船则不能行。且渔船人户，所倚为生者，非但捕鱼而已。亦仗此装载货物，以贸易也。若准其照商船树立双桅。装载货物甚便于民。"① 从这些材料可知康熙开海态度非常坚决，后来的禁海决定不是随便而为之。

康熙禁海令本质是针对荷兰、西班牙殖民者欺压华商，制定限制华商、禁止华商贸易的措施而采取的积极回应政策，目的是要保障海上贸易持续稳定发展。

二　发展江南与安定百姓：东洋贸易与禁止移民的目的

南洋禁海令在打击荷兰、西班牙人的同时，鼓励东洋贸易、西洋贸易，促进了江南海上经济的繁荣。江南是清政府极度重视的区域，江南的稳定发展关系到清朝统治的长治久安，因此必须发展江南经济，安定江南百姓，故而虽禁海却通过国家政策来保障江南经济的稳定发展，最终实现康熙的盛世理想。

（一）保持东洋贸易与发展江南经济

康熙非常重视东洋贸易，曾多次派人去日本，希望与之建立贸易关系。康熙二十四年（1685 年）总督王国安和施琅派出福州三艘、厦门十艘船组成船队，前往日本。② 四十年（1701 年）李煦会同江宁织造曹寅、杭州织造敖福派杭州织造乌林达莫尔森前往日本。③ 无论是官方还是私下去日本，或者通过朝鲜间接了解日本情况，都是康熙注重海外贸易的表现。

1715 年，日本幕府实行《海舶互市条例》，除了进一步限制每年中国船只的进港数目和交易量外，还对华商实行信牌制度。只有持有日方颁发的信牌的中国船只才能进港贸易，否则一律禁止入港并被要求立即返航。对于日本的这种限制华商的规定，康熙却没有采取针对政策，而是认为牌照只是记号，无关国体。"朕曾遣织造人过海观彼贸易，其先贸易之银甚

---

① 吴忠匡：《满汉名臣传》，黑龙江人民出版社 1991 年版，第 1603 页。
② 林春胜、林信笃编：《华夷变态》，东洋文库 1958 年版，第 744 页。
③ 《康熙朝汉文朱批奏折汇编》第 1 册，档案出版社 1984 年版，第 55—57 页。

多，后来渐少。楼子之票，乃伊等彼此所给记号，即如缎布商人彼此所认记号一般。各关给商人之票，专为过往所管汛地以便清查，并非旨意与部中印文。"① 这与对荷兰、西班牙的态度完全不同，可见康熙对海外贸易的重视及宽容的态度，完全是从商业便利的角度考虑日本的信牌问题，所以即使两年后颁布了禁海令，也未涉及与日本贸易，并且还进一步加强江南与日本的贸易联系。

康熙开海之初，赴日商船以从福建厦门、泉州各口起航的为多，如康熙二十四年（1685 年），江浙二省赴日船共 26 只，占赴日总船数的 30.6%，而福建一省赴日船就达 43 艘，占赴日商船总数的 50.6%。此后，从江苏上海、南京以及浙江乍浦、宁波等地出发的船只逐渐增多，而福建船在数量上却呈下降之势。特别是到康熙三十八年（1699 年），江浙二省赴日船共 49 只，占赴日商船总数的 67.1%，而该年福建赴日商船仅有 9 艘，占赴日商船总数的 12.3%。同福建船相比，江浙船在数量上已占压倒优势。② 这与清政府的政策有关系，1699 年清政府指令芜湖（安徽）、浒墅（江苏）、湖口（江西）、淮安（江苏）、北新（浙江）、扬州（江苏）六关监督；1717 赴日贸易船只必须至浙江海关处领取信牌后方能赴日；康熙六十年（1721 年）政府规定"鼓铸铜斤惟需东洋条铜，而洋铜进口船只俱收江浙二海关，是江浙为洋铜聚散之区，现在八省分办铜数，俱在江苏、浙江购买，徒滋纷扰，以致解运不前，莫若即归并江浙巡抚委员办解，自六十一年为始。"③ 因此乍浦、上海、温州等江浙地区的港口在清廷政策的扶持下逐渐繁荣起来，而且这些港口与日本的贸易占据绝对优势。江浙沿海港市有 20 多个，如江苏地区的通州、北沙、北新港、剑山、崇明、吴淞、尽山、马山、茶山、洋山；浙江地区的乍浦、海盐、招宝山、金塘、络伽山、鄞县、奉化、象山、东渡门、金沙、后海、祠堂澳、台州、温州等。④ 逐渐福建、广东等地海商都开始放弃本省的出海口而转由江浙地区出海赴

---

① 《康熙起居注》，中华书局 1984 年版，第 1894 页。

② 参见黄启臣《清代前期海外贸易的发展》，《历史研究》1986 年第 4 期。

③ 《清文献通考》卷一四《钱币考》，浙江古籍出版社 2000 年版。

④ 参见朱德兰《开海令后的中日长崎贸易商与国内沿岸贸易》，载张炎宪主编《中国海洋发展史论文集》第 3 辑，中山社会科学研究所 1991 年版，第 408 页。

日。江浙已经凭借其固有的优势在新一轮的对日贸易竞争中占据了先机，此后江南经济更加繁荣，这与清政府政策的倾向与大力扶持有直接关系。

(二) 粮价上涨、海盗频发与禁海政策

禁海令有禁止买卖粮食的规定，因而认为粮食走私海外而导致粮价上涨是禁海令颁布的一个原因。其实粮食短缺与粮价上涨不是禁海政策实行的主要原因，尽管当时很多官员有这样的说法。康熙五十三年（1714年）张伯行上奏海盗使"内地之米下海者甚多"，因而导致"粮价上涨"，这种"载米接济异域，恐将来为中国患"。后来康熙虽然也曾说过走私米粮的问题，但并不认为海盗是大患。江南粮食短缺，粮价上涨的真正原因在于当时频发的自然灾害。从康熙四十年开始一直到末年，江南广大地区都有受灾的州县，据《清实录》的记载，康熙四十年、四十一年、四十二年、四十三年、四十四年、四十五年、四十六年、四十七年、四十八年、四十九年、五十年、五十一年、五十二年、五十三年、五十四年、五十五年、五十六年、五十七年、五十八年、五十九年、六十年都有因江南、浙江、江苏等地发生灾害而减免赋税的记录。所以康熙一直关注天气情况及粮食生产，现存的康熙朝大臣奏折中保存了大量的天气记录；传教士张诚的日记中还专门简短地记载有康熙皇帝了解和学习温度计和气压计的事件。都可以说明不仅在禁海期间，在平时康熙就一直关注粮食问题。

康熙的治国理想就是要使百姓生活富足安定，因而特别重视粮食问题。虽然康熙曾说："闻得米从海口出海者甚多。江南海口所出之米尚少。湖广江西等处米尽到浙江乍浦地方出海，虽经禁约，不能尽止。福建地方正在需米之时，以派浙江兵二千，往闽驻防。恐米价益贵。米到乍浦，价值必贱。交与浙江巡抚、提督，严禁私买，不许出海。"[①] 但又说："前张伯行曾奏，江南之米，出海船只带去者甚多。若果如此亦有关系。洋船必由乍浦、松江等口出海，稽查亦易。闻台湾之米，尚运至福建粜卖。由此观之，海上无甚用米之处。朕理事五十余年，无日不以民生为念。直隶今年米价稍昂，朕发仓粮二十万石、分遣大臣。巡视散赈米价即小民均沾实惠。若内

---

① 《清圣祖实录》卷二九三，中华书局1985年版，第864页。

而九卿科道外而督抚提镇悉体朕轸念苍生至意，则天下无不理之事矣。"①所以可见康熙心里根本就认为海上并"无甚用米之处"，粮食短缺的原因是因为天灾，并且主要是地方官员治理不利造成的，如果"内而九卿科道外而督抚提镇悉体朕轸念苍生至意"，都如康熙本人一样"以民生为念"，平时关注粮食生产，灾时即使采取相应的政策，那么粮价不会上涨危害百姓，"小民均沾实惠"。正如蓝鼎元说的，粮食一直不是中国主要出口商品，"闽抚密陈疑洋商卖船与番，或载米接济异域，恐将来为中国患。又虑洋船盗劫，请禁艘舶出洋，以省盗案"。然而"卖船与番、载米接济、被盗劫掠之疑，则从来无此事"，因为"闽广产米无多，福建不敷尤甚，每岁民食半藉台湾，或佐之以江浙。南洋未禁之先，吕宋米时常至厦，番地出米最饶，原不待仰食中国"②。所以禁止米粮出海，只是因为此时的粮价问题而采取的正常防范措施。

此外，粮价上涨与海盗频发并无直接关系。《康熙政要》载五十六年（1717 年）康熙谕告大学士说："自古人主多厌闻盗贼水旱之事，殊不知凡事由微至钜，豫知而备之，则易于措办。所以朕于各省大小事务，惟欲速闻知也。即如各省来京之人，从福来者，朕以浙江米价询之；自江南来者，朕以山东米价询之。伊系经过之地，必据陈奏，即彼省大吏，知不可隐，亦皆能实奏。米价既已悉知，则年岁丰歉，亦可知矣。"③ 如果官吏能够体察康熙"轸念苍生至意"，则"天下无不理之事"发生，当然就不会有海盗事件发生。康熙认为海盗频发是因为内官吏管理不善引起的。海盗多是"沿海穷民""苦无米粮"，"乃往来海洋，肆行抢掠"④，"春时觅小船捕鱼，遇商船，即行海贼"，故而康熙告诫地方官员："朕初以海盗故，欲严洋禁，后思若辈游魂，何难扫涤，禁洋反张其声势，是以中止。"⑤ 即使在禁海令实行期间也曾说："朕思尔等俱系内地之民，非同贼寇。或为饥寒所迫，或因不肖官员刻剥，遂致一二匪类倡诱众人，杀害官兵，情知罪不能免，乃

---

① 《清圣祖实录》，卷二六九，中华书局 1985 年版，第 644 页。

② （清）蓝鼎元：《南洋事宜论》，载《海疆文献初编·沿海形势及海防》，知识产权出版社 2011 年版。

③ 章梫：《康熙政要》卷一《论君道》，中州古籍出版社 2012 年版。

④ 《清圣祖实录》卷二五三，中华书局 1985 年版，第 502 页。

⑤ 《清圣祖实录》卷二一五，中华书局 1985 年版，第 179 页。

妄行强抗，其实与众何涉。"① 但海盗虽然是贫苦百姓，并不代表康熙就会姑息，五十年（1711 年）康熙帝谕告浙江黄岩总兵官李近说："黄岩地近海滨、尔去加意巡防。一有贼盗、即报提督。海贼俱系内地之人，须留心严察，勿得懈弛。"② 五十一年（1712 年），对广东碣石总兵官陆臣扬说："闻彼地尚有海贼，尔到任之后，当严行查拏，不可怠忽。若入海巡察时，须多带人去。此系国家要务，当谨志遵行。"③ 这是因为盗贼是政治不安定因素，一直以来都是皇帝严格防范的事情。只有官员吏治清明，百姓遵守秩序，这样二者的结合才是实现康熙盛世理想的基础。

（三）自弃化外与禁止移民

康熙要求海外贸易诸人，"所去之人，留在外国，将知情同去之人，枷号三月该督行文外国，将留下之人，令其解回立斩。"④ 后决定"出洋贸易民人，三年之内准其回籍，其五十六年之后私去者，不得徇纵入口"⑤；从禁海令颁布的 56 年至 59 年间，大约有 2000 多人回国。⑥ 现代学者一般认为"实行南洋禁航令，既为了隔绝南洋与内地互相联系。又可防止内地人出海到南洋，不使南洋华侨聚集增多而成为清朝政权所担心的反清隐患，这才是实行南洋禁航令的真正目的"⑦。康熙颁布禁海令时会有这种政治考虑，但分析此时海外华侨的贸易及生存环境，或许可以得出不同的结论。

吕宋、噶罗巴是华商聚集的主要地区。虽然很多财富是华商创造的，但华侨的人身安全没有保障，"中国人的财富，常常成为人们贪欲的对象。中国人差不多周期地被掠夺，被杀害，或被放逐岛外。"⑧ 在东南亚发生了多次屠杀华侨的事件。据《海澄县志》记载："万历三十一年（1603 年），

---

① 《清圣祖实录》卷二九三，中华书局 1985 年版，第 845 页。
② 《清圣祖实录》卷二四八，中华书局 1985 年版，第 459 页。
③ 《清圣祖实录》卷二五二，中华书局 1985 年版，第 494 页。
④ 《清圣祖实录》卷二七一，中华书局 1985 年版，第 658 页。.
⑤ 《乾隆年间议禁南洋贸易案史料》中多有官员奏疏汇多有关于康熙间海外移民的评论，参见《历史档案》2002 年第 2 期。
⑥ 《雍正起居注》六年九月；参见李伟敏《康乾之际的民人出洋及回籍政策考察案》，《兰州学刊》2008 年第 5 期。
⑦ 庄国土：《顺治—康熙年间清朝对待华侨出入国的政策》，《南洋问题研究》1983 年第 1 期。
⑧ 海颠：《菲律宾与中国》，《南洋问题资料译丛》1957 年第 3 期。

吕宋杀华人在其国者二万五，澄人十之八九被杀"，"存活者不到八百人"。崇祯十二年（1639 年）被害华侨共达 22000—24000 人，致使吕宋岛华侨基本上绝灭了。[①] 原因是大量廉价的中国丝织品输入墨西哥，造成墨西哥本国的丝织业日渐倒闭，而大量的银圆又被走私到菲律宾，甚至连秘鲁的银圆也流向墨西哥以购买中国的货物，于是造成两个总督辖区之间的贸易在 1634 年遭到禁止，结果墨西哥的经济走向萧条，马尼拉的财政逐渐枯竭，殖民者不得不大幅度地增加税收，从而导致了政治危机和对华人的大屠杀。[②] 康熙初年（1662 年）被杀害的华侨大约不下 25000 人。

荷兰最初虽然采取了优惠华人的政策，甚至设立专门管理华人的"甲必丹"，1685 年刚上任的康布豪斯总督让新任华人甲必丹与他一道举行就职典礼，象征着华人和甲必丹与他共同分享政权，华人甲必丹的权势达到顶峰。[③] 但此后华侨的地位越来越下降，特别是在乡村，而乡村集中了大量的蔗糖业的华商。据统计，1710 年巴城乡区已有多达 130 个蔗部，分属 84 个企业主。在这些企业主中，有 79 个华人、4 个荷兰人和 1 个爪哇人，有可能后者的蔗部也由华人经营。所有雇工和越来越多的离城相当远的华人所属蔗部，都不受城内华人甲必丹和雷珍兰的管辖，而被置于荷人司法官及其部下的直接监督下。1710 年华商因孟加拉糖价便宜而受到严重的打击，纷纷破产。破产的华人不能得到政府的救济和帮助，无法生存，"数以千计的老人和年轻人的苦难无法形容。由于丧失了土地、金钱和工作，他们仅能从以下三条路选择其一：要么乞求救济（他们人数太多，救济金相对少得可怜），要么饿死（这绝非乐事），他们并不想死，再不然就是去偷"，这样华人从殖民地的贡献者变成了威胁者，荷兰殖民者制定政策来限制移民。18 世纪初，由于西班牙殖民者排斥华侨，迫使菲律宾华侨移居巴城。[④] 与此同时，荷兰殖民者严格限制华侨入境。1690 年印尼荷兰殖民当局规定船只运载华人新客入境的限额，超过限额者则要被罚款、服苦役和遣返。1696

---

① 参见张维华《明清之际中西关系简史》，齐鲁书社 1987 年版。

② 参见李金明《明代后期的海外贸易与海外移民》，转引自 G. V. Scammell，"The World Encompassed—The First European Maritime Empires"，《中国社会经济史研究》2002 年第 4 期。

③ 李金明：《清康熙时期中国与东南亚的海上贸易》，载《南洋研究论文集》，厦门大学出版社 1982 年版。

④ 参见温广益等编著《印度尼西亚华侨史》，海洋出版社 1985 年版。

年 5 月荷属东印度公司规定，蓄辫移民禁止入境；从中国、东京、安南等地来巴城的华商、水手一律随船返回，滞留者拘禁服苦役。1706 年又规定，到巴城华船大船水手不得过百，小船不得过八十。1717 年总督范斯窝尔一度下令停止对华贸易，禁止华人新客入境。① 对非法入境的华人给予严厉惩罚，甚至强迫华人劳工移民锡兰，使华侨陷入极度恐慌之中。陈伦炯《海国见闻录》说："中国人在彼（指巴达维亚）经商耕种者甚多，年给丁票银五、六金，方许居住，……近荷兰亦以新唐（即新客）禁革，不许居住，令随船而回。"② 情况恶化，终于演变为 1740 年的红溪惨案。当时的场面极其残酷，"肆无忌惮的屠杀和抢劫的最邪恶场面的帷幕拉开了：当时并没有任何有组织的华人体制可使政府来解决这些问题。华人无论男女老少，均惨死在刀剑之下，即使孕妇和襁褓中的婴儿也不能幸免。不下百个戴上镣铐的俘虏像宰羊一样个个被砍断了咽喉。一些荷兰市民过去曾经为许多有钱的华人市民提供过庇护，而在这一天竟也对这些华人下了毒手，为的是要瓜分他们的财产。总之，在这一天，无论是有罪的还是无辜的，几乎所有华人统统被杀害了"③。

考察上面的资料记载，可知华侨在海外的生活堪忧，可见海外并非是移民的天堂。在南洋华侨遭受苦难之际，国内正是康乾盛世初期，百姓的生活相对安定富足，生存环境相对优越。所以康熙做出禁止"海外移民"不能说没有给华侨带来不便，但是从清朝政府的政治统治和重土安迁的传统中国文化的角度来看，受到压迫和残害也不回国，便是背弃祖国。明末西班牙杀害华侨事件发生后，徐学聚说："中国四民，商贾最贱，岂以贱民兴动兵革；又商贾中弃家游海、压冬不回，父兄亲戚共所不齿，弃之无所可惜！"④ 1840 年红溪惨案发生后，福州将军策楞、浙江巡抚王恕认为华侨"此等被番戕害汉人，皆久居吧地，当前次禁洋开洋之时，叠荷天恩宽宥，而贪恋不归，自弃化外，按之国法，皆干严宪。今被其戕杀多人，其事堪

---

① 参见甫榕、沙勒《荷兰东印度公司成立后在印度尼西亚的中国人》，《南洋问题资料译丛》1957 年第 3 期。

② （清）陈伦炯：《海国见闻录·南洋记》，中州古籍出版社 1984 年版，第 55 页。

③ 费慕伦：《红溪惨案本末》，翡翠文化基金会 1961 年版；参见李金明《明代后期的海外贸易与海外移民》，《中国社会经济史研究》2002 年第 4 期。

④ 徐学聚：《报取回吕宋囚商疏》，载陈子龙编《明经世文编》卷 433，中华书局 1962 年版。

伤，而实则自作之孽"①，议政大臣广禄等认为"该番原因内地违旨不听招回，甘心久住之辈，在天朝本应正法之人，其在外洋生事被害，孽由自取"②。

在中国传统观念下，既然不在"率土之滨"，自然不是大清臣民，而是"自弃化外"的不安分之人，故而被迫害是"孽由自取"，因此雍正说："岁远不归之人，既不乐居中国，听其自便，但在外已久，忽复内返，踪迹莫可端倪，倘有与外夷勾连，奸诡阴谋，不可不思患预防耳。"③ 所以禁海政策中禁止移民，目的不是要断绝海外贸易，而是在于表明天朝的态度。且实际上并没有真正影响海外华侨的生活。"康熙年对南洋禁航令对人民出国起了阻碍的作用，但在雍正以后，就收效甚微了，归国之禁对华侨回国有很大威胁。但由于清廷执行不严，抑或利用参加到贡使行列之便，归国的华侨或暂时回国的中国人都本是清朝之所能禁绝的，而且时间较短，其严重后果尚未明显地表现出来。"④ 所以虽然一些学者论及康熙禁海政策的弊端，甚至认为这是康熙草率的决定，"对于这样一件关乎国家方针的大事，康熙并没有遵循决策的常规程序，事前既没有征询东南沿海督抚的意见，也没有在大学士、九卿中议论过，即仓促地独断了，剩下来的事不过如何具体实施而已"⑤，其实禁海政策是康熙在综合考虑国内外的政治经济形势之后，制定的维护国家政治、经济、军事利益的外交政策。

小 结

开海与禁海政策的制定是与海外华商的经济获得、生存环境的变化相一致的。清初荷兰以海盗的行径企图进入中国沿海进行贸易；以平等的大

---

① 《署福州将军策楞等为报噶喇吧国杀戮汉商并请禁止南洋贸易事奏折》，载《乾隆年间议禁南洋贸易案史料》，《历史档案》2002 年第 2 期。

② 参见《乾隆年间议禁南洋贸易案史料》，《历史档案》2002 年第 2 期。

③ 《福建总督高其倬等奏遵旨议禁出洋贸易人员留住外国事宜折》，载《雍正朝汉文朱批奏折汇编》第 11 册，江苏古籍出版社 1989 年版。

④ 庄国土：《顺治—康熙年间清朝对待华侨出入国的政策》，《南洋问题研究》1983 年第 1 期。

⑤ 郭成康：《康乾之际康乾之际禁南洋案探析——兼论地方利益对中央决策的影响》，《中国社会科学》1997 年第 1 期。

国姿态与清政府进行贸易谈判；在出使来华之际还趁机侵犯浙江普陀、占领台湾基隆；在海上贸易中抬高价钱、欺压华商，这无疑都是对清朝权威的挑战，因而清政府只能采取强硬的经济政策阻碍荷兰海上贸易，打击海外世俗政权，树立清朝强国形象。不仅中国实行这样的经济外交政策，考察当时的海上诸国如荷兰、西班牙、日本都实行过保护本国经济而限制海外贸易的政策。因此不能把康熙的禁海与清朝在国内吏治腐败，武力落后，不重视西方科技应用时期所采取的禁海政策等同视之。只有明确康熙朝经济政治的强盛，了解中国在海上贸易中所处的优势地位，分析海内外的经济政治形势，在海洋语境下分析康熙的海洋政策实施背景及影响，才能真正认识康熙禁海政策的实质和目的：康熙的南洋禁海令是充分考虑了国际的政治形势和海上贸易的经济收益之后，所实行的保障国内经济、发展海上贸易、彰显国家实力且卓有成效的外交政策。

论清末"以匪治匪"的治理海盗政策

——以浙江招降布兴有部为例

谢一彪*

鸦片战争结束后，林则徐招募的抗英乡勇未能得到妥善安置，以布兴有为首的广艇流窜闽浙洋面，劫掠商旅。浙江方面予以招抚，重新整顿，开展护航业务，重创了葡萄牙"护航队"，打破了葡萄牙人对宁波商船的武装护航；打击了新帮广艇对浙洋的骚扰，擒杀了盗首高成和九丁；参与镇压宁波双刀会和史致芬起义，协助中外联军攻克太平军占据的浙东地区和省会杭州。清政府实行"以匪治匪"的招抚海盗政策，乃是无奈之举。鸦片战争后，形成了外籍护航制度，海盗悬挂外国国旗横冲直撞，让清军水师不敢轻易出击。鸦片战争重创清军水师，战后也未能亡羊补牢，清军水师无力出击海盗。太平军席卷东南地区以及各地响应太平天国的农民起义，让清军疲于奔命，无暇顾及海盗问题。

一

布兴有，又名兴祐、星祐，外国人称为阿伯、阿伯克，英文为 Apka，弟弟布良带，为广东潮州人。据传，道光年间钦差大臣林则徐招募乡勇抗击英军入侵，焚毁鸦片，击毁烟船，英人为之侧目。"粤督林则徐募乡勇造炮船以治夷，匪布兴有本乡勇首也。"[1]由于清政府腐败无能，禁烟半途而

---

* 谢一彪，绍兴文理学院越文化研究中心教授。

① 罗士筠修，陈汉章等纂：《民国象山县志·卷九·史事考》，浙江人民出版社 1988 年版。

废，林则徐被革职戍边，抗英乡勇也被遣散，无以为生，四散海上。"该匪首等均系夷务时粤省所募水勇，炮位也系当时配给，迨和议既成，将伊等口粮停给，并未妥为安置，炮位也未收回，致伊等在洋肆行不法。"① 布兴有部拥有五只头号大船，小艇十八艘。大船两旁安炮三十八门，船头安炮二三门，船尾安炮四五门不等。布兴有的船桅上有一面黄布帅字大旗，船头另有二面小旗，上书"无敌大元帅屈冤报仇"大字。另有头目名高成发，又名高老成，广勇俱称为"先生"，布兴有对其"奉命唯谨"。广勇另有吴维馨、马仔六等骨干。广艇飘忽无定，居无定所，以劫掠为生。

1851 年 8 月 21 日，布兴有、布良带兄弟带领广艇十余艘出现在山东登州荣成县石岛洋面，抗拒清军水师。8 月 22 日，登州水师副将郑连登等督兵进击，由于众寡不敌，郑连登兵败落水，9 只新旧战船被掳，广勇登岸掳人勒索。9 月 7 日，新任登州镇总兵陈世忠、登莱青道罗桂等奉命与守备率沿海勇船与广艇作战。清廷调上海战船十余艘，水勇四五百人助战。"山东守备黄富兴带领勇船出洋，匪船由金塘洋面出迎。江南勇首方翔前赴匪船晓谕，盗首布兴有称，与黄富兴挟有深仇，欲行报复。是夜匪船十余艘驶至，开炮朝黄富兴船上轰打，兵船开炮攻击，匪船并未向兵船回炮。黄富兴船被匪围住，欲将该守备杀害，经布兴有力阻。"② 据说黄富兴曾招布兴有部捕盗，广勇拼却性命，耗去巨资。而黄富兴却升官发财，截留其赏银。广勇前去索取，黄富兴翻脸不认人，并以海盗罪名予以逮捕，于滨海枭首数十人示众。此次布兴有北行，一欲找黄富兴报仇雪耻，二欲寻找遇难广勇骨殖，打醮演戏，超度冤魂。布兴有向前来劝降的方翔表达投诚之意，致使黄富兴犹豫不决，未能主动出击。布兴有出其不意炮击，黄富兴船沉被掳，余船也被捕获。

台州三面环山，一面临海，特殊的地理环境，便于海盗出没和躲藏。而海陆的两栖活动，又使进剿的官兵疲于奔命。1851 年 10 月 24 日，定海总兵周士法、温州镇总兵池建功、黄岩镇总兵汤伦带领兵船，护送粮饷从

---

① 《厉云官藏札》，载罗尔纲、王庆成主编《太平天国》（八），广西师范大学出版社 2004 年版，第 294 页。

② 《清实录·文宗显皇帝实录·卷四十八》，中华书局 1986 年版。

海道前往天津，扬帆至螺头门岛附近洋面时，遇上十余艘载杂木前往四明出售的商船，正遭广艇追逐。广艇炮击兵船，三镇总兵畏敌退入黄林港。广艇不以兵船为虑，也不予追击，乃乘船扬帆，拟攻台州府城临海。布兴有探知椒江有石槛，水浅大舰难以通行，乃随潮水退屯海门。"贼登岸大掠，驶至涌泉搁浅，反据海门十余日，焚民居官署千余间，恐大兵至，遂扬帆去。"① 广艇又进掠宁海沥洋、五屿门，"劫宁海叶善护家，叶给营生银6万余两"②。广艇欲袭扰大湖，宁海绅士胡庚等集结团防进行狙击，广勇因有防备而止。"当发逆未入浙境也，吾郡先有广东艇之扰，艇形如蚱蜢，故滨海号蚱蜢艇，其舱面涂绿油，故亦呼绿壳。"③ 广艇游弋浙江沿海，烧杀掳掠，无恶不作，给沿海民众心理造成强大的威慑，以至于谈虎色变，台州民众自此将以劫掠财物为生者统称为"绿壳"。

1851年9月27日，石浦洋面发现十余只广东尖板船，装载炮械，游弋洋面，掳人勒索，并在普陀寺内打醮祭神。浙江巡抚常大醇命令宁波知府罗镛赴象山围剿。"盗艇已退，镛妄以募船募勇劫贼获功。申省未几复至，大醇怒，严责镛克期殄贼，镛惧，乃以重贿招其魁首，布兴有等与之约降。"④ 宁波知府罗镛谎报军情，布兴有部卷土重来。浙江巡抚常大醇怒不可遏，严责罗镛限制剿灭广艇。罗镛无计可施，只得开出高价，招降布兴有。浙江巡抚常大醇到宁波受降，布兴有伏地谢罪，被授以六品顶戴。黄富兴也被送回，缴出21艘山东勇船，300余门大小铁炮以及器械，200余名水勇，180余名商船船户水手，被掳难民也被全数释放。咸丰皇帝对投诚的布兴有部624名一律免予治罪，并获得大笔赏金。广艇各首领每人得银1000元，水手每人得银30元。据英国领事馆所获情报，广艇各首领共得银63000元，水手共得24000元。被扣商船另外还出资20000元。⑤ 其中要求送回原籍的陈亚福等560余人，由海道押回广东，交由地方官严加管束，并责令福建、广东各水师提督逐程"接解"，沿途不得

① 孙熙鼎、张寅修、何寅簧纂：《民国临海县志稿·卷四十一·大事记》，上海书店1993年版。
② 罗士筼修，陈汉章等纂：《民国象山县志·卷九·史事考》，浙江人民出版社1988年版。
③ （清）史致驯修，陈重威、黄以周纂：《光绪定海厅志·卷二十八·大事记》。
④ 罗士筼修，陈汉章等纂：《民国象山县志·卷九·史事考》，浙江人民出版社1988年版。
⑤ 严中平：《中国近代经济史（1840—1894）》第1卷，人民出版社2012年版，第39页。

逗留。

<h1 style="text-align:center">二</h1>

　　鸦片战争惨败，中国海防遭到破坏，中外海盗肆虐。新开的通商口岸宁波，也像香港一样，很快就成为镇海、舟山、温州和宁波外国歹徒的天堂。葡萄牙人至少组织了十二艘武装民船，实行中西结合，有着欧洲式的船身和中国式的帆，悬挂葡萄牙国旗，强制进行护航。由葡萄牙领事发放"护航"证件，向所有出入宁波口岸以及邻近水域的一切船只征收所谓的"护航费"。"他们一年之中从渔船征收来的护航费数达 50000 元，从运木船只以及其他与福州贸易的船只征收到的数达 200000 元，从其他各种船只征收的捐费数目每年也不下 500000 元。"① 葡萄牙并不是与中国签订不平等条约的国家，但葡萄牙领事却滥用了领事裁判权。1852 年 9 月，葡萄牙快艇捕获了一艘装糖的中国船只，并将其带到宁波。中国当局经过调查，宣布该船乃是一艘和平商船，仅仅为了自卫而予以武装。但葡萄牙领事单方面调查后，却宣称这是一艘"盗船"，乃是一个合法的"战利品"。葡萄牙领事将该船据为己有，并将船上的货物分给其捕获者。

　　葡萄牙人的所谓"护航"，成了"看守羊群的狼"，中国民众在宁波的利益，全被葡萄牙人所独霸。"宁波的官吏和商人于是采取了聪明的步骤，用黑费条件同一个侵入宁波水上的力量雄厚的广东海盗头子接洽；这班海盗，相当的忠诚，开始在护航和保护事业上与葡萄牙竞争。"② 布兴有被招安后，大部被遣散，已无舰无兵，手无寸铁。但布兴有的水上指挥作战能力却被宁波商人所重视，经过官方批准，商人出资重建了一支武装民船，请布兴有管理，其目的在于取代葡萄牙人的"护航"。广艇被宁波地方当局和商人赋予护航的重任。这样，宁波港出现了两家"护航队"，一支为不请自来、强制要求服务的外籍船队，另一支由海盗改编，经地方政府认可的中方合法的广艇。

---

　　① ［美］马士：《中华帝国对外关系史》第 1 卷，张汇文等译，上海世纪出版集团 2005 年版，第 444 页。

　　② 同上。

于是，广艇与葡萄牙籍"护航"船队，展开了一系列明争暗斗。布兴有扬言，凡是葡萄牙船只，格杀勿论。广艇夺取了泊于舟山附近的葡属第42号划艇，卸下大炮和粮水后，将其破坏沉没。1854年4月15日下午，三个广东人和三个葡萄牙人在宁波吵架，葡萄牙人拔出佩刀朝广东人刺去，导致一死二伤。"海盗首领阿布（布兴有）一经知道这件事，立刻写信给葡萄牙领事，要他逮捕那3个人。可是领事不愿或不能照办。于是，广东人决定自行报复。昨天早上有广东人50名各带佩剑长矛，上岸来攻击葡萄牙人。葡萄牙划艇船队长和领事逃到二樯方帆船福求那号上去。广东人把他们所抓到的头一个葡萄牙人就给杀了，把尸首抛下河。另外还抓住3个送交道台。"① 而杀死广东人的葡萄牙人早已闻风出逃。

葡萄牙当局向宁波道台提出抗议，对污辱葡萄牙国旗要求道歉，对损毁葡萄牙财产赔款1500元，并保证以后不再发生类似事件。宁绍台道段光清不甘示弱，将葡萄牙抄件送交英法领事，请求援助，并警告如果葡萄牙兵舰考末台号敢于以武力相威胁，广艇必将予以报复。7月10日，考末台号不听劝阻，开赴内河，靠近广艇，以此恫吓段光清。段光清对葡萄牙领事的无理要求，断然予以拒绝。考末台号以及葡属划艇立即进行报复，"遂自开炮轰击勇船，炮子直至宁波城，居民惊慌"②。葡萄牙兵舰朝宁波进行盲目轰炸，打死无辜民众数人，广艇也遭到严重损失。"这种情形自从北欧海盗侵扰欧洲沿海地区以来，西方人从未见识过。一个民族在未得到条约认可的情况下，便以如此不顾后果的暴力行为来进行贸易，以及清朝当局如此腐败无能和任人宰割等事例，都是闻所未闻的。"③ 葡萄牙兵舰司令事先并未给外国人任何警告，甚至向英国领事声称无意轰击城市和广艇，英国领事以此告知宁波道台和布兴有，致使广艇毫无准备。布兴有部大都在岸上，猝不及防，不得不弃船而逃。布兴有部与葡萄牙人之间的冲突愈演

---

① 罗尔纲著：《怡和书简》，载北京太平天国历史研究会编《太平天国史译丛》（第1辑），中华书局1981年版，第175页。

② 《黄宗汉奏陈恭报久稽原委并自请严谴折》，载中国第一历史档案馆《清政府镇压太平天国档案史料》（第16册），社会科学文献出版社1994年版，第142页。

③ ［美］丁韪良：《花甲忆记一位美国传教士眼中的晚清帝国》，沈弘等译，广西师范大学出版社2004年版，第59页。

愈烈。"宁波所有外国人都认为葡萄牙人的要求是不合理的。"① 7 月 22 日，美国轮船"宝哈登号"来到镇海，英美领事均得到训令，以调停葡萄牙人与布兴有部之间的纠纷。由于英美领事的调停，局势暂时得到缓和，布兴有被迫同意不再向葡萄牙人护航的渔船收税。

由于护航的利润巨大，葡萄牙人和布兴有均不愿轻易放弃。经过三年的激烈竞争，双方于 1857 年爆发了总决战。4 月 28 日，葡萄牙人与布兴有部发生冲突，据传广艇捕获了葡萄牙的一只纵帆船和两只划艇。仅仅一个月时间，葡萄牙划艇队在沿海流窜，犯下了滔天罪行。"诸如在水上当强盗，到陆上洗劫，焚烧乡村，杀戮男人妇女儿童等等。"6 月 20 日，葡萄牙划艇返回宁波，广艇也尾追而至，向中国当局和葡萄牙领事提出惩凶要求，但中国政府却无可奈何。葡萄牙驻宁波领事马逵斯吓得逃离葡萄牙领事馆，躲到法国传教士的天主教堂。6 月 26 日，布兴有率领部下大开杀戒。船长拍屈齐回忆："今天早上广东船便上来攻击葡萄牙划艇和葡萄牙人住宅。今天上午十一点钟以后，不断在轰击。所有划艇都被广东人抓住了。葡萄牙领事馆和一切葡萄牙人住的房子都被劫掠了，杀死葡萄牙人和马尼剌人约20 名。今天傍晚我看到 15 具尸首。有一批外国人，包括法国人、美国人和英国人曾加入广东人方面作战。"② 葡萄牙人的海盗行径，也引起其欧洲同行的愤慨，共同协助布兴有歼灭作恶多端的葡萄牙人。停泊在宁波口岸的葡萄牙炮舰"孟德果号"被警告，若敢开火，将遭到毁灭性打击。"孟德果号"不发一炮，黯然离开。

6 月 26 日下午，法国兵舰加浦里修斯号也开到宁波，制止了广勇的进一步行动。广勇将所获葡萄牙人及其划艇送往内河，法国兵舰封锁了出口。迄 7 月 1 日止，"已有 40 至 50 名葡萄牙人和马尼剌人被杀，其余的葡萄牙人和马尼剌人都在加浦里修斯号上，或在加浦里修斯号保护之下的葡萄牙三桅船屈梅加号上"。③ 7 月 29 日，法国兵舰加浦里修斯号，带着葡萄牙船屈梅加号、宾森号、沙果号以及几条划艇离开宁波，葡萄牙人被送往澳门，

① 罗尔纲著：《怡和书简》，载北京太平天国历史研究会编《太平天国史译丛》第 1 辑，中华书局 1981 年版，第 177 页。

② 罗尔纲：《怡和书简》，载《太平天国史译丛》第 1 辑，中华书局 1981 年版，第 180 页。

③ 同上。

以海盗的罪名予以审判。葡萄牙兵船芒地哥号开往镇海，向宁波道台提出赔款要求。"巡道段光清反复排解，出资作赈，劝令西归。"① 布兴有扬言，若葡萄牙人进行强硬干涉，将誓死抵抗。葡萄牙兵船讹诈不成，只得灰溜溜地离开，葡萄牙海盗在宁波强制"护航"的历史从此终结。

三

广东籍海盗随布兴有招安者，称为"旧帮"。后来浙江的广东籍海盗，则谓之"新帮"。新帮尤为凶横，起初以保护商船航行为名，私结海盗，劫掠行旅。1855 年 8 月 16 日，13 艘新帮广艇进犯象山墙头、西周、淡港、龙屿等地，掠取牛羊猪鸡。其中一路驻蛤蚆嘴，致书欧、王、孔三家，勒索白银数万两。8 月 17 日，广盗一队由石鼓岭北下，驻蛤蚆嘴的广盗欲鼓噪登陆，企图南北夹攻，以逞其欲。"勇尽擒杀之，并于桃头诸处搜毙小舟暗伏者十余人，共杀贼 83 人。是晚，贼艇退蛤蚆嘴外。越数日，官军邀击于梅山港口，沉其船十之六七，贼始溃散。"② 广艇驶往外洋，遭到巡道段光清所遣水师袭击，又有四五艘广艇被毁。9 月，又有大队广艇再次进犯石浦，巡道段光清募外国轮船与宁波水师联合掩击，轰坏四十余艘广艇，部分广盗逃往黄埠岭等地，被歼灭无遗。1859 年以后，新帮广艇再次猖獗。1860 年年底，广盗盘踞象山港的缸爿山，沿海劫掠。巡道张景渠饬轮船剿击。象山县令严家承檄令墙头团勇在下沙、长白沙等地擒获 6 名海盗，击毙一名，其余逸去。西周捕获 5 名海盗，全部枭首示众。1861 年六月，广艇劫持一艘糖舶到象山爵溪内港，40 余名舶商被广盗钉于船底，用火烤死，臭闻数里外。待官兵赶来，广盗早已逃匿无踪。严家承招募乡勇追击，于松岙等地擒获 12 名海盗，予以正法。

新帮广艇盗首之一高成，率领骨干二三人入郡城，将盗艇泊于三江口。起初尚有所收敛，后来逐渐嚣张，将城内妓院占据一空，花魁则据为己有。"其初不过讹平人于娼室，其后渐至擒人于市中，非以洋银赎之，不放回也；虽布氏兄弟，亦无如之何。"时任提军者，也是广东人，因属同乡，过

---

① 张传保修，陈训正、马瀛纂：《民国鄞县通志·食货志戊（下）·产销（2）》。
② 罗士筠修，陈汉章等纂：《民国象山县志·卷九·史事考》，浙江人民出版社 1988 年版。

从甚密，并公然出入衙署。民众对高成恨之入骨，由此牵涉提军，传言高成认提军为"义父"。张景渠乃浙江巡抚王有龄从苏州带来的亲信，以其善于理财，被委以宁绍台道要职。王有龄发来训示公文，还附有王有龄的亲笔信，"汝持我信，交与提军一阅，速办为是，如再狐疑，我先参道员，后参提军。"另有制军寄给抚军的信件，其中有"提军固不可责，宁绍台道乃袖手而观乎？"张景渠左右为难，将信交与提军，如果提军确与高成狼狈为奸，将造成宁波混乱；如果不与提军传阅，又无从下手？段光清也认为若不将信交与提军，则无以回复抚军和制军；直接将信件与提军传阅，期望提军将高成绑缚过来，也不切实际。武人不知检点，提军营中兵丁，无不与高成相通。张景渠束手无策。段光清提议："我试持信往探之，事若可行，只须用布氏兄弟二三十人，提军兵丁也不用也。并不可使其营官知之。布氏兄弟可用，以布氏与高成面和而心不相洽也，且提军老成，尚是武官中之要脸者也。"① 段光清建议利用广勇将高成处决。

1860 年 9 月 29 日，段光清往见提军，探问是否认识宁波城内高成？提军并不回避，以同是广东同乡，自然熟知。段光清以外界因提军与高成相识，以至啧有烦言，高成所作所为，提军也未必知晓。然而，三人成虎，众口铄金，现在制军和抚军却来信查问。提军阅过信后，汗流浃背，咬牙切齿，当即表示："高成就是我老子，我就是高成儿子，我不杀高成，我不为人。"段光清提请提军暂不透露风声，若高成获讯，狗急跳墙，宁波必有变乱。即使高成不倡乱，若闻风远扬，提军也百口莫辩。提军讨教对策，段光清建议："今日中秋时节，大人不露形迹，高成必来署中，大人赐之茶果，与同玩月；如高成不来，大人着人邀之，无不来也。晚间，余着布氏兄弟探听，高成果来，伊等亦尾后而入，大人见布氏兄弟已来，始责高成曰：汝在宁波声名太坏，连我也难以为人，现今制抚两军皆有信札，汝好见道台办清，我着布氏兄弟送去。"② 提军接受了段光清的擒高成之计。于是段光清通知张景渠以及布氏兄弟，严阵以待。布氏兄弟将高成送入道署，轰动整个宁波，观者如堵。道台尚未问供，观众皆言早就该杀。高成被处决后，其党徒也逃散一空。

<hr>

① （清）段光清：《镜湖自撰年谱》，中华书局 1960 年版，第 177 页。
② 同上书，第 178 页。

　　新帮另一盗首九丁，也啸集郡城。广盗成群结队，以手枪短刀相威胁，白昼公然横行街市，掳人勒索。"提督陈世章为九丁同乡，暗而蔽之，官役持牒不敢进，势乃益张。"① 九丁部属啸集岑港天妃宫，诈称郡城为募兵而设局，待轮船进港后，伺机掳掠。也有乘黑夜袭击乡村，破门入户，绑架勒索。"有钓山夏某以番银 3000 元赎，马岙林某以番银 1600 元赎，册子贺某以番银 500 元赎，居民用是惴惴不得安枕，甚至行庸负贩亦被劫，鞭其肤，抽其指爪，驱使暴烈日中，或箝口纳橐，悬诸船桅，死则投江中。"② 岑港成为广盗巢穴，民商不堪其患，向府县控诉，积案如山。"巡道张景渠患之，谕兴有严察所部，九丁阳受约束而勒索如故，景渠乃伪设宴，招九丁坐定，以诉状示之，皆伏驱出斩之，而令邑绅陈筹捕余党，兴有弟良带以旧帮徒杀数十人，余众皆逃入海。"③ 张景渠责令布兴有严密监视，编立名册。1862 年 10 月 19 日，张景渠设下鸿门宴，宣布九丁罪状，将九丁推出斩首。江苏候补知县陈筹奉命搜捕余党，布良带率旧部协助，九丁党徒被全歼。巡道史致谔指挥三艘轮船进击岑港，弹如雨下，枪声震天，广盗纷作鸟兽散，逃入山谷。西乡各义勇乘胜追击，斩杀数十名。英兵也登岸出击，焚其巢穴，从海口至市上，尽化为灰烬。

四

　　小刀会，又名双刀会，属于天地会的支派。源于福建，传入上海和宁波。1853 年 9 月，上海爆发小刀会起义，波及一水可通的宁波。宁波双刀会与上海小刀会遥相呼应，上海方面送来七面旗帜，嘱其分布城乡，潜招人马，每旗募集万人，伺机而动。双刀会拟于 12 月 6 日起事，并派人到台州招募枪手 1500 名。双刀会白天化整为零，夜晚则集中乡庙议事。时"城中唯有广勇可用，仍招顾氏至署，令其勿散团勇"。④ 另有姜山顾宏康兄弟组织的团勇四百人。鄞县县令段光清与城守邓都司晓谕兵丁严守各城门，

---

① 张传保修，陈训正、马瀛纂：《民国鄞县通志·文献志》。
② （清）史致驯修，陈重威、黄以周纂：《光绪定海厅志·卷二十八·大事记》。
③ 张传保修，陈训正、马瀛纂：《民国鄞县通志·文献志》。
④ （清）段光清：《镜湖自撰年谱》，中华书局 1960 年版，第 85 页。

饬令广勇分布于大堂前。11月28日，双刀会3000余人在南乡仙岩寺起义，不待台州枪手到来，即向宁波进攻。团勇乘双刀会不备，主动出击，连毙数人。双刀会大败而逃，数十人被俘。"突有东南乡姜山地方树旗聚众之大头目陈春富、陈伯尧、小潘、叶阿岳等，勾引台州及本地匪徒数百名，欲攻击姜山团练局，绅董顾姓父子兄弟率勇与之格斗。该府段光清闻知，即督同六品顶戴布兴有带勇驰往会剿，立时击毙五六十名，生擒大头目陈春富等二三十名，解郡正法，余匪才散。讯据各供，俱称定期于十一月初六黄道日起事，先陷宁郡，再取慈溪。"段光清由广勇及家丁护卫，前往姜山会剿，缴获"符布、伪印，皆冒托金陵洪逆伪号"①。段光清将逮捕的双刀会员押往宁波大教场正法。段光清在广勇协助下，镇压双刀会起义有功，提拔为杭嘉湖道。

布兴有投诚时，曾缴出炮船"金宝昌"，交定海水师使用。定海水师不知爱惜，船上器具均已朽坏，水师也不能修理。段光清筹款将金宝昌重新修复，仍交布兴有兄弟管辖。段光清邀请学台万藕舲参观，万藕舲叹其船坚炮利。段光清也夸奖布兴有兄弟纵横海上，时人称颂此船为"活炮台"。万藕舲乃江苏巡抚许信臣门生，向许信臣推荐布兴有兄弟及其水师。"上海尚未收复，何不邀布氏兄弟带此船以攻复上海城池？"许信臣乃致函浙江巡抚，要求将布兴有水师调往上海镇压小刀会起义军。"前闻浙江有人谋不轨，此信来自京城，心窃忧之，不知究在何处？今闻宁波道府一人，不数日而平此大奸，是公祖莅吾浙省，所以能励精图治者，未尝不赖有好帮手也。弟以宁波现在安靖，欲借重手下良将布氏兄弟带船来至上海，助弟一臂，相唇齿相依，公祖必不至于推诿。"②浙江巡抚将许信臣的信告知段光清，段光清鉴于宁波双刀会起义已被镇压，乃饬令布兴有兄弟率水师援助清军，镇压上海小刀会起义。

宁波商号为了盘剥渔民，借口太平军到宁波，缺少现钱，民众出售货物给商号，只能得到"过账钱"，即记在钱庄账面上的钱，并不是现金。而民众市上购物或交租纳税，却要支付现金。如果将"过账钱"换成现金，

---

① 《黄宗汉奏报饬属进剿各地起事及抗粮民众片》，载中国第一历史档案馆《清政府镇压太平天国档案史料》（第11册），社会科学文献出版社1994年版，第207页。

② 段光清：《镜湖自撰年谱》，中华书局1997年版，第94页。

就要贴付一笔"升水",最高达五十元之多。1858 年 7 月 9 日,史致芬领导渔民入城请愿,痛打知府张玉藻。段光清筹款十八万作为军饷,"着人传布兴有来馆,著其雇勇四百名。"又吩咐刚从温州返回的布良带,也命令其招募义勇四百名。还在宁波东门外大教场扎下营盘。史致芬准备夜袭宁波,以炮船开路,渔船随后,将营盘轰毁后,即乘势入城。广勇擅长水战,段光清认为此乃千载难逢的取胜之机。段光清叮嘱布兴有:"史致芬若从陆路出兵,我犹虑尔等不能取胜。彼恃炮船之勇,从水路而来,以广勇当之,其胜可必。"于是,段光清率领水陆两路,在羊庙与史致芬作战,打死陶公山二人,受伤倒在河边二人,逃奔被获者七人,广勇无一人受伤。史致芬又夜袭大营,水陆两路并进,广勇尽出营相救。史致芬陆路直冲大营,广勇开枪还击,城内广勇也适时赶到,将其击退。"是夜史船上连开数十炮,广勇一炮不开,只将炮口向史船开炮处,一炮击中史船炮药,一刻火发,人船俱伤。"史致芬浮水上岸,逃回陶公山。史致芬哀叹:"我击彼营,一炮不中,彼击我船,一炮遂中,此中盖天焉,不可与争矣。"[①] 史致芬遭到重创,元气大伤。

史致芬硬攻不成,乃施离间计,拟以重金收买广勇。史致芬找到欣成焕商议,"现在广勇锋不可当,然未必不可以利诱,我不敢入城,尔潜混入城中,寻一密处,许广勇以重利,只求广勇不出死力,再延两月,彼必军饷不济,然后再想出路"。欣成焕乃潜入宁波,藏匿向来相识的广勇楼上。段光清得报将其捕获,押赴小教场正法。史致芬一计不成,乃于湖口四港修筑泥城,河边排列炮船,以防止官兵进攻。段光清悬赏二千元捉拿史致芬,致使史致芬不敢离开东钱湖,筑泥城死守。段光清指示布兴有破泥城之策,"史致芬守湖口,不敢遁也,我再破泥城,致芬可擒。河边之船,前日经吾打败,今吾长驱而进,彼船皆惊弓之鸟耳,势必望风而靡。炮船一败,泥船可破"。11 月 30 日,布氏兄弟担任先锋,史致芬炮船的亡命之徒犹开炮顽抗,遭到广艇猛烈还击,弃船大败而逃。广勇乘胜登岸,大破泥城,史致芬狼狈逃回陶公山。段光清催促布兴有兄弟追击,"拿住史致芬尚有赏银二千两,不进则广勇前功皆弃"[②]。布氏兄弟担心广

---

① (清)段光清:《镜湖自撰年谱》,中华书局 1997 年版,第 132 页。
② 同上书,第 133 页。

勇人少力薄，段光清约顾家练勇从山后进攻。于是，段光清带领亲兵由陆路进攻，广勇则由水路挺进，合击陶公山。水路广勇预先到达陶公山，布兴有将史致芬及欣姓家祠点火焚毁。12月7日，史致芬被捕，被押往宁波大教场正法，一同正法的还有被广勇捕获的数名"犯人"。史致芬领导的渔民起义虽被镇压，但宁波商号害怕渔民穷极再变，悄悄地取消了"过账钱"。

五

太平军攻克宁波后，浙江提督陈世章和清游击布兴有盘踞定海，给宁波带来威胁。1862年3月20日，太平军附天候汪义钧乘数十艘民船进攻定海，从猫头铺登陆，进逼定海县城。"定海游击布兴有本海盗降清者，与其弟良带勇悍敢战，义钧不习海，所驾又小舟，非其敌也。"① 太平军攻击定海东门和北门，布兴有率部拼死抵抗。"游击布兴有、布良带督兵勇御之，枪中义钧股，贼大溃，守船贼扬帆先遁，余党窜至海滨，为兵勇所杀，无一人生还。"② 太平军遭到重创，汪义钧及其部下700余人全部遇难。清军和民团以定海作为浙东反攻基地。1862年5月5日，陈世章、张景渠以及布兴有部的广济军1000人为先锋，联合海山、穿山、郭巨的清军攻打镇海。"有台州王游击者，失守后乘坐小船潜泊宁波之三江口，与贼通谋，且时以机事输贼。贼遣持书说布兴有降，布告提督陈，陈令醉而杀之。"③ 太平军又遣陆心兰持银十万两贿赂洋人，洋人贪其厚利，将轮船全部开出镇海关外。"己未，陈世章、张景渠督兵入蛟门，布兴有督广济军为前锋，把总王建功督海山勇五百人继之，镇海附贡生李渭督江南诸村勇自陆路攻。翼日庚申，布良带登北岸，破附城贼垒，夺其炮械。"④ 5月7日，由于镇守镇海的另一太平军将领范维邦降清，志天燕何文庆内外受敌，寡不敌众，从西门撤出镇海。"阿布所组织的广艇和一支舰队，协助官军攻占镇海。攻

① 张传保修，陈训正、马瀛纂：《民国鄞县通志·文献志》，第1325页。
② 洪锡范、盛鸿焘修，王荣商、杨敏曾纂：《民国镇海县志·卷十五·大事记》。
③ 许瑶光：《谈浙》，载《太平天国文献汇编》（第五、六册），鼎文书局1973年版，第603页。
④ （清）史致驯修，陈重威、黄以周纂：《光绪定海厅志·卷二十八·大事记》。

占镇海时,他们对抓到的任何可怜的人们犯下了最大的残酷罪行。"① 布兴有部将来不及撤走的太平军残杀殆尽。

5月9日,英国领事夏福礼、英舰队司令丢乐德克与张景渠、陈世章在英领事馆召开秘密会议,具体部署联合进攻宁波。5月10日,按照约定开始攻城,"阿福与布兴有之广济军攻和义门,不能入,乃乘两军炮战,烟雾弥漫际潜回,炮击洋舰,中之,毙两洋兵。"阿福以城内太平军炮击洋舰报告夏福礼,夏福礼信以为真,停泊甬江的英国军舰协同法国炮舰一齐朝太平军炮击。太平军进行了惨烈的宁波保卫战,以火弹、石头、砖块等武器,抵抗入城的敌人。"阿福、兴有以云梯附城缘而先登,太平军畏洋炮不敢前,乃大溃。"② 太平军的巷战一直持续到下午五时,上百人阵亡,太平军主将黄呈忠、范汝增被迫率领太平军余部从南门、西门撤出,宁波陷落。"随同外国兵船克复宁波,多得布兴有、布良带之力。"③ 布兴有部与中外联军克复宁波,表现出色,左宗棠极为赞赏。

清军攻克宁波后,广济军分中军、左军和右军,分别由布兴有、布良带以及守备张其光率领。7月16日,太平军进攻距丈亭二里的窑头,居民惊渡逃避兵祸,溺死者百余人。"张其光登岸迎击,布兴有督战船由小桥夹攻,败之。"④ 太平军退出慈溪城。清军乘胜追击,继续攻打余姚。时太平军黄呈忠、何文庆在余姚城外严守。"陈世章、张景渠等率广艇十余艘,英法轮船4艘,义勇小船百艘,进取余姚。"⑤ 布兴有部随张景渠所率诸路清军以及英法联军攻陷余姚,杀害太平军二千余人。宁波得失对太平军在浙东战局关系重大,太平军由黄呈忠、范汝增率领再克慈溪,梯王练业坤重占奉化,从南北两路反攻宁波。李鸿章大为惊恐,派华尔率领"常胜军"从上海紧急增援。"华尔至宁波,遂约参将布兴有、同知衔谢秉章及英法两国兵船趋慈溪,败贼于灌浦。"⑥ 9月21日,华尔督队攻城,太平军开炮还

---

① 罗尔纲:《怡和书简》,载北京太平天国历史研究会编《太平天国史译丛》(第1辑),中华书局1981年版,第193页。

② 张传保修,陈训正、马瀛纂:《民国鄞县通志·文献志》。

③ 《台州宁波郡县克复温郡渐就肃清折》,载《左宗棠全集·奏稿1》,岳麓书社1987年版,第68页。

④ (清)杨泰亨等纂:《光绪慈溪县志·卷五十五·前事·纪事》。

⑤ 同上。

⑥ 同上。

击，击中华尔胸膛，华尔身受重伤，于翌日伤重毙命。常胜军因主将受伤，愤怒齐进，太平军启慈溪北门撤退。中外联军乘胜出击，追杀太平军数百人。10月9日，布兴有部又随中外联军进攻奉化。"前提督陈世章率参将布兴有广济军、游击吴长安、诏安军都司杨应龙忠勇军、廪生李谔四明胜军、诸暨张仲友胜义军、美国将法尔思德常胜军、英国总兵丢乐德克、翻译官有雅芝、法国参将德克碑、税务司日意格等驾轮船炮艇，自府城启行。方桥之贼退守奉化。"① 中外联军从宁波乘船，在方桥登陆，步行至奉化城外，用云梯登城。太平军以火器、火球、火药包掷向敌阵。10月10日，中外联军攻克奉化，太平军从南门撤退。

11月21日，中外联军抵达上虞城下，常捷军统领勒伯勒东驻南门，"游击布兴有以水军屯于北门，伪戴王率群贼御之，三战皆败，遂弃城走。"② 何文庆受到中外联军阻击，旋即撤走。中外联军随即进攻绍兴，谢敬率黄头勇驻守啸金，布兴有部广济军驻扎丁家堰海口。太平军在来王陆顺德、宁王周文嘉以及志天燕何文庆领导下，誓死抵抗，常捷军二任法籍统领勒伯勒东、达尔第福均被击毙。中外联军大败，肆意骚扰民众。"防海广艇勇乘乱骠劫。又伺人于路，褫其衣，民皆呼天泣血，天为作惨墨色。"③ 张景渠抽调布兴有部分头出击，攻克昌安门太平军营垒。1863年3月14日，太平军由稽山门主动撤出，绍兴陷落。至此，清军攻占了整个浙东地区。布兴有因攻克浙东有功，升为正三品参将。

广济军又随中外联军由钱塘江西渡，新任浙江巡抚左宗棠率部沿兰江东下，两支武装在杭州附近会合，开始了旷日持久的攻杭之役。1864年3月30日，前敌总指挥蒋益澧命令水陆各军进攻杭州各城门，"徐文秀攻湖墅，刘清亮攻钱塘门，高连升攻凤山门，德克碑攻候潮门，王月亮攻清波门，刘连升攻望江门，布兴有攻清泰门，自率所部攻庆春、艮山、武林三门"。④ 双方发生激烈战斗，直至薄暮收队，清军伤亡400余人。是夜四更，听王陈炳文率部由武林门撤出。蒋益澧侦知杭州城内枪声稀疏，命令徐文

① （清）李前绊修，张美羽等纂：《光绪奉化县志·卷十一·大事记》。
② （清）林西藩：《隐忧续记》，载《太平天国（四）》，广西师范大学出版社2004年版，第430页。
③ （清）王彝寿：《越难志》，载《太平天国（五）》，广西师范大学出版社2004年版，第155页。
④ 徐映璞：《两浙史事丛稿》，浙江古籍出版社1988年版，第218页。

秀、周廷瑞、贺国辉等分两队由武林、钱塘两门入城，一路截杀，尸骸枕藉。"高连升、德克碑、王月亮、刘连升、唐学发、罗启勇、谢永祜、余朝贵、张志公、张政顺、丁贤发、姜子豹、布兴有等水陆各军，同时由凤山、清波、庆春、清泰等门梯城而入，四路剿杀，共毙贼数千，生擒千余，救出难民无数，所获枪炮器械不可胜计。"① 3 月 31 日，杭州陷落，比王钱桂仁降清。

六

清政府实行"以匪治匪"的治理海盗政策，其原因极为复杂。鸦片战争后，外国势力入侵中国沿海，鸦片走私猖獗，海盗随之而起，外籍护航制度的建立，许多海盗悬挂外国国旗，取得不平等条约作为护身符，清军水师畏惧出洋清剿海盗。海盗纵横驰骋于闽浙洋面，如入无人之境，鸦片战争遭到英军重挫的清军水师却不堪一击。由金田起义点燃的太平天国运动以及各地响应的起义风起云涌，清军顾此失彼，采取"以匪治匪"政策，也是一种刻不容缓的选择。

第一，鸦片战争击垮了中国水师，也摧毁了中国海防，伴随着鸦片走私，海盗也异常猖獗，闽浙洋面尤为严重。凡是英国人所到之处，均成为鸦片走私的货栈以及海盗出没的匪巢。英军于 1841 年占领定海，直到 1846 年才交还清政府，经过五年的经营，舟山成了仅次于香港的东南沿海鸦片走私以及海盗出入的黑窝。海盗虽由鸦片走私而起，也波及所有商船和渔船。海盗肆虐无忌，而清军水师又不敢出海追击，商船和渔船唯一的出路只能寻求外国人和外国旗帜的保护。于是，悬挂外国国旗，由外国人组织领导的武装船只，以保护中国船只的新兴护航由此产生。"海盗猖獗所引起来的一个害处就是一种护航制度的组织，它不是由国家船只所组成的，而是由商人的船只双桅方帆船、双桅纵帆船和快船以及白屁股（常见于宁波、舟山的一种白尾的渔船）依靠于欧洲人超越亚洲人的那种纪律以及白种人的威望而所组成的，被保护的要缴纳护

航费。"① 外国国旗的保护效果显而易见，不仅中国官方表示尊敬，海盗也望而生畏，若敢冒犯，必然招致毁灭性打击。即使是悬挂外国国旗的走私船和海盗船，中国水师也不敢冒犯。据说，"布兴有是从上海美国领事馆领得行船护照的，那当然就是悬挂美国国旗的一群，显然还有美国人参与组织指挥"。② 1856 年，中英双方就因广东当局到"亚罗号"逮捕海盗，"污辱"了英国国旗，英方悍然发动第二次鸦片战争。护航名义上为保护船只，其所作所为却是海盗行径，不仅在海上对船只进行勒索、抢劫和杀戮，也对陆上毫无抵抗能力的和平居民进行勒索、抢劫和杀戮。宁波的华商，若不接受葡萄牙护航队的保护，敢于私自出海，护航队就追上华船，将葡萄牙国旗丢到华船，如果华船将葡萄牙国旗悬挂起来，就表示接受葡萄牙人护航，必须交出护航费，否则，就指控其破坏协议，要受到惩罚。此乃葡萄牙人惯用伎俩。

第二，清军水师在鸦片战争中遭到重创，战后未能予以整修，导致缉捕能力下降。布兴有广艇围攻山东水师，逮捕黄富兴及水勇 200 余人，劫持官船 20 余艘。咸丰皇帝怒斥清军水师剿捕不力，敷衍塞责。"该处兵船何以并不直前救护，所云兵船不向匪船回炮，是否藉词掩饰，抑系兵船坐视不救，令黄富兴力竭被掳，此等情形必将严查惩办。"③ 咸丰严责提督善禄何以一无调度，水师将领平时没有训练，临阵畏缩不前。如是"风色不顺"，何以黄富兴所率勇船能够出洋，广艇南北游弋自如，此等懦弱将领不用也罢。布兴有部在台州洋面与护送粮饷北上的浙江水师不期而遇，广艇仅有二十余艘，而三镇兵船却有五十艘之多，定海、温州、黄岩三镇总兵正拟驾炮出击。布兴有部驾船技术娴熟，且骁勇善战，驾佛郎机炮轰击。三镇总兵惊慌失措，连忙转舵疾走。"良带联巨舰数十艘入关，定黄温三镇兵不能敌，退入黄林港。"④ 咸丰皇帝严责三镇兵船逗留畏惧而未能追击，并严惩汤伦、池建功和周士法，令其戴罪立功。罗镛谎报击退广艇请功时，

① ［美］马士：《中华帝国对外关系史》第 1 卷，张汇文等译，上海世纪出版集团 2005 年版，第 443 页。

② 严中平：《中国近代经济史（1840—1894）》第 1 卷，人民出版社 2012 年版，第 33 页。

③ 《清实录·文宗显皇帝实录·卷四十八》，中华书局 1986 年版。

④ 孙熙鼎、张寅修，何奏簧纂：《民国临海县志稿·卷四十一·大事记》，上海书店 1993 年版。

"浙洋盗船仅十余艘,该省招募渔船有 125 号之多,加以镇将所带水师船兵,力不为不厚,何竟任其免脱,著常大醇查明在事文武,如有畏葸迁延情事,严参惩办"①。被蒙骗的咸丰皇帝对区区十多艘广艇"逃之夭夭",而不能全歼,感到大惑不解。广艇再犯石浦,罗镛的谎言被戳穿,但宁波水师并不是广勇的对手,"此时盗船不过十三只,盗匪不过千人,提镇协统兵数千人,师船奚啻十倍,何致竟无一人一船可用!"② 布兴有部踞有石浦,挟官船水勇,与官府讨价还价。咸丰皇帝除了严责无能的清军水师以外,也无可奈何,不得不接受了布兴有苛刻的招降条件。言者谆谆,听者藐藐,清军水师早已积重难返,束手无策。

第三,为"内忧"所致,受太平天国运动影响,内乱波及大半个中国,对临近太平天国首都天京的浙江影响尤为严重。招降布兴有部时,正是金田起义之时,以洪秀全为首的太平军,所向披靡,势如破竹,建立了与清政府势不两立的"太平天国",成了咸丰皇帝的心腹之患,镇压太平军也成了当务之急。海盗猖獗,"在更大的程度上,它是海上和各海口人民不满和遍地发生的造反运动的一种明显的表示"。③ 清政府无暇顾及海盗问题,只得予以招安,实行"以匪治匪"政策。金田起义爆发后,影响所及,也推动了浙江人民的反清斗争。浙江农民起义此起彼伏,风起云涌。浙江统治者忙于镇压陆上的农民起义,疲于应付,焦头烂额,海盗问题成了次要问题。罗镛招降布兴有时,"宁郡门户惟招宝山、金鸡山二处,一经闯入,风帆顺利,不过一时许便可直抵郡城,并无阻隔。城外江下一带为商贾辐辏之所,居民万户,且有西洋各国夷人在彼贸易,诸货毕集,设有盗警,关系非轻,亟应先事防范。鄞镇民情浮动,盗匪既有赴宁消息,恐此信传播,人心煌煌,自相掠扰。石浦为南北适中之地,亦难保匪船不复再来。"④ 布兴有投诚后,一部分未被遣散,又未被收编的广勇留在宁波为非作歹,段

---

① 《续修四库全书·史部·编年类·东华续录·咸丰十年》,上海古籍出版社 2002 年版。

② 《厉云官藏札》,载罗尔纲、王庆成主编《太平天国》(八),广西师范大学出版社 2004 年版,第 294 页。

③ [美]马士:《中华帝国对外关系史》第 1 卷,张汇文等译,上海世纪出版集团 2005 年版,第 440 页。

④ 《厉云官藏札》,载罗尔纲、王庆成主编《太平天国》(八),广西师范大学出版社 2004 年版,第 294 页。

光清建议以武力镇压，可臬台却摇头反对，无可奈何地说："此时乡人为乱尚不能治，敢问此辈强徒乎？自兵败而后，此辈不法行为日甚一日。"① 正是浙江各地的农民起义，迫使浙江统治者对海盗采取羁縻政策。

---

① （清）段光清：《镜湖自撰年谱》，中华书局 1960 年版，第 71 页。

元代海洋经济政策与东南海上动乱

——以温州为例

陈彩云[*]

说起明清时期的海洋经济政策，多以闭关锁国称之，其因多归根于小农经济的保守性和天朝上国思想的落后性，追溯历史原因，则是强大的蒙元帝国亡于东南海上动乱给后来的明王朝带来了巨大的心理冲击，以至于朱元璋采取有力措施，施行禁海。不过值得反思的是，明清的闭关锁国可以导致近代中国的落后，重视海上利益，被认为是奉行海洋开放的蒙元帝国又何以亡于东南海上动乱呢？

元代因国家大一统使得南北运输系统贯通以及对外海运畅通，加之货币统一和手工业发展，政府重视商业等因素，成为历史上海洋经济发展的重要时期，关于元代的海洋经济发展情况，元史学者等多有论著问世。[①]然而鉴于元代各地复杂各异的社会文化特征，要细致了解元代海洋经济的现实和变迁，更为微观的区域史研究成为必然。温州位居东南沿海，依山傍海，陆路交通闭塞，特殊的地形地貌使得海洋经济颇为发达。在北宋时期已成为对外贸易的经济要地，宋室南渡后，温州地近临安，逐步成为重要

* 陈彩云，浙江师范大学环东海海疆与海洋文化研究所副教授。

① 陈高华、吴泰：《宋元时期的海外贸易》，天津人民出版社 1981 年版；高荣盛：《元代海外贸易研究》，四川人民出版社 1998 年版；高秀丽：《元代东南地区商业研究》，博士学位论文，暨南大学历史系，2002 年；张国旺：《元代榷盐与社会》，天津古籍出版社 2009 年版等。

的对外贸易港口，入元之后，温州的海洋经济仍呈现着继续发展的态势。[①]

一 元代温州海洋经济的发展条件

海洋经济的发展离不开交通条件的改善，由于温州特殊的地形地貌，三面均有崇山峻岭阻隔，温州和外界的陆路交通颇为不便，南宋以来温州对外大宗货物贸易一般依赖海运，而区域内部之间的大宗货物运输也依赖内河联运。元末曾任永嘉县尹林泉生说："郡四封外皆崇山峻坂，溪流激湍，行者病其险，至郡境则平衍千里，江河沃流。"[②] 温州河流水量充沛，瓯江为终年可通航的河道，是上游处州、婺州等货物从港口出口的重要通道，还有飞云江（主要流经瑞安），鳌江（主要流经平阳、苍南）。自唐至宋，以大规模的水利开放为契机，温州平原上的交通状态得到大规模改善，乐清、永嘉、瑞安、平阳等地平原地区开挖的人工河道纵横交错、航船穿梭，人员和物资往来甚为便利。[③] 通过运河形成以温州城为中心的四通八达的内河水运网，再配合漫长的远洋和沿海贸易航线，使得大宗货物的运输费用下降到极低水平，这些交通设施和航线在元代亦发挥着重要的作用。值得指出的是，尽管元代温州境内也有发达的驿站系统，但其主要出于政治军事需要，历来为官府修筑，民间的道路经过几代修筑，至附近地区的陆路交通也逐步沟通，但更多是为了个人出行，货物运输依靠人力或畜力，运量小且运输费用大，这些路线需要穿越众多的山口和峡谷，使得价值低的大宗货物几乎不可能通过陆路运输。

水运成为大宗货物运输的最主要方式，在瓯江边的江岸还专门设置码头，除了方便官员往来外，还便于商船往来运输货物，以致在岸边形成了商品的集散市场。黄溍说："温为郡，俯瞰大海，江出郡城之后，东与海合，直拱北门，枕江为亭。……亭之西为市区，百货所萃，廛氓贾竖，咸

---

① 张健：《宋元时期温州海外贸易发展初探》，《海交史研究》1988 年第 1 期。

② （明）王瓒等纂：《弘治温州府志》卷一九《词翰》，《天一阁藏明代方志选刊续编》，上海书店 1990 年版，第 956 页。

③ 吴松弟：《温州沿海平原的成陆过程和主要海塘、塘河的形成》，《中国历史地理论丛》2007 年第 2 期，第 5—13 页。

附趋之。江浒故有大石堤，延袤数千尺，舍舟登陆者，阻泥淖不得前，其俗率于堤之旁为石路，外出以属于舟次，为之马头。凡为马头者二，一以俟官舸，一以达商舶云。"① 在国内，温州开通了不少于国内知名港口的航线，潮州港还和温州港有商业往来，"潮（州）去广（州）二千里，……岸海介闽，舶通瓯吴及诸蕃国"②。文中的"瓯"概指温州。不仅是潮州，当时温州和广州也有商舶往来。平阳人宋允恒为德庆路（今广东肇庆）蒙古字学正，后因才能，有益言于官长，被当地官员留在广州，其为孝子，经常经海舶奉物父兄，"其为学正巡检，计口用俸，而归其余赈宗族之匮乏者，虽在岭南得异味，辄附海舶，奉其父兄"③。温州港至帝国中心大都城的海上航行也相当方便，平阳人陈高有诗赠友人回京说："北望燕山倚舵楼，水程十日到通州。"④ 若所言不虚，陈高所居之温州南部平阳州至大都门户通州仅需十日航程。

温州城瓯江边港口连接着北部台州、庆元、太仓等港口，甚至要远达大都等地，其航线大体经过乐清沿海地区，有山名凤凰山者，元时为海商所集。元末乐清诗人朱希晦有诗《送天衢首座还故山》云："凤凰山上瞻华盖，师住白云知几重，海日楼台金翡翠，天风亭榭玉芙蓉。"明代其七世孙朱谏重刻其诗集注云："凤凰山今在海中，去永嘉界可三百里，元时航商所集，国初禁绝以杜倭寇。"⑤ 温州北上方向航线的船只大体沿乐清沿海航行。先经名山（今在北白象镇），如："名山，去县西四十里，在茗屿乡下岸山，高十丈，海舰皆以为准"。中间则要经过窑奥山（今在虹桥镇），"即丫髻山，去县东五十里，山北曰山门乡，山南瑞应乡，绝高，海舰皆以为准"。北上经玉环至台州海面，需要经楚门山。"楚门山，去县东南一百九十里，在玉环乡海中，其峡如门，广二十步，海舰皆由此出入。"⑥ 从诗注"国初

---

① （元）黄溍：《金华黄先生文集》卷九《永嘉县重修海堤记》，《中华再造善本》影印上海图书馆藏元刻本。

② （明）解缙等：《永乐大典》卷五三四五，《四库全书存目丛书补编》第63册，中华书局1959年版，第471页。

③ （明）苏伯衡：《苏平仲集》卷一三《宋君墓志铭》，四部丛刊影印正统间刊本。

④ （元）陈高：《不系舟渔集》卷九，《元人文集珍本丛刊》影印民国敬乡楼丛书本，台湾新文丰出版有限公司1985年版，第365页。

⑤ （元）朱希晦：《云松巢诗集》卷二，温州图书馆藏道光癸巳刻本。

⑥ 《永乐乐清县志》卷二《天一阁藏明代方志选刊》，上海古籍书店1981年版。

禁绝以杜倭寇"来看，温州海外贸易的衰落是洪武时期倭寇的侵扰以及政府随之实行的海禁政策，温州大规模对外贸易时代才告结束。

海洋经济发展除了开辟贸易航线外，还需要发达的造船业支撑。温州沿海港湾众多，造船业自三国东吴开始就是重要的造船基地。而元代海洋经济发达重要表现就是拥有具备远洋航行、抵御狂风巨浪的巨大舰船，这种船只的建造技术，同在内河航运小船有着天壤之别，而温州在南宋以来就能生产远洋航行船只。元初世祖至元期间征东南亚的爪哇，温州也是南征舰船制造基地。时任温州路总管的夏若水亲任其事，以减轻民众负担。"朝命造征爪哇船，若水虑吏胥病民，令民备材，躬董其役，民咸德之。"①元末还在温州南部平阳州制造官方舰船，"明年（至正七年 1347 年）春新任太守通州岳侯（岳祖义）承露，委督造舡事于南鄙之钱仓，公实与侯共事"。②官府造船可能为粮食海运，也可能为海防需要。明初，温州仍能制造远涉重洋的巨舰。黄淮（1367—1449 年，字宗豫，号介庵，永嘉人）回忆自己在家乡看到巨舰建造说："余家海隅，见造巨舰以涉海者，实以万钧镇重而不摇，驾风涛，泛溟渤，如履平地，盖其量宽而有容虚以受盈，求益之道也。尝窃羡慕，以为世有若而人，则愿与之游以扩吾志焉。"③驾驶此等巨舰远洋航行，如履平地，可见温州造船业之发达。

海上航行的知识技术性很强，需要长期从事才能获得，组织性也很强，需要大批熟悉沿海海况和航海知识的人，才能娴熟驾驶海船，元代温州海洋经济发达还在于形成一些航海世家，世袭为元政府服务，从事海运业务。乐清名族海运世家楚门戴氏就是为官府专门从事运粮而发家的海运千户。至正十四年（1354 年），脱脱征张世诚的高邮之战，戴氏族人还率舟舰驰援。至正二十一年（1361 年）秋九月，送南下征粮的户部尚书李士瞻到温州南部的平阳州、福建沿海等地征粮，李士瞻说："其属县乐清，其所谓戴氏者，又为是郡之名族也。戴氏昆季三人，长某，不幸早逝，次国荣，近以功授千牛官，次国宾，尝为海道千户。……余以天子命，奉使闽粤，其

---

① （明）王光蕴等：《万历温州府志》卷九《治行》，温州图书馆藏明万历刻本。
② （元）史伯璿：《青华集》卷一《送平阳镇守千夫长东平忽都达尔公序》，温州图书馆藏旧抄本。
③ （明）黄淮：《介庵集》卷四《益斋记》，民国敬乡楼丛书本。

舟即戴氏舟也。"① 方国珍崛起于东南沿海之时，戴氏家族还与其联姻。在南部平阳州也有汤氏、郑氏家族为元朝担任粮食海运任务。元末方国珍之侄方明善治温时期，台州人刘仁本担任温州路总管，在记载一位汤氏节孝妇时谈其出身时就说："汤氏名某，永嘉郡平阳邑白沙里人，海道运粮千夫长某女也，婉静有仪，及笄，而归同乡右族郑瑞，瑞之先闽人，五季时徙居儒立里，自瑞祖武德君以上，世授五品漕运官。"② 汤氏出身于平阳海运世家，出嫁于郑氏，而郑氏自祖上同样是为元朝服务的海运官。

二 温州海洋经济的类型

海洋经济是人类开发利用海洋资源和依赖海洋空间进行经济活动，在古代主要包括海洋渔业、交通运输业、海洋贸易、海盐业等。

（一）沿海渔业

温州靠山面海，耕地资源紧张，海洋渔业一直是沿海居民赖以为生的传统职业，自古此地就是"饭稻羹鱼"的地方。宋代渔业颇为兴盛，除了捕捞自食外，还在鱼市交易补贴家用，随着捕捞技术的不断发展，一些珍稀鱼种还被作为土贡送往京城。据《元丰九域志》、《宋史》等记载温州在宋代就上供鲛皮（鲨鱼皮），可见捕捞技术之高，业已具备相当之规模。入元之后，沿海民众生活仍旧。在乐清楚门（今属玉环）大多以渔为业，"海天日暖鱼堪钓，潮浦船回酒可赊。傍水人家无十室，九凭舟楫作生涯。"③ 在南部平阳等地，不少民众也是依赖渔业为生。平阳人陈高介绍："温之平阳有地曰炎亭，在大海之滨，东临海，西南北三面负山，山环若箕状，其地可三四里，居者数百家，多以渔为业。"④ 一些地方形成以专业捕鱼的村镇。渔民的海产品购销方式除了"担鲜"贩卖、加工销售外，还有海上购

① （元）李仕瞻：《经济文集》卷五《赠戴氏序》，湖北先正遗书本。
② （元）刘仁本：《羽庭集》卷六《郑节妇汤氏节孝传》，《文津阁四库全书》第406册，商务印书馆2005年版，第295页。
③ （明）王瓒、范芳纂，胡珠生校注：《弘治温州府志》卷二二，上海社会科学院出版社2006年版，第1249页。
④ （元）陈高：《不系舟渔集》卷一二，台湾新文丰出版有限公司1985年版，第398页。

销的方式，即渔船在海上把捕捞到的海产品直接销售给运销船，由运销船将收购的海产品运往陆地再进行销售。元代延祐年间赵许为温州路推官曾经处理过一起海上购销的纠纷。"乐清县民陈渔于海，它舟贳（意为赊欠）其钓鱼，陈舞秤以绐（意为欺诈）之。"双方诉讼纠纷造成陈年冤案，由赵许细查加以平反，渔民欢声动海上。①

（二）盐业

温州地处浙江沿海，拥有漫长的海岸线和滩涂，自古以来就是重要的海盐产地。元代继承了南宋以来温州所建立的盐场，从乐清湾到平阳沿海分布着五大盐场。乐清县有两个盐场，"天富北盐场盐课司在乐清县玉环乡三十三都，元在三十六都海岛中，设司令、司丞监办盐课。长林盐课司在本县长安乡六都塔头，宋政和元年创，元仍其旧，设司令、司丞监办盐课"。② 永嘉县有永嘉盐场，在二都永兴。"永嘉场在二都，东临大海，其乡一至五都。"③ 瑞安州有双穗盐场，就是现在的场桥街道，"双穗场盐课司在崇泰乡长桥，宋元名为双穗盐场"。④ 平阳沿海边有天富南盐场，在十一都南监。"天富南盐盐课司，先在东乡，宋乾道迁十一都，元初复仍旧址，至元间徙市南河西，明洪武八年徙芦浦。"⑤ 天富南盐场司时常迁徙的原因大概为台风海潮冲击所毁，平阳大族陈氏自五代时由福建长溪迁居于天富南盐场附近，元大德年间全家与盐场俱沦丧于海潮中，仅有陈谦者以身免。⑥《弘治温州府志》卷五《水利》记载，大德元年丁酉（1297 年），天富南盐场沙塘陡门与附近俱荡于海溢。

（三）商业贸易

特殊的地貌使得温州对外贸易更多取道海洋，水路北达台州路、庆元

① （元）王沂：《伊滨集》卷二四，《文津阁四库全书》第 403 册，商务印书馆 2005 年版，第 748 页。
② 《永乐乐清县志》卷四《盐场》，中华书局 2000 年版。
③ （明）王叔杲、王应辰等：《嘉靖永嘉县志》卷三《食货志》，《稀见中国地方志汇刊》第 18 册，中国书店 1992 年版。
④ （明）刘畿、朱绰等：《嘉靖瑞安县志》卷二《建置志》，《稀见中国地方志汇刊》第 18 册，中国书店 1992 年版，第 670 页。
⑤ （宋）林景熙：《霁山先生文集》卷一《商妇吟》，《知不足斋丛书》本，中华书局 1962 年版。
⑥ （元）陈高：《不系舟渔集》卷三《商妇吟》，第 330 页。

路、平江路，南达潮州、广州等地。温州在入元之后，国内外商业贸易继续发展。在当时人来看，温州绝对是个商业发展极度发达的地区。[①] 温州在元代属上路，不仅人口众多，而且本地商品经济活跃，商税收入相当丰厚。元代设置税课提领的条件要在岁入三千锭以上，全国共二十一处，温州就是其中一处，同级别城市还有建康、吉安、泉州、庆元、镇江、福州、成都、保定等大路。[②] 至顺二年（1331 年），柳贯送同乡赵大讷到任永嘉县尹时说："永嘉在浙水东，为大县矣，而索言其大，则非谓版籍之蕃庶，有土著而无冗食也，非谓土田之广斥，生物滋而用物饶也。又非谓邑屋之富丽，珍货萃而市贾充也。"[③] 可见，在当时来看，温州的不同之处不在于人口众多，而是农业生产薄弱，而商品经济发达。成宗元贞二年（1296 年）二月，温州人周达观奉命出使真腊，即从温州随商船开洋，经福州、泉州、广州、琼州等海口外洋，直到目的地。

温州不仅内贸上居于重要港口地位，而且海外贸易亦甚发展，以至于本地商业气氛浓郁。元末宋濂就说："永嘉为海右名区，南引七闽，东连二浙，宦车士辙之所憩止，蕃舶夷琛之所填委，气势熏陶，声光沦浃，人生其间，孰不闻鸡而兴，奔走于尘土冥茫中以求，遂其尺寸之欲。"[④] 浓郁的商业氛围，加之丰厚的商业利润，吃苦耐劳的温州人不顾艰辛，多奔走海外各地从事商业贸易，以求生计。如平阳人王文佑，字子寿，为当地富家，经常接济贫穷族人。"君之于族人也，聪明材俊者必资之使学，无以为生者，必召而与之子本，使为商贾。"[⑤] 族中青年如果读书仕宦无望，就使以商贾为职业。元代特殊的政治歧视政策使得温州人很难在仕途有大的作为，迫使其精力多转向别种方式谋取发展，甚至贩鬻以为商贾。元代温州诗人留下一些咏叹商妇思夫的诗篇，反映了当时温州商业发达的社会现象。元初林景熙诗《商妇吟》："良人沧海上，孤帆渺何之，十年音信隔，安否不得知。长忆相送处，缺月随我归，月缺有圆夜，人去无归期。"元

---

① 《永乐大典》卷一五九四九，《四库全书存目丛书补编》第 71 册，中华书局 1959 年版，第 139 页。

② （元）脱因、俞希鲁：《至顺镇江志》卷一九《仕进》，《宋元方志丛刊》第 3 册，第 2863 页。

③ 《永乐大典》卷一五九四九，中华书局 1959 年版，第 146 页。

④ （元）陈高：《不系舟渔集》卷九《即事漫题十首》，台湾新文丰出版有限公司 1985 年版，第 366 页。

⑤ 《阁巷陈氏清颖一源集》卷一《覆舟行》，温州图书馆藏道光五年瑞安陈锡三摆印本。

末陈高有诗《商妇吟》云："嫁夫嫁商贾，重利不重恩，三年南海去，寄信无回言。妾身为妇人，不敢出闺门，缝衣待君返，请君看泪痕。"此诗的"南海"当为东南亚。这些诗文说明温州沿海从事海外贸易的商人之多。

（四）粮食海运

元代的航海事业由两部分组成：一方面是以贸易为主的航运，向东到日本，向南到东南亚和印度洋地区；另一方面是以粮食运输为主的海运，每年经海道从江南输往元大都的粮食，先后持续七十余年，规模庞大。温州在至大四年（1311 年），设置温、台海运千户所，设置的原因是温州征发船户越来越多，便于就近管理，催发启程，并发放脚价银。"庆绍温台所，即系并改运粮，一切事务，令各官前去规办，拟于温州开置治所，取勘船只给散脚钞，催督起发。"① 千户所下面还设置百户来管理船户，"焦礼，字和之，其先高邮人，居京口。壮岁游京师，言海运，授进义校尉瑞安县，管领海船上百户。"② 元时瑞安县尉从九品，主掌捕盗，兼管领海船可能是海运兴起后职责的调整。而温州地区参与元代海运的船只数量，只有至顺元年（1330 年）的统计，据载当年全国有 1380 只船参与海运，而温州有"平阳、瑞安州飞云渡等港七十四只，永嘉县外沙港一十四只，乐清白溪、沙屿等处二百四十二只"③。总计温州共有 330 只船，约占全国总数的 24%，可见温州在全国粮食海运中的地位。

三 元代温州海洋社会经济政策的弊端

以往对元代海洋政策评价往往单独指出其重视海外贸易、对外开放的一面，但较少整体分析其海洋经济政策，剖析其得失。兹以温州为例，管窥元代的海洋经济政策对当地社会的影响。

① （明）解缙等：《永乐大典》卷一五九四九，中华书局 1959 年版。
② （元）脱因、俞希鲁：《至顺镇江志》卷一九《仕进》，《宋元方志丛刊》第三册。
③ （明）解缙等：《永乐大典》卷一五九四九，中华书局 1959 年版。

（一）海运征发影响渔民生计

自古至今，沿海从事渔业捕捞的渔民都不轻松，需要和大自然搏斗而赢得生计。在平阳地区，"濒海居人不种田，捕鱼换米度长年，钓船渔网都狼藉，老稚流离哭向天。"① 对温州渔民威胁最大的自然灾害是频繁的台风。在瑞安，大德七年（1303 年）十月望夜遭遇大风潮，沿海渔业者甚众，大风覆舟，哭者比屋，阁巷人陈昌时因感而赋："千尺飞涛割空碧，生命应悬水官籍，我儿已死前夜风，邻屋归来报消息，市中竞利争刀锥，此底悲辛那个知。"② 然而渔民不仅有覆舟而死海之忧，还要面对来自政府的苛索。元代地方官府多不顾渔民安危，驱使捕捞之渔船从事远洋粮食运输，耽误渔民自身生计不说，还有随时葬身海上的危险。即便侥幸生还者还需要为海难事故负责，出卖自己的船只赔偿官府损失的粮食，还经常为拿不到及时足额的脚价银而苦恼。

有记载，至大二年（1309 年）开始，夏吉甫等温州船户就曾运粮到大都，日后不断。由于温州等地是新加入海运税粮的地区，产生了脚价即运价的支付问题。从温州港到大都，比之原来的浙西太仓港到大都的运输成本明显不同。航程增长几千里，修理船只费用上升，加之浙江沿海海况复杂恶劣，夏秋多台风，岛礁密布，船覆人亡概率上升，加以路上时间增长，船户自身所需口粮亦较浙西地区为多，如果按照浙西地区标准支付脚价银，那温州等地运粮船户势必破产，于是船户纷纷上诉说明情况，要求增加脚价银，并得到官府重视。温台等处海运千户所转呈船户夏吉甫等申告状向江浙行省做了报告，请求考虑实际情况，并援引至大四年（1311年）浙西船户到福建运粮时，朝廷亦曾添置脚钱为例，请求增加温台等地船户的脚价银。江浙行省考虑到此次至大四年温台船户运粮颇不顺利，由于遭遇海上飓风，船只被风覆没，在直沽卸欠官粮，被迫出卖等船五十六只，二万六千二百三十料以补亏欠。加之温州、台州等地路途遥远，物价上涨，修理船只费用上升，抚恤海难船民等因素，提出把温台等处脚价银添至元钞一两，增至至元钞三两的建议，并未得到中书省户部的同意，

---

① （元）陈高：《不系舟渔集》卷九《即事漫题十首》，台湾新文丰出版有限公司 1985 年版。
② 《阁巷陈氏清颖一源集》卷一《覆舟行》，温州图书馆藏道光五年瑞安陈锡三摆印本。

仅同意加二钱。"户部回议得，温台庆元顾到船户经涉海洋，既比两浙程远，每石带耗量添脚价至元钞二钱，通作至元钞二两二钱。"①

承运漕粮是沿海船户的沉重负担，下层民众为应官府差役不得不卖儿女来应付，内中悲苦不可言状。《永乐大典》引元代修纂的《经世大典》中记载"温州路船户陈孟四将一十三岁亲女卖与温州乐清县傅县尉，得中统钞五锭，起发船只。"连编撰者也不得不疾呼"此等船户，到此极矣。"海运千户所掌握着船户脚价银的发放，贪污者有之。泰定四年（1327年），朝廷还派以廉能著称的常熟江阴等处海运副千户杨梓前往整顿温台等地海运千户所，严惩贪官。"居官以谦介称，被省檄给庆绍温台漕挽之直，力划宿蠹培尅之弊，绝无所容。"② 可以说，为官府承担海运任务是沿海渔民一大沉重负担，也是元朝政府的苛政之一。

（二）食盐法的实行

元朝海洋经济的苛政之一还表现在海盐业上。一般而言，为防私盐泛滥，影响国家税收，一般来说盐场附近和沿海地区采取以计口而赋的食盐法，在温州即是如此。所谓的"食盐法"根本上就是按照户口人数强行分摊盐赋，按国家需要来征收盐课，而不是卖出去多少盐，这个方法叫椿配法。在元代，"食盐椿配，害民为甚"，食盐法激化本来就严重的社会矛盾，实行强行推销的办法，加重民众负担，加上胥吏上下其手，民众苦不堪言。元末温州大儒史伯璿指出"自至治以来，为弊日甚一日。数载以前椿配，抑勒使民占认，乡都之民至有卖田鬻妻子以充盐价者，又不及数，则笞箠逮曳，不胜惨酷，有力者则散而之四方，无力者自经于沟渎。"③ 食盐法造成的盐户日益逃亡，而广大民众被迫淡食或冒险购买私盐。为"爱民"的温州地方官所深深忧虑。有责任心的官吏力图使"食盐法"能够按民众实际承受能力或田土数量分配赋额，达到均平的目的。蒋葵至元时期曾经在两浙转运司为胥吏，深知盐政弊端，大德年间任职于

① （明）解缙等：《永乐大典》卷一五九四九，中华书局1959年版，第139页。
② （元）黄溍：《金华黄先生文集》卷三五《松江嘉定等处海运千户杨君墓志铭》，《中华再造善本》影印上海图书馆藏元刻本。
③ （元）史伯璿：《青华集》卷二《代言盐法书》，温州图书馆藏旧抄本。

温州路平阳州，根据民众财力计口而赋，并安排熟悉民间情况的"里正"掌之。"州之盐课无籍，累贫民，君为视民田多寡以定其赋，委里正掌之，民利其便。"① 由于吏治腐败，实际民众购买的官盐价格比额定价格高出不知凡几，而且仓官克扣，缺斤少两，民愤极大。

（三）市舶停废

元王朝建立之初，重视海外贸易，温州与泉州、上海、澉浦、庆元、广东、杭州一起作为当时重要外贸港都重置市舶司。② 到至元三十年（1293 年）四月，从行大司农燕公楠、翰林学士承旨留梦炎言，以温州市舶司并入庆元，杭州市舶司并入税务。撤并市舶的原因应该是来自当时大规模的对外贸易体制整顿。市舶司专门制定"市舶则法二十一条"，对海外贸易进行控制，为防止商人偷逃税款及夹带违禁物品，江浙行省在舶商回番之际，要派官员登船抽解，监督抽分过程。温州市舶司税则与其他市舶一样，粗货十五分中要一分，细货十分里要一分，所得货物一部分上供朝廷，一部分由市舶司在当地出售。

温州市舶司撤并之后，元朝政府严禁海外商船未经批准到温州贸易，私自贸易的货船甚至有被查扣充官的危险。江西乐平人彭天俊时任职贵溪主簿，素有廉名，"江浙行省檄君封商舶于温州，往时犀珠错落，贿及僮吏，君一皆禁止之"③。贸易品大多为犀角、珍珠等奢侈品，走私贸易查扣成为官员中饱私囊的大好机会，"廉洁自持"分内之事已经是"真廉"之士才有的德行了，江浙行省为防止腐败，特意从江西行省调派官员来主持其事。吏治腐败，胥吏横行、趁机勒索舶商，多有谋求私利之事，温州商业贸易也难免受到一定的阻碍。不过从文献记载来看，撤并市舶司并非温州海外贸易的终结，只是必须要来庆元市舶司办理完税抽解的手续而已，温州依旧是海商出没之地。

---

① （元）黄溍：《金华黄先生文集》卷三七《从仕郎绍兴路诸暨州判官致仕蒋府君墓志铭》，《中华再造善本》影印上海图书馆藏元刻本。

② （元）苏天爵：《元文类》卷四〇《市舶》，商务印书馆 1958 年版，第 541 页。

③ （元）危素：《危太朴文续集》卷五《故从仕郎襄阳路谷城县尹彭君墓志铭》，《元人文集珍本丛刊》第 7 册，第 542 页。

四　元末的温州海上动乱

温州海内外贸易发达，官员富商来往全国各地亦多从海路，盐场又多分布在海岸线上，可以说大量公私财富就集中在沿海岸的贸易线和海岸边，是故沿海渔业船只与往来商船的秩序维持颇为重要。但是不当的海洋经济政策使得海寇成为元代温州危害社会稳定的重要势力。沿海海贼之中躲避赋役而亡入海岛的船户为数不少。逃亡沿海船户不少从事私盐贩卖以谋生。大德年间，王安贞任永嘉县尹时，亦雷令严禁私盐贩卖，严肃打击走私行为。"其在永嘉，地滨海，饶咸醎，豪户若民通岛夷贸鬻，官弗能制，轧于运司总府，前令职是失职者相望。公戒严条禁，察尤者填之法，奸伪以息。"① 打击私盐问题本是两浙盐运司的职责所在，县级责任负有协助之责。

当然海盗的成因复杂，不仅是私盐贩卖的问题，元代后期撤并温州市舶司，许多商人和民众废生失业，元代中后期不少沿海居民以走私贸易和贩卖私盐为谋生手段，最终元末的时候海寇已经形成一定规模，成为政府不可控制的因素。史伯璿就说："自古盗贼莫甚于海寇，盖以鲸波万里，白昼犹夜，聚散往来，无有定着，不可得而掩捕之也。……今之海寇不过蒿师渔子之俦，相聚劫掠以图口腹而已，何能为哉？但凶徒恶党，所聚众既拦截海面，而客舟不可行矣。"② 大规模海盗袭扰，导致商旅不行，同时沿岸居民多遭剽掠，极大破坏温州的稳定，官方深以为忧。

盗贼的猖獗和元代维持海洋秩序措施的弊端有着很深的关系，首先为官府畏盗不捕。史伯璿说当时捕盗情况时说："盖牧民之官，素非谙识海道之人，彼见洪波怒涛，汹涌无际，固已胆丧而魄褫矣。况又使其冒犯猾贼之锋刃，则彼下海之行，惟有见之公移而已，舟未及行，固已问幽闲林壑，贼所不到之处，以为避贼之所矣。"③ 元代军官世袭制度的恶果就已

---

① （元）许有壬：《至正集》卷五七《故朝列大夫饶州路治中王公碑铭》，《北京图书馆藏古籍珍本丛刊》第 95 册，书目文献出版社 1998 年版，第 293—294 页。

② （元）史伯璿：《青华集》卷二《上宪司陈言书》，温州图书馆藏旧抄本。

③ 同上。

经体现，南方多海洋和河道，温州更是河网密布，沿海港湾众多，海岸线绵长，而捕盗之官，由于军官和军人世袭制度往往率多北人，又不信任南方汉人，严禁汉人持有武装。北人大多不习海战，一见海上大风涛，大致已经破胆，多移舟至盗贼不到的偏僻地方躲避，既避免上司畏贼不出的责罚，又可免与海盗交战而丧命。捕盗之官，畏海盗如虎，文书往来之间，海盗已预先了解官府计划，官府大举而来，则相戒逃避，若小股而来，则协力抗拒，不为无益，反而扰民。

其次，官盗勾结分赃。平阳州天富南盐场设置巡检司严查私盐贩运，然而"贩私盐者，跋山而出，遵海而趋，动以千百成群，往往多处州、建宁，负固走险，凶兇不逞之徒，涉历本州地界，公然操刃，往返各处，巡禁在官之人，袖手莫敢拦截，不过取索买路钱而已。"① 私盐贩卖者乃是组织性极强的队伍，常年出海逐利，出生入死，养成彪悍不畏死的作风，经过温州各地的时候，巡查官员只能索取买路钱而已。

就加强地方上军事力量建设，增强捕盗能力，史伯璿提出要训练沿海舟师熟悉水战，严格赏罚制度，勇者赏、怯者罚。他说："俾其期夕就海面上，教习军人以水战之法，却又于众军官中，其尤长于水战者，使之时时点阅。量其技之优劣而赏罚之。"除此之外，史伯璿还提出要动员民间力量为官府所用，这也说明元代后期地方军事力量衰败，不能维持地方稳定，故而汉人持兵器之禁则稍松。他上书肃政廉访司官员说："募近海有舟之人，使与官军逐捕者赏格，且不征其所获贼以劝之，此则捕贼军民皆尽其杀贼之长技者，又况我众彼寡，贼之所至，我亦至焉。无约会往来之消息可向，何畏于贼，何疑于官，自是人自有勇其矣。于捕寇也，何难之。"② 他举例指出瑞安州知州、畏兀儿人三宝柱已在瑞安行此法，颇为有效，可以推广效法。史伯璿之说可谓有的放矢，若能实行，确为地方缉捕海盗之助。不过民间捕盗，不由控制也会造成有人挟私报复，诬陷良民，造成冤案。在元代，官场积弊甚深，诬良为盗时有发生。即便地方士人助官府捕盗，亦有被地方官夺功抢赏，甚至被诬为盗贼。"温州路平阳州民倪景元尝捕海寇，后为怯烈州判及其子雅古攘其功赏，反以倪为贼，

---

① （元）史伯璿：《青华集》卷二《上盐禁书》，温州图书馆藏旧抄本。
② （元）史伯璿：《青华集》卷二《上宪司陈言书》，温州图书馆藏旧抄本。

遂枉问于连沈贵宁，拷掠死，仲温察倪冤，怯烈坐罪，减死一等，倪冤获伸。"① 文中之"仲温"即为元末名臣高昌人左答纳失里，原任温州路总管，时任浙东海右廉访副使，以平反冤狱得名。元代虽然由巡检司和县尉等专司捕盗事宜，然而地方长官也介入较大规模的捕盗，并对县尉捕盗予以监督，特别是影响重大的大案要案。永嘉县滨海，民多私通海外贸易，官府缉捕甚急，有人诬张明一为海盗，逮系三十人，经过初步审判，狱具已成。县尹王安贞"具察其冤，释之，同官果争，公曰：'理冤，令职也。苟失出，令自坐。'未几，得真盗。其人相率绘公像祠之。"② 要不是王安贞不顾"同官"反对，执意平冤，释放无辜民众，只怕此人已成刀下之冤魂矣。

自元中后期开始，由日本诸岛的武士、浪人和奸商等组成的"倭寇"就时常对东南沿海地区进行骚扰和劫掠，明初开始，倭寇更是同方国珍余部联合在一起，出没沿海地区为害地方，由于地理位置的原因，温州是明代倭患最为严重的地区之一，洪武初年（1368年）温州卫指挥佥事王铭重修温州卫所就表示："臣所领镇，岸大海而控岛夷"③，防卫倭寇侵扰是温州卫的重要职责。洪武五年（1372年）夏，倭寇登岸肆虐平阳县南部，沿海居民望风而逃，平阳镇守王某率士卒星夜赶往，杀伤倭寇大半，余者登船而逃。④ 为应对侵扰，洪武时期在温州沿海设置诸多卫所，如金乡卫、盘石卫、海安所等，同时闭关锁国，全面实行海禁。强迫沿海居民迁居内地，烧毁房屋，温州府所属玉环岛居民几千家，也都被迫放弃。为防止沿海居民勾结倭寇骚扰沿海地区，禁止民间运货出海从事贸易，禁止从海外运回洋货回国销售，甚至禁止民间私自建造船只，严禁将本地出产货物卖给外来商人，乃至禁止民众下海捕鱼，违者正犯杀，全家发边卫充军，不少民众深受其苦，"守平阳者以其地岸大海，过于关防，民举足辄

---

① （元）郑元祐：《侨吴集》卷一二《江西行中书省左右司郎中高昌普达实立公墓志铭》，《北京图书馆古籍珍本丛刊》第95册，第826页。

② （元）许有壬：《至正集》卷五十七《故朝列大夫饶州路治中王公碑铭》，书目文献出版社1998年版，第294页。

③ 《苏平仲文集》卷三《王铭传》。

④ 刘绍宽等：《民国平阳县志》卷六五《文征内编》，民国十四年铅印本。

获戾"①。洪武时期矫枉过正的海禁政策对温州海洋经济打击甚重，不仅断绝众多老百姓的生计，还使自宋、元一直繁荣的温州海外贸易一落千丈。

五　结语

综观蒙元统治下的温州，得天独厚的地理条件使得延续南宋以来的经济基础，作为东南沿海港口城市，海洋经济仍有一定的发展，以渔业弥补耕地不足带来的粮食短缺，促使乡村小农经济稳定，以盐业、商业、海运、对外贸易等促进温州的对外开放，继续保持着全国重要商业城市的地位。但元代吏治腐败一定程度上加重了对温州经济资源的掠夺，船户、盐户等诸色户计制度加强了人身奴役关系，不当的海洋经济政策使得脱离政府控制的私盐贩卖和走私贸易发展起来，至元末海上动乱乘势而起，最终元朝因为海上粮食运输的生命线被切断而覆亡。元代海洋经济政策的教训在于虽然认识到海洋经济的重要性，加以积极发展海上贸易、粮食海运、海盐业等，海上利益在元王朝的整体利益中分量加重，但在元代诸多苛政的影响下，管理颇为混乱，大量财富和人员往来于海上，海上冲突和海上争斗不断扩大，脱离元政府控制的海上势力也逐步形成，最终元朝海上控制力量薄弱导致无法驾驭海洋。明初定都东南，海上威胁近在咫尺，为政权安全和稳定出发，防止东南沿海地区的张士诚、方国珍残余势力和倭寇联合威胁新生的明政权，而采取了严厉的海禁政策。

---

① （明）苏伯衡：《苏平仲文集》卷三《谢成传》，四部丛刊影正统间刊本。

航运与海港

上海走向海上：从河运港市到远洋深水港的发展例证

刘石吉[*]

一 上海港市的形成发展与历史沿革

上海为目前中国的首要城市，但历史上，现今上海西部约在 6000 年前始成陆，现辖市区完全成陆约在第 10 世纪前期。唐代设华亭县（县治在今上海松江区），境内的青龙港原是三国时吴孙权战舰停泊地。青龙镇是吴淞江下游起点，为当时的重要贸易港，但此后吴淞江下游淤塞，逐渐丧失往日繁华及良港的地位。彼时华亭辖下的上海仍是荒凉渔村。

唐天宝五年（746 年）在今青浦东北的吴淞江南岸设置青龙镇，直属华亭县。随着吴淞江上游地区的开发与贸易发展，青龙镇成为上海地区最早的贸易集散地，此镇也成为最早的上海港，号称"小杭州"。其时苏州、秀州（嘉兴）、常州、湖州，福建漳、泉，浙江明、越、温、台诸州，甚至南洋、日本、新罗等地的商船均来此贸易。宋代在此镇设有巡检司及镇将，兼管财政，又增设了官廨、镇学、茶务、盐务、酒务等税场、监狱、官仓等。南宋于此镇设市舶务，青龙乃从民间的商港，上升为政府官方的对外贸易港，可说是上海最早的出海港口。船运贸易成为古代上海地区经济的重要支柱，是上海以港兴市、因商兴旺之源；至今尚存在"先有青龙港，

---

* 刘石吉，台湾中研院人文社会科学研究中心暨近代史研究所研究员。

后有上海浦"之谚语。①

南宋末年由于吴淞江日益浅狭,海舶通行困难,港口渐移至太仓的刘河港,青龙镇日渐衰落。由于海岸的延伸,吴淞江南岸的支流上海浦逐渐变为上海的主要黄金水道,船只寄舶于日后十六铺附近的江岸。宋熙宁年间(1068—1077年),青龙镇的贸易中心转移到华亭东北地区,此地由渔村变成了小镇,咸淳三年(1267年)在此新设镇治,即上海镇。元代以后青龙镇逐渐荒落;明嘉靖年间虽在此新设青浦县,但县治旋由此徙迁唐行镇,此镇之繁庶大不如前。明嘉靖年间倭寇之乱,更予青龙镇致命的打击,从此沦为寒村。②

唐宋之后,中国经济重心南移,上海逐渐崛起于历史舞台。华亭县建置于天宝十年(751年),属秀州,南宋孝宗时秀州改称嘉兴府,入元后,华亭成为新置的松江府治所。③华亭从县治到府治,反映了与时俱进的发展,及与日俱增的人口。宋人笔下曾喻华亭为东南一大县:

> 亭据江瞰海,富室大家、蛮商泊贾交错于水陆之道,为东南一大县,北马南渡,所过燔灭一空,而华亭独亡恙。④

① 以上论述参阅最近上海市档案馆主编《上海古镇记忆》(东方出版社2009年版)一书中第110—118页有关青龙镇的部分。陈高华、吴泰《宋元时期的海上贸易》(天津人民出版社1981年版),第117页。《上海志》(弘治)(上海书店1990年版),卷二记此镇云:"青龙镇,称龙江,在四十五保,去县(按:上海县)西七十里,瞰松江上,据沪渎之口,岛、夷、闽、越、交,广之途所自出。昔孙权造青龙战舰于此,故名。宋政和间改曰通惠,后复旧称,市舶提举司在焉。时海舶辐辏,风樯浪楫朝夕上下,富商巨贾,豪宗右姓之所会也。人号小杭州。"

② 顾祖禹《读史方舆纪要》卷二四:"青浦旧县,在今县东北三十五里,故青龙镇也。其地下瞰吴淞江,据沪渎之口,自昔为海舶辏集之所。唐置镇于此,为防御要地,以在青龙江上,亦曰龙江镇。宋政和中,改名通惠,寻复旧。建炎中,韩世忠欲邀击兀术,以前军驻青龙,即此镇也。志云:'宋时坊市繁盛,置巡司、税务及仓库于此,俗号小杭州'。及再经变乱,市舶之设又复迁徙,而镇遂荒落。嘉靖中,复设县治此,数年而罢。今县治即唐行镇,亦曰横溪,以临横泖上也。元初为大姓唐氏所居,商贩竹木,因名唐行。明初置新泾税课局,又上海之水次西仓亦置于此,曰唐行仓。万历初,复建青浦县,因改镇为县治,创立城池。"并参考《上海古镇记忆》,"青龙镇"部分。

③ 顾祖禹《读史方舆纪要》卷二四《松江府·华亭县》载:"华亭县附郭。汉娄县地,后汉末,孙吴封陆逊为华亭侯,邑于此。萧梁以后,为昆山县地。唐天宝十载,始割昆山、嘉兴、海盐三县地,置华亭县,属吴郡。吴越属秀州,宋属嘉兴府,元为松江府治。今因之,编户八百四十里。"

④ 孙觌:《鸿庆居士文集》(文渊阁四库本)卷三四《宋故右中奉大夫直秘阁致仕朱公墓志铭》,台湾商务印书馆1986年版。

鉴于华亭海外贸易活动频繁，熙宁七年（1074 年）设上海务，征商税；政和三年（1113 年），于华亭县置市舶务，"抽解博买，专置监官一员"。期间一度因青龙江的埋塞，蕃舶少来，贸易量锐减，宋廷曾加以疏浚，以致在宣和元年（1119 年），回复往日蕃舶辐辏的盛况。① 高宗南渡之初，完颜宗弼大掠江南，华亭幸得保全，因此海贸经营在南宋前期得以延续，即于绍兴十九年（1149 年）置市舶提举司、榷货场。咸淳三年（1267年）置上海镇。

至元十四年（1277 年）元政府设市舶司及都漕运万户府。元代的上海港即宋代的华亭县，上海在宋代以前称华亭海，宋代才改称上海，是秀州华亭县的一个镇。至元二十九年（1292 年）元政府以其地"民物繁庶"，把原上海镇的范围扩大，"立县于镇，隶松江府"，称为上海县，领户七万余。上海成为海贸港，是元代立县后的事，但在此之前，宋代的上海镇，已是"番商辐辏"的繁华景象。②

由于宋代华亭县市舶务的两个所在地入元后都属上海县，因此元代的上海就取代了宋代的华亭，成为两浙路一个重要的海上贸易港。明代拓宽范家浜，为黄埔江新水道，上海更成为良港。

嘉靖三十二年（1553 年）上海因倭乱始筑城，建立衙署，确立城市规模。康熙二十四年（1685 年）设江海关（常关），雍正八年（1730 年）移苏松道驻上海（1736 年改称分巡苏松太兵备道），即上海道台之始。③

在清代，上海的繁荣肇基于航运的辐辏，据同治《上海县志》记载，除了外国船只，来自全国各地、各式各样的本国船只，梭行沪上：

---

① 徐松辑《宋会要辑稿》（台北世界书局 1964 年版）职官四四之一一载："宣和元年八月四日，又奏：'政和三年七月二十四日圣旨，于秀州华亭县兴置市舶务，抽解博买，专置监官一员。后来因青龙江浦埋塞，少有蕃商舶船前来，续承朝旨罢去正官，令本县官兼监。今因开修青龙江浦通快，蕃商舶船辐凑住泊，虽是知县兼监，其华亭县系繁难去处，欲依旧置监官一员管干，乞从本司奏辟。'从之。"

② 《弘治上海志》卷一《疆域志》载："上海县，称上洋海上，旧名华亭海。当宋时番商辐辏，乃以镇名，市舶提举司，及榷货场在焉。至元二十八年，以民物繁庶始割华亭东北五乡立县于镇，隶松江府。"次年正式设上海县。另参见茅伯科、邹逸麟《上海港：从青龙镇到外高桥》（上海人民出版社1991 年版）。

③ 刘石吉：《城市·市镇·乡村——明清以降上海地区城镇体系的形成》，载邹振环、黄敬斌主编《江南与中外交流》，复旦大学出版社 2009 年版。

　　凡运米之船有四：一曰沙船（船商多隶江苏及本邑，惯行北洋）；一曰蜑船（船商多由浙宁来上贸易，能行南北洋）；一曰卫船（船出直隶之天津及山东界，贸易南来，只行北洋）；一曰三不象（船出福建，与各船相似而不同，故名，亦能行南北洋）。以上各船俱雇商承揽，每船装米三千石至一千五百石不等。①

　　可知当时集中在上海的船只，除崇明、通州、海门、南汇、宝山、上海等地的沙船外，还有浙江宁波的蜑船，天津、山东的卫船，以及福建的鸟船。沙船业的兴盛，为上海的繁华起了不可替代的作用。② 彼时上海主要港区十六铺以南，黄浦江中帆樯如林，其势蔚为壮观。沙船每日满载各地货物而来，易上海之货物而去。

　　但随着上海开埠（1843 年）后，吨位大的外国商船加入竞争，沙船业者面临艰巨考验。以内河航运的大动脉长江水运为例，自 19 世纪 60 年代长江航运对外国船只开放后，大约有近 20 艘、共约 2 万吨的洋轮涌入，而外轮间进行的运费削价竞争，使上海到汉口间的单程运费狂跌至每吨只有 2 两。获利空间严重压缩，原来由沙船决定的运价，渐改由轮船决定。这对沙船业者很不利。③

　　在上海港沙船业的南北洋航线中，北洋航线是命脉。每年有大批的北方豆、麦、枣、梨和南方的布、茶、糖等货物南来北往，北洋航线是清代航运最繁忙的主线。上海开埠后的一段时间，北洋沿海和长江流域，仍为中国船只所专利；而牛庄豆货与江南漕粮，更为沿海沙船所独占营业。因此，以上海为中心的沿江沿海航运业，仍能维持往日的繁荣。④ 但这种独占的优势，不久即被打破。1858 年的《天津条约》，外国船只获得在中国沿

　　① 应宝时等纂：《上海县志》（同治）卷五《田赋志·漕运附海运》，台北成文出版社 1970 年影印。

　　② （清）王韬：《瀛壖杂志》（上海古籍出版社 1989 年版），第 7—8 页形容彼时："沪之巨商，不以积粟为富，最豪者，一家有海舶大小数十艘，驶至关东，运贩油、酒、豆饼等货，每岁往返三四次，偶失于风波，家可立匮。"

　　③ 辛元欧：《中国近代船舶工业史》，上海古籍出版社 1999 年版，第 17 页；《上海沙船》，上海书店 2004 年版。

　　④ 吕实强：《中国早期的轮船经营》，台北中研院近史所 1976 年版，第 127 页。

海各口载货往来的权利。从此外国轮船大批北上，给沙船业以很大的打击。

轮船招商局的成立（1872年），给了沙船业者最后的一击。招商局成立后，即将"承运漕粮，兼揽客运"作为营业方针。招商局所承运的漕粮，"初定沙八轮二，旋改沙六轮四"，[①] 所占比例不断提高，至19世纪70年代末期，招商局承运的漕粮已占到了北运漕粮的一半。沙船业者自此一蹶不振。[②]

二　上海主要的历史舞台——十六铺

清初以来，上海的主要港口在十六铺。十六铺是上海步入近代世界的重要门户。今天的十六铺在上海中心地带，在繁华的外滩之南，也称为"南外滩"。其位于上海老城厢的东北，宝带门（小东门）之北，是上海开埠前城厢距黄浦江最近的码头。清末上海城厢以保、图、铺为行政区划，城厢分9图、24铺，城东一带为十六铺，其范围在东临黄浦江，西至城墙，北临法租界商业区，南达董家渡港口区，面积约1.2平方公里。民初废铺，唯其名习称至今，范围大为缩小。[③]

唐宋以后，吴淞江上游淤塞，海岸线东移，青龙镇没落，海船改泊上海浦西侧（今十六铺一带）。南宋咸淳年间，以此区域为中心的上海镇"人烟浩穰，海轮辐辏"，为"华亭县东北一巨镇"，市舶司也设在此区浦滩，称为"榷场"、"松江总场"，是主要的贸易市场与口岸。

清康熙开放海禁后，上海以其襟海带江的地理优势，航道蓬勃发展，沙船贸易鼎盛一时。史载清乾嘉年间，"南北物资交流，悉借沙船。南市十六铺以内，帆樯如林，蔚为奇观"。聚集在十六铺一带的船舶多达3500艘，除沙船外，有天津卫船、福建鸟船、宁波疍船、广东估船等，"密泊如林，

① 吴馨等纂：《上海县续志》（民国）卷五《田赋志·海运》，台北成文出版社1970年影印。

② 关于上海沙船航运的研究，另可参考萧国亮《沙船贸易的发展与上海商业的繁荣》，《社会科学》1981年第4期；萧国亮《清代上海沙船业资本主义萌芽的历史考察》，载南京大学历史系编《中国资本主义萌芽论文集》，江苏人民出版社1983年版；萧国亮《外国资本主义入侵与上海沙船业》，《社会科学》1989年第1期；松浦章《清代上海沙船航运业史の研究》，大阪关西大学出版部2004年版。

③ 刘先文：《近代上海十六铺研究》，硕士学位论文，上海师范大学，2005年，第12—23页；何益忠：《老城厢：晚清上海的一个窗口》，上海人民出版社2008年版，有相关论述。

几无隙处"。十六铺地区也设立不少仓储码头与集市，其名称沿袭至今。小东门至董家渡一带万商云集，店铺栉比，百货山积，集聚甚多手工业作坊；南北客商往来，五方杂处，出现了数十家会馆公所。其商市繁盛及经营活动，实为明清以来资本主义萌芽发展极佳之例证。1832 年英人林赛、郭士立私自在十六铺登岸进入县城，他们惊讶地发现一星期之内竟有 400 余艘商船，经吴淞口往上海港，因而认定上海为中国最大港市，世界主要港口。①

上海 1843 年开埠为通商口岸，租界成立（1845 年英租界、1848 年美租界、1849 年法租界；1863 年英美合并为公共租界），1854 年设立工部局及海（洋）关。嗣后租界非法扩张，越界筑路日渐严重。荒郊僻地一变为十里洋场。清末渐有拆城之议。时人李平书论上海云：

> 其在通商以前，五百年中如在长夜，事诚无足称道。通商以后，帆樯之密，马车之繁，层楼之高矗，道路之荡平，烟囱之林立，所谓文明景象者上海有之。中外百货之集，物未至而价先争，营业合赀之徒，前者仆而后者继，所谓商战世界者上海有之。然而文明者，租界之外象，内地则暗然也；商战者，西人之胜算，华人则失败也。②

上海开埠后，快速走向繁荣，逐渐取代江南传统中心城市苏州、杭州、扬州的地位，而成为江南新的中心城市；其地位从近代以前江南的边缘（"江南的上海"），一变而成江南各府县地区的中心城市，使之沦为"上海的江南"。此种历史地位的转变颇耐人寻味。③ 而上海开埠后国外航线增加，商贸发达，1853 年后逐渐超越广州，成为中国最大外贸口岸。太平天国起

---

① 关于 19 世纪上海的繁荣发展，及其特殊的华洋交错、新旧并存、"海派"风格，详参罗苏文《上海传奇：文明嬗变的侧影 1553—1949》，上海人民出版社 2004 年版，第 5—17 页；及何益忠《老城厢：晚清上海的一个窗口》（上海人民出版社 2008 年版）的相关论述。

② 李平书：《上海三论》，载中国旅行社编《上海导游》，上海国光印书局 1934 年版。《上海三论》写于 1909 年，李平书讨论了过去、现在与未来之上海；另见《上海县续志》卷三〇。

③ 周武：《从江南的上海到上海的江南》，载熊月之主编《都市空间、社群与市民生活》，上海社会科学院出版社 2008 年版。上海地区城镇体系的建构，另参见刘石吉《城市·市镇·乡村——明清以降上海地区城镇体系的形成》，载邹振环、黄敬斌主编《江南与中外交流》，复旦大学出版社 2009 年版。

事期间，河运体系的丧失给十六铺另一发展的契机（海运取代太湖水系的河运）。1862 年美商旗昌洋行在十六铺建造轮船码头，1873 年清政府也在此地成立轮船招商局，以后又收购旗昌及其他码头，成立金利源码头。① 清末张謇在此创办大达轮船码头，为首家民办轮船公司。此外，1860 年美国长老会开设美华书馆、1882 年英国在上海引进电话、1886 年中国人在上海自建第一条马路、1897 年第一家发电厂、1908 年上海最早的近代剧场"新舞台"及法商建设的有轨电车等，均出现在十六铺。但开埠带来的冲击，仍是显而易见，尤其是租界区的日臻繁荣，从 1843 年上海开埠至 1865 年的二十多年，是租界城区建设起步的阶段。新的城区在老城厢北部崛起，近代西方城市管理模式在这里得以实现。当代上海史专家熊月之生动地形容近代上海逐渐成为："东方的巴黎，西方的纽约；富人的天堂，穷人的地狱；文明的窗口，罪恶的渊薮；红色的摇篮，黑色的染缸；冒险家的乐园，流浪汉的家园；帝国主义侵略者的桥头堡，工人阶级的大本营；万国建筑博览会，现代中国的钥匙。"②

然而，影响十六铺进一步发展的关键因素，在于码头的受限，亦即黄浦江航道深浅问题。在上海开埠初期，进出黄浦江的中外船只受航道深浅的影响不大，上海沙船吃水多在 7 英尺以内，浙闽的鸟船吃水在 10 英尺（约 3.05 米）左右，外国帆船吃水也在 10 英尺以内。进出黄浦江并不困难。但 19 世纪 50 年代，进出上海港的外国船舶的平均吨位已达 1000 吨，吃水在 12 英尺以上；19 世纪 60 年代后，平均吨位达 2300 吨，吃水到 16、17 英尺；到 80 年代增加到 4000 吨，相应的吃水深度也增加到 20 英尺（约 6.1 米）以上。③ 而 1905 年，黄浦江吴淞口外沙，最低水位仅及 15 英尺；而高桥沙之西的民船航道仅 8 英尺。至 1937 年时，上海港内低潮航道为 26 英尺，且时常淤积，疏浚工作几乎经年累月地进行。为了解决港口发展与航道淤积的矛盾，码头的建设只能向黄浦江下游转移，使之能更接近黄浦江口，除可节省船只进出时间，且进出港航道的深度也比较可掌握。由于十六铺处于黄浦江相对上游的地方，而且又要绕过陆家嘴，大型船只无法

---

① 景智宇：《十六铺古今谈》，《档案与史学》2002 年第 3 期。
② 熊月之：《上海通史》第 1 卷，上海人民出版社 1999 年版，第 1 页。
③ 茅伯科主编：《上海港史》，人民交通出版社 1990 年版，第 196 页。

上溯，码头建设难以更新，因而迟滞了发展的可能性。

随着上海的商业中心向租界内的转移，内河木帆船和港内驳船也向苏州河沿岸停泊装卸。1895 年以后内河航线开放，这对苏州河沿岸港区的发展起了很大促进作用，四川路桥至新闸桥一段河岸成为内河港区的中心区域，亦即十六铺的地位逐渐被取代。[①] 同时，以上海为中心的铁路逐步修筑起来，这也不可避免影响到十六铺的航运地位。1909 年沪宁铁路建成，1912 年沪杭铁路通车，1914 年杭州到宁波间的宁波—曹娥段也竣工通车。这代表了短途运输发展的方向，铁路所带来的客运与货运的便利性，无疑将重挫十六铺的航运业。

1865 年至 1895 年的三十年间，是上海商业贸易大发展的时代，上海作为近代贸易中心的地位在这一时期确立。但开埠之后，上海城市范围内的主要商业区逐渐发生转移。开埠之前十六铺商业的繁华，应归因于其在上海的特殊地理位置。十六铺位于交通要道，开埠以前，上海的主要商业区在县城大东门、小东门外和北门城郭附近。开埠以后，虽然城区的商业市场仍有发展，但与此同时，一个更兴盛的商业中心在县城以北的租界地区逐渐形成，与原城厢附近的商业区相对应，被称为"北市"。19 世纪 60 年代开始，由于商业重心的北移，上海的金融中心也随之转至租界，造成租界的畸形繁荣。

辛亥革命时，为避战祸，大量商业店铺又一次北迁。十六铺一直是上海传统的日常用品供应地，新兴行业的出现也大多由原有的行业派生出来。这虽然为十六铺的商人们提供了新的契机，但以后的发展却证明这种趋势对十六铺的商业是不利的，更多的新兴行业并没有在十六铺兴起。进入 20 世纪，埠际贸易和对外贸易的进一步发展，为上海商业崛起提供了条件，但十六铺的商业却没有太大发展。20 世纪 20 年代中后期是上海商业的繁荣时期，全市共有一百五六十个自然行业，大多数集中于租界热闹市区。[②] 总之，进入近代以后，十六铺的商业虽有较大的发展，但很多行业是开埠之

---

① 茅伯科主编：《上海港史》，人民交通出版社 1990 年版，第 228 页。上海与长江流域腹地的依存关系，详参戴鞍钢《港口·城市·腹地——上海与长江流域经济关系的历史考察，1843—1913》，复旦大学出版社 1998 年版。

② 潘君祥、王仰清主编：《上海通史》第 8 卷《民国经济》，上海人民出版社 1999 年版，第 62 页。

前各个行业的延续，新兴的商业类型并不多见。

十六铺的衰微，大致在 1927 年后。由于租界的异常繁荣，商家迁入者众，上海经济重心向沪北转移，使得十六铺好景难再。20 世纪 30 年代的"一·二八"事变及抗战初期的淞沪战役，战火波及十六铺，荣景渐次划下尾声。至 20 世纪 80 年代以来，浦东加速开发，上海港区移至沿长江的外高桥地区，十六铺逐渐沦为黄浦江上及外滩地区的旅游码头。世纪之交洋山深水港的规划兴建，让上海港口位置不断外移，间接迫使十六铺残存的水运码头功能趋于式微。

三　洋山深水港——上海迈向世界第一大港

上海新建的深水港位于长江水道与东南沿海 T 形交会处的小洋山岛，距上海市区 85 公里，距南汇芦潮港 32.68 公里。大、小洋山属于舟山群岛中的崎岖列岛，行政区划为浙江省舟山市嵊泗县境管。由于上海主要航道黄浦江日渐淤塞，水深不足，缺乏深水港，十六铺港区逐渐转移至外高桥地区，但外高桥港口的水深只有 10 米，当前 5000TEU（20 英尺标准箱）以上的大货柜轮必须减载或候潮，始能泊岸。上海所处的长江三角洲，虽然货源充足，地点优越，但成不了东北亚地区的枢纽港，大量货物仍不得不通过香港、釜山港中转，此为当初规划洋山深水港的考虑所在。①

洋山深水港区是世界上唯一建在外海岛屿上的离岸式货柜码头。从筹备、规划到动工，动员 7000 名科研人员投入，预计总投资 1000 亿元人民币。2002 年 6 月第一期工程正式动工，2005 年 12 月完工开港营运，整体建港工程设施将在 2010 年完成，预计届时将可形成 11 公里长的深水岸线，布置近 30 个泊位，年货柜吞吐能力达 1500 万 TEU 以上。其人工造陆的面积达 135 万平方米（约等同 200 个足球场），海拔 7 米，兴建时须在最深达 39 米的海底打桩，采用独特的海上卫星定位系统，用 7 颗卫星定位一根桩，建港工程之精细，由此可见。而洋山深水港的另一项大工程则是联结陆地

---

①　洋山港的开发，对于宁波—舟山港而言，并非"排挤效应"，而是形成国际货柜双星形枢纽港，一如香港与深圳、釜山和光阳港、东京与横滨、汉堡与不来梅、纽约与新泽西港等，将呈现共荣、加乘的态势，详见周岚《浅谈洋山港与周边港口间的竞争》，《商业文化》（学术版）2007 年第 4 期。

的东海大桥（联结上海市南汇芦潮港及小洋山，已于 2005 年 5 月全线贯通），全长 32.5 公里，费时 35 个月即建成，这是中国首座外海的跨海大桥，预计将可使用百年。① 俗称千里长江为"黄金水道"，如果上海是中国经贸发展的龙头，洋山深水港则是实现江海联动的点睛之笔。

洋山港也是中国第一个保税港，出口加工区、保税区和港区合一，对于推动长三角、长江流域及全国的进出口、转口贸易，出口加工业发展有重大意义。此外，港区的建设也同时带动南汇地区临海新城镇的开发。水深常年保持 15 米以上的洋山港，突破了上海作为长江流域入海口的"瓶颈"，将有效解决上海港缺少深水海岸所导致的货柜吞吐能力不足的问题。洋山港启用，将可提供装载 6000TEU 以上的超大货轮驻泊，从此不必再候潮、减载，货轮滞港时间大幅缩短，可预见上海将在短期内超越新加坡，成为世界最大的货柜港口。②

洋山港具备成为第一大国际货柜港的潜在优势，但也不可避免地存在若干劣势：（1）气象条件不理想（属于台风直接影响区）。在这片宽阔的海域内，无任何天然屏障，一旦出现台风，港区将停摆，且货柜轮还需及时移泊。因此实际年工作日应只有 300 天左右。（2）运输结构较缺乏安全感。洋山港以跨海的东海大桥联结芦潮港，与其他国际大港相比，以东海大桥作为唯一陆地通道的洋山港运输结构过于单一，一旦桥面发生紧急情况，整个港区恐将瘫痪。而且，缺乏铁路连接的洋山港也无法有效疏散设计能力达 1500 万 TEU 的货柜量；而保持货柜运输的通畅是洋山港蒸蒸日上的前提条件。（3）将大幅增加物流成本。由于铁路运输无法直达港区，必须增加长距离的公路运输和换装环节，物流成本的增加已是不争的事实。③

---

① 宋忠升：《洋山港：推助上海"世界第一大港"》，《招商周刊》总 244 期，2006 年 8 月 21 日，第 34 页。

② 洋山深水港对高雄港货柜转运业务所造成的威胁，可参阅王克尹《提升高雄港转运竞争力之探讨》，载《两岸三地航运与物流研讨会论文集》，台北中华航运学会 2004 年版，第 299—310 页。

③ 万健：《关于洋山港发展的战略思考》，《华东经济管理》2006 年第 6 期。最近已完成上海至芦潮港的专线铁路，开始营运。

近代上海与浙东沿海地区的航运往来

1843 年上海开埠后，很快发展成为中国内外贸易第一枢纽大港。其中，与浙东沿海地区的航运往来密切，促进了彼此的经济联系和社会发展，然以往尚少专论，本文拟作补充。

一

江南诸港口间，曾有一个盛衰兴替的过程。在清前期，堪与上海比肩的曾有浏河港的屹立。浏河港位于太仓州境内，距长江入海口不远，宋元以后因江南经济的发展和海上贸易的开展渐趋兴盛，"外通琉球、日本诸国，故元时南关称六国码头"。①明代达鼎盛期，永乐年间郑和数次下西洋均从这里起航。"明季通商，称为天下第一码头。"②它与江南首邑苏州府城有刘河直接沟通，是为苏州通海之门户，"凡海船之交易往来者必经刘家河，泊州之张泾关。过昆山，抵郡城之娄门"③。苏州的海船修造业因而称盛，清康熙帝南巡姑苏，"见船厂问及，咸云每年造船出海贸易者多至千余"④。当时浏河港海运之盛可见一斑。

但受潮汐的影响，浏河港有一个泥沙淤积问题，"其患在潮与汐逆而

---

① （明）钱肃乐修，张采纂：崇祯《太仓州志》卷七，水道。

② （清）刘湄、金端表辑：道光《刘河镇记略》卷四，形势。

③ （明）张寅等：嘉靖《太仓新志》卷三，上海书店 1990 年版。

④ 《清圣祖实录》卷二七〇，中华书局 1985 年版，第 14 页。

上，淀积浑沙，日以淤壅，几十年间必再浚之"①。因疏于治理，港口状况恶化，"乾隆五年开浚之后，浅段未深，深处亦浅"②，且愈演愈烈。"乾隆末，河口陡涨横沙，巨艘不能收口"，海船进出受阻，交通苏州等地的刘河也日渐淤狭，货物集散转运不畅，浏河港渐趋中落。③

原先入港的海船相继转往邻近的上海港，嘉庆《上海县志》载："自海关通贸易，闽、粤、浙、齐、辽海间及海国舶虑刘河淤滞，辄由吴松（淞）口入，舣城东隅，舳舻尾衔，帆樯如栉，似都会焉。"嘉庆中叶，曾因港而兴的浏河镇已是"南北商人皆席卷而去"，往昔的繁盛景象一去不返。④ 咸丰初年，京杭大运河滞阻，江苏漕粮拟就近由浏河港海运，然而时过境迁，刘河口淤塞积重难返，虽于"癸丑、甲寅（1853—1854）之间捞浚以通舟楫"，终无明显改观。⑤ 这时的浏河港，与上海已不能同日而语。

上海的南端，乍浦港一度也颇兴旺。它地处杭州湾畔浙江平湖县境内，直接面海，西与嘉兴府城相距不远，有河道相通。元明两代，海运往来曾有一定规模。自清康熙年间海禁放开，聚泊该港的海船接踵而至，"南关外灯火喧阗，几虞人满"⑥。其中大多往返于华南及日本航线。乾隆《乍浦志》载："乍浦贾航麇至，三山、鄞江、莆田并设会馆，宾至如归。"⑦ 在经由乍浦港输入的食糖中，"广东糖约居三之二"，来自广东的"糖商皆潮州人，终年坐庄"⑧。

与日本间的贸易往来也很活跃，据东京都立中央图书馆藏航船日志记载，运抵乍浦港的货物，多由水路经嘉兴至苏州分销。⑨ 但它偏离长江入海口，与江南经济富庶地区的交通联系不及浏河、上海便捷，港口外又"有

---

① （清）黄与坚：《刘河镇天妃闸记》；（清）顾沅：《吴郡文编》卷三，上海古籍出版社2011年版。

② （清）刘湄、金端表辑：道光《刘河镇记略》卷五，盛衰。

③ 光绪《太仓州镇洋县志》卷二，营建。

④ （清）刘湄、金端表辑：道光《刘河镇记略》卷五，盛衰。

⑤ 光绪《太仓州镇洋县志》卷五，水利。

⑥ 乾隆《乍浦志》卷三，武备，上海书店1992年版。

⑦ 乾隆《乍浦志》卷一，城市，上海书店1992年版。

⑧ 道光《乍浦备志》卷六，关梁。

⑨ 陈吉人：《丰利船日记备查》，载杜文凯等编《清代西人见闻录》，中国人民大学出版社1985年版。

沙滩二三四里不等，滩外又有浅水数里，凡有重大货船，皆泊于浅水之外，用小船乘潮驳载登岸"。退潮时，"商船难拢口岸"，贸易规模终受制约，不少原先停泊该港的闽、广商船，后来"多汛至江南之上海县收口"①。

1851年，浙江海运漕粮曾拟从乍浦入海，终因铁板沙阻碍，无船可雇，主事者决定"仍应由江苏上海放洋"②。后人曾感叹：

乍浦当上海未繁盛以前，为浙西巨埠，单以糖而论，由福建及汕头航海来者，年达二十万包，故乍浦有福建会馆，灯光山下复有漳泉公所及真君殿，祠保生大帝，有闽人某驻此，尝亲为余道之，想见当时万里梯航、客商云集盛况。自上海盛后，群舍此而趋彼，于是乍浦就衰，今昔异势矣。③

浏河、乍浦港的衰退，使开埠前的上海作为太湖流域主要出海港的地位越发突出。1842年江苏布政使李星沅称，上海乃"小广东"，海船辐辏，洋货聚集，"稍西为乍浦，亦洋船码头，不如上海繁富。浏河亦相距不远，向通海口，今则淤塞过半"④。唯有上海港货物进出频繁，名闻遐迩。

开埠前的上海，商业活动虽很活跃，较之江南首邑苏州仍瞠乎其后。原因在于上海港口和城市的发展，都受到了人为的束缚。清中叶后，封建社会的各种矛盾日趋尖锐，清朝政府为稳固其统治，重又加强了对海外贸易的限制，于1757年停闭江、浙、闽三处口岸，限定广州一口通商，以后又陆续颁布了一些相关的条例章程。这些措施的推行，反映了面对日渐东来的西方资本主义势力，清朝政府封闭自守的消极对策。⑤

① 《浙江粮道为筹议海运漕粮上常大淳禀》（1851年7月8日），载太平天国历史博物馆《吴煦档案选编》第6辑，江苏人民出版社1983年版，第113页。道光《乍浦备志》卷六，关梁。
② 《浙江推行漕粮海运之难呈折》（1851年11月30日），载太平天国历史博物馆《吴煦档案选编》第6辑，江苏人民出版社1983年版，第116页。
③ 朱偰：《汗漫集》，凤凰出版社2008年版，第141页。
④ 《李星沅日记》，载陈左高等编《清代日记汇抄》，上海人民出版社1982年版，第208页。
⑤ 对清朝政府闭关政策的评价，学术界尚有分歧。笔者认为其重点是防范外来势力，其中也包括所谓"防微杜渐"（《清高宗实录》卷五一六，第17页）的考虑，即防范国内民众与外国人接触后对清朝统治可能带来的冲击。这种政策推行的结果严重阻碍了中国与外部世界的联系，也没有能使中国免遭外来侵扰。

在这种背景下，上海的发展以及它与内地的经济联系，受到内向型经济格局的很大制约。这种经济格局，是自给自足的自然经济和统治者相应的思想观念的产物，所谓"天朝物产丰盈，原不藉外夷货物以通有无"①。海外贸易，不仅在地域上有严格规定，对进出口货物的种类、数量和交易方式等也有很多限制，"向来粤洋与内地通市，只准以货易货，例禁甚严"②。

就上海而言，与不属欧美的日本及东南亚的贸易往来虽得维持，但内容和规模均很有限。《阅世编》载："邑商有愿行货海外者，较远人颇便，大概商于浙、闽及日本者居多。据归商述日本有长耆（崎）岛者，去国都尚二千余里，诸番国货舶俱在此贸易，不得入其都。"

经上海港输往日本的有丝、棉纺织品、手工艺品和药材等，从日本运回的是铜、海产品、漆器等。19世纪30年代，暹罗出产的蔗糖、海参、鱼翅等，吸引不少中国商人前去采购，"他们的帆船每年在二三月及四月初，从海南、广州、汕头、厦门、宁波、上海等地开来"。1829年，驶抵新加坡的中国商船有8艘，1830年10艘，次年又增至18艘，其中除闽、广外，"来自上海及浙江省宁波附近者2艘，一艘载500吨，另一艘175吨"③。马六甲、槟榔屿、爪哇、苏门答腊，也都有中国商船前去交易，并将当地特产返销上海。④

尽管上海地处长江入海口，但因不能与欧美国家通商，邻近地区的丝、茶等出口商品均不得不舍上海而辗转运往广州。因此就总体而言，海外航线在上海港贸易总量中的比例甚微，仅占3%—4%⑤，上海与外国的经济联系是相当有限的。

---

① 中国第一历史档案馆：《英使马戛尔尼访华档案史料汇编》，国际文化出版公司1996年版，第57页。

② 《章沅奏》（道光九年正月），载姚贤镐《中国近代对外贸易史资料》，中华书局1962年版，第175页。按：有关限制的条例、章程、规定等，可参见该书第174—231页。

③ 聂宝璋编：《中国近代航运史资料》第1辑，上海人民出版社1983年版，第53—56页。

④ ［英］胡夏米：《阿美士德号1832年上海之行记事》，张忠民译，《上海研究论丛》第二辑，第286页。

⑤ 《上海港史话》编写组：《上海港史话》，上海人民出版社1979年版，第20页。

二

上海开埠后，着眼于其作为外贸口岸的诸有利条件，外国商人纷至沓来，上海很快成为中外经济交往的第一大港。铁路、公路出现以前，船舶是上海与外界交往的主要交通工具，1865 年海关贸易报告称"只要上海作为对外贸易中心的情况不变，那么对外贸易活动就必须完全依赖船舶来进行"[1]。轮运业逐渐取代木帆船成为主要的运输工具，正是为上海的发展提供了充要条件。进出上海港的船舶总吨位直线上升。

表1 进出上海港船舶总吨位

(1844—1899) 单位：吨

年份	总吨位	年份	总吨位
1844	8584	1879	3060000
1849	96600	1889	5280000
1859	580000	1899	8940000
1869	1840000		

资料来源：尚刚《上海引水史料》，《学术月刊》1979 年第 8 期。

以 1899 年与 1844 年比，增长幅度高达千余倍。1913 年已跃升至19580151吨，较 1899 年又翻一番多，与 1844 年比已是 2000 余倍。[2] 1928 年上海港进出船舶净吨位已位居世界第 14 位，1931 年又跃居第 7 位，港口货物吞吐量达 1400 万吨。1925—1933 年，经上海港完成外贸进出口货值平均占全国港口的 55%，国内贸易货值平均占全国港口的 38%。至 1936 年，全国 500 总吨以上的本国资本轮船企业共 99 家、船 404 艘，其中总部设在上海的有 58 家、船 252 艘；以上海为始发港或中继港的航线总计在 100 条以上。[3] 上

---

① 聂宝璋编：《中国近代航运史资料》第 1 辑，上海人民出版社 1983 年版，第 1269 页。

② 罗志如：《统计表中之上海》，中研院 1932 年版，第 52 页。

③ 倪红：《上海市档案馆馆藏近代上海港建设档案概况》，载《上海档案史料研究》第 1 辑，上海三联书店 2006 年版，第 273 页。

海的枢纽港地位，稳居全国之首。

　　1895 年内河轮运禁令解除，以上海为中心，航行长江口江面及江浙沿海的华商轮船公司也得以一试身手。较早者有 1901 年行驶南通、海门的广通公司；较具规模的有 1904 年张謇等人创办的上海大达轮步公司，上海与通、海地区的航运业务大部归其经营。专走上海与浙东沿海航线者，早期有 1903 年锦章号"锦和"轮往来上海和舟山、镇海，1909 年又添置"可贵"轮，航线延至象山、石浦、海门。[①] 正是在上述背景下，上海港登记注册的内河轮船，从 1901 年的 142 艘攀升至 1911 年的 359 艘。

表2 　　　　　　　　　　上海港内河小轮船注册统计

（1901—1911）　　　　　　　　　　　　　单位：艘

年份	注册数	指数	年份	注册数	指数
1901	142	100	1907	334	235
1902	144	101	1908	360	254
1903	180	127	1909	360	254
1904	216	152	1910	381	268
1905	275	194	1911	359	253
1906	314	221			

　　资料来源：据历年海关报告《上海民族机器工业》上册，中华书局 1966 年版，第 130 页。

　　无论其绝对数或增长量，都居全国首位。上海不仅是江南乃至中国第一港城，也是最大的内河轮运中心，凭借四通八达的航运网络，江南各地城镇以上海为中心的经济联系更加紧密。《1896—1901 年杭州海关报告》载：

　　本地区各方向都有运河支流，主要靠小船运输货物，运输的数量和种类非常多……各种各样大小不一的无锡快是附近最主要和最有用的船，几乎都被轮船公司用来运载乘客和货物到上海和苏州。有时几条无锡快被租

---

　　① 《申报》1901 年 4 月 19 日；《中外日报》1904 年 5 月 2 日；关赓麟主编：《交通史航政编》第 2 册，国民政府交通部交通史编纂委员会 1935 年刊印本，第 538 页。

用几个月，跑一趟运输，偶尔也租用几天，运价 2—3 元，视船只大小和货运要求而定。这些船由住在船上的船主及其家人驾驶，如果运载的客人增加，他们就再雇用别人，这些雇工工钱是一天一角并提供伙食，船运的利润估计是运费的 10%。①

1936 年的地方文献载，浙江"全省内河轮船航驶已通之线，长约 2174 公里；全省内河航船已通之线，长约 2056 公里；全省沿海轮船已通之线，长约 1226 公里，共计 5456 公里。全省已登记之轮汽船为 316 艘，帆船为 65000 余艘，无帆小船约 20000 余艘。全省内河轮船公司共 173 家，全省外海轮船公司共 60 家"②。

上海与浙东沿海航线，主要是在沪甬间展开的。宁波是宁绍平原和浙西南丘陵地带主要的出海口，但从港口布局言，它与上海相距不远，又受地理环境限制，自身经济腹地狭小，"所借以销卖洋货者，唯浙东之宁、绍、台、金等府；其内地贩来货物，仅有福建、安徽及浙省之绍属茶斤，并宁、绍、金、衢、严等府土产油蜡、药材、麻、棉、纸、席、杂货等物"③，发展余地有限。

开埠不久，其进出口贸易就被吸引到了上海港，"盖宁波密迩上海，上海既日有发展，所有往来腹地之货物，自以出入沪埠较为便利。迨至咸丰初叶，洋商始从事转口货物运输，所用船只初为小号快帆船及划船，继为美国式江轮，但此项洋船仅系运输沪甬两埠之货物，与直接对外贸易有别"。④ 其背景如英国驻甬领事所说："交通方便而且运费便宜，促使许多中国人都直接到上海购买他们所需的洋货，因为那里选择余地大而且价格更为便宜。"⑤

宁波与外界的航运往来，如英国驻甬领事《1911 年度贸易报告》所

① 陈梅龙等译编：《近代浙江对外贸易及社会变迁——宁波、温州、杭州海关贸易报告译编》，宁波出版社 2003 年版，第 233—235 页。

② 姜卿云编：《浙江新志》上卷第九章，"浙江省之建设·航政"，1936 年铅印本。

③ 中国第一历史档案馆：《鸦片战争档案史料》第 7 册，天津古籍出版社 1992 年版，第 441 页。

④ 姚贤镐：《中国近代对外贸易史资料》，中华书局 1962 年版，第 618 页。

⑤ 《英国驻宁波领事贸易报告（1911 年度）》，载陈梅龙等译编《近代浙江对外贸易及社会变迁——宁波、温州、杭州海关贸易报告译编》，宁波出版社 2003 年版，第 344 页。

称："本口岸的航运分两个方面，一是在宁波与上海之间，另外就是在宁波与邻近城镇之间。"① 有学者指出：

> 虽然宁波作为一个远洋贸易中心的重要性下降了，但它又作为一个区域中心而繁荣起来。据说，宁波传统的帆船贸易在咸丰和同治年间（1851—1874）是它的全盛期。而且由于宁波慢慢变为经济上依附于上海的一个新的区域性职能的经济中心，它享有一个能支持生气勃勃的区域开发的大量贸易。在19世纪下半叶，诸如编帽、刺绣、织棉制品、织渔网、裁缝等这些农村手工业扩大了。上海定期班轮的开航和当地运输效率的适当改善，提高了宁波腹地内进口商品的比例和促进了农业的商品化，整个宁波的腹地中新设了好几十个定期集镇。②

宁波英国领事《1905年度贸易报告》指出："上海充当了宁波所有其他货物的分配中心。这是由于某些商品如丝织品，当地商人更愿意到上海这一较大的市场上去收购，因为在那里他们有更大的选择余地。"它强调，宁波"85%的贸易是在沿海进行的，由两艘轮船每日在宁波与上海之间往返运输"③。宁波港的辅助设施也得到改进，《1882年至1891年宁波海关十年报告》载："宁波地区在这一时期设立了三座灯塔，白节山灯塔和小龟山灯塔设立于1883年，洛迦山灯塔于1890年设立，它们都是在上海海关主持下建造的"④。

随着中外贸易的增长和江南各地经济联系的增强，1903年已有上海锦章商号的"锦和"轮往来上海和舟山、镇海，1909年又添置"可贵"轮，航线延至象山、石浦、海门。沪甬间的航运往来尤为频繁，1909年已有5艘轮船行驶于沪甬航线，除原先的两艘轮船即英国太古公司的"北京"轮和中国轮船招商局的"江天"轮之外，又增法国东方公司的"立大"轮和

---

① 陈梅龙等：《宁波英国领事贸易报告选译》，《档案与史学》2001年第4期。
② ［美］施坚雅主编：《中华帝国晚期的城市》，陈桥驿等译校，中华书局2000年版，第482页。
③ 陈梅龙等：《宁波英国领事贸易报告选译》，《档案与史学》2001年第4期。
④ 陈梅龙等译编：《近代浙江对外贸易及社会变迁——宁波、温州、杭州海关贸易报告译编》，宁波出版社2003年版，第36页。

中国宁绍商轮公司的 2 艘轮船。"主要是大量的客运使这些轮船能够获利"，因而"新旧船主之间展开了一场相当激烈的竞争。"①

其中，新加入的宁绍商轮公司引人注目，它是由甬籍实业家虞洽卿集资创办的。着眼于沪甬间活跃的经济联系，虞洽卿于 1908 年 5 月发起筹办宁绍商轮股份有限公司，额定资本总额为 100 万元，每股银圆 5 元，计 20 万股，总行设上海，在宁波设有分行，又在上海、宁波等国内 15 个主要商埠及日本横滨设立代收股款处。至同年 10 月，第一期股本已实收 23.9284 万元，按商律召开第一次股东会议，正式选举虞洽卿为总理，方椒苓、严子均为协理，具体经办此事，又选举叶又新等 11 人为董事，成立董事局。

1905 年 5 月，公司经邮传部、农工商部批准立案，公司股款也已募集到 70 多万元。同年 6 月，从福建船政局订购的宁绍轮已到沪，公司又购入一艘通州轮，改名"甬兴"。沪、甬两地码头也动工兴建。是年 7 月，两船即行驶于沪甬间。宁绍商轮公司投入运营后，受到沪甬航线原有几家轮船公司的排挤，其中英国太古公司尤甚。1911 年 9 月，太古公司在《申报》刊登广告，宣布"上海往宁波各货水脚大减价"，并联合其他几家公司，将统舱客票由 1 元跌至 0.25 元，企图以此挤垮开业不久的宁绍公司。面对压力，虞洽卿等一方面呼吁宁绍同乡大力支持公司营业，一方面动员旅沪宁波商人组织航业维持会，由该会募集 10 余万元资助宁绍公司。货运则得宁绍客帮的支持，"相约报装宁绍轮始终不渝"，公司借此渡过难关，站稳了脚跟。②

1913 年，虞洽卿为便利其家乡物产的输出，并与沪甬线衔接，又添置了 1 艘"镇北"小轮，行驶于龙山、镇海、宁波间。次年 6 月，他独资创办了"三北轮埠股份有限公司"，总公司仍设在上海，于龙山、镇海和宁波设有分公司，额定股份 20 万元，每股 100 元，计 2000 股。公司章程规定其宗旨为"建筑商埠，开辟航路，利便商人"。该公司实由虞洽卿一人独资创办，其 95.5% 的股份归他拥有。公司开业后，起初以 2 艘小轮行驶于宁波、镇海、沥江、龙山航线。1916 年又添"姚北"轮，仍投入上述航线，并与

---

① 陈梅龙等：《宁波英国领事贸易报告选译》，《档案与史学》2001 年第 4 期。

② 冯筱才：《虞洽卿与中国近代轮运业》，载金普森等主编《虞洽卿研究》，宁波出版社 1997 年版。

宁绍公司的沪甬线相接。至1919年，虞洽卿经营的轮运企业（包括三北轮埠公司、鸿安商轮公司、宁兴轮船公司）共计已拥有船只12艘，总吨位达1.4097万吨。在沪汉、沪甬线上有定期班轮行驶，其于长江及沿海一些商埠均拥有码头、趸船、栈房等设施。①

据1921年的调查，宁波与上海间的定期航线，"有太古洋行每周3班，招商局的上海宁波温州线每周1班，宁绍轮船公司每天1班。不定期的航线，有怡和洋行的从香港到宁波、上海、大连、牛庄的航线"②。浙沪间沿海轮运航线的运营，带动了如普陀山等景点的旅游业。1930年8月9日下午4时，黄炎培"上'新江天'轮船赴普陀，五时船开行。直达票价，房舱三元。同行者沈沉秋、章伯寅夫人及其公子，李达孚及其子孟符、其姐其女，单东笙子屺瞻都加入上海青年会旅行团，每人纳费二十元，船票食宿均在内"③。

综上所述，自上海开埠后，与浙东沿海地区间密切的航运往来，有力地推动了彼此的经济社会发展。在各方着力加快沿海地区经济增长和长江三角洲经济一体化进程的今天，有必要回顾和总结这段内容丰富的历史篇章。

---

① 冯筱才：《虞洽卿与中国近代轮运业》，载金普森等主编《虞洽卿研究》，宁波出版社1997年版。

② 丁贤勇等译编：《1921年浙江社会经济调查》，北京图书馆出版社2008年版，第355页。

③ 黄炎培著，中国社会科学院近代史研究所整理：《黄炎培日记》第3卷，华文出版社2008年版，第251页。

海港城市传统节庆活动的历史图像：
以基隆的中元祭为例

吴蕙芳*

一　前言

基隆中元祭于 2001 年被"观光局"定为台湾十二大节庆之一，2008 年又被"文建会"定为基隆重要文化资产，此乃全台首个被当局核可认证的地方无形资产，[①]可见，基隆中元祭的代表性与重要意义。然基隆中元祭的特点为何？与其他地方的差异性为何？而其特点的产生背景为何？实际的历史意义为何？后续之发展演变又为何？这些问题以往或有讨论，然细究内容仍有值得再深入探究之必要，本文即针对相关问题予以解析说明。

二　地缘冲突的血缘化解：姓氏轮值主普制的渊源与发展

中元节为中国传统节日，一般认为源自佛教盂兰盆会与道教地官日，然事实上其强调的祭祖与祭厉活动早见于先秦时期；而文献中有关中元节祭仪活动的刊载，最早见于南北朝时期，至唐朝相关活动不限佛寺道观内

---

　* 吴蕙芳，台湾海洋大学海洋文化研究所副教授。
　① 《台湾"行政院文化建设委员会"公告》（2008.01.29）发文字号：文资筹三字第 0972100852 号，转引自《2008 戊子年鸡笼中元祭主普基隆市郭姓宗亲会活动手册》（基隆市"文化局"、基隆市郭姓宗亲会，2008 年），第 7 页。

进行，而及于世俗宫廷中，且朝世俗化与节庆化方向迈进，至宋代已发展成人鬼同欢的七月庆场面，持续至明清时期亦然。①

台湾发展史中有关中元节庆活动之进行早见于清康熙年间方志之记载，如《台湾府志》、《重修台湾府志》、《诸罗县志》、《凤山县志》、《台湾县志》等均有相关文字说明②，可知中元祭经由唐山移民的跨海传承早有延续与发展，唯当时资料所载为南台湾地区，北台湾情形则未能得知。

目前普遍见于坊间流传的基隆中元祭开始时间是清咸丰五年（1855年），故一般认为今日的基隆中元祭已有一个半世纪以上的历史，但这个时间认定的标准其实是从姓氏轮值主普制起算，亦即从咸丰五年开始，基隆中元祭是由当地十一个姓氏（含张廖简、吴、刘唐杜、陈胡姚、谢、林、江、郑、何蓝韩、赖、许姓）轮流负责主普的普度工作③，一直持续至今日已发展成十五姓氏（加上联姓会、李、黄、郭姓）轮流负责普度工作，而姓氏轮值主普制也成为基隆中元祭的最大特色。

唯姓氏轮值主普制为何产生？其目的为何？又为何选择这十一姓氏轮流负责普度工作？目前一般的说法认为系因咸丰年间发生大规模的漳泉械斗致伤亡惨重④，后经地方耆老协议主张由当时具实力的十一姓轮流负责每年的普度工作以超度亡灵，此后即透过血缘关系（姓氏轮值主普制）化解地缘冲突（漳泉械斗），并从此经由每年普度前，由代表十一姓的水灯与花

---

① 吴蕙芳：《基隆中元祭的渊源与发展》，《白沙人文社会学报》2011年第5期。

② 高拱干纂：《台湾府志》（清康熙33年刊本）卷七，风土志，岁时；周元文纂：《重修台湾府志》（清康熙51年刊本）卷七，风土志，岁时；周锺瑄纂：《诸罗县志》（清康熙56年刊本）卷八，风俗志，岁时；陈文达纂：《凤山县志》（清康熙58年刊本）卷七，风土志，岁时；陈文达纂：《台湾县志》（清康熙59年刊本），舆地志一，岁时。五部志书均见于高贤治主编《台湾方志集成（清代篇）》1辑之2、3、10、11，宗青图书出版有限公司1995年版。

③ 基隆中元祭仪式进行时依道教规范设有内坛与外坛，其中内坛设在历史悠久的妈祖庙庆安宫，在内坛四周设有外坛四大柱，即主普、主会、主醮、主坛四部分；而姓氏轮值主普制仅施行于每年中元祭的主普部分，即主普是由十一姓轮流负责普度工作。

④ 基隆开发史上漳人早于清雍正元年（1723年）即从八里坌迁入牛稠港、虎子山，到称为崁仔顶街之地（即今之庆安宫一带），渐启基隆市街的创建；而泉人则迟至嘉庆年间才来开垦，因而附近平野地区（即今之基隆港区一带）尽为漳人所占，泉人只得往山区开发（即今之七堵、暖暖一带），唯双方在垦殖过程中不免利益冲突，终发生漳泉械斗事。相关说明参见《基隆市志》（"基隆市文献委员会"，1956），第三种，沿革篇，第13页。

车之阵头游行竞赛活动，取代昔日漳泉械斗的武力血拼场景。① 然此一说法在时间与内容上有不确定或不完整情形，如漳泉械斗究竟发生于何时？② 发生次数是一次或数次？又造成当时基隆大规模伤亡的原因仅为漳泉械斗或另有其他因素？凡此种种均值得进一步分析探究以明真相。

首先就基隆发生漳泉械斗的时间与次数而言，根据日治时期的官方志书、个人记载与寺庙调查，可知，咸丰年间的基隆确曾发生漳泉械斗事，且不止一次而是三次，即咸丰三年、九年（1859 年）与十年（1860 年）。如大正八年（1919 年）的《台湾厅志》载：

> 咸丰三年，漳人与泉人在枋桥展开激斗，余波从台北附近各堡传导到远处的基隆方向，极尽杀伤焚燎之能事。其余焰未熄，两社群间之剧争于咸丰九年复起，摆接堡各庄悉罹兵燹，大加蚋荣兰的各堡亦混乱至极。

可知咸丰三年基隆的漳泉械斗实因板桥的漳泉械斗事波及而引起。又昭和六年（1931 年）汉人记者简万火的《基隆志》曰：

---

① 此一说法最早为官方志书刊载，后普遍流传于民间社会之宗亲会刊物、庙宇碑刻、报纸、耆老口述数据等文字内容，甚至学界的调查报告、各不同学科领域的学位论文亦采此说法。相关记载参见《基隆市志》（"基隆市政府民政局"，1979 年），风俗篇，第 14、237—238、430—431 页；基隆江姓宗亲会第八届第二次会员大会编：《基隆江姓乙丑年主普特辑》（基隆江姓宗亲会第八届第二次会员大会，1985 年），第 66 页；《基隆开基老大公庙略志》碑（2000 立）；《孤魂据坛不愿走　新建成楼有特"色"细述基隆中元祭普渡主普坛改建过程与波折》，《中国时报》1995 年 7 月 27 日第 16 版；台湾文献委员会编，《基隆市乡土史料——基隆市耆老口述历史座谈会纪录》（台湾文献委员会，1992 页），第 44—45、50、128、156—157 页；传统艺术学院传统艺术研究中心，《鸡笼中元祭》（"基隆市政府民政局"，1989 年），第 43—44 页；李丰楙等《鸡笼中元祭祭典仪式专辑》（基隆市政府，1991 年），第 18、28 页；陈纬华《鸡笼中元祭：仪式、文化与记忆》（政治大学民族学研究所硕士学位论文，1997 年），第 9、21 页；洪嘉蕙《乡土艺术融入国小艺术与人文之课程设计——以"基隆中元祭"为例》（新竹教育大学美劳教育研究所硕士学位论文，2007 年），第 48—49 页；余佳芳《从基隆中元祭探讨台湾传统节庆演变之研究》（成功大学艺术研究所硕士学位论文，2007 年），第 30—31 页；颜婉吟《节庆文化活动服务质量之采讨——以基隆中元文化祭为例》（台湾海洋大学航运管理学系硕士学位论文，2007 年），第 18—19 页；郭雅婷《鸡笼中元祭节庆文化产业营销策略之研究》（台湾师范大学运动与休闲管理研究所硕士学位论文，2008 年），第 49—50 页；连明伟《鸡笼中元祭——仪式、组织与权力》（台北教育大学社会科教育学系硕士学位论文，2009 年），第 14—15 页；俞思妤《"鸡笼中元祭"之道教科仪唱腔研究》（台湾师范大学民族音乐研究所硕士学位论文，2009 年），第 2—3 页。
② 基隆漳泉械斗发生时间的普遍说法有两种：一是咸丰元年（1851 年）；一是咸丰三年（1853 年）。

自咸丰三年八月起，漳泉双方械斗，初漳人方面，系庆安宫一和尚，首倡当先，率漳人至鲂顶，与泉（安溪人）击斗，双方死伤甚多，血流溪涧，如此惨事，至咸丰十年九月十五日，计有发生三次，诚民族未曾有之惨事也，如现在舸壳港旧隧道口之义民庙，乃安葬是等牺牲者百零八名之骨骸也。①

可知咸丰年间基隆的漳泉械斗事共发生三次；而日治时期的暖暖公学校校长曾对泉人供奉的妈祖庙安德宫做调查，则明确记载咸丰年间基隆的漳泉械斗事分别发生于咸丰三年、九年及十年。②

再就咸丰年间基隆发生大规模伤亡的原因来说，根据清代的官方志书、档案记录可知，咸丰年间基隆除发生漳泉械斗外，亦有小刀会的动乱导致地方伤亡惨重。如咸丰六年（1856 年）的上谕档载：

是年（即咸丰四年）闰七月间复有内地小刀会匪船窜入鸡笼地方，势颇猖獗，经官兵五路进攻，破贼所据石围，歼擒二百三十余名，截杀百余名，其逃入船之贼，复被水师于台、澎洋面节次追剿，先后牵获、击沉匪船多只，生擒无算。③

咸丰八年（1858 年）的月折档载：

内来小刀会匪船，分股游奕台卫洋面，牵占商渔船只，追胁入伙，到处窥伺，复窜至噶玛兰厅属苏澳，及淡水厅属鸡笼，勾结土匪，登岸滋扰。④

---

① 简万火：《基隆志》，台北成文出版社 1985 年影印本，第 6—7 页。
② 《社寺庙宇二关スル调查：台北廳》，《暖暖公学校长报告》。
③ 《咸丰六年六月十日（上谕）》，见《咸丰同治两朝上谕档第六册》，载台湾史料集成编辑委员会编《清代台湾关系谕旨档案汇编》第 7 册，台湾"行政院文化建设委员会"、远流出版事业股份有限公司 2004 年版，第 357—358 页。
④ 《奏为遵旨查明剿捕分类等五案首从匪徒在事出力文武员弁绅士义首人等择尤奖叙缮具清单折（咸丰八年六月初六日）》，载洪安全总编《清宫月折档台湾史料（一）》，台湾"故宫博物院"1994 年版，第 312 页。

可见自咸丰三年起基隆即动乱不已，陆续发生咸丰三年的漳泉械斗、咸丰四年的小刀会动乱、咸丰八年的小刀会动乱、咸丰九年的漳泉械斗、咸丰十年的漳泉械斗。其中，姓氏轮值主普制出现于咸丰五年，应是连续两年的动乱造成基隆地区伤亡惨重，为超度大量死于非命的亡者，并令生者得安心度日，故耆老们决议由地方上具实力之十一姓轮流负责每年的普度工作。

值得注意的是，咸丰五年的姓氏轮值主普制出现后似并未达到"以血缘关系化解地缘冲突"的目的，因咸丰九年及十年仍发生漳泉械斗，基隆仍有来自原乡的地域冲突；事实上，据清代的官方志书记载，基隆的漳泉械斗要到同治年间才因外患增加，乃使内斗消弭。[①] 因此，姓氏轮值主普制于咸丰五年出现时的原始意义恐非战后人们普遍所说的"以血缘关系化解地缘冲突"，可能仅是确认固定负责人以轮流办理每年超度亡魂之重要工作，使历经动乱的生还者得安心度日，平顺生活；而非特别强调每年普度前透过十一姓的水灯与花车之阵头游行活动以拼场较劲，取代昔日漳泉械斗之武力血拼，即所谓的"以赛阵头代替打破头"。

又据此解释来分析同治十年（1871 年）已纂修成的《淡水厅志》有关中元普度记载时，亦可得到若干证实，因当时基隆属淡水厅管辖范畴，而《淡水厅志》言及七月中元节时曰：

> 十五日城庄陈金鼓旗帜，迎神进香，或搬人物，男妇有祈祷者，着纸枷随之。凡一月之间，家家普渡，即盂兰会也。不独中元一日耳。俗传七月初一日为开地狱，三十日为闭地狱，延僧登坛施食，以祭无祀之鬼。寺庙亦各建醮两三日不等。惟先一夜燃放水灯。各给小灯，编姓为队，弦歌喧填，烛光如昼，陈设相耀，演剧殆无虚夕。[②]

上述内容里提及之"编姓为队"，似为基隆中元祭里因轮值主普十一姓而依序排列各姓水灯队伍之情形，此或为目前所知清代资料中较早载及基隆中元祭情形者，然文中并无只字词组提及基隆中元祭里轮值主普各姓间

---

① 陈培桂纂修：《淡水厅志》卷十一，考一，风俗考，台湾银行经济研究室 1963 年版，第 300—301 页。

② 同上。

之比赛或竞争，似显示咸丰五年开始实施姓氏轮值主普制的十余年后，方志记录对今日基隆中元祭特别强调的以"赛阵头代替打破头"之行为仍未有任何着墨。

三 以"赛阵头"代替"打破头"：姓氏轮值主普制的意义与演变

今日基隆中元祭的各式活动长达一个月，然最热闹的部分有两天，亦传统仪式进行最重要的两天：农历七月十四日的放水灯、七月十五日的普度（日治时期为农历七月二十三日至二十七日间，不固定日期，因配合退潮时间以利水灯放流大海）；其中，放水灯前有大规模的水灯及花车之阵头游行活动，即将各个宗亲会及团体提供的水灯与花车阵头在基隆市最重要的大街上绕行并评比竞赛。此活动的历史意义一般说法是为了"以赛阵头代替打破头"，即使基隆的漳泉移民可以此种良性竞赛方式代替以往的武力械斗竞争。然目前所见相关资料可知，此种水灯与花车之阵头游行竞赛场景于日治时期才出现，且目的在商业宣传与广告效果，而非消弭漳泉冲突之族群对立现象。此可从日治时期的报纸刊载相关消息得知，如大正三年（1914 年）谢姓轮值主普时，报载：

旧廿五日放河灯，全基貂石四堡，梨园子弟尽出，旗鼓灯排，缠绕满街，好事者更以诗意艺棚，争炫奇观，其灯纯用改良式，龙头龙尾，中缀灯球，一排多至数百灯，屈曲蛇行，倍觉有趣，闻尤以丸大苦力组一排，最为生色，劳动神圣不诬也，台北泰芳商行之诙谐广告，亦助热闹，斗大王菜灯数十对，厚脸者二人，一撑广告，一曳纸鹿，到处围观如堵，事虽滑稽，可知岛人商业竞争，思想渐有进步。[①]

可见当时水灯与花车游行活动实属商业性质，具广告效果，故台北商家亦远道而来，欲在此热闹场合中打响知名度，宣传自家商品，而报纸代

表的社会观察评论，也颇为赞同此种商业竞争，视之为进步现象。

大正十一年（1922 年）吴姓轮值主普，报纸又载：

中元普施，已于去十六夜，先放河灯，大小五十余排，其制与台北不同，因避电线，皆肩持平行，其灯或一层或二层，加以纸制龙首尾，委蛇而行，如火龙然，颇为雅观。最长者三阳公司海部一排，多至二十余节，绵延一街，二层灯数，计三百余，闻由苦力一人一篝，故如是多，但皆纸制提灯，稍为逊色。次为谢姓新制龙角灯，光辉夺目，虽长不及三阳，而灿烂美观，则过之。余如吴姓主普，及林陈郑苏周各姓，亦皆可观。督中间以小儿最短之小灯二三排，尤觉有趣；而打锡团所制之锡旗、锡轿、锡灯笼，燃瓦斯做广告意，犹例年所无。

亦可见中元普度之水灯及花车阵头游行活动里，较劲意味与竞赛氛围中实充斥着打广告、做宣传之商业功用。

尤其，当时轮流负责普度工作的十一姓领袖多从事工商业活动，透过游行活动的参与实有利于自家商品之宣传推销，既增加自身商业利益，又促进地方经济繁荣。兹将日治时期（大正十四年至昭和十一年，1925—1936 年）负责中元祭四大柱者表列如下：[①]

年份/公元、日本、中国	主普	主会	主醮	主坛
1925、大正十四、民国十四	谢清桐	林振盛商店	*新吉发商店*	三阳公司、[基源商行]
1926、昭和元、民国十五	林冠世、林朝宝、林大化	林添旺	陈振芳、郑查某	张东隆商行、*利记公司*
1927、昭和二、民国十六	江瑞英	林秋波	刘通、刘猛	*顺发商行、柯炳谦*

---

① 吴蕙芳：《地缘冲突的血缘化解：基隆中元祭与姓氏轮值主普制》，《政治大学历史学报》2009年第 31 期。

续表

年份/公元、日本、中国	主普	主会	主醮	主坛
1928、昭和三、民国十七	郑元	林冠世	陈锦堂、**郭进昌**、**周百年**	林大化、陈赞珍
1929、昭和四、民国十八	何萍、何天静、何能近	**范昆辉**	**郭太平**、陈懋趄、**董湖**	**柯汉忠**、日胜行
1930、昭和五、民国十九	赖南桂、赖崇璧、赖旺、赖云、赖懋、赖烈	林希贤	张保、刘阿祯	振发行、**大和行**
1931、昭和六、民国二十	许梓桑	**蔡庆云**	**颜赤九、杨火盛**	张阿呆、吴森求
1932、昭和七、民国二十一	张阿呆、张士文、张东隆（张东青）	林应时、谢知母、张井、陈玉振	刘清福	谢裕记商行
1933、昭和八、民国二十二	吴永金、吴百川	江瑞英	区域内保正合办（赖懋）	赖顺发商店、林开郡
1934、昭和九、民国二十三	刘阿祯、刘猛、刘火生、刘麒麟、刘通、刘石乞、刘懋	东元药行	**长寿齿科医院（杨阿寿）**	何微力
1935、昭和十、民国二十三	陈阿佳、陈大头、陈杰、陈汉周	江乌定	**杨火辉**	**泰记汽船株式会社（曹德滋）**
1936、昭和十一、民国二十四	谢裕记商行（谢清桐）	**泰记汽船株式会社（曹德滋）**、陈汉周	吴皮	**黄玉阶**

说明：表中加［］表示不明其负责人者；斜体粗黑字者为不属轮值主普十一姓者。

其中，属轮值主普十一姓之成员背景可列表如下以为说明：[①]

---

① 吴蕙芳：《海港城市的传统节庆活动：以庆安宫与基隆中元祭为中心之探讨》，载《海洋文化论集》，台湾中山大学人文社会科学研究中心、文学院，2010 年，第 327—329 页；吴蕙芳：《地缘冲突的血缘化解？基隆中元祭与姓氏轮值主普制》，《政治大学历史学报》2009 年第 31 期；吴蕙芳《社会动员和政治参与：日治时期的基隆中元祭》，宣读于"2011 海洋文化国际学术研讨会"（台湾海洋大学主办，2011 年 12 月 1 日）。

负责人	身份	负责工作
林冠世	经营林振盛商行及炭矿业于狮球岭	1926 主普；1925、1928 主会
林朝宝	经营三阳公司、瑞成行	1926 主普、1925 主坛
林大化	经营大祥行及石炭业于草店尾	1926 主普、1928 主坛
林添旺	经营阿片小卖及杂货代书业	1926 主会
林秋波	与弟共同经营杂货店	1927 主会
林希贤	奉职于樱井印刷部	1930 主会
林应时	任职瑞芳矿山九份	1932 主会
林开郡	三峡炭矿主	1933 主坛
林清芳	*经营东元药行、医士	1934 主会
江瑞英	药种商，经营江源茂药行	1927 主普、1933 主会
江乌定	于福德町经营杂货店	1935 主会
郑 元	成兴行主	1928 主普
郑查某	**不明**	1926 主醮
何 萍	经营老建和木材行	1929 主普
何天静	**不明**	1929 主普
何能近	**不明**	1929 主普
何微力	经营建裕米商行	1934 主坛
赖南桂	经营赖顺发（新顺发）商店、星酱油制造会社社长	1930 主普、1933 主坛
赖崇璧	经营石炭业	1930 主普
赖 旺	**不明**	1930 主普
赖 云	吉野屋商店主	1930 主普
赖 懋	**不明（保正）**	1930 主普、1933 主醮
赖 烈	经营土地、房屋出租	1930 主普
许梓桑	阿片烟膏卖捌人	1931 主普
张阿呆	经营杂货商号金捷成	1932 主普、1931 主坛
张士文	经营丸基运送业、建成海陆运送店	1932 主普
张东青	经营张东隆商行	1932 主普、1926 主坛
张 保	经营义源商店、宝隆运送店、建筑业	1930 主醮
张 井	经营石井铁工厂	1932 主会
吴永金	基隆米商，经营振发行	1933 主普、1930 主坛
吴百川	经营石炭业于草店尾	1933 主普
吴森求	**不明**	1931 主坛
吴 皮	经营瑞芳九份金矿、新建发商会	1936 主醮
刘阿祯	金物业商，经营云源铁工所、日新金物店	1934 主普、1930 主醮
刘 猛	经营杂货商兼石炭船积劳工请负，曾住曾子寮开米店	1934 主普、1927 主醮
刘火生	基隆轻铁会社运输部主任	1934 主普

续表

负责人	身份	负责工作
刘麒麟	经营炭矿业	1934 主普
刘 通	请负业商，三福公司所属劳力供给	1934 主普、1927 主醮
刘石乞	石碇庄矿业人	1934 主普
刘 懋	**不明**	1934 主普
刘清福	*广福医院主、经营广聚楼	1932 主醮
刘添顺	与人合营大和精米所	1930 主坛
陈阿佳	三合渔行主	1935 主普
陈大头	海产物商	1935 主普
陈 杰	海产物商	1935 主普
陈汉周	*花花齿科医院主	1935 主普、1936 主会
陈振芳	投资基隆义成兴家畜合资会社	1926 主醮
陈锦堂	陈源裕行主	1928 主醮
陈赞珍	经营陈泰行、陈泉泰商行、船问屋	1928 主坛
陈玉振	投资基隆义成兴家畜合资会社	1932 主会
陈懋趓	经营锦成运送店	1929 主醮
陈影帆	经营日胜行	1929 主坛
谢清桐	海产物商，经营谢裕记商行	1925、1936 主普；1932 主坛
谢知母	**不明（保正）**	1932 主会
谢文理	与人合营大和精米所	1930 主坛

说明：表中斜体粗黑字者为不明从事何种行业之负责人（唯其中 2 人具保正身份），加 " * " 符号者为医院主或医士（唯其中 2 人兼营饭馆、药行）。

综观表中分属十一姓的 55 名成员中，不明从事何种行业者有 8 人占 14.5%，为医院主或医士者有 3 人占 5.5%，余均从事工商业活动共 44 人占 80%。

另外，此种游行活动亦提供轮值主普十一姓外之他姓成员有崭露头角及担当重责大任之机会，盖日治时期某些轮值主普姓氏已有没落情形，实难长期负荷普度工作；而某些非轮值主普姓氏已逐渐发展出来，欲积极参与相关工作以提高地方声望；① 而观察这些外姓领袖的身份亦多属从事工商

---

① 如日治时期轮值主普十一姓中的许姓已有实力衰退现象，许姓宗亲会会长许梓桑曾召集各姓氏代表会议，通过外姓得加入轮值主普行列之决定，而当时非属轮值主普十一姓的黄姓则势力愈盛，普遍而积极地参与基隆中元祭的各式活动；相关说明与史料参见吴蕙芳《许梓桑与日治时期的基隆中元祭》，《政治大学历史学报》2012 年第 37 期；吴蕙芳《宗亲组织与基隆中元祭——以黄姓宗亲会为例》，《两岸发展史研究》2007 年第 4 期。

业者，兹将参与主普外之主会、主醮、主坛三大柱之外姓成员身份背景表列如下：①

负责人	身份	参与工作
杨火盛	*妈祖宫口仁德医院主	1931 中元主醮
杨火辉	曾经营商业炭矿包办，后改营金铜矿石船积荷扬及劳工给付兼海运业	1935 中元主醮
杨阿寿	*经营长寿齿科医院	1934 中元主醮
柯炳谦	海产物商，经营隆顺谦记行、船问屋	1927 中元主坛
柯汉忠	经营物品贩卖业隆顺商行、与人合组基隆兴业公司	1929 中元主坛
柯馨盛	海产物商与材商木、经营新吉发商店、新吉和商店	1925 中元主醮
蔡金池	海产巨商利记商行主	1926 中元主坛
蔡焕章	与人合营大和精米所	1930 中元主坛
蔡庆云	蔡义成商店（义成行主）	1931 中元主会
周百年	经营周百年商店、万果物委托问屋	1928 中元主醮
周阿食	经营顺发商行	1927 中元主坛
董　湖	米商，经营福亨商店	1929 中元主醮
黄玉阶	*旭东医院主	1936 中元主坛
郭太平	*为旭町高砂桥畔太平医院主	1929 中元主醮
郭进昌	与人合营三河商行支店及新泉利商行，与日人合创基隆养豚合资会社	1928 中元主醮
朱添才	与人合营大和精米所、大和商店	1930 中元主坛
朱　禄	经营朱禄运输部、大阪商船株式会社专属荷扱店	1937 中元主醮
汪汉忠	**不明**	1902 中元主坛
范昆辉	基隆养豚合资会社理事	1929 中元主会
曹德滋	泰记汽船株式会社代表	1936 中元主会、1935 中元主坛
颜赤九	位于双叶町益隆商会负责人、经营木炭业、贷屋业	1931 中元主醮

说明：表中斜体粗黑字者为不明身份之负责人，加"*"者为医院主。

———————

① 吴蕙芳：《地缘冲突的血缘化解：基隆中元祭与姓氏轮值主普制》，《政治大学历史学报》2009年第 31 期。

综观表中不属轮值主普十一姓之外姓成员共 21 人，其中不明身份者有 1 人占 4.8%，为医院主者有 4 人占 19.0%，其余均为经营工商业者共 16 人占 76.2%。

事实上，战后的基隆中元祭已由以往的四大柱（主普、主会、主醮、主坛）规模缩小为仅剩主普一柱，故令新兴姓氏极力争取轮值主普普度工作之参与。① 而观察战后基隆中元祭里轮值主普姓氏由十一姓增为十五姓，这些后来加入的姓氏事实上早于日治时期即利用前述机会呈现雄厚实力与地方势力，以便日后得进入轮值主普行列，正式成为轮值主普十一姓之成员。

四　结语

本文主要解析今日基隆中元祭之最大特色——姓氏轮值主普制之产生背景与发展、演变情形，并对广泛流传之姓氏轮值主普制重要内涵——"血缘关系化解地缘冲突"、"以赛阵头代替打破头"等传统说法作若干补充与论证说明，期使人们对基隆中元祭的历史图像能有较完整而清楚的了解。事实上，今日有关基隆中元祭的诸多说法普遍来自战后史料，不论是官方志书、宗亲会刊物、庙宇碑刻、报纸、口述历史等，且彼此不断复制与口耳相传；而这些战后产生或建立之数据，均属战后观念下的产物，与其原始意涵有相当程度的差距，因此必须特别注意史料的时间因素，明确区隔其原始意义与后来的衍生意涵，乃能真正掌握实况与厘清问题。

① 昭和十二年（1937 年）中日战争爆发，日本殖民政府为节约物力，停止基隆中元祭的相关活动，仅在寺庙中进行简单祭仪，故基隆中元祭规模大幅减缩；战争结束后中元普度恢复，然只有主普一柱，此或因主普本有姓氏轮值主普制，由固定负责人轮流承办，再持续并不困难，而主会、主醮、主坛三柱则以往一向是逐年或数年临时推出人选办理，此实不如主普易于维持，故促成今日所见之基隆中元祭仅为日治时期之部分规模而已。相关之说明与史料可见吴蕙芳《地缘冲突的血缘化解：基隆中元祭与姓氏轮值主普制》，《政治大学历史学报》2009 年第 31 期。

17世纪东亚港口城市"有限开放"的政治背景

——以广州、长崎和釜山为中心

　　17世纪的东亚世界仍处于以中华帝国为核心的"华夷秩序"政治格局下,以港口城市为媒介的贸易方式亦被称作"朝贡贸易"。因此,诚如包乐史所说"每个旧世界的商业中心都再现了它们各自服务的政治经济体制的各种筹谋擘划"[①],此一时期东亚三国港口城市的发展被打上了极深的"政治"烙印,对港口城市发展政治背景的考察就显得尤为重要。此外,东亚三国港口城市的发展在此一时期呈现出惊人的相似性。明中晚期至清初的广州,在历经漫长的"闭关锁国"时期及"明清鼎革"的政治变局下,仍能在长时段内保持着完全或有限的对外贸易交流;江户初期的日本,德川幕府颁布宽永"锁国令",实行锁国制度,唯存长崎一港维系幕府与外界的"通商"联系;壬辰战争[②]后的朝鲜,迫于"南北交困"国际格局,重开釜山港口单一"倭馆贸易"制度,恢复与日本的贸易联系;由此可见,三国港口城市的发展在此一阶段不约而同地走上了"一口通商"的道路。然而历史的发展绝非偶然,通过对17世纪东亚港口城市发展政治背景的探析便可以看出这一偶然现象中的必然性;因此,笔者以广州、长崎、釜山为考察对象,试图探讨此一时期影响三港口城市发展

---

　　[*]　张晓刚,大连大学东北亚研究院教授;刘钦,大连大学东北亚研究院硕士研究生。

　　[①]　[荷]包乐史:《看得见的城市——东亚三商港的盛衰浮沉录》,赖钰匀、彭昉译,浙江大学出版社2010年版,第112页。

　　[②]　即万历朝鲜战争,朝鲜、韩国称为壬辰倭乱、丁酉再乱;日本称之为文禄—庆长之役;中国则称为朝鲜之役。

的政治背景。

一　明中晚期至清初"锁国体制"下的广州

有明一代，"海禁政策"是为国家发展的既定国策，太祖朱元璋将其作为"定制"，以此建立封建国家"闭关锁国"的政治体制，据《皇明世法录》记载："凡将马、牛、军需、铁货、铜钱、缎疋、细绢丝棉私出外境货卖及下海者，杖一百，挑担驮载之人，减一等，物赍船车入官。若将人口军器出境及下海者绞，因而走泄事情者斩，其拘该官司及手把之人，通同夹带，或知而放纵者，与犯人同罪。"[①] 并规定"禁濒海民不得私出海"，"人民无得擅出海与外国互市"[②]，且下令将所有尖底帆船改为平头船"凡擅造二桅以上桅式大船，把违禁货物运往国外贩卖者，正犯处以极刑，全家发边卫充军"[③]。此外，政府严禁民间私自买卖香料、苏木等进口货物，规定"民间祷祀止用松柏枫桃诸香，违者罪之"[④]，"凡私买或贩卖苏木、胡椒至 1000 斤以上者，具发边卫充军，货物并入官"[⑤]，至建文三年（1401年），又规定"不问官员军民之家，但系番货番香等物，不许存留贩卖，其见有者，限三个月销尽，三个月外仍前存留贩卖者，处以重罪"[⑥]。与此同时，明朝政府加强沿海各卫守军数量，进而强化"海禁政策"的执行力度，规定"守御边塞官军如有假公事出境交通私市者，全家坐罪"，且"凡把手海防武职官员，有犯受通番土俗哪哒报水，分利金银货物等项，值银百两以上，名为买港，许令船货私入，串通交易，贻患地方，及引惹番贼海寇

---

① （明）陈仁锡：《皇明世法录》卷七五，"私出外境及违禁下海"条，学生书局 1965 年版。
② 《明太祖实录》卷二五二，洪武三十年四月乙酉条，台湾中研院历史语言研究所 1962 年影印本，第 3640 页。
③ （明）朱纨：《议处夷贼以明典刑以消祸患事》，载陈子龙等编《明经世文编》卷二〇五中华书局 1962 年版。
④ 《明太祖实录》卷二三一，洪武二十七年正月甲寅条，台湾中研院历史语言研究所 1962 年影印本，第 3374 页。
⑤ （明）熊鸣岐：《昭代王章》卷二 "私出外境及违禁下海"，台湾正中书局 1981 年版。
⑥ （清）阮元：《广东通志》卷一八七，兵防，《续修四库全书》第 673 册，上海古籍出版社 2002年影印本，第 152 页。

出没，戕害居民，除正犯死罪外，其余俱问受财枉法罪名，发边卫永远充军"①，如此严厉的惩罚措施致使沿海官兵"见船在海有兵器、火器者，不问是否番货，即捕治之，米谷鱼盐之类一切厉禁"②。明英宗正统年间，据福建巡海按察司检事言"旧例濒海居民，私通外国，货易番货，漏泄军情，及引海贼劫掠边地"，于是英宗因"比年民往往嗜利忘禁"，遂命"刑部申明禁之"，并规定"正犯极刑，家人戍边，知情故纵者罪同"。③ 及至明末嘉靖年间，为明朝海禁最严厉之时；在福建、浙江两省，连下海捕鱼和海上航行都受禁止，④ 且嘉靖元年（1522 年）后，明廷撤销闽、浙两地市舶司，仅存广州为唯一的对外贸易进出口岸。尽管隆庆改元后，明廷接受福建巡抚都御使涂泽民的建议"开海禁，准贩东西二洋"⑤，但在封建国家"闭关锁国"的政治思想主导下，沿海贸易发展仍举步维艰。因此，明朝的"海禁"政策作为帝国的既定国策，基本贯穿了明王朝始终，构成了终明一代的"锁国体制"。

明朝实行"海禁"政策，进而构建"锁国体制"，是为广州港口发展之大政治背景；且在此背景下，尤以明中后期、嘉靖年间后锁国政策最为严厉。然察此一时期广州港口发展实态，可以看出，正是在"锁国体制"政治背景的影响下形成了广州港口"一口通商"的格局。"海禁政策"下虽严禁本国人民"下海通番"，但允许朝贡国家按规定"贡道"来贡贸易⑥，因此明廷对广州港口采取比较灵活的政策。洪武初年，即令"番商止集（广州）舶所"⑦，规定广州为占城、暹罗、爪哇、满剌加、真腊、苏门答腊、古麻剌、柯支等东南亚朝贡国贡使入境口岸⑧；嘉靖二年（1523 年）

---

① （明）刘惟谦：《大明律》卷一五，兵律、关律，"私出外境及违禁下海"，齐鲁书社 1997 年影印本。

② （明）郑若曾著、李致忠等校：《筹海图编》卷之四"福建事宜"，中华书局 2007 年版。

③ 《明英宗实录》卷一七九，正统十四年六月条，台湾中研院历史语言研究所 1962 年影印本。

④ 邓端本编著：《广州港市史（古代部分）》，海洋出版社 1986 年版，第 135 页。

⑤ （明）张燮：《东西洋考》卷七"饷税考"，中华书局 1981 年版。

⑥ 明代"朝贡贸易"体系下：宁波为日本贡使入境口岸，泉州为琉球贡使入境口岸，广州为东南亚朝贡国家或地区贡使入境口岸，参见（明）郑若曾《筹海图编》"倭国朝贡事略"。

⑦ （清）严如煜：《洋防辑要》卷一五"广东防海略"（下），台湾学生书局 1985 年版。

⑧ （明）李东阳等纂：《大明会典》卷一五〇，朝贡一、朝贡二，广陵书社 2007 年版；另参见（清）张廷玉《明史》卷八，食货志五·市舶，中华书局 1974 年版。

五月，发生了日本两贡使为争夺朝贡贸易权相互攻杀焚掠宁波城的事件[①]，事件发生后明朝政府下令于"（嘉靖六年十月）壬子，裁浙江市舶司"[②]，其直接结果导致闽、浙两地市舶司被裁，广州成为唯一的海外贸易口岸；隆庆改元后，因政府"准贩东西二洋"，于是"广州几垄断西南海之航线，西洋海舶常舶广州"[③]，使广州海外贸易获得空前的发展。由此观之，明中后期的广州港口，在"锁国体制"的政治背景影响下，仍能在较长的时间范围内保持着完全或有限的对外贸易交流，并逐渐形成了"一口通商"的格局。

1644 年，满清入关，华夏中原之地发生了"明清鼎革"的政治变局，入主中原后的清王朝，在对外关系方面呈现出王朝政策的延续性，继续执行明朝的海禁政策。《大清律例》明确规定："凡沿海地方奸豪势要及军民人等，私造海船，将带违禁货物下海前往番国买卖，潜通海贼同谋结聚，及为乡导劫掠良民者，正犯比照谋叛已行律斩首"[④]；且清世祖顺治皇帝下令东南沿海文武官员道："严禁商民船只私自出海，有将一切粮食货物等项，与逆贼贸易者，或地方官察出，或被人告发，即将贸易之人，不论官民，俱行奏闻正法，货物入官，本犯家产尽给告发之人。其该管地方文物各官，不行盘诘擒缉，皆革职，从重治罪。地方保甲，通同容隐，不行举首，皆论死。"[⑤] 令下之日，闽、粤等地沿海居民"挈妻负子载道路，处其居室，放火焚烧，片石不留，民死过半，枕藉道涂"，沿海一带"火焚二个月，惨不可言"；并立沟墙为界，命"寸板不许下海，界外不许闲行，出界

① 《明史·列传》卷三二二，外国三，日本："日本贡使宗设抵宁波。未几，素卿偕瑞佐复至，互争真伪。素卿贿市舶太监赖恩，宴时坐素卿于宗设上，船后至又先为验发。宗设怒，与之斗，杀瑞佐，焚其舟，追素卿至绍兴城下，素卿窜匿他所免。凶党还宁波，所过焚掠，执指挥袁琎，夺船出海。都指挥刘锦追至海上，战没。"

② （明）谈迁：《国榷》卷五三，嘉靖六年十月壬子，文渊阁四库全书本。关于"宁波争贡事件"后，闽、浙市舶司的废置时间问题，学界尚存在争议，但并不妨碍本文论述。详细内容请参考陈支平《嘉靖年间闽、浙市舶司废置时间考》，《厦门大学学报》（哲学社会科学版）1981 年增刊；陈尚胜《福建市舶司废于嘉靖六年吗?》，《厦门大学学报》（哲学社会科学版）1984 年第 3 期；陈尚胜《明代浙江市舶司兴废问题考辨》，《浙江学刊》1987 年第 2 期。

③ （清）谢清高等著，安京校：《海录校释》卷上，商务印书馆 2002 年版。

④ 详见《大清律例》，兵律、关律，"私出外境及违禁下海"条，《四库全书》，上海古籍出版社 1989 年版。

⑤ 陈捷先：《不剃头与两国论》，台湾远流出版事业股份有限公司 2001 年版，第 76 页。

以违旨立杀"。① 清廷以严酷的禁律断绝沿海官民与外界的联系，从而形成了清初的"锁国体制"。

清初"锁国体制"下，虽"寸板不许下海"，但广东方面，却在藩王（尚氏）实际控制下呈现出别样景象。顺治四年清兵攻陷广州，但第二年广东又重归南明统治，顺治七年（1647年）平南王尚可喜率清兵再陷广州，由此开始了藩王割据广东的时代。尚氏父子控制广东后"暴横日甚，招纳奸宄，布为爪牙，罔利恣行，官民怨詈"②，且允许其藩人进行私市"其所属私市私税，每岁所获银两不下数百万"③，以致"凡凿山开矿，煮海鬻盐，无不穷其利，于是平南之富甲天下"④，尚氏集团已俨然成为雄踞一方的割据势力，其控制下的广州港口也以"贡舶"和"走私"的形式开展对外贸易。顺治十年（1653年）"暹罗国有番舶至广州，表请入贡……时监课提举司白万举，藩府参将沈上达以互市之利说尚王（尚可喜），遂咨部允行。乃仍明市舶馆地而厚给其廪，招纳远人焉"⑤。另据樊封《夷难始末》载："皇朝开国，暹罗南掌，首纳贡献。尚氏开藩，益事招集，关权税务，准沈上达白有珩二人总理，钩稽锱黍，无微不至。"⑥ 可见尚可喜以"互市之利"请求开放广州贡舶贸易，后经"咨部允行"，乃沿明代旧例管理广州贡舶贸易，并派沈上达、白有珩"总理其事"。由此可知尚氏集团设官管理贡舶事务，其对广州港口对外贸易的控制应肇始于此。至康熙初年，"海禁"政策越发严厉，贡舶船只无法进入广东海口，贡舶贸易极尽断绝，但藩王庇护下的海上走私贸易盛行开来。此一时期尚氏集团大藩商沈上达利用藩王政治的庇护，通过广州港口大肆进行海上走私贸易。据李士桢奏"自康

---

① 关于清初沿海地区"海禁"状况详见林仁川《明末清初私人海上贸易》，华东师范大学出版社1987年版，第429—430页。

② （清）勒德洪：《平定三逆方略》卷一，《四库全书》第354册，上海古籍出版社1989年版，第5页。

③ 《清圣祖实录》第4册卷九一，康熙十九年八月丙戌条，中华书局1985年影印本，第1155页。另据《清史·列传》卷八〇，尚之信本传，页二十九记载："其藩下所收私税，每岁不下数百万。"中华书局1987年版。

④ （清）留云居士：《明季稗史汇编·四王合传》，转引自彭泽益《清代广东洋行制度的起源》，《历史研究》1957年第1期。

⑤ （清）史澄等：《光绪广州府志》卷一六二，杂识，台湾成文出版社1966年版。

⑥ （清）黄佛颐编著，仇江等点校：《广州城坊志》，广东人民出版社1994年版，第616页。本文所引樊封《夷难始末》收录于《广州城坊志》。

熙元年奉文禁海，外番舡只不至，即有沈上达等勾结党棍，打造海舡，私通外洋，一次可得利银四五万两，一年之中，千舡往回，可得利银四五十万两，其获利甚大也"①。可见，当时走私贸易规模之大利润之高。由此观之，清初"海禁"时期藩王庇护下的海上走私贸易，使得广州港口虽名为断绝贸易，然实则继续保持对外贸易交流。

统观明中晚期至清初广州港口发展状况可以看出，在"锁国体制"大政治背景下，由于受到"宁波争贡事件"及明清易代后藩王割据等政治因素的影响，广州港口在对外贸易交流方面呈现出较强的连续性，并逐渐形成了"一口通商"的贸易格局。

二 德川幕府初期"锁国体制"下的长崎

17 世纪以降的东亚世界，正当中国处于"锁国体制"最严厉的时期，日本则由德川家康结束战国时代，开始进入江户幕府 200 余年封建统治的时代。然而江户幕府建立伊始，国内统治并不稳定，西南诸侯控制下的海外贸易及商业资本有所发展，形成割据势力威胁；葡萄牙传教士的传教活动，使不少日本大名及其他阶层人民开始信奉天主教，这严重威胁日本固有的神国观念，对幕府巩固政权极为不利，于是幕府出于维护其封建统治的需要，也开始逐步走上了"闭关锁国"的道路。

庆长十年，幕府驱逐天主教传教士及日本信徒；元和九年，平户港的英国商馆关闭，葡萄牙人被驱逐出境；宽永元年，幕府又与西班牙断交，并禁止其商船来日通商。及至宽永十年，幕府颁布第一道"锁国令"，规定"一、除特许船以外，严禁其他船只驶往外国。二、除特许船以外，不得派遣日本人至外国。如有偷渡者，应处死罪，偷渡船及其船主，一并扣留。三、已去外国，并在外国构屋营居之日本人，若返抵日本，应即处以死罪。但如在不得已之情势下，被迫逗留外国，而在五年以内来归日本者，经查明属实，并系恳求留住日本者，可予宽恕。如仍欲再往外国者，即处死罪。

---

① （清）李士桢：《抚粤政略》卷一〇，康熙二十一年八月六日《议覆粤东增豁税饷疏》，载沈云龙主编《近代中国史科丛刊三编》第三十九辑，台湾文海出版社 2006 年版。

四、如发现有耶稣教蔓延之处,汝二人①应即前往诫谕。五、告发耶稣教教士者,应予以褒赏。告发人之功绩优良者,赏银百枚。其他告发者依其忠行情节,酌量褒赏。六、外国船只到来,应即呈报江户。并应按照往例,通告大村藩主,请其派遣监视舰船。七、如有发现传播耶稣教之'南蛮人'②或其他邪言惑众者,应即押解至大村藩之牢狱。……一六、……右列诸条,应各遵守查照办理。宽永十年酉二月二十八日。此令曾我又右卫门今村传四郎幕府五大臣印"③,即禁止奉书船④以外船只渡航,强化丝割符制度,打击天主教势力。宽永十一年,幕府颁布第二道"锁国令",重申了第一道"锁国令"的内容;同时,长崎长官发布长崎港口告示:"一、禁止耶稣教教士进入日本。二、禁止将日本武器运往外国。三、除特许船以外,禁止日本人渡海前往外国。违背右列各条者,当即严惩,此令。宽永十一年五月二十八日长崎长官印"⑤,进一步加强锁国措施。宽永十二年、十三年,幕府在第一道"锁国令"的基础上又连续颁布两道"锁国令",进一步规定:"一、严禁派遣日本船驶往外国。二、不得派遣日本人至外国,如有偷渡者,应处死罪。船及其船主,一并扣留,并备文呈报。三、已去外国并在外国构屋营居之日本人,若返抵日本,应即处以死罪。……八、搜捕耶稣教教士时,应仔细办理。虽船舱之内,亦须详加检查。九、南蛮人之子孙不得收留,此事务须切实严禁。若有违法收留者,本人应处死罪,其亲属亦须依罪行之轻重,各处刑徒。十、南蛮人在长崎所生之子女,以及接受此等子女作为养子养女之人,一律判处死罪。此外,匿救此等子女之性命,将其交送南蛮人;因而此等子女中,或有再来日本,或与日本通讯往来者,上述匿救者本人,应处死罪,匿救者之亲属,亦须按罪行轻重,各处徒刑。十一、禁止各级武士在长崎码头直接购买外国船之货物。……

① "汝二人"指长崎长官、德川幕府统治时期,在长崎设有两个长官共同治理。宽永十年为曾我、今村两人,宽永十三年为神原、马场两人。

② "南蛮人"指西班牙与葡萄牙人。

③ 宽永十年"锁国令"共十六条,限于篇幅未能全列,第八至十六条为强化"丝割符制度",详见张荫桐选译《1600—1914年的日本》(世界史资料丛刊初集),生活·读书·新知三联书店1957年版,第10、11页。

④ 奉书船即引文中所指特许船,即出海航行的日本船需持有幕府颁发的朱印状及老中签发的文书。

⑤ 张荫桐选译:《1600—1914年的日本》(世界史资料丛刊初集),生活·读书·新知三联书店1957年版,第11、12页。

宽永十三年五月十九日此令神原飞骅守马场三郎左卫门幕府五大臣印"①，由此可以看出，幕府对于日本船只及人民外出的禁令愈加严格，并增加了处理南蛮人子孙的规定。至宽永十六年，幕府颁布第五道"锁国令"，除之前规定的条款外，又禁止葡萄牙船只入港。随后的宽永十八年，幕府又将同基督教传教无关的荷兰人迁至长崎出岛，并废止朱印船贸易，于是德川幕府用了20余年，连续颁布五道"锁国令"，最终仅限长崎"一口通商"，完成了全面的锁国。

德川幕府统一日本后，一改丰臣秀吉时期发动"壬辰战争"的对外扩张策略，着手巩固对内统治，实行"锁国体制"。然而在以整治内政为核心的前提下，德川幕府在对外关系方面并非无所作为。"锁国体制"下的日本，幕府仅开长崎为唯一对外开放口岸，以此建立与中国及荷兰的"通商"关系；与此同时，为了解海外时局，尤其是中国国内政治形势，幕府便利用来日唐船建立起海外情报搜集制度，但这在客观上也刺激了日、中贸易的发展，推动了长崎港口"一口通商"格局的形成。在长崎港口日、中贸易交往中，幕府通过对"唐船风说书"②的采集以此完成对中国情报的搜集。现存"唐船风说书"大多辑于日本近世史料《华夷变态》③之中。关于"唐船风说书"所记载的内容，谢国桢先生在对《华夷变态》进行考察后写道，"其中所记者多为中土当时之敕谕、咨文、檄文、实务论策等"。④且察《华夷变态》内容可以看出，书中确有较多关于当时中国国内情报的记载，例如"崇祯登天弘光等位"记载了明崇祯皇帝等位状况；⑤"崔芝请援兵"记载了南明朝廷派遣周崔芝乞师日本一事⑥；"郑芝龙请援兵"记载

① 宽永十三年"锁国令"共十七条，限于篇幅未能全列，其内容在前三道"锁国令"的基础上有所调整并有所增加，详见张荫桐选译《1600—1914年的日本》（世界史资料丛刊初集），生活·读书·新知三联书店1957年版，第12、13页。

② 国内外学术界对"唐船风说书"定义颇多，观其要旨，即来日中国商船在到达长崎港口后，由幕府派出唐通事询问入港商船船头后写成的报告书。

③ 《华夷变态》流传至今，其版本主要有：内阁文库本，三十五卷，抄本；通行本，五卷，抄本，有两种；岛原松平家本，三十七卷，抄本；汉译本，不分卷，刊本；《崎港商说》，三卷，抄本。笔者文章所用为早稻田大学馆藏五卷本《华夷变态》，抄本。

④ 谢国桢编著：《增订晚明史籍考》，上海古籍出版社1981年版，第994页。

⑤ 《华夷变态》（一）"崇祯登天"，早稻田大学图书馆藏。

⑥ 《华夷变态》（一）"崔芝请援兵"，早稻田大学图书馆藏。

了南明将领郑芝龙乞师日本一事①;"吴三桂檄"记录了吴三桂奉天讨满的
檄文②;"郑锦舍檄"记录了郑经伐清的檄文等③。此外,林春胜在《华夷
变态》序中写道:"崇祯登天,弘光陷虏。唐鲁才保南隅,而鞑虏横行中
原。是华变于夷之态也。云海渺茫,不详其始末……尔来三十年所,福漳
商船,来往长崎,所传说有达江府者,其中闻于公,件件读进之,和解
之。"④ 可以看出,尽管德川幕府对当时中国时局十分关注,但由于"云海
渺茫"以致"不详其始末",于是积极搜集长崎唐船所带来的中国情报,制
作成风说书,并"件件读进之,和解之"。

"唐船风说书"的提取作为唐船入港程序中的一部分,在商船入港后由
长崎奉行所检使、唐通事、唐年行司等登船,在唐通事的询问下记录制作
出来。提取后的风说书"其详细记录之草稿,上交审阅,如无异议,即要
求誊清,誊清稿共上交三分。上呈(幕府),有印章一份;在府奉行留底,
无印章一份;次方,留底一份"⑤。即唐通事将风说书草稿提交长崎奉行后,
经审阅若无异议,立即制作一份誊清稿上交幕府。"唐船风说书"提交幕府
后"老中呈其大意,先考于御前进读,评议数日。尾张、纪伊两大纳言,
水户中纳言亦登城,上述书简,春斋读之。因阿部对马守为当月轮值,故
保管上述书简,每日出纳,每次亲自封缄,绝不许外人得见"⑥。可以看出,
以将军、老中、大纳言等人组成的幕府决策层,针对"唐船风说书"所记
载的内容展开讨论,并令林春斋进行讲解,且将风说书定为机密文件,绝
不许外人阅览。由此观之,"唐船风说书"已俨然成为幕府制定决策的参考
文件,长崎港口也成为德川幕府进行海外情报搜集的窗口。

统观德川幕府初期长崎港口发展状况可以看出,在"闭关锁国"的政
治背景下,幕府为建立对外"通商"关系,进而搜集海外情报、了解国外
时局,允许并仅限长崎开港通商,由此形成了长崎港口"一口通商"的贸
易格局。

---

① 《华夷变态》(一)"郑芝龙请援兵",早稻田大学图书馆藏。
② 《华夷变态》(二)"吴三桂檄",早稻田大学图书馆藏。
③ 《华夷变态》(二)"郑锦舍檄",早稻田大学图书馆藏。
④ 《华夷变态》(五卷本),早稻田大学图书馆藏。
⑤ [日]浦廉一:《唐船风说书的研究》,帝国学士院纪事,第五卷第一号,昭和22年2月。
⑥ 《华夷变态》(一)"郑芝龙请援兵",早稻田大学图书馆藏。

三　"南北交困"格局下的釜山

17世纪的中日两国相继构建了自身的"锁国体制",而同一时期的朝鲜却仍未摆脱"壬辰战争"的阴霾。丰臣秀吉发动侵朝战争,不仅给朝鲜王朝带来了精神、物质上的巨大创伤,同时也将朝鲜置于国际社会封锁状态之中,造成了"南北交困"的国际格局。遑论在"华夷体系"下的东亚世界,自古以来朝鲜与体系内部成员的交往无非是作为宗主国的中国及临海相隔日本。壬辰一役,日本之于朝鲜乃"万世必报之仇",朝日两国的"通信"交往随着丰臣秀吉诉诸战争的扩张策略而断绝;与此同时,中国东北地区建州女真势力迅速崛起并与大明逐鹿中原,这使明朝逐渐丧失了对周边藩属国的控制力,朝鲜与明朝的宗藩关系、通交往来遂逐渐断绝。因此,与同一时期中日两国主动实施"锁国体制"不同,朝鲜在一定程度上被动地进入了与国际社会的隔绝状态。所以,由于复杂的社会环境及历史条件决定了"主动"与"被动"的差异,但在"主动"与"被动"的不同一性中又存在"锁国"状态的同一特质,即此一时期的东亚三国都处于"锁国"状态的发展模式。

"壬辰倭乱"、"丁酉再乱"后,朝日关系极度恶化。战争期间,丰臣秀吉极尽侵略之能事,在朝鲜大肆破坏。据《朝鲜宣祖实录》记载:"礼曹启曰:'……园陵久为贼薮,焚掘之变,在处皆然,惨不忍言。'"① 且"勿论老少男女,能步者掳去,不能步者尽杀之,以朝鲜所掳之人,送于日本,代为耕作,以日本耕作之人,换替为兵,年年侵犯"。② 可以看出日本军队进入朝鲜后,不仅"焚宗庙、宫阙、公私家舍,括索帑藏",而且"胁迫朝鲜人从事劳动,稍有抗拒,即遭杀害",更有甚者"掘毁朝鲜王陵,取其财宝"。③ 因此,作为壬辰战争最大的受害国,朝鲜国内形成了强烈的敌日情绪,声称"我国之于倭贼,万世必报之仇也"④,并有谕令"凡以和为说

---

① 《朝鲜宣祖实录》,宣祖二十六年正月壬午条,国家图书馆出版社2011年版。
② 《朝鲜宣祖实录》,宣祖三十年十月庚申条,国家图书馆出版社2011年版。
③ 汪向荣、汪皓:《中世纪的中日关系》,中国青年出版社2001年版,第305页。
④ 《朝鲜宣祖实录》,宣祖三十二年四月丙寅条,国家图书馆出版社2011年版。

着,此乃奸人所为,必先斩枭首"①。此外,宣祖在移咨明朝经略中称:"此贼燔炀我宗社,屠戮我生民,掘拔我坟墓,灰烬我先骸,遗墟未扫,覆土未掩,万世之仇,一息难忘,虽力绵势屡,愤惋莫白,而摧伤号痛,固已肝蚀而肠裂矣。"② 由此观之,壬辰战争给朝鲜带来了难以愈合的创伤,战争结束伊始,朝日关系断绝。

然而,壬辰战争结束未久,明朝东北地区建州女真势力迅速崛起。努尔哈赤励精图治二十余年,基本完成了对女真各部的统一,并于 1616 年即位,建元天命,定国号金。尽管朝鲜政府清晰地认识到努尔哈赤"崛起于辽、金旧疆,拥兵十万,治练有素,其桀骜雄强,中国之所畏也"③,且"此贼之有意于南牧久矣,其发必有日矣"④,但仍自叹"虽尽发西方之卒,合力以守之,恐难当其一百也"⑤,且"若水合冰之后,乘其愤怒,率其部落,百万为群,冲犯我界,则区区一带之水,已失其险,长驱直捣之患,安保其必无乎?"⑥ 此外,壬辰战争爆发之时,努尔哈赤曾向明朝请求出兵抗倭,但朝鲜闻讯后大为恐慌,认为"若然则我国灭亡矣"⑦,于是乞清明朝"即明饬凶徒,痛破奸计,杜外胡窥觇之渐"⑧,朝鲜王朝如此"待夷之道"终使努尔哈赤未能渡江抗倭。与此同时,朝鲜因北部边境"蕃胡肆行",遂以降倭为先锋"猝袭巢穴(女真易水部落)……降倭负牌先登,官军继之,城遂陷,尽歼胡人老少,死者七八百口"⑨。由此观之,此一时期朝鲜与后金政权关系亦十分紧张。因此,诚如朝鲜史臣所言:"北虏有窥发之凶,南贼稔再寇之谋,而水路战具,渐至板荡,国之不国,果谁之

---

① 《朝鲜宣祖实录》,宣祖二十六年三月辛未条,国家图书馆出版社 2011 年版。
② 《朝鲜宣祖实录》,宣祖二十六年七月丁巳条,国家图书馆出版社 2011 年版。
③ 《朝鲜宣祖实录》,宣祖二十八年九月癸巳条,国家图书馆出版社 2011 年版。
④ 《朝鲜光海君日记》,光海君元年十二月丙寅条,国家图书馆出版社 2011 年版。
⑤ 《朝鲜宣祖实录》,宣祖二十八年九月癸巳条,国家图书馆出版社 2011 年版。
⑥ 《朝鲜宣祖实录》,宣祖二十八年九月癸巳条,国家图书馆出版社 2011 年版。
⑦ 详见《朝鲜宣祖实录》,宣祖二十五年九月辛未条:"上御便殿,引见大臣、备边司堂上。上曰:'昨日《柳梦鼎以圣节使回还》,圣节使书状之辞如何?'尹斗寿曰:'善为周旋矣。且以咨文见之,则有建州卫老乙可赤之言,若然则我国灭亡矣。'上曰:'然则奈何?'斗寿曰:'近见沈惟敬事,则欲为许和退兵,以赌得求朝鲜之名矣。中原力弱,亦欲以老乙可赤除倭贼。'"
⑧ 《朝鲜宣祖实录》,宣祖二十五年九月甲戌条,国家图书馆出版社 2011 年版。
⑨ 《朝鲜宣祖实录》,宣祖二十七年三月己卯条,国家图书馆出版社 2011 年版。

咎？"① "南北交困"的国际格局使朝鲜虽无"锁国"之名但有"锁国"之实，而此被动的锁国格局又使朝鲜面临夹缝生存的潜在威胁，于是朝鲜政府欲以恢复釜山港口单一"倭馆贸易"制度为突破口，改善同日本的关系，进而摆脱不利形势。

1604年3月，宣祖派遣惟政为"探贼使"赴日交涉朝日议和具体事宜，并以礼曹参议成以文名义致书对马藩："……贵岛与尔境最为密迩，世输诚款，而近且刷还人口，前后不绝，可见贵岛革心向国之意也，岂可以日本之故，并与贵岛而绝之哉，赍持物货往来交易，姑且许之。日本若能自此更输诚意，始终不怠，则帝王待夷之道，自来宽大，天朝亦岂有终绝之理哉，唯在日本诚不诚如何耳。"② 即朝鲜政府表示将与对马议和且许可釜山开市，并指出"日本若能自此更输诚意，始终不怠"则朝日便可复和。另据《古事类苑》记载："遇有本岛倭子乞要交易货物者，许令开市，仍不许毫越法惹事不便外，合行告示前去，俾马岛倭人等遵照谕贴内事意"③，可以看出，1604年朝鲜以"礼曹谕文"的形式许可釜山开市，打破了两国贸易关系的坚冰，为朝日议和提供了保障。1609年，经朝日双方长期交涉，终于达成规定两国复交后通商贸易关系的《己酉约条》，约条规定了两国官方贸易货物种类、贸易时间、贸易船只规格等具体事项，④ 成为朝日此后200余年间贸易交往的准则。⑤ 至1611年9月日本第一艘岁贡船来到釜山，由此因两次倭乱而一度中断的朝日贸易关系又重新恢复，因而也形成了釜山港口"一口通商"的贸易格局。与此同时，朝鲜政府出于"倭人狡诈"的认识，也以釜山港口为窗口，通过釜山"倭馆贸易"搜集、打探日本国内情报。据《承政院日记》载："睦性善以备边司言启曰：'今此差倭之来，虽以调兴、玄方物为言，而彼自江户而来，实未知到馆之后，更有何等说

---

① 《朝鲜宣祖实录》，宣祖三十九年十月戊戌条，国家图书馆出版社2011年版。

② ［日］田中健夫、田代和生校订：《朝鲜通交大纪》卷四，万松院公，庆长九年条，名著出版，1978年版；《通航一览》卷之二七，朝鲜国部二，国书刊行会1912年版。

③ 详见［日］细川润次郎《古事类苑》，外交部九，朝鲜三，吉川弘文馆1982年版。

④ 《己酉约条》共规定十二条贸易约条，详见［日］田中健夫、田代和生校订《朝鲜通交大纪》卷五，万松院，庆长十四年条，名著出版，1978年版；《东莱府接倭事目抄》，万历三十七年五月条，国书刊行会1971年版。

⑤ 《己酉约条》有效维持了朝日两国200多年的贸易关系，直到1876年日本强行以《江华岛条约》取代。

话;而至于平成连三年在馆,备知国情,今忽入归,代以他人,其间事情,亦所难测。'"① 即朝鲜方面通过釜山"倭馆贸易"探知平智连将接替"三年在馆,备知国情"的平成连进驻釜山倭馆;另据清崇德四年(1639 年)倭情咨报记载:"朝鲜国王为传报倭情事。本年八月初六日,东莱府使李民寏牒呈,据庆尚道观察使李命雄状启,节该七月二十九日倭差平智连、藤智绳等持岛主书自倭京来,即遣译官洪善男、李长生等就馆相见。平智连等称,去年大君有疾,久不听政,今春始瘳,山猎船游,与前无异。岛主辄得陪侍,连被恩赏,此诚一岛之荣幸。而大君左右用事之人,需所贵国土产甚多,稍违其意,谗谤随之,此岛主之深患之……"② 即朝鲜政府通过釜山港口"倭情咨报"制度搜集日本国内政况信息。因此,朝鲜通过釜山港口"倭馆贸易"搜集日本国内动态,在客观上也促成了釜山港口"一口通商"的贸易格局。

统观"壬辰战争"后釜山港口"倭馆贸易"发展状况可以看出,战争使朝鲜被动地进入"南北交困"的封闭格局,使朝鲜国家安全受到严重威胁。于是朝鲜政府以恢复釜山"倭馆贸易"制度为突破口,改善同日本的关系,进而摆脱不利形势,因此也形成了釜山港口"一口通商"的贸易格局。

四 结语

通过对 17 世纪广州、长崎、釜山港口城市发展状况的考察可以看出,东亚暨中日朝港口城市的发展有着极为显著的国内外政治背景,"锁国"是为三国的共有特质,一方面,中、日、朝三国均遭受到"西学东渐"的冲击与影响;另一方面,三国又都倾力维护国内的"政治稳定"。且在此背景影响下,三国港口均形成了"一口通商"的贸易格局。而此一时期东亚三国或"主动"或"被动"地形成"锁国体制"的发展模式又反映出 17 世纪的东亚世界仍处于传统而稳定的"华夷秩序"政治格局下,且"在华夷

---

① 《承政院日记》,崇祯十二年六月十七日条,韩国国史编纂委员会 1974 年版。
② "清崇德四年倭情咨报"原文详见《清太祖实录》,崇德四年九月乙丑条,中华书局 1985 年影印本。

秩序的国际交往中，政治高于经济，名分重于实利"①。鉴于此，复杂的国际国内环境及特殊的历史条件决定了中、日、朝三国因各自迥异的原因走上了"锁国"之路。但东亚三国政府不约而同地采取的"锁国"政策又不是完全意义上的"锁国"，而是在锁国的同时做出了有限度的开放，广州、长崎和釜山所形成的中、日、朝一港通商格局即是明证。于是，17 世纪的中、日、朝三国呈现了东亚港口城市发展的浓郁政治色彩及东亚社会发展的典型特征。

---

① 陈文寿：《近世初期日本与华夷秩序研究》，香港社会科学出版社有限公司 2002 年版。

清中前期江南沿海市镇的对日贸易

——以乍浦港为中心

王兴文　陈　清*

乍浦港隶属浙江省嘉兴府平湖县，位于杭州湾北岸江浙两省的接壤处。北临长江出海口的上海港，南接甬江出海口的定海港，三港形成鼎足之势，地理位置十分重要，被称为"浙西咽喉"、"东南雄镇"，自唐宋时期就备受重视。唐贞元五年（789 年）设乍浦下场榷盐官，南宋淳祐六年（1179年）设乍浦市舶提举司。"元至正间，番船皆萃于此。明洪武中，筑城浦上，以备御焉，国朝额设乍浦水师，雍正七年增设都统驻防，实为海口重镇。"[①]"乍浦为浙江之藩篱，而亦江苏、吴松之保障。"[②]乍浦地处东南要害之地，在清代以前，其重要地位主要体现在海防方面，贸易功能并不突出。康熙二十三年（1684 年）开海令颁布以后，乍浦港的贸易功能才显现出来，逐渐发展成为对日贸易的重要港口。本文试通过分析乍浦港兴起的背景及其与日往来贸易来探讨清中前期江南地区对日贸易情况。

一　乍浦港兴起前江南地区概况

经济重心南迁后，北方大量劳动力南迁，不仅给南方带来了充足的劳动

---

　*　王兴文，温州大学人文学院教授；陈清，温州大学人文学院研究生。

①　（清）嵇曾筠、李卫等修：《浙江通志》卷十一，《四库全书》第 519 册，上海古籍出版社 1989年影印本，第 371 页。

②　张大昌辑：《杭州八旗驻防营志略》卷八，《续修四库全书》第 859 册，上海古籍出版社 2002 年影印本，第 219 页。

力，同时也为开发江南①提供了资金和技术，江南地区逐渐发展起来，唐宋时期已成为全国的重心地带。经济快速发展的同时，人口也在不断地增长，到了清代，江南地区已成为人口密度最大的区域，人地关系紧张。康熙四十八年（1709 年），浙江巡抚黄秉中上书清廷，其中讲到"浙省宁波、绍兴二府，人稠地窄，连年薄收，米价腾贵"②。其实不仅在宁波、绍兴如此，整个江南地区人地矛盾都是非常普遍的。人多地少，粮食种植面积严重不足，为解决这一难题，江南民众一方面对粮食作物进行精耕细作，提高粮食产量；另一方面则增加经济作物的种植面积，提高农业商品化程度。明清两代，江南的方志资料显示出传统的稻米等粮食作物的收成，除了纳输租赋外，几乎已经一无所有，而农民生计则主要依赖经济作物的种植。③ 到了清代江南许多地区打破了传统的农业结构，大面积种植经济作物，逐渐形成了一些棉织、丝织等专业市镇。农业商品化程度不断提高，农民的商品意识不断增强，加快了江南地区与其他地区的商品流通，杭州、苏州、湖州、嘉兴等城市成为重要的商业中心。在商品经济快速发展的背景下，江南地区的商人极为活跃，足迹遍布全国，许多商人已不满国内的购买力，开始通过各种方法与外夷商人接触，将商品远销海外。因此在开海令颁布之后，中外贸易如施琅所言："兹海禁既展，沿海内外多造船只飘洋贸易、采捕，纷纷往来。"对外贸易发展起来，其中与日贸易上升最为明显，渐渐由明代的"西洋来市"转为"东洋往市"。

在中日贸易中，长崎是日本唯一的对外贸易港口。对长崎而言，江南地区相比其他地区有着距离最短，交通最便的先天优势。日本学者大庭修曾利用康熙二十七年（1688 年）193 艘航日船只，统计出中国沿海口岸直达长崎的时间和里程：

出发地	所需时间（日）	里程（里）
普陀山	5—14	250
南京（上海）	6—20	300
宁波	8—14	300

① 文中江南，大致是指苏、松、常、镇、杭、嘉、湖、应天（江宁）八府以及太仓州所包括的地域。

② 《清实录》第 6 册，卷二三八，康熙四十八年七月戊寅条，中华书局 1985 年影印本，第 377 页。

③ 刘石吉：《明清时代江南市镇研究》，中国社会科学出版社 1987 年版，第 9 页。

续表

出发地	所需时间（日）	里程（里）
泉州	8—17	570
台湾	16—19	640
潮州	10—19	800
广东	16—25	870

资料来源：［日］大庭修：《江户时代日中秘话》，徐世虹译，中华书局1997年版，第25页。又见［日］大庭修《江户时代中国典籍流播日本之研究》，戚印平、王勇、王宝平译，杭州大学出版社1998年版，第512页。

从上表可以看出，江南地区到达长崎比福建、台湾、广东地区在时间和里程上都要短，因此江南地区相对其他地区而言是最为方便的，风险也是最小的。出于往返航程的考虑，广东、福建的商品很多时候都是先转至普陀山，再运至长崎，商人们在此休息，添购货物等。江南沿海地区逐渐发展成为对日贸易的集散地，呈现出一派繁荣景象。

如果仅凭地理位置优势，江南也难以成为对日贸易最繁荣的地区。在占据优越地理位置的同时，江南地区的物产也是十分丰富的。在人地矛盾不断加剧和市场利润的诱惑下，江南经济作物种植面积不断加大，品种越来越多。现将日本学者西川如见在《华夷通商考》中统计的商品种类列举出来：

南京省：书籍、白丝、续子、纱续、丝绸、罗、纱、耙、闪缎、南京缎子、锦、南京绮、金缎、五丝、柳条、袜揭、捻线绸、金线棉布、绢袖、棉布、抖纹棉布、丝纬、皮棉布、丝线、纸、信纸、墨、笔、扇子、箔、砚石、线香、针、栉笼、香袋、人造花、茶、茶瓶、瓷器、铸器、锡器、镶嵌金银的刀护手、漆器（堆朱、清贝描金、朱漆、屈轮、沈金）、光明朱、绿青、明矾、绿从、红豆、芙实、槟榔子、檀香、芍药、黄精、何首乌、白术、石解、甘草、海螺峭、紫金锭、蜡药、花石、纸质偶人、角质工艺品、革制文卷匣（俗称拜匣）、刺纷、书画、古董、化妆品及化妆用具、药种。

浙江省：白丝、丝绸、续子、纱续、南京缎子、娜、金丝布、葛布、毛毡、纬、罗、南京峭、茶、纸、竹纸、扇子、笔、墨、砚石、瓷器、茶碗、药、漆、胭脂、方竹、冬笋、南枣、黄精、芡实、竹鸡（鹑类）、红花木样（即丹桂，药用）、附子、药种、化妆用品。[1]

通过以上材料，我们可以了解到江南地区不仅经济作物繁多，手工业品也种类齐全，数不胜数。富饶的物产，便利的交通，利益的驱使，宽松的政策等条件，为江南地区的对日贸易奠定了基础，致使开海后江南地区一跃而成为对日贸易中最兴盛的地区。

二 乍浦港的兴起

（一）兴起原因

开海后，江南地区获得了与其他地区平等竞争的机会，其对日贸易的地理位置优势和资源优势逐渐显现出来，成为对日贸易的中心地带。频繁的贸易往来促使沿岸许多贸易港口兴起。根据台湾学者朱德兰对江浙地区对日贸易港口的统计显示，地处江苏的有：通州、北沙、北新港、剑山、崇明、吴淞、尽山、马蹏山、茶山、洋山；地处浙江的有：乍浦、海盐、招宝山、金塘、络伽山、娜县、奉化、象山、东渡门、金沙、后海、祠堂澳、台州、温州等。[2] 诸多贸易港口中，最具代表性的应当是乍浦港。乍浦港位于亚热带季风区，受海洋影响较大，四季温暖，港口常年不冻，且不受钱塘江潮水影响，港阔水深，常年可停泊万吨以上的巨轮，是一个天然良港。

关于乍浦港清代兴起的原因，归纳起来，大致包括以下几个方面：（1）杭州港由于沙土淤积，阻碍船只通航。为了不影响货物运输，宋理宗淳祐六年（1246 年）下令开乍浦港。到明朝末年，杭州港因海口淤沙严重，海船进出困难，乍浦港的优势才得以显现，成功替代了杭州港。

---

① ［日］木宫泰彦：《日中文化交流史》，胡锡年译，商务印书馆 1980 年版，第 673—674 页。
② 朱德兰：《清开海令后的中日长崎贸易商与国内沿岸贸易》，载张炎宪主编《中国海洋发展史论文集》第 3 辑，台北中山社会科学研究所 1991 年版，第 408 页。

（2）乍浦港地处国内外五条水上航线的汇聚点，即通往日本与南洋各国的
远洋航线；连接天津以北地区的北洋航线；直达福州、广州以南地区的南
洋航线；经太湖贯通东西的长江航线以及连接钱塘江与运河南北的内河航
线。地理位置优越，腹地宽广，背靠全国经济最发达的杭嘉湖平原，因此
附近很多物资，甚至包括从苏州以及长江中上游运来的商品，都由乍浦港
出口。海外的舶来品与闽广浙东的很多商品，也在此起货转运至各地。（3）
海防职能由来已久，乍浦地区聚集了很多航海人才，他们在此定居，或出
任海防要职，对外交流密切。到清代以后，乍浦已形成以陈氏、谢氏、林
氏等家族为代表的海外贸易集团。（4）康熙六年（1767年），清政府特准
乍浦与日本通商以采取铜料。乍浦港特以生丝和丝绸通日本，采办洋铜铸
钱，在清代海外贸易中独占鳌头。并且清政府在对日贸易上给予很多鼓励
与支持，为保障对外贸易和远洋航线的畅通，清政府特派遣水师巡护，保
证往来船只的安全。①

（二）兴起的表现

在江南地区对日贸易中，乍浦港因其特殊的地理位置而一跃成为对日
贸易的第一大港。其兴起后主要表现在以下两个方面。

1. 交换品种繁多，贸易量大，商人财力雄厚

开海令颁布后，中国海商纷纷赴日贸易，掀起了官民二商同时前往的
热潮。一时之间，众多港口兴起，乍浦凭借优越的地理位置，很快在这些
港口中脱颖而出。由于身处五大航线的交汇点，除了杭嘉湖平原、苏州等
地的商品聚集此地，还有浙东、福建、广东等地都将货物运往乍浦，等待
出港。每天在乍浦港集散的货物不仅数量大，而且品种多。如从南洋航线
闽广地区运来的商品有：松、杉、楠、靛青、兰、茉莉、橘、柚、佛手、
柑、龙眼（桂圆）、荔枝、橄榄、糖等；自浙东输入的有：竹、木、炭、
铁、鱼、盐等。出港物品以布匹、丝绸为大宗。② 而从日本进口的货物中，

---

① 以上观点主要来源于徐明德《论清代中国的东方明珠——浙江乍浦港》，载《清史论丛》，辽
宁出版社1996年版，第37—40页。

② 《漳州府志》（光绪）卷四八《遗纪》上，载《中国地方志集成·福建府志辑》，上海书店
2000年版，第1160页。

主要则是铜、金、银、海参、鲍鱼、鱼翅等，其中铜是大宗，主要是因为清朝流通货币是用铜制造的，但当时铜矿开采不足，因此进口铜成为对日贸易的最大项目。以康熙三十七年（1698年）出口的货物清单为例，以此来说明当时出口货物的种类和数量。

康熙三十七年（1698年），一艘从乍浦港起锚至长崎港的中国商船装载的主要货物是：白丝四十七包（每包五十六斤），大花绸一千五十匹，中花绸九百三十匹，小花绸一千六百匹，大红绉纱六十一匹，大纱八百九十匹，中纱一千一匹，小纱二千五百四十匹，色绸五十六匹，东京丝一百十六斤，东京缟四百二匹，大卷绫六百十匹，东京纨二百匹，中卷绫七百五匹，素绸一千三百十匹，绵四百斤，色缎二百匹，金缎三十二匹，嘉锦九十匹，杭罗三百五十匹，大宋锦十三匹，西绫三百匹，花纱二百一十匹，轻罗一百匹，红毡六千一百十张，蓝毡三百十张，银朱八百斤，水银七百斤，白术六千斤，东京肉桂一千一百斤，桂皮五百斤，山黄肉六千斤，牛皮三百五十张，山马皮一千张，鹿皮五千六百张，歇铁石二百斤，鱼皮二百枚，鱼胶三千斤，苏木二万斤，漆三千斤，沈香四千斤，朱砂二千斤，冰糖一万一百斤，木香六百斤，白糖七万斤，三盆糖四万斤，乌糖九万斤，碗青七万斤，苓苓香一千斤，排草四百斤，黄芩二千斤，干松四千斤，干草二千斤，川芎五十斤，靳蛇四百斤，麝香四十斤，人参四十斤，小参五十斤，墨三千斤，古画五箱，书六十箱，磁器六十桶，雄黄一千三百斤，料香一千斤，藿香三千斤，当归五千斤，伽楠香六斤，巴豆八百斤，刀盘十枚，黄蜡三千二百斤，明矾一千斤，白铅四千一百斤，金线五十斤，色线二十斤，古董十六箱，巴戟二千斤，禹余粮石一千斤，铁锅三十连，茴香一百五十斤，砂仁五千斤，石膏一百斤，淫羊霍二百斤，藤黄二千斤，羊皮一千五十枚，大黄二千斤，蒿木四千斤，阿胶二百斤，菜油四百斤，贝母一千斤。[①]

随着对日贸易额的加大，日本从正保五年（1648年）到宝永五年（1708年）凡六十年间流出的黄金约二百三十九万七千六百余两，白银达三十七万四千二百二十余贯，从宽文二年（1662年）到宝永五年凡四十六

---

① 以上材料转引自冯佐哲《乍浦港与清代中日贸易和文化交流》，载朱诚如、王天有主编《明清论丛》第2辑，紫禁城出版社2001年版。

年间，铜流出一亿一万一千四百四十九万八千七百余斤①。大量的金、银、铜的流失，致使日本国内到了18世纪因出口商品铜不足而贸易萎缩。为扭转贸易形势，日本当局于正德五年（1715年）颁布了正德新令：一年的入港船数限定为30艘，允许入津通商者仅限于日本方面事先给予信牌②的商人，贸易额的上限同贞享令③，即银6000贯，购铜年限额为300万斤④。虽然日本限制了船舶数和贸易额，由于贸易的需要，每艘货船运载的吨位明显增加。而且，后来所限定的贸易额主要是指铜的贸易额，并不包括其他贸易，因此实际贸易的总额并未减少。下面将日本元文五年（1740年）到明和元年（1764年），从乍浦港出发的货船进出口货物及数量列举如下：

（1）乾隆五年（日本元文五年，公元1740年）从乍浦港出发驶入长崎港的二号乍浦船装载的主要货物是：

品种	数量	品种	数量	品种	数量
白丝	1200 斤	冰砂糖	13000 斤	赤缩缅	250 反⑤
纹地纶子	600 反	无地纶子	1800 反	纹地纶子	400 反
白缩缅	1350 反	白纱	160 反	更纱	720 反
无地纶子	400 反	黑缎子	200 反	白砂糖	10000 斤
药品					

（2）同年驶入长崎港的十五号乍浦船装载的主要货物是：

品种	数量	品种	数量	品种	数量
黑缩子	384 反	人参	140 勺⑥	肉桂	809 斤
色缩子	46 反	赤大罗纱	1 反	明矾	200 包
最上白砂糖	100 斤	中等白砂糖	1396 斤	下等白砂糖	73237 斤
白缩缅	500 反	缟缩子	100 反	中国生丝	1080 斤

---

① ［日］木宫泰彦：《日中文化交流史》，胡锡年译，商务印书馆1980年版，第671页。

② 信牌是指日本政府给中国商人颁发的官方贸易凭证。

③ 贞享令：日本贞享元年颁布，该令为防止金银流失，规定唐船的贸易定额以银6000贯为限。

④ ［日］大庭修：《江户时代日中秘话》，徐世虹译，中华书局1997年版，第20页。

⑤ 反为日本丝绸、布匹等纺织品长度单位名称，1反等于长2丈8寸，宽9寸。

⑥ 勺为日本重量单位名称，1勺等于3.759克。

品种	数量	品种	数量	品种	数量
白纱	480 反	黑无量	175 反	黑天鹅绒	30 反
中国毛织物	119 反	各种纶子	440 反	赤更纱	100 反
冰砂糖第一种	1666 斤	冰砂糖第二种	50 俵①	最上白砂糖	100 斤
纱绫	120 反	缟缎子	43 反	药种	若干

(3) 乾隆六年（日本宽保元年，公元 1741 年）从乍浦港出发驶入长崎港的二号乍浦船装载的主要货物是：

品种	数量	品种	数量	品种	数量
色缎子	525 反	木香	150 斤	沉香	3000 斤
中国纱	25 反	甘草	1000 斤	大腹皮	100 斤
白砂糖	58000 斤	牛角	9000 斤	宿砂	1700 斤
白镴	30000 斤	金人缎子	26 反	阿仙药	50 斤
肉桂	2300 斤	二倍巾缩缅	50 反	大黄	50 斤
山归来	26000 斤	冰砂糖	57000 斤	黑漆	400 斤
青黛	1000 斤	槟榔子	1100 斤	药种	若干

(4) 乾隆二十九年（日本明和元年，公元 1764 年）三号乍浦船从长崎出发，返回乍浦港装载的主要货物是：

品种	数量	品种	数量	品种	数量
棹铜	172550 斤	香之物	1 樽	铜风炉	22 斤
煎海鼠	20000 斤	木炭	10 俵①（袋）	酱油	5 樽
鳎	1080 斤	昆布	174545 斤	亚麻油	3 樽
所天草别种	1600 斤	干鲍	6360 斤	盐	15 俵（袋）
日本药种	8900 斤	所天草	1800 斤	铜釜	16 个

① 俵为日本的稻草包，也就是草袋子。

续表

品种	数量	品种	数量	品种	数量
小麦粉	15 斤	鲞鳍	540 斤	酒	14 樽
铜盥	36 个	大豆	90 斤	鲣节	45 连
铜药罐	3 箱	各种漆器	若干		

注：以上表格转引自冯佐哲《乍浦港与清代中日贸易和文化交流》，载朱诚如、王天有主编《明清论丛》第 2 辑，紫禁城出版社 2001 年版。

从以上四个表格中可以看出，在日本颁布贸易限令后，中国进出口货物并未大量减少，贸易总额也基本与前期相差不大，中日之间贸易往来仍然比较频繁。

乍浦港的繁荣，为清政府带来了一项非常可观的收入，即海关税收。随着贸易量的不断增加，乍浦港的海关税收也不断上涨。浙海关初设时，定每年税额白银 32000 两，而乍浦独占 13000 两，占浙海关收入总和的五分之二强；至康熙六十年（1721 年），乍浦港每年的关税收入达到 23000 两，到乾隆初年又猛增至 39000 余两[①]，超过了海关初设时的税银总额。

清代乍浦与日贸易的商人大致分为两种，一种是"官商"，另一种则是"民商"。"官商"也称"皇商"，这些商人享有很多特权，如免税、出口禁运品等，同时在贸易中通常是由国家预先垫付资本，然后再采办货物，从中获取丰厚利润。"民商"也称"额商"，乾隆时期将采办洋铜的户数直接限定在一些富商大贾之中，因为额商出外贸易需要自备资本，"先铜后帑"，用自己的资金买回洋铜。乾隆二十年（1755 年）将人数限定为 12 人，当时出现的有杨裕和、李豫来、费顺兴、程荣春和刘云台等 12 人，统称为"十二家额商"。据《清朝文献通考》记载：

民商自办者共十二船，应请即以见办十二人为商额。每年发十二船，置货出洋约需自备铜本银二十八万八千余两，办铜一百五十万觔（斤—笔者），仍照旧定官收一半之例。江浙二省分买其代完旧欠银，即于司库发买铜价，内按年扣，收于乾隆二十年为始。增给布政司印照，以为海口稽查

① 《浙江巡抚乌尔恭额奏折》，故宫博物院文献馆《史料旬刊》1931 年第 40 期。

符验，其有他商情愿办铜者悉附十二额商名下。①

上文可知，"十二家额商"所办之铜，一半卖给江浙两省官府，一半自行出卖，即便如此，获利也颇高。在清代对日贸易中，除了官商之外，额商几乎垄断了进口洋铜的贸易，其他商人出海进口洋铜，必须依附在十二额商名下。

2. 会馆和牙行林立

中日贸易兴起后，往来商人聚集于乍浦港进行货物的转运与交换。商人熙熙，皆为利来，商人攘攘，皆为利往。乍浦"自禁令既驰，南通闽粤，东达日本，商贾云集，人烟辐辏，遂为海滨重镇"②。"沿海商民，成群合党，各以所立承揽货物装载，或五十艘，或百余艘，载来珠琲、象犀、玳瑁等舶来品，分泊各港。"③不仅沿海货物聚于此地，其他内陆省份也将货物运转于此。"凡福建木植、闽广糖货以及四川各省药材杂货，无不远涉重洋，往来传运，并有采买东西洋铜船贩，运土洋货物进出。"④对日贸易的兴起与繁荣，使乍浦地区出现了相应的管理机构和服务机构，逐渐发展成为集贸易、服务、管理一体化地区。

为了适应商业竞争和对外贸易的需要，各地商人纷纷组织成立一些管理和保护机构，其中最具代表性的是会馆和牙行。乍浦地区会馆很多，类型多达二十多种，会馆一般具有同乡同业的特征，规模较大。同乡即来自同一个地区，同业则是指从事同一行业，具有专业性，如从事木材批发的商人群体成立木会馆，从事染料生意的商人群体成立靛青会馆，从事布匹出口贸易的商人群体则成立布会馆等。各种类型的会馆虽然专业性不同，但都能起到同行业之间加强联系，相互扶持，增强市场竞争力的作用。在会馆内有严格的规章制度，有各自的宗教信仰，同时还供奉了各自行业内的祖师爷，逢年过节还举行相应的祭祀仪式等。会馆既是馆内成员商谈公

---

① （清）张廷玉：《清朝文献通考》卷一七《钱币考》，浙江古籍出版社 2000 年版。

② 《平湖县志》（光绪）卷四《建置下》，载《中国地方志集成·浙江府县志辑》，上海书店 1993 年版。

③ （清）宋景关：《乾隆乍浦志》卷六《外纪》，载《中国地方志集成·乡镇志专辑》，上海书店 1992 年版。

④ （清）左宗棠：《左文襄公奏疏》初编卷一七《乍浦头围二口未能启征情形折》，清刻本。

事的场所，同时它也成为清政府管理对日贸易的一种工具。

牙行又称为"公行"或者"洋行"，明代对外贸易中已经出现，到清代发展成对外贸易的专营组织或特许机构，而来中国贸易的日本商人则称其为"日本商问屋"。牙行职能范围较广，包括为买卖双方检查商品、评估价格、代征货税、为出口商代购出口货物及包销商人的进口商品等。牙行内自设客栈，以接待来华的日商和日本漂流民，还要进行较大规模的批发生意，而且还必须拥有与日本进行丝、铜贸易的条件。由于中日贸易数额大，贸易量多，许多富商在乍浦设立了牙行，为中日贸易提供更加快捷的交易平台。会馆和牙行的设立，将乍浦的对日贸易纳入了体系化的管理渠道，促使中日贸易走向规范化、规模化道路。

三　乍浦港中日贸易对江南地区的影响

有清一代，以乍浦港为主要贸易港口的中日贸易对整个江南地区甚至是全国都产生了极其深远的影响。首先海外市场的延伸，扩大了商品销售市场，大量商品输往日本，带动了与之相关的手工业的发展，加速了经济作物的商品化，形成了与之相适应的商业服务体系，促进了主要贸易区域的经济发展。在出口的商品中，生丝、丝织品、棉纺织品、糖类的贸易数量非常大，巨大的市场需求刺激了丝织业、棉纺织业和榨糖业的发展。手工业发展进入了李伯重先生提出的"江南早期工业化"阶段，规模大且逐渐专业化，促使江南地区兴起了许多专业市镇，加速了江南市镇的发展。其次在发展对日贸易的同时，国内贸易也更加活跃起来。从商品出口来看，随着手工业的规模化和专业化，各贸易区域之间的商品流通越来越频繁，许多手工业原料都需从其他地区购买，各地区之间互通有无，合作加强。众多的出口商品都是来自江南、福建和广东等不同地区，巨大的日本市场加速了这几个地区的商品流通，货物运输呈现繁荣景象。从商品进口来看，进口商品中除铜以外，也有许多日本的手工业品进入中国市场，外贸商品的流通，刺激了人们的消费需求，也使各地区联系加强。因此，手工业发展以后，无论是商品出口还是外贸商品的流通，都加强了各地区之间的经济联系，从而有利于国内统一市场的形成。最后日本洋铜的大量输入在很大程度上缓解了清朝的钱荒。清代货币实行银铜复合制,但由于我国白银储量很少,因此在人们日常交易中大多使用铜钱。铜钱需求量很高,但清初铜矿产量不高,铜料十分不足,因此在对日贸易中,铜成为中国主要进口商品。洋铜的大量输入,在一定程度上缓解了清朝的钱币危机,为我国商品市场的正常运转提供重要支持。

中日贸易为中国带来一系列有利影响的同时也带来一些不利的因素。在巨大海外需求的导向下,江南地区手工业发展呈现出产业结构比较单一的特点,经济作物种植片面化,经济发展主要来源于几种产品的出口,对外依赖性很大,因此其他地区的崛起势必会造成对江南地区的威胁,阻碍甚至打击江南经济的发展。

正如李伯重先生所提出的“江南早期工业化”概念,其实,乍浦港的繁荣乃至整个清代前中期的中日贸易,仍然处于商品经济发展的初期。繁荣来源于官方贸易和民间贸易对利益的追逐,但很大程度上还是由于当时相对宽松的贸易政策,而由政府制定的贸易政策具有很大的变动性和不确定性,因此在这种贸易政策的空隙中衍生出的初级繁荣极易受外界因素的影响,而不能长久,外部环境即中日贸易一旦中断,这种繁荣也必将受到极大影响。虽然乍浦的繁荣也是中国内陆市场、沿海市场同国外市场交换互动的一个产物,但其不稳定的初级繁荣却是当时中国商品经济发展中不可回避的一个瓶颈,也是中国商品经济虽有发展但却未能真正走上现代化商品市场的一个真实的缩影。

在康熙开海的有利条件下,乍浦港凭借广阔的腹地,自身优越的地理条件脱颖而出,成为康雍乾时期江南地区对日贸易最繁华的港口。乍浦港的繁荣折射出这一时期中日之间贸易往来的大体状态,反映了中日之间的贸易关系,为后人研究清中前期中国与日本经济关系提供了丰富的史料。

海商与朝贡

从汪楫奉使琉球看清初中琉关系

李圣华*

明清两代遣使琉球的次数，据不完全统计，明朝有 16 次，清朝有 8 次。[1]明清易代，清政府接收明朝对藩属国的统理权，先后遣使安南、琉球等国。在诸藩属国中，琉球奉职尤虔谨。但由于偏处海隅，交通不便，东南兵事频繁，清初 50 余年间，遣使琉球活动仅有两次：康熙二年（1663 年）张学礼奉使琉球；康熙二十二年（1683 年）汪楫奉使琉球。汪楫之行在清代中琉关系史上具有重要的地位。清人查嗣瑮云："须知使节同图画，总是中朝第一人。"[2]这次中琉交流既有复杂的历史原因与内容，又对清代琉球政治文化产生了深远的影响。本文借助汪楫所著《使琉球杂录》、《中山沿革志》加以探讨，冀稍有助于清代中琉交流史以及相关历史问题研究。

一 汪楫奉使琉球的原因与经过

探讨汪楫奉使缘起，我们有必要追溯琉球归属清政府以及张学礼出使之事。明成化间，定琉球"二年一贡"之制。后因倭患严重，万历后期改为"十年一贡之例"。天启三年（1623 年），琉球世子尚丰遣蔡坚等人入贡

---

* 李圣华，浙江师范大学环东海海疆与海洋文化研究中心教授。

① 李金明：《明清琉球册封使与中国文化传播》，载福建师范大学中琉关系研究所编《第九届中琉历史关系国际学术会议论文集》，海洋出版社 2005 年版，第 190 页。

② （清）查嗣瑮：《查浦诗钞》卷八《题汪悔斋遗照》，清刻本。

请封，明礼部议"暂拟五年一贡，俟新王册封更议"①。崇祯改元，杜三策敕封琉球。崇祯十七年（1644年），尚丰第三子尚贤遣使金应元入贡请封。适逢清兵入关，金应元请袭封未果，阻道不得归，留滞闽中。及南明唐王"立于福建"，琉球"犹遣使奉贡"②。顺治三年（1646年），清兵入福建。金应元与通事谢必振等至江宁投经略洪承畴，转赴北京。但清朝礼部持议"前朝敕印未缴，未便授封"。顺治十年（1653年），琉球遣王舅马宗毅、正议大夫蔡祚隆入贡，上缴明朝所颁敕印请封。翌年，清顺治帝遣张学礼、王垓往封。张学礼的准备工作耗费时日，继因郑成功、张煌言水师在福建沿海活动频繁，直到顺治十五年（1658年）还在北京待命。康熙改元，海路渐通。康熙二年（1663年），张学礼终于成行，但诏书还是顺治十一年（1654年）所颁，敕则是康熙元年（1661年）所制。③至次年，张学礼还朝复命。此次出使，前后花费了11年之久。

康熙七年（1668年），琉球国主尚质卒。康熙十九年（1680年），琉球世子尚贞遣使入贡。康熙帝以尚贞恪守藩职，当耿精忠叛乱之际，仍屡献方物，恭顺可嘉，赐敕褒谕。翌年，尚贞又遣耳目官毛见龙、正议大夫梁邦翰入贡，请遣使敕封。但这请求却遭到清朝礼部的反对。汪楫使录载："礼臣议航海道远，应如暹罗例，不遣官恤封，仪物敕贡使赍回便。见龙等搏颡固请，礼臣持不可。"④礼部奏折《恭请天朝恩赐封爵以昭盛典，以守藩服事》提出反对遣使的三大理由："航海道远"；"随去官兵甚多"；"所需钱粮甚广"。⑤其实，礼部回绝遣使要求与张学礼出使之失有着密切的关系。在礼官看来，张学礼琉球之行有三大失：其一，耗时长久。尽管存在交通、兵事等复杂的不利因素，但一次使节耗时10余年，毕竟有所未妥。康熙元年《封王尚质敕》："乃海道未通，滞闽多年，致尔使人物故甚多。及学礼等奉挈回京，又不将前情奏明，该地方督抚诸臣亦不行奏请，迨朕屡旨诘问，方悉此情。朕念尔国倾心修贡，宜加优恤，乃使臣及地方各官

---

① （清）张廷玉等：《明史》卷三二三《外国四·琉球》，中华书局1974年版，第8635—8639页。

② 同上书，第8370页。

③ （清）汪楫：《中山沿革志》卷下，京都帝国大学图书馆藏，第27—28页。

④ （清）汪楫：《使琉球杂录》卷一《使事》，京都帝国大学图书馆藏，第1—2页。

⑤ （清）汪楫编：《册封疏钞》，京都帝国大学图书馆藏，第10—11页。

逗留迟误，岂朕柔远之意？今已将正副使、督抚等官分别处治，特颁恩赉，仍遣正使张学礼、副使王垓，令其自赎前罪，暂还原职，速送使人归国。"① 汪楫使录也提及张学礼"逗留迟误"之过："先是臣惩前使逗留之失，疏请亟行。"② 其二，耗费繁剧。张学礼一行因航海道远，逗留太久，造成大量人力物力的耗损。关于这一点，汪楫使录有明确的记载："前使臣驻闽，一切皆取办于藩司，即留滞不行，每岁亦支用公费银五千余两。藩司奏销，不尽得请，则派之八府，取驿站纲银津贴焉。今各项皆无所出，而海疆军需方亟，岂可复以此费公帑。爰取旧案，尽汰之"，"合计所费，较曩时仅百一焉"。汪楫归来不入会城，兼程复命，城中百姓鼓乐彩帜趋送，泣告说："钦差驻闽，动辄数年。造船则有采木购柁之扰，深山穷谷，无得免者。今一到即行，不少留滞，逮于驿骚，一也；有钦差，必有公费。公费一则，私派必倍。今事毕而民不知，二也；往者百物，皆取办于行户，官一而役三之，今一物不取，即公署铺设之一毡一灯，必归原主，使来者尽然，闽其世世如新受赐乎！"③ 据福建巡抚金铉《册封事关大典等事》奏疏，汪楫出使"较前省约甚多"，"核实用银九百二十三两，米三十三石，价银三十二两，通共用银九百五十五两五钱零"。④ 这一数字经户部核查无误。汪楫出使费用不足白银千银，由此计算张学礼所费，则多达近 10 万两。所谓"即留滞不行，每岁亦支用公费银五千余两"，当是实录。当然，耗费太繁，扰民甚重，明代使臣已然。但张学礼出使对清政府与福建地方来言，确实带来不小的负担。其三，作用未著。礼官认为张学礼之行，劳民伤财，得不偿失。张学礼著《使琉球记》，时人批评其"夸谩"⑤，张学礼愤然毁所镂板。在礼官看来，夸大出使意义也是张学礼之过。此外，礼部的态度亦与当时东南海防兵事局势有关。三藩虽已平定，但"海疆军需方亟"，礼

① 见周煌辑《琉球国志略》首卷，载《国家图书馆藏琉球资料汇编》，第 612 页。《清史稿》以及程鲁丁《琉球问题》录此，文字时异。
② （清）汪楫：《使琉球杂录》卷一《使事》，京都帝国大学图书馆藏，第 2 页。
③ 同上书，第 3—4 页。
④ （清）汪楫编：《册封疏钞》，京都帝国大学图书馆藏，第 47 页。
⑤ 汪楫《使琉球杂录序》称学礼所著"质实无支语。已镂板行，后为所知诮让，谓海外归来，稍夸谩以新耳目，谁相证者，而寂寥如是。学礼乃毁所镂板，而他客辄以意为之，今刻遂与原本大异"。所谓"质实无支语"的说法，大抵可信。

官以为没有必要再为一次平常的使节而耗费甚繁。这也可从《中山沿革志》中觇知："二十二年，臣楫等至闽，时总督臣姚启圣等方治兵攻台湾，遂不候造船，径取战舰渡海。"① 康熙帝特允遣使同样别有原因。自康熙十二年（1673 年）吴三桂起兵，康熙帝的主要精力放在戡乱上。但随着平叛局势日益明朗，他将目光放在长治久安与加强藩属国及海疆管理上。既然礼部鉴于张学礼之失，以为当今之务在于海防兵事，遣使琉球意义不大，故汪楫琉球之行遇到不少阻力，在人力物力方面都受到了限制。

康熙二十一年（1682 年）四月，汪楫与林麟焻在接受出使任务后，即咨访旧例，"得未尽者七事条上之，旨下礼臣，议格不行"②。所谓"七事"，具见汪楫《册封事关大典，奉使理宜详慎，谨陈管见，仰冀睿裁事》一疏，其中包括：请颁御笔；谕祭海神；渡海之期不必按部议专候贡使同往，各事备齐，有琉球向导，便可按期出洋；带修船官匠一同渡海；请给关防，以便章奏文移；酌增护送渡海官兵；预支二年俸银。此前张学礼出使，也曾疏请"十事"，包括"部议赐一品麟蟒服，于钦天监选取天文生一人，南方自择医生二人，赐仪仗给驿护送，外给从人口粮，至福建修造渡海船，选将弁二，兵二百人随行"等③。相比之下，汪楫的请求可谓简易，但礼部犹"尽格不行"：

一、请颁御笔一款。查得会典，御笔无赐给使臣带往颁赐外国之例。……一、请谕祭海神。查得会典，凡往封外国，无谕祭海神之例。……一、请渡海之期。……查得水路与旱路不同，今汪（楫）等如遇进贡来使在闽，一同前往，来使沿已起身，仍炤前议，俟进贡来使一同前往。一、请给关防。查得会典，册封官员无颁给关防之例。……一、请带修船官匠一同渡海。查得监修船只官匠应否一同遣发之处，事隶工部，应交与工部议奏。一、请酌定护送渡海官兵。查得所请增添官兵，事隶兵部，其应否增添之处，应交与兵部议奏。一、请炤现赐品服预支二年俸银。查得职掌内无炤

---

① （清）汪楫：《中山沿革志》卷下，京都帝国大学图书馆藏，第 32 页。
② （清）汪楫《使琉球杂录》卷一《使事》，京都帝国大学图书馆藏，第 1 页。
③ （清）汪楫：《中山沿革志》卷下，京都帝国大学图书馆藏，第 1 页。

所赐品服颁给俸银之例。①

　　康熙帝命礼部会同户部、兵部、工部再议，"允行三事，而许带修船匠役，则特旨"。② 所谓"三事"，是指御书"中山世土"四字；制祭文二道，祈报海神；给俸二年以往。③ 至康熙二十二年（1683 年），汪楫一行至福建，亦未得到地方官的有力支持。时总督姚启圣视师厦门，巡抚董国兴移疾返京，布政使马斯良入觐，知府张怀德病废不视事，闽县令缺官，省会之地，上无督抚藩司，下无府县官，册封大典"事如乱丝，无有理其绪者"④。尽管如此，汪楫还是克服阻力，从俭治装登舟。六月二十日，谕祭海神天妃于怡山院。月末，至琉球那霸港天使馆。八月，谕祭尚质，册封尚贞。十一月二十四日，冒风涛返国，明年入朝复命。

二　汪楫一行在琉球的活动及与琉球国的交流

　　自明初以来，出使琉球者多作为使录笔记。陈侃、谢杰、萧崇业、夏子阳使录之作俱名《使琉球录》，张学礼有《使琉球记》、《中山纪略》。汪楫延续了明代以来的传统，撰《使琉球杂录》五卷、《中山沿革志》二卷。但其意尚不止于记载行役、异闻，而更在于两点：一是纠正前人载记之误，补史乘之阙。明人使录多有误说、夸饰、纰漏、失载等问题，汪楫"据事质书，期不失实"⑤，以匡正谬说；又"搜罗放轶，补旧乘之阙"⑥，以备国史采摭。二是于康熙帝遣使之意甚明，条录礼俗、政事、教治、刑禁，周知天下之故，以为实用。《使琉球杂录》、《中山沿革志》进呈御览后，得到康熙的褒奖。

　　根据汪楫的使录，其一行在琉球的活动及与琉球国的交流，可分为兵防、礼制、习尚、文学等四大方面。

---

① （清）汪楫编：《册封疏钞》，京都帝国大学图书馆藏，第 23—24 页。
② （清）汪楫：《使琉球杂录》卷一《使事》，京都帝国大学图书馆藏，第 1 页。
③ （清）汪楫：《中山沿革志》卷下，京都帝国大学图书刊号馆藏，第 33 页。
④ （清）汪楫：《使琉球杂录》卷一《使事》，京都帝国大学图书馆藏，第 1—2 页。
⑤ （清）汪楫：《使琉球杂录》《序》，京都帝国大学图书馆藏，第 1—2 页。
⑥ （清）汪楫：《中山沿革志》《序》，京都帝国大学图书馆藏，第 2 页。

（一）兵防

汪楫不仅关心清廷海防，而且关心藩属国安全问题，向琉球国王提出了加强兵防的建议。六臂女神曾被琉球国奉为守护神，以妇人不二夫者为尸，尸名女君，传闻"邻寇来侵，神能易水为盐，化米为沙，寻即解去"，琉球国王、臣民"事神甚谨"。对于琉球国不重兵防而信巫神，明使已忧之，但琉球国王曰："可恃以无恐也。"① 万历三十七年（1609 年），萨摩岛津氏出兵入侵琉球，占领首里城，掳走尚宁王等百余人，久之始释。琉球国王自此不复尊奉六臂女神，寺院也不复贡祀。汪楫到来时，供奉六臂女神早已成旧闻，但琉球"国无城郭，少兵甲"的状况未有改变，汪楫不免为之担忧。琉球去日本不远，他询问与日本的交流，琉球人甚讳之，"若绝不知有是国者，惟云与七岛人相往来"。七岛为琉球国属地，汪楫疑七岛人"其状狞劣，绝不类中山人"。迨其来谒，"谕以朝廷威德"，"衍说开导之"。各以土物为献，不受，而人给以布扇，犒及从者。后来汪楫归舟将发，七岛之口岛人驾小舟近百只牵船出港，"依依不遽去"②。

琉球那霸港当大海之冲，港口炮台缘石而筑，台上环以埤堄，中无一人一物。土人说："国无险可守，惟港口数里，皆铁板沙，非生长斯土者，不能引舟入港。大海中既不得泊，近山又虑触礁，且遥望雉堞翼如也，有望洋返耳，以故恒不设备。"汪楫以为不然："然万历间萨州岛倭猝至，王被执去，则所谓铁板沙者，亦不足恃已。"炮台附近有演武场，"专为天使所率官兵演武而设"。③ 琉球马不适合征战，当地善骑射者极少。即使首里，亦不见有兵。册封日，"自王庙至首里，约十数步，即对立二人，执长竿如枪，其末加短鞘，迫视之，中无寸铁也，亦无弓箭、火器。近王城，有枪刀十数对，即王之仪卫云"④。这些皆为汪楫所忧。他才识敏决，在琉球"有言必以诚告，有事必以实应"⑤。当他将兵防问题"诚告"时，琉球国

---

① （清）汪楫：《使琉球杂录》卷三《俗尚》，京都帝国大学图书馆藏，第 8—9 页。
② （清）汪楫：《使琉球杂录》卷二《疆域》，京都帝国大学图书馆藏，第 5—6 页。
③ （清）汪楫：《使琉球杂录》卷二《疆域》，京都帝国大学图书馆藏，第 7—8 页。
④ （清）汪楫：《使琉球杂录》卷三《俗尚》，京都帝国大学图书馆藏，第 11 页。
⑤ （清）汪楫：《使琉球杂录》《序》，京都帝国大学图书馆藏，第 2 页。

王也接受了一些建议。乾隆间，潘相教授琉球入监官生，详考琉球历史地理、风土俗尚、政治文化，著《琉球入学见闻录》四卷，卷二述及琉球兵刑：

> 南北沿海筑长堤，两炮台并峙，聚兵守之。……国少铁，盔甲与刀犹坚利。……火药炮位，多用铜铸，备舟舰水战之用。辻山旁有演武场，武职有仪卫使、武备司，余皆文官兼之。兵制仿古制，五家为伍，五伍又各相统。亲云上、筑登之以下，皆习弓箭，家有刀甲，有事则各领其民，如百夫长、千夫长之属。①

从中可窥知，在汪楫出使后，琉球兵防已有所变化。

（二）礼制

汪楫此行的主要任务是谕祭、册封。按出使旧例，应有礼部所颁仪注。汪楫询问仪注，礼部官员回答说："此仪制司职掌也。"仪制司官员又推诿主客司，得到的结果是"案卷虽存，仪注无有也"。汪楫入闽后，博访仪注，"十得六七，而中多未安"，不得已"酌古准今，定为谕祭、册封仪注二篇"。部颁仪注不备的问题，也反映出清初朝廷疏于藩属国管理。汪楫既酌定仪注，还应琉球王之请，于其未晓者"绘图示之"。国王与臣民奉行甚谨，"登降进反，揖让拜跪，威仪肃然。国之老成以为从前未睹云"②。

关于谕祭、册封仪注，《使琉球杂录》载记甚详。对观陈侃《使琉球录》、张学礼《使琉球记》所载仪注，即可知汪楫更定的情况。陈侃仪注，乃明使谕祭、册封琉球通行礼制，琉球王臣"数代相承，不敢违制以行"。③张学礼册封仪注大抵沿袭明使旧制。汪楫重新更定，著者有四：其一，谕祭先期命琉球长史洒扫王庙中堂，详细布置开读台、开读位等；册封预设

---

① 黄润华、薛英编：《国家图书馆藏琉球资料汇编》（下），北京图书馆出版社 2000 年版，第 418—420 页。

② （清）汪楫：《使琉球杂录》卷一《使事》，京都帝国大学图书馆藏，第 7 页。

③ 黄润华、薛英编：《国家图书馆藏琉球资料汇编》（上），北京图书馆出版社 2000 年版，第 33—34 页。

阙庭、世子受赐位等。阙庭之设等皆前使仪注所未有。汪楫还以为王殿中楹之右楼梯妨于行礼，世子特造板阁。由于王殿西向，故仪注中只分左右，不分东西。其二，谕祭，按旧习，世子迎龙亭"向第立候于庙门外"，汪楫以为"非礼"，更定为世子率众官迎伏于真玉桥头道左；① 册封，按陈侃《使琉球录》仪注，世子在国门五里外中山牌坊候龙亭②，按张学礼《使琉球记》仪注，世子出城三里至守礼坊下候迎，汪楫则更定为世子率众官迎伏于守礼坊外。其三，谕祭宣读礼、谢恩礼、相见礼，陈侃仪注甚简，汪楫更定繁详，如焚帛毕，世子回露台同众官再行礼谢恩，"捧先王神主由庙东边门进庙内，安于东偏神座"③；册封拜诏礼、宣读礼、谢封礼、谢赐礼、问安礼、谢恩礼、相见礼、拜谢礼，汪楫更定内容也颇异于陈侃、张学礼仪注。如授国王诏、敕，按旧习，"使臣故欲收回，待跽请至再，而后索阅旧轴，趋走往复"，汪楫以为"几同儿戏"，令"其预捧呈验，庶不失礼"④。其四，按陈侃册封仪注，世子候龙亭"行五拜三叩头礼"，谕祭盖亦如此，张学礼册封为"行九叩礼"，汪楫改谕祭、册封皆"行三跪九叩头礼"。

汪楫一行入琉球，严于礼制。入天使馆次日，例当行香，通事以天妃宫、至圣庙告。前导问："宫与庙孰先？"答曰："先庙。"入庙，升堂搴帷，审视后始下阶肃拜。时有窃笑其迂者，汪楫曰："外国淫祀最多，名称不一。若入境误拜倭鬼，辱莫大焉。如俟徐访而后恭谒，则是奉神慢圣，岂可以训远人？"⑤ 对陪臣进谒中使礼，汪楫也有约定：法司官、王舅、紫金大夫、紫巾官为一班，跪三叩头礼，天使立受，揖答之；耳目官、正议大夫、中议大夫为一班，跪三叩头，天使立受，拱手答之；那霸官、长史、遏闳理官、都通事为一班，跪三叩头，天使坐受，抗手答之。禀事必长跪，命坐赐茶，法司官等则设毡堂内，耳目官等坐廊下，那霸官等坐

---

① （清）汪楫：《使琉球杂录》卷一《使事》，京都帝国大学图书馆藏，第11—13页。
② 黄润华、薛英编：《国家图书馆藏琉球资料汇编》（上），北京图书馆出版社2000年版，第33—34页。
③ （清）汪楫：《使琉球杂录》卷一《使事》，京都帝国大学图书馆藏，第9页。
④ 同上书，第13页。
⑤ 同上书，第14页。

露台下。①

（三）习尚

琉球国历史悠久，形成了独具特色的地域俗尚。国王居常裹五色帕，见明使则服明朝衣冠。明清易代后，见清使，"仍明时衣冠"②。琉球官员与百姓，"服无贵贱，男女皆大袖宽博，无衣带"。国王衣冠"苦束缚"，张学礼使琉球，"有各从其便之谕，遂沿明制以见"。汪楫叹说，"今不可复更"。琉球国王受封后，亦欲着皮弁，以朝祭之服参谒，"意实恭谨，而通事以为倨，令易前服，故皮弁未得见"。③

汪楫对琉球旧例与习尚也进行了改革。如因使臣供应、随行兵役廪给甚腆，裁减之以"柔远恤下，期于两尽也"。国王五日一遣官赍牛酒问安，辞之不可，遂理谕之："牛以力耕，不得擅杀。使臣非为国惜物，命律不可也。"④国王不肯受命，然不久汪楫闻琉球国中禁宰牛，改问安之期为十日一至。又如琉球待客习俗皆席地布几，国王宴使臣，汪楫坚持不可席地，及赴宴，"陈设毕具，宾主皆高坐，揖让如礼"，盖"聊以觇天使易与否耳"。

（四）文学

文学交流往往是古代遣使活动的重要构成。明清使臣出使安南、朝鲜等国，都留下大量唱和之作。汪楫一行与琉球能诗之士往来酬唱，并将赠答诗汇编成集，从中亦可见清初中琉文化交流的情况。

自明初琉球奉中国正朔以来，迄于清初，始终未建学宫。"国人就学，多以僧为师，僧舍即其乡塾云。"⑤琉球僧人分为两宗，居首里者曰临济宗，

---

① （清）汪楫：《使琉球杂录》卷一《使事》，京都帝国大学图书馆藏，第16页。
② 见汪楫《使琉球杂录》卷三《俗尚》，第1页。按：徐葆光《中山传信录》卷六称琉球人自国王以下皆遵从时制薙发，"留外发一围，绾小髻于顶之正中"（《国家图书馆藏琉球资料汇编》（中），第479页，恐未确。当以张学礼《中山纪略》"男至二十，成立娶妻之后，将顶发削去，惟留四余，挽一髻于前额右，傍簪小如意。如意亦分贵贱品级"为确（同上，第662页）。汪楫《中山竹枝》诗下自注："国俗，男子二十始薙顶发，为小髻，服与妇人无别。"（《观海集》，《清代诗文集汇编》第140册，上海古籍出版社2011年版，第780页）亦可证之。
③ （清）汪楫：《使琉球杂录》卷三《俗尚》，京都帝国大学图书馆藏，第1—2页。
④ （清）汪楫：《使琉球杂录》卷一《使事》，京都帝国大学图书馆藏，第15页。
⑤ （清）汪楫：《使琉球杂录》卷二《疆域》，京都帝国大学图书馆藏，第15页。

居那霸者曰真言教。首里有三大寺，即天界寺、圆觉寺、天王寺。圆觉寺额为灵济法嗣径山和尚所书。三寺僧人皆嗣法灵济，然汪楫"叩以禅宗，茫如也"①。首里僧人能诗者，瘦梅、宗实、不羁最著。瘦梅为天王寺诗僧，奉元释英《白云集》为宗，与万松院僧不羁并好苦吟，互相唱和。汪楫使录载：

> 天王寺僧瘦梅则工诗，诗奉《白云集》为宗。《白云集》者，元僧英所作。英俗姓厉，字实存。集有牟巘、赵孟頫、胡汲序。国人镂板译字以行，然中国人购之，殊不易。读之，则多属明初张羽诗，而牟序又与《陵阳集》所载不同，殊不可解。②

明初张羽与高启、杨基、徐贲并称"吴中四杰"，著有《静居集》四卷。传世又有《静居集》六卷本，与释英《白云集》之诗多有重复。后世遂以为张羽之诗误入《白云集》，实则释英之诗误入《静居集》。③ 汪楫所谓释英之诗"多属明初张羽诗"的说法，显然有误。他之所以拈出这一点，意在含蓄指出琉球诗人水平不高，"殊不可解"也透露出这一消息。

当然，汪楫的主要唱和对象还是陪臣。其所编《中山诗文》一卷，仅收文两篇：卷首一篇《奉送翰林汪先生还朝，兼祝诰封检讨公八十大寿序》署名国王尚贞，作于康熙二十二年（1683 年）秋；卷末一篇为琉球国使臣毛国珍、王明佐、昌威、曾益等祭汪楫父之文，作于康熙二十三年（1684 年）夏。余皆《题画奉祝诰封翰林检讨汪太公寿》唱和诗，作者包括琉球王室尚弘毅、尚纯、法司官毛国珍、毛泰永、翁自仪、王舅毛自义、紫巾官夏德宣、毛允丽、紫金大夫王明佐、耳目官吴世俊、章受祜、正议大夫郑宗善、梁邦翰、郑永安、中议大夫郑宗德、陈初源、孙自昌、遏闼理官杨自、文克继、毛知传、长史蔡应瑞、郑弘良、那霸官柏茂、吴彬，共 24

---

① （清）汪楫：《使琉球杂录》卷二《疆域》，京都帝国大学图书馆藏，第 20 页。
② 同上。
③ 参见杨镰《元佚诗研究》，《文学遗产》1997 年第 3 期；李舜臣、胡园《元代诗僧释英考论》，《文艺评论》2011 年第 2 期。

人，人各一题①，俱作于康熙二十二年。当然，汪楫与琉球人唱和之诗远不止于此，但《中山诗文》删选较严，人仅存一题。

三 汪楫奉使琉球对中琉关系的影响

清廷礼部认为遣使琉球意义不大，乃是一种短浅之见。汪楫出使的意义，可概括为四方面：加强了清政府对琉球的管理；加深了对琉球历史、国情、现状的了解；促进了中琉政治文化的交流；在中国文化传播方面也起到积极的作用。

《中山沿革志》、《使琉球杂录》为中琉交往提供了重要的参考。在汪楫出使前，有关琉球国的沿革，无论是明廷，还是清廷，都不甚了解。琉球国于其世系沿革，厉禁外泄。汪楫借谕祭的机会，"密录"其世系概况，复购得《琉球世缵图》，撰为《中山沿革志》。尽管所载尚不完备，但已属前所未有，徐葆光《中山传信录序》谓其"典实远非前比"。《使琉球杂录》搜辑甚备，据依亦详，汪琬《使琉球杂录序》云："上之可作辖轩之指南，次之可备史家之笔削。"康熙帝通过汪楫出使情况及其著述，了解到琉球国的历史和国情，遂不以琉球管理为忧，将精力集中放在收复台湾上，晚年始遣翰林院检讨海宝、编修徐葆光使琉球。

汪楫酌定仪注，为后来琉球使臣效法。康熙五十八年（1719 年），海宝、徐葆光谕祭琉球国王尚贞、尚益，册封尚敬，仪注俱依汪楫所更定。徐葆光《中山传信录》卷二"仪注"大抵录自汪楫使录，自注云："俱从前使臣汪楫更定。"② 中国礼仪制度也引起琉球人浓厚的兴趣。如程顺则，字宠文，父泰祚官都通事，曾随张学礼谢恩入朝，返国后参与创立琉球至圣庙。康熙二十二年，顺则授通事，随王明佐入朝谢恩，后任接贡存留通事赴闽，注重考察中国典章制度、礼仪习俗，回国后奉命修订"中山王府官制"，"还参照中国礼仪，修改琉球冬至、元旦百官朝贺国王之礼仪，提出'殿下中道设香案'、'百官分左右翼，各照品级排立'、'于墀下左右设五方之旗，设彩盖于殿下左右'、'陈设仪仗、鸣金鼓、奏汉乐'、'王上先

---

① （清）汪楫编：《中山诗文》，京都帝国大学图书馆藏。

② 黄润华、薛英编：《国家图书馆藏琉球资料汇编》（中），北京图书馆出版社 2000 年版，第 116 页。

拜北天后，升殿受朝贺'等，'维兹之举，悉遵天朝之制，以为考定'"①。潘相《琉球入学见闻录》卷一详述谕祭、册封仪注，大抵同于汪楫使录，然非照抄旧籍，实是有据而来。

相比清朝，琉球的教育无疑是十分落后的。其至圣庙在那霸港二里外久米村，创始于康熙十二年（1673年），翌年建成，构制简陋，不过屋二重，其外临水为屏墙，翼以短栅。汪楫既喜至圣庙创立，"立国以来所未有也"，又为琉球教育落后担忧，希望国王重视人才教育，因庙而扩之为学，择师以教，甚而请助于朝。《琉球国新建至圣庙记》云：

> 夫秀才者，将以储异日长史、大夫之用，则教之不可无专师，试之不可无成法。诚因庙而扩为学，择国中敦行谊、工文章者为之长，俾以时训，督其子弟，修举释菜、释奠之礼。国之中或难其选，则直疏其事而请于朝，乞如往昔教育故事。圣天子声教诞敷，方教登四海于文明之治，吾知其必得当也。如此则琉球之经学日明，因所及而益广其未备，于以表率友邦，凡有志于圣人之学者，无不奉琉球为指归。呜呼！岂不盛哉，岂不盛哉！②

> 琉球国无学宫，童子习字多以僧为师。"大约读书时少，作字时多，字皆草书，无楷法也。"③ 建学宫非易事，汪楫建议国王奏请"愿令陪臣子弟四人赴京受业"④。康熙二十三年他返朝后，即转奏之。《恭述远人向化之诚，请赐就学以广文教事》云：

> 国中旧无孔子庙，自康熙三年受封后，贡使时通，声教渐被，十二年始建至圣庙于那霸之久米村。虽制多荒略，而意实可取，但苦地无明师，以故誉髦终鲜。臣等事竣将旋，中山王尚贞亲诣馆舍，酌酒祖道，令陪臣、通事向臣等致词曰：……执经无地，向学有心。稽之明代洪武、永乐年间，常遣本国生徒入国子监读书。今皇上圣学高深，超迈万古，愿令陪臣子弟

① 赖正维：《康熙时期的中琉关系》，海洋出版社2004年版，第218页。
② （清）汪楫：《使琉球杂录》，京都帝国大学图书馆藏，第11—12页。
③ （清）汪楫：《使琉球杂录》卷二《疆域》，京都帝国大学图书馆藏，第12页。
④ （清）汪楫：《中山沿革志》卷下，京都帝国大学图书馆藏，第35页。

四人赴京受业，敢祈天使转奏，不胜悚企。①

琉球人最早入国子监，始于明洪武后期。洪武二十五年（1392 年），中山王察度遣从子日孜每、阔八马、寨官子仁悦慈入监读书，"国人就学自兹始"②。终明之世，国学琉球生甚众。汪楫一行考察琉球历史沿革，意识到教育是维系藩属国与中国政治文化"母体"关系的一个纽带，因此向康熙帝建言沿袭明制，准许琉球生入监就学。康熙二十五年（1686 年），尚贞遣陪臣子弟梁成楫、郑秉均、阮维新、蔡文溥四人同贡使赴京入监。郑秉均甫离琉球，即遭海难。康熙二十七年（1688 年）九月，梁成楫等人入监，康熙帝特为设教习一人，此为清代琉球人就学国子监之始。康熙三十一年（1692 年），尚贞恳请令梁成楫等三人返国。③ 三人回国，充任经师和训诂师，勤于教习。后来，梁成楫官都通事，蔡文溥任接贡存留通事赴闽，累官紫金大夫，阮维新累官紫金大夫，康熙末充贡使。蔡文溥工于诗，潘相《琉球入学见闻录》卷三说他"以其所学教久米村及国人，人多化之"④。海宝、徐葆光出使，使琉球，交往的官员就包括阮维新、蔡文溥。徐葆光撰著《中山传信录》，更是多得二人之助。汪士铉《中山传信录序》载："其国官之尊者，曰紫金大夫。时为之者，即舟次先生前使时所请陪臣子弟入学读书者也。其文辞可观，与之言，娓娓有致。今之所述，皆得之其口与其诸臣所言，证之史牒，信而有征。"康熙五十八年（1719 年），汪楫建琉球学宫的想法终成为现实。是年，琉球建明纶堂于至圣庙南，称之府学，是为琉球有学校之始。"国王敬刊圣谕十六条，演其文义，于月吉读之。官师则由紫金大夫一员司之，三六九日诣讲堂，理中国往来贡典，察诸生勤惰，籍其能者用备保举。"次年，海宝、徐葆光自琉球归，循汪楫旧例，代请官生入学。至嘉庆三年（1798 年），琉球又建国学于王府北，"命王子及三品以上陪臣之子弟，以及首里人子弟入学试读。又建乡学三所。外村小吏，百姓之子弟，则以寺为塾，以僧为师"⑤。

① （清）汪楫编：《册封疏钞》，京都帝国大学图书馆藏，第 31—32 页。

② （清）汪楫：《中山沿革志》卷上，京都帝国大学图书馆藏，第 6—7 页。

③ （清）王士禛：《纪琉球入太学始末》，昭代丛书（乙集卷一二），世楷堂版，第 5 页。

④ 黄润华、薛英编：《国家图书馆藏琉球资料汇编》（下），北京图书馆出版社 2000 年版，第 564—565 页。

⑤ 傅角今、郑励俭：《琉球地理志略》，商务印书馆 1948 年版，第 8 页。

还要指出的是，汪楫使琉球撰著颇异于明人使录之作，也与张学礼《使琉球记》、《中山纪略》有所不同，真正开启了清人为琉球撰史的先河。后来徐葆光撰《中山传信录》六卷，周煌撰《琉球国志略》十六卷，齐鲲、费锡章撰《续琉球国志略》五卷，赵新撰《续琉球国志略》二卷，都继承了汪楫所创的传统。《明史》卷三百二十三《外国四·琉球》成书，亦多参咨汪楫之作。这也可视为汪楫对中琉交流的一个贡献。

（本文的撰写得到于逢春教授的帮助，特此感谢）

宋朝海商与中日关系

陈国灿[*]

在中国古代对外关系史上，宋代是一个引人注目的转折期。一方面，随着全国经济和文化重心的南移，对外交往由陆路全面走向海洋，进而形成了以海洋为依托的开放格局；另一方面，由于宋政府统治思想和有关政策的调整，民间取代官方，成为中外交流的主导力量。特别是日益壮大的海商群体，不仅是海外贸易的主力军，而且在中外政治关系和文化交流领域扮演了重要角色。有关宋朝对外关系的基本格局与特点，以及海外贸易的空前兴盛，学术界已有不少讨论。[①]本文试在此基础上，就海商群体的发展壮大及其在宋日关系中所起的作用作一番具体考察与分析，以进一步认识此期中国社会向海洋发展所引发的中外关系变动。

一 宋朝海商群体的发展壮大

历史上，海商是伴随海上贸易的兴起而出现的。在中国古代前期，对外贸易的重心是西北内陆，主要通过"丝绸之路"展开，海上贸易受到政

---

[*] 陈国灿，浙江师范大学环东海海疆与海洋文化研究中心教授。

[①] 中外学界围绕宋代对外关系和海外贸易的讨论，较系统的研究成果有冒志祥的《宋朝的对外交往格局》（广陵书社 2012 年版），赵成国主编的《中国海洋文化史（宋元卷）》（中国海洋大学出版社 2013 年版），杨渭生的《宋丽关系史》（杭州大学出版社 1997 年版），陈高华、吴泰的《宋元海外贸易史》（天津人民出版社 1981 年版），黄纯艳的《宋代海外贸易》（社会科学文献出版社 2003 年版），〔日〕桑原骘藏《唐宋贸易港研究》（中译本，商务印书馆 1935 年版），〔日〕藤田丰八的《宋代之市舶司与市舶条例》（中译本，商务印书馆 1936 年版）等。

府的严格控制，属于小规模的零散现象。中唐以降，由于西北陆上贸易通道受阻，海上贸易日趋活跃，民间海商势力逐渐兴起。有学者统计，从唐武宗会昌二年（842 年）到唐昭宗天复三年（903 年），唐朝海商赴日贸易的次数仅见于史载的就有 36 次。① 他们大多结队而行，具有一定规模。据日本文献记载，仁明天皇承和十四年（唐宣宗大中元年，847 年），以张友信为首的唐商团队有 47 人；② 清和天皇贞观四年（唐懿宗咸通三年，862 年）、八年（唐懿宗咸通七年，866 年）、十六年（唐僖宗乾符元年，874 年）、十八年（唐僖宗乾符三年，876 年），先后抵日的唐商团队有李延孝等 43 人③、张言等 41 人④、崔发等 36 人⑤、杨清等 31 人⑥；阳成天皇元庆元年（唐僖宗乾符四年，877 年），以崔铎为首的唐商团队有 63 人。⑦

　　宋王朝建立后，认识到民间海外贸易可以带来可观的市舶收入，有助于缓解财政困难的局面，故采取大力支持和鼓励的政策。宋高宗曾公开对臣下说：“市舶之利最厚，若措置合宜，所得动以万计，岂不胜取之于民。”⑧ 另一方面，东部沿海尤其是东南地区历来有着注重商贸的历史传统，随着区域社会经济在长期开发和持续发展的基础上走向繁荣，特别是商品生产和流通的活跃，经商逐利风气丰盛。时人感叹地说：“今世积居润屋者，所不足非财也，而方命其子若孙倚市门，坐贾区，频取仰给，争锥刀之利，以滋贮储。”⑨ 海外贸易利润丰厚，“每十贯之数可以易番货百贯之

① 武安隆：《遣唐使》，黑龙江人民出版社 1985 年版，第 172—175 页。

② ［日］藤原良房等：《续日本后纪》，日本新订增补国史大系本，卷一七，承和十四年七月，吉川弘文馆 1979 年版。

③ ［日］源能有等：《日本三代实录》，日本浦木裕整理本，日本醍醐天皇延喜元年（901）本。

④ ［日］源能有等：《日本三代实录》卷六“贞观四年七月”条，日本浦木裕整理本，日本醍醐天皇延喜元年（901）本。

⑤ ［日］源能有等：《日本三代实录》卷二六“贞观十六年七月”条，日本浦木裕整理本，日本醍醐天皇延喜元年（901）本。

⑥ ［日］源能有等：《日本三代实录》卷二九“贞观十八年八月”条，日本浦木裕整理本，日本醍醐天皇延喜元年（901）本。

⑦ ［日］源能有等：《日本三代实录》卷三一“元庆元年八月”条，日本浦木裕整理本，日本醍醐天皇延喜元年（901）本。

⑧ （宋）李心传：《建炎以来系年要录》卷一一六，绍兴七年闰十月辛酉，中华书局 1988 年版，第 1686 页。

⑨ （宋）范浚：《香溪集》卷二二《张府君墓志铭》，四部丛刊续编景明本，商务印书馆 1934 年版。

物，百贯之数可以易番货千贯之物"①，由是吸引人们纷纷参与其中，出海逐利蔚然成风。这些因素的结合，加上造船和航海技术的进步，促成了海外贸易的空前兴盛。有学者估计，"北宋中期每年的进出口总额为 1666.6万缗，北宋后期每年进出口总额为 2333.4 万缗，南宋绍兴晚期每年的进出口总额为 3777.8 万缗"②。

随着海外贸易的迅猛发展，海商群体不断壮大。"贩海之商……江、淮、闽、浙处处有之。"③ 据朝鲜文献《高丽史》记载，从高丽显宗三年（宋真宗大中祥符五年，1012 年）到高丽忠烈王四年（宋帝赵昺祥兴元年，1278 年），先后赴高丽的宋商舰队有 130 批次，其中确知人数的 87 批次，合计达 4955 人。④ 为数众多的海商，就社会构成而言，涉及诸多阶层。有的是豪商富室。南宋时，都城临安的富室有不少系"外郡寄寓之人"，其中"多为江商海贾，穿栀巨舶，安行于烟涛渺莽之中，四方百货，不趾而集"⑤。时人洪迈《夷坚志》中提到，温州巨商张愿，"世为海贾，往来数十年，未尝失时"⑥；建康巨商杨二郎，"本以牙侩起家，数贩南海，往来十有余年，累赀千万"⑦；临安人王彦太，"家甚富，有华室，颐指如意。忽议航南海，营舶货"⑧。有的是官僚贵族。虽然宋政府明令禁止在任官员经营贸易，规定官吏不得"苟徇货财，潜通交易，阑出徼外"，也不准"遣亲信于化外贩鬻"。⑨ 但在商品经济大潮的冲击下，官员经商风气愈禁愈盛。从达官显贵到一般胥吏，不"以营利为耻"，"专为商旅之业"，"懋迁往来，日取富足"⑩。海外贸易的收益远超一般商业活动，自然吸引不少官僚贵族

① （宋）包恢：《敝帚稿略》卷一《禁铜钱申省状》，民国宋人集本，上海书店 1994 年影印。

② 熊燕军：《宋代东南沿海地区外向型经济成分增长的程度估测及其历史命运》，《韩山师范学院学报》2007 年第 1 期。

③ （宋）包恢：《敝帚稿略》卷一《禁铜钱申省状》，民国宋人集本，上海书店 1994 年影印。

④ 杨渭生：《宋丽关系史研究》，杭州大学出版社 1997 年版，第 269—279 页。

⑤ （宋）吴自牧：《梦粱录》，中国商业出版社 1982 年版，卷一八《恤贫济老》，第 162 页。

⑥ （宋）洪迈：《夷坚志》支丁卷三《海山异竹》，中华书局 1981 年版，第 1741 页。

⑦ （宋）洪迈：《夷坚志》志补卷二一《鬼国母》，中华书局 1981 年版，第 986 页。

⑧ （宋）洪迈：《夷坚志》支乙卷一《王彦太家》，中华书局 1981 年版，第 796 页。

⑨ （清）徐松辑：《宋会要辑稿》职官四四之三，中华书局 1997 年版。

⑩ （宋）蔡襄：《蔡忠惠集》卷一五《废贪赃》，清文渊阁四库全书本，台湾商务印书馆 1986年版。

置禁令于不顾，积极参与其中。如北宋时，名臣苏轼曾"贩数船苏木入川"①。南宋时，广西雷州知州郑公明"三次搬运铜钱，下海博易蕃货"②；大将张俊遣手下老卒出海贸易，"逾岁而归，珠犀香药之外且得骏马，获利几十倍"③；理宗朝宰相郑清之的儿子"盗用朝廷钱帛以易货外国"④。皇室宗亲也不例外。宋高宗绍兴（1131—1162 年）末年，鉴于当时泉州南外宗正司的不少宗族人员参与海外贸易，凭借特权横行不法，宋廷不得不下令禁止："两宗司今后兴贩蕃舶，并有断罪论。"⑤ 有的是沿海农户和渔民。福建人多地少的矛盾突出，沿海居民转而从事海上贸易的现象颇为常见。"漳、泉、福、兴化滨海之民……乃自备财力，兴贩牟利。"⑥ 广西沿海诸郡的居民，"或舍农而为工匠，或泛海而逐商贩"⑦；浙东台州仙居人郑四客原是个佃户，"后稍有储羡，或出入贩贸纱帛、海货"⑧。也有部分僧道人员加入海商的行列。如杭州僧人净源，"旧居海滨，与舶客交通牟利"⑨；《夷坚志》三志己卷六提到，泉州人王元懋"少时祇投僧寺"，后从事舶货贸易，"其富不赀"。从经营规模和方式来看，有的海商资本厚实，经营规模庞大。如泉州杨客"为海贾十余年，致赀二万万"⑩；另一海商王仲圭拥有众多海舶，一次出海贸易就能"差拨海船百艘"⑪。有的海商资本有限，无力独自出海，只能采取合伙经营的方式，"转相结托，以买番货而归"⑫；或者依附大海商出海贸易，租赁海船仓位，"分占贮货，人得数尺许，下以贮物，夜卧其上"⑬。

① （清）黄以周等辑注：《续资治通鉴长编拾遗》卷六，熙宁二年十一月己巳，中华书局 2004 年版，第 256 页。
② （清）徐松辑：《宋会要辑稿》职官二〇之三〇，中华书局 1997 年版。
③ （宋）罗大经：《鹤林玉露》卷二《老卒回易》，明刻本。
④ （元）脱脱等：《宋史》卷四〇七《杜范传》，中华书局 1977 年版。
⑤ （清）徐松辑：《宋会要辑稿》职官七四之四三，中华书局 1997 年版。
⑥ （清）徐松辑：《宋会要辑稿》刑法二之一三七，中华书局 1997 年版。
⑦ （清）徐松辑：《宋会要辑稿》食货六六之一六，中华书局 1997 年版。
⑧ （宋）洪迈：《夷坚志》支景卷一《郑四客》，中华书局 1981 年版，第 918 页。
⑨ （宋）李焘：《续资治通鉴长编》卷四三五，元祐四年十一月，中华书局 2004 年版，第 10493 页。
⑩ （宋）洪迈：《夷坚志》丁志卷六《泉州杨客》，中华书局 1981 年版，第 588 页。
⑪ （清）徐松辑：《宋会要辑稿》食货五〇之二三，中华书局 1997 年版。
⑫ （宋）范浚：《香溪集》卷一《禁铜钱申省状》，四部丛刊续编景明本，商务印书馆 1934 年版。
⑬ （宋）朱彧：《萍洲可谈》卷二，《全宋笔记》第二编第 6 册，大象出版社 2006 年版，第 149 页。

在不断壮大的宋朝海商群体中，有相当部分主要经营对日贸易。据有关学者考证，北宋时期，先后赴日本的宋朝海商船队可以判明的就有 70 多次，实际次数显然较此要多得多。① 到南宋时期，由于日本放松对海外贸易的限制，宋商赴日更为活跃。为数众多的海商不仅频繁往来于宋日之间，不少人还长期寓居日本，有的甚至加入日本籍。日本博多的"宋人百堂"，便是 11 世纪末以降在宋商汇聚的基础上逐渐形成的华侨居留区。南宋时，长期从事宋朝与日本、高丽贸易活动的临安人谢国明，在定居博多后，成为当地商界的领袖人物。因此，海商群体在推动宋日经济交往的同时，对于打破两国间的外交僵局，促进彼此的文化交流，也起到了积极的作用。

二　宋朝海商与中日政治关系

两宋时期，中日之间一直没有建立起正式的外交关系。这一方面是由于宋王朝建立后，一直面临周边民族政权的威胁和内部统治问题的困扰，无暇或无力像汉唐两代那样大力追求四夷宾服、万国宗主的地位，因而采取"守内虚外"的政策，收缩对外政治关系。另一方面日本在宽平六年（唐昭宗乾宁元年，894 年）以"大唐凋敝之具"，赴唐使团"或有渡海而丧生者，或有道贼遂亡身者"为由，终止了持续两个世纪的遣唐使。② 延喜年间（901—923 年），又颁布一系列的海禁令。唐保四年（宋太祖乾德五年，967 年），藤原氏掌控朝政后，进一步强化了自我封闭的"锁国"政策。不过，宋朝在收缩外交关系的同时，又开放国门，鼓励民间对外交往，而日本政府的海禁政策主要是针对本国商民，并不禁止宋商赴日活动，只是加强管理。在这种背景下，宋商便承担起沟通宋日政治交流的角色。

北宋初期，中日之间的政府交往完全中断。对于海商来说，这种局面显然不利于贸易活动的正常进行。为此，他们采取多种方式，积极推动两

---

① 王勇、郭方平等：《南宋临安对外交流》，杭州出版社 2008 年版，第 108 页。
② ［日］《管家文草》卷九《奏状、请令诸公卿仪议定遣唐使禁止》，《太宰府天满宫史料》卷三，日本东京都档案会 1964 年版，第 75 页。

国政治交往的恢复。太平兴国八年（983年），日本东大寺僧奝然及其弟子五人随宋商陈仁爽等来中国，受到宋太宗的接见。宋真宗时，在日本留居七年的福建建州商人周世昌回国，一同前来的有日人藤吉木等。真宗召见了藤吉木，并赐予礼物。海商不断地带日本人前来朝见，逐渐激发了宋政府与日本交往的兴趣。大中祥符六年（1013年），宋朝主动派使者携带牒文和礼物赴日，日本天皇令式部大辅高阶积善作牒文回复，又于万寿三年（宋仁宗天圣四年，1026年）令大宰府派使者赴宋都汴京进献礼品，由是打破了两国官方互不往来的僵局。到宋神宗时期，宋政府更是连续四次以海商为使者，赴日递交国书，掀起了中日官方交往的一个小高潮。

　　熙宁六年（日白河天皇延久五年，1073年），宋廷派海商孙忠与日僧成寻（一作诚寻）携带神宗御笔文书和礼物赴日。日本政府反应冷淡，拖延了很久才召开公卿会议进行讨论。由于对宋朝国书中"回赐日本国"等字句不满，决定不予理睬。"诸卿定申大宋皇帝付孙忠献锦绮事，不可遣答信物。"[①] 直到承保四年（宋神宗熙宁十年，1077年），才以主管贸易的大宰府名义回复。次年初，孙忠与日通事僧仲回一起回到明州。当地官员报请朝廷："得其国大宰府牒，因使人孙忠还，遣仲回等贡色段二百匹、水银五千两。以孙忠乃海商，而贡礼与诸国异，请自移牒报，而答其物直，付仲回东归。"[②] 日本政府想竭力回避对宋的朝贡关系，故拖延多年才回复宋方；宋政府则力图确立对日宗主国的地位，不满意日方移牒己方贸易机构市舶司的做法，故此次两国以海商为信使的交往没有结果。

　　宋神宗元丰元年（日承历二年，1078年）十月，孙忠再次携带宋廷官牒和礼物赴日，结果进一步引发日本政府的疑虑，认为两国"和亲久绝，不贡朝物，今日频有此事，人以成狐疑"[③]。就在日本政府对是否接受宋朝牒书犹豫不决的时候，元丰三年（日承历四年，1080年），宋廷让另一海商黄逢带第三份牒书赴日，表面上是询问孙忠何以迟迟不归，实则是催促日方尽快回应宋廷的要求。次年，宋廷再次派海商黄政（王瑞垂）赴日递

①　[日]《百练抄》，《太宰府天满宫史料》卷五，日本东京都档案会1964年版，第340页。

②　（元）脱脱等：《宋史》卷四九一《日本传》，中华书局1977年版。

③　[日]《百练抄》，《太宰府天满宫史料》卷五，日本东京都档案会1964年版，第323页。

交第四份牒书，要求日方将孙忠等人"请疾发遣，回归本州，不请留滞"①。面对宋廷接二连三地送来牒书，日本政府仍坚持对宋朝敬而远之的立场，决定给予礼节性回信，并由宋商捎带回去。

北宋后期，宋廷虽继续通过海商向日本传递国书，却仍然没有达到目的。及宋室南渡，面对北方金王朝的进逼，南宋政府一度无暇顾及与日关系。直到宋孝宗时期，南北对峙的局面趋于稳定，而日本在经历"平治之乱"后，平氏家庭掌控了朝政，开始调整"锁国"政策，对宋日贸易由控制转为鼓励，宋廷才重新委托海商向日本传递国书。乾道八年（1173年），宋朝由明州市舶司出面，由海商带去牒状和礼物，其目的不再是建立中日之间的主属关系，而是希望扩大两国间的贸易规模。这正合平氏家族的想法。因此，虽然宋朝牒状中仍有"赐日本国"之类的字句，但日本政府最终还是接受了，并很快于次年给予答复和回赠礼品。淳熙二年（1175年），日商在明州殴人致死，宋政府将其罪状送交日本政府，让日方加以惩治。② 绍熙二年（1191年），又有日商在明州不法，宋廷移牒日本大宰府，仍交由日方处置。③ 淳熙三年（1176年），有日本商船遭风漂至明州，因财物全失，船上百余人上岸行乞。明州官员将此事奏报朝廷，宋孝宗令地方官府进行救助，待有日本商船来遣送他们回国。④ 这些举动显示，宋日之间已初步形成了相对平等和稳定的关系。

除了充当国使传递国书，直接推动中日两国的政治交往，宋代海商的对日贸易活动，本身就使得宋日之间始终维持一定程度上的官方关系。尤其是在北宋时期日本处于"锁国"状态下，宋商对日贸易的政治意义更为明显。按照宋朝的市舶法，商人出海贸易，须事先向所在官府提出申请，报市舶司批准，领取相关"公凭"或"公据"之后，方可成行。因此，赴日贸易的宋商一般都携带有官方发放的文书。而且，统率商队的"纲首"等人由"市舶司给朱记，许用笞治其徒"⑤，即拥有代表官府行使对商队的

---

① ［日］《水左径》《太宰府天满宫史料》卷五，日本东京都档案会1964年版，第356页。

② ［日］藤田元春：《上代日中交通史研究》，东京富山房1938年版，第344页。

③ ［日］木宫泰彦：《日中文化交流史》，胡锡年译，商务印书馆1980年版，第294页。

④ （元）脱脱等：《宋史》卷四九一《日本传》，中华书局1977年版。

⑤ （宋）朱彧：《萍洲可谈》卷二，《全宋笔记》第二编第6册，大象出版社2006年版，第149页。

管理权。就日本方面而言，宋商入关则要经历大宰府"存问"（审查有关文书和人、船、货情况）、报请天皇、"阵定"（朝廷公卿讨论议定）、"宣旨"（下达是否同意入关决定）等环节。如日本文献《小右记》载，万寿四年（宋仁宗天圣五年，1027 年）八月，宋朝福州海商陈文祐率领的商队抵达日肥前国松浦郡柏岛，携有始发港明州（今浙江宁波市）奉国军市舶司所发"公凭"和相关文书，大宰府"存问"后，将大宰府解文连同肥前国解文和宋官方解文上报朝廷，经诸公卿合议"阵定"，下达旨意，准予陈文祐一行入境"和市"。这当中，宋朝以有关机构的名义出具公文，日方则以官方的形式予以认可，虽然不是两国政府间的直接交往，但意味着彼此在政治上的相互承认和间接联系。诚如一位日本大臣所说："商客至通书，谁谓宋远？"①

三　宋朝海商与中日贸易和文化交流

相对于政治领域，宋代海商在促进中日经济联系和推动两国文化交流方面，显然发挥了更大的作用，使两国关系实现了由官方主导向民间主导的转变。

从经济方面来看，北宋时期，因日本厉行海禁锁国政策，严禁本国商民出海贸易，中日经贸活动几乎完全由宋朝海商承担。事实上，对于宋商的贸易活动，日本政府也有一系列的限制。如实行"年纪制"，即规定宋商赴日的最低年限，定期贸易，以减少贸易频率。一般情况下，同一宋朝商舶和商队，只能三年赴日一次。② 颁布"禁购令"，禁止宋商在日本政府采购前私自与民交易，违者日方人员以盗窃罪论处。但日本上流社会对宋朝的高档消费品需求巨大。每当有宋朝商船到岸，"诸院诸宫诸王臣家等，官使未到之前，遣使争买，又郭内富豪之辈，心爱远物，忠勇直贸易"③。另一方面，赴日贸易的利润十分丰厚。如宋英宗时，宋商在日本博多以每颗

---

① （宋）江少虞：《宋朝事实类苑》卷四三《日本僧》，上海古籍出版社 1981 年版。
② ［日］森克已等：《对外关系史》，日本国书刊行会 1975 年版，第 59 页。
③ ［日］《类聚三代格》，《太宰府天满宫史料》卷五，日本东京都档案会 1964 年版，第 396 页。

70 贯的价格收购"阿久也玉",回国后每颗售价高达 5 万贯,[1] 是收购价的 700 多倍!如此高额的收益,自然吸引众多宋朝海商参与对日贸易,并想方设法绕开日本政府的限制。据日本文献《百练抄》记载,长历元年(宋仁宗景祐四年,1037 年)、宽德元年(宋仁宗庆历四年,1044 年)、永承三年(宋仁宗庆历八年,1048 年)和康平三年(宋仁宗嘉祐五年,160 年),都有宋朝商船漂流至日本。这些宋商显然是以"遭风漂流"为借口,规避"年纪制"的年限禁令。因此,宋商赴日次数越来越频繁。宋初大体上为一年一船次,后来逐渐增加到一年二船次、三船次,乃至四船次以上。[2] 商队的规模也越来越大,一般都在五六十人以上。如日本文献《小右记》载,万寿四年(宋仁宗天圣五年,1027 年),以陈文祐为首的宋商团队有 64 人;《朝野群载》载,长冶二年(宋徽宗崇宁四年,1105 年)以李充为纲首的宋商团队有 65 人。

　　宋室南渡后,市舶收入已成为宋廷弥补财政亏空的一个重要手段。其市舶抽解和博买所得,绍兴十年(1140 年)为"百十万缗"[3],绍兴二十九年(1159 年),"约可得二百万缗"[4]。因此,南宋政府对海外贸易更为重视。为了适应海商的要求,将建立正常的经济关系视为对外关系的重点。在对日交往中,不再像北宋时期那样力图建立主属关系,而是努力推动两国民间贸易的发展。与此同时,宋商赴日贸易的日趋活跃,也促使日本统治集团的部分成员改变原来的封闭意识,调整既有的锁国政策。日崇德天皇长承二年(宋高宗绍兴三年,1133 年),宋商周新的商船驶抵博多湾,泊于天皇领地神崎庄园,平氏家族的平忠盛借天皇之令,阻止大宰府查验,并亲自主持与周新商队的贸易。[5] 平忠盛之子平清盛掌权后,开放海禁,并于嘉应二年(宋孝宗乾道六年,1170 年)劝后白河法皇接见当时在日宋朝海商。宋商回国后,立即向有关部门报告日政府的政策变化。宋朝抓住机

---

① 〔日〕藤田元春:《上代日中交通史研究》,东京富山房 1938 年版,第 317 页。

② 〔日〕木宫泰彦:《日中文化交流史》,胡锡年译,商务印书馆 1980 年版,第 238—243 页。

③ (宋)李心传:《建炎以来系年要录》卷一三五,绍兴十年四月丁卯,中华书局 1988 年版,第 2163 页。

④ (宋)李心传:《建炎以来系年要录》卷一八三,绍兴二十九年九月壬午,中华书局 1988 年版,第 3053 页。

⑤ 〔日〕《史料大成》第 7 册,日本应庆义塾大学 2009 年版,日文本第 166 页。

会，通过海商向日本政府发送牒文，两国由此建立起正常的贸易关系。平清盛倒台后，继平氏家族而起的镰仓幕府继续实行对宋贸易的开放政策，两国的贸易关系进一步获得发展。到南宋后期，由于对日贸易导致宋朝铜钱大量外流，一些沿海地区甚至出现了"一日之间，忽绝无一文小钱在市行用"的情况。① 为此，南宋政府在一再下令禁止海商赴日携带铜钱的同时，又致书日本政府要求对两国商船的往来次数给予一定限制。日本幕府遂于建长六年（宋理宗宝祐二年，1254 年）下令大宰府限制日商出海船次，规定每年日商赴宋海船不得超过 5 只。② 至于宋商赴日船次，则未加限制。

从文化方面来看，宋朝海商群体的壮大和赴日贸易的活跃，在很大程度上改变了隋唐时期主要由使节和官派留学生承担的中日文化交流格局，推动民间主导、多领域、多层次交流新局面的形成。

宋朝文化在当时世界范围处于领先地位，中国书籍深受海外各国和各地区的欢迎。特别是长期接受中国文化影响的日本等东亚国家和地区，对宋朝书籍有着特殊的爱好。由于宋廷对官方的对外书籍交流有着较为严格的限制，宋哲宗时还一度规定以"文字禁物与外国使人交易，罪轻者徒二年"③，故对日书籍输出主要通过海商的贸易活动。如宋商郑仁德、孙忠先后将《大藏经》、《法华经》等佛学经书带到日本。日僧奝然说，日本有《五经》书、佛经及《白居易集》等，"并得自中国"④。另一方面，海商又将在日的中国稀有古籍和部分日本书籍带到宋朝。如原本在中国已失佚的《孝经》1 卷和越王《孝经新义》第 15 卷等古籍，后由宋商自日本带回。日僧信源曾将自己所著的《往生要集》等书，托宋周文德带到宋朝传播。正如有学者所指出的："进入宋代，中日之间虽无外交关系，但僧侣与商客的往来频繁，日本汉籍的西传逐渐形成一个高潮。"⑤

宋朝海商为中日僧人推动中日文化交流提供了不可缺少的条件。中日

---

① （宋）包恢：《敝帚稿略》卷一《禁铜钱申省状》，民国宋人集本，上海书店 1994 年影印。
② ［日］《国史资料集》卷三，日本龙吟社 1939 年版，第 579 页。
③ （宋）李焘：《续资治通鉴长编》卷四八一，元祐八年二月辛亥，中华书局 2004 年版，第 11440 页。
④ （元）脱脱等：《宋史》卷四九一《日本传》，中华书局 1977 年版。
⑤ 王勇：《中日关系史考》，中央编译出版社 1995 年版，第 109 页。

两国僧人的往来，在唐代主要借助遣唐使等官方使节船队，入宋后则大多通过海商船舶。据不完全统计，有宋一代，仅有名可考的来华日本僧人就有 181 人，实际人数显然较此要多得多。[①] 宋僧赴日弘法者也为数不少。如南宋时较著名的赴日宋僧有寄寓庆元府天童山的兰溪道隆（普觉禅师）、南禅福生寺的兀庵普宁、杭州径山寺石溪心月的法嗣大休正念（佛源禅师）、天童寺石矶惟衍法嗣西涧士昙、天童山景德禅寺首座无学祖元等。这些以海商船舶为桥梁往来中日之间的僧人，不仅是两国宗教交流的主体，而且在教育、哲学、文学、音乐、舞蹈、书画、科技等方面的交流中发挥了重要作用。如北宋时，日僧奝然将《十六罗汉图》一套带回国，现藏日本京都嵯峨的清凉寺。南宋时，日僧圆尔辨圆随宋商海船返国，携带了数千卷中国典籍，包括佛教内典 262 部，儒经、朱子学、老庄、兵家、小学、文选、文集、医学、本草等外典 102 部。日僧心地觉心曾在杭州护国仁王禅寺学习吹奏尺八，回国后大力普及，成为尺八这一中国传统乐器在日本普化的祖师；另一位日僧弥三在庆元等地求法时掌握了造缎技术，回国后在博多等地传播，推动了日本纺织技术的发展。

宋朝海商对日贸易的活跃，还推动了华人侨居日本的热潮。日本接待宋商的贸易口岸，有九州的博多、越前的敦贺港、濑户港、大轮田港等。宋商到达这些口岸后，营造住宅，修建寺社，以此为据点开展中日贸易活动，由此逐渐形成规模不等的华人侨居区，日人称之为"唐房"。如博多是宋日贸易最重要的口岸，由此汇聚了大量宋朝海商。据日本文献《石清水文书》卷五《宫事缘事抄筥崎事》载，仁平三年（宋高宗绍兴二十三年，1153 年），太宰府官员率人劫掠博多一带宋商王升等一千六百户资财，说明当时居住博多地区的宋商为数不少，已具有相当的规模。[②] 事实上，大约在 11 世纪末，博多便逐渐形成了华侨聚居区"宋人百堂"。[③] 居住"宋人百堂"的宋朝侨民，既有从事中日贸易的海商，也有随商船渡海谋生的手艺人，还包括部分失意士人和畏罪潜逃者。《宋会要辑稿·刑法二》提到，宋

---

① 王勇、郭方平等：《南宋临安对外交流》，杭州出版社 2008 年版，第 126—127 页。

② ［日］冈崎敬：《福冈市（博多）圣福寺发现的遗物——中国大陆舶来的陶瓷和银锭》，《海交史研究》1989 年第 1 期。

③ 裘岚：《7—14 世纪中日文化交流的考古学研究》，中国社会科学出版社 2001 年版，第 289 页。

哲宗元祐年间以降,"时有附带曾赴试士人及过犯停替胥吏过海入蕃,名为住冬,留彼数年不回"。这些侨居日本的宋商和其他人员,既传播了中国文化,又接受日本文化的影响,推动中日文化由简单的交流走向彼此的融合。不少人组成跨国婚姻,在当地娶妻养子。日本史料便记载了不少在日宋商与当地人结婚的事例。如《左经记》载,宋商周良史其父为宋人,其母为日本贵族之女,他随父往来于宋日之间,"从父往复,虽是随阳之鸟,或思母愁绪"。另据《玉叶》载,南宋时,日本大宰府接到宋朝官方文书,谓日商杨荣等人在宋犯法,要求给予惩处。其实,杨荣系宋商与日本女子结婚所生,属于跨国联姻的混血儿。有的居日宋商还加入了日本籍,积极从事两国文化交流活动。如南宋时,临安人谢国明长期从事宋朝与日本、高丽之间的贸易活动,后来便定居博多,并加入日本籍,成为当地商界的领袖人物。日本嘉祯元年(宋理宗端平二年,1235 年),在谢国明的资助下,日本临济宗僧人圆尔辨圆入宋求法。圆尔回国后,又在谢氏支持下创立承天寺。该寺至今仍藏有谢国明像,当地民众每年都要定期举办纪念活动。宋理宗淳祐三年(日本宽元元年,1243 年),临安径山万寿寺遭遇严重火灾,殿宇尽毁。在日的谢国明闻讯后,捐助千枚松板运往临安,以助万寿寺重建。

四 余论

宋朝海商群体的发展壮大及其在中日关系中扮演重要的角色,固然是因为宋王朝无力追求"万国宗主"的地位,只能借助民间的力量开展对外交往,但更深层次的原因在于此期的社会变革和文明意识的调整。

晚唐以降,尤其是入宋以后东南地区社会经济的日益兴盛,在引发全国经济发展地域格局重大变化的同时,也打破了由北方中原地区发展起来的传统农耕经济模式的主导地位。在具有重商倾向的东南地区的推动下,商品经济呈现前所未有的活跃,进而在某些方面呈现出朝外向型经济演进的发展趋向。正如有学者所指出的:"我国古代经济重心在 11 世纪后半叶完成其南移过程,此点意义十分重大。因为这从根本上改变了战国秦汉以来我国经济一直以黄河流域为重心的经济格局;同时经济重心区域由于向东南方向移动，而更加靠近拥有优良海港的沿海地区，为封闭型的自然经济向开放型的商品经济过渡提供了某种历史机遇。"① 很大程度上讲，海外贸易的空前兴盛，正是经济领域这种变革的反映。它不仅直接推动海商群体的兴起和壮大，而且促使宋政府更多地从追求经济利益的角度来处理对外关系，由此为海商群体在中外关系中发挥重要作用提供了广阔的空间。

另一方面，中原文化属于典型的内陆文明，东南地区则是文化史上的"亚洲东南海洋地带"②，深受海洋文明的影响。因此，两宋时期全国经济和文化重心的南移，意味着中国文明海洋特性的增强。"海外贸易的繁荣渐渐改变了中国人对外部世界的看法，原先偏远无名的东部和南部沿海地区渐渐成为中外贸易和文化交流的重要地区。""这样，中国人的内陆民族性格就渐渐获得某些海洋民族的特征。"③ 与自我为主、讲求等级与有序的内陆文化观念不同，海洋文明有着平等、开放、务实的意识，注重不同文化之间的交流与合作。正是基于务实开放的海洋意识，海商群体在中日没有建立正常外交关系的情况下，维系了两国之间基本的政治交往和正常的经贸关系与文化交流，两国关系的重心也由官方转向民间。

更进一步来看，不断壮大的海商群体在推动中外关系转型的同时，对东南地区经济和社会领域的变革也产生了不可忽视的影响。就经济领域而言，海商群体所经营的商品种类繁多，规模庞大。其中，输出的除了丝织品、瓷器等传统手工业产品，还包括金银饰品、铜铁器具、钱币之类的金属制品，漆器、草席之类的日用品，纸、墨、笔之类的文化用品，玩具、伞、扇之类的工艺品，粮食、盐、茶叶、酒之类的食用和饮用品等，由此促进了东南各地手工业和农业生产商品化、市场化水平的提高；输入的由原来主要局限于香料、珍珠、象牙等高档消费品，扩大到药材、矿产、手工制品、加工食品等诸多普通物品，从而引发东南社会的消费活动与海外市场发生越来越多的联系。这两者的结合，使东南经济在一定程度上呈现出朝外向型方向发展的趋势。就社会领域而言，海商群体的贸易和文化交

---

① 葛金芳：《中国经济通史》第 5 卷，湖南人民出版社 2003 年版，第 838—839 页。
② 林惠祥：《福建武平县新石器时代遗址》，《厦门大学学报》1956 年第 4 期。
③ ［美］费正清：《中国：传统与变迁》，张沛译，世界知识出版社 2000 年版，第 153—154 页。

流活动，有助于冲破传统华夷观和自大心态的束缚，促成多层次对外开放格局的形成。这方面，海商群体最为活跃的江南地区表现得尤为突出。对此，笔者在另文已有专门讨论，兹不赘述。①

---

① 有关宋代江南地区对外开放新格局的形成以及海商群体在其中所起的作用与影响，参见拙作《走向海洋：宋代江南地区的对外开放》，《学术月刊》2011 年第 12 期。

多样形态与通用话语：宋朝在朝贡活动中对"四夷怀服"的营造

黄纯艳[*]

不论宋朝所规定的朝贡诸国与宋朝的不同关系，还是诸国从自身角度对宋朝的不同态度，宋朝朝贡体系的构成都是多样形态并存的，而宋朝对所有朝贡者都使用同样的华夷君臣话语。这是宋朝对外交往的基本现象。这一现象何以存在？其背后有何政治意义？这是目前学术界尚未关注，未予回答的问题。本文拟对此作一讨论。

一　宋朝朝贡体系的多样形态

宋朝认为天命在己，"宋之为宋，受之于天"[①]。宋太祖即位不久确定宋朝继后周木德而为火德，与唐朝德运一脉相承。[②]自居正统的宋朝需要与周边诸国和民族"辨名分、别上下"，构建名分世界中的朝贡体系。但各民族和国家因区域环境不同，文化背景差异，对宋朝的认识各不相同，也与宋朝规定的双方关系有一定差异，有的甚至差异很大。

（一）宋朝的多层次的朝贡体系

宋朝的朝贡体系以皇帝为圆心，除直辖郡县外被划分为三个层次：境

---

　*　黄纯艳，上海师范大学历史系教授。

　①　（宋）李焘：《续资治通鉴长编》卷一七二，皇祐四年四月丙戌，中华书局 1992 年点校本（以下同），第 4141 页。

　②　刘复生：《宋朝"火运"论——兼谈"五德转移"政治学说的终结》，《历史研究》1997 年第 3 期。

内少数民族羁縻地区；被视为朝廷与藩镇关系的境外政权；被视为宗藩体制下国家关系的境外诸国。本文对朝贡体系运行的考察主要以境外政权为对象。

北宋对南方少数民族主要实行羁縻州制，北方主要实行蕃官制，其统治方式总体上都是羁縻之制，如《朝野类要》卷一《羁縻》所说："荆、广、川、峡溪洞诸蛮及部落蕃夷受本朝官封而时有进贡者，本朝悉制为羁縻州。"刘复生指出羁縻地区有的册封、进贡、设羁縻州，有的则册封、进贡而不设羁縻州①，但羁縻州是最基本的管理制度，四川、荆湖和广西沿边少数民族地区大多设羁縻州。宋神宗和徽宗朝两次开边，部分羁縻州纳土，后又陆续"悉废所置州郡，复祖宗之旧"，如归降的荆湖北江蛮在宋哲宗初又恢复其誓下州体制，各州仍由土官知州，广西开边所设观州、平州也"复祖宗旧制"②。羁縻州需"奉正朔，修职贡"③。羁縻各族根据大小，册封世袭的"知州、权州、监州、知县、知洞"等④，各隶属于邻近正州，与宋朝廷间的事务一般经过所隶正州，如南北江蛮承袭需"具州名移辰州为保证，申钤辖司以闻"，"贡进则给以驿券"。⑤ 在西北沿边，宋朝任命少数民族首领为蕃官，利用其对抗辽夏。部族首领根据统帐多少和军功大小获封不同军职。宋真宗到神宗，逐步确立了军职除授的等级制，实行蕃官磨勘和考课迁转制度，根据蕃官不同级别给予俸钱、添支等。羁縻各部皆隶属于邻近正州，各部族内部相对自治，保持原有社会系统，蕃官职衔世袭。⑥ 可见宋朝对南北方少数族的土官和蕃官制实质上都是羁縻制度。

宋朝自称汉唐德运的继承者，将"汉唐旧疆"内的归义军、西夏、河

---

① 刘复生：《岷江上游宋代的羌族"羁縻州"》、《宋代羁縻州"虚像"及其制度问题》，分载《中国边疆史地研究》1997年第1期、2007年第4期。

② （元）脱脱：《宋史》卷四九三《蛮夷一》、卷四九五《蛮夷三》，中华书局1977年标点本（以下同），第14179—14180、14209、14211—14212页。

③ （元）脱脱：《宋史》卷四九五《蛮夷三》，中华书局1977年标点本，第14209页。

④ （宋）马端临：《文献通考》卷三三〇《四裔考七》，中华书局2011年点校本（以下版本同），第9083—9084页。

⑤ （元）脱脱：《宋史》卷四九三《蛮夷一》，中华书局1977年标点本，第14178、14180页。

⑥ 参安国楼《宋朝周边民族政策研究》，文津出版社1997年版，第38—47页。

湟吐蕃、交趾等视为藩镇，一再强调这些地区属于"汉唐旧疆"："河西李
氏据两路皆汉唐旧郡"、西夏"所有疆土并是朝廷郡县之地"①；河湟地区
也是汉唐旧地，"武威之南，至于洮、河、兰、鄯，皆故汉郡县"，收复青
唐等地实即"复汉唐之旧疆"②；此外，交趾"乃汉唐郡县"，"本交州内
地，实吾藩镇"，"非他外邦自有土地人民不尽臣之比也"③。马端临有"宋
之土宇，北不得幽、蓟，西不得灵、夏，南不得交趾"之叹④，就是将此三
地视为旧疆。北宋对归义军、河湟吐蕃、交趾始终只封给藩镇名号，西夏
庆历和议以前也是如此。宋朝对归义军仍唐五代旧例，封其首领曹元忠、
曹延禄、曹宗寿、曹贤顺为归义军节度使等藩镇和内臣之官，封予的最高
爵位是郡王而非国王。⑤对西夏首领自李彝兴至元昊称帝以前皆册封定难军
节度使等藩镇和内臣名号，若封王爵则为西平王和夏王（李彝兴和李德明
死后获追赠），不承认其为"国"，庆历议和后才册封为夏国主。⑥宋朝给
唃厮啰所封最高官爵为保顺、河西等军节度使、武威郡开国公。立遵曾
"屡表求赞普号"，宋朝认为赞普是"可汗号"，不给。其后只有董毡获封
武威郡王，余皆仅封节度使等官，始终未封给国王。⑦宋朝指责自立国号的
交趾是"僭伪之邦"⑧，给予丁、黎、李各朝君主所封官号都是静海军节度
使等藩镇和内臣官职，爵位则逐步形成了初封交趾郡王，再进封南平王，

① （宋）彭百川：《太平治迹统类》卷一六《神宗开熙河》，广陵古籍刻印社 1981 年版；（宋）李
焘：《续资治通鉴长编》卷五〇九，元符二年四月辛卯，第 12114 页。

② （元）脱脱：《宋史》卷三二八《王韶传》，中华书局 1977 年标点本，第 10579 页；（宋）李
焘：《续资治通鉴长编》卷五一六，元符二年闰九月壬申，第 12265 页。

③ （宋）马端临：《文献通考》卷三二三《舆地考九》，中华书局 2011 年点校本，第 8879 页；
（宋）韩元吉：《南涧甲乙稿》卷九《蔡洗等集议安南国奏状》，文渊阁《四库全书》，上海古籍出版社
1989 年影印本。

④ （宋）马端临：《文献通考》卷四《田赋考四》，中华书局 2011 年点校本，第 102 页。

⑤ （清）徐松：《宋会要辑稿》蕃夷五之一至三，中华书局 1957 年影印本（以下版本同）。

⑥ （元）脱脱：《宋史》卷四八五《夏国上》，中华书局 1977 年标点本。

⑦ （元）脱脱：《宋史》卷四九二《吐蕃传》、卷二五八《曹玮传》，中华书局 1977 年标点本，第
14160、8986 页；张方平：《乐全先生文集》卷二二《秦州奏唃厮啰事》，书目文献出版社 1998 年版
（以下版本同），第 53 页。

⑧ （元）黎崱：《安南志略》卷二《太宗太平兴国五年八月征交趾诏》，中华书局 2000 年点校本
（以下版本同），第 60 页。

死后追封南越王的"必加三命"的制度，直到南宋孝宗朝才封给"安南国王"。①

宋朝对高丽、甘州回鹘、于阗、高昌、大理、南海诸国皆以藩国待之，如有册封则封国王或可汗王，无册封亦称其主为国王。如对高丽"待其请命然后封以为高丽国王。若占城、三佛齐、阇婆诸国，则待其入贡而遂以为本国王"②。994 年以前高丽接受宋朝册封，宋朝先后封其国君王昭、王伷、王治为高丽国王。高丽改奉辽朝正朔后，宋朝不再册封，称其国君为"权知高丽国王事"③。宋徽宗朝册封大理、占城和真腊等国君主为国王④。"国王"仅是宋朝表达宗藩关系的虚封，而非诸国国内自称。宋朝先后册封甘州回鹘首领夜落纥、夜落隔归化、夜落隔通顺为可汗王，曾封于阗国君为黑韩王，或称黑汗王。⑤ 宋朝称高昌首领为克韩王或可汗王⑥，对南海诸国国君皆称国王，以"某国来贡"或"某国王遣使来贡"的形式记载其遣使活动，如"大食国遣使来贡"、"注辇国王罗茶罗乍遣使婆里三文等来贡"等。⑦ 宋朝用内臣化封号及君臣关系的文书格式和用语表达与诸国的宗藩关系。宋朝册封给诸国的是阶、官、勋、爵、食邑、功臣号等内臣化名号，显示双方的君臣关系。给这些国家的文书除称其统治者为国王或可汗王外，国书标题称"制"、"诏"、"敕书"，如果名"书"，则题必加"赐"，正文称"敕"，正文则有表达宗藩和朝贡关系的用词。⑧ 内臣化封号、君臣关系的文书格式和用语、赐封使节等也被用于境内羁縻地区和视为藩镇的境外政权。

① （元）脱脱：《宋史》卷四八八《交趾传》，中华书局 1977 年标点本；黄纯艳：《转折与变迁：宋朝、交趾、占城间的朝贡贸易与国家关系》，载汤熙勇主编《中国海洋发展史论文集》第十辑，台北中研院中山人文社会科学中心 2008 年版。

② （宋）韩元吉：《南涧甲乙稿》卷九《蔡洸等集议安南国奏状》，文渊阁《四库全书》上海古籍出版社 1989 年影印本。

③ 参《宋大诏令集》卷二三七《高丽》，中华书局 1962 年点校本（以下版本同），第 923—924 页。

④ （清）徐松：《宋会要辑稿》蕃夷四之五八，中华书局 1957 年影印本；（宋）马端临：《文献通考》卷三三二《四裔考九》，中华书局 2011 年点校本，第 9147 页。

⑤ （清）徐松：《宋会要辑稿》蕃夷四之四、八，中华书局 1957 年影印本；（宋）马端临：《文献通考》卷三三七《四裔考十四》，中华书局 2011 年点校本，第 9314、9315 页。

⑥ （清）徐松：《宋会要辑稿》蕃夷四之一三，中华书局 1957 年影印本。

⑦ （宋）李焘：《续资治通鉴长编》卷一二开宝四年七月庚子、卷八五大中祥符八年九月己酉，中华书局 1992 年点校本，第 268、1948 页。

⑧ 黄纯艳：《蕃服自有格式：外交文书所见宋朝与周边诸国的双向认识》，《学术月刊》2008 年第 8 期。

可见宋朝在其朝贡体系内规定的是一元化和多层次的秩序。

（二）朝贡诸国对宋朝朝贡制度的多样态度

羁縻地区各族与宋朝的双向认识上都接受君臣关系，履行朝贡、册封和奉正朔的朝贡礼仪，在此仅讨论境外诸国的态度。朝贡诸国因所处区域环境不同及经济文化差异，对宋朝的诉求，及对宋朝的认识各有区别，可分为以下三种情况。

一是与宋朝交往时及在其国内都能一定程度上遵行宋朝朝贡制度。有归义军和高丽。入宋后，归义军政权向宋朝朝贡，接受宋朝册封，行用宋朝年号。曹延禄即位后，"自称权节度兵马留后"，遣使修贡，接受宋朝册封。[①] 曹延禄上表自称"臣"，用宋朝开宝年号，官号称"权归义军节度兵马留后"等。[②] 在其政权内及与宋朝以外政权交往时也使用宋朝所封官号。莫高窟第444窟"窟檐题梁"刻宋朝所封曹延恭官号及"大宋开宝九年"年号。"游人漫题"中有用太平兴国年号者。莫高窟第431窟"窟檐题梁"刻曹延禄所受宋朝册封官号及"太平兴国五年"[③]。归义军与于阗和甘州回鹘交往均用宋朝所封归义军节度使等官号。[④] 高丽在其国内虽不用宋朝封号，但994年以前奉宋朝正朔，行用宋朝年号，接受宋朝册封，基本遵守朝贡礼仪，高丽自称对宋朝"世禀正朔，谨修职贡"。宋太宗也称赞其"无亏事大之仪，颇得为臣之礼"[⑤]。1014年至1022年间高丽再奉宋朝正朔，其间《上大宋皇帝谢赐历日表》称臣、用天禧四年年号接受宋朝所赐《乾元具注历》，本国文书称"表"，宋朝文书称"诏书"，并自称"小邦本依正朔"[⑥]。高丽在

---

① （宋）李焘：《续资治通鉴长编》卷二一，太平兴国五年闰三月辛未、四月丁丑，中华书局1992年点校本，第474页。

② 敦煌文书 P.3827，载法国国家图书馆编《法藏敦煌西域文献》第28卷，上海古籍出版社2004年版，第254页。

③ 敦煌研究院编：《敦煌莫高窟供养人题记》，文物出版社1986年版，第168、169、165页。

④ 参敦煌文书 P.2155V（2）《曹元忠与回鹘可汗书》及附件 P0154，载《法藏敦煌西域文献》第7卷，上海古籍出版社1998年版，第131页；P.2703《曹元忠致于阗众宰相书》，载《法藏敦煌西域文献》第17卷，上海古籍出版社2001年版，第313、314页；P.4065《曹元忠致于阗国王书》，载《法藏敦煌西域文献》第31卷，上海古籍出版社2005年版，第69页。

⑤ （朝鲜）郑麟趾：《高丽史》卷三《成宗世家》，韩国国立首尔大学奎章阁藏本（以下版本同）。

⑥ 《东文选》卷三三郭元《上大宋皇帝谢赐历日表》，韩国国立首尔大学奎章阁藏本。

辽朝武力下彻底转奉辽朝正朔后，对宋"称臣而不禀正朔"①，至北宋灭亡，未再与宋朝恢复奉正朔关系，南宋更逐步断绝了朝贡关系。

二是与宋朝交往时有意识地遵守朝贡制度，而在其国内自行一套，朝贡制度对其国内政治无约束力。有交趾、西夏、吐蕃、甘州回鹘、大理等。交趾对宋朝贡，接受册封，与宋朝交往时遵守宋朝对双方关系的规定。如黎桓代丁璿上表称"假节制于蛮陬，修贡职于宰旅"，请求宋朝"赐以真命，令备列藩，慰微臣尽忠之心"②，表达了君臣关系。但交趾在国内自行皇帝制度。自丁部领即"建国号大瞿越"，"置百官、立社稷，尊号曰大胜明皇帝"，建太平年号。宋太祖"闻王（丁部领）称尊号，使遗王书"，警告其"俾我为绝踵断节之计，用屠尔国，悔其焉追"③，交趾置之不理。此后黎、李、陈三朝皆行皇帝制度，自称皇帝，自行年号，使用皇帝尊号和庙号，年号多用"天"、"乾"、"符"、"瑞"等字以示自承天命。④ 李公蕴甚至受50字尊号。熙宁战争时交趾将所掠宋人"男子年十五以上皆刺曰'天子兵'，二十以上面刺曰'投南朝'"⑤。在其国内自认为是与宋朝并立的"天子"和"南朝"。

西夏始终向宋朝朝贡，接受宋朝册封。元昊称帝后的西夏与宋朝交往时也基本上遵守君臣秩序，而在国内自行皇帝制度。西夏的誓表称"傥君亲之义不存，臣子之心渝变，使宗祀不永，子孙受诛"⑥。元丰年间双方交战时，西夏致宋朝表书仍未撕破君臣名分，称"自祖先至今八十余年，臣事中朝，恩礼无所亏，贡聘无所怠"⑦。在其国内则自称皇帝，自行年号，设置宰相、枢密使等与其皇帝制度相应的职官，国主去世后有皇帝的谥号、

---

① （元）脱脱：《宋史》卷三三八《苏轼传》，中华书局1977年标点本，第10808页。

② （元）黎崱：《安南志略》卷六《前代书表》，中华书局2000年点校本，第154—155页。

③ 《大越史记全书·本纪全书》卷一《丁纪》，日本明治十七年植山堂刻本（以下版本同）；《越史略》卷上《丁纪》，文渊阁《四库全书》，上海古籍出版社1989年影印本。

④ 《大越史记全书·本纪全书》卷二《李纪一》，日本明治十七年植山堂刻本。

⑤ （宋）李焘：《续资治通鉴长编》卷三四九，元丰七年十月戊子，中华书局1997年点校本，第8373页。

⑥ 《宋大诏令集》卷二三三《赐西夏诏》，中华书局1962年点校本，第908页。

⑦ （宋）李焘：《续资治通鉴长编》卷三三一，元丰五年十一月乙巳，中华书局1992年点校本，第7980页。

庙号和墓号。①

　　河湟唃厮啰政权与宋朝保持着朝贡和册封关系的同时又"立文法"、称赞普。"起立文法盖施设号令，统众之意"②，即建政权，设制度。唃厮啰自认为"文法成，可以侵汉边，复蕃部旧地"③，与宋朝比肩。唃厮啰在其内部用"赞普"号，与甘州回鹘交往也称"西蕃赞普"。唃厮啰之名是与赞普相应的自称，即佛祖之子，"河州人谓佛'唃'，谓儿子'厮啰'，自此名唃厮啰"④。宋朝则指责其僭越："结逋（赞普），天子之号，乃僭也。"⑤宋朝使节到唃厮啰政权，"番中不识称朝廷，但言'赵家天子及东君赵家阿舅'"。唃厮啰见宋使不行君臣之礼，"平揖不拜"。吐蕃"无正朔"，即不奉宋朝正朔，而用十二生肖纪年。⑥

　　甘州回鹘向宋朝朝贡时遵循宗藩礼仪，如夜落纥的表章中称"外甥"、"皇帝阿舅"的同时也自称"臣"，使用宋朝授予的封号"忠顺保德可汗"⑦。但甘州回鹘在国内自称"甘州圣天可汗"、"大回鹘国圣天的子"，其臣僚有用"宰相"和"枢密使"官职者⑧，这显然违背了陪臣不当用宰相官号的礼仪。

　　大理与宋交往时也遵守君臣之礼，政和五年（1115 年），广州官员报告："大理国慕义怀徕，愿为臣妾，欲听其入贡。"七年大理国朝贡使到汴京，还接受了宋朝给大理国王段和誉的册封。⑨ 但大理不奉宋朝正朔，在其国内行皇帝制度，国君自称皇帝，自行年号，死后定皇帝谥号，有的定有

---

① （元）脱脱：《宋史》卷四八五《夏国上》、卷四八六《夏国下》，中华书局 1977 年标点本。
② （宋）张方平：《乐全先生文集》卷二二《秦州奏唃厮啰事》，北京图书馆出版社 2003 年版，第 53 页。
③ （宋）李焘：《续资治通鉴长编》卷八六，大中祥符九年三月乙巳，中华书局 1992 年点校本，第 1974 页。
④ （清）徐松：《宋会要辑稿》蕃夷四之六，中华书局 1957 年影印本；（元）脱脱：《宋史》卷四九二《吐蕃传》，中华书局 1977 年标点本，第 14160 页。
⑤ （宋）张方平：《乐全先生文集》卷二二《秦州奏唃厮啰事》，北京图书馆出版社 2003 年版，第 53 页。
⑥ （宋）周辉：《清波杂志校注》卷六《外国表章》，中华书局 1994 年点校本（以下版本同），第 250 页；（元）脱脱：《宋史》卷四九二《吐蕃传》，中华书局 1977 年标点本，第 14162、14163 页。
⑦ （清）徐松：《宋会要辑稿》蕃夷四之六，中华书局 1957 年影印本。
⑧ 敦煌研究院编：《敦煌莫高窟供养人题记》，文物出版社 1986 年版，第 21、22 页；（宋）李焘：《续资治通鉴长编》卷七四，大中祥符三年十一月乙未，中华书局 1992 年点校本，第 1695 页。
⑨ （元）脱脱：《宋史》卷四八八《大理国传》，中华书局 1977 年标点本，第 14072、14073 页。

庙号，北宋时期在位的段素顺至段正严皆如此。①

三是距离宋朝远、文化差异大、对宋朝无政治需求而对宋朝规定的朝贡秩序不遵守甚至不理解。有于阗和南海诸国等。于阗统治者一方面向宋朝朝贡，另一方面自称皇帝，980 年左右的莫高窟第 61 号窟题记有"大朝大于阗国大政大明天册全封至孝皇帝"、"大朝大于阗国天册皇帝"。② 喀喇汗国兼并于阗后，在正式的外交国书中也看不到对与宋朝宗藩关系的接受和认同。《宋史·于阗传》所载元丰四年（1081 年）于阗致宋朝国书称"于阗国偻罗有福力量知文法黑汗王，书与东方日出处大世界田地主汉家阿舅大官家"。国书称"书"而不称"表"，称舅而不称臣。宋徽宗朝于阗致宋朝国书依然称宋朝皇帝为四天下"阿舅大官家"，自称西方五百国中"阿舅黑汗王"，用"你"、"我"而非"君"、"臣"，无严格的君臣观念。③ 在格式和观念上都与宋朝有显著差异。

南海诸国与宋朝文化差异巨大，有的国家并不理解宋朝规定的朝贡制度。《宋会要辑稿》蕃夷 7 之 27、28 收录了庆历八年（1048 年）南蕃塗渤国同一表章的初译稿及修润稿。初译稿不自称臣而称"我"，称宋朝皇帝为"大朝官家"，经宋人修润过的文本则使用了"臣"、"皇帝陛下"、"华夷"等概念。占城虽有唐人可为操刀，但《宋会要辑稿》蕃夷 7 之 28 所载占城国书称"我占城"、"大朝官家"，与《宋史》所载工整对仗的国书相比更接近于占城的实际态度。《宋史·占城传》所载占城景德四年（1007 年）表中"臣闻二帝封疆，南止届于湘楚，三王境界，北不及于幽燕"等应时的词句显然是宋人迎合宋真宗心态而作的润色。由此也可见南海诸国并不完全理解宋朝所规定的朝贡制度。

二 宋朝对外文书的通用话语对"四夷怀服"的营造

宋朝给各种形态的朝贡者的文书都使用同样的华夷君臣的话语，从而

---

① 段玉明：《大理国史》，云南民族出版社 2003 年版，第 118、404—406 页。

② 敦煌研究院编：《敦煌莫高窟供养人题记》，文物出版社 1986 年版，第 21、22、32 页。时间判定参照张广达、荣新江《关于唐末宋初于阗国的国号、年号及其王家世系问题》，前引《于阗史丛考》，第 22 页。

③ 蔡绦：《铁围山丛谈》卷一，中华书局 1983 年点校本，第 8—9 页。

营造出宋朝"奄有万邦，光被四表，无远弗届，无思不服"，宋朝皇帝"抚绥万国，不异遐迩"的四夷怀服的气象。①

宋朝给遵奉事大之礼的归义军和高丽的文书使用君臣的格式。宋朝加封归义军首领曹延禄的文书即完全体现君臣关系，如太平兴国五年（980年）四月《沙州曹延禄拜官制》，称赞其"奉正朔以惟恭，修职贡而不怠"，并对其进行册封。② 994年以前的高丽奉宋朝正朔，宋朝给高丽的文书与给归义军文书使用同样的格式和话语。如开宝九年（976年）宋朝册封高丽国王王伷的《王伷封高丽国王制》称宋朝"外薄四海"，"宠绥藩臣"，表扬高丽"禀王正而靡违，奉国珍而相继"，并对其进行册封。③ 雍熙三年（986年）宋朝给高丽《北伐遣使谕高丽诏》也宣称宋朝"奄宅万方。草木昆虫，罔不蒙泽。华夏蛮貊，罔不率俾"。淳化五年（994年），宋朝《赐高丽玺书》中称高丽"王雄长藩国，世受王封。保绝域之山河，干戈载戢；奉大朝之正朔，忠义愈明"④。高丽不奉宋朝正朔以后，文书的君臣格式和话语仍然不变，如《宋大诏令集》卷二三七所载《赐权知高丽国王事王徽起居回书》，文书称"敕"，称王徽为卿，称其"绍服东藩，输忠奕世"。直到宋钦宗即位，宋朝对高丽的看法仍是君臣宗藩，使用君臣的话语，还试图令高丽助宋抗金，如靖康元年（1126年）宋钦宗遣侯章等使高丽国，所携《与高丽王诏书》讲述了宋朝与高丽的君臣情谊，两国"情同骨肉，义则君臣"，表扬高丽国王"世济忠孝，膺受显册"，要求高丽"藩卫中国"。⑤

尽管西夏、交趾、吐蕃、甘州回鹘、大理诸政权在其国内并不遵守宋朝规定的朝贡秩序，但宋朝给他们的文书仍然使用君臣宗藩的形式和话语。

① 《宋大诏令集》卷二四〇《讨契丹谕乌舍城浮渝府渤海府主应王师诏》，中华书局1962年点校本，第943页；（元）脱脱：《宋史》卷四八八《交趾传》，中华书局1977年标点本，第14069页。

② 《宋大诏令集》卷二四〇《沙州曹延禄拜官制》，中华书局1962年点校本，第943页。

③ 《宋大诏令集》卷二三七《王伷封高丽国王制》，同卷太平兴国三年《高丽国王王伷检校太傅加食邑制》称王伷初封食邑为二千户，同时有上柱国之勋，第923页。《高丽史》卷二《景宗世家》载食邑为三千户，后王治的首封食邑也是二千户。《宋史》卷四八七《高丽传》载宋朝给王伷的册封大义军使，宋太宗朝才改大义军为大顺军，第14037页。所以该制书中天顺军应为大义军，食邑三千户应为二千户。

④ 《宋大诏令集》卷二三七《赐高丽玺书》，中华书局1962年点校本，第924页。

⑤ 李纲：《李纲全集》卷三三《与高丽王诏书》，岳麓书社2004年点校本，第439—440页。

宋朝给西夏的文书，不论前期被视作藩镇的西夏首领，还是庆历议和后的西夏国主，从形式到内容都体现了君臣的关系，如庆历四年（1044 年）册封元昊的《册夏国主文》，用宋朝庆历四年年号，将元昊册封为大夏国主，令其"永为宋藩辅"①。熙宁二年（1069 年）宋朝册封秉常为夏国主文格式和用语与庆历四年（1044 年）册文相似。② 另如元丰六年（1083 年）答夏国主秉常奉表乞修职贡诏、元祐四年（1089 年）《赐夏国主诏》、宋钦宗赐夏国主诏等都使用了君臣的格式和话语③，难以枚举。

宋朝给交趾首领册文的形式和内容也都体现了宋朝规定的君臣关系，如天圣七年（1029 年）四月李德政继位册封文，称交趾为"世藩之臣"，勉励其"永保世修之职"，"无忘时贡之恭"④。至和二年（1055 年）十一月册立李日尊制和熙宁六年（1073 年）册立李乾德制格式和用语基本相同，都以"奉藩勤王"、"分命茅土"、"畴惟蕃臣"、"永绥厥服"等表示双方的君臣关系⑤。南宋封交趾首领为安南国王后，文书的君臣格式和话语仍然不变，如安南国王李龙翰加封制称赞交趾"禀中华之正朔，久通象译之朝"。⑥

宋朝致吐蕃的文书格式和用语也与上述诸国相同。宋朝将凉州吐蕃视为藩镇。景德元年（1004 年）《赐潘罗支诏》即表达了君臣的关系。诏书中称潘罗支为"卿"，称其致宋朝文书为"奏状"，称赞其"忠顺朝廷"，抗击西夏，"同拒贼党"。景祐元年（1034 年）《潘罗支追封武威郡王制》称赞潘罗支"将帅守方，忠贤尽瘁"，"率其种族，捍我边防"⑦。对河湟吐

① 《宋大诏令集》卷二三三《册夏国主文》，中华书局 1962 年点校本，第 909 页。
② 《华阳集》卷三二《立夏国主册文》，丛书集成初编本，中华书局 1985 年版（以下版本同），第 407 页。
③ （宋）李焘：《续资治通鉴长编》卷三三六元丰六年闰六月乙亥、卷三四○元丰六年十月癸酉、卷四二九元祐四年六月丁巳，中华书局 1992 年点校本，第 8091、8177、10375 页；李纲：《李纲全集》卷三三《赐夏国主诏书》，岳麓书社 2004 年点校本，第 437 页。
④ 《宋大诏令集》卷二三八《李德政袭静海节度制》，中华书局 1962 年点校本，第 930 页。
⑤ 《宋大诏令集》卷二三八《李日尊静海节度使安南都护交趾郡王制》、《交趾李乾德静海军节度交趾郡王制》，中华书局 1962 年点校本，第 930、932 页。
⑥ 卫泾：《后乐集》卷三《赐安南国王李龙翰加食邑实封仍加崇谦功臣散官勋如故制》，文渊阁《四库全书》，上海古籍出版社 1989 年影印本。
⑦ 《宋大诏令集》卷二四○《赐潘罗支诏》、《潘罗支追封武威郡王制》，中华书局 1962 年点校本，第 943、944 页。

蕃的文书也是君臣格式，如《谕邈川首领唃厮啰诏》称唃厮啰"卿累世称藩，资忠效顺，高牙巨节，保我西陲"①。《唃厮啰加恩制》称唃厮啰"世宅西方之劲，心勤内府之输。忠义贯于神明，威声慑于区落"②。宋朝给其后的董毡、阿里骨的诏制都是君臣的格式和话语。③

宋朝给甘州回鹘和大理的文书也称君臣关系的"诏"、"制"。宋朝册封夜落隔归化制即使用君臣、宗藩的话语，称甘州回鹘为"甥"，同时称赞其"抚临西夏，屏翰中原"，有"保塞之勋"、"勤王之业"，"仍远修于职贡，用愈见于忠诚"，能恪守宗藩、君臣之道。④ 政和六年（1116年）宋徽宗所下《大理国入贡御笔手诏》不仅表达了宋朝与大理的君臣关系，还与致高丽诏一样使用"外薄四海，罔不率俾"，"朕以道在宥，天下大同，六合为一"等话语申明宋朝"四夷怀服"的天下共主地位⑤。政和七年（1117年）宋朝册封大理国王段和誉制也称宋朝"惟声教之所加，俾克畏慕；顾舟车之所至，靡不和宁"，大理"眷彼外蕃，奠居南服，能向风而慕义"，"居茂勤王之略，允怀敌忾之心。临遣使人，恪修臣职。奉珍致贡，备着于多仪；款塞来庭，益彰于诚节"，所以宋朝对其"授以命书，增其官秩。克峻将族之宠，绍开王爵之封"，加以"诸侯之命"⑥。册封行为本身就是君臣关系的表达，使用的话语也是君臣宗藩关系。

于阗、高昌和南海诸国对宋朝规定的朝贡秩序多不理解，或不遵守，但是宋朝给这些国家的文书也使用与归义军、高丽、西夏、交趾等政权同

---

① 《宋大诏令集》卷二三九《谕邈川首领唃厮啰诏》，中华书局1962年点校本，第935页。
② 《宋大诏令集》卷二三九《唃厮啰加恩制》，中华书局1962年点校本，第936页。
③ 分见《华阳集》卷二六《董戬（董毡）落起复依前保顺军节度使加食邑实封制》，丛书集成初编本，中华书局1985年版，第337页；《宋大诏令集》卷二三九《董毡特进制》、《西蕃邈川首领董毡移镇西平节度制》，中华书局1962年点校本，第937页；郑獬：《郧溪集》卷八《赐西蕃邈川首领保顺军节度使检校太傅董戬加恩敕诏》，文渊阁《四库全书》，上海古籍出版社1989年版；刘敞：《彭城集》卷二〇《阿里骨大首领抹征兼钱……充本族副军主制》，丛书集成初编本，中华书局1985年版，第282页；《苏魏公文集》卷二一《西蕃邈川首领阿里骨加食邑制》，丛书集成初编本，中华书局1985年版，第286页。
④ 《宋大诏令集》卷二四〇《甘州外甥回纥可汗王夜落隔可特进怀宁顺化可汗王制》，中华书局1962年点校本，第944页。
⑤ 《宋大诏令集》卷二三九《大理国入贡御笔手诏》，中华书局1962年点校本，第935页。
⑥ （清）徐松：《宋会要辑稿》蕃夷四之五八，中华书局1957年影印本。

样的君臣话语。宋代史籍保存了十余通宋朝致于阗的国书①，皆是君臣宗藩格式，称"敕"、"诏"。如《赐于阗国王诏》使用"朕兼覆天下，至于日出月没。海外之国，辫髪卉衣，毡裘之长，莫不绝不测之险，奉琛献币，交臂乎魏阙之下"等语宣扬了宋朝天下共主的地位，而且这一地位是天然合理的，是"上天之顾飨，祖宗之盛烈"，营造了"四夷怀服"的朝贡秩序。② 咸平四年（1001 年）宋朝给高昌可汗禄胜的诏书称"诏"，称禄胜为"卿"，其上书称"奏"，也反映了两国的宗藩关系。③

宋朝给南海诸国的文书都称"诏"、"制"，以宗藩、君臣的话语书写。如宋朝《赐占城国王敕书》使用"卿志虑深纯，诚节款到"、"嗣守忠规，述修世职"等词语表达双方的君臣关系。另如《赐占城国王俱舍利波微收罗婆麻提杨卜敕书》称其国王"卿长治国藩，聿修王职"④，也表达了双方的宗藩关系。熙宁十年（1077 年）宋朝赐三佛齐诏，称宋朝"以声教覆露方域，不限远迩"，对所有朝贡者皆"锡之华爵"，而三佛齐"悦慕皇化，浮海贡琛"⑤。宋朝对远处西亚的大食国也以藩属视之，如咸平元年（998年）宋真宗赐大食国诏书用"卿抚驭一方，恭勤万里，汎海常修于职贡，倾心远慕于声明"，表示双方的君臣关系。⑥

南宋对占城、阇婆、真腊、三佛齐、大食等国的文书仍使用君臣关系的格式和话语。如《占城国王杨卜麻迭明堂加恩制》有"介南溟而有国"、"谨北面以称藩"等语，表达了双方君臣宗藩关系。《阇婆国王悉里地茶兰固野明堂加恩制》也有"向天阙以观光，夙起华风之慕"、"梯航屡至，爵服载颁"、"来臣之旧泽，岂间于遐方"等语。《真腊国王金衮宾深明堂加恩制》的格式和用语也表达了同样的关系。⑦ 宋朝《赐三佛齐国敕书》、

---

① 《宋大诏令集》卷二四○3 通（第 945 页）；苏颂：《苏魏公文集》卷二四 3 通；王珪《华阳集》卷一九 2 通；郑獬《郧溪集》卷八 1 通；苏轼《苏轼文集》卷四一 5 通。

② （宋）郑獬：《郧溪集》卷八《赐于阗国王诏》，《四库全书》，台湾商务印书馆 1986 年版。

③ （清）徐松：《宋会要辑稿》蕃夷四之一三，中华书局 1957 年影印本。

④ 胡宿：《文恭集》卷二六《赐占城国王敕书》、《赐占城国王俱舍利波微收罗婆麻提杨卜敕书》，文渊阁《四库全书》，上海古籍出版社 1989 年影印本。

⑤ （元）脱脱：《宋史》卷四八九《三佛齐传》，中华书局 1977 年标点本，第 14090 页。

⑥ （清）徐松：《宋会要辑稿》蕃夷四之九一，中华书局 1957 年影印本。

⑦ 翟汝文：《忠惠集》卷一《占城国王杨卜麻迭明堂加恩制》、《阇婆国王悉里地茶兰固野明堂加恩制》、《真腊国王金衮宾深明堂加恩制》，文渊阁《四库全书》，上海古籍出版社 1989 年影印本。

《赐大食国敕书》的格式和内容也体现了君臣宗藩之礼。①

宋朝对所有朝贡者的文书都有两个共同点：一是文书称"制"、"诏"、"敕书"，如果名"书"，则题必加"赐"，正文称"敕"；二是正文皆强调宗藩和朝贡关系，使用君臣的话语。

三　国内政治中对"四夷怀服"的营造

宋朝皇帝作为中华正统和华夷共主的地位在国内政治中也须展示和宣扬。修润和代拟境外朝贡文书就具有向国内臣民展示"四夷怀服"的重要意义。而各种具有重要政治象征意义的典礼更需要呈现"四夷怀服"的景象。因而，朝贡关系的营造与国内政治是密切相关的。

（一）修润国书和代写国书的政治意义

国书是代表入贡国对宋朝态度的最正式的体现，故朝贡国一般都需持本国国书。宋朝规定境外使节若无表章，一般不接受其赴阙朝贡。如天圣四年（1026 年）明州报告"日本国太宰府遣人来贡方物，而不持本国表章"，宋仁宗诏令却之。② 入宋朝贡的国家一般都重视国书形式。如大中祥符四年（1011 年）"蒲端国主又遣使来贡方物，以金板镂所上表辞"。天禧元年（1017 年）"三佛齐国王霞迟苏勿咤蒲迷遣使奉金字表求贡"③。占城、三佛齐和大食都曾准备了蕃字和唐字两种国书。④ 进入宋朝国内政治视阈的国书首先必须符合宋朝规定的华夷君臣的话语表述，体现华夷君臣秩序。国书的原文往往比较真实地反映朝贡国对宋朝的态度，但也常常与宋朝规定的君臣话语不完全符合，即周辉所说"藩服自有格式"，"外国表章类不

---

① 刘才邵：《樾溪居士集》卷七《赐三佛齐国敕书》；汪藻：《浮溪集》卷一六《赐大食国敕书》，《四库全书》，上海古籍出版社 1989 年影印本。

② （宋）李焘：《续资治通鉴长编》卷一〇四，天圣四年十月庚辰，中华书局 1992 年点校本，第2424 页。

③ （宋）李焘：《续资治通鉴长编》卷七五大中祥符四年五月丁亥、卷八九天禧元年四月庚午，中华书局 1992 年点校本，第 1722、2053 页。

④ 分见（元）脱脱：《宋史》卷四八九《占城传》、《三佛齐传》，中华书局 1977 年标点本，第14088、14090 页；（清）徐松：《宋会要辑稿》蕃夷七之五〇，中华书局 1957 年影印本；（宋）李焘：《续资治通鉴长编》卷四三五，元祐四年十一月辛卯，中华书局 1992 年点校本，第 10489 页。

应律令，必先经有司点视，方许进御"①。这类国书要展示在国内政治视阈中，就必须按照宋朝的格式和话语修润。

前述宋朝对南蕃埕渤国和占城国书的修润就是要把宋朝规定有出入的国书修改成完全使用华夷君臣话语的格式，在国内政治视阈中展示。典型国书修润还有注辇国大中祥符八年（1015 年）国书和淳化四年（993 年）大食国舶主蒲希密所上表章。注辇自称"臣"，有"钜宋之有天下也，二帝开基，圣人继统，登封太岳，礼祀汾阴"等句，词语工整，文采焕发，显然是为真宗的东封西祀解说。马端临已表示了质疑，认为注辇国"去中国最远，又自古未尝相通，至大中祥符间始入贡，然其表文叙述有理，词采可观，略无岛夷侏离鄙俚之谈，有类中土操觚文士之笔，高丽、交阯反所不逮。窃疑史文容有缘饰，非其实也"②。大食国表章亦称臣，有"众星垂象，回拱于北辰；百谷疏源，委输于东海"，"皇帝陛下德合二仪，明齐七政，仁宥万国，光被四夷"，"赓歌洽《击壤》之民，重译走奉珍之贡"等表达天下归宗，四夷怀服的用语，表文文笔优美，词句对仗，用典确切，文意和格式完全符合宋朝的君臣观念，非有深厚中国文化修养者所能撰写，显然是经宋人代写或修润。

代外国写表章也是宋朝国内政治中营造"四夷怀服"气象的常见之举。唐士耻所撰《代真里富贡方物表》有"葵心北户，久怀航海之诚，象译南琛，初上职方之奏"，"毕输诚于蝼蚁，实慕义于衣冠"等君臣华夷话语。与真里富国开禧元年（1205 年）自己的表书称宋朝为"大朝"，而非朝廷，自称"新州"而非臣对比，唐士耻代写的表章显然不反映真里富的真实态度。③ 同样与所代之国无关的政治道具还有南宋张守所撰《代云南节度使大理国王谢赐历日表》。大理与南宋无朝贡关系，而表中"叨蒙尧历之颁"，"惟中国有至仁，无思不服，故小邦怀其德，莫敢不来"，皇帝陛下"莅中国而抚四夷"，"臣敢不恪遵侯度，恭布王正"等④，实际是宋人借大理之

---

① （宋）周煇：《清波杂志校注》卷六《外国表章》，中华书局 1997 年版，第 250 页。

② （宋）马端临：《文献通考》卷三三二《四裔考九》，中华书局 2011 年点校本，第 9168 页。

③ （宋）唐士耻：《灵岩集》卷二《代真里富贡方物表》，《四库全书》，台湾商务印书馆 1986 年版，（清）徐松：《宋会要辑稿·蕃夷》四之一○一，中华书局 1957 年影印本。

④ （宋）张守：《毗陵集》卷四《代云南节度使大理国王谢赐历日表》，文渊阁《四库全书》，上海古籍出版社 1989 年影印本。

口营造华夷正统和"四夷怀服"的政治气象。洪适所撰《代嗣大理国王修贡表》也是借与宋朝无实际朝贡关系的大理之名，自我营造"四夷怀服"的气象。① 甚至像交趾这样与宋朝交往时形式上遵从宋朝规定秩序的国家，宋人也代写表章，如周去非所写《代交趾进驯象表》就用规范的君臣格式和用语达了双方的君臣关系。②

修润和代写国书这看似"虚幻"的做法实有重要意义。理论上，宋朝既以"中国"自居，则"王者无外，天下一家"（欧阳修语）③，华夷宗藩礼仪必须普遍适用，不论诸国对与宋朝关系如何认识，宋朝都必须使用统一的华夷宗藩格式和话语，营造宋朝"以声教覆露方域，不限远迩"，四夷"悦慕皇化，浮海贡琛"④ 的朝贡关系，显示自己对天下秩序的规定权和话语权，同时也是维护对不同朝贡者的君臣关系和在国内显示皇帝华夷共主地位的需要。

（二）朝贡礼仪对"四夷怀服"的营造

宋朝皇帝在国内政治话语中给自己的定位是华夷共主，目标是四夷怀服。如淳化四年（993年）南郊赦天下制中称"华夷共播于欢声，宇宙遍凝于和气"，在端拱元年（988年）改元赦天下制中称"思与华夷，同均于大庆"。宋仁宗在《改天圣元年诏书》中称自己的目标是"政刑交修，夷夏胥悦"，在《立曹皇后制》中说自己的地位是"受命昊穹，居尊夷夏"。宋哲宗在《元符元年南郊赦天下制》中宣称"四夷咸宾，万邦作乂"。宋徽宗也称自己"内辑诸夏，外宾四夷"⑤。在朝贡中的朝见、朝辞礼仪和各种祭典大礼都要显示宋朝皇帝居尊夷夏的地位。

朝贡使节到京后，有朝见礼、大宴礼，临行有朝辞礼。这些政治活动

---

① （宋）洪适：《盘洲文集》卷二七《代嗣大理国王修贡表》，《四库全书》，上海古籍出版社1989年影印本。

② （宋）周必大：《文忠集》卷九三《代交趾进驯象表》，《四库全书》，上海古籍出版社1989年影印本。

③ （宋）欧阳修：《欧阳修全集》卷一一三《论逐路取人札子》，中华书局2009年版，第1716页。

④ （元）脱脱：《宋史》卷四八九《三佛齐传》，中华书局1972年标点本，第14090页。

⑤ 《宋大诏令集》卷一二〇《淳化四年南郊赦天下制》、卷一三四《雍熙五年耕籍改端拱元年赦天下制》、卷二《改天圣元年诏》、卷一八《立曹皇后制》、卷一二一《元符元年南郊赦天下制》、卷一四三《景灵西宫成德音》，中华书局1962年点校本，第409、471、89、7、416、519页。

是对华夷君臣关系的最好展示。宋朝规定了繁复的仪式，用以象征宋朝皇帝与朝贡国的君臣关系。如《政和新仪》规定了朝贡中的朝见、朝辞礼。夏使朝见仪规定夏使引入殿庭，"当殿前跪进表函"，进表后"使者起，归位四拜起居"。然后"舍人宣有敕赐某物，兼赐酒馔"，夏使"跪授，箱过，俯伏兴，再拜"。随后使团从人入殿，"当殿四拜起居，舍人宣赐分物，兼赐酒食。跪受，箱过，俯伏兴，再拜"。朝辞日，使副入殿庭，"再拜如（朝）见仪"。

高丽进奉使见辞仪的规定也与西夏相似。朝见日，"（正）使捧表函，引入殿庭，副使随入"，"使稍前跪进表函，俯伏兴讫，归位大起居。班首出班躬谢起居，归位，再拜，又出班谢面天颜、沿路馆券，都城门外茶酒，归位，再拜，揖笏，舞蹈，俯伏兴，再拜。舍人宣有敕赐某物兼赐酒食，揖笏，跪受，箱过，俯伏兴，再拜。舍人曰祗候，揖西出。次押物以下入，不通，即引当殿四拜起居。宣有敕赐某物兼赐酒食，跪受，箱过，俯伏兴，再拜起居。舍人曰中祗候，揖西出"。朝辞日礼仪"如（朝）见"。高丽使朝见时的"跪进表函"、"再拜"、"舞蹈"、"跪受"都是君臣之礼，与西夏相比，高丽使唯多"舞蹈"。辽朝使节朝见时亦拜舞，但"其拜舞并依本国礼"。以本国礼和按宋朝礼，应是对等之礼和君臣之礼的不同。其他各族和诸国朝贡也有规定礼仪，"其交州、宜州、黎州诸国见辞，并如上仪。惟迓劳宴赍之数，则有杀焉"。

大宴也有规定礼仪，如辽朝使节有《紫宸殿正旦宴大辽使仪》。其他民族或国家的使节也参与大宴：紫宸殿赴宴，"夏使副在东朵殿，并西向北上。高丽、交趾使副在西朵殿，并东向北上，辽使舍利、从人各在其南。夏使从人在东廊舍利之南，诸蕃使副首领、高丽、交趾从人，溪峒㕔内指挥使在西廊舍利之南。又至各就位，有分引两廊班首诣御座进酒，乐作，赞各赐酒，群官俱再拜就座。酒五行，皆作乐赐毕，皇帝再坐，赴宴官行谢毕之礼"①。这些礼仪就是要凸显宋朝皇帝华夷共主的至高地位。

---

① 以上皆见（元）脱脱：《宋史》卷一一九《礼二十二》，中华书局1977年标点本，第2808—2810、2813页。

（三）祭典大礼对"四夷怀服"的营造：以封禅为例

在国内重要祭典大礼仪式中营造四夷拥戴的气氛对显示宋朝皇帝华夷共主地位十分重要。皇帝上尊号常常需营造夷夏拥戴的景象。咸平二年（999年）宋真宗上尊号时宣称"夷夏臣庶，不谋而集"。宋神宗上尊号时也宣称"公卿多士、夷夏众民，且欲崇上徽名"①。南郊祭天，更不能缺了四夷的参与。如从建炎三年（1129年）到淳熙三年（1176年），共48年，阇婆国共加赐18次②，每次南郊大礼都获加封，但南宋一朝并未见阇婆国朝贡记载。给阇婆国的南郊加封已成为与实际朝贡无关的政治仪式，完全是向国内臣民演绎"四夷怀服"气象的需要。

封禅必须是至太平之象后，经臣民吁请而后举行，四夷的参与更不可缺少。司马光列举的太平之象就包括"诸侯顺附，四夷怀服"③。"四夷怀服"是重要标准。宋朝曾两次动议举行封禅，第一次是宋太宗太平兴国年间，第二次是宋真宗大中祥符年间。第一次未付诸实行，第二次真正举行了。如果把封禅分为吁请和典礼两个阶段，可见每个阶段都必须有四夷的参与。

宋太宗封禅之议的吁请环节就不仅有文武官、僧道、耆寿及泰山父老数千余人一再上书请封禅④，也有"蕃夷酋长之徒，耆艾缁黄之辈，共排阊阖，三贡表章"，请求封禅。⑤ 又如王禹偁《批答南诏国王东封表》称南诏（大理）"远有东封之请"⑥。王禹偁为太平兴国五年（980年）进士，卒于咸平四年（1001年），《批答南诏国王东封表》应拟于宋太宗朝。宋太宗一朝尚未见大理国使入宋朝贡的记载，该表更可能是宋太宗欲举行封禅，借

---

① 《宋大诏令集》卷五《崇文广武圣明仁孝皇帝册文》、卷四《宰臣韩绛等表上尊号不允》，中华书局1962年点校本，第21、17页。

② （清）徐松：《宋会要辑稿》蕃夷四之九七、九八，中华书局1957年影印本；（宋）綦崇礼：《北海集》卷七；（宋）周必大：《文忠集》卷一○二、卷一○三"所载"阇婆国王悉里地茶兰固野加封制，《四库全书》，上海古籍出版社1989年影印本。

③ （宋）司马光：《资治通鉴》卷二四四，太和六年十二月乙丑，线装书局2010年版，第7880页。

④ （宋）李焘：《续资治通鉴长编》卷二二太平兴国六年九月乙未，卷二四太平兴国八年六月己酉，卷二五雍熙元年四月乙酉，中华书局1992年点校本，第495、548、576页；（元）脱脱：《宋史》卷二九三《田锡传》，中华书局1977年标点本，第9790页。

⑤ 《宋大诏令集》卷一一六《宰相三上表答诏》，中华书局1962年点校本。

⑥ （宋）王禹偁：《小畜集》卷二七《批答南诏国王东封表》，《四库全书》，上海古籍出版社1989年影印本。

大理之名营造气象而作。从"所请宜不允"看，很可能作于太平兴国八年（983年）前后，当时泰山4000民众的吁请宋太宗亦不允，到雍熙元年（984年）才准允封禅之请，并启动封禅的程序，因雍熙元年五月乾元、文明二殿火灾，乃诏停封禅。

大中祥符元年（1008年）和四年（1011年），宋真宗举行东封西祀，即赵善璙《自警编》所说宋真宗"议东封西祀，修太平事业"。既然是太平事业，就应该"四夷怀服"，有臣僚说，当时"契丹求盟，夏台请吏，皆陛下威德所致。且如唐室贞观、开元，称为治世"，宋真宗的功业已经达到太平盛世的标准，举行封禅"可以镇服四海，夸示戎狄"①。景德四年（1007年）已经在借占城国之口，即"臣闻二帝封疆，南止届于湘、楚；三王境界，北不及于幽、燕。仰瞩昌时，实迈往迹"，宣扬宋真宗超迈往圣的业绩。② 这样的伟绩当然应当封禅告天。

宋真宗封禅的吁请过程中就有四夷的参与。大中祥符元年（1008年）三月，"将校缁黄之众，蕃夷耆艾之伦，金以时洽治平，物无疵疠，宝符肇降……愿举升中之礼"③，其中有就蕃夷。该年四月宰相王旦"率文武百官、诸军将校、州县官吏、蕃夷、僧道、耆寿二万四千三百七十人诣东上合门，凡五上表请封禅"④，其中也有蕃夷。大中祥符元年大食国人献玉圭，甚至自称其祖先得自西天，并相传"谨守此，俟中国圣君行封禅礼，即驰贡之"。⑤

大中祥符元年十月举行封禅大礼时，参与的溪峒诸蛮甚众，"东封泰山，溪峒诸蛮并来贡方物"，因人数很多，在泰山下专门设馆招待。⑥ 如有"溪峒诸蛮献方物于泰山"，邛部州（川）蛮遣使"会于泰山"⑦。还有大食

---

① （宋）李焘：《续资治通鉴长编》卷六七，景德四年十一月戊寅、庚辰，中华书局1992年点校本，第1506页。

② （清）徐松：《宋会要辑稿》蕃夷四之六七，中华书局1957年影印本。

③ 《宋大诏令集》卷一一六《答宰相等乞封禅第一表诏》，中华书局1962年点校本，第394页。

④ （元）脱脱：《宋史》卷一〇四《礼志七》，中华书局1977年标点本，第2527页；（宋）李焘：《续资治通鉴长编》卷六八，大中祥符元年四月辛卯，中华书局1992年点校本，第1530页。

⑤ 《群书考索》后集卷六四《四夷方贡》，文渊阁《四库全书》，上海古籍出版社1989年影印本。

⑥ （清）徐松：《宋会要辑稿》蕃夷五之七七，中华书局1957年影印本。

⑦ （元）脱脱：《宋史》卷四九三《西南溪峒诸蛮上》、卷四九六《黎州诸蛮传》，中华书局1977点校本，第14176、14234页。

国"执方物赴泰山"，占城遣使"会于泰山之下"①。《续资治通鉴长编》记载封禅的过程可以更清楚地看到蕃夷的参与情况。大中祥符元年十月辛卯，"启程赴泰山"；戊子，有素未修贡的西南溪洞诸蛮"以方物来贺，请赴泰山"；丁未，"占城、大食诸蕃国使以方物迎献道左"；庚戌，宋真宗登上泰山顶；癸丑，举行封禅大典，文武百官及"蕃客、父老、僧道皆在列"；乙卯，京东西等路言，"自有诏封禅以来，诸州进奉使、蛮夷入贡及公私往来，昼夜相继"②。"诸蕃进奉使咸以亲逢大庆，得预陪列"，获"赐紫袍、象笏，归耀国族。"③

传播封禅盛况。封禅大礼后又有蕃夷纷纷来贺。大礼当年有西夏因东封"遣使来献"④。甘州回鹘可汗夜落纥、宝物公主及其宰相"各遣使来贡，贺东封"⑤。后还有"回鹘以东封献名马"，西南龙蕃遣使"来贡，贺东封"⑥。大礼后还有西凉府、三佛齐、大食国等"贺封禅"⑦。来贺东封的大食蕃客李麻笏献玉圭时还特别强调，其"五代祖得自西天，屈长者传云：谨守此，俟中国圣君行封禅礼，即驰贡之"。⑧

作为东封泰山的余绪，三年后即大中祥符四年（1011 年）正月到二月宋真宗又西祀汾阴。这一"神赐之祥，均被华夷"⑨的活动中蕃夷同样不能缺席。正月丁酉，车驾发京师，二月辛酉，行祀后土地祇礼，参与的蕃夷有"甘州回鹘、蒲端、三麻兰、勿巡、蒲婆罗、大食国、吐蕃诸族"⑩。此外，

---

① （元）脱脱：《宋史》卷四九〇《大食传》，中华书局 1977 年点校本，第 14120 页；（清）徐松：《宋会要辑稿》蕃夷四之六八，中华书局 1957 年影印本。

② （宋）李焘：《续资治通鉴长编》卷七〇，大中祥符元年十月，中华书局 1992 年点校本，第 1568—1574 页。

③ （宋）李焘：《续资治通鉴长编》卷七〇，大中祥符元年十一月辛酉，中华书局 1992 年点校本，第 1575 页。

④ （元）脱脱：《宋史》卷四八五《夏国上》，中华书局 1977 年标点本，第 13990 页。

⑤ （宋）李焘：《续资治通鉴长编》卷七〇，大中祥符元年十一月己巳，中华书局 1992 年点校本，第 1576 页。

⑥ （清）徐松：《宋会要辑稿》蕃夷七之一六，中华书局 1957 年影印本。

⑦ （元）脱脱：《宋史》卷七《真宗本纪二》，中华书局 1977 年标点本，第 140 页。

⑧ 《群书考索》后集卷六四《四夷方贡》，文渊阁《四库全书》，上海古籍出版社 1989 年影印本。

⑨ 《宋大诏令集》卷一一七《祀汾阴赦天下制》，中华书局 1962 年点校本，第 399 页。

⑩ （宋）李焘：《续资治通鉴长编》卷七五，大中祥符四年正月丁酉、二月辛酉、壬戌，中华书局 1992 年点校本，第 1708、1712 页。

交趾也遣使梁任文等"从祀汾阴"①。西夏和秦州回鹘也遣使"贺汾阴礼毕"②。

宋真宗通过四夷吁请和参与封禅，营造了四夷怀服的氛围，显示了宋朝作为华夷共主的神圣地位。

四　结论

宋朝朝贡体系不论是从宋朝角度所做的规定，还是朝贡者对宋朝的态度，都是多样形态并存的。宋朝将朝贡体系规定为羁縻各族、朝廷和藩镇关系的境外政权、宗藩体制下国家关系的境外诸国三个层次。朝贡诸国和政权对宋朝的认识可分为与宋朝交往及在本国内基本遵守朝贡制度、与宋朝交往时形式上遵守朝贡制度而在国内自行一套、因地域辽远和文化差异而不理解及不遵守朝贡制度三种形态。

宋朝对不同形态的朝贡者的文书都使用相同的华夷君臣话语。宋朝通过修润和代写外国国书使进入国内政治视阈的四夷都使用君臣话语。在使节朝见、朝辞、大宴等活动中，宋朝也规定了明确的君臣宗藩礼仪，南郊和封禅等重要的典礼中四夷也是不可缺位的角色。

宋朝在朝贡活动中对"四夷怀服"的营造最终目的是解说宋朝的中华正统地位和宋朝皇帝的华夷共主身份。只有对所有朝贡者使用同样的华夷君臣话语，才能显示宋朝对朝贡秩序的规定权及其普遍使用性。只有在国内政治活动中营造"四夷怀服"的景象，将内外话语相统一，才能向臣民显示宋朝皇帝华夷共主的身份。当然，宋朝这一政治行为既有自身定位的需要，也有其经济和文化基础。

---

① （清）徐松：《宋会要辑稿》蕃夷四之二九至三〇，中华书局 1957 年影印本。
② （清）徐松：《宋会要辑稿》蕃夷七之一八，中华书局 1957 年影印本。

晚清洋务奇人黄维煊事功考[*]

钱茂伟^{**}

此前，黄维煊仅被作为宁波不太有名的藏书家偶尔为人提及。近日，笔者读董沛（1828—1895年）《怡善堂遗稿序》，注意到黄维煊子穆其人涉略洋务，甚感兴趣。查阅有关资料，发现水银先生已经注意到了他的《沿海图说》，称为中国最早的近海实测航行图。①可惜，有关的传记资料太少，所以语焉未详。这更加深了笔者的好奇，决意探究一番。查有关目录，从天一阁得《怡善堂剩稿》②一读，大喜过望，所要资料均有。于是，草成本文，对其一生事功做一全面的梳理，以期引起学界更多的关注。

一　与中外贸易

黄维煊（1828—1873年）③，字子穆，号洁如，鄞县人。生于道光八年（1828年），卒于同治十二年（1873年）七月十二日，享年四十六。他是唐末明州刺史黄晟（？—909年）后裔，为34世孙。黄氏"自吴越迄本朝，列卿曹郎监司、郡国守相牧令之属，缨绂相继，盖九百余年矣。世家之绵

---

　*　本文为宁波大学浙东文化与海外华人研究院2012年度重点项目"浙东文化新史料研究"（ZYJYS1202）阶段成果。

　**　钱茂伟，宁波大学人文与传媒学院教授。

　①　水银、梅薇：《最早近海实测航行图或由宁波人绘制》，《宁波晚报》2012年3月24日。

　②　孙占元《左宗棠评传》（南京大学出版社2002年版）参考过此书。

　③　福建省地方志编纂委员会《福建省志·文化艺术志》（福建人民出版社1995年版）作"黄维煊（1828—1873年）"，首度提及黄维煊的生卒年，说明作者见过《怡善堂剩稿》。

远，固未有先于黄氏者也"①，可称四明第一望族。黄晟的 23 世孙黄绶为正德九年（1514 年）进士，以按察使金事致仕，徙居城内小江里五台寺（今天宁波天封社区内五台巷），人称南湖黄氏②。这个家族既有读书做官传统，清代有都御史黄斐（康熙九年进士）、同知黄定文（1746—1825 年）诸人，又有经商、游幕③传统，如黄国屏"服贾走四方"④。

黄维煊曾祖黄开榜，祖黄定性，皆是普通的农民。其父黄得刚（谱名式华），字恒魁，"以文童投营，官浙提标前营把总"⑤。文童也称儒童，是明清时期童生的别称，即应秀才考试的士子。可见，也曾是读书人。道光二十一年（1841 年），"值英夷攻郡之年，调慈水城守之，任人皆乌合，莫至鹰扬，徒以扬仆，孤身千夫，难召卒藉，宜僚一个，五百足当，力尽而平。事闻于上，以百户进为守备。不及而终，附祠朱将军祠"⑥。黄家本是小康之家，父亲的积劳而卒，对其家打击不小，一下断了经济来源，上有老下有小，"膝下乏甘思，负仲由之米"⑦。

黄维煊"性慷慨，喜任事"⑧，是一个责任心强，敢担当做事的实干之人。作为家中长子，"素好读书"的青年黄维煊只得放弃举业，"自谓勋业有道路可取，而名节亦可以庚契"⑨。1844 年，宁波开埠，中外贸易大兴。黄维煊"慨然有四方之志"，决意加入中外贸易行列，"驾舟穷绝域之奇，历琉球，游日本，术精猗顿，业操计然，获菽水余资，为脂膏奉养。于是，

---

① （清）董沛：《正谊堂文集》卷一《黄氏一家稿序》，《续修四库全书》集部，上海古籍出版社 2002 年版。

② （民国）陈宪曾、黄敬贤等：《四明石塘黄氏宗谱》，1928 年世锦堂木活字本，天一阁藏。南湖即日湖，在城内南边。

③ （清）黄定文：《东井文抄》卷二《族弟灿章诔》，《四明丛书》本。

④ （清）黄定文：《东井文抄》卷一《族叔国屏先生七十寿序》，《四明丛书》本。

⑤ （清）黄以周：《四明黄氏九修宗谱传》，见《怡善堂剩稿》附录，光绪十九年（1893 年）刊刻，天一阁藏。

⑥ （清）王葆辰：《黄公子穆先生诔文》，见《怡善堂剩稿》附录，光绪十九年（1893 年）刻本，天一阁藏。

⑦ 同上。

⑧ （清）郑崇敬：《黄子穆先生逸事记》，见《怡善堂剩稿》附录，光绪十九年（1893 年）刊刻，天一阁藏。

⑨ （清）黄以周：《鄞族兄子穆太常公墓志铭》，见《怡善堂剩稿》附录，光绪十九年（1893 年）刊刻，天一阁藏。

藉以悉牛头之术，且隐于炼骥足之材"①。由此可知，道光末年至咸丰初年，他到过琉球、日本。黄维煊"少读书，不喜章句之学"②，可见讲究通识。在青年时期的海上中外贸易过程中，学到了不少洋务知识。"精算法，通晓时务。家本海疆，凡估客、水军、柁工、译使之辈，咸择其尤而与之习，以故缘海险要及西番语言文字、机巧器械，靡不谙练，储为有用之学，以应当世。"③ 由此可见，此人是一个从实际工作中锻炼出来的洋务人才，也可见晚清时期宁波人的外向型特点。

二 以军功著称

胆大的黄维煊，不愧为军人后裔，不仅会经商，而且会打仗。咸丰八年（1858年）七月，鄞县东钱湖陶公山渔民为反对贷款"过账"中高额附加费"升水"而闹事，他们在渔民史致芬率领下入城请愿，愤打知府张玉藻。八月，知府决定派李厚建率军进剿，渔民在觉济寺结寨树旗，官军失手。浙江盐运使段光清（1798—1878年）边软硬兼施，边派兵压阵，派悬赏抓捕史致芬。十二月，黄维煊率士卒深入，义军失败，"擒其魁，以功官县丞"④。这次初显身手，使黄维煊名声大震。

咸丰十年（1860年），太平军进军杭州，浙江巡抚王有龄（1810—1861年）下檄各地求救。黄维煊奉檄弛救，以有"剿寇才"，成为王有龄的幕僚。此后，"困围城中数月，几不得脱"⑤。

---

① （清）王葆辰：《黄公子穆先生诔文》，见《怡善堂剩稿》附录，光绪十九年（1893年）刊刻，天一阁藏。

② （清）陆廷黻：《黄公子穆神道碑》，见《怡善堂剩稿》附录，光绪十九年（1893年）刊刻，天一阁藏。

③ （清）董沛：《正谊堂文集》卷一《怡善堂遗稿序》，《续修四库全书》集部，上海古籍出版社2002年版。

④ （清）陆廷黻：《黄公子穆神道碑》，见《怡善堂剩稿》附录，光绪十九年（1893年）刊刻，天一阁藏。乐承耀《宁波近代史纲》128页仅说"由于奸细告密，史致芬被捕，在宁波大教场就义"。又将知府张玉藻误为鄞县知县。

⑤ （清）陆廷黻：《黄公子穆神道碑》，见《怡善堂剩稿》附录，光绪十九年（1893年）刊刻，天一阁藏。

　　咸丰十一年（1861 年）十一月，太平军克浙东。黄维煊"既襄营务处，以官兵悉老懦，团勇新集，无纪律，难奏功，乃退练于定海，教以搏力句卒之法，如指挥"①。太平军进攻定海，定海同知刘国观倚重他，黄维煊"统炮队、枪队，四出兜剿，杀伤相当"②，太平军被迫退回。

　　同治元年（1862 年）四月，清军准备反攻宁波。黄维煊替"当道画守御之策，不济则请屯上海，以图规复"③。宁绍道台张景渠肯定其说，邀请外国海军，从海上进攻。五月，黄维煊参与其事，"督炮船，轰镇海，斩关夺隘，直抵甬江，焚其堡，披其城，拔之。西捣慈溪，南鞭奉化，兵守要约，贼皆扑灭"④。接着，黄维煊"复帅西师攻复省垣"⑤。在这个过程中，他与法国将领德克碑结下了较深的友谊。德克碑（1831—1875 年）本是法国水师员弁。同治元年（1862 年）七月，德克碑与宁波法国舰队司令勒伯勒乐、宁波海关税务司法国人日意格（1835—1886 年）等募集中国士兵约千人，派法国军官教练，用洋枪洋炮装备，在宁波组成"常捷军"，对太平军作战。同治二年（1863 年）二月底，德克碑接统常捷军。同治三年（1864 年）三月，破杭州。不久，陷湖州。德克碑官至浙江总兵，得提督衔。由"与之同事，相与结纳"⑥，可知，黄维煊参与常捷军幕府。浙江平定后，靠军功得授福建候补同知，加四品衔，赏蓝翎。有人忌妒，称黄维煊纵兵卤掠。当时左宗棠（1812—1885 年）新任浙江巡抚，对下要求严格，接报后大怒。幸慎重，调查各地将官，事得真相大白，"益见信用"⑦。

---

　　① （清）黄以周：《鄞族兄子穆太常公墓志铭》，见《怡善堂剩稿》附录，光绪十九年（1893）刊刻，天一阁藏。

　　② 同上。

　　③ （清）陆廷黻：《黄公子穆神道碑》，见《怡善堂剩稿》附录，光绪十九年（1893）刊刻，天一阁藏。

　　④ （清）黄以周：《鄞族兄子穆太常公墓志铭》，见《怡善堂剩稿》附录，光绪十九年（1893）刊刻，天一阁藏。

　　⑤ （清）陆廷黻：《黄公子穆神道碑》，见《怡善堂剩稿》附录，光绪十九年（1893）刊刻，天一阁藏。

　　⑥ （清）董沛：《正谊堂文集》卷一《怡善堂遗稿序》，《续修四库全书》集部，上海古籍出版社 2002 年版。

　　⑦ （清）陆廷黻：《黄公子穆神道碑》，见《怡善堂剩稿》附录，光绪十九年（1893）刊刻，天一阁藏。

三 参福建船政

同治四年（1865年）十月底，左宗棠升任闽浙总督，来到福建。黄维煊作为幕僚，以福建候补同知①身份随行，"今上御极四年，随湘阴宫保筮仕闽南"②。在镇压太平军的过程中，左宗棠领教了外国轮船的威力，也看到了购买或定做外国轮船的过昂成本，他决意自己开厂建造轮船。待浙江战事平息，洋枪队遣散，左宗棠就让原中法混合军中的两位洋将日意格、德克碑帮他试造小火轮。他的想法是，会造小火轮，也就能造大轮船。到福建，"莅任之数月，统筹时局，运谋擘画，以为当今所急，无过海防。海防先务，莫如轮船。往年所需，辄购雇外洋，或请其代造，动费巨万，良窳莫辨，是非自为开厂制造，兼铸枪炮，不足以为自强持久之计"③，于是决意建造船厂。开厂的核心是择地，择地须近海口。"合南北洋各口而论之，则莫如闽省为最适中，甚得形势，拟于此地择地开厂，先行试验办。俟有成效，更为推广行之。如此，则不独费不外竭，而战守之具亦庶乎有所恃矣。"④他上疏朝廷，得到批准。"于是，相度地势，参考西法，择于闽省马尾江之三岐山下，鸠工庀材，创立兴办。"⑤征得驻上海法国领事白来尼（1813—1894年）允保，让日意格、德克碑承办船厂的事。同治五年（1866年）九月，正当马尾船厂要正式开办之机，朝廷要调左宗棠为陕甘总督，攻剿西捻军和西北反清回民军。临行前，推荐正在福建侯官守制的前江西巡抚沈葆桢（1820—1879年）总理福州船政，日意格为正监督，德克碑为副监督。同时，物色了周开锡（1808—1872年）、吴大廷（1824—1877年）、胡光墉（雪岩，1823—1885年）、叶文澜、黄维煊、夏献纶（1837—1879年）、李庆霖七个能吏缙绅辅佐沈氏，供其差遣。此外有贝锦

---

① （清）左宗棠：《咨送闽浙官绅交船政大臣差遣片》，载《左宗棠全集·奏稿》第3册，岳麓书社2009年版，第347页。同治《鄞县志黄维煊传》笼统作"福建同知"。
② （清）黄维煊：《怡善堂剩稿》卷上《洋务管见自叙》，光绪十九年（1893）刊刻，天一阁藏。
③ （清）黄维煊：《怡善堂剩稿》卷上《福建创建船政局厂告成记》，光绪十九年（1893）刊刻，天一阁藏。福建图书馆藏抄本称《福建船政局厂告成记》，少"创建"两字。
④ （清）黄维煊：《怡善堂剩稿》卷上《福建创建船政局厂告成记》。
⑤ 同上。

泉（1831—1888 年）等。十一月，左宗棠与沈葆桢正式交接后离开。黄维煊是福建船政筹建与早期经营的重要参与者，左、沈"倚如左右手"。同治五年（1866 年），黄维煊作为船政委员，参与了船政章程的制订。在七人船政委员会中，"诸公或有官守，或别有职事，皆不克驻工亲莅其事。某以不才，猥蒙深任，幸免陨越，得襄厥成。既已绘图立说，以备观览，外复为志其缘如右"①。可见，黄维煊是直接全程参与工作的核心人物。福建船政局厂"经始于同治五年九月，落成于七年七月，计建造衙廨、厂坞、洋房等八十余所"②。同治九年（1870 年）闰十月朔日，黄维煊写了《福建创建船政局厂告成记》。

参与福建洋务工作。同治十年（1871 年）十一月，成《洋务管见》二卷。"洋务者何？与外洋交涉之务也。管见者何？就不佞之所见以谈洋务也。夫洋务自上古而逮国朝，于书无见。道光间，海禁初开，西洋、南洋诸国人以巨舶载货来中国海岸，与民互市，始有洋务。其时，当轴而外，坐而谈者，目为贱儒。迨咸丰初，五口通商，洋务等局，近又以卿贰监司通晓洋情者，远涉红黑海，为皇华使。从此，绝域土音，蛮邦文字，士大夫多潜心锐攻，为仕途捷径。余少好涉猎，而于英法简籍，尝寓目焉。今上御极四年，随湘阴宫保箓仕闽南，创船政，创电线，创铸快枪、利炮、水雷、鱼雷，皆预其役，幸皆垂成。凡闽省有与洋人交涉事，大府尝以指臂相属，巨细难易，幸鲜辱命，故同事咸以熟悉洋务谬相引许，其实余未尝习也。历岁稍久，闻见较多，举条类别，都为二卷。每则之末，略系管见，为留心洋务者作谈助。"③ 由于福建有船政局，所以外国人云集，洋务活动较多。黄维煊是主要的参与者，《洋务管见》集中体现了当时的福建洋务工作，惜不传。

在福建期间，黄维煊的另一大贡献是主持了《沿海图说》的测绘工作。据其自序，起始于同治五年（1866 年），同治十一年（1872）十二月最终定稿。同治五年（1866 年），左宗棠议创福建船政时，"檄（黄）维煊赴沿海各口察形胜之险要，测沙水之浅深"，"盖是图也，肇于左宫太保之委任，

---

① （清）黄维煊：《怡善堂剩稿》卷上《福建创建船政局厂告成记》。
② 同上。
③ （清）黄维煊：《怡善堂剩稿》卷上《洋务管见自叙》，光绪十九年（1893）刊刻，天一阁藏。

成于沈中丞之期许"①。可见，这是左宗棠布置的任务。"地之险阻未熟，器械虽精与腐朽同"②，由此可知，造新式汽轮船、枪炮，熟悉海上交通路线，均为左宗棠海防策划的一个部分。黄维煊早年从事海外贸易，是合适的人才。于是，黄维煊"乃西之汉口，东之上海，南至香港、台湾，北之燕台牛庄（辽宁南部）及沿海岛门港汉，靡不周至，凡山川之险夷、沙礁之浅深，潮汐之大小，绘图详说"③。黄维煊回来后向沈葆桢表达了将其所见、所测"梗概而列之图"的想法，得到沈的大力支持，称"此亦吾之志也"。于是，"揭旨要，别支流"，绘图工作在黄氏的主持下展开，召工绘画。贝锦泉精轮舶驾驭，"每稿具，辄就质焉"。经过五年的工作，"自广东、香港迄福建、浙江、江苏、山东、直隶、长江等处，凡为《图说》三十有二"④。

《沿海图说》成后，"通商大臣崇厚、闽督英桂嘉其精赅，先后进呈乙览"⑤。这部《沿海图说》是如何送进皇宫的？可能是由贝锦泉带到天津的。同治八年（1869 年）十月，贝锦泉等驾驶中国第一艘轮船"万年清"号到天津接受朝廷的检阅。贝锦泉抵津时，即向三口通商大臣崇厚呈上《沿海各省舆图》（包括奉天、直隶、山东、江苏、浙江、福建、广东等省）及《沿江五省舆图》（包括湖南岳州至湖北、江西、安徽、海门）各处港口岛屿，潮汐涨落，江海港湾，分别详载，共绘成总图、分图三十二张，"均考据地图度数"。贝锦泉等"久在海上，对于沿海沿江各省情形极为熟习，积数年之力留心考校，……明晰详备，可作外海、长江各水师之用"。⑥ 三口通商大臣、直隶总督崇厚等上船检阅，带回《沿海图说》，送进皇宫，引起了同治皇帝和慈禧太后的兴趣，"留中备览"。故光绪七年（1881 年）版

---

① （清）黄维煊：《怡善堂剩稿》卷上《皇朝沿海图说自序》，光绪十九年（1893）刊刻，天一阁藏。

② （清）黄以周：《鄞族兄子穆太常公墓志铭》，见《怡善堂剩稿》附录，光绪十九年（1893）刊刻，天一阁藏。

③ 同上。

④ （清）黄维煊：《怡善堂剩稿》卷上《皇朝沿海图说自序》，光绪十九年（1893）刊刻，天一阁藏。

⑤ （清）黄以周：《鄞族兄子穆太常公墓志铭》，见《怡善堂剩稿》附录，光绪十九年（1893）刊刻，天一阁藏。

⑥ 中研院近代史研究所编：《海防档》乙篇，台北中研院近代史研究所1957年版，第204页。转引自杨济亮《福建船政与中国近代海防测绘》，载《海洋文化与发展》论文集，2011年10月，第205页。

《皇朝沿海图说》扉页上径题"曾经御览"。

《沿海图说》，也称《沿海山沙水礁图说》①，总图、分图共三十二张，故也作"三十二卷"②。目前宁波慈溪的水银先生收藏一部。《皇朝沿海图说》，应是黄家鼎出版时定的名。此前无"皇朝"两字，黄维煊自跋作《沿海图说自跋》可证。或以为缩印本始于光绪七年（1881 年）黄家鼎刊刻时，其实早在同治十一年（1872 年）时，就已经缩印了。黄维煊称："第缩本幅仄，诚虞其舛谬，且横流巨浸，迁易无常，不足为异时披阅之券，而愚者或一得，未忍恝然。所愿留心海上者弥其漏而引其新，勿以蠡测而弃之，是固维煊之厚幸也夫。岁同治十一年十二月寒食前一日，船政委员、三品衔、福建即补知府、台湾海防同知，鄞县黄维煊子穆跋。"③ "缩本幅仄"，说明当时已经缩印了。实用的地图多为大幅，而用于出版的地图只能是缩本，这也是常理。从口气来看，同治十一年似曾刊刻过。

这部地图集的意义在于为中国第一部实测航海图。《沿海图说》是如何绘出来的？有不同的解释。张美翊（1857—1924 年）称"黄君尝译制海道图"④，这个观点是值得辨析的。黄维煊、贝锦泉等人花了五年时间完成测绘工作，他们是靠自己的力量完成的。譬如《甬江图说》上"谨按：此图自宁波府城甬江起至镇海关外止，系宁波内江分图。在镇海招宝山测：纬度赤道北二十九度五十七分八秒，经度京师偏东五度十八分六秒。每日己亥时，后海塘潮水涨十二尺半"⑤，这里写得十分明确，"在镇海招宝山测"，完全符合近代地图要求。此外，航道的深度用的是苏州码，不同于外国的阿拉伯数字，⑥ 也可证明是独立绘成的。据水银先生研究，《皇朝沿海图说》为中国最早的近海实测航行图。"说《皇朝沿海图说》是中国最早

① （清）黄以周：《鄞族兄子穆太常公墓志铭》，见《怡善堂剩稿》附录，光绪十九年（1893）刊刻，天一阁藏。

② 同上。

③ （清）黄维煊：《怡善堂剩稿》卷上《皇朝沿海图说自序》，光绪十九年（1893）刊刻，天一阁藏。《皇朝沿海图说自跋》缺"寒食前一"四字。

④ （民国）张美翊著、冯孟颛注：《宁波人开风气之先》，载政协宁波文史委《宁波文史资料》第十五辑，1994 年。

⑤ 转引自水银、梅薇《最早近海实测航行图或由宁波人绘制》，《宁波晚报》2012 年 3 月 24 日。

⑥ 水银：《发现中国最早的近海实测航行图——〈皇朝沿海图说〉》，见"独立观察员博客"2011 年 6 月 20 日。（http：//blog. sina. com. cn/s/blog_ 4423cedf01017w8v. html）

的近海实测航行图，是从国人自己参与实测并独立编绘这个意义上说的。此中的实测与编绘，是指按现代地理学的原理进行实地踏勘、测量并绘图。"① 这个结论是可以成立的。

测绘中国沿海航行地图事，英国人始于19世纪60年代，中国人也恰在此时，这样的巧合现象倒是值得分析的。古代中国，虽有陆海，但主要是一个内陆国家。"盖是（斯）时海疆未扩，万余里中，岛屿星罗，支条缕结，微特纂辑为难事，即老于操舟者，罕能言之。"② 因此，"古之志舆地详矣，而测海者代无传书"③。1840年鸦片战争后，随着海上交流的扩大，中外均关注到了中国沿海航海图的绘制。"近二十年来，航海来庭，沧溟日开，舟楫之利，暗阻毕通。"④ 正是在这个背景下，黄维煊投入制图工作的。"尝欲覼缕讲求，补往者所弗及，因循而未果也。"⑤ 由此可见，测绘海图也是黄维煊一直想做的事。在黄维煊之前，清朝有关海洋的图书，有姜宸英（1628—1699年）《海防总论》、陈伦炯（1685—1748年）《天下沿海形势录》、魏源（1794—1857年）《海国图志》、徐继畬（1795—1873年）《瀛寰志略》及李廷钰（1792—1861年）《海疆要略》诸书，均有其缺陷，难以为航海实践之用。陈伦炯《天下沿海形势录》"自辽始，至琼止，竟委源流，实约大旨"；魏源《海国图志》"虽主战守，率多臆说，其岛门港汊，亦不列诸篇"；徐继畬《瀛寰志略》"所泰西人所绘地图，参以内府图志，最称详备，然仅记沿海各国之兴革废置与夫风土水更，而海道之险夷不及焉"；姜宸英《海防总论》"兼叙近口沙礁，于巨浸重瀛概从简阙"；李廷钰《海疆要略》"亦究及驶船沙线，而尺寸浅深，但言大概"⑥。作为"测海"结果的《沿海图说》的出版，克服了清代传统舆地书的缺陷。"今轮船往来半天下，兵商共济，环海数万里，岛屿星罗，礁碛缕结，操舟驾驭

---

① 水银：《发现中国最早的近海实测航行图——黄维煊之功》，见"独立观察员博客"2011年6月21日。（http：//blog.sina.com.cn/s/blog_ 4423cedf01017wav.html）

② （清）黄维煊：《怡善堂剩稿》卷上《皇朝沿海图说自序》，光绪十九年（1893）刊刻，天一阁藏。

③ 同上。

④ 同上。

⑤ 同上。

⑥ 同上。

者，咸奉公之书以为宝筏云。"① 可见《沿海图说》对当时航海与军事之实用价值。

从今天来看，《沿海图说》也有一些独到的现实价值。譬如《地球释度》的东西半球地图，在现在中国南海的位置，有三个大字"中国海"。1855 年的 "*Chart of the Coast of China and the Japan Islands*" 中，现在南海的位置上已经被命名为 CHINA SEA，可见在那个时代是世界各国人士的常识。在台湾东部，《沿海图说》已经出现八重山和太平山（即宫古山）。在八重山南与太平山西的岛屿就是钓鱼群岛，虽然没有标名字，但在中国范围之内。② 如果继续深入研究下去，会有更多的新发现的。

四　北援天津，西剿运镇

同治七年（1868 年），黄维煊"在闽未逾年，丁内忧，大府强君援兵革例，俾督兵船赴天津"。这是接受沈葆桢的命令，乘"华福宝"号兵船，上天津参加保卫，防备山东的捻军进攻首都。"有防剿功，得旨，以同知遇缺补。"③ 闰四月，又奉陕西总督左宗棠命，调赴连镇（即"连洼镇"，在直隶沧州的南运河畔）大营。"有功，得旨俟补同知缺。后以知府用。同治九年，以采运陕西军器功，得旨，赏换花翎，加三品衔。"④

同治九年（1870 年）五月天津教案，"得天津民人戕杀法国领事暨各国夷酋男女二十一名之信。黄子穆、贝敏修二人皆熟夷务者，闻天津信，皆畏惧不敢去；余心鄙之，决计前往"⑤。由此可见黄维煊对法国人态度的复杂。

---

① （清）黄以周：《鄞族兄子穆太常公墓志铭》，见《怡善堂剩稿》附录，光绪十九年（1893）刊刻，天一阁藏。

② 水银：《〈皇朝沿海图〉说中的南海与钓鱼列岛》，见"独立观察员博客"2011 年 6 月 24 日（http://blog.sina.com.cn/s/blog.4423cedf0l017wiv.html）。

③ （清）黄以周：《四明黄氏九修宗谱传》，见《怡善堂剩稿》附录，光绪十九年（1893）刊刻，天一阁藏。

④ （清）黄以周：《四明黄氏九修宗谱传》，见《怡善堂剩稿》附录，光绪十九年（1893）刊刻，天一阁藏。

⑤ （清）吴大廷：《小西腴山馆主人自著年谱》卷二，《台湾文献丛刊》1957—1972 年，第 297 种。

五 任台湾同知

沈葆桢称黄维煊"有经济才，以熟悉洋情，才长识博荐"，闽督文煜（？—1884 年）、巡抚王凯泰（1823—1875 年）会疏朝廷，同治十年（1871 年）十月，有实任台湾海防同知之命。因福建船政局工作不得代，迟至同治十二年（1873 年）正月上任[①]。黄维煊是肯做事的人，"夫府丞，闲曹也，台湾，稗海也。以闲曹而居稗海，苟高其言，必获罪于世。乃台丞异乎他丞，有理番之烦、防海之责。番种支蔓，百七十社，海岸延阔，四百余里，虽欲安于尸素，不能无言"[②]。他"甫下车，问父老疾苦利病，平糶粮米万余石，以赈饥荒。立义塾十二处，以兴文教。未匝月，百废具举，番黎引领望泽。而闽督文煜调京之檄又至，台湾之民吁留，禀三上不得请，乃焚香跪送十数里，绵延不绝。又立生祠以报其德"[③]。关于糶粮米之事，别处有更详记载，称："抵任之日，值岁祲，米价翔贵。君调米船所在，扬言台地米尽。未数日，万艘麇集，民恃无恐。"[④] 此外，"造水龙以救火灾"。水龙会是民间自发的救火组织，在明清时代的江浙一带相当普遍。三月，成《丞台浅见》二卷，称："特才识远不逮前人，故所见常浅。而实授三年，在任仅数月。今已檄催北行，是于此邦人物相处之缘亦浅，爰为浅言，聊当话别，所望受代君子采取十一，或于民俗番情有小补焉，未可知也。"[⑤]《丞台浅见》不见，似失传。

在台湾期间，公余，颇嗜吟咏，其中有《番社四咏》，描写在台湾所见的番景、番产、番俗、番语，"规水模水，绘声写色，允推作手"[⑥]。

---

① 同治十二年十一月二十九日《申报》称"福建台湾府海防同知黄维煊捐升知府"，这是一条错误的信息，黄维煊早在七月已经过世。

② （清）黄维煊：《怡善堂剩稿》卷上《丞台浅见自跋》，光绪十九年（1893）刊刻，天一阁藏。

③ （清）黄以周：《鄞族兄子穆太常公墓志铭》，见《怡善堂剩稿》附录，光绪十九年（1893）刊刻，天一阁藏。

④ （清）陆廷黻：《黄公子穆神道碑》，见《怡善堂剩稿》附录，光绪十九年（1893）刊刻，天一阁藏。

⑤ （清）黄维煊：《怡善堂剩稿》卷上《丞台浅见自跋》，光绪十九年（1893）刊刻，天一阁藏。

⑥ （清）童逊组：《龙江诗话》，见《怡善堂剩稿》卷首，光绪十九年（1893）刊刻，天一阁藏。

《番景》自古鸿荒地，初开景最饶。四时花似锦，千种果盈挑。野矗鸳鸯架，岩悬竹木寮，喧传新出草，猎火隔山烧。

《番产》天际八同关，千秋积雪斑。哆啰金可采，□□石频颂。煤角邻樟脑，磺溪映玉山。达戈纹适体，持赠远人还。

《番俗》仿佛天怀裔，流风上古夸。吉凶占鸟语，丰歉验桐花。月满知弦望，禾登换岁华。众心无罣碍，四体不须遮。

《番语》混沌留孤□，人声喇漠闻。轻抛麻哩毒，解织卓戈文。独独三回熟，标标几度□。妈良闲路买，姑待劝殷勤。①

又有《台阳杂咏》10首，是为夏献伦《台阳八景》画册命题而作的诗。

莫笑林颜草窃徒，辟荒初祖到今呼，芝龙有子诚人杰，能逐荷兰拓霸图。

海上沉王说不经，全先邓后辨分明，无渐明室孤臣节，盛典何以请易名

鲁王疑冢漫探搜，宁靖祠堂竹沪留，五烈一妃随地下，胜他轻易殉荆州。

曾拨蛮烟数寓贤，文开太仆最来先。当车螳臂虽无补，一线能延四十年。

吴（球）刘（卻）作乱枉轻生，林（供）戴（万生）跳梁祸亦横。百九十年王化被，潢池盗弄久销声。

遗矢当年事不讹，休将吉利比廉颇。春光渐洩春阴薄，莫放扶桑日

---

① （清）黄维煊：《怡善堂剩稿》卷下，光绪十九年（1893）刊刻，天一阁藏。

影过①。

各社争迎新使君，献来牛酒意殷勤。外人莫解都卢语，似问漳州阮蔡文。

已传化外有文章，却惜年来社学荒。敢为番童乞恩泽，教他领略泮芹香。

雕题凿齿满高山，俗易风开气运关。顺逆已分开性见，请旌合到大南蛮。

谁从北路辟洪荒，竹堑兰城器局昂。寄语海东修史辈，谈王远不及徐杨。②

黄维煊的某些思想是相当有远见的，如要求给郑成功谥号，两年后沈葆桢做了。又提出"防台莫要于防日本，余尝著论，以呈当道"③。他尤其主张防郎峤，郎峤岛即今台东县西南的恒春镇，为台湾最南端。同治十三年（1874 年）日本侵略台湾，果然从郎峤口入手，人称"牡丹社"事件。事后，钦差大臣沈葆桢亲自到恒春半岛巡视一趟，见琅峤四面环山，地势雄伟，攻守皆宜，气候凉爽，四季如春，故奏准筑城设县治，改琅峤为恒春，"可谓有先见之明"④。

六 倡迁法教堂

北京西什库教堂（北京市西城区西什库大街 33 号）是天主教华北教区的主堂，为目前北京最大和最古老的教堂之一。它的前身是西华门内蚕池口的救世堂，之所以会迁移到今天的西什库，这与黄维煊的倡迁有关，这是一段为今人所遗忘的历史。

因法国传教士洪若翰、刘应为康熙"治历治病有功"，特赐西华门内的

---

① （民国）徐世昌：《晚晴簃诗汇》卷一六八所录《台阳杂咏》作："万石楼船照海波，沈沙残铁试摩挲。春光渐泄春阴薄，莫放扶桑日影过。"前二句不同。《龙江诗话》作《咏郎峤岛》。1929 年刊刻。

② （清）黄维煊：《怡善堂剩稿》卷下，光绪十九年（1893）刊刻，天一阁藏。

③ （清）黄维煊：《怡善堂剩稿》卷下《台阳杂咏》自注，光绪十九年（1893）刊刻，天一阁藏。

④ （清）童逊组：《龙江诗话》，见《怡善堂剩稿》卷首，光绪十九年（1893）刊刻，天一阁藏。

蚕池口（今中南海西）修建教堂，以"示怀柔，纪恩宠"①。康熙四十三年（1704年）建成，时称救世堂。有人据《李文忠公全书·迁移蚕池口教堂函稿》中《摘译康熙年间建造北堂事实》，以为是一座大教堂，高达八丈四尺，"堂基宏大，工料极为精致"②。这可能是一个错误。根据董沛的说法，"规制卑陋，与民舍等"③。因礼仪之争，雍正初年颁布禁教令，导致"百年禁教"。道光七年（1827年），救世堂被没收。咸丰十年（1860年），英法联军入侵北京，《北京条约》规定外国公使驻京，归还教产。从此，"大开海禁，外国公使置邸都中，其教亦相率而至"④。同治三年（1864年），法国主教孟振生（1807—1868年）在原址重建。同治五年（1866年），新教堂建成。这是一座高大的哥特式建筑，"高其闳阓，华其楹桷，僭侈逾制，逼近宫禁，政府胥恶之，而无以难也"⑤。新教堂矗立高耸，俯近宫苑，窥及大内，慈禧太后及总理衙门的执政大臣相当不悦，但又不敢得罪外国人。同治六年（1867年），黄维煊入觐，特意到教堂参观了，教堂的豪华气派让他非常愤怒，觉得"僭侈逾制"，有损中国皇家面子，上奏给政府，"建议迁移，用崇国体，请以公法商之该公使，使冀可允从"。又谓："该公使如以教士所统率为辞，则请派员出洋，见其国主，陈述此事，显违公法，殊失敦睦之谊，当无不纳。"⑥敢说的地方官黄维煊开了第一炮，正合朝廷心意，自然受到李鸿章的肯定。那如何解决呢？黄维煊自告奋勇，愿意出面找法国人德克碑来帮忙。洋将德克碑是黄维煊在浙江镇压太平军时的老搭档，德克碑听了黄维煊的话，觉得有道理，愿意一试。同治十一年（1872年），德克碑"返法都，力请于主公，允之"⑦。同治十二年（1873年），德克碑回到福建，汇报李鸿章。李鸿章也以为"始创此议者黄守，今

---

① （清）万钊：《京都蚕池口教堂迁移记》，见《怡善堂剩稿》附录，光绪十九年（1893）刊刻，天一阁藏。

② 翁飞：《李鸿章与蚕池口教堂迁移案》，《学术界》1994年第1期。

③ （清）董沛：《正谊堂文集》卷一《怡善堂遗稿序》，《续修四库全书》集部，上海古籍出版社2002年版。

④ 同上。

⑤ 同上。

⑥ （清）万钊：《京都蚕池口教堂迁移记》，见《怡善堂剩稿》附录，光绪十九年（1893）刊刻，天一阁藏。"则请派员出洋"，董沛《怡善堂遗稿序》作"则请属洋将回国"。

⑦ （清）董沛：《正谊堂文集》卷一《怡善堂遗稿序》，光绪十九年（1893）刊刻，天一阁藏。

事虽获济，恐有变覆，必多论驳，仍须黄守来赞襄定约，以责其成"①。李鸿章是有政治经验之人，知道谈判是一件复杂的事，非黄维煊不可。另外，法国使臣"亦欲公之与其事也"②。于是，李鸿章下檄福建总督文煜，要求黄维煊"赴都，与法使会议"。要不要入都，黄维煊十分矛盾，"虑事大责重秩卑，材不胜任"，于是写信给左宗棠、沈葆桢商量，结果"左、沈诸大臣各移书促之行。公感恩知己，难重违其意，束装就道"③。四月，他与德克碑等人，自台海入都。至上海，忽呕血。到天津，见到总督李鸿章。李鸿章拍拍黄维煊背后说："国家体制，今系于子，慎建乃绩，经慰所望，行矣勉旃。"④ 黄维煊"积劳呕血"，继续入都。到北京后，与法国人谈判。"彼果挟诈，要求百端，皆以公法折之。"⑤ 谈判终算成功，得到皇帝的肯定。"六月二十日得旨，以知府即用，引见。越二日，又特旨召见，天语褒嘉，此殊宠也。"⑥ 事后，黄维煊上《谢特旨召见摺》，称"臣浙水庸才，毫无知识，以诸生宣力戎行，洊保至矣，补同知缺。后以知府补用，旋即补授福建台湾府台防同知。"⑦ 谈判结果传到天津，北洋集团内部产生不同意见，称"迁移既难，择地营造，又须偿费，事非要图，徒靡帑藏。且彼方持此以要挟，我又何必移缓以就急乎？"⑧ 于是，谈判结果的执行搁浅。"议垂成，可施行，当轴以公为邀功，绌之，令回任。"⑨ 在北洋派看来，这是黄维煊在邀功，所以很不高兴地让他回任。黄维煊随即"航海南归。途中触暑，濒危者再。六月杪，舟抵沪渎"⑩。他告假后"易舶返甬"，七月

①　（清）万钊：《京都蚕池口教堂迁移记》，见《怡善堂剩稿》附录，光绪十九年（1893）刊刻，天一阁藏。

②　同上。

③　（清）黄维煊：《怡善堂剩稿》卷上《丞台浅见自跋》，光绪十九年（1893）刊刻，天一阁藏。

④　（清）万钊：《京都蚕池口教堂迁移记》，见《怡善堂剩稿》附录，光绪十九年（1893）刊刻，天一阁藏。

⑤　同上。

⑥　（清）黄以周：《鄞族兄子穆太常公墓志铭》，见《怡善堂剩稿》附录，光绪十九年（1893）刊刻，天一阁藏。

⑦　（清）黄维煊：《怡善堂剩稿》卷上，光绪十九年（1893）刊刻，天一阁藏。

⑧　同上。

⑨　（清）黄以周：《鄞族兄子穆太常公墓志铭》，见《怡善堂剩稿》附录，光绪十九年（1893）刊刻，天一阁藏。

⑩　（清）童逊组：《龙江诗话》，见《怡善堂剩稿》卷首，光绪十九年（1893）刊刻，天一阁藏。

十二日，卒于宁波家中。黄维煊"急于求治之心，不暇养生之计"①，这是他英年早逝的原因所在。

此后，北堂"益肆无忌，多违禁制，执政诸公不可复忍，重申前议，以赞成之"②。中法战争后光绪十一年（1885年），慈禧太后及总理衙门尤为忌惮，又想迁移北堂。由是，"主北洋者获谴，政府用太常前议，移建教堂于西什库"③。经过复杂的谈判过程，光绪十二年（1886年）十一月初二日，李鸿章正式向朝廷上奏，报告迁移蚕池口教堂一案议结经过，其搬迁以两年为期，自光绪十三年正月初一日起计。④嗣后，为了赶作西苑，李鸿章及总理衙门等又与教会反复函商，提前一年于光绪十三年初夕以前迁让。⑤所以，一般多将教堂迁移时间定在光绪十三年（1887年）十月。不过，时人万钊《京都蚕池口教堂迁移记》有不同的记录，称"至光绪十六年二月，始克定议，彼教效顺，愿将此堂并有器物，悉数献纳，皇情懽慰，下诏褒奖，嘉其恭顺，特赐帑银四十万两，并于西什库地方给地一区，听其营缮，俾资安处"。光绪十六年（1890年），"距太常之殁仅十有七年，太常亦可以稍慰矣"⑥。到底是光绪十二年或十六年（1890年）定议，两说孰是？目前无法判断，只能存疑了。

北堂迁移西什库，虽然花费了钱财，但当时深得人心，"中国公卿士民，莫不额手称祝，仰赖我皇上恢宏在化，德教远迈，致使异域效忱贡奉"⑦。

---

① （清）王葆辰：《黄公子穆先生诔文》，见《怡善堂剩稿》附录，光绪十九年（1893）刊刻，天一阁藏。

② （清）万钊：《京都蚕池口教堂迁移记》，见《怡善堂剩稿》附录，光绪十九年（1893）刊刻，天一阁藏。

③ （清）董沛：《正谊堂文集》卷一《怡善堂遗稿序》，《续修四库全书》集部，上海古籍出版社2002年版。

④ （清）吴汝纶编：《李文忠公全书·迁移蚕池口教堂函稿·迁移蚕池口教堂定议奏稿》，载沈云龙主编《近代中国史料丛刊续辑》，文海出版社1980年影印版。

⑤ 翁飞：《李鸿章与蚕池口教堂迁移案》，《学术界》1994年第1期。

⑥ （清）董沛：《正谊堂文集》卷一《怡善堂遗稿序》，《续修四库全书》集部，上海古籍出版社2002年版。顺便要说的是，据老虎《蚕池口教堂拆除时间考》（老虎的博客2009年3月6日，http.//blog. Sina. com. cn/s/blog_ ea0100ckea. html）考订，清廷收回蚕池口教堂后，并没有马上拆除，至1901年仍存在。

⑦ （清）万钊：《京都蚕池口教堂迁移记》，见《怡善堂剩稿》附录，光绪十九年（1893）刊刻，天一阁藏。

七 嗜学多藏书

黄维煊虽然没有走上科举之路，但他好学不断，尤其重视图书收集。"不佞忝生故家，遭逢多故，少年废学，奔走四方，累世所藏，经年闭置，更无发箧，陈书之暇，又何能为？兼收并蓄，计邪惟楹壁，不乏秘简异册。自厄道光辛丑之劫，荡为烟埃，而古香馣馤，犹时时萦绕心目间。同治初，从军衢、严，凯旋赢数百金，尽捆载越人亡书以归。客沪，尝以奇零之值，遇书辄购，颇得精善之本。"① 同治元年（1862 年）在严州钟岭军次时，从吴兴故家子得中唐诗人沈亚之（781—832 年）《沈下贤文集》，"亟购归，细加缮校"，重加编排，仍为十二卷，凡四阅月。黄维煊以为，与其"久藏箧笥，以矜一人私秘"，何如刊刻，"俾垂久远，庶斯集之传，湮而复振"②。这种公益观念是值得肯定的。同治三年（1864 年），其从弟黄心一将其祖楚生先生所藏《续甬上耆旧诗》给了黄维煊③，黄维煊"酬其值而受之，细加翻阅，较时下所购，面目迥异，增多十之六七，最为完善之本，甚可宝贵"。因"卷帙繁重，无力开雕，集写官，重录全函"④。同治五年（1866 年）完成。同治十二年（1873 年）闰夏，成《怡善堂书目》，称："迨官闽峤，力稍充裕。闽固多藏书家，如莆田郑氏（寅）、李氏（藏六堂书目）、漳浦吴氏（与），收藏素著，未经兵火，悉多完具。历世稍远，渐见散放，又以不佞出值稍丰，风闻远近，挟册趋门者，日不暇给。七稔搜罗，四部略备。顾闽地湿，易蠹损，乃命客先归，别构数楹，粗为庋置。又虑儿辈不知检查，始仿郑子敬氏《七录》之例，分经、史、子、艺、方技、文类以标之。继恐伤于文碎，又改依尤氏《遂初堂》例，为《书目》

---

① （清）黄维煊：《怡善堂剩稿》卷上《自编怡善堂书目引》，光绪十九年（1893）刊刻，天一阁藏。

② （清）黄维煊：《怡善堂剩稿》卷上《重编沈下贤文集跋后》，光绪十九年（1893）刊刻，天一阁藏。

③ 梁秉年：《续甬上耆旧诗序》（全祖望《续甬上耆旧诗》卷首，杭州出版社 2003 年版）仅提到"吾师陆镇亭编修亦得黄氏钞本"，陆镇亭即陆廷黻（1835—1921 年），官至甘肃学政。所谓黄氏，当为黄楚生。由此可知，黄氏钞本即后来的陆氏钞本。

④ （清）黄维煊：《怡善堂剩稿》卷上《重抄续甬上耆旧诗跋后》，光绪十九年（1893）刊刻，天一阁藏。

一卷，分部甲乙丙丁。……以类相从，检取颇易。既非三代竹简、六朝油素，复乏孟蜀北宋精椠，自无巧偷豪夺之患。至子孙读不读守不守，皆非吾所敢知。"① 计经部 196 种，3967 卷；史为 638 种，9872 卷；子部 519 种，2624 卷；集部 981 种，11094 卷；合计 2334 种，27557 卷，可见规模不小。

黄维煊"潜心经世之学，尤深于勾股，凡天算地舆，均有撰述。……好为议论，入官后，岁必上书王公大臣，条陈时事。一切禀牍札记，均出手裁，千言立就，不加点窜，幕客满座，供誊写而已。所著经济文稿及数学之类，积寸厚三十册"②。他懂数学，天算地舆。他"通籍十余年，凡军政之利钝，民生之休戚，夷情之向背，工作之良窳，悉以咨问。太常亦知无不言，言无不尽。往还书牍及所上条议，积至数十册"③。可惜黄维煊过于慎重，"哲嗣家鼎屡请录副，以备镌刻"，黄维煊均以"属草未定"而"未之许也"④。这一来，就留下后遗症。到上海后拟转船回宁波，"覆检行李，书箧已失所在，而从者秘不敢言。及太常觉，侦追已无及矣。故其病中有句云'功名误伧父，著作付偷儿'。闻者愀然"⑤。董沛则明确说："司计者李东水，亦鄞人也，窃其箧去，数十巨册之稿，无一存者焉。未几，卒于家。陈鱼门太守⑥，固太常所从受业者，为召东水，钩之勿出。不二年，东水暴病死，此稿遂不可复问矣。呜呼！当世竞言洋务，率空谈无实际，太常之文，皆躬历目验而得者也。使其尚存，必有裨于疆事。而乃以劳病之身，遭拂逆之境，不得志而归，不及归而死，并其心血所寄亦荡然无遗，此则可为长太息耳！"⑦ 这确实是一大文化损失。

临终前，仍想改义塾，延师课族子弟，将置田为经久计。

---

① （清）黄维煊：《怡善堂剩稿》卷上《自编怡善堂书目引》，光绪十九年（1893）刊刻，天一阁藏。

② （清）童逊组：《龙江诗话》，见《怡善堂剩稿》卷首，光绪十九年（1893）刊刻，天一阁藏。

③ （清）董沛：《正谊堂文集》卷一《怡善堂遗稿序》，《续修四库全书》集部，上海古籍出版社2002 年版。

④ 同上。

⑤ （清）童逊组：《龙江诗话》，见《怡善堂剩稿》卷首，光绪十九年（1893）刊刻，天一阁藏。

⑥ 陈鱼门（1817—1878 年），字政钥，号仰楼，鄞城人，道光二十九年（1849 年）拔贡，曾任内阁中书，加三品衔。据说是中国麻将的发明人。

⑦ （清）董沛：《正谊堂文集》卷一《怡善堂遗稿序》，《续修四库全书》集部，上海古籍出版社2002 年版。

八 承继父业的黄家鼎

黄维煊卒后五日，其小妾王氏吞金殉葬，才 23 岁。黄维煊夫人冯氏，小妾王氏，有三个儿子，四个女儿。长子早卒，幼子过继给其弟，所以主要是第二个儿子黄家鼎继承其业。黄维煊卒时，"宿逋十余万"，可见债务累累。其夫人冯氏"不愿九原有遗憾也"，"罄家以偿……只留薄田赡家，不足食"①。

左宗棠十分重视其后事，同治十三年（1874 年）与胡雪岩信中说："黄子穆身后萧条，殊极可念。（沈）幼丹函知，拟为请恤。未知其家尚能自存否？"② 因沈葆桢的请恤，光绪元年（1875 年）十月③，"追予积劳病故知府黄维煊等优恤"④，赠太常寺卿，祭葬如二品，例荫一子，以知县用。由是，下葬于鄞西王夹岙茶园山之原。光绪二年（1876 年），左宗棠与胡雪岩信中说："黄子穆家事何如？其子能读书否？"⑤ 因此，黄维煊儿子黄家鼎也到福建发展。临行，将怡善堂藏书分赠故人。⑥

黄家鼎（1854—?），字俊生（或作"骏孙"），生于同治四年（1854 年）。监生。以父荫，初官福建布政使司理问所理问，"习吏治，为进身计"⑦。光绪六年（1880 年），以同知需次福建，受大府令，到河南收豫灾借赈银两，作《西征日记》。光绪七年（1881 年），监汀州税务。委托上海的点石斋刊刻《皇朝沿海图说》。光绪八年（1882 年），刊刻《西征集》（也称《补不足斋杂著》，《清代诗文集汇编》第 778 册）。廷恺编刊《二黄合稿》，系黄崇惺、黄家鼎文章合编，其中有黄家鼎《天一阁藏书颠末考》。冯夫人家教甚严，任凤山（今台湾高雄凤山市）知县后，"每诫以公事民事

---

① （清）龚易图：《黄母冯夫人诔文》，见《怡善堂剩稿》附录，光绪十九年（1893）刊刻，天一阁藏。

② （清）左宗棠：《左宗棠文集·书信·与胡雪岩》，岳麓书社 2009 年版。

③ 或作二月，误。

④ 《清光绪实录》卷十二，光绪元年十月戊寅，中华书局 1986 年影印。

⑤ （清）左宗棠：《左宗棠文集·书信·与胡雪岩》，岳麓书社 2009 年版。

⑥ 马瀛等：《鄞县通志·文献志》，宁波出版社 2006 年影印本。

⑦ （清）冯德照：《四明黄氏九修宗谱冯夫人传》，见《怡善堂剩稿》附录，光绪十九年（1893）刊刻，天一阁藏。

为理，不必顾家"。后黄家鼎"历奉要差，膺剧邑，请迎养，皆不允"①。光绪十四年（1888年），督福宁榷务，已接邻浙江，冯夫人始航海到福建定居。光绪十七年（1891年），辑《黄氏家集初编》，补不足斋刻本12册。其中有族祖黄定文《东井文抄》等，题"曾侄孙家鼎"。光绪十八年（1892年）六月，请董沛作序，称："俊生世讲，以凤山令奉讳家居，慨然念先世遗篇缺于收藏，将愈久而愈不可问，乃出旧藏，访宗老，搜书肆丛残之本，积有年月，得作者六十八人，诗若干，文数百篇，一一整比，名曰《黄氏一家稿》。"② 光绪十九年（1893年），任马巷厅（金门县以外的翔安区）通判，"哲嗣骏孙太守，能读父书，早登仕籍。兹来倅权马巷，与启宗有同舟之谊，见赠是帙"③。刊刻父亲遗著《怡善堂剩稿》，补刊《马巷厅志》。光绪二十年（1894年），刊李光地《榕村语录续集》，其时为福建安溪知县。另有《补不足斋诗抄》。由此可知，黄家鼎继承了父亲的才干。

---

① （清）龚易图：《黄母冯夫人诔文》，见《怡善堂剩稿》附录，光绪十九年（1893）刊刻，天一阁藏。

② （清）董沛：《正谊堂文集》卷一《黄氏一家稿序》，《续修四库全书》集部，上海古籍出版社2002年版。

③ （清）施启宗：《读怡善堂剩稿跋后》，见《怡善堂剩稿》附录，光绪十九年（1893）刊刻，天一阁藏。

茅元仪与明代中西文化交流

周运中*

茅元仪（1594—1640 年），字止生，号石民，明末浙江湖州府归安县（今湖州市）人。茅元仪祖父茅坤从胡宗宪平倭寇，胡氏撰《筹海图编》之序即茅坤所作，坤享年九十，元仪得从其学。任道斌先生对茅元仪的生平和著作有详细考证，任著列有茅氏著作多达 61 种。[①]虽然这些著作不可避免有所重复，但是茅元仪还编订有多种著作，所以茅元仪可以说是著作等身。但是因为他是抗清名臣，所以他的很多著作被女真统治者禁毁，长期得不到重视。所幸今有数种得以存世和影印出版，使我们能了解茅元仪的宝贵思想。

一 《大明西使志》和渤泥国书

研究郑和下西洋，必看《郑和航海图》。过去我们看这个图，完全是靠了明末茅元仪所编的军事百科全书《武备志》卷二百四十《航海》，原题"自宝船厂开船从龙江关出水直抵外国诸番图"。长期以来，学界只知《郑和航海图》的一种版本，即向达整理本。[②]此前笔者曾撰文，指出《武备志》的《郑和航海图》本身就有多种版本，加上笔者新发现的《南枢志》中同源的《航海图》，则此图至少有三个版本。如此，茅元仪的地位似乎有所下降，但是《南枢志》署名为南京兵部尚书范景文，实际作者是南京人

---

* 周运中，厦门大学历史系讲师。

[①] 任道斌：《方以智茅元仪著述知见录》，书目文献出版社 1985 年版，第 79—80 页。

[②] 向达整理：《郑和航海图》，中华书局 2000 年版。

张可仕（字文寺），他和茅元仪是莫逆之交，所以《南枢志》的《郑和航海图》可能也和茅元仪有关。① 二者具体关系虽然现在还不能考明，但是茅元仪和张可仕论及此图是完全有可能的。茅元仪有一首《登州变寄张文寺》，② 他寄信给张可仕讨论登州兵变，可见二人经常讨论军事问题。

以往我们只知晓茅元仪看过《郑和航海图》，不清楚他还经常翻阅郑和下西洋随员费信所写的《星槎胜览》和马欢所写的《瀛涯胜览》，茅元仪《掌记》卷三说：

> 成祖声教远被，太监郑和出使海外，几数万里，历涉诸国，或降或贡，或虏或复。其道里之详，余尝载之《武备志》矣。此外有《星槎胜览》，太仓戍卒费信撰；《瀛涯胜览集》张升所撰，其序曰："永乐中，有人随太监郑和出使西洋，偏历诸国，随所至辄记其乡土、风俗、冠服、物产，日久成卷，题曰《瀛涯胜览》，余得之缮阅数过，喜其详赡，足以广异闻，第其文鄙朴不文，亦牵强难辨，读之数叶，觉厌而思睡，暇日乃为易之，词亦敷浅，贵易晓也。"此张升不知即论内阁刘吉之翰林张升否。三书大同小异，余尝欲冠其地图于首，而总核三书，删繁补阙，作《大明西使志》未暇也。③

这里所说的张升《瀛涯胜览集》实为明代张升对马欢《瀛涯胜览》改编本，这是《瀛涯胜览》第一个刻本，广为流传。④ 张升论刘吉之一事，见于《掌记》卷二。据《明史》卷一八四的本传，此张升即论刘吉之张升。茅元仪如果真的综合三书，详细研究，补足缺漏，无疑是第一部郑和研究专著了。他真的只是没有时间吗？茅元仪作《掌记》时正在江村闲居，应该有不少时间，关于这个问题，下文再说。

茅元仪还留意收录明初其他中西交流史料，他的《暇老斋杂记》卷十

---

① 周运中：《论〈武备志〉和〈南枢志〉的〈郑和航海图〉》，《中国历史地理论丛》2007 年第 2 期。

② （明）茅元仪：《石民横塘集》卷四，载《四库禁毁书丛刊》编委会编《四库禁毁书丛刊》，集部第 110 册，北京出版社 1997 年版，第 379 页。

③ （明）茅元仪：《掌记》，载《四库禁毁书丛刊》编委会编《四库禁毁书丛刊》，集部第 110 册，北京出版社 1997 年版。

④ 万明：《明钞本〈瀛涯胜览〉校注》，海洋出版社 2005 年版，第 16—17 页。

四记载：

洪武三年，使御史张敬之、福建行省都事沈秩谕渤泥国，其王遣使亦思麻逸等四人入朝。自宋元丰后，不复来贡矣，至是始通。其表云："渤泥国王、臣马合谟沙，为这几年天下不宁静的上头，俺在番邦住地呵，没主的一般！今有皇帝使臣来，开读了皇帝的诏书，知道皇帝登了宝位，与天下做主，俺心里欢喜。本国地面是阇婆管下的小去处，怎消得皇帝记心？只几日全被苏禄家没道理，使国将歹人来把房子烧了，百姓每都吃害了。托着皇帝诏书来得福荫，喜得一家人儿没事。如今国前无好的东西，有些不中用的土物，使将头目，替我身子，跟着来的使臣，去见皇帝。愿皇帝万万岁，皇太子千千岁！可怜见，休怪，洪武四年五月渤泥国王臣马合谟沙表。"此表文大足资谈柄，可与"日出东方"表为联璧也。①

《明实录》对于洪武四年（1371 年）渤泥来使记载很简略，《明史》卷三二五的记载稍微详细，二者都没有记载渤泥国书的全书，宋濂《宋学士文集》卷五十五《勃尼国入贡记》附录了渤泥国书：

勃尼国王、臣马合某沙，为这几年天下不宁静的上头，俺在番邦里住地呵！没至的一般，今有皇帝的使臣来，开读了皇帝的诏书，知道皇帝登了宝位，与天下做主，俺心里好生喜欢。本国地面是阇婆管下的小去处，乍消得皇帝记心？这几日前被苏禄家没道理，使将歹人来把房子烧了，百姓每都吃害了。记着皇帝诏书来的福荫，喜得一家儿人没事。如今本国别无好的东西，有些不中的土物，使将头目每替着我的身子，跟随着皇帝跟的来的使臣，去见皇帝。愿皇帝万万岁，皇太子千千岁！可怜见，休怪，洪武四年五月，勃尼国王臣马合某表。②

① （明）茅元仪：载《暇老斋杂记》，《续修四库全书》编纂委员会编《续修四库全书》，第 1133 册，上海古籍出版社 2002 年版，第 659 页。
② （明）宋濂：《宋学士文集》卷五十五，《万有文库》第二集七百种，商务印书馆 1934 年影印，第 921 页。

夏维中先生曾经著录宋濂全文后，又引用康熙时陆次云所编《八纮绎史》（《丛书集成初编》本）卷二《渤泥》和道光时郑光祖《一斑录·杂述四》（《海王村古籍丛刊》本）外国表文部分所录洪武四年渤泥国书，但是没有比较三者。① 今对比宋濂、茅元仪二者记载，茅元仪抄录的渤泥国书更近原貌，《宋学士文集》里的"主"字误为"至"，"怎"字误为"乍"，"托着"误为"记着"，"人儿"误为"儿人"，"欢喜"作"喜欢"，"国前"作"本国"，最后漏掉渤泥国王名字中的一个"沙"字，显然不是南方官话。"乍"字容易使人误以为是北方话的"咋"，"怎"字是南方方言用字，其实朱元璋的诏书无疑是使用南京方言为基础的南方官话。

过去我们推测茅元仪得到《郑和航海图》的途径都是从他本人或者祖父茅坤着眼②，其实茅坤另有一孙茅瑞徵，曾经在兵部任职方司主事，后又任南京光禄寺卿，这几个部门和地图、外交有关，茅瑞徵著有《万历三大征考》、《东夷考略》、《东事答问》、《皇明象胥录》等，后者是中外交通史名著，所以茅元仪是很可能通过他的堂兄茅瑞徵得到《郑和航海图》的，茅元仪和茅瑞徵一直有交往，《石民横塘集》卷九有诗《光禄勋伯符兄同群从醉含德堂牡丹》说："兄弟看花亦偶然。"

茅元仪之所以关注郑和下西洋，可能有两个重要原因：一是明末的衰败与明初的强盛形成鲜明对比，明末的士大夫非常怀念明初的盛世，也希望借此鼓励国人积极抗清，恢复永乐盛世；二是欧洲人来华，刺激晚明的士大夫探索明初中西交流的历史。明代人并不熟悉大西洋和小西洋的巨大差别，他们有时会把二者混淆。而欧洲传教士为了在华传教，会冒称是天竺僧人。欧洲商人为了在华经商，会冒充是东南亚的藩国人，给明代人造成很大的错觉。不管明代人是否能够区分小西洋与大西洋，西方人用坚船利炮撞开中国的海疆大门是史无前例的。所以这就促使明代人思考为何国初还能有七下西洋的壮举，而季世居然颠倒过来，由西洋人来侵门踏户了！

---

① 夏维中：《宋濂〈勃尼国人贡记〉和渤泥国王马合谟沙入贡表文》，《郑和研究》1999 年第 2 期。
② 周运中：《论〈武备志〉和〈南枢志〉的〈郑和航海图〉》，《中国历史地理论丛》2007 年第 2 期。

二 茅元仪与西洋科技

茅元仪《督师纪略》卷十二说:

先是太仆少卿李之藻以西洋炮可用,请调澳夷教习,上从之。以数万金调澳夷,垂至,而之藻以拾遗去矣。茅元仪被召来,之藻遇而属之元仪。至长安,澳夷已至,而其主调将张焘畏关不欲往。遂得旨,练习于京营,元仪亲叩夷,得其法。至关,请公调之关。公檄去,而夷人已陛辞赐宴去,乃调京营所习者彭簪古于关,而卒不能用。元仪曰:"用洋炮,必用其炮车。"乃如式为之,欲载以取盖,及不果,乃置于宁远,元仪从公归。满桂泣曰:"公等去矣,我独留此,房知撤兵,必来,公何以教我?"元仪曰:"向遗洋炮于宁远,是天以佐公守也。"桂以不能放,元仪乃以所造车试之,平发十五里。桂大喜,遂制十车,桂欲用于城外,恐震以圮城也,元仪曰:"不然,是可用于舟,而不可用于城乎?"后崇焕用于城,遂一炮歼房数百,及论功,忠贤不欲及去位者,公竟止改吏部尚书,荫一子锦衣千户亦允其辞,而崇焕亦暂用而旋逐之,几死。元仪为梁梦环所连毙,其奴以崇焕欲用之,遂削籍。①

黄一农先生曾经说到茅元仪在明末引进西洋军器对抗后金一事中的作用,但是没有展开。② 通过这段文字,我们可以看到茅元仪实际上起了关键作用,因为澳门的葡萄牙人(即澳夷)入京时,李之藻被贬,得亏军事专家茅元仪亲自操练,才把西洋军事技术传给明军。张焘胆小,茅元仪亲自出关,又仿造西洋炮车。如果不是茅元仪亲自告诉满桂如何运用西洋火炮,明军是不可能顺利取得宁远大捷的。黄一农先生还曾经提到茅元仪少时跟

---

① (明)茅元仪:《督师纪略》,载《四库禁毁书丛刊》编委会编《四库禁毁书丛刊》,史部第36册,北京出版社1997年版,第409页。

② 黄一农:《天主教徒孙元化与明末传华的西洋火炮》,《中研院历史语言研究所集刊》第六十七本,第四分,1996年。

随父亲茅国缙在京任职期间，就曾经向利玛窦请教西学。①

茅元仪《石民横塘集》卷四《千里镜歌贻吴今生（有序）》：

序：千里镜，泰西国人所制，以玻瓈为之，转缩以收其锐之光，可远视，视蝇头书如掌大，用以准道里，发铳，不纤毫舛，予久企而得之，乃为作歌。

至人挥手昆仑巅，四海分明九点烟。

然非至小若至大，孰穷目力秋毫间？

西人秉金金质明，幻此西镜何晶莹？

岂特准以穷铳力，不容微渺能遁情。

我爱其意殊廓落，千山万山秋气晶。

李公昔尝贻在庭（自注：太仆李公之藻尝以贻兵垣），因而天子召西宾。

至今西铳雄天下，霆飞电击疑有神。

虽然未值江海战，亦未遇敌利器均。

一朝两者或一遭，悔无此镜空逡巡。

当时李镜竟何在？六军于此犹莽榛。

近闻西铳授齐寇（自注：西铳二百在登州为孔有德所得），戍楼旧将颇怦怦。

吴生贻我良有以，十袭珍藏待若人。

千里镜即望远镜，此诗可见茅元仪对于西方新发明器具十分向往，并且十分关注其军事价值。从中也可以知道李之藻在宣传西方器具方面起了先导作用，对于明朝引进西洋火器做了铺垫。有学者认为苏州人薄钰在崇祯八年（1635 年）将望远镜用于安庆对李自成军的炮战，所以是第一个把望远镜用于作战的人。② 其实茅元仪的《石民横塘集》作于崇祯四年到六年

---

① 黄一农：《欧洲沉船与明末传华的西洋大炮》，《中研院历史语言研究所集刊》第七十五本，第三分，2004 年。

② 王锦光：《中国光学史》，湖南教育出版社 1986 年版，第 160 页；王志平：《薄钰及其"千里镜"》，《中国科技史料》1997 年第 3 期。

间（见上引任道斌之著），茅元仪早已提出望远镜在作战中的运用，而且李之藻早已将望远镜赠给兵垣，即兵部，目的当然是作战。

茅元仪不仅学习西洋军事，而且想到西洋器具的弱点及攻破之策，《石民横塘集》卷七《与褚将军论海》提到：

> 红夷良劲敌，舟巨碍港浦。
>
> 轻舫绕其背，凭风付一炬。

他说的红夷实为占领澎湖、台湾的荷兰人，茅元仪曾经被贬福建，所以有机会熟悉荷兰人的情况，他说荷兰人的船只过于巨大，在小港中调转不灵，可以用小船火攻。

三　茅元仪看西洋天学

通过上文，我们可以看出茅元仪对于西学十分向往，实际并非如此。茅元仪的《野航史话》卷四说：

今当事者坚言西域历法精，愚未敢尽信也。观元时西域历人有奏五月望月当蚀者，楚材曰否，卒不蚀。明年十月楚材言月当蚀，西域人言不蚀，卒蚀八分。可以验矣！①

按：此事见于《元史》卷一四六《耶律楚材传》：

西域历人奏五月望夜月当蚀，楚材曰否。卒不蚀。明年十月，楚材言月当蚀，西域人曰不蚀，至期果蚀八分。壬午八月长星见西方，楚材曰女直将易主矣，明年金宣宗果死。

此事发生在金宣宗去世（1243 年）前，距离茅元仪的时间已有近四百

---

① （明）茅元仪：《野航史话》，载《续修四库全书》编纂委员会编《续修四库全书》第 1133 册，上海古籍出版社 2002 年版，第 592—593 页。

年，西域指中亚、西亚一带。茅元仪说明末当事者用西域历法，这里的当事者即以徐光启等人为核心的明末西化的士大夫，西域即欧洲，实指徐光启崇祯改历一事。明末的欧洲天文学比金元时期的中亚天文学不知要发达多少。茅元仪对此缺乏了解，可见他对于西学虽然早有接触，也致力于学习西洋军事技术，但是对西学仍然持怀疑态度。

茅元仪《三戍丛谭》卷五：

> 近流寇一事，蔓祸九年，延及七省，犹无扑灭之期。古今寇变，亦一异矣。后人纪载，患不详。今上用徐相国之议，令泰西人正历法事，虽未竟，亦自倡见，不可不纪其详……今术之不能通于古，犹古术之不能通于今，何必古人之信，而今人之疑乎？①

这里对徐光启主持的历法改革持肯定态度，但是也有保留，他认为西学和中国传统历法不是一个体系。据自序，《野航史话》作于癸酉之次年，即崇祯七年（1634年），《三戍丛谭》作于崇祯十年（1637年）作者第三次被贬时，则其观点后来稍有进步。

茅元仪《三戍丛谭》卷十一说：

> 西学方盛行于世，其大端以格物为宗，颇有细心，可以辅翼圣教。至其本论，则粗浅甚矣！至所奉事者，为天主，犹婆罗门奉天之说。至曰天主，初造天地，并造无数天神，置之天上，以为侍卫，共享永福，其间有一神，首傲叛主，从之者几半，主遂尽贬为魔，驱之幽狱，嗣是制生万民约期升之天国，以备补神之缺，仍令享神福也。如此则魔苟不叛民，亦不生矣。何不生神，而又生民待其自补耶？天可贬叛者，魔亦安敢叛之耶？又谓天主有三，第一位罢德肋，第二位费略，第三位斯多利三多。此三世、三清之踵习也。又谓教主为耶苏，以钉钉死街市，此犹谓世难，不足论也。尊其母玛利雅为圣母，而谓欲祷求者，必假母以通之，此九际祈梦必先白鸡祭灵官之说也。更悠缪甚矣！及谓死而复生，生而尸空，此踵道家尸解

① （明）茅元仪：《三戍丛谭》，载《续修四库全书》编纂委员会编《续修四库全书》第1133册，上海古籍出版社2002年版，第502页。

之说耳！①

茅元仪"其大端以格物为宗，颇有细心，可以辅翼圣教。至其本论，则粗浅甚矣！"一句曾经为任道斌先生在 1984 年一篇论文中引过，当时茅元仪的著作还没有影印，亦未引起学界重视。任先生说，方以智、茅元仪等人对西学既不盲目崇拜，又不绝对否定，他们在学习和介绍西方科学知识的同时，又指出其不足，并竭力搜罗中土先进科技文化进行集大成的总结，著书立说，与"西学"争胜，或用《易经》象数说去矫正"西学"。②后一句主要指方以智，而茅元仪的这段话还未被学界全面解读。

茅元仪说西学"以格物为宗"，实际是因为明末来华传教士以西方自然科学为传教诱导，致使茅元仪把"格物"当作西学的根本目的。《石民横塘集》卷七《扫王父鹿门先生墓示弟子》自注："王父九十时，仪时八龄，犹及传经。"茅元仪的祖父茅坤是著名学者，茅元仪从小受了极其严格的儒学家训，他在《石民赏心集》序言自称"生七年，学为诗，尝有句：'斗酒犹不醉，兴来嘘天风。'大人赏之为一引。"③ 张怡的《玉光剑气集》说："茅国缙生平不信佛。"④ 张怡的叔父就是茅元仪的好友张可仕，此说一定可信。因为祖父两代的影响，所以茅元仪一向把儒教的地位放在佛教、道教之上，对于天主教的态度也差不多。茅元仪的这种思想实际上对他探索海外世界有一定阻碍，不知这对郑和下西洋的研究是否也有阻碍。

过去我们经常提到明末的西化者和反西化者，对茅元仪这样的中间派发掘不多。其实茅元仪的西学细心格致、可以辅翼圣教的思想无疑是"中学为体、西学为用"思想的先声。茅元仪长年研究中国传统军事，又积极引进西方军事技术，还设计与荷兰舰队作战的方略。由于明朝不久灭亡，而茅元仪又不得高寿，所以我们无法预料，如果西方先进的科学技术在相

---

① （明）茅元仪：《三戌丛谭》，载《续修四库全书》编纂委员会编《续修四库全书》第 1133 册，上海古籍出版社 2002 年版，第 545 页。

② 任道斌：《"西学东渐"与袁崇焕》，载桂苑书林丛书编委会编《袁崇焕研究论文集》，广西民族出版社 1984 年版。

③ （明）茅元仪：《石民赏心集》卷四，载《四库禁毁书丛刊》编委会编《四库禁毁书丛刊》子部第 110 册，北京出版社 1997 年版，第 284 页。

④ （清）张怡撰、魏连科点校：《玉光剑气集》，中华书局 2006 年版，第 695 页。

对稳定的社会环境下不断传入中国，而茅元仪一类士人的思想又会有多少改变。

　　江南自宋代以来的千余年一直是中国的经济与文化中心，江南士大夫不仅饱读儒书，而且视野开阔。由于江南文风鼎盛，所以明朝在岭南为官的江南士绅很多，使得当时的江南与中西交流的前哨之地岭南地区联系紧密。晚明的江南士绅群体积极推动中西文化交融，茅元仪只是其中的一个典型。

海上社会再认识

明清时期中国东南沿海与澳门的"黑人"

汤开建[*]

明清时期的澳门,素有"世界型的土地与海洋"之称。在这一块仅 2 平方公里的微型土地上,不仅居住有华人、葡萄牙人,还曾居住过为数不少的日本人、越南人、亚美尼亚人、英国人、美国人、法国人、意大利人、西班牙人、荷兰人、瑞典人、丹麦人、帕西人及南美各国人。[①]葡萄牙人东来还带来了许多航线沿岸诸国之人。他们来自不同的国家,属于不同的种族,其中黑人占了很大的比重,后来逐渐成为澳门社会中极为重要的一分子,从而形成了澳门社会一种特殊而有趣的文化景观。关于明清时期来华黑人问题研究,余所见有德国普塔克(Roderick Ptak)教授、澳门文德泉神父及金国平、吴志良先生,还有艾周昌和沐涛两位先生编写的《中非关系史》中也提到澳门黑奴问题。[②]本文拟就明代中国东南沿海及澳门出现的"黑人"现象展开深入研究,这应是颇具学术意义的课题。但必须说明的是,本文所探讨的"黑人"这一概念,并非完全人种意义上的黑种人,亦非明清文献所言"夷人所役黑鬼奴,即唐时所谓昆仑奴"[③],其所指实是自葡萄牙、西班牙及荷兰人向海外扩张以来,他们均在各地役使有色人种为

---

* 汤开建,澳门大学社会科学及人文学院历史系教授。

① [葡]潘日明:《殊途同归——澳门文化的交融》第 14 章,苏勤译,澳门文化司署 1992 年版,第 137—140 页。

② [德]普塔克:《澳门的奴隶买卖和黑人》,关山译,《国外社会科学》1985 年第 6 期;Manuel Teixeira, *Macau*, Macau Imprensa Nacional, 1976;金国平、吴志良:《郑芝龙与澳门——兼谈郑氏家族的澳门黑人》,载《东西望洋》,澳门成人教育学会 2003 年版,第 189—211 页;艾周昌、沐涛:《中非关系史》第 4 章,华东师范大学出版社 1996 年版,第 128—131 页。

③ (清)傅恒:《皇清职贡图》卷一,辽沈书社 1991 年版,第 93 页。

奴仆，故将比他们自身肤色深的东方民族仆隶统称为"黑人"① （swart），在文献中又称"黑奴"、"鬼奴"、"黑鬼"、"乌鬼"、"黑番"等。②

一 明代文人笔下记录的中国东南海上的"黑人"

中国文人笔下最早对黑人的记录来自一位最坚决反对葡萄牙人入华贸易的闽浙大吏——朱纨，在他那部完成于嘉靖二十八年（1549年）的《甓余杂集》中，以其亲眼所见，给我们留下了大量随葡萄牙人东来的"黑人"资料：

> 刘隆等兵船并力生擒哈眉须国黑番一名法哩须；满咖喇国黑番一名沙喱马喇，咖哚哩国极黑番一名，嘛哩丁牛，喇哒许六，贼封直库一名陈四，千户一名杨文辉，香公一名李陆，押纲一名苏鹏。③

> 又据上虞县知县陈大宾申抄黑番鬼三名口词，内开一名沙哩马喇，年三十五岁，地名满咖喇，善能使船观星象，被佛郎机番每年将银八两雇佣驾船；一名法哩须，年二十六岁，地名哈眉须人，十岁时，被佛郎机买来，在海上长大；一名嘛哩丁牛，年三十岁，咖哚哩人，被佛郎机番自幼买来。……该臣（卢镗）看得前后获功数，内生擒日本倭贼二名，哈眉须、满咖喇、咖

---

① 曹永和、包乐史：《小琉球原住民的消失——重拾失落台湾历史之一页》（曹永和：《台湾早期历史研究续集》，台湾联经出版社2000年版）："按自葡萄牙、西班牙向海外扩展以来，他们都在各地役使有色人种为奴仆。荷兰人也曾役使Makkassar、Bali、Banda等诸岛屿或印度的Coromandel、Malabar等沿海地区的人，甚至也购自缅甸的Arakan等地人。他们的肌肤颜色比一般较深，被称为黑人（swart），却不是非洲黑人。其实明末闽粤海商也时常役使这种有色人奴仆，而文献上称谓黑奴、乌鬼、鬼奴等。"普塔克：《澳门的奴隶买卖和黑人》："葡萄牙人称黑人为'cafres'（黑种人）、'negros'（黑色的人）和'moos'（侍者）"。金国平、吴志良：《郑芝龙与澳门——兼谈郑氏家族的澳门黑人》，"葡萄牙人及西班牙人将比他们肤色深的东方民族统称为黑人，尤指马来人、印度人、帝汶人等"。

② 《明太祖实录》卷一三九，洪武十四年冬十月条辛巳条，"洪武十四年（1381年），爪哇贡方物及黑奴三百人"。印光任、张汝霖：《澳门记略》卷下《澳蕃篇》，"其通体黝黑如漆，特唇红齿白，略似人者，是曰鬼奴"。傅恒：《皇清职贡图》卷一，第93页："荷兰所役名乌鬼，生海外诸岛……通体黝黑如漆。"朱纨：《甓余杂集》卷二《捷报擒斩之凶荡平巢穴靖海事》，"刘隆等兵船并力生擒哈眉须国黑番一名法哩须。"

③ （明）朱纨：《甓余杂集》卷二《捷报擒斩元凶荡平巢穴靖海道事》，明朱质刻本天津出版社藏。

哤哩各黑番一名，斩获倭贼首级三颗。窃详日本倭夷，一面遣使入贡，一面纵贼入寇宁绍等府，连年苦于杀虏。……至于所获黑番，其面如漆，见者为之惊怖，往往能为中国人语。①

又据判官孙燧等报，（嘉靖二十七年）六月十一日，佛郎机夷人大船八只、哨船一十只径攻七都沙头澳，人身俱黑，各持铅子铳、铁镖、弓弩乱放。②

（嘉靖二十七年）八月初三日，……陈言所统福兵马宗胜、唐弘臣等合势夹攻，贼众伤死、下水不计，冲破沉水哨番船一只，生擒黑番鬼共帅罗放司、佛德全比利司、鼻昔吊、安朵二、不礼舍识、毕哆啰、哆弥、来奴八名，……③

（嘉靖二十七年十二月初八日）海道副使魏一恭手本。……泉徽等处贼人见驾大番船四只遁泊马迹潭，……十月分十二起：一起拿获海洋番货事，……一起敌获海洋贼船器械事。指挥张汉差报信军兵王昔等，于黄大洋遇漳贼三十余人、黑番七八人，对船交战，贼败走。……八月初三日，分督军门调到福建福州左卫指挥使陈言兵船，合势夹攻，贼众伤死下水不计，冲破沉水哨番船一只，生擒黑番鬼共帅罗放司等八名，暹罗夷利引等三名，海贼千种等四名，斩获番贼首级五颗。④

（嘉靖二十七年九月十三日）今佛郎机夷船在大担屿，非回兵与海道夹攻不可。……八月二十八日，……贼船计有贼六十余人，内有黑色及白面大鼻番贼七八人，番婆二口。九月二十三日，……近获铜佛郎机铳并工匠窦光等到杭，委官监督铸造足用，方行福建一体铸造，仍行按察司查取见

① （明）朱纨：《甓余杂集》卷二《议处夷贼以明典刑以消祸患事》，明朱质刻本，天津图书馆藏。
② （明）朱纨：《甓余杂集》卷三《亟处失事官员以安地方事》，明朱质刻本，天津图书馆藏。
③ （明）朱纨：《甓余杂集》卷四《三报海洋捷音事》，明朱质刻本，天津图书馆藏。
④ 同上。

监黑鬼番驾驭兴工, 此番最得妙诀工料议处回缴。七月十一日, 浙江都司呈议, 工料缘由批仰候原样至日, 对同黑鬼番置造, 合用料价, 先行布政司议支缴。①

　　嘉靖二十七年十月初三日, ……吴大器等擒解佛郎机、暹罗诸番夷贼一十六人……各报称, 夷船八只哨船十只于六月十一等日劫掠沙头等澳。……本月初三日晚, 探得夷船只在黄崎澳攻劫烧毁房屋, ……生擒番贼一十人, ……打破贼船各二只, 内反狱贼二名及番贼三名。……审得陈文荣等积年通番, 伙合外夷, 先由双屿, 继来漳泉, 后因官兵追逐, 遂于福宁地方沿村打劫, 杀人如艾, 掳掠子女, 烧毁房屋。滨海为之绎骚, 远近被其荼毒, 神人共愤, 罪不容诛。及审诸番, 各贼俱凹目黑肤, 不类华人。②

　　上引七条《甓余杂集》中的资料均提到了"黑人", 或称"黑番", 或称"黑番鬼"。其中有许多对"黑人"的形象描写, 如"其面如漆, 见者为之惊怖, 往往能为中国语"; "人身俱黑, 各持铅子铳、铁镖、弓弩乱放"; "各贼俱凹目黑肤, 不类华人"。从上引文中还看出, 当时随葡人东来的黑人还有"黑番"与"极黑番"之分, "极黑番"大概是指来自非洲的黑人, 而"黑番"则有可能是指印度或东南亚的黑人。文中提到的黑人至少来源于三个国家。咖呋哩系 Kaffir 之译音, 是欧洲人对一部分南非班图人的称呼③; 哈眉须, 音近者有《郑和航海图》中的哈甫泥, 即东非之哈丰角

---

　　① (明) 朱纨:《甓余杂集》卷九《公移》三, 明朱质刻本, 天津图书馆藏。

　　② 同上。

　　③ 艾周昌、沐涛:《中非关系史》, 华东师范大学出版社 1996 年版, 第 129 页。"Kaffirs 来自阿拉伯语 kāfir (葡萄牙语是 cafre), 这个词汇最初是阿拉伯世界的穆斯林用来称呼异教徒的, 后来被葡萄牙人用于指称黑人异教徒, 再后来被用于指称所有的黑皮肤人", 引自 Clive Willis ed., *Portuguese Encounters with the World in the Age of the Discoveries—China and Macau*, Ashgate, p. 93。普塔克《澳门的奴隶买卖与黑人》中也指出:"cafres"不仅是指非洲人, 而且也包括其他深肤色人种的人在内, 如孟加拉人。金国平《郑芝龙与澳门》释义为:"源自阿拉伯语 kāfir, 意即'异教徒', 原指东非海岸不信仰伊斯兰教的黑人。在葡萄牙语中, 失去了'异教徒'的含义, 仅作黑人解。"文中又释咖呋哩国葡语作"Cafraria"。不指具体某国, 而是东非黑人地区的泛称。各家解释歧异, 余意以为金国平所言较确。

（C. Hafun）①，还有马鲁古群岛的主要岛屿哈马黑拉岛（Pulau Halmahera）音亦相近。廖大珂先生则认为应是霍尔木兹（Ormuz）之译音②，此说当是。满咖喇，疑为满喇咖之倒讹，其他中文文献称之为"满剌伽"，当即马六甲。③ 据《续吴先贤赞》一书记载，嘉靖二十九年（1550 年）走马溪一战，被明军抓捕者就有"黑番四十六，皆狰恶异状可骇"④。从上引文看，葡萄牙人在闽浙沿海通商时就已经大量役使黑人，这些黑人成为葡萄牙人的得力助手，他们不仅能帮助葡萄牙人驾船，还充当对华贸易的翻译，甚至还充当铳手，而且还帮助葡人铸造佛郎机铳，等等。

朱纨《甓余杂集》卷一〇《海道纪言》中还有一首关于"黑人"的诗：

> 黑眚本来魑魅种，皮肤如漆发如卷。跷跳搏兽生能啖，战斗当熊死亦前。野性感谁恩豢养，贼兵得尔价腰缠（原注：此类善斗，罗者得之，养驯以货贼船，价百两数十两）⑤。

朱纨记录的是澳门开埠前活跃在闽浙沿海的黑人，对黑人英勇善战的形象描绘得十分生动，且记录了当时买卖黑人的市场价格"百两、数十两"不等。

早期葡人来华的贸易船只上均有黑人，这在葡文文献中亦有记载。《末儿丁·甫思·多·灭儿致函国王汇报中国之行情况》记录，1522 年，葡船离开马六甲前往中国时，"他们流窜、染病、死亡，因此，只得花钱请当地黑人驾船，协助航行"⑥。平托《远游记》记载，1542 年时法里亚率两艘船出发前

---

① 向达整理：《郑和航海图》之《哈甫尼》，中华书局 1961 年版，第 27 页。

② 廖大珂：《明代佛郎及"黑番"籍贯考》，《世界民族》2008 年第 1 期。

③ 王士骐：《皇明驭倭录》卷五多次提到当时同葡萄牙商人一起在闽浙活动者为"满剌伽国番人"；佚名《嘉靖倭乱备抄》（不分卷）嘉靖二十九年七月条亦称："满剌伽国番人。"

④ （明）王士骐：《皇明驭倭录》卷五，嘉靖二十九年条引《续吴先贤赞》，影印明万历刻本，北京图书馆古籍珍本丛刊，北京图书馆出版社 2000 年版。

⑤ （明）朱纨：《甓余杂集》卷一〇《海道纪言》之《望归九首》。

⑥ 《末儿丁·甫思·多·灭儿致函国王汇报中国之行情况》，转自金国平《西方澳门史料选粹（15—16 世纪）》，广东人民出版社 2005 年版，第 37 页。

往卡伦普卢伊岛，船上有 146 人，其中有 "42 个奴隶"①，这 42 个奴隶应是黑人。如果再看看保存于日本的南蛮屏风画，更可看出在 16 世纪前期从印度到中国到日本航线上活跃着为数不少的黑人。从图中可以看出每年从澳门抵达长崎的 "黑船" 上不仅有白色的葡萄牙人，还有深肤色的非洲人。这些黑人有驾船司舵探望风汛者，有执枪拿棍护卫者，有牵马御象抱猫随行者，有搬箱提包奔忙者，还有撑伞抬轿伺奉者，黑人形象极为丰富。②

二　澳门开埠后中国文人记录的澳门黑人

澳门开埠后，进入澳门地区的黑人也成为中国人笔下最为引人注目的描写对象。澳门开埠不到十年，1565 年，安徽人叶权即游澳门，他在澳门目击了葡萄牙人外出，"随四五黑奴，张朱盖，持大创棒长剑"③ 的情景。而且观察到：

> （葡萄牙人）役使黑鬼。此国人贫，多为佛郎机奴，貌凶恶，须虬旋类胡羊毛，肌肤如墨，足趾跣洒长大者殊可畏。……亦有妇人携来在岛，色如男子，额上施朱，更丑陋无耻，然颇能与中国交易。④

可见，这应是对开埠之初进入澳门的黑人第一次记录。据叶权的记录反映，在澳门不仅有男黑奴，也有女黑奴。他们均为葡人之奴隶。叶权特别提到那些相貌丑陋的女黑奴，却 "颇能与中国交易"。女黑奴参加对中国的贸易，这一点似乎在其他文献中还找不到相同的记载。

第二位是万历年间曾在广东担任布政使的蔡汝贤，万历十四年（1586年），他在其著作《东夷图像》中有一段黑人的描述：

---

① ［葡］费尔南·门德斯·平托：《远游记》上册，金国平译，葡萄牙航海大发现事业纪念澳门地区委员会、澳门基金会、澳门文化司署、东方葡萄牙学会，1999 年，第 205 页。

② Instituto Portugues do Oriente, *Namban*, *Memorias de Portugal no Japao*, pp. 64 – 65, 67, 68 – 69, 70, Macav, 2005.

③ （明）叶权：《贤博编》附《游岭南记》，中华书局标点本 1987 年版，第 45 页。

④ 同上书，第 46 页。

黑鬼即黑番奴，号曰黑奴。言语嗜欲，不通性悫，无他肠，能捍主。绝有力，一人可负数百斤。临敌不畏死，入水可经一二日。尝见将官买以冲锋，其直颇厚，配以华妇，生子亦黑。久蓄能晓人言，而自不能言，为诸夷所役使，如中国之奴仆也，或曰猛过白番鬼云。[1]

蔡汝贤笔下的黑奴勇猛善战，被"将官买以冲锋"；他们忠厚老实，为"诸夷所役使"；夷主还会给他们"配以华妇"，以解决他们的婚姻问题。黑奴的勇猛有时连葡萄牙人都比不上，因此便有"猛过白番鬼"的说法。

第三位是万历十九年（1591 年）到澳门的王临亨，其《粤剑编》卷三载：

番人有一种，名曰黑鬼，遍身如墨，或云死而验其骨亦然。能经旬宿水中，取鱼虾，生啖之以为命。番舶渡海，多以一二黑鬼相从，缓急可用也。有一丽汉法者，谳于余，状貌奇丑可骇。侍者为余言：此鬼犴狴有年，多食火食，视番舶中初至者暂白多矣。然余后谳狱香山，复见一黑鬼，禁已数年，其黑光可鉴，似又不系火食云。[2]

黑奴的水性极好，他们常常被用来充当船上的水手，因此"番舶渡海，多以一二鬼相从，缓急可用也"。这种水性很好的黑人，应该是东南亚海岛诸国随葡人入华者，他们长年生长于海浪之中，故水性极好，与中国广东沿海的蛋民、卢亭之类极相似。

第四位对澳门黑人进行描述的是明代的王士性，其著作《广志绎》大约完成于万历二十五年（1597 年），书中提到：

又番舶有一等人名昆仑奴者，俗称黑鬼，满身漆黑，止余两眼白耳，其人止认其所衣食之主人，即主人之亲友皆不认也。其生死惟主人所命，主人或令自刭其首，彼即刭，不思当刭与不当刭也。[3]

---

[1] （明）蔡汝贤：《东夷图说》之《黑鬼》，北京图书馆藏明万历刻本，第29—30 页。
[2] （明）王临亨：《粤剑编》卷三《志外夷》，中华节局标点本 1987 年版，第 92 页。
[3] （明）王士性：《广志绎》卷四《江南诸省》，中华书局标点本 1993 年版，第 101 页。

　　黑人的忠实可靠是各国夷主最为信任的，他们能为主人赴汤蹈火，而且"唯主人所命"，主人对其有生杀予夺的权力，主人令他们"自刎"，他们只有听之任之，别无选择，当然也不可能去思考应当不应当去"自刎"。

　　以上四位文人，先后记录了澳门黑人，他们对澳门黑人的描述虽然不尽相同，但能说明一点，澳门的黑人同"诡形异服"的葡萄牙人一样，已经成为开埠之初澳门街头一道引人注目的亮丽风景线。

　　此后，各类文献关于澳门黑人这一特殊的异质文化景观均从各自不同的观察中作了各种方式的表现。明万历末年，庞迪我、熊三拔奏疏：

　　至于海鬼黑人，其国去中国六万里，向来市买服役，因西土诸国，无本国人为奴婢者，不得不用此辈。然仅堪肩负力使，别无他长，亦无知识，性颇忠实，故可相安。即内地将官，间亦有收买一二，充兵作使者。其人物性格，广人所习也。果系恶夷，在诸商尤为肘腋之患，独不自为计邪。①

　　入清以来，不少文人雅士也来到澳门，亦对澳门的黑人进行了描述。清初到澳门的屈大均记载澳门黑人：

　　其侍立者，通体如漆精，须发蓬然，气甚腥，状正如鬼，特红唇白齿略似人耳。所衣皆红所罗绒、辟支缎，是曰鬼奴。语皆侏离不可辨。②

　　独暹罗、满剌伽诸番，以药淬面为黑。予诗："南海多玄国，西洋半黑人"谓此。予广盛时，诸巨室多买黑人以守户，号曰鬼奴，一曰黑小厮。其黑如墨，唇红齿白，发卷而黄，生海外诸山中，食生物，捕得时与火食饲之，累日洞泄，谓之换肠。此或病死，或不死即可久畜。能晓人言，绝有力负数百斤。性淳不逃徙，嗜欲不通，亦谓之野人。一种能入水者，其人目睛青碧，入水能伏一二日，即昆仑奴也。有曰奴团者，出暹罗国。暹罗最右僧，谓僧作佛，佛乃作王。其贵僧亦称僧王，国有号令决焉。有罪没为奴团。富家畜奴团数百口，粤商人有买致广州者，皆鬈黑深目，日久

　　————————

　　① 〔比〕钟鸣旦等编：《徐家汇藏书楼明清天主教文献》第 1 册，庞迪我、熊三拔《奏疏》，台北辅仁大学神学院 1996 年版，第 100—101 页。

　　② （清）屈大均：《广东新语》卷二《地语》，中华书局标点本 1985 年版，第 37 页。

能粤语。①

　　这是屈氏对澳门身着红衣的葡萄牙贵族家内黑人仆役及广州之暹罗、满剌加黑人奴团的描绘。康熙二十二年（1683 年）工部尚书杜臻巡视澳门记其事云：

　　予至澳，彼国使臣率其部人奏番乐以迎入，其乐器有觱篥、琵琶，歌声咿喔不可辨。……侍童有黑白二种，白者曰白鬼，质如凝脂，最雅靓，惟羊目不眴，与中国人异。黑者曰黑鬼，绝丑怪，即所谓昆仑波斯之属也。白者为贵种，大率皆子弟。黑鬼种贱，在仆隶耳。②

　　雍正七年焦祁年《巡视澳门记》也载：

　　雍正七年十二月，将有事与澳门。……初八日，至前山寨，都司守之。……彝有黑白鬼二种，白贵而黑贱，蜷须虬结发，各种种帽三角，短衣五色不等，扣累累如贯珠。咸佩刃，鞾拖后齿，绷胫上。③

　　杜臻和焦祁年先后来到澳门巡视，杜臻记录的澳门奴仆分黑白两种，而焦祁年的记载则侧重黑奴衣着方面的描述，对黑人的外貌则着墨不多，只一句"蜷须虬结发"而已。乾隆时，印光汝和张汝霖两位官员在澳门任职期间撰写了中国第一部系统介绍澳门的著作——《澳门记略》。其中有很大篇幅写到了澳门的黑人：

　　……其通体黝黑如漆，特唇红齿白，略似人者，是曰鬼奴。明洪武十四年，爪哇国贡黑奴三百人。明年，又贡黑奴男女百人。唐时谓之昆仑奴，入水不眽目，贵家大族多畜之。《明史》亦载和兰所役使名乌鬼，入水不

　　① （清）屈大均：《广东新语》卷七《黑人》，中华书局标点本 1985 年版，第 234 页。
　　② （清）杜臻：《粤闽巡视纪略》卷二，康熙二十三年二月乙未条，孔氏岳雪楼影钞本。
　　③ （清）郝玉麟：《（雍正）广东通志》卷六七《艺文志》四，焦祁年《巡视澳门记》，文渊阁四库全书本。

沉，走海面若平地。粤中富人亦间有畜者。绝有力，可负数百斤。生海外诸岛，初至时与之火食，累日洞泄，谓之换肠，或病死；若不死即可久畜，渐为华语。须发皆卷而黄。其在澳者，则不畜须发。女子亦具白黑二种，别主奴。凡为户四百三十有奇，丁口十倍之。……男女杂坐，以黑奴行食品进。……食余，倾之一器，如马槽，黑奴男女以手持食。……黑奴男女皆为衣布。……屋多楼居……己居其上，而黑奴居其下。……凡庙所奉天主，有诞生图、被难图、飞升图。……出游率先夕诣龙松庙，迎像至本寺，燃灯达旦，澳众毕集，黑奴舁被难像前行，蕃童诵咒随之。①

《澳门记略》中对黑人的描绘非常之生动，从他们的外貌、衣着、服饰以及他们的饮食习惯都有所涉及。而且在一些节日出游时，黑奴没有因为身份低下而被排斥在外，相反他们还承担了一项神圣的任务，在出游时"舁被难像前行"。清代关于黑人的记载很多，尤其是乾、嘉、道三朝，人们的目光始终没有离开黑人这样一种别样的文化景观。《皇清职贡图》卷一载：

夷人所役黑鬼奴，即唐时所谓昆仑奴。明史亦载，荷兰所役名乌鬼，生海外诸岛，初至与之火食，累日洞泄，谓之换肠；或病死，若不死，即可久畜。通体黔黑如漆，惟唇红齿白，戴红绒帽，衣杂色粗绒，短衫，常握木棒。妇项系彩色布，袒胸露背，短裙无袴，手足带钏，男女俱结黑革条为履，以便奔走。夷人杂坐，以黑奴进食，食余，倾之一器，如马槽。黑奴男女以手持食。夷屋多层楼，处黑奴于下。若主人恶之，锢其终身，不使匹配，示不蕃其类也。②

赵翼《檐曝杂记》卷四《诸番》中则载：

广东为海外诸番所聚。有白番、黑番，粤人呼为"白鬼子""黑鬼子"。白者面微红而眉发皆白，虽少年亦皓如霜雪。黑者眉发既黑，面亦黔，但

---

① （清）印光汝、张汝霖：《澳门记略》卷下《澳蕃篇》，澳门文化司署点校本 1992 年版，第143—151 页。

② （清）傅恒：《皇清职贡图》卷一，辽沈书社 1991 年版，第 93 页。

比眉发稍浅，如淡墨色耳。白为主，黑为奴，生而贵贱自判。黑奴性最愨，且有力，能入水取物，其主使之下海，虽蛟蛇弗避也。古所谓"摩诃"及"黑昆仑"，盖即此种。某家买一黑奴，配以粤婵，生子矣，或戏之曰："尔黑鬼，生儿当黑。今儿白，非尔生也。"黑奴果疑，以刀斫儿胫死，而胫骨乃纯黑，于是大恸。始知骨属父，而肌肉则母体也。①

汤彝《盾墨》卷四《澳门西番》则云：

澳门，一名濠镜，隶香山县。……至国初，已尽易大西洋、意大里亚人，迄今二百年，孳育蕃息，其户口三千有奇，白主黑奴。……夷人所役之黑鬼奴，即唐时所谓昆仑奴，明时名乌鬼，生海外诸岛，通体如漆。夷人杂坐，以黑奴进食。食余倾之一器，如马槽，黑奴男女以手抟食。夷屋多层楼，处黑鬼于下。②

葡人东来，黑人随之而来，形成了"白为主，黑为奴"的局面，他们"生而贵贱自判"，受着非人的待遇，吃主人的残羹剩饭，白人"食余，倾之一器，如马槽，黑奴男女以手抟食"。而且"夷屋多层楼，处黑鬼于下"，黑奴只能住在白人的下面，如果主人对黑奴表示厌恶，则"锢其终身不使匹配，示不蕃其类也"③。可见，从明至清的大批中国士大夫对澳门的关注中其焦点始终没有离开黑人。

在清人的诗歌中也有大量涉及澳门"黑人"的题材。清初屈大均《广州竹枝词》即云："十字钱多是大官，官兵枉向澳门盘。东西洋货先呈样，白黑番奴捧白丹。"④ 尤侗《荷兰竹枝词》亦说："和兰一望红如火，互市香山乌鬼群。十尺铜盘照海镜，新封炮号大将军。"⑤ 两首竹枝词都描写了黑人参加澳门葡人对外贸易的活动。康熙十九年（1680年）来澳门圣保禄

① （清）赵翼：《檐曝杂记》卷四《诸番》，中华书局标点本 1982 年版。
② （清）汤彝：《盾墨》卷四《澳门西番》，续修四库全书本，上海古籍出版社 2002 年版。
③ （清）傅恒：《皇清职贡图》卷一，辽沈书社 1991 年版，第 93 页。
④ （清）屈大均：《屈大均全集》第 2 册《翁山诗外》卷一六《广州竹枝词》，人民出版社 1996年版，第 1306 页。
⑤ （清）尤侗：《西堂全集》第 11 册《外国竹枝词》，文渊阁四库全书本。

学院修道的吴历在澳门生活了近三年时间，在他的《澳中杂咏》则记录了澳门黑人较多信息：

> 黄沙白屋黑人居，杨柳当门秋不疏。夜半蜑船来泊此，斋厨午饭有鲜鱼。（黑人俗尚淡黑为美。鱼有鲥鳢两种，用大西阿里袜油炙之，供四旬斋素。）①

> 腊候山花烂漫开，网罗兜子一肩来。卧看欲问名谁识，开落春风总不催。（花卉四时俱盛，游舆如放长扛箱。两傍窗入，僵卧。尊富者雕漆巧花，居常者网罗一兜，以油布覆之，两黑人肩走。）②

> 百千灯耀小林崖，锦作云峦蜡作花。妆点冬山齐庆赏，黑人舞足应琵琶。（冬山以木为石骨，以锦作为山峦；染蜡红蓝为花树状，似鳌山，黑人歌唱舞足与琵琶声相应。在耶稣圣诞前后。）③

"黄沙白屋黑人居"从这句诗中可以看出黑人在澳门社会中已经形成了一个群体，他们聚居在一起，有时会一起娱乐。他们的乐感很强，会应着琵琶声而手舞足蹈，因此吴历描述到"黑人舞足应琵琶"。张汝霖《澳门寓楼即事》中也写到黑人：

> ……居岂仙人好，家徒乌鬼多。移风伤佩犊，授业喜书蝌。富已输真腊，恩还戴不波。须知天泽渥，榷算止空舸。……④

夏之蓉《半舫斋诗钞》卷九亦载："……野屋袅孤烟，岛屿相掩映。鬼

---

① （清）吴历、章文钦笺注：《吴渔山集笺注》卷二《三巴集》前帙《澳中杂咏》三，中华书局2007年版，第161页。
② （清）吴历、章文钦笺注：《吴渔山集笺注》卷二《三巴集》前帙《澳中杂咏》一一，中华书局2007年版，第169页。
③ （清）吴历、章文钦笺注：《吴渔山集笺注》卷二《三巴集》前帙《澳中杂咏》二七，中华书局2007年版，第180页。
④ （清）印光任、张汝霖：《澳门记略》卷下《澳蕃篇》，澳门文化司署点校本1992年版，第146页。

奴形模奇，跂踵而交胫。藉此法王寺，阴森设椎柄。"① 黑人的形状总体来说是很奇怪的，"形模奇，跂踵而交胫"，难以想象出他们怪异的样子。杭世骏《岭南集》卷五《黄孝廉冏遣僮阿宝送鬼子羔》："鬼奴乌帽羊毛，尺八腿缚行滕牢。左牵四尺帖尾獒，画幡招摇卷秀眊。"② 嘉庆时期李遐龄《澳门杂咏》："黑种红衣薙发囗，鸡毛插帽状堪哈。激筒药水溜肠罢，旋点玻璃打勺来。"③

道光时潘有度《西洋杂咏》：

头缠白布是摩卢，（摩卢，国名。人皆用白布缠头。）黑肉文身唤鬼奴。供役驶船无别事，倾囊都为买三苏。（夷呼中国之酒为三苏。鬼奴岁中所获，倾囊买酒。）④

不同时代均有文人对澳门黑人的诗歌描述，澳门黑人亦成为中国文人文学作品的关注对象。

三　明清东南海上及澳门黑人的来源

（一）来源于东南部非洲的"黑人"

普塔克教授认为："葡萄牙人的奴隶大多数来自非洲。"他还说，在澳门的所有人种中，黑人的社会地位是最低下的。他们大都是来自非洲，几乎没有受过教育，只从事简单的体力劳动，如做水手、手工业者的帮徒，或者充当 mo ços。⑤

普塔克教授的结论是有根据的。文德泉神父称，澳门自开埠之初即有

---

① （清）夏之蓉：《半舫斋诗钞》卷九《澳门》，乾隆三十六年刻本。
② （清）杭世骏：《岭南集》卷五《黄孝廉冏遣僮阿宝送鬼子羔》，光绪七年刻本。
③ （清）李遐龄：《勺园诗钞》卷一《澳门杂咏》，嘉庆十九年单刊本。
④ （清）潘义增、潘飞声：《番禺潘氏诗略》第2册《义松堂遗稿》之潘有度《西洋杂咏》，光绪二十年刻本。
⑤ ［德］普塔克：《澳门的奴隶买卖和黑人》，关山译，《国外社会科学》1985年第6期。

非洲"黑人",据 1584 年的记载,澳门耶稣会院就有 19—29 名非洲奴仆。[①]
万历年间,西洋传教士庞迪我、熊三拔向神宗帝上书解释澳门养奴之事称:
"至于海国黑人,其国去中国六万里,向来市买服役。"[②] 这"去国六万里"
之国当指东部非洲国。1635 年,澳门"有 850 个有家室的葡萄牙人……他
们平均有 6 个武装奴隶。其中数量最大、最优秀的是咖吠哩(cafre)人,
还有其他族人"[③]。1637 年,《彼得·芒迪游记》记录:"澳门男奴隶大多数
是鬈头发的卡菲尔人。"[④] 1640 年澳门出使日本的人员中有 3 名随行的卡菲
尔奴隶。[⑤] 1771 年一位在澳门的匈牙利人看到了一些来自加纳利群岛的卡菲
尔人。[⑥] 根据一份 1773 年的葡文资料,澳门居民由四部分组成:出生在葡
萄牙的葡萄牙人、出生在印度的葡萄牙混血儿、华人基督徒、非洲和帝汶
的奴隶。[⑦] 从中可以看出,非洲黑人奴隶已成为澳门社会主要组成部分之
一。就是到澳门黑人衰减的清中期,天主教徒和印度商人还是积极参加奴
隶贸易,1780—1830 年间每年约有 200—250 个非洲人被运往葡属印度和澳
门。[⑧] 以两地平分,则澳门在 1780—1830 年间每年均可增加 100—125 个非
洲黑奴。1840 年,澳门土生葡人多明戈斯·皮奥·马贵斯(Domingos Pio
Marques)遗产清单罗列的七名奴隶中就有两名卡菲尔人,一个是 40 岁的费
列斯(Félix),另一个是 50 岁的丽塔(Rita)。他们的籍贯明确标明他们是
卡菲尔人(cafre)。[⑨] 据鲁迪·包斯(Rudy Bauss)公布的 18 世纪的资料

① Manuel Teixeira, *O Comércio de Escravos em Macau*, Macav Imprensa National, 1976, p. 6.

② [比] 钟鸣旦等编:《徐家汇藏书楼明清天主教文献》第 1 册,庞迪我、熊三拔《奏疏》,台北
辅仁大学神学院 1996 年版,第 100—101 页。

③ [英] 博克塞:《光复时期的澳门》,里斯本,东方基金会 1993 年版,第 28 页。转引自《郑芝
龙与澳门——兼谈郑氏家族的澳门黑人》,载《东西望洋》,澳门成人教育学会 2003 年版,第 189—211
页。

④ Peter Mundy, *The Travels of Peter Mundy*, in Europe and Asia, *1608 - 1667*, VIII Part I., Nen-
clelm; Rraus Reprit Ltd., 1967, pp. 264 - 268.

⑤ Manuel Teixeira, *O Comércio de Escravos em Macau*, p. 10.

⑥ Ibid.

⑦ 参见 A. M. Martins do Vale, *Os Portugueses em Macau (1750—1800)*, Instituto Português do Orien-
te, 1997, p. 130。

⑧ Rudy Bauss, "A Demographic Study of Portuguese India and Macau as well as Comments on Mozam-
bique and Timor, 1750 - 1850", in *The India Economic and Social History Review*, 34, 2, 1997, p. 212.

⑨ Jorge Forjaz, *Familias Macaenses*, Macau: Fundacao Oriente, Vol. 2, 1996, p. 561.

称，澳门的非洲人占了白人和黑人总人口数的33%。① 可以证明，非洲黑奴在澳门总人口中占有相当重要的地位。

非洲的莫桑比克因长期作为葡萄牙的东方属地和居留地，也成为澳门黑人奴隶的重要来源地。法国学者贡斯当的著述中提道：

他们在澳门租用和修缮非常豪华的住宅，选择的地区优美、漂亮、美观，又带有很大的美丽花园。自16世纪以来，葡萄牙便习惯于将莫桑比克的黑人运到澳门，以给到那里住冬的驻穗欧洲人充当仆人。②

到18世纪后，欧洲各国东印度公司均在澳门设立商馆或办事处，其所役使之黑奴来自非洲东南部的莫桑比克。《瀛环志略》云：澳门各夷馆所用黑奴，皆从此土（指莫三鼻给）贩。③ "莫三鼻给"即今之莫桑比克（Mozambique）。鲁迪·包斯的一份调查中也写道：（澳门）黑人一部分来自莫桑比克。18世纪中期成书的《中国和日本》一书中记载，当时澳门尚有许多"黑人"，其中不少是莫桑比克人。④ 可见，18世纪后澳门来自莫桑比克的黑奴数量在总人口中占有不小的比例。

普塔克甚至还认为，在来自非洲的"黑人"中，有许多人是来自非洲西北部的佛得角群岛，他说，按照一些语言学家的看法，澳门葡人所讲的那种"澳门语"是受佛得角群岛语言的影响。⑤ 以此为依据，可以旁证澳门有不少从佛得角群岛来的黑人。

---

① Rudy Bauss, "A Demographic Study of Portuguese India and Macau as well as Comments on Mozambique and Timor, 1750 – 1850", in *The India Economic and Social History Review*, 34, 2, 1997, p. 213. 澳门人口调查，载于澳门书信集，HAG 1314，1818 年，5，043 人，第 75 页；澳门书信集，HAG 1334，1831 年，4，419 人，第106 页；澳门书信集，HAG 1341，1835 年，4，804 人，没有页码。普塔克《澳门的奴隶买卖和黑人》文中也指出："非洲黑人占了大多数。"

② ［法］贡斯当：《中国 18 世纪广州对外贸易回忆录》（此书大概成书于 19 世纪末），耿昇译，《暨南史学》2003 年 12 月第 2 期。

③ （清）徐继畬：《瀛环志略》卷 8，台湾华文书局影印道光三十年刊本 1968 年版，第 256 页。

④ Manuel Teixeira, *Macau através dos séculos*, Macau, 1977, p. 24.

⑤ ［德］普塔克：《澳门的奴隶买卖和黑人》，关山译，《国外社会科学》1985 年第 6 期。

（二）来自霍尔木兹的"黑人"

早期来华的黑奴有来自霍尔木兹者。《甓余杂集》卷二：刘隆等兵船并力生擒哈眉须国黑番一名法哩须。[①] 又据上虞县知县陈大宾申抄黑番鬼三名口词，（其中）一名法哩须，年二十六岁，地名哈眉须人，十岁时，被佛郎机买来，在海上长大。[②] 该书卷五提到的"四十六名黑番鬼"中也有一名来自哈眉须（Hormus）。[③] 又哈眉须，据考证为霍尔木兹。据葡文资料，1550年前后，霍尔木兹曾居住着大约150名葡萄牙人和"黑人居民"。[④] 据博卡罗的解释，这里的"黑人"指"黑种已婚居民"即"当地的土著人"。上面这些来自于哈眉须的黑奴当亦是当地土著人。

（三）来自印度的"黑人"

17世纪时，葡萄牙人将印度人分为两种，一种称为"伊斯兰教摩尔人"，一种称为"非犹太教的黑人"。这种"黑人肤色浅黑，具有其他人所没有的智慧，他们有一个恶习，他们是优秀的窃贼。黑色非犹太人毫不吝惜自己的体力，可以成为一个很好的仆人"[⑤]。澳门的印度黑人当即是这种"非犹太教的黑人"。不仅葡萄牙人将印度人视为"黑人"，美国人也将印度人称为"黑人"。据哈丽特·洛日记：

> 在澳门，葡萄牙人常常与来自印度的混血女子结婚，……马尔顿太太及两位威廉斯家小姐从加尔各答来，他们具有一半种姓血统，肤色相当深……我们应该叫他们为黑人。[⑥]

① （明）朱纨：《甓余杂集》卷二《捷报擒斩元凶荡平巢穴靖海道事》。明朱质刻本，天津图书馆藏。

② （明）朱纨：《甓余杂集》卷二《议处夷贼以明典刑以消祸患事》，明朱质刻本，天津图书馆藏。

③ （明）朱纨：《甓余杂集》卷五《六报闽海捷音事》，明朱质刻本，天津图书馆藏。

④ ［印度］桑贾伊·苏拉马尼亚姆（Sanjay Subrahmanyam）：《葡萄牙帝国在亚洲1500—1700：政治和经济史》，何吉贤译，纪念葡萄牙发现事业澳门地区委员会1997年版，第83页。

⑤ 同上书，第238页。

⑥ ［葡］普噶：《从哈丽特·洛（希拉里）的日记看19世纪澳门性别的社会生活》，《澳门公共行政杂志》2002年第2期。

《历史上的澳门》中载：到 1563 年，已有 900 名葡萄牙人（儿童不计在内），此外还有几千名满刺加人、印度人和非洲人，他们主要充当从事家务的奴隶。[①] 徐萨斯的记载中谈到 16 世纪澳门就有印度人充当奴隶。1564 年到澳门的叶权看到葡萄牙人役使黑鬼，其中也有女黑奴，她们 "色如男子，额上施朱，更丑陋无耻"[②]，从其 "额上施朱" 来判断，应是印度女人。可见，澳门开埠之初即有来自印度的黑奴。来自印度的黑人主要为马拉巴尔人、卡那林人及其他种族。入清后，来澳门的印度黑人多称 "摩卢"、"摩啰"。道光时潘有度《西洋杂咏》中曾提到：头缠白布是摩卢（摩卢，国名。人皆用白布缠头），黑肉文身唤鬼奴。[③]

《林则徐日记》则云：更有一种鬼奴，谓之黑鬼，乃谟鲁国人，皆供夷人使用者，其黑有过于漆，天生便然也。[④] 摩卢当即谟鲁。摩卢人葡文为 Mouro，英文作 Moor，今译摩尔人。其词源是拉丁语 maurrus。原始语义是异教徒。在葡语中有两个基本的意思，一是不信基督教的土著，二是伊斯兰教徒，尤其是指北非和统治伊比利亚的穆斯林。在葡属印度，用于不信基督教的土著或穆斯林。上引被称之 "黑鬼" 的摩卢（谟鲁）人应指不信基督教的土著，也就是前言之 "非犹太教的黑人"。澳门的印度 "黑人" 除为奴仆者外，还有一部分是服役当兵，崇祯三年（1630 年）组建支援明朝的 100 名黑人部队中有一部分是印度人。[⑤] 1784 年，在澳门组建一个连队，其中主体就是 100 名印度叙跛兵（Sepoys）。[⑥] 在澳门有个摩罗园（Mouros），原来是从葡属印度招雇来的土著兵的军营，印度收回葡属印度后，改从非洲招兵。摩卢人，具体就是指葡萄牙人从葡属印度如果阿、柯钦等地带来的当地土著黑人。嘉庆十七年（1812 年）八月二十八日禀文也曾提到

---

① ［葡］徐萨斯：《历史上的澳门》，黄鸿钊等译，澳门基金会 2000 年版，第 32 页。

② （明）叶权：《贤博编》附《游岭南记》，中华书局标点本 1987 年版，第 46 页。

③ （清）潘义增、潘飞声：《番禺潘氏诗略》第 2 册《义松堂遗稿》之潘有度《西洋杂咏》，光绪二十年刻本。

④ （清）陈胜粦编：《林则徐日记》，道光十九年七月二十六日，辑自陈树荣《林则徐与澳门》，澳门："纪念林则徐巡阅澳门一百五十周年学术研讨会" 筹备会，1990 年，第 241 页。

⑤ Michael Cooper, Rodrigue: O Interprete: Um Jesuita no Japao e na China do Seculo XVI, Lisboa : Quetzal, 2003, p. 383.

⑥ ［瑞典］龙思泰：《早期澳门史》，吴义雄等译，东方出版社 1997 年版，第 65 页。

澳门一名噉嚧鬼酒醉后到街上店铺闹事，后被其主人带回去处置。[1] 此噉嚧鬼就是摩卢人。18 世纪后期来广州、澳门的 Mouro 或 Moor，却是葡属或英属印度殖民地的土著民，其人以白布缠头，如《西洋杂咏》中提到的"头缠白布是摩卢"。但须注意的是，还有一部分称之为"白头摩啰"或"港脚白头夷"者却不是在澳门为奴者，他们是居住在印度的巴斯人，他们大都是从事海上贸易的商人，其所奉者为祆教。故《瀛环志略》云：粤东呼（波斯）为大白头，呼印度为小白头。两地皆有白布缠头之俗，因以为名者也。[2] 大白头为巴斯人，祆教徒；小白头为印度非基督教土著及穆斯林。

（四）来自孟加拉和马六甲的"黑人"

据载，16 世纪进口到果阿的奴隶大部分来自孟加拉、中国和日本。17 世纪初果阿的奴隶大部分来自远东、孟加拉及东非三个地区，[3] 可见孟加拉奴隶在果阿数量很大，而在澳门数量相应要少得多。目前为止仅发现两例：一是据巴范济 1583 年的信称，当时他身边有一名孟加拉人，名字叫"阿隆索"，此人能说一口流利的官话[4]；二是在何大化《1643 年华南耶稣会年札》中记录澳门城的黑人有孟加拉人。[5]

在葡萄牙人控制的东方殖民据点中，马六甲是离澳门地缘最近的基地，故与澳门的关系亦表现最为密切。葡萄牙人将马六甲土著人称"黑人"，《明史·满剌加传》载："（其地）男女椎髻，身体黝黑。"[6] 平托《远游记》记载满剌加时，多次提到马六甲的"黑人"，[7] 从第一节引朱纳《虋余杂集》中记录了不少满剌加黑人。徐萨斯《历史上的澳门》称，1563 年时

---

① 刘芳辑、章文钦校：《葡萄牙东波塔档案馆藏清代澳门中文档案汇编》（上），第 599 号文件，澳门基金会 1999 年版，第 328 页。

② （清）徐继畬：《瀛环志略》卷三，影印道光三十年刊本，（台北）华文书局 1986 年版，第 250 页。

③ ［印度］桑贾伊·苏拉马尼亚姆：《葡萄牙帝国在亚洲 1500—1700：政治和经济史》，何吉贤译，纪念葡萄牙发现事业澳门地区委员会 1997 年版，第 237 页。

④ 巴范济致戈麦兹的信，1583 年 2 月 18 日，转自夏伯嘉《利玛窦：紫禁城里的耶稣会士》第 3 章《澳门》，向艳红、李春园译，上海古籍出版社 2012 年版，第 82 页。

⑤ ［葡］何大化：《中国年札》，东方葡萄牙学会、葡萄牙国立图书馆 1998 年版，第 167 页。转引自金国平、吴志良《郑芝龙与澳门——兼谈郑氏家族的澳门黑人》，载《东西望洋》，第 189—211 页。

⑥ （清）张廷玉：《明史》卷三二五《满剌加》，中华书局 1974 年版。

⑦ ［葡］费尔南·门德斯·平托：《远游记》上册，金国平译，葡萄牙航海大发现事业纪念澳门地区委员会、澳门基金会、澳门文化司署、东方葡萄牙学会，1999 年，第 42—43 页。

澳门就有 900 名葡萄牙人和数千名奴隶，其中一部分是来自满剌加的人。他还指出，“早期澳门的葡萄牙殖民者与日本或满剌加女人结婚，尤以后者为多”①。裴化行又指出：“住澳门的外商，因为葡国妇女的缺乏，又不满于马六甲或印度而来的妇女，于是便与日本的特别是与中国的妇女结婚。”②可见，早期进入澳门的马六甲女奴很多，葡人多娶女奴为妾。17 世纪中期的葡文资料记载，有人建议葡王从澳门进攻广州称：“留下 300 葡萄牙人及100 名满剌加混血基督徒留守广州。”③ 均可证明 17 世纪时澳门马六甲“黑人”尚有不少。

（五）来自帝汶的“黑人”

帝汶，清人称为地满。《澳门记略》载：“有地满在南海中，水土恶毒，人黝黑，无所主。”④《澳门图说》：“（澳内）夷有黑白二种：白曰白鬼，西洋人，其性黠而傲；黑曰黑鬼，西洋之属地满人，其性愚而贪，受役于白鬼。”⑤ 可见，中文文献中也明确称有澳门黑奴来自“地满”。但帝汶“黑人”进入澳门都是比较后期的事情。西文资料多有记录，前引 1773 年葡文资料称帝汶的奴隶是澳门居民的组成部分；鲁迪·包斯 18 世纪资料也称，澳门的“黑人”一部分来自帝汶。⑥ 施白蒂亦称：

唐·伊拉里奥修士在 1747 年致国王的呈文中指责澳门人把抢来、骗来、买来和用布匹换来的帝汶人带到澳门作奴隶。⑦

澳门土生葡人多明戈斯·皮奥·马贵斯财产清单中的七个奴隶，除了

---

① ［葡］徐萨斯：《历史上的澳门》，黄鸿钊等译，澳门基金会 2000 年版，第 32 页。

② ［法］裴化行：《天主教十六世纪在华传教志》上编，萧濬华译，第 110 页。

③ 澳门中国居民若尔热·平托·德·阿泽维多于 1646 年 3 月亲手给唐·菲利佩·马斯卡雷尼亚斯总督先生转呈议事会《呈吾主吾王唐·若昂四世陛下进言书》，转引自金国平《耶稣会对华传教政策演变基因初探——兼论葡、西征服中国计划》，载该氏《西力东渐——中葡早期接触追昔》，第 148 页。

④ （清）印光任、张汝霖：《澳门记略》卷下《澳蕃篇》，澳门文化司署点校本 1992 年版，第 142 页。

⑤ （清）王锡祺：《小方壶斋舆地丛钞》第九帙张甄陶《澳门图说》，杭州古籍店本，第 315 页。

⑥ Rudy Bauss, "A Demographic Study of Portuguese India and Macau as well as Comments on Mozambique and Timor, 1750 – 1850", in *The India Economic and Social History Review*, 34, 2, 1997, p.213.

⑦ ［葡］施白蒂：《澳门编年史：16—18 世纪》，小雨译，澳门基金会 1995 年版，第 136 页。

两个是卡菲尔人，另外五个都是亚洲的帝汶人，Tomás（托马斯），José（若泽），Luisa（路易莎），Lourenço（洛伦索）和 Ana（安娜）。①

综上所述，可以看出，明清时期澳门"黑人"的来源是多方面的，根据各种文献记录来看，主要来自东南部非洲（包括西北非之佛得角群岛）、伊朗（主要指霍尔木兹）、印度［主要指科罗曼德尔（Coromandel）］及马拉巴尔（Malabar）、孟加拉（Bengal）、马六甲（Malakar）及帝汶（Dimor）。其中来自东南非洲是16—19世纪澳门"黑人"中最主体的部分，且从16世纪直到19世纪中叶，非洲黑人一直是澳门"黑人"的主体，其次是印度"黑人"，最后是帝汶"黑人"。马六甲"黑人"主要是在澳门开埠初期的一段时间，而帝汶"黑人"主要在18世纪中后期才进入澳门。至于孟加拉"黑人"进入澳门者人数不多，在文献中仅见一次记录。

四 明清时期澳门黑人的数量及其在澳门社会中的地位和作用

随着葡人的不断东来，澳门的黑人也越来越多。他们主要来自非洲、印度和东南亚各国。那么黑人在澳门社会中到底有多少？澳门开埠初十年间，葡萄牙来澳人数最高达900名已婚者②，而当时澳门的外国人总人数为5000—6000名基督教徒③。当时进入澳门华人入教者不多，故这一时期来澳的黑人至少应在4000人，其数据远远高于葡萄牙人。博卡罗（António Bocarro）曾经参照果阿的统计数据写道：葡萄牙人家庭至少平均有6名以上的奴隶，他们"是具有服役能力的，其中绝大多数是黑奴及同类"④。在对日贸易的鼎盛时期，已婚的葡萄牙男户主的人数1601年达400人，1635年达850人，1640年减为600人。按1:6推算，黑人应为2400人、5100人和

---

① Jorge Forjaz, *Familias Macaenses*, Macau：Fundacao Oriente, 1996, Vol. 2, p. 561.
② ［葡］施白蒂：《澳门编年史：16—18世纪》，小雨译，澳门基金会1995年版，第16页。
③ 同上书，第17页。
④ "Description of the City of the Name of God in China, by Antonio Bocarro, Chronicler-in-Chief of the State of India", in C. R. Boxer ed. and trans. , *Seventeenth Century Macau in Contemporary Documents and Illustrations*, Hongkong：Heinemann, 1984, p. 15.

3600 人①。17 世纪 40 年代初,澳门总人口估计约为 40000 人,其中约有 2000 人是葡萄牙人或具有葡萄牙血统的。② 如果以博卡罗所说的比例来计算,当时的黑人也为数不少。

乾隆八年(1743 年)广东按察史潘思榘上奏:"我朝怀柔远人,仍准依栖澳地。现在澳夷计男妇三千五百有奇。"③ 19 世纪初,澳门人口又有所增加。《粤海关志》记澳门人口云:"今生齿日繁,男女计至五千众。"④ 今指嘉庆十五年(1810 年)。可见此时入华葡人及土生葡人数量已大不如以前,一是由于澳门经济逐渐衰落,二是清政府的禁海政策,导致澳门葡人逐渐减少,因此随之而来的黑人数量也相应减少。到了嘉庆十四年(1809 年)总督百龄临澳点阅时,夷人一千七百十五,夷妇一千六百十八,夷兵二百六十五,黑奴三百六十五。⑤ 这里的黑人数量明显比澳门对外贸易黄金时代统计的资料少得多。

从上述澳门葡人人口与黑人人口变化可以看出,明代澳门社会黑人人口比例远远高于葡人,成为澳门社会除华人以外第二主体人口。但入清后黑人人口比例逐渐下降,到嘉庆时竟降到 365 人,道光时又下降到 200 人⑥,可见到清中叶时,澳门黑人在澳门人口中的比例已退居到较次要的位置上。

一般来说,黑人在澳门的身份均为奴隶或仆役,社会地位十分低下,即杜臻所言:"黑鬼种贱,在仆隶耳。"⑦ 他们不具备"自由人"的身份,生命被主人掌握:"其生死惟主人所命"⑧;甚至可以被主人像牲口一样贩

---

① [英] 博克塞:《16—17 世纪澳门的宗教和贸易中转港之作用》,载中外关系史学会、复旦大学历史系编《中外关系史译丛》第 5 辑,上海译文出版社 1991 年版,第 82 页。

② Sanjay Subrahmanyam, *The Portuguese Empire in Asia*, 1500 – 1700: *A Political and Economic History*, London and New York: Longman, 1993, p. 207.

③ (清)印光任、张汝霖:《澳门记略》卷上《官守篇》,澳门文化司署点校本 1992 年版,第 75 页。

④ (清)梁廷枏:《粤海关志》卷二九《夷商》四,广东人民出版社标点本 2002 年版,第 551 页。

⑤ (清)祝淮:《新修香山县志》卷四《海防·澳门》引《县册》影印道光七年刊本,中山文献丛书。

⑥ (清)关天培:《筹海初集》卷一《奏覆查明澳门夷人炮台原委请免驱拆折》,载《近代中国史料丛刊》三编,(台北)文海出版社 1989 年版。

⑦ (清)杜臻:《粤闽巡视纪略》卷二,康熙二十三年二月乙未条,孔氏岳雪楼影抄本。

⑧ (明)王士性:《广志绎》卷四《江南诸省》,中华书局标点本 1993 年版,第 101 页。

卖，"价百两、数十两"① 不等；他们只能吃主人的残剩饭："食余，倾之一器如马槽，黑奴男女以手抟食"②，居住则只能住在主人的楼下："己居其上，而黑奴居其下"③，最重要的是如果主人不喜欢这一黑奴，则终身不许其婚配："若主人恶之，锢其终身，不使匹配。"④ 可以说，黑人，他们是澳门社会中社会地位最为低下的阶层。因此，在澳门社会中，"黑人"的反抗、逃亡、打架、酗酒、强奸、偷盗就成了当时最为严重的社会问题。在明代，黑奴逃亡事件就频频发生。⑤ 在葡萄牙东波塔档案馆内就收藏有大量的关于澳门黑人各种犯罪的原始记录。⑥ 尽管如此，在明清时期澳门社会中（特别在鸦片战争之前），由于"黑人"是澳门的第二大主体人口，他们在澳门社会中所占有的位置及所起的作用仍然是十分重要的。也就是说，澳门黑人在澳门社会中的地位和作用应引起研究者的注意。

（一）黑人"绝有力"⑦，且"临敌不畏死"⑧ 再加上勇敢善战，"此类善斗"⑨，战斗力很强，冲锋陷阵，在所不辞，"故将官买以冲锋"⑩，并成为澳门最主要的军事力量。徐萨斯称："议事会还保持一支市卫队，此外，海关还雇用一小队黑人。中国人十分惧怕这些黑人，因为他们异常骁勇，用扁担就能弹压骚乱。"⑪ 工部右侍郎赛尚阿奏陈澳门情况时就说："又有番

---

① （明）朱纨：《甓余杂集》卷一〇《海道纪言》之《望归九首》，明朱质刻本，天津图书馆藏。

② （清）印光汝、张汝霖：《澳门记略》卷下《澳蕃篇》，澳门文化司署点校本 1992 年版，第143—151 页。

③ 同上书，第 145 页。

④ （清）傅恒：《皇清职贡图》卷一，辽沈书社 1991 年版，第 93 页。

⑤ Jose Maria Gonzalez, Historia de las Misiones Dominicanas de China, Vol. 1, p. 150 记载，1638 年时，浙江温州城有一群从澳门逃往那里的黑人，据罗马耶稣会档案馆，日本—中国档第 122 号，第 264 页载，1647 年，在福建安海"从澳门逃跑的黑人（pretos）超过两百人"。而据费赖之《在华耶稣会列传与书目》上册第 297 页称："1641 年受洗者 230 人，有某官恶葡萄牙人，迁怒（聂）伯多，命吏役殴之，并驱其出境，信教之黑人不愿为奴而从澳门逃出者，尽匿尼古拉（郑芝龙）舟中，闻伯多受窘，欲为复仇。"可知，郑芝龙手下的黑人也是在明末时从澳门逃出。

⑥ 参见刘芳辑《清代澳门中文档案汇编》上册第 6 章《民蕃交涉》，这一章近 200 份档案，其中多涉及黑人犯罪。

⑦ （清）屈大均：《广东新语》卷七《黑人》，中华书局标点本 1985 年版，第 234 页。

⑧ （明）蔡汝贤：《东夷图说》之《黑鬼》，四库存目丛书，齐鲁书社 1997 年版，第 29—30 页。

⑨ （明）朱纨：《甓余杂集》卷 10《海道纪言》之《望归九首》，明朱质刻本，天津图书馆藏。

⑩ （明）蔡汝贤：《东夷图说》之《黑鬼》，四库存目丛书，齐鲁书社 1997 年版，第 29—30 页。

⑪ 同上。

哨三百余人，皆以黑鬼奴为之，终年训练，无间寒暑。"① 这些黑人在军队中充当士兵，成为军队重要的组成部分。1606 年，黑人和葡萄牙人还一起参加了在青洲小岛的战斗。② 1622 年，在葡荷战争中，黑人对战斗的胜利起了决定性的作用。当时还有一名女黑奴女扮男装，杀死了 2 名荷兰人。③ 咖哜哩国的黑人作战勇敢，因此葡人特别喜欢役使他们。1622 年澳门反击荷兰入侵战争中，葡萄牙人喜欢给卡菲尔奴隶大量饮酒、吸鸦片，使这些卡菲尔奴隶勇敢作战，并战胜了荷兰人。④ 耶稣会士鲁日满（Francois de Rougemont）称："在战斗里，这些士兵中表现最勇敢的是咖哜哩（os Cafres）人。"⑤ 这次胜利意义重大，使荷兰彻底放弃了占领澳门的想法，转而把注意力转移到中国东南沿海的台湾及澎湖群岛一带。而且为了嘉奖黑奴表现出来的忠诚和勇敢，得胜者当场宣布归还他们（指黑奴）以自由。事后，海道也给黑人送来了几百担大米。⑥ 1622 年澳门送至北京一队铳师也是黑人：

天启初，宣彼国三十人至京教军士铳法。甲子春，遣回，至杭州，曾见之。其人色黑如墨，颠毛不及寸，皆团结如螺，两旁髭须亦然。颇似今所图达摩祖师像。所用刀锋利而薄，可以揉捲，盖千炼铁也。其小铳以弹飞鸟，亦在半空方响，发无不中。⑦

① 中国第一历史档案馆、暨南大学古籍所编：《明清时期澳门问题档案文献汇编》第 2 册《寄谕两广总督卢坤等澳夷在澳门自筑砲道训练番哨之事著确切查明据实具奏》，人民出版社 1999 年版，第259 页。

② ［葡］徐萨斯：《历史上的澳门》，黄鸿钊等译，澳门基金会 2000 年版，第 45—46 页。

③ 同上书，第 55—56 页。

④ C. R. Boxer, *Fidalgos in the Far East, 1550 – 1770: Fact and Fancy in the History of Macau*, The Hague, Martinus Nijhof, 1948, p. 85. 桑贾伊·苏拉马尼亚姆：《葡萄牙帝国在亚洲 1500—1700：政治和经济史》，何吉贤译，纪念葡萄牙发现事业澳门地区委员会 1997 年版。

⑤ 参见鲁日满 *Rela çam do estado politico e espiritual do Imperio da China pellos annos de 1659 até o de 1666, escrita em latim pello P. Francisco Rogement. traduzida por hum religioso da mesma Companhia de Jesus. Lisboa: na oficina de Joam da Costa, 1672, p. 8.* 转引自金国平、吴志良《郑芝龙与澳门——兼谈郑氏家族的澳门黑人》，载《东西望洋》，第 189—211 页。

⑥ ［葡］徐萨斯著、黄鸿钊等译：《历史上的澳门》第 6 章，澳门基金会 2000 年版，第 57 页。

⑦ （明）包汝楫：《南中纪闻》（不分卷）之《西洋国鸟铳》，丛书集成初编本，中华书局 1985 年版，第 19 页。

崇祯三年（1630 年）从澳门组织的 360 名雇佣军中，其中 100 人即是被称为"黑奴"的"非洲人和印度人"①。1638 年，因明朝"哨兵盗奸夷妇"之事，一队"黑夷"水手驾哨船，驾大铳驶入香山汛地，袭击明军，且"误杀"哨官何若龙，后为首6 名黑人凶犯均被中国官员绞死。② 当时威震东南海上的"一官船国"中也有一支黑人雇佣兵：

这些士兵是郑芝龙从澳门和其他地方弄来的。这些人是基督徒，有妻子儿女。他们来探望我们。他们的连长叫马托斯（Luis de Matos）是一个聪明、理智的黑人……在那里（安海），有一些澳门的黑人。他们是基督徒，是那位官员（郑芝龙）的士兵……上述官员一官手下一直有大量的从澳门来的棕褐色的基督徒为其效劳。他们有自己的连队，是优秀的铳手（arcabuceros）。他最信任他们，用他们护身、充兵役。我们一靠岸，一些人马上过来看望我们。有几个是我在澳门认识的，……③

这些黑人为郑氏家族事业的发展和巩固贡献不少。他们捍卫自己的主人，为主人赴汤蹈火，为主人而战，他们还通过语言的方式和勇敢的行为来表达对主人的忠诚。④ 而这些黑人军队大部分来自澳门。⑤

（二）由于黑人"性颇忠实"⑥，其对主人十分忠诚，"其人止认其所衣食之主，即主人之亲友皆不认也"⑦。所以，他们是很好的护卫和家仆。

---

① Michael Cooper, *Rodrigue*：*O Interprete*：*Um Jesuita no Japao e na China do Seculo XVI*, p. 383. 韩霖《守圉全书》卷3 之 1 韩云《战守惟西洋火器第一疏》称："购募澳夷数百人，佐以黑奴，令其不经内地，载铳浮海，分凫各岛。"此处"黑奴"即西文中的"非洲及印度人"。

② （明）张镜心：《云隐堂文集》卷三《直纠通澳巨贪疏》，国家图书馆藏，第 26—33 页；Manuel Teixeira, *Macau no Sec. XVII*, pp. 69 – 70.

③ 《在华方济各会会志》第 2 卷，第 367 页，转引自金国平、吴志良《郑芝龙与澳门——兼谈郑氏家族的澳门黑人》，载《东西望洋》，澳门成人教育学会 2003 年版，第 189—211 页。

④ Peter M. Voelz, *Slave and Soldier*：*The Military Impact of Blacks in the Colonial Americas*, New York & London, 1993, p. 367.

⑤ 金国平、吴志良：《郑芝龙与澳门——兼谈郑氏家族的澳门黑人》，载《东西望洋》，澳门成人教育学会 2003 年版，第 189—211 页。

⑥ ［比］钟鸣旦等编：《徐家汇藏书楼明清天主教文献》第 1 册庞迪我、熊三拔《奏疏》，（台北）辅仁大学出版社 1996 年版，第 100—101 页。

⑦ （明）王士性：《广志绎》卷四《江南诸省》，中华书局标点本 1993 年版，第 101 页。

葡萄牙人居住的房屋一般都有很多层，他们（指葡萄牙人）居住在上层，而黑奴居于最下层，目的就是要保护夷主和整个大宅院的安全，做好护卫工作。因此屈大均说："诸巨室多买黑人以守户"①，姚元之则称：番人之有职者，所居墙外有黑鬼持火枪守之，隔数十步立一人。②

而且葡萄牙人用餐时，"男女杂坐，以黑奴行食品进"。姚元之以亲眼所见黑奴的家庭服务：

> 饮用熬茶，令鬼奴接客座以进；食果，鬼奴递送客前，取客前之盘返于主人，别置他果，往复传送，客引愈多，食愈多，则主人愈乐矣。③

又根据洛伦索·梅希亚斯神父1548年12月8日记载，在澳门耶稣会会院，有19—29名非洲奴仆，其中一人为看门员，另一位是圣器管理员。④"夷人自有黑奴搬运家私，移顿货物……"⑤，《芒迪游记》还载，澳门一种主要流行于葡萄牙和西班牙民族中的骑术和投球的游戏中，"每个骑士都有卡菲尔黑奴为自己传递泥球"⑥。曾于1829—1833年在澳门居住的美国姑娘哈丽特·洛（Harriet Low）在日记中提到，1831年8月17日，她在非洲卡菲尔奴仆的武装护卫下步行去欣赏歌剧。⑦ 文德泉神父的书中还提到非洲卡菲尔奴仆参加1833年新年庆祝活动的情景；这些奴隶为总督提供各种服务。⑧ 可见，葡人出行，卡菲尔黑奴常伴其左右。可以反映出这些黑人仆役为他们的葡人主子从事方方面面的家庭服务。

（三）黑人的水性很好，"入水可经一二日"⑨，甚至"其主使之下海，

---

① （清）屈大均：《广东新语》卷七《黑人》，中华书局标点本1985年版，第234页。

② （清）姚元之：《竹叶亭杂记》卷三《广东香山有地》，中华书局标点本1982年版。

③ 同上。

④ Manuel Teixeixa, *O Comércio de Escravos em Macau*, Macau Imprensa Nacional, 1976, p. 6.

⑤ （清）梁廷枏：《粤海关志》卷二九《夷商4》，广州人民出版社标点本2002年版，第554页。

⑥ Peter Mundy, *The Travels of Peter Mundy, in Europe and Asia*, 1608–1667, VIII Part I. , pp. 264–268.

⑦ ［葡］普噶（Rogério Miguel Puga）：《从哈丽特·洛（希拉里）的日记看19世纪澳门性别的社会生活》，《澳门公共行政杂志》第15卷总56期2002年第2期，第473页。

⑧ Manuel Teixeira, *O Comércio de Escravos em Macau*, Macau Imprensa Nacional, 1976, p. 11.

⑨ （明）蔡汝贤：《东夷图说》之《黑鬼》，《四库存目丛书》，齐鲁书社1997年版，第29—30页。

虽蛟蛇弗避也"①，故多被用来作为船上的水手、护卫，应急时可用。多种中文文献记录："有黑鬼者，最善没，没可行数里"②；"番舶渡海，多以一二黑鬼相从，缓急可用也"③；"番舶往来，有习于泅海者，谓之黑鬼刺船护送"④；"洋船：以黑鬼善没者司之"⑤。当时每年从澳门抵达长崎的"大黑船"上不仅有白色的葡萄牙人和亚洲人，而且还有深肤色的来自非洲和亚洲的水手："崇祯十三年五月十七日（1640 年 7 月 6 日）澳门小船一艘抵达长崎，海员七十四人，内葡萄牙人六十一人，黑人十三人"，而 1640 年 1 月 3 日大员出发的遇难获救的荷兰船上就有"黑奴 9 名"⑥。《南蛮屏风图》中有多幅图画描绘黑人在大黑船上充当各种职务的形象。⑦ 可以反映黑人在澳门对外贸易的航海中所具有的重要作用。

（四）黑人由于长期与其欧洲主人生活在一起而通欧洲语言，而到澳门后又多与华人打交道，或"见渐习华语"，或"日久能粤语"。因此，黑人多利用他们的语言知识，在中西交往中充当翻译。⑧ 朱纨称黑人"往往能为中国人语"⑨，这些能讲中国话的黑人在嘉靖时期中日贸易中充当翻译。1583 年巴范济的信中称澳门耶稣会院有孟加拉人阿隆索，"能说一口流利的官话"。此人亦充当翻译。⑩ 徐萨斯《历史上的澳门》中也记载黑奴充当翻译的事情。1637 年，英国的威德尔率舰队从果阿航行至澳门，他们首先派遣一支探测队花一个月时间勘探河流情况，这支探测队于中途被中国舰队拦住，不让他们前行。中国舰队上的通事（翻译）就是一些从澳门逃出去的黑奴。中方官员通过通事规劝这支队伍返回。最终这支英国的探测队返回了澳门。从这件事情可以看出，黑奴在双方交涉的过程中起了很大的作

① （清）赵翼：《檐曝杂记》卷四《诸番》，中华书局标点本 1982 年版。

② （明）李光缙：《景璧集》卷九《却西番记》，江苏广陵古籍刻印社影印崇祯十年本 1996 年版。

③ （明）王临亨：《粤剑编》卷三《志外夷》，中华书局标点本 1987 年版，第 92 页。

④ 《明熹宗实录》卷一一，天启元年六月丙子条。

⑤ （清）郝玉麟：《（雍正）广东通志》卷九《海防志》，文渊阁四库全书本。

⑥ ［日］村上直次郎（日译）、郭辉（中译）：《巴达维亚城日记》第 2 册，（台北）台湾文献委员会 1970 年版，第 265 页。

⑦ Institto Portugues do Oriente, *Namban：Memorias de Protugal no Japao*, Macau, 2005, p. 64, 66, 67, 74 – 75.

⑧ Austin Coates, *Prelude to Hong Kong*, London：Routledge & K. Paul, 1966, p. 13.

⑨ Ibid.

⑩ （明）朱纨：《甓余杂集》卷 2《议处夷贼以明典刑以消祸患事》。

用，他们是双方交涉的桥梁，充当了翻译。①

最后值得注意的一点是，来到中国的黑人不全是作为奴隶的，他们中也有地位比较高的，在旧金山的亚洲艺术博物馆中就收藏了一幅14世纪的中国画，画中的一个黑人从其衣着和举止明显能看出他地位之高。这里明显反映出黑人不全是作为奴隶，且他们的后裔也不全是被役使的。② 也就是说，并不是所有的黑人及其后裔世代作为奴隶。③

《东夷图像》中的黑奴

　① ［葡］徐萨斯：《历史上的澳门》第8章，黄鸿钊等译，澳门基金会2000年版，第75页。

　② Ronald Segal, *Islam's Black Slaves: the other diaspora*, New York: Farrar, Straus and Giroux, 2001, p. 69, Illustrated in Runoko Rashidi, ed., *African Presence in Early Asia*, New Brunswick, N. J.: Transaction Publisher, 1995, p. 54.

　③ Ibid., p. 69.

《皇清职贡图》中的黑奴

《皇清职贡图》中的大西洋国黑鬼奴

《阿妈港纪略》中的葡萄牙贵族与黑奴

16 世纪南蛮艺术屏风中的葡萄牙人与黑奴

战时清政府对海峡西岸移民社会的控制

——以台湾林爽文事件中的福建漳州府为例

李智君*

一　引言

明清时期，闽人的足迹遍布东南亚，甚至远涉欧美。由于有大量的人口移民海外，在政府眼里，福建省就成了"自弃王化"之民的"巢穴"。以至于乾隆五年（1740 年）修订的《大清律例》里，载有专门针对福建海外移民的条款："在番居住闽人，实系康熙五十六年以前出洋者，令各船户出具保结，准其搭船回籍，交地方官给伊亲族领回，取具保结存案。如在番回籍之人，查有捏混顶冒，显非善良者，充发烟瘴地方。至定例之后，仍有托故不归，复偷渡私回者，一经拏获，即行请旨正法。"①可见，清政府对福建移民社会的控制，其历史可谓悠久。

台湾也是福建省移民的主要目的地，乾隆五十二年（1787 年），"台湾地方，漳、泉、潮、嘉之民各居其半"②，显示了台湾开发与闽南的密切关系。乾隆五十一年（1786 年）由台湾民众械斗引发的林爽文事件，使海峡西岸的漳州府，成了清政府重点监控的地区。原因有三：其一，林爽文祖

---

* 李智君，厦门大学人文学院副教授。

① 田涛、郑秦点校：《大清律例》卷二〇《兵律·关津》，法律出版社 1999 年版，第 341 页。

② 《闽粤南澳镇总兵陆廷柱奏折》，乾隆五十二年正月初六日，载洪全安主编《清宫宫中档奏折台湾史料》第九册，台湾"故宫博物院"2004 年版，第 36 页。

籍漳州府平和县，且在平和县还有亲属；其二，天地会是从漳州传播到台湾的，林爽文又是天地会成员；其三，海峡两岸政治、经济和文化已逐步一体化，民众往来密切。因此，全面控制漳州社会，是防止林爽文战争扩大化的重要任务。

每一个幅员不等的地方，都是一个独特的区域社会，因此，控制地方一向是政府社会控制的难点。长期以来，一些学者基于现代社会学理论，对传统中国政府的地方治理行为，打上"专制"的图章，予以"有罪"推定，一定程度上影响了学界对政府地方治理行为的深入研究。通过对战时清政府控制漳州社会这一个案地研究，不难发现，无论是从短期效果，即打赢"外洋"战争，又不伤及"沿海要地"角度来看，还是从长期效果，即维持国家统一角度来看，乾隆皇帝及其属下对漳州社会的控制，无疑是成功的。在控制漳州民间信仰、粮食供应和人员归属等方面效果尤为显著。

二 控制漳州天地会组织

在国家法律和宗族制度都没法控制区域社会秩序，并保障民众的人身和财产安全的时候，加入秘密社会组织，就成为部分民众寻求庇护的必然选择。天地会的创立者郑开未必本着上述原因立会，但其入会者，大多数是基于这一目的。"以大指为天，小指为地，凡入其教者，用三指按住心坎为号，便可免于抢夺，被抢夺银两亦可要回。"① 林爽文加入天地会，也是台湾长期"漳州庄"、"泉州庄"和"广东庄"之间分类械斗，以及宗族内部及宗族之间长期械斗的结果。正如福康安所言："台湾民情刁悍，吏治废弛，营伍全不整饬，屡有械斗拒捕重案，仅将首伙数人究办，不足示惩，奸民等益无忌惮，抢夺成风。凡内地无藉莠民、漏网逸犯，多至台湾聚处，结会树党，日聚日多，不肯随同入会之人，即被抢劫。及至事渐败露，人众势张，转藉官吏侵贪为辞，肆行谋逆。"②

---

① 《两广总督孙士毅、两广巡抚图萨布奏折》，乾隆五十二年二月二十一日，载洪全安主编《清宫宫中档奏折台湾史料》第九册，台湾"故宫博物院"2004年版，第110—111页。

② 《将军福康安奏折》，乾隆五十三年三月二十二日，载洪安全主编《清宫宫中档奏折台湾史料》第十册，台湾"故宫博物院"2004年版，第406—407页。

天地会是郑开于乾隆二十六年（1761年）在漳州漳浦县高溪观音庙（今属云霄县高塘村）倡立的。郑开，僧名提喜，又名涂喜，又号洪二和尚，传会时以"五点二十一"即"洪"字为暗号。部下有卢茂、李少敏、陈彪、陈丕、张破脸狗、张普、赵明德等。乾隆三十三年（1768年），卢茂率会众三百余名，冲击漳浦县衙门，后卢茂因其兄卢惕报官被捕。虽然有三百余名会众在此次行动中被捕，但清廷并未发现天地会名色。李少敏，即李阿闵，于乾隆三十五年（1770年）间，打着前明后裔朱振兴旗号，纠众谋叛，旋即被拿获正法。嗣后提喜、陈彪等均各敛迹，不敢复行传会。乾隆四十四年（1779年）提喜病故，其子郑继因提喜遗有寺田，随于观音庙落发为僧，改名行义，又号续培和尚，接住耕种，吸收会员，传播天地会。①

天地会作为一个秘密社会组织进入清政府的视野，已经是乾隆五十一年（1886年）林爽文事件爆发之后的事情。据福康安调查：

乾隆四十九年三月内，有漳州人严烟，即严若海，在溪底阿密里地方传天地会，林爽文听从入会，党羽益多，横行无忌。其时天地会名目业已传布南路凤山、北路彰化、诸罗，入会者甚多。约定同会之人有难相救，有事相助，武断一方，莫敢过问。五十一年秋间，诸罗会匪杨光勋与伊弟杨妈世争产不和，杨妈世邀蔡福等另结雷公会，互相争斗。伊父杨文麟偏爱幼子，首告杨光勋入天地会，杨光勋复讦告杨妈世结合蔡福等倡为雷公会。诸罗县知县唐镒未即查办，旋经同知董启埏接署，藉称访闻，差拿会匪到案外，委陈和带兵护解匪犯张烈一名，行至斗六门，杨妈世纠约匪攻庄劫犯，将陈和等杀害。董启埏并未严究羽党，而在斗六门攻庄受伤之犯，潜匿彰化县境内。署彰化县事同知刘亨基以杨光勋业被拿获，希图即邀议叙逃逸匪犯，又系诸罗之人，心存推诿，不复严行查缉，雷公会匪犯遂与天地会合为一会，蔡福等逸犯，即逃至大里杙藏匿。柴大纪、永福会审此案，率据属员详报完结，并不从严究办，亦未将唐镒、刘亨基揭参办理。嗣经臬司李永祺奉委来至台湾审办此案，业在该镇道定拟具奏之后，首伙

---

① 《闽浙总督觉罗伍拉纳、福建巡抚徐嗣曾奏折》，乾隆五十四年四月十七日，载洪全安主编《清宫宫中档奏折台湾史料》第十一册，台湾"故宫博物院"2004年版，第193—194页。

凶犯俱已正法。李永祺仅提出余犯覆审一过，亦祗就案完案，未经严切跟究。乾隆五十一年十月柴大纪巡查至彰化，闻大里杙一带匪众抢劫，即以调兵为辞，转回府城，派游击耿世文带兵前往。知府孙景燧得信后，亲赴彰化督拿。知县俞峻会同副将赫生额、游击耿世文赴乡搜捕，烧毁内新、茄荖角等庄，擒获匪犯数名，立行杖毙。差役等查拿过急，林泮、王芬、刘升、何有志等布散谣言，撞称官兵欲来剿洗，与林爽文在茄荖山聚集数百人，竖旗谋逆，于十一月二十七日攻陷大墩营盘。彼时林姓族人不肯令林爽文出名，暂令刘升为首。攻陷彰化县城后，林爽文始为贼首，在县城演武厅会集匪伙，戕害官吏，并令贼匪陈天送约会庄大田，纠合南路天地会匪犯一同谋逆，蔓延一载有余，始行扑灭。

严烟于乾隆四十八年（1883 年）借卖布为名，来至台湾。[①] 此时提喜和尚已归道山。漳州天地会经乾隆三十三年、三十五年清政府的两次沉重打击，元气大伤，且群龙无首。林爽文虽为天地会成员，但其在台湾大里杙起事，未与漳浦县的天地会组织沟通，也并非台湾天地会有组织、有预谋的起义事件，完全是因为械斗引发政府军清剿，并听信烧庄谣言，才临时起意，团结乡族，抗击政府军的。

林爽文起事后，常青在乾隆五十二年（1887 年）正月初六日的奏折中，首次向乾隆皇帝报告了台湾天地会的情况。被抓的天地会成员，供称洪二和尚属广东人，因此乾隆下旨："着传谕孙士毅查明后溪凤花亭究在何府州县，即将和尚洪二房并朱姓严密跟缉，迅速查拿，一经缉获到案，讯得确情，该督即将朱姓并洪二房一并派委妥干员役，迅速解京归案审办，并着饬令沿途地方一体小心押送，毋得稍有疏误。"但两广总督孙士毅费尽心思，抓了几十个漳州天地会成员，却并没有在广东找到天地会组织的头目和后溪凤花亭。考虑到"台湾既有此天地会邪教，粤省所供亦俱称起自闽省，是闽省为此教之渊薮无疑。惟是漳、泉一带民情轻僄，去冬已多讹言，近日始觉宁贴，则正可以相安无事。若四出查拿，恐又增一番惶惑，

① 《福康安奏折》，乾隆五十三年四月初六日，载洪全安主编《清宫宫中档奏折台湾史料》第十册，台湾"故宫博物院" 2004 年版，第 364 页。

或别滋事端"。乾隆朱批:"俟逆贼肃清再办。"①

着传谕该督等于事定后,务须不动声色,通饬各属,将此等会匪徒密访严拿,痛予惩创,勿再稍余孽,并将二十二年以后失察邪教之督抚及大小文武员弁彻底查明,据实参奏。其办理杨光勋一案,将"天地"二字改作"添弟"字样之台湾地方官,其咎更重,是谁之主见,并着该督确查严参,以示惩儆。至许阿协供出勾引入教之赖阿边等犯,俱籍隶漳州,该督等俟台匪办完后,即饬该属严缉,务获训明党羽,按名究办,毋任奸徒漏网。②

可见,尽管天地会在漳州盘踞 26 年,引发两次暴力事件,并成为台湾林爽文事件的诱因之一,但乾隆皇帝考虑到"漳泉为沿海要地",故稳定漳州民众情绪,维持社会稳定比追剿天地会更为重要,因此林爽文战争期间,无论是福建还是广东,都没有在大动干戈地追剿天地会成员。

乾隆五十二年(1887 年)十二月,在台湾林爽文战争出现重大转折的时候,漳州天地会却在张妈求率领下,冒充林爽文部下,第三次举事:

张妈求、张南、邱哇均籍隶漳浦县,住居沿海眉田社,素与附近匪徒方开山、何体、张令、张莪、张柱、张养等凶恶无赖,平居各结天地会匪,日以赌骗抢劫为事,横行里中,乡民受害已非一日。乾隆五十二年十一月十六日,张妈求等赴黄峰墟场,在何体家内,各道贫难,零星抢夺,无济用度,商量多纠伙党,抢劫铺户。张妈求并起意与张南、邱哇三人计议,不如抢劫县城仓库,更可多得钱财。有了银米,散给与人,伙党益众,可以起事,即官兵查拿,亦可率众抵御。如不能踞城,即抢夺商船逃往台湾,去投林爽文自必收留。……张妈求记得三十三年本县杜浔人卢茂谋叛时,曾用顺天当事旗号,有闻得林爽文自称顺天将军,随制造红绸方旗一面,

① 《闽浙总督李侍尧奏折》,载乾隆五十二年三月初六日,载洪全安主编《清宫宫中档奏折台湾史料》第九册,台湾"故宫博物院"2004 年版,第 127—128 页。
② 《常青奏折》,乾隆五十二年正月十三日,载洪全安主编《清宫宫中档奏折台湾史料》第九册,台湾"故宫博物院"2004 年版,第 48 页。

半角小令旗六面。知方开山素能刻字，随令刊刻顺天将军四字木印盖用，假称林爽文发来，分投纠伙。

原定十二月十二日夜齐赴漳浦县城外关厢举事，“讵初三、初四等日，有伙匪张从、张辖等强抢扈头地方民人陈富、林矛、陈禄等家牛猪衣物，经事主喊称报官。该犯张辖即声言：‘抢取牛猪算甚么事，将来县城仓库也俱是我们的。’事主惊骇，报知汛兵陈杰。”事情败露，提前举事，“焚抢税关、官署、盐馆、汛房并戕杀兵丁、哨捕、居民、场官子侄，及抢掠钤记、军械、银钱、衣物等”①。

乾隆五十三年（1888年）正月初四，福康安拏获林爽文②，又据林爽文口供拏获严烟。至此，一方面战争的警报得以解除；另一方面搜捕天地会的创始人和倡立地方的线索也有了重大突破。乾隆下令彻查天地会组织，以绝根株。

漳州天地会事败后，张妈求等8人被判凌迟处死，胡众江等79人被判斩立决，另有32人一同被重判，发伊犁给察哈尔及驻防满兵为奴。在台湾的严烟、漳州的郑继等天地会骨干人员，也相继被清政府判凌迟处死。此后台湾民变中，还有人打着天地会的旗号举事，而漳州天地会则从此销声匿迹。

纵观清政府在林爽文战争期间对漳州天地会的控制措施，不得不佩服乾隆皇帝的远见卓识。从常青、孙士毅、李侍尧接连不断、毫无进展的奏报中，即便是作为已知结果的读者，都会觉得天地会虚无缥缈。但乾隆听取了闽浙总督李侍尧的建议，在林爽文战争期间，果断地停止了对天地会的大范围追剿。如果一方面在台湾与漳州移民作战，一方面在漳州大范围地抓人，很可能引发漳州民众激变。因为秘密社会组织遍布漳州，在强大的政府压力下，人人自危，揭竿而起，恐怕是民众自保的唯一选择。因为

① 《李侍尧奏折》，乾隆五十三年正月十二日，载洪全安主编《清宫宫中档奏折台湾史料》第十册，台湾“故宫博物院”2004年版，第195—200页。

② 《福康安、海兰察、鄂辉奏折》，乾隆五十三年正月初四日，载洪全安主编《清宫宫中档奏折台湾史料》第十册，台湾“故宫博物院”2004年版，第170页。

漳州民众本就不怕械斗："漳州喜争斗，虽细故多有纠乡族持械相向者。"①
张妈求聚众冒充林爽文部下举事②，充分证明了乾隆这一决策的英明。

三 补齐漳州粮食缺口

作为秘密社会组织天地会，是漳州民变的组织者和领导者，他们的一举一动，都会动摇清政府在漳州统治的社会基础，理应是最高统帅乾隆控制漳州社会的主要对象。其实不然，梳理大量的往来谕令、奏折，不难发现，乾隆最重视的是漳州民众的粮食供应问题。当然，乾隆处心积虑关心的粮食问题，绝不仅仅是让漳州老百姓有饭吃这么简单。

漳州农业发展的气候条件还算优越。"漳郡，连山亘其西北，大海浸其东南，故多暑少寒，有霜而无雪，树叶长青，凡花果之萌长华寔，皆先于北地。秋季尚暖，腊月不衣皮服，贫民单衣薄褐亦可卒岁。"最主要的农业灾害是夏秋多台风，"凡台作必大水，低田不收，行舡者尤苦之"③。当然，台风是一把"双刃剑"，狂风暴雨，也会让干旱的土地得到滋润。但漳州山地多，耕地面积狭小，土壤大多比较贫瘠，则是制约其农业发展的"瓶颈"。"闽土田素称下下，而漳以海隅，介居闽粤，依山陟阜，林麓荒焉。杂以海壖斥卤，隙间流潦，决塞无常，称平野可田着，十之二三而已。"④可谓"有可耕之人，无可耕之田"，因此粮食常常不能自给。"田岁两熟，终岁农最勤。郭外之田亩数石则粪之。其山陬地寒，冬聚草覆以泥，状如墩，以火焚之，谓之灼田。禾方盛，溉以水，其泥烂莠，则苗殖也。故曰：'闽之属火耕水耨'。生齿日繁，民不足于食，仰给他州。又地滨海，舟楫通焉。商得其利而农渐弛。俗多种甘蔗、烟草，获利尤多，然亦未食而非本计也。"⑤

俗称粮仓的台湾内属后，自然则成为漳、泉两府稻米的主要供给区。

---

① 嘉庆《漳州府志》卷五《民风》，嘉庆十一年刻本，第 8 页。
② 《李侍尧奏折》，乾隆五十二年十二月十六日，载洪全安主编《清宫宫中档奏折台湾史料》第十册，台湾"故宫博物院"2004 年版，第 114 页。
③ 嘉庆《漳州府志》卷五《民风》，嘉庆十一年刻本，第 22 页。
④ 嘉庆《漳州府志》卷二一《赋役》，嘉庆十一年刻本，第 1 页。
⑤ 嘉庆《漳州府志》卷五《民风》，嘉庆十一年刻本，第 3 页。

乾隆五十二年二月十五日，据福建按察使李永祺奏报："查内地各州县地方均极宁谧，雨水调匀，二麦结穗坚好，园蔬杂粮亦俱茂盛。惟漳、泉二郡山多田少，所产米粮番薯不敷民食，向藉台米接济，近因商贩稀少，市价稍昂。"林爽文战争，以及政府军对往来台湾的大船的盘查惊扰，导致台米无法接济，粮价上涨。为了稳定漳、泉社会，平抑物价，李永祺一方面"于署藩司任内，节经札饬各属，劝谕有谷之家碾米粜卖，毋使囤积居奇"，另一方面"出示招商赴延平、建宁等属买运，以济民食"①。这样的措施，只是应急之策，没法从根本上解决问题。原因有四：

其一，漳州非产米区，有谷之家存米应该不多。

其二，延平和建宁两府虽然为福建省产粮较多之区，但必定是闽北山区，产量有限。况且通常此两府之稻米，沿闽江漂流而下，主要供给福州府。

其三，台湾林爽文战争爆发之初，乾隆低估林爽文及其部下的作战能力，拒绝从外省补给军力。因此，无论是军人还是粮饷，主要由福建省内接应。如乾隆五十二年二月李侍尧奏称："今内地所宜接应者，口粮最为紧要，臣询常青、徐嗣曾已饬各州县碾米四万五千石，分贮厦门、泉州等处，现在尚未解到。臣一面严催，以备陆续应用，不致有误。"②四月十六日又奏："先据台湾道府等禀称，鹿仔港一带，难民咸来避匿，不下十万余人，请拨米十万石，银十万两，照灾赈例赈恤等因。……臣再四筹划，查闽地民人向食番薯，其切片成干者，一觔可抵数觔，加米煮粥，即可度日。随饬司道先在泉州采买一万觔，拨米二千石，委员运解鹿仔港交与地方官。务查实在贫难男妇，照依灾赈之例，设厂煮粥散食。仍在上游延、建一带产有番薯地方，再采买数万觔，酌配米石，陆续运往接济。"③而乾隆五十

<hr />

①《福建按察使李永祺奏折》，乾隆五十二年二月十五日，载洪全安主编《清宫宫中档奏折台湾史料》第九册，台湾"故宫博物院"2004年版，第100、101页。

②《李侍尧奏折》，乾隆五十二年二月十九日，载洪全安主编《清宫宫中档奏折台湾史料》第九册，台湾"故宫博物院"2004年版，第108页。

③《李侍尧奏折》，乾隆五十二年四月十六日，载洪全安主编《清宫宫中档奏折台湾史料》第九册，台湾"故宫博物院"2004年版，第181页。

一年（1886 年）福建通省存仓缺谷二十七万余石。① 有限的存粮，主要供给台湾前线，无暇顾及漳、泉后方。

其四，战争消息在漳、泉二州四处传播，民众难免恐慌。"细访漳泉一带民情，亦皆安静，大概街谈巷议，风传台事，不过好说新闻，尚无煽谣等弊。"②

因此，漳、泉粮价上涨，在所难免：

闽省自入春以来连得透雨，今自三月初一日起，晴霁应时，正当二麦结实之候，大有裨益，可望有秋。民间所留种早禾田亩，高下田水充足，现俱翻犁布种。园蔬杂粮亦皆畅茂。漳州、泉州二府，米价虽未能实时平减，但各属俱设厂平粜，兼之麦秋在即，民食无虞拮据。现在地方宁谧，民情安帖，均可仰慰圣怀。③

可见漳州上半年粮价上涨，并非旱、涝歉收，而是战争所致。粮价上涨，漳、泉社会问题迭起。"至漳泉一带，现在情形，不特洋面盗案频闻，而台湾到米日少，粮价骤贵，人情轻憬，已有结伙抢劫械斗之案。"④ 面对如此困境，政府不得不出手赈济，甚至不惜动用军糈。

漳泉一带，田少人多，所出米谷不敷民食，本年麦收虽好，而种麦之区不过十之一二，全赖台湾米谷贩运接济。近因台湾剿匪尚未竣事，商贩米石渐少，泉州所属米价虽未平减，民间尚不至拮据。而漳州府属市价骤增，龙溪、漳浦二县尤为昂贵。该处地方近海洋，民食向资外贩而骤有食贵之虞，即坐待秋收，亦尚需时日。若不亟为调剂，恐日渐加增，民力益

---

① 《李侍尧奏折》，乾隆五十二年三月二十八日，载洪全安主编《清宫宫中档奏折台湾史料》第九册，台湾"故宫博物院"2004 年版，第 151 页。

② 《李侍尧奏折》，乾隆五十二年二月十九日，载洪全安主编《清宫宫中档奏折台湾史料》第九册，台湾"故宫博物院"2004 年版，第 108 页。

③ 《万钟杰奏折》，乾隆五十二年三月? 日，载洪全安主编《清宫宫中档奏折台湾史料》第九册，台湾"故宫博物院"2004 年版，第 155 页。

④ 《李侍尧奏折》，乾隆五十二年四月十六日，载洪全安主编《清宫宫中档奏折台湾史料》第九册，台湾"故宫博物院"2004 年版，第 180 页。

难支持，自应照例平粜，以济民食而贴与情。臣虽飞饬司道在于军需米石内拨米五千石，迅速委员分运龙溪、漳浦，减价平粜，仍一面转饬漳州府动碾仓谷，陆续接济该处。得有此项米石，民情便可安贴。①

随着战争的进一步发展，仅从福建调米石，既不能满足台湾前线的需要，也没法平抑漳泉二府的粮价，因此，乾隆下令从福建省外调米，范围涉及浙江、江苏、江西、湖南、湖北和四川诸省。当然，内地之米运至漳、泉，还需时日，加之夏季干旱，漳州粮价至五十二年十月、十一月②仍然昂贵。据李侍尧奏称：

今漳州自五六月以来，雨泽稀少，间有阵雨，旋即晴干，是以不能插莳者，几十之六七，间有泉水可灌之地栽插禾苗，而晴干既久，泉水不敷，复多枯萎。其余薯芋杂粮，亦结实瘦小，不能饱绽，兼以台湾并无米谷贩入，是以米粮益少。当此秋收之候，正漳泉缺粮之时，市价自九月中逐渐加增。现在中米价值，漳属每石三两三钱，合制钱三千三百文；泉属每石三两一钱，合制钱三千一百文。若照定例量减三钱，仍属过昂，小民买食维艰，应加大酌减。漳属每升制钱二十八文，泉属每升制钱二十六文。谨一面具奏，一面饬司分拨米石，运往该二府平粜。约计今冬粜至来年青黄不接之时，需米三十万石可以敷用。③

其实，从浙江、江苏和江西等地所调之米约计一百数十万石，军糈民食均为充裕，何以乾隆还要耗费巨大人力、物力，从两湖和四川调米呢？难道乾隆自己不知道漳州、泉州和台湾三府的粮食总需求量，无视"千里不运粮，百里不运草"的空间经济规律而做的愚蠢决策？非也。远调川米，是乾隆为了稳定闽省人心、摧垮林爽文之部的心理防线而实施的心理战术，

---

① 《李侍尧奏折》，乾隆五十二年四月二十六日，载洪全安主编《清宫宫中档奏折台湾史料》第九册，台湾"故宫博物院"2004年版，第193页。
② 《觉罗伍拉纳奏折》，乾隆五十二年十一月？日，载洪全安主编《清宫宫中档奏折台湾史料》第九册，台湾"故宫博物院"2004年版，第709页。
③ 《李侍尧奏折》，乾隆五十二年十月十一日，载洪全安主编《清宫宫中档奏折台湾史料》第九册，台湾"故宫博物院"2004年版，第623页。

"李侍尧接奉此旨，不妨将现在又于江南、川省运米数十万石前来接济之处，先令闽人知之，俾军民口食有资，市价不致踊贵，方为妥善。"① 李侍尧更是直言："是米在漳、泉，固所以绥靖地方；而米之到台湾，尤足散贼党而省兵力。"②

清政府在平抑粮价的同时，乾隆还下旨对当年漳泉二府应纳钱粮予以缓征："至漳泉二府钱粮，其已经完纳者，自未便再行给还，且恐徒为州县吏胥等肥橐。若尚未征齐，即可一面传旨出示缓征，一面据实复奏。"③ 漳、泉二府奉旨缓征共银二十七万余两。④ 其实，战争期间，台运米石并未完全停止，只是其数量之少，已非平日可比。据李侍尧奏："查台湾自贼扰以来，专贩米谷之商船日渐减少，惟运送兵丁粮饷到台之船回棹时，有附载米谷内渡者。六七月间，每旬或数百石，至一二千石。八九月以来，海多风暴，回船本少。近日始有陆续回来，每船不过带米数十石、百余石不等。"⑤

和平时期，台湾海峡移民的迁移方向与稻米的运输方向恰恰相反，移民往台湾去，稻米向大陆来。战争时期，移民自然不会前往台湾，但漳泉二府的稻米却一日不可或缺，因此为了稳定漳、泉二州社会，清政府紧急从福建省内外调拨粮食，并缓征其乾隆五十二年的钱粮，以平抑物价。从粮食补给效果来看，漳泉二府虽然没有爆发大规模的社会骚乱，但米价依然昂贵，漳州的秘密社会组织的活动并未敛迹，可见其效果并非乾隆想象的那么完美。但从乾隆到李侍尧、福康安，利用漳泉二府与台湾府民众之间乡族关系，都把大规模调粮调兵作为一种威慑战略，成功地加以应用，其手段可谓高明。

---

① 《两江总督李世杰、江苏巡抚闵鄂元奏折》，乾隆五十二年六月二十八日，载洪全安主编《清宫宫中档奏折台湾史料》第九册，台湾"故宫博物院"2004年版，第288页。

② 《李侍尧奏折》，乾隆五十二年八月初二日，载洪全安主编《清宫宫中档奏折台湾史料》第九册，台湾"故宫博物院"2004年版，第380页。

③ 同上书，第365页。

④ 同上书，第557页。

⑤ 《李侍尧、徐嗣曾奏折》，乾隆五十二年十一月初五日，载洪全安主编《清宫宫中档奏折台湾史料》第九册，台湾"故宫博物院"2004年版，第696页。

四 提防漳州军人哗变

　　林爽文战争爆发之初，清政府的所有兵力，都来自福建省内。因为在乾隆看来，林爽文顶多是又一个朱一贵而已，成不了大气候，所以，乾隆不仅对常青调用外省兵力和驻防满兵的请求嗤之以鼻①，甚至对福建陆路提督任承恩欲前往台湾大为光火：

　　看来伊等办理此事，俱不免张惶失措。此等奸民纠众滋事，不过么髍乌合。上年台湾即有漳、泉两处匪徒纠集械斗，滋扰村庄等案，一经黄仕简带兵前往督办，立即扑灭，将首伙各犯歼戮净尽。今林爽文等结党横行，情事相等。台地设有重兵，该镇道等，业经会同剿捕。黄仕简籍隶本省，现任水师提督，素有名望，现已带兵渡台。该提督到彼，匪党自必望风溃散。即使该提督病后精神照料未能周到，亦止可于内地添派能事总兵一员，多带兵丁前往，协剿帮办。而漳泉为沿海要地，其镇将不可轻易调遣，乃任承恩竟欲亲往，岂有水陆两提督俱远渡重洋，置内地于不顾、办一匪类之理。至所称简派钦差督办，更不成话。督抚提镇俱应绥靖地方，设一遇匪徒滋事，辄请钦派大臣督办，又安用伊等为耶？从前康熙年间，台匪朱一贵滋扰一案，全台俱已被陷，维时止系水师提督施世骠渡台进剿，总督满保驻扎厦门调度，不及一月，即已收复藏功，伊等岂未闻乎？看来常青未经历练，遇事不能镇定。任承恩竟系年轻不晓事体，而黄仕简尚能办事，于此案亦不免稍涉矜张。②

　　然而，林爽文战争的规模和残酷，远在乾隆想象之外。乾隆拒绝从外省调兵，常青只好在福建省内挖掘潜力。虽然福建和广东因拥有水、陆两个兵种，是全国存营兵丁数量最多的两个省，但福建兵力总归有限，这样

---

　　① 《觉罗琅玕奏折》，乾隆五十二年正月十四日，载洪全安主编《清宫宫中档奏折台湾史料》第九册，台湾"故宫博物院"2004年版，第56页。
　　② 《常青奏折》，乾隆五十二年正月十三日，载洪全安主编《清宫宫中档奏折台湾史料》第九册，台湾"故宫博物院"2004年版，第47—48页。

就面临着调不调漳、泉二州，尤其是漳州兵力的问题，因"台湾逆匪祖籍多系漳人"①。关于乾隆朝前后漳州府的兵制，据嘉庆《漳州府志》载：

> 先是海氛弗靖，陆以漳州为中路，以漳浦、海澄为左右路，设三镇总兵官。水则以海澄、铜山，迭置游击、副将、提督、总兵官。营制随时更易，兵额增减俱未有定。自台湾设郡，海外一家，驻防官兵划然归一。移漳浦陆路总兵官于漳州，分镇标中、左、右三营官兵驻防。南靖、龙岩、平和、宁洋四县分城守营官兵驻防。龙溪各汛，长泰、漳平二县而所辖漳浦海澄、诏安、云霄又各为一营，分守其地。若同安营则泉属而兼辖于漳者也。水师则驻提督于厦门，移厦门镇于南澳，以左营为福营，若右营则隶广东而并辖于南澳者也。裁铜山镇协定为一营。若龙溪、海澄、镇海各水师，则厦门提标、金门镇标之分防于漳者也。②

漳州镇是福建绿营陆路提督节制的四镇之一，而南澳镇左营，则是福建水师提督节制的三镇之一，因此有人称："福建为东南要地，水陆官兵倍于他省。以漳州为沿海要地，倍与他州。"③ 不无道理。

台湾战争期间先后担任闽浙总督的常青、李侍尧、乾隆钦点的将军福康安以及乾隆皇帝，他们对漳州人的认识不同，所处地位不同，面临的问题不同，因此对是否调用漳州军人，其选择各有不同。

首先关注常青。林爽文战争爆发之前，常青刚刚办完台湾杨妈世、杨光勋械斗案和漳州陈荐抢劫案，对台湾海峡两岸的社会状况以及民风民俗了然于胸。因此当常青得知林爽文系漳州人时，第一时间就对漳州民众进行监控："漳泉一带，民俗刁悍，且台湾逆匪林爽文又系漳人，尤不可不严加防范。臣现在督饬地方文武，密加体察。"④ 因此在福建各地征兵，常青

---

① 《福建漳州镇总兵官常泰奏折》，乾隆五十二年正月初六日，载洪全安主编《清宫宫中档奏折台湾史料》第九册，台湾"故宫博物院"2004年版，第35页。
② 嘉庆《漳州府志》卷二四《兵纪》，嘉庆十一年刻本，第28—29页。
③ 同上书，第28—29页。
④ 《常青奏折》，乾隆五十一年十二月二十二日，载洪全安主编《清宫宫中档奏折台湾史料》第九册，台湾"故宫博物院"2004年版，第7页。

俱酌量选拔，但对漳州之兵，"并未调派，示其不动声色"①。

至乾隆五十二年六月，仅靠福建兵力，林爽文战争已打了半年以上，眼见着力不能支。据李侍尧奏称："现在贼势，昨见蓝元枚奏称：'彰化北门外遇贼七八千，普吉保在快官庄遇贼二三千，守备张奉廷在大肚溪亦遇贼千余。'今又接恒瑞札称：'府城外来抗之贼，实有万余，而埋伏在各庄者更不计其数。'又该道府禀称，存留府城之兵，因水土不服，病者千余。是目下南北两路俱有贼多兵少之势。今不从贼之庄已被残破，所存祗府城、诸罗、鹿港数处，所关非细。惟有仰皇上添派大兵，用全力痛加歼除，庶可及早蒇事。"但缓不济急，不得不在福建省内挖掘潜力，调用漳州兵力：

查闽兵存营无几，未便再调。惟漳州镇有兵四千，上年因林爽文贼伙多系漳人，是以独未调用。虽漳州兵素称强劲，然以派往蓝元枚处，俾漳人统漳兵，或未必不得力，而以之派往常青处，臣亦不敢放心。况贼既鸱张，漳州声息相通。臣现在风闻，有逆首林爽文密遣人来内地勾结会匪之说……是属一带亦不可不预为防范。②

虽然李侍尧初来乍到，但对漳州人与台湾"贼匪"可能内外"勾结"，很是忌惮。因此，采取了极为讨巧的措施，即让漳州将领蓝元枚带领漳州兵去打漳州移民中的匪党。与常青不同，李侍尧至乾隆五十二年八月，已经认识到"泉漳久分气类"，并加以利用。

惟闽省泉漳二府民皆好勇尚气，情愿入伍者多，且调发赴台最近便，自应于此二府多行招募。但臣细加体访漳州民情，究不可信。缘泉漳久分气类。现在逆匪林爽文、庄大田等俱系漳籍，是以台地漳人多为贼所诱胁，而拒贼者皆系泉人。内地声息相通，泉民闻募兵杀漳人，尚俱踊跃。若募

① 《常青奏折》，乾隆五十二年正月十二日，载洪全安主编《清宫宫中档奏折台湾史料》第九册，台湾"故宫博物院"2004年版，第43页。

② 《李侍尧奏折》，乾隆五十二年六月十一日，载洪全安主编《清宫宫中档奏折台湾史料》第九册，台湾"故宫博物院"2004年版，第272页。

漳人往剿，势不能得力，且漳人入伍，难保无会匪混入其中（朱批：所虑是然，不可露形迹），而既令食粮，将来事定后，或须量为裁剪，更有难于办之处。臣通盘计算，与其多募漳兵，不如多募泉兵（朱批：好）。是以臣所募兵内，漳州所属，仅照蓝元枚所指营分，共募兵一千，其余多在泉州及金门、厦门等处招募（朱批：妥当），此臣办理情形也。①

从中不难看出，乾隆对李侍尧细分泉州人和漳州人，并利用漳、泉之间嫌隙的手段，甚是满意。

从北京赶往台湾的福康安，有特权沿途率先阅读乾隆谕旨和李侍尧奏折，故对漳州人与泉州人之间的嫌隙了如指掌，因此，也充分地加以利用：

再查泉州民人素与漳人有隙。凡系居住台湾之泉人，多有充当义民者，杀贼保庄，倍加勇往，贼匪不敢轻犯。因思泉州地方风俗剽悍，向有械斗滋事之案。若此时召集泉州乡勇，既可随同剿贼，又可安戢地方。臣于到闽时，先遣妥人密办。及行过泉州，即有乡勇多人恳请随征进剿。观其情辞恳切，当经面加抚谕，饬委同安县知县单瑞龙、教谕郭廷筠拣选身家殷实之人，互相保结，准其前往。一时报名效力者络绎不绝，臣于此内择其精壮者二千四百余名，商同李侍尧酌赏安家口食银两，令其随往。又恐内地漳人闻知疑虑，复遣妥弁召集漳州乡勇百余名，以泯形迹。②

可见，随着台湾兵力需求的增加，被提防的兵丁人群范围逐渐在缩小，由泉漳人，逐渐缩小到漳州人，再缩小到漳州的个别县人。在此期间，漳州兵丁经历了从被隔离到逐步介入的过程，但始终都未作为被信任的兵力参与林爽文战争。

与前线担任总指挥的诸位总督、将军不同，乾隆皇帝是这场战争的最终决策者，因此他对待漳州人的态度就与前者不同。无论是乾隆不太认可

① 《李侍尧奏折》，乾隆五十二年八月十二日，载洪全安主编《清宫宫中档奏折台湾史料》第九册，台湾"故宫博物院"2004年版，第23页。
② 《福康安奏折》，乾隆五十二年十月二十四日，载洪全安主编《清宫宫中档奏折台湾史料》第九册，台湾"故宫博物院"2004年版，第668页。

的常青，还是乾隆极为信任的李侍尧，再到乾隆非常倚重的福康安，任凭他们怎么认真做事，但眼光和行为，顶多是一个职业经理人的角色。因此他们本着能打胜仗就成的原则行事，不大在乎有多少人蒙冤或充当炮灰。乾隆则不同，他是一"家"之长，因此在许多决策中，都体现了一个家长应该照顾到的方方面面。譬如当常青防漳州人如防洪水猛兽，草木皆兵时，乾隆皇帝则要求常青对漳州人，"惟有视其顺逆，分别诛赏。断不存歧视之见，少露形迹，致漳民疑惧"①。并指示李侍尧在募兵时："应于酌补十分之二三之外，就漳泉两处再募补二千名，使游手无籍之徒得食钱粮，既不至为匪徒。而闽人素称犷悍，收入戎伍，及时训练，更可得巡防调遣之用。"②其实，漳州人也是福建人，因此，外地来的官兵因林爽文事件而对福建人心存偏见的，估计不在少数。乾隆作为少数民族出身皇帝，对此要比一般将领体会得深。因此及时提醒福康安，做好团结工作："其闽省本地兵丁，自不能如川黔兵丁之得力，但现在台湾统兵大员内，如蔡攀龙等即籍隶闽省，其余偏俾千把，籍隶本省者谅复不少。福康安仍当加以训勉鼓励，于闽省兵丁中，视其出力者，鼓励数人，以作其气，而收其用。不可稍存歧视也。"③

乾隆顾全大局的态度，同样体现在如何使用蓝元枚这件事上。蓝元枚，字简侯，漳州府漳浦县湖西人，畲族，提督蓝廷珍孙。因其是漳州人，李侍尧就把最难啃的一块骨头推给了他，让蓝元枚带领漳州兵去台湾攻打漳州移民林爽文及其部下。客观地讲，因两岸同源同脉，且联系紧密，林爽文的部下中一定有蓝元枚认识的乡亲。如蓝元枚在台湾带兵作战时，就有蓝氏族人来投诚："伊族人蓝启能七十余人，由彰化县小路投出，现在分别安插，其有熟谙路径者，即令随营征剿。"④ 好在蓝元枚头脑清醒，是非

① 《常青奏折》，乾隆五十二年正月十五日，载洪全安主编《清宫宫中档奏折台湾史料》第九册，台湾"故宫博物院"2004年版，第60页。

② 《李侍尧奏折》，乾隆五十二年七月十一日，载洪全安主编《清宫宫中档奏折台湾史料》第九册，台湾"故宫博物院"2004年版，第314页。

③ 《福康安奏折》，乾隆五十二年十月二十八日，载洪全安主编《清宫宫中档奏折台湾史料》第九册，台湾"故宫博物院"2004年版，第685页。

④ 《阿桂奏折》，乾隆五十二年八月十六日，载洪全安主编《清宫宫中档奏折台湾史料》第九册，台湾"故宫博物院"2004年版，第447页。

分明:

> 漳镇兵内平和、漳浦二营，难保无会匪在内。其诏安、云霄二营兵最为勇健得用。镇标中右二营及城守同安二营，亦俱可得力，保无他虞。倘得此等兵五千，不独可以御贼，即相机进剿似亦不难。①

知根知底的蓝元枚，对漳州人进行了更为细致的区分，因此，即便是对故乡漳浦县军人，也不避讳。蓝元枚因受祖父蓝廷珍战功卓著的影响，乾隆让他接替水师提督黄仕简，并赐孔雀花翎，授参赞，寄予厚望："廷珍平朱一贵，七日而事定。元枚当效法其祖，毋负委任。"② 后来，蓝元枚因连日作战，于乾隆五十二年八月十八日，患病身故，乾隆闻知后感叹："殊为轸惜!"③ 可见，乾隆并没有因为蓝元枚是漳州人而对其心存疑虑。

台湾林爽文战争期间，作为作战主力的闽兵，没有及时取得战争胜利，因此，被人诟病甚多，实属正常。李侍尧就说："潮州、碣石二镇兵较闽兵精锐。"④ 战争中期，朝野上下就称闽兵"将怯而卒惰"。有人甚至怀疑海峡两岸闽人暗中勾结："前后调往官兵虽已不少，然其中如福建本省兵丁竟难深信。即如该提镇等遇贼打仗，屡报多兵不知下落，此项兵丁岂尽死伤逃亡，未必不因与贼同乡，遂尔附从。"⑤ 因此常青、李侍尧和福康安对漳州军人信任不过，甚至暗中监视，实属正常。其中的原因有三，其一，因为从乾隆到总督，之前他们从没有打过这样纠结的战争，一方面移民迁出区与迁入区同源同脉，声气相通；另一方面两岸却互为敌我。其二，福建人浓厚的乡族团结意识，很让人怀疑他们之间会暗中互通声气，互相帮助。

① 《李侍尧奏折》，乾隆五十二年七月初五日，载洪全安主编《清宫宫中档奏折台湾史料》第九册，台湾"故宫博物院"2004年版，第302页。

② 《清史稿》卷三二八《蓝元枚传》，中华书局1976年版，第10896页。

③ 《阿桂奏折》，乾隆五十二年九月十六日，载洪全安主编《清宫宫中档奏折台湾史料》第九册，台湾"故宫博物院"2004年版，第544页。

④ 《李侍尧奏折》，乾隆五十二年三月初十日，载洪全安主编《清宫宫中档奏折台湾史料》第九册，台湾"故宫博物院"2004年版，第132页。

⑤ 《阿桂奏折》，乾隆五十二年九月初二日，载洪全安主编《清宫宫中档奏折台湾史料》第九册，台湾"故宫博物院"2004年版，第500页。

其三，满族作为统治者，其对汉人的不信任，始终是一个抹不去的阴影。譬如，乾隆根深蒂固地认为，只有驻防满兵，才是坐镇汉人地方的中坚。因此无论是闽浙总督还是两广总督，谁要调动旗兵，都被乾隆以"坐镇省垣恒瑞旗兵更不宜轻动"① 等理由拒绝。同时，考虑到战后必有大批的林爽文部下的漳州人过境福建，乾隆便晓谕李侍尧，"将来拏获台湾匪犯，多系漳州人，解送内地必由厦门经过，不可无满兵弹压，着李侍尧派遣闽省驻防满兵一千名，以示威重"②。

五 拘讯漳州海上贸易商人

林爽文事件发生后，闽浙总督常青给乾隆上的第一份奏折中，便把沿海各港口的控制提上重要议事日程，即一面调集水陆大军赴台作战，"一面通饬沿海营县严密防范，并咨广东、浙江等省督、抚各臣，于海口要隘一体严查，不使匪徒得以窜逸。"③ 在乾隆看来，内地社会的稳定，远比外洋事务重要："常青、任承恩现住蚶江一带，着严饬沿海口岸地方文武员弁，实力巡防，如有窜逸余匪，即行擒获审办，最为要紧。常青、徐嗣曾等总须不动声色，妥协办理，若因外洋遇有此等案件，该督抚等纷纷调遣，迹涉张皇，转致内地民人心生疑骇，殊有关系，该督抚不可不处以镇定也。"④ 因此无论是战争一线的福建省，还是负责协防的广东省和浙江省，都把严查口岸作为要务去办。

如此一来，往来各口岸贸易的商人首当其冲。据李侍尧奏称："臣但当静以镇之，不露形迹，而密以稽查口岸为要务。台湾远隔大洋，非小船可渡。向来人民俱附商船及大渡船来往。今但于此等船严加查察，自不使有

① 《常青奏折》，乾隆五十二年正月十三日，载洪全安主编《清宫宫中档奏折台湾史料》第九册，台湾"故宫博物院"2004年版，第49页。

② 《李侍尧奏折》，乾隆五十二年十月初四日，载洪全安主编《清宫宫中档奏折台湾史料》第九册，台湾"故宫博物院"2004年版，第602页。

③ 《常青奏折》，乾隆五十一年十二月十二日，载洪全安主编《清宫宫中档奏折台湾史料》第八册，台湾"故宫博物院"2004年版，第730页。

④ 《常青奏折》，乾隆五十二年正月十二日，载洪全安主编《清宫宫中档奏折台湾史料》第九册，台湾"故宫博物院"2004年版，第42页。

匪徒一名阑入。臣已严饬各口岸员弁，实力稽查，仍不时查其勤惰，勿使稍懈。"① 对大船的严格检查，导致远洋贸易受到极大干扰。福建如此对待海商，广东也不例外，据孙士毅奏称："粤省沿海文武员弁，臣早密令防范搜捕。现复饬加紧巡查，如有窜入或诡称商贾抵岸，立即究明拏解，毋使一名漏网，以净余孽而绝根株。"②

严苛的海口盘查，动辄拘捕，乃至栽赃诬陷，使众多渔民商人望而却步，贸易因此终止，海口海盗案件频发。事情之严重，已到了要乾隆出面制止的地步：

闽省百姓，捕鱼为业者甚多，或载赴江浙一带海口贩卖。本年台湾逆匪滋事，该处耕种已稀，若渔船不能照常出洋，小民更致失业。着传谕该督即行查明，如有因贼氛未靖，不敢出口捕鱼贩卖，应饬沿海口岸文武员弁，明白晓谕，仍令照常谋生，毋令失业。仍宜细查台湾逆匪逃亡混入内地者耳，不可因噎废食。将此遇报便各传谕知之。钦此！③

渔民如此，被重点盘查的海商，其境遇由台湾粮食无法运进漳泉就可知一斑。另外，因大量从长江流域调运粮饷，强行征用商、渔船，是商业衰败的另外一个原因。上谕："运闽米石，止需源源接运，若将川省湖广船只押雇，恐有累商民。况江浙等省，全赖川米接济，商贩无船装载，于民食大有关系。敕令设法妥办，毋庸概行封雇等因。钦此！"④ 尽管有乾隆皇帝的圣旨在，但漳泉州商民，仍然是各级政府重点盘查和控制的对象。其中不乏下南洋谋生的漳州人。据孙士毅等奏称：

---

① 《李侍尧奏折》，乾隆五十二年二月十九日，载洪全安主编《清宫宫中档奏折台湾史料》第九册，台湾"故宫博物院" 2004 年版，第 108 页。

② 《孙士毅奏折》，乾隆五十二年正月二十一日，载洪全安主编《清宫宫中档奏折台湾史料》第九册，台湾"故宫博物院" 2004 年版，第 66 页。

③ 《长泰奏折》，乾隆五十二年七月初五日，载洪全安主编《清宫宫中档奏折台湾史料》第九册，台湾"故宫博物院" 2004 年版，第 306 页。

④ 《李侍尧奏折》，干陵五十二年八月初六日，载洪全安主编《清宫宫中档奏折台湾史料》第九册，台湾"故宫博物院" 2004 年版，第 388 页。

又据惠来县地方盘获陈孟琴等七名,潮阳县地方盘获林海瑞等二十九名,均系福建漳州府属漳浦、龙溪、南靖等县人氏。虽讯据坚供俱系上年十一月及十二月在福建厦门出口,欲赴西洋噶喇吧地方谋生,因遭风驶船至粤,并不知有为匪结会情事。但正值台逆滋事之时,该犯等胆敢纠约多人偷越出口,形迹可疑,不能保无不法情事,未便仅据一面之词,从轻完结。臣亦密咨闽省存记,统俟事定后,彼此查明知会,再行分别办理。①

按历史惯例,无论是民船、商船还是兵船,被风漂泊入境,皆由当地政府出面,为他们疗伤治病,修补破损船只,并提供食物和淡水,等天气晴好时护送出境。同样是被风之人,漳州下南洋的民众,则成为被两广总督及其下属控制的对象。即便到了远离台湾海峡的渤海岸边,漳州商人仍是被拘讯的对象。如漳州府龙溪县郑锦兴,驾驶一艘糖船,于乾隆五十二年六月二十四日抵达天津,因其船照内登记的水手赵荣,名字与通缉的台匪赵荣相同,被天津知县查获。据赵荣供称:

伊名欧阳焕,年五十四岁,福建龙溪县人,在城内东隅巷居住。此船本系郑锦兴与吴保合造,郑锦兴故后,即交与吴保管理,吴保旋亦物故,始交与伊侄吴拱驾驶,现在船户即系吴拱。伊在船已二十余年,到过天津十八次,天津行铺人等亦俱认识,伊实系欧阳焕,并非赵荣。至伊年岁相仿,是以令其顶名以备过关进口点验。伊家中现有母林氏,并妻子可以查询质之,接充郑锦兴船户之吴拱亦相符。

直隶总督刘峨对欧阳焕审问后认为:"似非咨缉案内之赵荣",尽管有"天津行铺人等情缘代为具结",仍以为赵荣所供"究系一面之词,实难凭信",飞咨李侍尧于福建省内查覆。此案件中一同被捕的,还有案情类似的

---

① 《两广总督孙士毅、两广巡抚图萨布奏折》,乾隆五十二年二月二十一日,载洪全安主编《清宫宫中档奏折台湾史料》第九册,台湾"故宫博物院"2004年版,第110—111页。

漳州府海澄县商人金得胜。① 乾隆看到刘峨的奏折后，大为光火，痛斥道：

> 寔属不成事体。台湾与天津远隔数省，即有逸匪，岂遽能逃匿该处勾结为匪之理？且船户等俱系身家殷实，天津行户皆为出结，更属可信。刘峨不顾事理轻重，率行拘讯，将来各海口商人闻风畏惧，裹足不前，成何事体？现已降旨将该督交部严加议处。②

各地方大员，对漳州商人乃至福建商人率行拘讯，固然有常青咨会沿海各地，严密堵缉台匪逸犯在先，但也与两广总督孙士毅、直隶总督刘峨，乃至两江总督李世杰等人急功近利、私欲太强不无关系。

六 小结

乾隆朝晚期，海峡两岸政治、经济和文化已逐步走向一体化。因此当漳州府移民林爽文在台湾举事时，清政府既要在台湾岛作战，还要维持海峡西岸移民社会的稳定。从战争结果来看，乾隆皇帝及其部下，对台湾战争的关联方——漳州社会的控制应该说是成功的。控制对象有三：即天地会、粮食和漳州人。

对天地会的控制，是一个非常棘手的问题。秘密社会组织，兼有宗教性质，因此他们的会众，常常隐身于基层社会之中，人数众多，介于贼、民之间。一旦政府的高压政策与谣言掺和在一起，人人自危，就极有可能使大多数良民变为贼匪，反之则随着会首和主要领导成员被捕，他们会主动退出会党，成为守法公民。乾隆对天地会成员的控制，取其后者，即战争期间只是对天地会进行秘密调查，并不激化矛盾，让那些处于摇摆观望之中的民众正常生活，战后再依律从重严惩涉事人员。选择了一个适合移民社会的控制策略，从而使处于战争后方的漳州，在战争期间有了一个基

---

① 《直隶总督刘峨奏折》，乾隆五十二年七月十七日，载洪全安主编《清宫宫中档奏折台湾史料》第九册，台湾"故宫博物院"2004年版，第325—326页。

② 《阿桂、毕沅奏折》，乾隆五十二年七月二十四日，载洪全安主编《清宫宫中档奏折台湾史料》第九册，台湾"故宫博物院"2004年版，第348—349页。

本稳定的社会秩序，并没有让外洋战争殃及"沿海要地"。

手里有粮，心里不慌。饥饿会把大多数良民逼上犯罪的道路。但漳州粮食危机，战争造成的粮食市场供应不足只是问题的一个方面。因为台运粮食虽然是漳州粮食的主要供应地，但不是唯一的供应地，比如广东潮汕、江西等地，有相当数量的粮食就转卖到漳、泉一带。推高粮价的，很可能是民众对林爽文战争的恐慌。这种恐慌心理，除去一般战争都会造成动荡外，还因为作为移民迁出区的漳州人，有很多人可能跟林爽文的部下沾亲带故，那么清政府秋后算账，难免被株连。因此，乾隆不惜成本从广大长江流域调运粮食，弥补漳州粮食缺口只是目的之一。最主要的目的是稳定漳州人心，威慑林爽文部下。

对漳州籍军人的防范，有合理的部分，也有地域偏见。漳州人浓厚的乡族互助意识，与海峡对岸民众同源同脉，一定程度上助长了地方要员的防范行为。而政府人员对漳州商人的干扰，是此次战争的次生灾害，折射出地方各级官员"攻其一点，不及其余"的官僚作风，因此，乾隆对此坚决地加以制止。

海峡两岸，血脉相连，因此，战争期间的社会控制，是一个独特的社会控制案例。常青、李侍尧和福康安等，无一例外地把漳州府内生息的民众，当作一个无内部差别的乡族团体，即"漳州人"，而没有当作一个个独立的个体，即独立的公民。因此在控制漳州社会时，才会不分良莠，广泛怀疑，甚至不惜利用漳州人、泉州人与广府人之间的嫌隙，控制漳州社会。这样的方法，无疑是有缺陷的。他们虽然也称"父母官"，但战争期间，完成战争任务才是首要任务，所以很难顾及天下苍生。乾隆则不然，国即是家，因此，这位最称职的皇帝，既能打赢外洋战争，也能适时地体恤苍生。从长时段来看，对台战争维护了国家统一，为东南社会的发展提供了一个稳定安全的外洋环境。

清代浙北平原的海洋灾害及其社会影响

——以海宁县为中心的考察[*]

郑微微[**]

所谓海洋灾害，指发生在海洋上和滨海地区，由于海洋自然环境异常或激烈变化，且超过人们适应能力而发生的人员伤亡及财产损失的灾害。在我国悠久的历史中，海洋灾害常常危及沿海人民生命财产安全和海洋的开发利用。尽管随着技术的进步，现代海洋灾害的危害已相对减少，但仍不时发生，给区域经济社会生活带来重要影响。其中，浙北平原是历史上受海洋灾害影响最为突出的区域。[②]本文拟对浙北平原海洋灾害特征进行探讨，并以海宁为中心进行灾害与社会互动关系的考察，以期为我国现代东部沿海海洋灾害的防灾减灾工作提供参考。

一　清代浙北海洋灾害概况

现代海洋灾害通常包括灾害性风暴潮、地震海啸、风暴海浪、海冰、海雾、赤潮，以及与海洋和大气相关的台风、厄尔尼诺等灾害性现象。然而在清代的浙北平原，主要的灾害类型是两种：台风和潮灾。此地东临太

　＊　本文由复旦大学九八五三期项目（2011RWXKZD022）和浙江省哲学社会科学规划重点项目（12JCLS01Z）资金支持。

　＊＊　郑微微，浙江师范大学环东海海疆与海洋文化研究所讲师。

　②　浙北平原由杭嘉湖平原与宁绍平原构成，清代属杭州府、嘉兴府、湖州府、绍兴府、宁波府五府所辖。

平洋，因而台风活动频繁，台风带来的狂风暴雨不仅直接影响该地区，同时，频繁的台风也是诱发风暴潮灾最重要的因素。而浙北平原纵跨杭州湾两岸，喇叭形的河口地形具有集能作用，使得这里成为强潮海湾，更易促成潮灾的发生。

1. 清代浙北平原海洋灾害的变化趋势

通过搜集《康熙朝雨雪粮价史料》、《中国三千年气象记录总集》、《清代长江流域西南国际河流洪涝档案史料》、《中国历代灾害性海潮史料》等汇编史料，结合省、府、县方志，对清代浙北地区灾害资料进行统计。其中潮灾的判定以海水上陆对沿岸造成危害为准，而台风的判定则参照潘威《清代江浙沿海台风影响时间特征重建及分析》一文[1]。结果显示，清代浙北平原共发生台风 145 次、潮灾 116 次。[2]

根据对灾害发生的频次进行的年代际统计，绘制出清代浙北台风与潮灾发生的频次表，如图 1 所示。不难看出，台风与潮灾的频次变化非常一致，这是由台风是潮灾的主要诱因所致。从整体趋势来看，17 世纪潮灾和台风的发生频次总体较少，仅在 1661—1670 年有一个小的发生高峰；18 世纪是潮灾和台风在整个清代发生频次最高的时段，尤其是 1711—1750 年间，平均年代发生频率达到 8 次，1741—1750 年间台风甚至达到 12 次，是整个清代的最高峰；此后潮灾与台风发生频次有所降低，但在 18 世纪最后一个年代台风与潮灾又有一个小的高潮，潮灾也达到清代发生的最高峰，10 年中有 13 次之多；进入 19 世纪至清末台风仍保持较高的发生频率，而潮灾则相对趋于缓和。

2. 清代浙北平原海洋灾害的空间分布特征

虽然组成浙北平原的两个小平原杭嘉湖平原和宁绍平原毗邻，但由于中间隔了杭州湾，使得这两个平原相对独立，受到的台风与潮灾的影响也很不一致。

---

① 潘威等：《清代江浙沿海台风影响时间特征重建及分析》，《灾害学》2011 年第 1 期。
② 当然由于台风和潮灾的特殊性，对台风和潮灾的统计不会是终极数据，随着对史料的不断挖掘和深入研究，台风和潮灾的次数和频度可能还会有一定的变化。

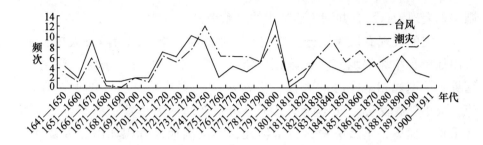

图1　清代浙北平原台风与潮灾年代际频次变化表

　　清代受到台风影响较大的是杭嘉湖平原，在 145 次台风中 97 次都影响到这里，而宁绍平原的影响相对较轻，有 82 次台风影响到该地区。有 34 次台风发生时同时影响了这两个区域。而从时间上来看，杭嘉湖平原在 17—18 世纪受灾次数较多，而宁绍平原的台风灾害则更集中于 19 世纪。两个区域受台风影响的具体地点有从沿岸向内陆递减的趋势，湖州府是受台风影响最小的区域。

　　而为了考察潮灾发生的空间特征，则以钱塘江入海口为界将该区域划分为杭州湾北岸、南岸两段海岸分别进行考察。在 116 次潮灾中，南岸曾发生过 36 次潮灾，其中宁波府沿岸潮灾次数发生最少，仅 10 次。北岸则发生了 87 次潮灾，以嘉兴府海宁、海盐最为频繁，达到 61 次。两岸同时发生潮灾的次数仅 7 次。可见，有清一代，潮患主要集中发生在杭州湾北岸。

　　3. 清代浙北平原海洋灾害的表现

　　台风的狂风骤雨带来的危害普遍表现为"大风拔木"、"坏庐舍"、"压死居民"等。但具体到内部各区域，灾害的表现有所不同。濒临太湖地区的湖州有时会因风雨发生"湖溢"现象，康熙九年（1670 年）六月十二日甚至出现"湖啸"现象，使"沿湖一带漂溺尤甚"①。而毗邻山地的平原地区，常常因为山地台风暴雨引发洪灾，如康熙四十七年（1708 年）长兴县"七月初八风雨大至，窑画溪等处洪水陡发，漂溺室庐人民无算"②。而沿岸

---

① 张德二：《中国三千年气象记录总集》，凤凰出版社 2004 年版，第 1854 页。
② （清）赵定邦：《长兴县志》卷九"灾祥"，同治十三年刻本，第 12 页。

则主要表现为台风合并潮汐而产生的风暴潮灾。

潮灾的表现有疾缓之分。潮灾来势激烈时，常表现为漂没人口、淹没农田灶舍、损坏堤塘等。如雍正二年（1724 年）七月，余姚"海溢，坏塘堤……飓风扫地，海潮大作，平地水深三丈。霎时屋宇不见，草舍漂流，夫不能顾其妻，父不能保其子，男女老幼尽为鱼鳖。棉花将旺而烂，晚禾带胎而萎，菜蔬失根，竹木俱死，浮棺满地，骨积如山，古墓冲开，尸横遍野"[①]。然而，潮灾造成的堤塘破坏可能还会引起一系列缓发性次生灾害。例如，光绪二十五年（1899 年）开始，萧山南沙江岸连年坍退，至民国十七年（1928 年）"岸线南移近 30 里，累计坍失熟地 38 万亩"[②]即是由于潮灾造成的海岸入侵和海岸变迁；而同治元年、二年"海宁塘圮，海水溢于河，直达嘉兴新腾、桐乡乌镇、湖州双林一线以北，平湖、嘉善河水皆咸。海盐、海宁等处 3 年无收"[③]，则突出表现了咸潮入侵和土地盐渍化的问题。

二 海洋灾害对地方社会的影响

一般方志、档案等文献中只记载重大灾害，而探讨小尺度区域灾害与社会互动机制的探索需要更加详细的资料。在这方面，历史日记资料记载系统翔实连贯，且包含时人对灾害事件的直接观察与认识，其资料在丰富度和可靠性方面具有独特优势。下面的讨论就围绕海宁一部清代日记——管庭芬的《日谱》，结合方志、档案资料展开。[④]

1. 台风对清代海宁社会的影响

根据《日谱》统计，1815—1865 年间，海宁过境台风如表 1 所示，共31 次。

---

① （清）杨积芳：《余姚六仓志》卷十九"灾异"，民国铅印本，第 4 页。
② 钱塘江志编纂委员会：《钱塘江志》之《大事记》，方志出版社 1998 年版，第 32 页。
③ 同上。
④ 《日谱》作者管庭芬（1797—1880 年），字培兰，号芷湘，海宁路仲人，《日谱》是其记录自己日常生活和所见所闻的日记。日谱记载时间起于嘉庆二十年（1815 年），止于同治四年（1865 年）。日记对于天气和自然灾害的记载翔实可靠。

表1   1815—1865 年海宁过境的台风与影响时间

年份	台风影响时间		年份	台风影响时间	
1820	8－29	9－1	1844	8－22	
1823	8－6	8－8	1845	7－30	8－2
1823	8－13	8－15	1847	9－3	
1825	8－23	8－23	1848	8－1	8－2
1826	7－28	7－30	1848	8－16	8－17
1827	8－1	8－3	1850	9－17	9－21
1827	9－12	9－14	1851	9－26	9－27
1830	9－7	9－8	1852	8－11	8－13
1832	8－28	8－31	1854	8－28	8－30
1832	9－13	9－15	1855	8－21	8－22
1833	8－8	8－9	1857	9－7	9－9
1834	8－27	8－29	1858	8－30	8－31
1835	7－9	7－11	1860	8－14	8－15
1835	8－25	8－26	1861	8－31	9－1
1837	8－24	8－25	1864	7－13	
1843	9－5	9－7			

（1）台风灾害对生命的戕害与建筑的破坏

单纯的台风灾害在浙北平原造成的有规模的人口死亡通常是由于雨量过大，突发洪水冲卷人口造成，这种洪灾经常发生在山区或者近山地区，称之为"蛟水"。比如在 1823 年 9 月 17 日的台风中"桐庐富阳等处骤然洪发，平地水深数丈，舟可从屋上过，淹毙人畜无算"①。海宁位于滨海平原，虽然台风会带来疾风暴雨，但其河网密布，排水能力强，且水流落差较小，与山区相比，损失相对要小得多，1823 年这次台风并没有给海宁带来明显的人口死亡。当然这不代表台风不会给生命安全带来威胁，比如在《日谱》中记录的 1837 年 8 月 24 日的台风中，"狂风猛雨陡作，昏黑中桅缆皆绝，倾侧于急浪中，危险殊甚"。可见因为台风的突袭，作者险些遭遇船难丧生

①（清）管庭芬：《日谱》稿本，不分卷，道光三十年八月二十四日。

危险。其好友二农也在旅途中丧生。海宁以水路交通为主，在台风突发的状况下，是易发生舟难的。但总体来讲这种台风引起的死亡并不成规模，通常以意外死亡的形式呈现出来。应该说，这种意外与当时人无法及时预测台风以致不能提前防备有直接关系。

台风风雨势大时，会对实体建筑和树木产生一定的破坏，尤以暴风对房屋建筑带来的冲击更明显。如在1847年的一次台风过程中，"侵晨郭店市蛟风为害，拔木倾屋不可胜数"①。但大多时候台风对于民居的危害不至于这么严重，有时只是"飘瓦折木"或者"瓦屋俱戛戛作响"等。从目前尚保存的海宁古代建筑来看（管庭芬藏书楼现在仍存在），当时的房顶建筑是木瓦结构，抗风能力虽然一般，但当时瓦当檐溜的设计比较方便雨大时泄水，台风期经常"簷溜似悬飞瀑"，在一定程度上降低了台风对房屋的破坏。

（2）台风对农业生产的破坏

台风的发生一般会对农业生产产生影响，但是台风的强度不同、发生的时间不同、农作物的品种不同，产生的影响程度也会有很大的不同。

根据《日谱》中提及的农作物，可以基本判定海宁在19世纪中前期的农业种植结构：春花作物为麦、蚕豆、桑，秋季作物有稻、棉、黄豆。台风主要影响的是秋收作物的生长，而水稻种植面积最大，因此台风影响最大的是水稻。根据日记记载，当时水稻插秧时间主要在农历五月前半月，而收获则在九月立冬以后，从今日农学的角度来说，应该是迟熟中稻或早熟晚稻。② 这与《杭州府志》记载的海宁主要种偏晚的粳稻一致。③ 不过日记中也有提到早稻的情况，因此应是晚粳稻为主，兼种早稻。

台风主要通过风损、雨淋和水淹的形式对水稻生长产生影响。风力对水稻生产的影响以扬花灌浆期最大，这个时间如果受到风吹，极易影响授粉受精，空壳率很高，收成甚至可能损失四成左右。④ 而这一时间淋了雨更

---

① （清）管庭芬：《日谱》稿本，不分卷，道光二十七年七月二十四日。

② 李伯重：《江南农业的发展：1620—1850》，上海古籍出版社2007年版，第50页。

③ （清）李榕纂、龚嘉等修：《杭州府志》卷七八"物产"，民国十一年刊，成文出版社影印本，第1584页。

④ 李瑞英：《台风对我国水稻生产的影响及风险分析——以福建省为例》，硕士学位论文，中国农业科学院，2008年，第7页。

有空穗的危险。"稻花见日则吐，遇雨则收"，在白露以后，"当盛吐之时，暴雨忽至，卒收不及，遂至有白飒之患。圣人所谓秀而不实者，有矣夫"①。因此扬花灌浆期是受台风影响最敏感的时期。根据《日谱》记载，海宁在1857年9月9日"阴雨，西北风极大，稻正作花，吹损极尽"，这一日正是白露后一天，这个时候进入扬花期的水稻正是晚稻，风损和淋雨都会对水稻收成造成严重危险，因此作者觉得"秋成颇为可虑"②。1854年8月28日左右遭受的一次台风袭击则对早禾的扬花灌浆产生了一定影响，结果使得"海宁……早禾已登场者，收成约六七分不等"③。早稻扬花灌浆一般在8月下旬，晚稻在9月上、中旬，因此这期间发生的台风对于水稻生产影响最大。

淹水主要影响的是水稻孕穗期和成熟期。孕穗期如果受到6天以上的水淹就会危及出穗和扬花。而成熟期时如果稻穗沉入水中，就容易生芽。由于台风雨雨水一般水退较快，孕穗期情况下的伤害没有明显的记载。但有早禾在成熟期遭遇台风的危害的记载。据《日谱》道光三十年（1850年）的记载④，在9月19日的台风由于雨量过大，发生了"稻田俱沉浸水中，不意一夕之间竟成奇灾"，至21日台风影响结束后作者发现"黄稻尚不至大害，而尖米将熟，俱为狂风卷倒，浸入水中，恐谷尽生芽不可收拾矣"。这其中的黄稻是晚稻一种⑤，尖米即是早籼稻⑥。这时黄稻已经完成扬花期，早稻应该已经进入蜡熟期，因此对于生长过程本身影响不大，作者忧虑的只是由于已经成熟的水稻被风卷倒，如果水浸时间过长，比较容易生芽。而海宁水稻以晚稻为主，而晚禾成熟时，台风发生的概率已经比较小。总体来说，水淹对水稻收成的影响要次于敏感期风损和淋雨的影响。

总之，台风会对早稻或晚稻的生长产生影响，但受灾最敏感的时段在8

① （元）娄元礼撰、（明）茅樗增编：《田家五行》八月类，明嘉靖刻本。

② （清）管庭芬：《日谱》稿本，不分卷，道光三年七月初二日。

③ 水利电力部科技司、水利水电科学研究院编：《清代长江流域西南国际河流洪涝档案史料》，中华书局1991年版，第912页。

④ （清）管庭芬：《日谱》稿本，不分卷，道光三十年七月。

⑤ 李伯重：《江南农业的发展：1620—1850》，上海古籍出版社2007年版，第50页。

⑥ （清）许傅霈等原纂，朱锡恩等续纂：《海宁州志稿》卷一一"物产"，民国十一年排印，成文出版社影印本。

月下旬和 9 月中上旬这一时段。根据《日谱》统计 1815—1865 年的台风发生时间（如表 1 所示），50% 以上的台风发生在这一时段，可见台风对于海宁水稻生产影响之大。

（3）台风的有利影响

台风虽然经常给海宁带来灾难性后果，但也是夏季重要的降水来源。浙江北部夏季降水主要是这样的情形：在 6 月初至 7 月上旬是梅雨期，此后一段时间是降水稀少的时候，称之为伏旱。伏旱时气温很高，土壤蒸发旺盛，极易发生严重旱情。而缓解伏旱的降水主要由两部分构成，一是短时雷暴和强对流天气，通常以短暂的雷雨形式表现出来，这种降水通常雨量不大，对于缓解旱情很难奏效。另外一种降水就是台风雨。相对来讲台风雨降水强度大持续时间较长，对于缓解夏季旱情和降温具有突出意义。

根据《日谱》的记载，道光六年（1826 年）海宁的梅雨仅从 6 月 12 日持续至 20 日，是个典型的短梅雨年。此后虽然在 7 月 4 日、5 日、10 日分别得雨，但是每次雨量都很少。而且这时天气炎热，日记中出现很多炎热描述，以及"东南风极大"等旱风记录。在此背景下，地面蒸发旺盛，使得农田愈发干旱，因此 18 日作者已经由于"忧旱心切"而夜不能寐。河流也渐趋干涸，以至 24 日知州不得不祈雨禁屠，农民也开始积极进行水车戽救。可见，旱情已经非常严重。这种情况一直持续到 27 日。28 日台风到来，刮起了东北风，到了夜间开始"风雨交横"，29 日一天"风势转猛，兼挟小雨"，台风影响到 30 日晚完全结束。这次台风带来的降水很充分，所以官方在 29 日就"开屠禁"。

另外，根据日记记载，1843 年、1852 年、1860 年、1864 年等年份都是借助台风缓解了伏旱旱情，使得农田复苏、河流通畅。

2. 潮灾对清代海宁社会的影响

（1）淹毙生命、破坏堤塘与田地民居

有清一代，海宁发生的最大潮灾在雍正二年（1714 年）。"七月十九日，大风雨，海决，淹没良田，东南两路近海处尤甚，漂去室庐无算。若大厦则开门破壁，任水出入，幸留椽瓦。郭店、袁化诸桥梁无一存者。"[①]

---

① （清）战鲁村修：《海宁州志》卷一六，杂志，道光二十八年刊，成文书局影印本，第 1972 页。

表2	《日谱》记录的 1815—1865 年潮灾	
天气背景	日期	潮灾表现
梅雨	1824 年 7 月 27 日	潮猛，泼去盐舍
台风	1830 年 9 月 7 日	塘损，淹庐舍
台风	1832 年 9 月 29 日	塘损，咸水入侵
台风	1835 年 7 月 11 日	海溢，损禾
梅雨	1843 年 7 月 6 日	海潮内决，破坏民居
梅雨	1850 年 7 月 1 日	塘圮，咸水入侵
梅雨	1850 年 7 月 10 日	海塘又损
旱	1850 年 8 月 12 日	塘损，居民淹没，淹毙人口
秋雨	1850 年 10 月 18 日	塘损，咸水入侵
台风	1857 年 9 月 9 日	塘损，咸水入侵
冬雨	1861 年 1 月 11 日	咸水入侵
台风	1861 年 9 月 5 日	潮患，塘河积淤，民居淹没
秋雨	1861 年 9 月 19 日	咸水入侵
旱	1863 年 7 月 7 日	海塘坍决，河水为卤水
	1864 年 5 月 24 日	海水与内河相连

虽然没有这次灾害中丧生的明确记载，但死亡人口应当不在少数。在海宁的潮灾资料中，只有两次出现了"海决"，除了此次潮灾外，另一次是康熙三年（1664 年），"闰六月三日海决，冲人城壕"①，海水达到入城的程度，造成的生命损失估计也比较严重。这两次海患都发生在海宁海塘大规模修筑之前。《日谱》有一次比较明确记载潮灾淹毙人口的事件，发生在道光三十年（1850 年）。"潮水灌入内河，冲去民居六百余户，毙四百余人，而在塘工役同毙者不计其数。"之所以这次潮灾规模如此巨大，主要与海塘的损坏程度过大有关，原来"永宁寺等处草塘大坍，与护内石塘俱损数十丈"②。如果海塘完整，只是由于潮汛旺盛时，潮水越过海塘，通常影响不大。如

---

① （清）许三礼修：《海宁县志》杂志上"祥异"，卷一二，康熙十四年刊，成文书局影印本，第 48 页。

② （清）管庭芬：《日谱》稿本，不分卷，道光三十年七月五日。

1835 年间的潮汛只是越过海塘，"民房间有坍损，淹毙男妇三口"①。可见，海塘的损毁程度与淹毙的人口、淹没民居的规模直接相关。

不过一些海潮淹毙性命的记录却未必见得与潮灾有关。方志记载咸丰九年（1859 年）"八月十八日潮溢，漂溺三十余"②，看似潮灾，而《日谱》的记载表明，八月十八日是海宁观潮节，"海上观潮者盛，忽为大波卷溺数十人"③，可见这种溺毙只是观潮中发生的意外，并不能称之为真正的潮灾。

（2）咸潮入侵

现代咸潮多发于河流的枯水期，这时河流水位较低，海水比较容易倒灌入河。但清代海宁出现的咸水入侵，却明显不同——其咸潮主要是海塘受损以后海水通过海塘缺口顺河道内侵引起，甚至出现"塘址坍决，海水与内河相连"④ 的情况。

海宁河网极其丰富，一直以来号称"泽国"，其农业灌溉和生活用水都依赖河水。咸潮的入侵打破了这种依赖，使得两方面都面临前所未有的困境。咸潮危害突出表现在同治初年。1863 年夏季伏旱较重，"兼旬不雨，农人不能插秧"，这种情况本来很普遍。通常农民在这种时候会用水车将河水戽入农田，用来浇灌农田。然而该年因咸水入侵，"不能戽卤水以种"⑤，因此对农业生产造成很大影响。这一年不仅海宁，杭州湾附近的嘉善、杭州等地都出现"海溢，河水皆卤，田禾多死"⑥ 的情况。

在咸潮发展到高潮时，不仅农业用水，甚至饮用水都出现了很大的危机。1861 年 1 月和 9 月，海水入内河，"使得味咸不能供炊饮"，这两次咸潮后都有降雪和降水，因此并没有特别影响到生活。相比而言，1864 年至 1865 年的情况就很不同了，1864 年 5 月的时候已经出现海水与内河相连的

---

① 水利电力部科技司、水利水电科学研究院编：《清代长江流域西南国际河流洪涝档案史料》，十月初三日乌尔恭额奏，中华书局 1991 年版，第 791 页。

② （清）许傅霈等原纂，朱锡恩等续纂：《海宁州志稿》卷四〇"祥异"，民国十一年排印，成文出版社影印本，第 20 页。

③ （清）管庭芬：《日谱》稿本，不分卷，咸丰九年八月十八日。

④ （清）管庭芬：《日谱》稿本，不分卷，同治三年四月十九日。

⑤ （清）管庭芬：《日谱》稿本，不分卷，同治二年五月二十二日。

⑥ 张德二：《中国三千年气象记录总集》，凤凰出版社 2004 年版，第 3229 页。

情况，但 6 月至 8 月份，还有一定的降水，可以冲淡河水盐分。但此后降水减少，咸水内侵的危害更明显，到 11 月 6 日的时候"河流盐败不可食，赖池沼之水"，然而池沼内所存的水量非常有限，以致至 11 日"池沼水复绝，炊煮甚艰，几有渴死之患"①。这在水乡是绝无仅有的事情。

三　海洋灾害的社会应对与成效

官方对于台风的应对，通常是当台风造成危害后进行一定的蠲免或赈济，其程序与其他水旱灾害无异。相对来讲，官方对于潮灾的应对更为重视。由于潮灾的独特性，清代官方对潮灾的防治思路其实是非常清晰的，就是大力修筑海塘。

随着钱塘江入海主槽北移，康熙以后浙北平原潮患集中到仁和——海宁——海盐一段。为对抗潮灾，康熙三年（1664 年）大潮后，开始修筑沿海石塘，而康熙五十四年（1715 年）后，正式开始大规模修建石塘。雍正二年（1724 年）的大潮灾加强了官方修筑石塘的决心，并开始设置专门机构管理，但乾隆以前石塘建设相对缓慢。乾隆年间，对海塘的修筑达到了高潮，这一时期的海塘修筑不再是对过去海塘的修补，而是有计划地整体地修建和更替为石塘，是一种主动的积极防御，这一时期完成了北岸鱼鳞大石塘，并逐段完善南岸石塘。嘉庆间没有大的修筑活动。道光间仅少量对潮灾造成的破损石塘的修补，鸦片战争以后更无力顾及。咸丰年间，内忧外患，海塘修筑陷入停滞，加以战争破坏，至咸丰末年海宁、仁和一带塘身已经多处坍缺也只能放任由之。兵燹以后，同治六年至光绪六年（1867—1880 年）又重建和修复海塘，然而用料已经大不如前。此后至清末没有大型海塘修筑。

修筑海塘的效果可以通过考察潮灾与台风的关系来衡量，前文已说明台风是潮灾的主要诱因，而当沿岸防护力量较弱时则在非台风的天气背景下也会出现潮灾。清代在钱塘江北岸这种情况集中发生于 17 世纪 50—70 年代和 1850 年至清末两个时段，正对应于海塘设施薄弱的时段。而 1711—

---

① （清）管庭芬：《日谱》稿本，不分卷，同治三年十月初八日。

1790 年间，尽管台风和潮灾活动是整个清代高潮，但潮灾次数明显少于台风次数，几乎没有出现非台风导致的潮灾。一定程度上可以证明海塘优良的防护的效果。

具体到海宁，根据《日谱》整理的 1815—1865 年间海宁的潮灾及其发生的天气背景来看（见表2），1850 年以前潮灾的天气背景主要是台风，而 1850 年以后则在秋雨、冬雨甚至旱的天气背景下都会出现潮灾。根据《日谱》的记载，后期这些灾害主要是海塘损毁或未进行及时修补的结果。尤其是咸丰末至同治初年，在没有台风的诱发下，仍不断出现潮水灌入城内，致使河水持续咸卤至不能饮用与灌溉，生产生活无法得到基本的维持和保障。因此在太平天国占领海宁以后，"李秀成以海宁州海塘坍塌，急宜修筑，谕各县筹备经费"[1]，《日谱》中也记载了太平军在民间"以修葺海塘为名遍伐阴木"[2] 的记载，在战乱至此的条件下，还要做修建海塘的努力，可见当时海塘的破败导致的潮患已到何种地步。这也就是兵燹结束以后浙江巡抚马新贻立即排除万难进行海塘修筑的根本原因。[3]

可见，海塘是浙北平原沿岸人民对抗潮灾最重要的防线，是预防潮灾最重要的措施。官方对于海塘的防灾能力一直非常清楚，然而清代对于海塘的修建却是时兴时止，这是因为海塘修筑需要耗费大量财力物力，需要政府提供足够的资金和有效管理，而这些又要以社会的安定为基础，这样社会的发展过程就成为能否进行有效的海塘修建的重要背景。

相对于官方，民间对于灾害的应对则更为直接。民众站在对抗灾害第一线，灾害发生后民间进行的自救是否有效常常是决定灾害程度的关键。

（1）台风的应对

对于台风的应对，现代的防灾措施都是建立在较高的台风监测和预警能力上的，而在清代人们没有这种能力，因此台风的预防基本谈不上。只能在台风发生后积极进行建筑修复等活动。而相对来讲，田间的减灾是更为积极的。发生台风以后，强降水通常会造成田间雨水过多，这个时候农民的第一反应就是利用水车从田中戽水入河。这种方法对于消除积水是有

---

① 钱塘江志编纂委员会：《钱塘江志》之《大事记》，方志出版社 1998 年版，第 32 页。

② （清）管庭芬：《日谱》稿本，不分卷，同治元年三月二十二日。

③ 赵珍：《清同治年间浙江海塘建筑与资源利用》，《清史参考》2013 年第 2 期。

效的。如1850年9月中下旬的台风使得海宁早禾面临稻穗沉水长芽时正是采用这种方法，使得"庣田水谷皆无大碍"①的。只是在特殊时候也会显得有些无力。比较突出的一个事件发生在1823年。该年梅雨期过长，持续梅雨已经使田间雨水过多。8月6日至7日，台风来袭，使得"昔所退水，今复浸田中矣"②。这时农民积极庣水排水，应该有了一定成效。但是13日台风再次来袭，以致"田中苗头俱没，农夫昼夜庣水之功仍复归之乌有"③。这样一来稻田的淹水时间必然延长，从而影响到作物的生长。

但对于影响水稻生长最严重的敏感期风损和淋雨，当地民众似乎没什么有效的对抗措施。因而总体可以说民间对于台风的侵袭防御能力是薄弱的。

（2）潮灾的应对

民众对漂没人口和破坏建筑或农田等突发性灾害能够采取的措施非常有限，积极"告灾"争取进入灾赈程序是个最直接的办法。然而政府对于相对较小的潮灾很多时候是不予理睬的，比如1835年黄湾出现海溢时"沿塘禾苗损其半，告荒纷纷"，而官方的态度"皆薄责遣之"④。对于缓发性却旷日持久的咸水入侵，民众却不得不自行采取措施进行应对。

①改变作物结构

海宁在19世纪中期以前晚稻是其水稻结构中最重要的品种，早稻相对比较少。然而据《海宁市志》记载，1864年海宁一度改种生育期较短，虫害危害较轻的单季早、中籼稻，其原因是自然灾害频发。⑤我们通过《日谱》不难看出这一时段首要的灾害就是咸水入侵。同治初年由于海塘的损坏，遇到干旱不能庣河水浇灌，在这种情况下尽量缩短作物生长周期，并且避开容易出现干旱的时段成为农民自发的选择。相对于晚稻，早稻种植较早，生长周期较短，虽然产量不高，但在对抗各种自然灾害的侵袭方面相对于晚稻有很大的优越性。在当时的条件下，这不失为一种明智的

① （清）管庭芬：《日谱》稿本，不分卷，道光三十年八月二十一日。
② （清）管庭芬：《日谱》稿本，不分卷，道光十三年七月初二日。
③ （清）管庭芬：《日谱》稿本，不分卷，道光十三年七月初八日。
④ （清）管庭芬：《日谱》稿本，不分卷，道光十五年六月十六日。
⑤ 海宁市志编纂委员会编：《海宁市志》第六编"农业"，汉语大词典出版社1995年版，第259页。

选择。

②淡水危机应对

海宁生活用水几乎全部依赖河水，仅有极少量的水井。管庭芬就曾经收录了友人所作《水乡必宜凿井说》的文章①，该文就谈到对海宁缺乏水井不能备旱的忧虑。在 1832 年咸水入侵和 1856 年大旱时曾用这为数不多的井水应急。不过这两次淡水危机持续时间都比较短。而同治初年的咸水入侵却是一次持久的灾难。尤其是 1864 年，从 5 月开始，海宁就一直被咸水困扰，管庭芬一家日常饮水不得不依赖"池沼水"。池塘里的水显然只能来自储存雨水。相对而言，井水肯定更干净，然而作者没有用井水，可见要么井水已经不能用或者不够用，要么价格太昂贵无法负担，促使作者不得不用卫生条件差的水源。然而这还不是最糟糕的情况。至 1865 年 1 月，经过一段没有降水的日子，池沼水也没有了，管庭芬全家几乎面临渴死的境地。这个时候出现了一种不常见现象，有人专门船载淡水来乡间贩卖，作者形容了这种水"污浊气腥"，然而却不得不忍受，并承担每担制钱二三十文不等的高价。不过这种活动毕竟解了当地人生存的燃眉之急。

在应对淡水危机的过程中，我们看到人们在灾难持续的过程中不得不断降低自己生活标准以适应灾难，而在灾难影响下产生了新的经营和消费活动。然而应当说这是一种灾害背景下的应激反应，虽然在维持生命方面是有效的，但水质的污浊也潜藏了产生疾病的威胁。乡间贩卖的高昂的水价也威胁着贫穷人家每日的水源。

通过对清代海宁海洋灾害与社会互动的考察，我们发现台风本身对浙北平原地方社会带来的生命财产安全影响不算太大，但由于作物结构和台风发生时机的关系，对农业生产影响较大。民间对台风灾害虽然有一些措施，但效力有限。而通过对潮灾考察，不难发现潮灾的严重与否始终与海塘设施相关。尤其是咸丰兵燹以后海塘设施的破坏使潮水持续入侵，并带来整个生态环境和社会环境的恶化，使得地方民众不得不采取措施进行适应。虽然这些措施能够在一定程度上达到减灾效果，但这只是被动之举，无法改善环境，从根本上解决海塘破败的问题才是解决之道。

---

① （清）管庭芬：《日谱》稿本，不分卷，咸丰六年三月五日。

四 余论

在科学技术发达的今天，尽管台风与潮汐的预测能力已有很大进步，但海洋灾害的发生仍然存在着难以对抗的一面。比如，2002 年第 19 号台风"森拉克"，造成了浙江全省受灾 732.2 万人，死亡 29 人，房屋倒塌 2.3 万间。但应该看到，我们通过研究历史时期海洋灾害的发生规律和灾害与社会的互动，可以为现代防灾减灾建立一个参照。通过清代台风对于海宁地方社会影响的探讨，不难发现，主要的生命财产的损失与不能及时得到台风预警极为相关，而台风对农业生产的影响与其生长敏感期密切相关。因此在现代社会，如何提高台风预警能力，改良作物敏感期的抗风雨能力仍然是浙北地区对抗台风的关键。而在潮灾的应对上，我们可以发现海塘建设是最重要的防灾机制。这就提醒我们加固海塘建设仍是现代预防潮灾的重点；而清代海塘建设的兴衰也警示我们，制度和事件对区域响应机制的运作会造成重要的影响，强有力的制度和稳定的社会环境是保证地方防灾减灾机制顺利进行的基础。当然，在关注历史灾害的同时，也有必要关注现代社会与环境变化，使这种研究增加更多的现实意义。